W0048520

umweltfreundlich

... weil auf chlor- und säurefrei
gefertigtem Papier gedruckt

Kompendium der praktischen Betriebswirtschaft

Herausgeber Prof. Dipl.-Kfm. Klaus Olfert

Unternehmensführung

von

Dipl.-Kfm., Dipl.-Betriebswirt
Horst-Joachim Rahn

7., vollkommen überarbeitete Auflage

Herausgeber:

Prof. Dipl.-Kfm. Klaus Olfert
Postfach 1326
69141 Neckargemünd

Verantwortlicher Redakteur:

Dr. Torsten Hahn
Friedrich Kiehl Verlag GmbH
Postfach 14 01 08
67021 Ludwigshafen
t.hahn@kiehl.de

ISBN 978 3 470 **43017** 1 · 7. Auflage · 2008
Druck: Rübelmann, Hemsbach - mü

KOMPENDIUM DER PRAKTISCHEN BETRIEBSWIRTSCHAFT

Das Kompendium der praktischen Betriebswirtschaft soll dazu dienen, das allgemein anerkannte und praktisch verwertbare Grundlagenwissen der modernen Betriebswirtschaftslehre praxisgerecht, übersichtlich und einprägsam zu vermitteln.

Dieser Zielsetzung gerecht zu werden, ist gemeinsames Anliegen des Herausgebers und der Autoren, die durch ihr Wirken an Hochschulen, als leitende Mitarbeiter von Unternehmen und in der betriebswirtschaftlichen Unternehmensberatung vielfältige Kenntnisse und Erfahrungen sammeln konnten.

Das Kompendium der praktischen Betriebswirtschaft umfasst mehrere Bände, die einheitlich gestaltet sind und jeweils aus zwei Teilen bestehen:

- Dem Textteil, der systematisch gegliedert sowie mit vielen Beispielen und Abbildungen versehen ist, welche die Wissensvermittlung erleichtern. Zahlreiche Kontrollfragen mit Lösungshinweisen dienen der Wissensüberprüfung. Umfassende Literaturverzeichnisse zu jedem Kapitel verweisen auf die verwendete und weiterführende Literatur.

- Dem Übungsteil, der eine Vielzahl von Aufgaben und Fällen enthält, denen sich ausführliche Lösungen anschließen, die schrittweise und in verständlicher Form in die betriebswirtschaftlichen Fragestellungen einführen.

Als praxisorientierte Fachbuchreihe wendet sich das Kompendium der praktischen Betriebswirtschaft vor allem an:

- Studierende der Fachhochschulen und Universitäten, Akademien und sonstigen Institutionen, denen eine systematische Einführung in die betriebswirtschaftlichen Teilgebiete vermittelt werden soll, die eine praktische Umsetzbarkeit gewährleistet.

- Praktiker in den Unternehmen, die sich innerhalb ihres Tätigkeitsfeldes weiterbilden, sich einen fundierten Einblick in benachbarte Bereiche verschaffen oder sich eines umfassenden betrieblichen Handbuches bedienen wollen.

Für Anregungen, die der weiteren Verbesserung der Fachbuchreihe dienen, bin ich dankbar.

Prof. Klaus Olfert
Herausgeber

VORWORT ZUR 7. AUFLAGE

Die notwendig gewordene siebte Auflage wurde gründlich überarbeitet und auf den neuesten Stand gebracht. Die bewährte Grundstruktur der Gliederung in die aufgaben-, personen-, struktur- und prozessbezogene Unternehmensführung wurde erhalten und systematisch nach Unternehmensebenen strukturiert. Die Einzelkapitel zu den Führungs- und Geschäftsprozessen wurden neu gestaltet.

Der Systemansatz der Führung wurde stärker in den Vordergrund gerückt, weil diesem Ansatz die Zukunft gehört. Die einzelnen Elemente der Führung beeinflussen sich nicht nur gegenseitig (Interaktionsansatz) sondern sie sind im Führungskreislauf auf einen Erfolg ausgerichtet.

Die komplexen Gegebenheiten auf den europäischen Märkten und Weltmärkten, die Internationalisierung, der zunehmende Konkurrenzdruck und der stetige Wandel sorgen dafür, dass an die Leitung von Unternehmen immer höhere Anforderungen gestellt werden. Um diesen Anforderungen gerecht werden zu können, gilt auch für Manager das Prinzip des lebenslangen Lernens.

In einfacher, systematischer und kompakter Form werden die wesentlichen Merkmale der Unternehmensführung mit aktueller wissenschaftlicher Fundierung herausgearbeitet, um dem Leser einen Gesamtüberblick über diese Thematik zu geben. Die lernpsychologische Strukturierung der Inhalte dient dazu, dem Leser einen relativ schnellen Zugang zu dem komplexen Thema der Unternehmensführung zu verschaffen.

Anschaulichkeit, Klarheit und Verständlichkeit stehen dabei im Vordergrund. Die 400 Kontrollaufgaben bzw. -fragen und insgesamt 80 Übungsaufgaben wurden durchgesehen und aktualisiert. Zur Anregung und Vertiefung werden ein neues Literaturverzeichnis und ein neues Verzeichnis mit über 2.000 Stichworten angeboten. Dieses soll auch zur Ordnung der begrifflichen Vielfalt zum Thema Unternehmensführung beitragen.

Für diese Arbeit konnten meine Führungserfahrungen in der industriellen Praxis und Erkenntnisse aus meiner Tätigkeit als Mitglied des Prüfungsausschusses für Kunststoff und Kautschuk in Ludwigshafen genutzt werden. Nicht nur die dreißigjährige Tätigkeit als Lehrbeauftragter an der Fachhochschule Ludwigshafen (Auszeichnung in 2005 mit der Hochschulmedaille), sondern auch die Vorlesungen an der Berufsakademie Mannheim, die Dozententätigkeit an der Industrie- und Handelskammer Ludwigshafen (jeweils zwanzig Jahre) und die Erkenntnisse aus Diskussionen mit vielen Führungskräften in Seminaren kamen den Inhalten des Buches sehr zugute.

Das Buch versteht sich als eigenständiger Beitrag aus der Führungspraxis zur Führungslehre, wendet sich aber nicht nur an Manager, sondern vor allem auch an Dozenten und Studierende mit dem Fachgebiet Unternehmensführung.

Zu danken habe ich insbesondere Herrn Prof. Klaus Olfert für die gute Zusammenarbeit. Herrn Dipl.-Kfm. Wolfgang Schmitt bin ich für seine Vorarbeiten dankbar. Besonderer Dank gebührt meiner Frau Isolde für das Verständnis, das sie meiner umfassenden Autorentätigkeit immer entgegengebracht hat. Nicht zuletzt danke ich Herrn Dr. Torsten Hahn bzw. Herrn Dipl.-Kfm. Adolf Schmidt vom Kiehl Verlag für das fruchtbare Zusammenwirken bzw. Frau Wagner und Frau Münzenberger für die ideenreiche Gestaltung des Layouts.

Es konnten zahlreiche Anregungungen von Lesern berücksichtigt werden, wofür ich mich herzlich bedanke. Über weitere inhaltliche Anregungen bzw. Vorschläge und Ergänzungen zu dieser Arbeit würde ich mich sehr freuen.

Grünstadt, im Januar 2008   Horst-Joachim Rahn

BENUTZUNGSHINWEIS

Kontrollfragen

Die Kontrollfragen dienen der Wissenskontrolle. Sie finden sich am Ende eines jeden Kapitels. Zur Wissenskontrolle wird folgende Vorgehensweise vorgeschlagen:

- Beantwortung der Kontrollfragen und Vermerk in der Spalte »bearbeitet«.

- Vergleich der beantworteten Kontrollfragen mit den in der Spalte »Lösungshinweis« gegebenen Textstellen.

- Vermerk in der Spalte »Lösung«, ob die beantworteten Kontrollfragen befriedigend (+) oder unbefriedigend (-) gelöst wurden.

Aufgaben/Fälle

Die Aufgaben/Fälle im Übungsteil dienen der Wissens- und Verständniskontrolle. Auf sie wird jeweils im Textteil hingewiesen:

Der Übungsteil befindet sich als »blauer Teil« am Ende des Buches. Es wird empfohlen, die Aufgaben/Fälle unmittelbar nach Bearbeitung der entsprechenden Textstellen zu lösen.

Aus Gründen der Praktikabilität und besserer Lesbarkeit wird darauf verzichtet, jeweils männliche *und* weibliche Personenbezeichnungen zu verwenden. So können z.B. Mitarbeiter, Arbeitnehmer, Vorgesetzte grundsätzlich sowohl männliche als *auch* weibliche Personen sein.

INHALTSVERZEICHNIS

Übungsteil (Aufgaben/Fälle)

ABKÜRZUNGSVERZEICHNIS

AbfG	Abfallgesetz	DIN	Deutsche Industrie-Norm
AfA	Absetzung für Abnutzung	EDV	Elektronische Datenverarbeitung
AFG	Arbeitsförderungsgesetz		
AG	Aktiengesellschaft	EFZG	Entgeltfortzahlungsgesetz
AGB	Allgemeine Geschäftsbedingungen	EGBGB	Einführungsgesetz zum Bürgerlichen Gesetzbuch
AGG	Allgemeines Gleichbehandlungsgesetz	EGV	EG-Vertrag
		ERBG	Gesetz über Europäische Betriebsräte
AktG	Aktiengesetz		
AO	Abgabenordnung	ErbStG	Erbschaftsteuergesetz
ArbGG	Arbeitsgerichtsgesetz	EStDV	Einkommensteuer-Durchführungsverordnung
ArbNErfG	Arbeitnehmererfindungsgesetz		
		EStG	Einkommensteuergesetz
ArbPlSchG	Arbeitsplatzschutzgesetz	EStR	Einkommensteuer-Richtlinien
ArbSichG	Arbeitssicherheitsgesetz	EU	Europäische Union
ArbStättVO	Arbeitsstättenverordnung	Euro-AG	Europäische Aktiengesellschaft
ArbZG	Arbeitszeitgesetz		
ArbZRG	Arbeitszeitrechtsgesetz	EVO	Eisenbahnverkehrsordnung
Art.	Artikel	EWIV	Europäische Wirtschaftliche Interessenvereinigung
AStG	Außensteuergesetz		
AÜG	Arbeitnehmerüberlassungsgesetz	FuE	Forschung und Entwicklung
		GdbR	Gesellschaft des bürgerlichen Rechts
AWG	Außenwirtschaftsgesetz		
AWV	Außenwirtschaftsverordnung	GebrMG	Gebrauchsmustergesetz
AZO	Allgemeine Zollordnung	GenG	Genossenschaftsgesetz
AZO	Arbeitszeitordnung	GeschmG	Geschmacksmustergesetz
BAB	Betriebsabrechnungsbogen	GewO	Gewerbeordnung
BAG	Bundesarbeitsgericht	GewStDV	Gewerbesteuer-Durchführungsverordnung
BBiG	Berufsbildungsgesetz		
BDI	Bundesverband der Deutschen Industrie	GewStG	Gewerbesteuergesetz
		GewStR	Gewerbesteuer-Richtlinien
BDSG	Bundesdatenschutzgesetz	GG	Grundgesetz
BeschG	Beschäftigungsschutzgesetz	GmbH	Gesellschaft mit beschränkter Haftung
BetrVG	Betriebsverfassungsgesetz		
BewG	Bewertungsgesetz	GmbHG	Gesetz betreffend die GmbH
BfA	Bundesanstalt für Arbeit	GoB	Grundsätze ordnungsmäßiger Buchführung und Bilanzierung
BFH	Bundesfinanzhof		
BGB	Bürgerliches Gesetzbuch		
BGBl.	Bundesgesetzblatt	GrEStG	Grunderwerbsteuergesetz
BGH	Bundesgerichtshof	GüKG	Güterkraftverkehrsgesetz
BImSch	Bundesimmissionsschutzgesetz	GuV	Gewinn- und Verlustrechnung
		GWB	Gesetz gegen Wettbewerbsbeschränkungen
BStBl	Bundessteuerblatt		
BUrlG	Bundesurlaubsgesetz	HAG	Heimarbeitsgesetz
CIM	Computer Integrated Manufacturing	HGB	Handelsgesetzbuch
		HRefG	Handelsrechtsreformgesetz
DeBW	Der Betriebswirt	Hrsg.	Herausgeber
DIB	Deutsches Institut für Betriebswirtschaft	HWB	Handwörterbuch der Betriebswirtschaft
DIHT	Deutscher Industrie- und Handelstag	HWF	Handwörterbuch des Bank- und Finanzwesens

HWFü	Handwörterbuch der Führung
HWInt	Handwörterbuch Export und Internationale Unternehmung
HWM	Handwörterbuch des Marketing
HWÖ	Handwörterbuch der Öffentlichen Betriebswirtschaft
HWO	Handwörterbuch der Unternehmensführung und Organisation
HWP	Handwörterbuch des Personalwesens
HWPlan	Handwörterbuch der Planung
HWProd	Handwörterbuch der Produktionswirtschaft
HWR	Handwörterbuch des Rechnungswesens
HWRP	Handwörterbuch der Rechnungslegung und Prüfung
HWStR	Handwörterbuch des Steuerrechts und der Steuerwiss.
HWU	Handwörterbuch der Unternehmensrechnung und Controlling
IFRS	International Financial Reporting Standards
IHK	Industrie- und Handelskammer
InsO	Insolvenzordnung
JArbSchG	Jugendarbeitsschutzgesetz
KfW	Kreditanstalt für Wiederaufbau
KG	Kommanditgesellschaft
KGaA	Kommanditgesellschaft auf Aktien
KSchG	Kündigungsschutzgesetz
KStDV	Körperschaftsteuer-Durchführungsverordnung
KStG	Körperschaftsteuergesetz
KStR	Körperschaftsteuer-Richtlinien
KWG	Gesetz über das Kreditwesen
LStDV	Lohnsteuer-Durchführungsverordnung
LStR	Lohnsteuer-Richtlinien
MitbestG	Mitbestimmungsgesetz
MoMiG	Gesetz zur Modernisierung des GmbH-Rechts und zur Bekämpfung von Missbräuchen
MuSchG	Mutterschutzgesetz
OHG	Offene Handelsgesellschaft
OLG	Oberlandesgericht
OR	Operations Research
PartG	Partnerschaftsgesellschaft
PatG	Patentgesetz

PC	Personalcomputer
PerVG	Personalvertretungsgesetz
PflegeVG	Pflegeversicherungsgesetz
PPS	Produktions-Planung und -Steuerung
PublG	Publizitätsgesetz
REFA	Verband für Arbeitsstudien und Betriebsorganisation
RKW	Rationalisierungs-Kuratorium der Deutschen Wirtschaft
RoI	Return on Investment
ScheckG	Scheckgesetz
SGB	Sozialgesetzbuch
SGE	Strategische Geschäftseinheit
SGG	Sozialgerichtsgesetz
SprAuG	Sprecherausschussgesetz
StGB	Strafgesetzbuch
StPO	Strafprozessordnung
StVG	Straßenverkehrsgesetz
StVO	Straßenverkehrsordnung
StVZO	Straßenverkehrs-Zulassungsordnung
TVG	Tarifvertragsgesetz
TzBfG	Teilzeit- und Befristungsgesetz
UmwG	Umwandlungsgesetz
UmwStG	Umwandlungs-Steuergesetz
UStDV	Umsatzsteuer-Durchführungsverordnung
UStG	Umsatzsteuergesetz
UStR	Umsatzsteuer-Richtlinien
UWG	Gesetz gegen den unlauteren Wettbewerb
VermBG	Vermögensbildungsgesetz
VerpackV	Verpackungsverordnung
VGH	Verwaltungsgerichtshof
VOB	Verdingungsordnung für Bauleistungen
VRG	Vorruhestandsgesetz
VStG	Vermögensteuergesetz
VStR	Vermögensteuer-Richlinien
VVaG	Versicherungsverein auf Gegenseitigkeit
VVG	Versicherungsvertragsgesetz
VwGO	Verwaltungsgerichtsordnung
WG	Wechselgesetz
WiR	Wirtschaftsrecht
WP	Wirtschaftsprüfer
WZG	Warenzeichengesetz
ZG	Zollgesetz
ZollDA	Dienstanweisung zum Zollgesetz und zur Allgemeinen Zollordnung
ZPO	Zivilprozessordnung

A. GRUNDLAGEN

Der Untersuchungsgegenstand der Betriebswirtschaftslehre ist das **Unternehmen**, d. h. eine planmäßig organisierte Betriebswirtschaft, in der Güter bzw. Dienstleistungen beschafft, verwertet, verwaltet und abgesetzt werden.

Zur Lösung der vielfältigen Probleme, die mit der erfolgreichen Bewältigung des Unternehmensgeschehens in der Marktwirtschaft verbunden sind, ist die **Unternehmensführung** unverzichtbar. Die Führung von Unternehmen grenzt sich von der Führung in anderen Institutionen ab, z. B. von Behörden, Haushalten, Schulen bzw. Hochschulen.

Als Grundlagen der Unternehmensführung werden untersucht:

Grundlagen	Unternehmensführung
	Führungsforschung
	Rechtsrahmen

1. UNTERNEHMENSFÜHRUNG

Die Unternehmensführung ist die zielorientierte Gestaltung, Steuerung und Entwicklung eines Unternehmens (*Bleicher, Dillerup/Stoi, Hopfenbeck, Olfert/Pischulti, Schreyögg, Ulrich*). Sie wird von einem **Unternehmensleiter** ausgeübt, der als Unternehmer oder als Top-Manager das Unternehmensgeschehen steuert.

Sie kann als Gesamtheit derjenigen **Handlungen** der verantwortlichen Akteure interpretiert werden, welche die Gestaltung und Abstimmung der Unternehmens-Umwelt-Interaktion zum Gegenstand haben und diesen grundlegend beeinflussen (*Macharzina/Wolf*).

Die Führungsverantwortung der Unternehmensleitung richtet sich auf Gegebenheiten, die für das ganze Unternehmen von zentraler Bedeutung sind. Es ist vom Top-Management so zu führen, dass es in einer hochkomplexen und turbulenten **Umwelt** überleben kann (*Jung*).

Die Unternehmen sehen sich in einer Marktwirtschaft einem sich ständig verändernden wirtschaftlichen, technologischen und gesellschaftlichen **Wandlungsprozess** gegenüber, der ihre Gestaltung, Steuerung und Entwicklung für die Unternehmensleitung zu einer sehr anspruchsvollen Aufgabe werden lässt.

In der **Marktwirtschaft** sind die Unternehmen von ihrer Leitung so zu führen, dass sie erfolgreich sind (*Hungenberg/Wulf*). Nach *Körndörfer* bestimmt die Qualität der Unternehmensführung den Erfolg oder Misserfolg unternehmerischer Tätigkeit in hohem Maße. In den folgenden Kapiteln werden behandelt:

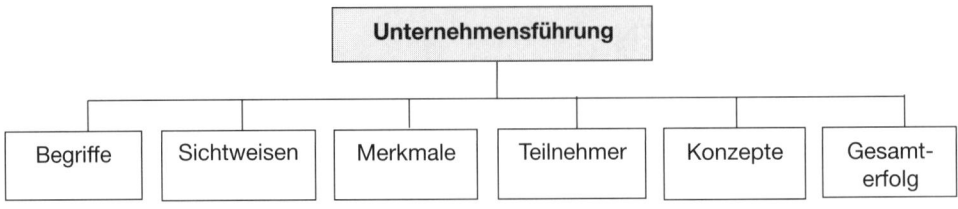

1.1 BEGRIFFE

In Theorie und Praxis werden im Rahmen der Unternehmensführung immer wieder folgende Begriffe hervorgehoben, die in direktem Zusammenhang zueinander stehen.

- **Management**
- **Führung und Leitung**
- **Kommunikation**
- **Macht**
- **Entscheidung**.

1.1.1 MANAGEMENT

Die Unternehmensführung wird im Regelfall mit dem gesamten Management (*Drucker, Malik*) gleichgesetzt. Dieser Begriff kann als Tätigkeit im Sinne des Managens oder als Institution im Sinne des Top, Middle oder Lower Managements gesehen werden (*Staehle, Steinmann/Schreyögg*).

Folgende **Formen des Managements** sind – außer den aktuellen Management-Konzepten (vgl. Kapitel 1.5) – zu unterscheiden:

- Das **Account-Management**, das ein kundenorientiertes Management ist. Der Grund für seine Entwicklung liegt in der zunehmenden wirtschaftlichen Konzentration. Den produzierenden Unternehmen stehen immer weniger marktmächtige Abnehmer gegenüber, sodass die Account-Manager hier ihre Kommunikationschancen nutzen (*Meffert*).

- Das **Cash-Management**, das alle Maßnahmen einer sachgerechten Kassendisposition des Unternehmens umfasst und wesentlicher Bestandteil der kurzfristigen Finanzplanung ist. Ursprünglich stand das Ziel im Vordergrund, die Zahlungsfähigkeit des Unternehmens in jedem Zeitpunkt sicherzustellen (*Steiner*).

- Das **Change-Management**, das durch den ständigen Wandel im Wirtschaftsleben zu einem bedeutsamen Konzept geworden ist. Permanente Umweltveränderungen stellen das Management vor immer neue Herausforderungen, die Maßnahmenprogramme zur Initiierung und Umsetzung von Veränderungen erfordern (*Gattermeyer/Al-Ani*).

- Das **Krisenmanagement**, das der Vermeidung bzw. Bewältigung negativer Entwicklungen von Unternehmen dient. Es ist vor allem für krisenanfällige Unternehmen eine permanente Managementaufgabe. Nach *Krystek* wird die Bedeutung des Krisenmanagements zunehmen. Im Extremfall kann von **Chaosmanagement** gesprochen werden (*Jung*).

- Das **Risikomanagement**, das alle Maßnahmen umfasst, die der Handhabung von Risiken dienen. Dazu gehört eine Bestandsaufnahme aller relevanten Risiken (*Ehrmann*). Sie sind mit der Ungewissheit der Zukunft zu begründen. Es versucht, die Risikowirkungen zu bewerten und Risiken zu bewältigen. Es wird auch **Risk Management** genannt (*Macharzina/Wolf*).

- Das **Sicherheitsmanagement**, das auf den umfassenden Schutz von Menschen und auf die eingesetzten Materialien bzw. die Produktionsverfahren ausgerichtet ist. Die traditionellen Sicherheitskonzepte betonen die Arbeitssicherheit, die **Unfallverhütung**, den **Gesundheitsschutz** und den **Informationsschutz** (*Brands, Heinrich/Lehner*).

  Die modernen Konzepte beschäftigen sich mit der Produkthaftung und der Umwelthaftung. Hier sind das Produkthaftungsgesetz und das Umwelthaftungsgesetz zu beachten (*Oeldorf/Olfert, Müller*).

- Das **Selbstmanagement**, welches das Planen und Umsetzen situationsspezifischer Arbeits- und Verhaltenstechniken im Leben, bei der Arbeit (*Seiwert*) und im Studium (*Meier*) bezeichnet. Hier geht es z.B. um Zeitmanagement, Gruppenarbeit und Anti-Stress-Training (*Crisand/Lyon*).

- Das **Wissensmanagement** als Managementpraktiken, die darauf abzielen, das gegebene Wissen im Unternehmen einzusetzen und zu entwickeln, um die gegebenen Ziele des Unternehmens erreichen zu können (*Bodendorf, Güldenberg*). Es kann auch von wissensorientierter Unternehmensführung gesprochen werden (*Dillerup/Stoi, North*).

1.1.2 FÜHRUNG UND LEITUNG

Zu den Hauptaufgaben eines jeden Vorgesetzten gehören Führung und Leitung. Sie werden in der **Betriebswirtschaftslehre** (*Hentze/Graf/Kammel/Lindert, Staehle, Weibler*) und in der **Psychologie** (*Metzger, Myers, Zimbardo/Gerrig*) unterschiedlich definiert.

Wird die **Führung** als die Beeinflussung von Personen (Leadership) bzw. Unternehmen (Management) interpretiert, dann lässt sich die Führung in Personalführung und Unternehmensführung unterteilen. Mit den umfassenden Problemstellungen der **Führung von Menschen** beschäftigen sich die:

- **Organisationspsychologie** (*v. Rosenstiel, Gebert/v. Rosenstiel, Weinert*)
- **Personalpsychologie** (*Schuler*)
- **Sozialpsychologie** (*Aronson/Wilson/Akert, Schuster/Frey, Stroebe/Jonas/Hewstone*)
- **Führungspsychologie** (*Crisand/Raab, Leavitt , Liebel, Rahn, Stroebe*).

Der Begriff Führung lässt sich nicht eindeutig vom Terminus Leitung abgrenzen. Die **Leitung** wird eher im Sinne formaler Macht interpretiert, während die Führung eher personenbezogen hinsichtlich des Erlebens von Führung erklärt wird (*Weibler*).

Leitung kann aber auch im institutionellen Sinne z.B. als Unternehmensleitung und Führung im funktionalen Sinne verstanden werden, z.B. als konkretes Tun. Häufig werden die Begriffe Führung und Leitung auch synonym verwendet.

Wird der Begriff der Leitung im **institutionellen Sinne** gebraucht, dann sind unter Einbezug der Führungsebenen zu unterscheiden:

- Der **Unternehmer**, der als Eigentümer und eigenverantwortlicher Leiter eines Einzelunternehmens bzw. zu umfassenden Entscheidungen befugt ist. Er hat die Verfügungsgewalt über den Gewinn und trägt allein das unternehmerische Risiko.

- Der **Unternehmensleiter**, dem z.B. als Vorstand in einer Aktiengesellschaft oder als Geschäftsführer in der GmbH die laufende Führung der Geschäfte eines Unternehmens als Top-Manager auf oberster Ebene obliegt.

- Der **Bereichsleiter**, der z.B. als Prokurist oder Handlungsbevollmächtigter auf der mittleren Führungsebene des Unternehmens tätig ist. Er führt seinen Bereich als Hauptabteilungsleiter oder als Abteilungsleiter.

- Der **Gruppenleiter**, der auf der unteren Führungsebene z.B. als Fachkaufmann, Meister oder Büroleiter agiert. In größeren Unternehmen werden je nach Umfang der Führungsaufgaben auch Untergruppenleiter eingesetzt.

Diese Leiter sind **Vorgesetzte**, die anderen Mitarbeitern Weisungen erteilen dürfen. Sie besetzen als Instanzeninhaber Stellen mit Leitungsbefugnis. Aus verschiedenen nachgelagerten Instanzen kann sich ein Instanzenweg ergeben. Der Vorgesetzte selbst kann einem anderen Vorgesetzten als Mitarbeiter unterstellt und der ihm zugeordnete Mitarbeiter kann ebenfalls wieder ein Vorgesetzter sein.

1.1.3 KOMMUNIKATION

Die Kommunikation ist der Austausch von Informationen zwischen Menschen und/oder Maschinen (*Franken, Jung, Pepels, Staehle*). Sie ist eine der bedeutsamsten Aufgaben der Unternehmensführung (*Hungenberg/Wulf*). Die Führung ist ohne Kommunikation nicht denkbar. Als **Arten der Kommunikation** gelten:

- Die **personale Kommunikation** ist eine soziale Kommunikation, die der gegenseitigen Information von Personen dient und in formaler Interpretation (horizontal, vertikal und diagonal) auch **Personalkommunikation** genannt wird. Es sind zu unterscheiden:

Verbale Kommunikation	Sie beschafft vor allem Informationen auf der Inhaltsebene, z.B. durch Gefühlsäußerungen bzw. Emotionen in einem Gespräch oder in einer Konferenz.
Nonverbale Kommunikation	Sie wird vor allem als Information auf der Beziehungsebene vermittelt, z.B. durch Körperbewegungen (Gestik und Mimik) und Sprechverhalten (Pausen).

Die Wirksamkeit der sozialen Kommunikation wird durch Missverständnisse zwischen den Partnern beeinflusst. Möglichkeiten zur Verbesserung der sozialen Kommunikation auf der Seite des Informationsgebers sind z. B. Dosierung der Informationsmenge, Wiederholung der Information, empfängerorientierte Formulierungen.

Auf der Seite des Informationsnehmers kann die soziale Kommunikation durch aktives Zuhören und Mitdenken verbessert werden.

- Die **technische Kommunikation** stellt einen Austauschprozess zwischen einem Sender bzw. Empfänger dar. Sie kann im Unternehmen über verschiedene Medien betrieben werden, z. B.:

Computer	Die Kommunikation erfolgt mithilfe des Personalcomputers oder **Großrechners**. Diese Kommunikationsart ist aus der Unternehmenswelt nicht mehr wegzudenken.
Telex	Dieser **Fernschreib-Dienst** ist eine weltweit verbreitete Form der Telekommunikation. Der Fernschreiber arbeitet mit dem standardisierten Telegraphenalphabet.
Telefax	Über den **Fernkopier-Dienst** wird eine schnelle Übermittlung von Texten und Grafiken über eine beliebige Entfernung hinweg möglich.
Telebox	Es handelt sich um einen **elektronischen Briefkasten**, in dem ein Teilnehmer einem anderen Teilnehmer Mitteilungen hinterlassen kann, wenn dieser beruflich unterwegs ist.
ISDN-Dienste	Mit dem **I**ntegrated **S**ervices **D**igital **N**etwork werden mehrere Endgeräte (Telefon, Telefax, Teletex, btx) mit einer einheitlichen Rufnummer über eine universelle Steckdose versorgt.
Internet	Dies ist ein weltumfassendes **Netzwerk**, aus dem viele verschiedene Informationen abrufbar sind, z. B. über Literatur, Reisen, Shopping, Computer, Gesundheit und Banking.
E-Mail	Über das Internet können weltweit Informationen versandt werden. Empfangene **Nachrichten** werden für den Benutzer des PC zunächst zentral gespeichert und können dann abgerufen, gelesen, beantwortet bzw. gelöscht werden.

Die systematische Planung, Realisierung und Kontrolle von gegenseitigen Informationen ist im Unternehmen Aufgabe des **Kommunikationsmanagements** (*Mast, Oelert, Schmid/Lyczek*). Die Bedeutung der **Unternehmenskommunikation** wird künftig zunehmen.

1.1.4 Macht

Als Macht wird die Chance bezeichnet, innerhalb einer sozialen Beziehung den eigenen Willen auch gegen Widerstände durchzusetzen (*Neuberger, Richter, Max Weber*). Sie basiert vor allem auf dem tatsächlichen Ausgeliefertsein des Beherrschten und auf der Überlegenheit des Herrschenden. Im Rahmen der Unternehmensführung können u. a. folgende **Arten** der Macht unterschieden werden (*Steinmann/Schreyögg*):

- Die **Legitimationsmacht**, die sich aus der hierarchischen Ordnung des Unternehmens ergibt. Grundlagen der Macht sind die hierarchische Position des Führenden sowie Normen und Werte, die dem Vorgesetzten Einfluss geben. Die Unterstellten erkennen die formale Ordnung an und sehen es als ihre Pflicht, den Weisungen des Vorgesetzten zu folgen.

- Die **Expertenmacht**, die sich auf die fachliche Qualifikation des Vorgesetzten bezieht. Die Mitarbeiter erkennen ihren Vorgesetzten als Fachmann an, wenn er Informationsvorteile nachweist. Die Expertenmacht ist um so gefestigter, je größer die Sachkenntnis des Vorgesetzten auf einem bestimmten Gebiet ist. Experten gibt es auf allen Ebenen des Unternehmens.

- Die **Belohnungsmacht**, welche darauf beruht, dass der Führende den Mitarbeitern Belohnungen gewährt oder versagt. Als materielle Belohnungen gelten z. B. Lohn- bzw. Gehaltserhöhungen, während immaterielle Belohnungen z.B. Lob und Anerkennung betreffen. Die Führungskraft kann aber auch Sanktionen erteilen, z.B. eine Abmahnung.

Die Macht beeinflusst im Unternehmen sowohl die menschliche **Leistung** als auch die **Ziele** der Organisation in hohem Maße (*Weinert*).

1.1.5 ENTSCHEIDUNG

Nach *Heinen* ist die Entscheidung ein Akt der Willensbildung, bei der ein Mensch sich entschließt, etwas so und nicht anders zu tun. Dabei verfügt er über mehrere Handlungsalternativen zwischen denen er zu entscheiden hat (*Kahle*). Es gibt:

- Die **Entscheidungsträger**, das sind jene Personen oder Personenmehrheiten, die die betriebliche Willensbildung beeinflussen und Entscheidungprobleme zu lösen haben:

Unternehmensleiter	Ihm obliegt als Top-Manager an der Spitze der Führungshierarchie die Unternehmensführung, z.B. für 5 Jahre als Vorstand einer AG.
Unternehmer	Er leitet ein Einzelunternehmen selbstständig bzw. eigenverantwortlich. Er trägt allein das persönliche Risiko und das Kapitalrisiko.
Aufsichtsrat	Er ist ein vom Gesetzgeber vorgeschriebenes Organ des Unternehmens, das in einer AG auf höchster Ebene z.B. den Jahresabschluss prüft.

Führungskräfte	Sie haben als Vorgesetzte die Aufgabe, die ihnen unterstellten Mitarbeiter zum Erfolg zu führen, z.B. als Bereichs- oder Gruppenleiter.
Mitarbeiter	Sie sind als unterstellte Arbeitnehmer eines Unternehmens weisungsgebunden und haben die Aufträge ihrer Vorgesetzten zielgemäß zu erfüllen.
Betriebsrat	Er ist für vier Jahre das zuständige Vertretungsorgan der Arbeitnehmer in einem Unternehmen, dass mindestens fünf Arbeitnehmer ständig beschäftigt.

Da die Entscheidungsträger bei der Lösung betrieblicher Probleme unterschiedliche Interessen vertreten, sind Konflikte nicht auszuschließen.

- Die **Entscheidungstechniken**, die von den Entscheidungsträgern zur Bewältigung ihrer Aufgaben im Unternehmen eingesetzt werden (*Olfert, Schmidt*), z. B.:

  ▶ Die **Entscheidungstabellen** sind Hilfsmittel zur Analyse und Beschreibung von Entscheidungssituationen und bilden ein Dokumentationsmittel der Prozessorganisation.

  ▶ Der **Entscheidungsbaum** ist eine grafische Darstellung, mit der ein mehrstufiges, komplexes Entscheidungsproblem dargestellt und beschrieben wird (*Ehrmann*).

  ▶ Die **Entscheidungsmethoden** sind Verfahren, die die Art und Weise des Entscheidens kennzeichnen, z.B. intuitive, rationale und mathematische Methoden (vgl. Kap. B 1.2.2).

- Der **Entscheidungsprozess**, der den Ablauf einer Entscheidung darstellt. Er beginnt mit dem Erkennen der Notwendigkeit einer Entscheidung und besteht aus folgenden wesentlichen Phasen (*Heinen*):

Willensbildung	Sie dient der Gewinnung und Erarbeitung von Informationen. Sie entspricht der Planung und besteht aus der Anregung, Suche und Entscheidung. Alternative Lösungsmöglichkeiten werden beurteilt und die vorteilhafteste Lösung wird ausgewählt.
Willensdurchsetzung	Sie beinhaltet die Verwirklichung der gewählten Alternative. Die ausführenden Personen werden entsprechend geführt, z. B. durch Kommunikation als Gespräche, Verhandlungen, Konferenzen bzw. durch Erteilung von Weisungen, in Form von Anordnungen.

Die **Arten** der Entscheidungen lassen sich nach den verschiedenen Unternehmensebenen in strategische, taktische und operative Entscheidungen einteilen – siehe Kapitel E.

1.2 Sichtweisen

Die Unternehmensführung wird in der Betriebswirtschaftslehre aus unterschiedlicher Sicht interpretiert. Sie kann grundsätzlich institutional, funktional und dimensional verstanden werden (vgl. *Bleicher, Olfert/Pischulti, Schreyögg*):

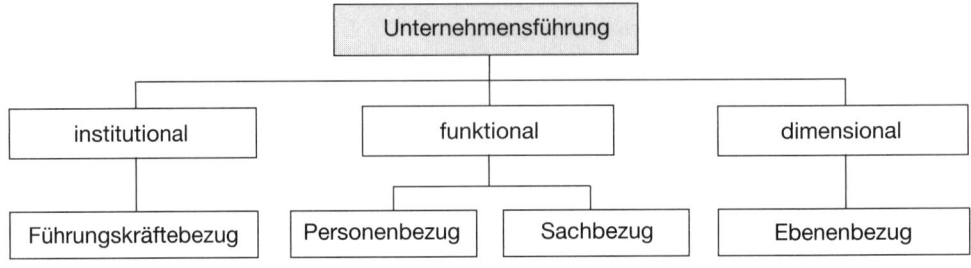

Die obigen Interpretationen der Unternehmensführung sind nicht losgelöst voneinander, sondern im Zusammenhang zu sehen. Es sind zu unterscheiden:

- Die **institutionale Sicht** der Unternehmensführung, welche die Gesamtheit der betrieblichen Führungskräfte umfasst, die die Aufgabe haben, ihre Mitarbeiter erfolgreich zu führen. Es geht einerseits um die **Führungskräfte** (Leader), die anderen Personen Weisungen erteilen können und andererseits um die **Unternehmensverfassung**, die im englischen Sprachraum als corporate governance bezeichnet wird (*Hummel/Zander, Hungersberg/Wulf, Schreyögg*).

- Die **personenbezogene Sicht** der Unternehmensführung, welche direkt mit der **Personalführung** verbunden ist, die als ziel- und erfolgsgerichtete Beeinflussung der Mitarbeiter durch Vorgesetzte interpretiert werden kann und ein eigenständiges Betrachtungsfeld der Unternehmensführung darstellt (*Franken, Richter, Weibler*).

  Die **Personalführung** bedeutet für die Führungskraft, unter Einsatz von Führungsinstrumenten und unter Berücksichtigung der Führungsziele bzw. der Situation, das betriebliche Personal auf einen gemeinsam zu erzielenden Erfolg hin zu beeinflussen (*Olfert/Rahn, Rahn*). Im englischen Sprachraum wird von **Leadership** gesprochen (*Dillerup/Stoi, Neuberger, Weibler*).

  Die personenorientierten Führungsaufgaben beziehen sich eher auf die **Mitarbeitermotivation**, Gruppenführung bzw. Arbeitszufriedenheit und sind deshalb Ausdruck der Kohäsionsfunktion (*Lukascyk*). Sie führen zu personenorientierten Führungsprozessen (vgl. Kap. D 1.2.4).

- Die **sachbezogene Sicht** der Unternehmensführung, welche die Gesamtheit aller Bestimmungshandlungen betrachtet, die das Verhalten des Systems Unternehmen festlegen und auf ein übergeordnetes Gesamtziel hin ausrichten (*Ulrich*).

  Hier besteht ein direkter Bezug zu sachlich-rationalen Tatbeständen, die sich z.B. in aufgabenbezogenen, struktur- und prozessorientierten **Managementaspekten** niederschlagen. Diese Führungsaufgaben sind Ausdruck der Lokomotionsfunktion (*Lukascyk*) und werden zu sachorientierten Führungsprozessen (vgl. Kap. D 1.2.4).

- Die **dimensionale Sicht** der Unternehmensführung, die in der Betriebswirtschaftslehre unterschiedlich interpretiert wird. *Bleicher* stellt als Dimensionen der Führung die institutionellen Formen der Unternehmens- und Gruppenführung den originären und derivativen Aufgaben der Führung gegenüber.

  Nach *Müller-Stevens* können im Unternehmen prozessuale, strukturelle und personelle Dimensionen unterschieden werden.

In den später folgenden Hauptkapiteln dieses Buches sollen folgende **Dimensionen** der Unternehmensführung hervorgehoben und mit den betrieblichen Führungsebenen verbunden werden:

Bezug / Ebenen	Aufgaben-bezug	Personen-bezug	Struktur-bezug	Prozess-bezug
Obere Führungsebene	Unternehmens-leitung	Gesamt-führung	Gesamt-organisation	Gesamtführungsprozesse
Mittlere Führungsebene	Bereichs-leitung	Bereichs-führung	Bereichs-organisation	Bereichsführungsprozesse
Untere Führungsebene	Gruppen-leitung	Gruppen-führung	Gruppen-organisation	Gruppenführungsprozesse

1.3 MERKMALE

Es können verschiedene Merkmale **erfolgreicher Unternehmensführung** unterschieden werden, die sich in den Führungsebenen, den Führungsdimensionen und bestimmten Führungsmerkmalen äußern.

Daraus ergibt sich folgender »**Führungswürfel**«:

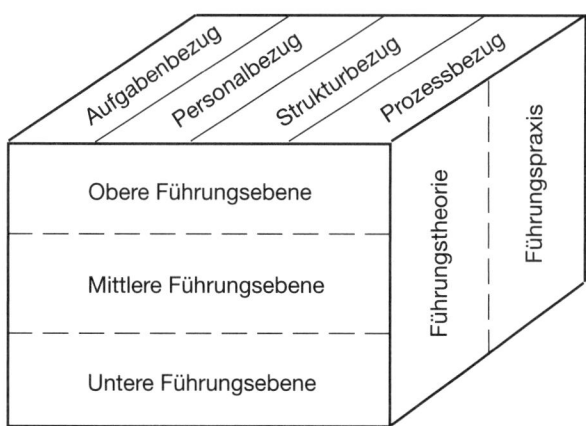

Diese Darstellung eines **Würfels** verdeutlicht, dass das Top-, Middle- und Lower-Management sowohl aus der Sicht der Führungspraxis als auch aus theoretischer Sicht betrachtbar sind. Die betrieblichen Führungsebenen sollen in den folgenden Kapiteln aufgaben-, personen-, struktur- und prozessorientiert analysiert werden.

Es sind im Hinblick auf die **Unternehmensführung** zu unterscheiden:

- **Ebenen**
- **Dimensionen**
- **Theorie/Praxis**.

1.3.1 Ebenen

Die Ebenen des Unternehmens gelten als eines der bedeutendsten Merkmale zur Erklärung von Führung. Eine **Führungsebene** ist ein strukturelles Merkmal, das eine Stufe der gesamten betrieblichen Organisationsstruktur verkörpert. Die betriebswirtschaftliche Literatur unterscheidet folgende Führungsebenen:

- Die **normative**, **strategische** und **operative Ebene** nach *Bleicher, Dillerup/Stoi* und *Hugenberg/Wulf*. Die normative Ebene beschäftigt sich mit den generellen Zielen, mit Prinzipien, Normen und Spielregeln, die darauf ausgerichtet sind, die Lebens- und Entwicklungsfähigkeit des Unternehmens zu ermöglichen.

  Diese Führungsebene wird hier von der strategischen Führungsebene abgekoppelt, die auf den Aufbau, die Pflege und die Ausbeutung von Erfolgspotenzialen gerichtet ist. Normatives und strategisches Management finden ihre Umsetzung im operativen Vollzug (*Bleicher*).

  Kritisch ist hier festzustellen, dass in Großunternehmen nicht auf die mittlere Führungsebene verzichtet werden sollte, die das bedeutsame Bindeglied zwischen Top Management und Lower-Management darstellt. In der Führungspraxis entscheidet das Top-Management sowohl über die Ausgestaltung des normativen Rahmens als auch über die Strategien des Unternehmens. Einem Verzicht auf die mittlere Führungsebene und der Überstellung einer normativen Ebene über die strategische Ebene wird deshalb hier nicht gefolgt.

- Die **strategische** und die **operative Ebene**, die vor allem von Wissenschaftlern des englischsprachigen Raums favorisiert werden (*Mintzberg, David*). Auf der strategischen Managementebene trifft das Top Management Führungsentscheidungen, die vom Lower-Management auf der operativen Ebene umzusetzen sind. Die Unternehmensleitung hat die Aufgabe, das strategische und das operative Denken zu integrieren (*Kreikebaum*).

  Zu Recht wird hier die strategische Ebene keiner normativen Zusatzebene untergeordnet. Aus führungspraktischer Sicht ist außerdem anzumerken, dass zumindest die Träger von Entscheidungen in Großunternehmen ohne **Middle**-Management nicht erfolgreich agieren können.

- Die **strategische**, **taktische** und **operative Ebene**, die von einer Vielzahl von Autoren bevorzugt wird (u.a. *Bamberger/Wrona, Knöll/Schulz-Sacharow/Zimpel*). Die besondere Bedeutung der taktischen Führungsebene besteht darin, dass sie im Großunternehmen die unverzichtbare Bindung zwischen der strategischen und der operativen Ebene bildet.

  Die Entscheidungen des Middle Managements basieren auf denen des Top-Managements. Dem Lower Management obliegt es dafür zu sorgen, dass die von der strategischen Ebene vorgegebenen Ziel und Pläne in konkrete Maßnahmen übergeleitet werden (*Olfert/Pischulti*).

  Die hervortretende Bedeutung dieser drei zuletzt genannten Führungsebenen wurde in der Literatur bereits frühzeitig erkannt, u.a. *Wild* (1974), *Töpfer* (1976), *Horváth* (1979) und *Pfohl* (1981). Eine sehr aufschlussreiche Übersicht über mögliche Handlungsebenen lieferten *Hentze/Brose* bereits 1985.

Als Ebenen der Unternehmensführung werden deshalb betrachtet:

- Die **ober(st)e Führungsebene**, auf der z.B. Unternehmer, Vorstandsmitglieder, geschäftsführende Gesellschafter bzw. Geschäftsführer agieren. Als **Unternehmensleiter** entwickeln sie im Rahmen der **strategischen** Führung Strategien und Ziele, damit das Unternehmen zum Erfolg kommt. Dabei sind sie für die Gesamtführung, Gesamtorganisation und für die erfolgreiche Abwicklung der Gesamtführungsprozesse verantwortlich.

- Die **mittlere Führungsebene**, auf der die Entscheidungen der Unternehmensleiter durch die **Bereichsleiter** im Rahmen der **taktischen** Führung umgesetzt werden. Diese haben die Aufgabe, zwischen den Interessen der Unternehmensleitung und den Interessen der Basis zu vermitteln. Die Bereichsleiter sind für die Bereichsführung, Bereichsorganisation und die erfolgreiche Abwicklung der Bereichsführungsprozesse zuständig.

- Die **untere Führungsebene**, auf der die obigen Entscheidungen im Rahmen der **operativen** Führung von **Gruppenleitern** umgesetzt werden. Sie haben als Fachkaufleute, Werkstattleiter, Meister oder Büroleiter die Aufgabe, zwischen den ihnen übergelagerten Ebenen und der Basis eine Mittlerrolle zu spielen. Sie sind für die Gruppenführung, Gruppenorganisation und die erfolgreiche Abwicklung der Gruppenführungsprozesse verantwortlich.

Auf der **Ausführungsebene** werden die Entscheidungen der Führungskräfte an der Basis umgesetzt. Hier erledigen Arbeiter und Angestellte ihre Ausführungsaufgaben. Sie arbeiten mit ihren Vorgesetzten häufig im Team zusammen. Auf dieser Ebene werden ganz unterschiedliche Verrichtungsaufgaben wahrgenommen, z.B. im Material-, Fertigungs-, Marketing-, Finanz-, Personal-, Informationsbereich und im Rechnungswesen.

Die Bedeutung der verschiedenen **Führungsebenen** wird vor allem dann erkennbar, wenn sie in direkten Zusammenhang mit weiteren Einflussfaktoren gebracht werden, die als Dimensionen bezeichnet werden können.

02 ⟩⟩ Seite 433

1.3.2 Dimensionen

Dimensionen sind hier Teilgebiete sehr komplexer Themenbereiche, die sich auf die Führung eines Unternehmens beziehen. Es können folgende Dimensionen der Unternehmensführung unterschieden werden:

- Die **aufgabenbezogene Unternehmensführung**, welche die tätigkeitsbezogene Gestaltung, Steuerung und Entwicklung auf den verschiedenen Ebenen des Unternehmens umfasst. Hier agieren je nach Bereich unterschiedliche Aufgabenträger der Unternehmens-, Bereichs-, Gruppenleitung.

- Die **personenbezogene Unternehmensführung**, welche die **Personalführung** betrifft. Sie ist die ziel- und situationsbezogene Beeinflussung der Mitarbeiter, die unter

Einsatz von Führungsinstrumenten auf einen gemeinsam zu erzielenden Erfolg hin ausgerichtet ist. Hier gibt es – je nach Ebene – die Gesamtführung, Bereichs-, Gruppen- und Individualführung.

- Die **strukturbezogene Unternehmensführung**, welche sich mit der organisatorischen Gestaltung, Steuerung und Entwicklung auseinander setzt. Sie bezieht sich z.B. auf die Organisationssysteme, Organisationsformen und Organisationskonzepte und umfasst die Gesamt-, Bereichs-, und Gruppenorganisation.

- Die **prozessbezogene Unternehmensführung**, welche die betriebliche Gestaltung, Steuerung und Entwicklung am sachbezogenen Führungsprozess ausrichtet. Diese besteht – je nach Ebene – aus der Zielsetzung, Planung, Realisierung, Kontrolle und Steuerung des Geschehens. Hier gibt es Gesamtführungs-, Bereichsführungs- und Gruppenführungsprozesse.

Die Unternehmensführung ist auf den **Unternehmenserfolg** ausgerichtet, der vom **Führungserfolg** und **Mitarbeitererfolg** zu unterscheiden ist (vgl. Kap. A 1.6 bzw. B 1.6).

1.3.3 Theorie/Praxis

Die Unternehmensführung wird in Theorie und Praxis recht unterschiedlich interpretiert. Die moderne Lehre der Unternehmensführung versteht sich als eine interdisziplinäre **Wissenschaft** (*Macharzina, Staehle, Steinmann/Schreyögg, Wunderer*).

Außer betriebswirtschaftlichen Erkenntnissen werden z. B. auch Ergebnisse der Organisations-, Personal-, Sozial- bzw. Führungspsychologie, der Betriebspädagogik, der Betriebssoziologie, der Betriebstechnik, Rechts- und Arbeitswissenschaft einbezogen.

Dabei werden wissenschaftliche Aktivitäten als Prozesse zur Entwicklung von **Theorien** gesehen. Diese sollen an der Realität überprüft werden. Daraus ergibt sich, ob eine Theorie angenommen, verworfen oder zweckentsprechend angepasst wird.

Jede **Wissenschaft** hat die Aufgabe, aussagefähige Theorien zu entwickeln, die beim Nachdenken über Phänomene helfen und Zusammenhänge erklären bzw. zukünftige Ereignisse voraussagen können.

- Die **Führungslehre** gliedert sich in die Betriebswirtschaftslehre ein und umfasst ein pädagogisch aufbereitetes System von wissenschaftlichen Führungsinhalten, die auf den Erkenntnissen der **Führungsforschung** basieren.

  Es gibt **Führungsmodelle**, die kompakte Informationen darüber enthalten, wie die Führung im Unternehmen erfolgen soll. Lehre und Forschung sind bemüht, den neuesten Stand der Führungslehre zu sichern (*Hentze/Graf/Kammel/Lindert, Hopfenbeck, Reber, Wunderer*).

- Eine **Führungstheorie** ist ein System wissenschaftlicher Aussagen über eine »gesetzmäßige« Ordnung. Sie sollen anwendungsorientiert sein und Erkenntnisse vermitteln. Der Sinn einer Führungstheorie liegt in ihrer Anwendung, in der Prognose und vor allem in der Erklärungsleistung. Die Führungstheorie steht in enger Verbindung zur **Führungsforschung** (siehe ausführlich Kapitel A 2).

Insbesondere die **Wissenschaftstheorie** setzt sich mit der methodisch ausgewogenen Gestaltung von Theorien intensiv auseinander (*Albert, Opp, Popper, Raffée, Schanz*). Als grundlegendes Muster zur Gestaltung von Theorien gilt das *Hempel-Oppenheim*-Schema:

These	Sie wird auch **nomologische Hypothese** genannt und ist als Wenn-dann-Beziehung zu formulieren. Beispiel für ein »Gesetz« aus der Gruppenführung: Wenn Mitarbeiter leistungsstark sind, dann benötigen sie einen fördernden Führungsstil.
Bedingung	Sie verdeutlicht als **Antecendensbedingung** die Prämisse(n), unter denen die wissenschaftliche These gültig ist. Die Bedingung liefert Aussagen über Einzelheiten der wenn-Komponente obiger These. Beispiel: Mitarbeiter A erbringt über viele Jahre hinweg hervorragende Leistungen.
Erklärung	Sie beinhaltet die genauere Erläuterung der dann-Komponente obiger Hypothese. Sie wird auch **Explanandum** genannt. Beispiel: Mitarbeiter A benötigt besondere Arbeitsanreize. Das **Explanans** als Erklärung eines Phänomens besteht aus der These und den gegebenen Bedingungen.

Werden diese Anforderungskriterien von einem Aussagensystem nicht erfüllt, sollte von **Führungsansätzen** und nicht von Führungstheorien gesprochen werden (*Opp*).

Veröffentlichungen zeigen, dass wissenschaftstheoretische Grundlagen auch im Hinblick auf das **Personalmanagement** diskutiert werden (*Schauenberg*).

• Gegenüber der Theorie zeigt die **Führungspraxis** Gegebenheiten der betrieblichen Wirklichkeit auf. Aus ihr leitet sich die tätige Auseinandersetzung von Managern mit der Realität der Unternehmensführung ab.

Praktiker müssen oft unter hohem Zeitdruck entscheiden und insbesondere innovativ tätig sein. Handeln bleibt deshalb in der **Unternehmenspraxis** ein schöpferischer Vorgang, der nicht selten auf schwierigen Entscheidungen basiert.

Jedes Unternehmen muss eigene Zielsetzungen entwickeln, die auf die speziellen betrieblichen Bedürfnisse zugeschnitten sind. Den einzig besten Weg der Unternehmensführung gibt es nicht.

03 〉〉 Seite 433

1.4 TEILNEHMER

Im Unternehmen selbst, der betrieblichen Umwelt, dem Beschaffungs- und Absatzmarkt gibt es viele Teilnehmer, die mit unterschiedlichen Interessenlagen die Entscheidungen der Unternehmensleitung verfolgen. Als Teilnehmer sind zu unterscheiden (*Olfert/Rahn*):

• **Interne Teilnehmer**

• **Externe Teilnehmer**.

1.4.1 INTERNE TEILNEHMER

Die internen Teilnehmer beeinflussen das Unternehmensgeschehen von innen heraus. Es können folgende interne Träger der Führung unterschieden werden:

- **Eigentümer**, die das erforderliche Eigenkapital weiter bereitstellen, wenn die Entscheidungen der Unternehmensleitung zum Erfolg führen.

- **Aufsichtsrat**, der in Kapitalgesellschaften die Interessen der Eigenkapitalgeber gegenüber der Unternehmensleitung wahrzunehmen hat.

- **Führungskräfte**, die als Bereichs-, Abteilungs-, Gruppenleiter oder als sonstige Vorgesetzte betriebliche Führungsaufgaben wahrnehmen.

- **Mitarbeiter**, die als ausführendes Personal die Entscheidungen der Unternehmensleitung bzw. der Führungskräfte in das Unternehmensgeschehen umsetzen.

- **Betriebsrat**, der als Interessenvertreter der Arbeitnehmer auf die Einhaltung der gesetzlichen Bestimmungen im Unternehmen achtet (*Gaugler, Kotthoff*).

1.4.2 EXTERNE TEILNEHMER

Die **externen Teilnehmer** wirken von außen auf das Unternehmen ein. Deshalb sind sie dem betrieblichen Umfeld zuzurechnen. Folgende externe Teilnehmer verfolgen mit unterschiedlichen Interessenlagen die Entscheidungen der Unternehmensleitung:

- **Kunden**, die als inländische bzw. ausländische Unternehmen oder als Haushalte die Produkte des Unternehmens kaufen bzw. die Dienstleistungen nutzen.

- **Lieferanten**, die dem Unternehmen die im In- und Ausland zu besorgenden Werkstoffe, Betriebsmittel und Dienstleistungen beschaffen, also Warenlieferanten.

- **Öffentlichkeit**, die durch die **Medien** (z. B. Zeitung, Hörfunk, Fernsehen), als Bildungs- und Forschungsinstitute und als freie Aktionsgruppen zunehmend Bedeutung gewinnt.

- **Unternehmensverbände**, welche die Interessen der Unternehmen vertreten, z. B. Fachverbände, Industrie- und Handelskammer, Handwerkskammer, Arbeitgeberverbände.

- **Behörden**, die als Institutionen des Bundes, der Länder und Gemeinden mit dem Unternehmen in Verbindung stehen, z. B. Ministerien, Arbeitsagentur, Finanzamt.

- **Absatzmittler**, die als selbstständige Kaufleute Geschäfte vermitteln, z. B. inländische Handelsvertreter, Kommissionäre, Spediteure oder Makler bzw. Handelsmittler im Außenhandel (*Jahrmann*).

- **Arbeitnehmerverbände**, welche die Interessen der Arbeitnehmer vertreten, z. B. Deutscher Gewerkschaftsbund (**DGB**) und die Deutsche Angestelltengewerkschaft (**DAG**).

- **Kammern**, die als Industrie- und Handelskammern (**IHK**) oder Handwerkskammern die berufsständische Vertretung darstellen, z.B. helfen sie in Fragen der Personalentwicklung.

- **Kreditinstitute**, die dem Unternehmen Fremdkapital zum Zwecke der Finanzierung bereitstellen, z. B. Großbanken, Sparkassen bzw. Volks- und Raiffeisenbanken.

- **Konkurrenten**, die sich ebenfalls um die Kunden des Unternehmens bemühen und mit diesem im Wettbewerb stehen, z. B. innerhalb der Branche.

- **Unternehmensberater**, welche die Unternehmensleitung bei ihren Bemühungen um Unternehmenserfolg unterstützen, z. B. Experten mit umfassenden Beratungsdiensten.

- **Personalberater**, welche der Unternehmensleitung in Personalfragen zur Seite stehen, z.B. bei arbeitsrechtlichen Problemen und Lohnfragen.

- **Börsen und Messen**, die als Märkte bzw. als Treffpunkte für das Unternehmen bedeutsam sind, z. B. Hannover Messe, Internationale Modemesse.

- **Gläubiger**, die aufgrund vertraglicher Vereinbarungen einen Anspruch auf die Erfüllung ihrer Forderungen haben, z. B. Gläubiger mit Warenlieferungen.

- **Schuldner**, die ihre Verpflichtungen gegenüber dem Unternehmen zu begleichen haben, z. B. Schuldner aufgrund unserer Warenlieferungen.

Die am Unternehmensgeschehen beteiligten Teilnehmer lösen Unternehmensprozesse aus, die von der Unternehmensleitung rationell zu gestalten, zu steuern und zu entwickeln sind.

1.5 Konzepte

Die Unternehmensführung ist vor allem durch die Globalisierung und der Internationalisierung des Wettbewerbs erheblichen Wandlungsprozessen unterworfen.

Deshalb kann es nicht verwundern, dass die **Betriebswirtschaftslehre** eine Fülle aktueller Konzepte zur Unternehmensführung anbietet (*Carl/Kiesel, Dillerup/Stoi, Hopfenbeck, Jung, Macharzina*).

Es sollen folgende **Führungskonzepte** hervorgehoben werden:

- **Marktorientierte Unternehmensführung**

- **Qualitätsorientierte Unternehmensführung**

- **Ökologieorientierte Unternehmensführung**

- **Wertorientierte Unternehmensführung**

- **Internationale Unternehmensführung**.

1.5.1 Marktorientierte Unternehmensführung

Die marktorientierte Unternehmensführung ist im Wandel begriffen (*Meffert*). Mit dem Aufkommen des **Marketing**-Gedankens bemühten sich viele Unternehmen, die Marktorientierung in ihrer Philosophie zu verankern. Dieses Verhalten betraf vorrangig das Konzept der **kundenorientierten** Unternehmensführung (*Hinterhuber/Matzler, Jendrosch*).

Mit zunehmender Öffnung und Liberalisierung der Absatzmärkte wurden die Anforderungen an das **marktorientierte** Management immer höher, sodass die Verantwortlichen auf diese Wandlungsprozesse reagieren mussten.

Beispielsweise durch verstärkte Ausrichtung der Unternehmensführung an Qualität, Kosten bzw. Prozess- und Zeitaspekten. Dabei wurden zunehmend auch die **Beschaffungsmärkte** in die Entscheidungen einbezogen.

Als typische **Märkte** und damit verbundene Aufgaben können genannt werden:

- **Warenmärkte**, bei denen Güter beschafft werden
- **Arbeitsmärkte**, bei denen Personal anzuwerben ist
- **Kapitalmärkte**, bei denen Finanzmittel besorgt werden
- **Informationsmärkte**, bei denen Informationen einzuholen sind
- **Absatzmärkte**, an die Güter abgesetzt und Informationen abgegeben werden.

Aus dem **Zusammenwirken** zwischen Unternehmen und Märkten ergeben sich Unternehmensprozesse, die von der Unternehmensleitung zielentsprechend zu gestalten, zu realisieren, zu steuern und zu entwickeln sind. Die folgende Abbildung zeigt den Zusammenhang zwischen dem Unternehmen bzw. den Märkten:

Das Konzept der **marktorientierten** Unternehmensführung beschäftigt sich heute nicht nur mit den Absatzmärkten, sondern berücksichtigt in vollem Umfang die Gegebenheiten der Beschaffungsmärkte.

Vor allem die Bedeutung der **Informationsmärkte** mit ihren Informationssystemen, Online-Datenbanken und Informationsdiensten ist heute sehr groß (*Heinrich/Lehner*).

Die **Unternehmensleitung** hat die Gegebenheiten aller obiger Märkte in ihre Überlegungen einzubeziehen, z. B. durch die **Umfeld- bzw. Umweltanalyse** (vgl. Kap. E 1.4.4) und trägt die Verantwortung dafür, dass die betrieblichen Ziele erfüllt werden (*Dillerup/Stoi*).

1.5.2 QUALITÄTSORIENTIERTE UNTERNEHMENSFÜHRUNG

Die qualitätsorientierte Unternehmensführung wird auch als **Qualitätsmanagement** bezeichnet (*Dillerup/Stoi, Ebel, Kamiske/Umbreit, Macharzina, Töpfer/Mehdorn*). Dieses Konzept verfolgt das Hauptziel der Qualitätsverbesserung und umfasst im Wesentlichen die Planung, Kontrolle, Prüfung und Steuerung der Qualität eines Produktes, Prozesses bzw. Prozessergebnisses.

Eine hohe **Produktqualität** ist heute zu einem bedeutsamen strategischen Erfolgsfaktor für die Unternehmen geworden (*Carl/Kiesel*). Sie steht in der Regel im Mittelpunkt der Kaufentscheidung von Konsumenten. Die Produktqualität wird für sie auch in Zukunft das zentrale Entscheidungskriterium bei der Auswahl der zu kaufenden Güter darstellen.

Durch qualitätsbezogene Aktivitäten besteht für ein Unternehmen auch die Chance, Wettbewerbsvorteile zu erzielen. Allerdings ist darauf zu achten, dass das **qualitätsorientierte** Management eines Unternehmens nicht einen einmaligen Vorgang darstellt, sondern dass ein **kontinuierlicher Verbesserungsprozess (KPV)** in kleinen Schritten ausgelöst wird.

Hinsichtlich der qualitätsorientierten Unternehmensführung sind zu unterscheiden:

* Das **Total-Quality Management** (TQM) ist die ganzheitliche und umfassende Betrachtung der Qualität in einem Unternehmen. In den qualitativen Verbesserungsprozess werden ausnahmslos alle Mitarbeiter, Führungskräfte und Kundengruppen einbezogen. Die Aktivitäten können sich auf einzelne Produkte, Prozesse und das Unternehmen als Ganzes beziehen.

  Die **Qualitätsnormen** werden von der Internationalen Organisation für Standardisierung (ISO) erlassen. Die Ergebnisse der Qualitätsnormen können durch eine **Zertifizierung** bestätigt werden, z. B. ISO 9000 bis ISO 9004 (*Kersten/Wolfenstetter, Seiverth, Ziegenbein*).

  Im Rahmen des TQM spielen **Qualitätszirkel** eine Rolle, die aus einer Gruppe von Mitarbeitern bestehen, die verwertbare Verbesserungsvorschläge einbringen. Es wird davon ausgegangen, dass die im Unternehmen vor Ort anfallenden Arbeitsprobleme am besten durch die davon direkt betroffenen Personen erkannt und beseitigt werden.

* Das **Kaizen-Prinzip** (japanisch: Kai = Wandel, zen = das Gute) strebt in allen Bereichen des Unternehmens permanente Verbesserungen an. Hier soll ein konsequentes **Innovationsmanagement** vor allem hinsichtlich der Qualität, Kosteneinsparung und Erhöhung der Arbeitssicherheit in allen Unternehmensprozessen betrieben werden (*Olfert/Pischulti*).

Mit der Hilfe von **Qualitätsaudits** können regelmäßige Kontrollen der Produktqualität und des Qualitätsmanagements vorgenommen werden.

1.5.3 Ökologieorientierte Unternehmensführung

Ökologische Problemstellungen stehen heute mehr als früher im Brennpunkt des öffentlichen Interesses. Bei vielen Menschen setzt sich die Erkenntnis durch, dass die natürlichen Lebensgrundlagen durch das Festhalten an den alten Rationalisierungsmustern gefährdet werden (*Macharzina*).

Allerdings erscheint der Konflikt zwischen **Ökonomie und Ökologie** nicht von vornherein völlig auflösbar. Es ist aber möglich, den Konflikt durch ein bewusst ökologieorientiertes Management zu entschärfen. Die Unternehmen haben die Bedeutung der Ökologie erkannt und integrieren umweltbezogene Zielsetzungen in ihre Ziele (*Carl/Kiesel, Hopfenbeck, Olfert/Rahn*). Es sind zu unterscheiden:

- Das **Umweltschutzverhalten**, das darin zeigt, ob sich das Management des Unternehmens hinsichtlich des Umweltschutzes defensiv, angepasst oder aktiv gestaltend verhält.

  Im letzteren Falle sind die Manager bestrebt, die Anforderungen des Marktes und des Staates an den Umweltschutz möglichst frühzeitig in die Unternehmensprozesse zu integrieren. Als Grundlage des Umweltschutzmanagements gilt die Öko-Audit-Verordnung der EG (DIN EN ISO 14001 : 2005).

- Die **Umweltschutzmaßnahmen**, die im Zusammenwirken mit dem technischen Umweltschutz hinsichtlich der folgenden Bereiche eingeleitet werden können, z.B.:

  - Materialbeschaffung, z.B. durch Recyclingpapier, Automaten mit Mehrwegflaschen
  - Produktentwicklung, z.B. durch schadstoffarme Fahrzeuge, aufladbare Batterien
  - Produktion, z.B. Maßnahmen der Wärmedämmung bei Neubauten
  - Marketing, z.B. Energiesparberatung für Kunden

- Die **Umweltschutzinstitutionen**, die in die Unternehmen organisatorisch eingebunden werden, z.B. als Umweltschutzbeauftragte mit Koordinationsaufgaben und/oder als Umweltausschuss, der als Informations- und Beratungsgremium fungiert.

- Das **Umweltcontrolling**, das zur Unterstützung der ökologieorientierten Unternehmensführung eingesetzt werden kann, z.B als

  - **Öko-Audit**, das eine freiwillige Unternehmensbetriebsprüfung nach der Öko-Audit-Verordnung ist, die in jedem Mitgliedstaat der EU gilt.
  - **Öko-Bilanz**, welche die Zusammenfassung und Bewertung der ökologisch relevanten Aktivitäten eines Unternehmens darstellt. Sie setzt eine ökologische Buchhaltung voraus.

Mit diesen Aufgaben beschäftigt sich das **Umweltmanagement** (*Macharzina, Olfert/Pischulti, Staehle*). Nicht nur Unternehmen, sondern auch Staat, Gesellschaft und Verbraucher sind aufgefordert, sich ihrer Verantwortung für die Erhaltung einer lebenswerten Umwelt zu stellen.

1.5.4 WERTORIENTIERTE UNTERNEHMENSFÜHRUNG

Die wertorientierte Unternehmensführung ist heute zu einem Leitbegriff moderner Unternehmensführung geworden (*Laux, Pape, Rappaport*). Dieses Konzept sieht das Management des **Unternehmenswertes** als Schlüssel zum Unternehmenserfolg. Der Geschäftswert wird damit zur Messlatte des unternehmerischen Erfolges (*Dillerup/Stoi*).

Der Unternehmenswert kann auch durch eine **Unternehmensübernahme** gesteigert werden. Dieser Erwerb eines Unternehmens durch ein anderes Unternehmen oder eine andere Person als Käufer ist mit der Übernahme der Unternehmensleitung verbunden. Es sind zu unterscheiden (*Blättchen/Wegen, Fahrholz, Ott/Göpfert*):

- Die **freundliche Übernahme**, bei der Käufer und Verkäufer eines Unternehmens in Übereinstimmung zusammenarbeiten.

- Die **feindliche Übernahme**, bei der das zu übernehmende Unternehmen von der Übernahmeabsicht durch den Käufer zunächst nichts weiß.

Die Initiative zur Unternehmensübernahme kann von dem zum Kauf bereiten Unternehmen ausgehen, aber auch eine **Fusion** ist möglich. Als Motive für Unternehmensübernahmen gelten außer der Steigerung des Unternehmenswertes z.B. die Erhöhung des Marktanteils und Beseitigung eines Konkurrenzunternehmens.

Dieses Konzept des wertorientierten Managements sieht sich vor allem folgenden Herausforderungen gegenüber (*Coenenberg/Salfeld, Kohlöffel*):

- **Intensivierung des weltweiten Wettbewerbs**, z.B. durch Öffnung und Liberalisierung der Märkte, welche die Unternehmensleitungen zu effizientem Wirtschaften zwingt.

- Die **Erwartungen der Kapitalgeber** an eine angemessene Kapitalverzinsung sind gestiegen, was ggfs. zur Prüfung anderer Alternativen und zu Kapitalumschichtungen führt.

- Steigende **Renditeaussichten** der Kapitalanleger führen eher zur Erhöhung der Kapitalanteile und zu verstärktem Engagement der Kapitalgeber als zu geringen Renditen.

- Das Risiko einer **Übernahme** oder **Fusion** steigt vor allem dann, wenn an einem freien Markt der Aktienkurs unter die Gesamtwertsumme der einzelnen Unternehmensteile sinkt.

Manche Unternehmensleitungen versuchen den obigen Herausforderungen durch die wertorientierte Unternehmensführung zu begegnen. Der Anspruch dieses Konzeptes setzt voraus, dass die nachhaltige **Steigerung des Unternehmenswertes** als zentrales Unternehmensziel strategisch verankert ist. Dieses Ziel bestimmt dann vorrangig die gesamte Strategie.

Dem Konzept liegt zu Grunde, dass der Unternehmenswert immer dann zunimmt, wenn ein nachhaltiger positiver Wertbeitrag erzielt wird, der die **Kapitalkosten** übersteigt. Daraus ergibt sich für die **Unternehmensleitung** die Konsequenz, dass nicht Gewinn bringende Unternehmensteile zu veräußern und Gewinn bringende Unternehmen zu kaufen sind.

Als wesentliche **Instrumente** einer wertorientierten Unternehmensführung gelten:

- Der **Stakeholder-Ansatz**, der die Interessen von Anspruchsgruppen berücksichtigt (*Freeman*). Da außer den Kapitalgebern auch Kunden, Lieferanten und andere Interessengruppen als Stakeholder (Stake = Einsatz; holder = Halter, Inhaber) zur Steigerung der Werte beitragen, hat das Unternehmen für jeden dieser Stakeholder adäquate **Wertzuwächse** zu schaffen (vgl. dazu Kapitel E 1.3.2.2).

    Wenn dies **nicht gelingt**, werden z.B.:

- ▸ Kapitalgeber in andere Unternehmen investieren
- ▸ Kunden bei Konkurrenzunternehmen kaufen
- ▸ Lieferanten andere Kunden bedienen
- ▸ Mitarbeiter für andere Arbeitgeber tätig werden

Deshalb wird von den wertorientierten Interessengruppen zunehmend eine Unternehmensführung gefordert, die auf **Steigerung des Unternehmenswertes** ausgerichtet ist (*Coenenberg/Salfeld, Kohlöffel*).

- Der **Shareholder-Value-Ansatz**, der die Interessen der Kapitalgeber in den Vordergrund rückt (*Rappaport*). Es basiert auf der Annahme, dass diese hauptsächlich daran interessiert sind, über Dividenden und potenzielle Verkaufserlöse eine möglichst hohe Verzinsung ihres Kapitals zu erzielen.

Sie erwarten als Gegenleistung für das übernommene Kapitalrisiko einen Kapitalrückfluss, der die Marktrendite zuzüglich einer Risikoprämie enthalten sollte. Zur Berechnung des Shareholder Value werden in der Literatur unterschiedliche Vorschläge unterbreitet.

Nach *Rappaport* wird der ökonomische Wert einer Investition dadurch geschätzt, dass die prognostizierten Cashflows mittels des **Kapitalkostensatzes** diskontiert werden. Um den Wert zu berechnen, müssen zunächst die Überschüsse der Einnahmen über die Ausgaben der Shareholder (share = Anteil, Aktie/ holder = Halter, Inhaber) erfasst werden.

Das Ergebnis der Berechnung basiert auf der Erwartung künftiger **Erfolge**, die auf den Betrachtungszeitpunkt zu diskontieren sind. In der Betriebswirtschaftslehre werden unterschiedliche Darstellungen zur Wertermittlung unterbreitet (u.a. *Bühner, Carl/Kiesel, Coenenberg/Salfeld, Hungenberg/ Wulf, Kohlöffel, Macharzina/Neubürger, Stührenberg/Streich/Henke*).

Von den deutschen Unternehmen bekennen sich z.B. DaimlerChrysler, Deutsche Bank und Siemens in ihren Geschäftsberichten zum Shareholder-Value-Gedanken.

- Der **Balanced-Scorecard-Ansatz**, der auf das grundlegende Werk von *Kaplan* und *Norton* zurückgeht (balanced = bilanzierend/ scorecard = Ergebniskarte). Es ist ein Managementsystem zur strategischen Führung eines Unternehmens mit **Kennzahlen** (*Ehrmann, Knöll/Schulz-Sacharow/Zimpel*).

Es wird davon ausgegangen, dass ein Unternehmen visionäre Zielvorstellungen hat, daraus eine Mission erarbeitet und seine eigene Unternehmensstrategie ableitet.

Die **Scorecard** schafft einen Rahmen und eine Sprache, um eine wertorientierte Unternehmensstrategie zu vermitteln. Dabei wird die Aufmerksamkeit auf wesentliche Kennzahlen gelenkt, welche über gegenwärtige und künftige Erfolgsfaktoren informieren.

Die Balanced Scorcard verknüpft z. B. wissensbasierte, mitarbeiterbezogene, kundenorientierte, prozessrelevante und finanzwirtschaftliche **Kennzahlen** (*Stührenberg/Streich/Henke*).

Da die wertorientierte Denkweise vor allem finanzwirtschaftliche Kenntnisse voraussetzt, sollte erwogen werden, eine **finanzwirtschaftlich** ausgerichtete Unternehmensführung zu entwickeln.

Über die wertorientierte Unternehmensführung hinaus wird heute auch die **immateriell orientierte Unternehmensführung** diskutiert (*Dillerup/Stoi*). Als **Intangibles** gelten immaterielle Wertbeiträge zur Wertschöpfung, z. B. Firmenimage, Innovationskraft, Mitarbeiterqualifikation. Der Großteil immaterieller Werte ist nicht aus der Bilanz ersichtlich.

1.5.5 Internationale Unternehmensführung

Die internationale Unternehmensführung ist ein strategisches Konzept, das die Weltmärkte zu Grunde legt und von multinationalen Unternehmen ausgeht, die Globalisierungsstrategien entwickeln. **Internationalisierung** und grenzüberschreitende Auslandstätigkeit sind für solche Unternehmen typisch (*Meffert/Bolz, Perlitz*).

Die vergangenen drei Jahrzehnte sind durch einen stetigen Anstieg der internationalen **Verflechtungen** und der **grenzüberschreitenden** Geschäftstätigkeit von Unternehmen gekennzeichnet. Diese Entwicklung ist weltweit zu beobachten (*Macharzina*).

Mit dem Begriff der **Globalisierung** wird eine Tendenz zur Intensivierung weltweiter Verflechtungen gekennzeichnet. Zur raschen Globalisierung der Märkte haben vor allem folgende Faktoren beigetragen (*Hummel/Zander, Kohlöffel*):

▶ Abbau von Handelshemmnissen   ▶ Öffnung und Liberalisierung der Märkte
▶ Schnelle Transportwege   ▶ Bildung von Handelsblöcken der Staaten
▶ Moderne Telekommunikation   ▶ Englisch als Welthandelssprache

Ohmae hat mit der Darstellung der **Weltmarkt-Triade** aufgezeigt, dass die Regionen Europa, USA und Japan die Hauptmärkte und die Schwerpunkte der Investitionstätigkeit bilden:

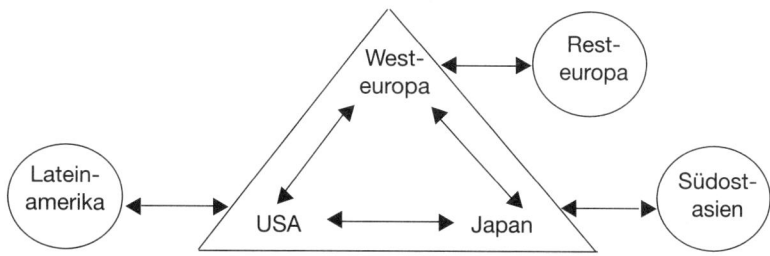

Sich verändernde politische Verhältnisse haben in den vergangenen Jahren insbesondere in Osteuropa, China und Südamerika zur **Öffnung** der dortigen Märkte geführt. Diese Gegebenheiten stellen **Herausforderungen** für die internationale bzw. europäische Unternehmensführung dar (*Müller/Kornmeier, Kutschker/Schmid, Scherm/Süß*).

Die Besonderheiten des **internationalen Managements** (*Perlitz*) von Unternehmen gegenüber einer rein nationalen Führung bestehen z.B. in:

• Der **Unternehmensgröße**, z.B. weisen manche Konzerne sechsstellige Mitarbeiterzahlen auf. Diese komplexen Unternehmen stellen an die Unternehmensleitung besonders hohe Führungsanforderungen.

- Dem **interkulturellen Management**, das dadurch erforderlich wird, weil Führungskräfte das Personal ganz unterschiedlicher Kulturen zu führen haben (*Blohm/Meier*).

- Der Beachtung des **internationalen Wirtschaftsrechts** (vgl. dazu Kapitel A 3.2).

- Der **Entscheidungskomplexität**, z.B. bei umfassenden Kapitalströmen.

Die Komplexität der Führungsaufgaben hängt von der Internationalierungsstufe eines Unternehmens und der gewählten Strategie der Internationalisierung ab. Als grundlegende **Internationalisierungsstrategien** sind zu unterscheiden (*Macharzina/Fisch, Steinmann/Schreyögg*):

- Bei einer **internationalen Strategie** werden von einem Unternehmen Produkte und Leistungen im Ausland nach Konzepten vertrieben und hergestellt, die sich am Heimatmarkt bewährt haben, z.B. Erzeugnisse einer Brauerei.

- Bei einer **multinationalen Strategie** werden von einem Konzern auf verschiedenen Landesmärkten unterschiedliche Produkte und Leistungen angeboten, z.B. Lebensmittel. Diese müssen den kulturellen und geschmacklichen Besonderheiten einzelner Länder gerecht werden.

- Bei einer **globalen Strategie** wird der Weltmarkt von einem Konzernunternehmen mit nahezu identischen Produkten versorgt, z.B. Geräte der Unterhaltungselektronik, die einen hohen Qualitätsstandard aufweisen müssen.

- Bei einer **transnationalen Strategie** wird eine Kombination aus multinationaler und globaler Strategie verfolgt. Dabei wird versucht, grundsätzlich gleiche Produkte und Leistungen durch Maßnahmen den lokalen Bedürfnissen anzupassen, z.B. in der Rüstungsindustrie bzw. im Eisenbahnbau.

Die Internationalisierung und das Streben nach Unternehmenserfolg machen es erforderlich, dass Strategien entwickelt werden, die am **Weltmarkt** bestehen können. Damit wird die Entwicklung von Internationalisierungsstrategien zu einem hochkreativen Prozess (*Perlitz*).

1.6 GESAMTERFOLG

Die Aktivitäten der Unternehmensleitung sind auf den Gesamterfolg ausgerichtet. Das Schicksal des gesamten Unternehmens hängt in hohem Maße von deren Entscheidungen ab. Deshalb sind die Entscheidungen des **Top-Managements** besonders bedeutsam. Die Qualität der Entscheidungen und die Leistungen der Unternehmensleitung werden in der Praxis am **Unternehmenserfolg** gemessen.

Dieser zeigt sich im Gesamtergebnis des betrieblichen Wirtschaftens, z.B. einerseits in den **Unternehmenswerten** (z.B. Shareholder Value, Aktienkurs, Dividende) bzw. den erfüllten **Unternehmenskennzahlen** (z. B. Gewinn, Produktivität, Wirtschaftlichkeit) und andererseits in **sozialen Faktoren**.

Deshalb sind als **operative** Erfolgsfaktoren u.a. zu unterscheiden:

- **Ökonomische Erfolgsfaktoren**, die von besonderer Bedeutung sind, beispielsweise

  ▸ Der Gewinn des Unternehmens als Überschuss der Erträge über die Aufwendungen
  ▸ Der Umsatz als Summe der verkauften Leistungen (Verkaufsmenge x Verkaufpreis)
  ▸ Die Höhe der Kosten und Leistungen des Unternehmens in einer Periode
  ▸ Die Ertragswirtschaftlichkeit als Verhältnis vom gesamten Ertrag zum Gesamtaufwand
  ▸ Die betriebswirtschaftliche Produktivität als Verhältnis von Output zu Input
  ▸ Der Cashflow als Kennzahl über die Finanzkraft des Unternehmens
  ▸ Die Rentabilität als dem Verhältnis des Gewinns zum eingesetzten Kapital

- **Soziale Erfolgsfaktoren**, welche das Personal und die Kunden betreffen:

  ▸ Gutes Betriebsklima als vom Personal erlebte, allgemeine Stimmungslage
  ▸ Beachtung der Humanität im Unternehmen, z.B. Menschlichkeit, Hilfsbereitschaft
  ▸ Positive Zusammenarbeit zwischen Arbeitgeber und Arbeitnehmern
  ▸ Zufriedenheit der Mitarbeiter und der Kunden
  ▸ Persönliche Erfolge von Führungskräften und Mitarbeitern bewirken weitere Leistungen

Hinzu kommen **strategische** Erfolgsfaktoren, die einen langfristigen Bezug haben (vgl. Kap. E 1.1.2). Um erfolgreich zu sein, muss die Unternehmensleitung das Personal und bzw. Unternehmen erfolgreich führen. Der **Führungserfolg** der Unternehmensleitung ist das positive oder negative Ergebnis, das sie in ihrem Bemühen um Erfüllung ihrer **Gesamtführungsziele** erreicht (vgl. Kap. C 2.1).

Die Unternehmensführung allein kann aber den Gesamterfolg *nicht* garantieren, denn es ist die entsprechende **Unternehmenssituation** zu berücksichtigen, z.B. das Verhalten der Konkurrenten am Markt, Interessen der Kapitalgeber bzw. die Politik der Regierung. Die direkte Zurechenbarkeit des Anteils der Unternehmensführung am Unternehmenserfolg ist deshalb schwierig.

04 ⟩⟩ **Seite 433**

2. FÜHRUNGSFORSCHUNG

Die Führungsforschung umfasst das systematische Bestreben der Wissenschaft um Erkenntnisse über die Führung (*Wunderer*). Dieser Forschungszweig steht in enger Beziehung zur **Personalforschung** als Teilgebiet der Personallehre (*Krell/Wächter, Martin, Nienhüser/Krins*).

Ein besonderes Merkmal der **deutschsprachigen** Führungsforschung liegt in dem Bemühen, das vielschichtige Führungsgeschehen in einem einheitlichen systematischen Bezugsrahmen zu ordnen. Außerdem ist ein differenziertes begriffliches Instrumentarium zu entwickeln (*Müller*). Es werden unterschieden:

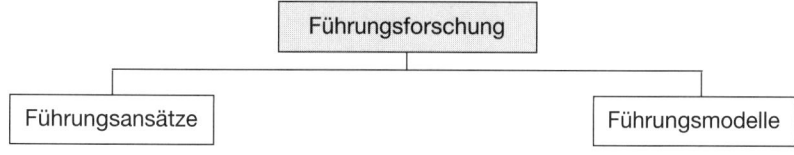

2.1 FÜHRUNGSANSÄTZE

Die Unternehmensführung wird in der Betriebswirtschaftslehre unter vielen verschiedenen Aspekten diskutiert. Es werden untersucht:

- **Ökonomische Ansätze**
- **Traditionelle Managementansätze**
- **Moderne Managementansätze**
- **Motivationsbezogene Ansätze**
- **Führungsbezogene Ansätze**
- **Führungsstilbezogene Ansätze**.

2.1.1 ÖKONOMISCHE ANSÄTZE

Als ökonomische Ansätze sollen die Wissenschaftsbeiträge hervorgehoben werden, die von der traditionellen deutschen **Betriebswirtschaftslehre** hervorgebracht wurden. Es können unterschieden werden:

- Die **faktororientierte Unternehmensführungslehre** ist ein Ansatz, der die Produktionsfaktoren in den Mittelpunkt stellt. Die elementaren Produktionsfaktoren Arbeit, Betriebsmittel und Werkstoffe werden vom dispositiven Faktor kombiniert, der die Leitung, Planung, Kontrolle und Organisation beinhaltet. Seine Aufgabe besteht vor allem darin, eine hohe **Wirtschaftlichkeit** zu erzielen (*Gutenberg*).

- Die **sozialorientierte Unternehmensführungslehre** sieht als wesentliche Tatbestände in einem Wirtschaftssystem die Wirtschaftlichkeit *und* die **Humanität**. Die Unternehmensführung hat sich demnach dem ständigen Wandel von Technik, Wirtschaft und Gesellschaft im Hinblick auf humane Produktionsmethoden anzupassen. Diese Auffassung von *Mellerowicz* wird heute wieder aktuell (vgl. Kap. E 1.2.1.2).

- Die **entscheidungsorientierte Unternehmensführungslehre** stellt die Erklärung und Gestaltung menschlicher Entscheidungen auf allen Führungsebenen in den Mittelpunkt der Betrachtung. Das betriebliche Geschehen ist durch Entscheidungssubjekte und Entscheidungsobjekte geprägt. Es tritt der Entscheidungsprozess in den Vordergrund, der aus Willensbildung und Willensdurchsetzung besteht (*Heinen*).

- Bei der **systemorientierten Unternehmensführungslehre** wird das Unternehmen als Regelkreissystem im Sinne der Kybernetik betrachtet. Diese Lehre nutzt den Rahmen der allgemeinen Systemtheorie. Die Unternehmensführung versucht, Störungen bei Steuerungs- und Regelungsprozessen auszugleichen. Wenn von Unternehmensführung gesprochen wird, ist das Geführte ein soziales System (*H. Ulrich*). Die Personalführung ist ebenfalls mit Regelkreisen verbunden (vgl. Kap. C 1).

05 ⟫ Seite 434

2.1.2 TRADITIONELLE MANAGEMENTANSÄTZE

Die traditionellen Managementansätze bilden den Ausgangspunkt unternehmensbezogener Führungsbetrachtungen durch Wissenschaft und Praxis. Im Laufe der **Geschichte** hat es sich gezeigt, dass das rein produktivitätsorientierte Management einer Ergänzung durch die soziale Einstellung der Unternehmensleitung bedarf. Es sind zu unterscheiden (*Staehle*):

- Das **Scientific Management**, dessen Ziel darin besteht, die Produktivität menschlicher Arbeit durch deren Teilung in kleine Arbeitseinheiten zu steigern. Mithilfe von Arbeits- und Bewegungsstudien wird die Arbeit rationeller gestaltet. Nach der Auffassung von *Taylor* (1856-1915) wird durch die wissenschaftliche Betriebsführung das Leistungs- und Effizienzdenken im Unternehmen bestärkt. Allerdings sind dann einseitige Belastungen und Monotonie nicht zu vermeiden.

- Das **Bürokratiemanagement**, dessen Ziel in dem streng hierarchischen Aufbau des Unternehmens und einer Amtsführung durch Bürokraten nach technischen Regeln und Normen zu sehen ist. *M. Weber* (1864-1920) hat das Bürokratiemanagement als »reinste Form legaler Herrschaft« beschrieben. Durch ein übertriebenes System schriftlicher Erfassung und Dokumentation entsteht eine unpersönliche Hierarchie. Durch übersteigerte Bürokratie wird diese zum Selbstzweck.

- Die **Psychotechnik**, die das Ziel verfolgt, vor allem psychologische und ergonomische Faktoren in die Betrachtungen einzubeziehen. Nach der Auffassung von *Stern* (1900) ist eine Maximalleistung des Menschen nicht permanent möglich. Die Steigerung der Arbeitsleistung ist über die Anwendung psychologischer Techniken erreichbar. Nach *Münsterberg* geht es vor allem darum, im Unternehmen die richtige Person an den richtigen Platz zu stellen.

- Die **Human-Relations-Bewegung**, deren Ziel darin besteht, soziale Gruppen einzubeziehen. Im Hawthorne-Werk der Western Electric Corporation wurden 1927-1932 Forschungsarbeiten durchgeführt, die deutlich zeigten, dass menschliche Beziehungen für das Arbeitsverhalten der Mitarbeiter bedeutsam sind (*Mayo, Roethlisberger, Dickson, Whitehead*). Der Manager muss weniger rein technische sondern mehr soziale Fähigkeiten haben, um die Beschäftigten zum Erfolg zu führen.

2.1.3 MODERNE MANAGEMENTANSÄTZE

Die modernen Managementansätze basieren auf der traditionellen Managementlehre. Die weitere Entwicklung des Managementwissens ist durch eine stärkere Arbeitsteilung sowie durch das Aufkommen neuer Wissenschaften gekennzeichnet. Folgende Ansätze bilden ein wesentliches Fundament der neueren Betriebswirtschaftslehre:

- **Sozialwissenschaftliche Ansätze**, deren soziologisch orientierte Denkrichtung auf *Bernard* (1938) zurückgeht. *Simon* setzt diesen Ansatz fort, indem Entscheidungen in Organisationen und Gruppen in die Betrachtungen einbezogen werden (1945). Die Kleingruppenforschung (*Lewin, Moreno, Sherif*) erlebt einen großen Aufschwung und bildet den Ausgangspunkt für eine Fülle empirischer Forschungsansätze (z. B. *Homans*).

- **Formalwissenschaftliche Ansätze**, deren Suche nach Ordnung und Systematisierung von Entscheidungsprozessen viele Aktivitäten der Wirtschaftsinformatik und die Entwicklung von Operations Research-Verfahren hervorbrachte (*Churchman/Ackoff/Arnoff*). Zur Lösung von Optimierungsproblemen wurden viele mathematische Entscheidungsmodelle formuliert (*Marschak*).

- **Situative Ansätze**, die formal- und verhaltenswissenschaftliche Gestaltungsempfehlungen situationsbezogen berücksichtigen. Wesentliche Beiträge stammen von den Forschergruppen mit *Pugh* und *Blau*. Später entwickelte Ansätze beziehen die Organisationsstruktur, Situationskontext, Verhalten der Organisationsmitglieder und Effizienzkriterien ein.

- **Prozessansätze**, welche das Management als Prozess interpretieren. Sie orientieren sich an Geschäftsprozessen (*Hammer/Champy, Gaitanides*) bzw. am Führungsprozess der Zielsetzung, Planung, Durchführung und Kontrolle. Zu den einzelnen Prozessphasen werden Managementprinzipien entwickelt, z. B. v. *Koontz/O'Donnell*. Die Autoren *Terry/Franklin* beschreiben den Managementprozess mit den Phasen Planung, Organisation, Durchsetzung und Kontrolle.

- **Humanistische Ansätze**, die nach *McGregor* von der Annahme ausgehen, dass jede Führungsentscheidung auf einer Reihe von Hypothesen über die menschliche Natur und menschliches Verhalten beruht (Menschenbilder). Es sind zu unterscheiden:

X-Theorie	Y-Theorie
Mitarbeiter sind träge, arbeitsscheu, wenig ehrgeizig, scheuen Verantwortung, sind straff zu führen und häufig zu kontrollieren, streben nach Sicherheit, erfordern Druck und Sanktionen. Hier ist der autoritäre Führungsstil nötig.	Mitarbeiter sind nicht von Natur aus arbeitsscheu, akzeptieren Zielvorgaben, haben Selbstdisziplin und Selbstkontrolle bzw. suchen unter geeigneten Bedingungen Verantwortung. Hier ist der kooperative Führungsstil angebracht.

- **Human-Resources**, dessen Management als Humanpotenzial eng mit der theoretischen Personalwirtschaftslehre verbunden ist (*Gaugler/Oechsler/Weber, Hentze, Scholz*). Die Mitarbeiter werden als Reservoir einer vielzahl potenzieller Fähigkeiten und Fertigkeiten angesehen. Die Personalpraxis hatte schon viele Instrumente entwickelt, bevor sich die Lehre des Personalwesens wissenschaftlich damit auseinander setzte.

- **Management-by-Ansätze**, die grundsätzliche Verhaltens- und Verfahrensweisen beschreiben, die in einem Unternehmen zur Bewältigung der Führungsaufgaben angewendet werden. Diese Ansätze werden auch als Führungstechniken bezeichnet (*Jung, Töpfer*).

  ▸ Management by Exception, bei dem Vorgesetzte nur in Ausnahmefällen entscheiden.
  ▸ Management by Delegation, bei dem den Mitarbeitern Kompetenzen und Verantwortung übertragen werden.
  ▸ Management by Objectives, bei dem über Zielsetzungen geführt wird.
  ▸ Management by Systems, bei dem die Führung durch Systemsteuerung erfolgt.

2.1.4 Motivationsbezogene Ansätze

Die Motivation umfasst alle Gegebenheiten im Menschen (intrinsische Motivation) und im Umfeld des Menschen, die ihn zu einem bestimmten Verhalten bewegen (extrinsische Motivation). Mit ihr befasst sich die **Motivationspsychologie** (*Rheinberg, Rudolph*).

Als Motivationsansätze können diejenigen Ansätze bezeichnet werden, die Motivation als eigenen Antrieb und als von außen kommenden Anreiz sehen, der auf innere Antriebe abzielt (*von Rosenstiel*). Es sind zu unterscheiden:

- Das **S-O-R-Modell** (Stimulus-Organism-Response-Modell) ist für die Erklärung des menschlichen Verhaltens von grundlegender Bedeutung. Es ist ein Black-Box-Modell, denn der Organismus des Menschen wird als »Schwarzer Kasten« mit Anreizen und Reaktionen gezeigt, der einer direkten Einsicht nicht zugänglich ist.

  In vereinfachter Darstellung lässt sich dieser Ansatz in folgender Weise darstellen:

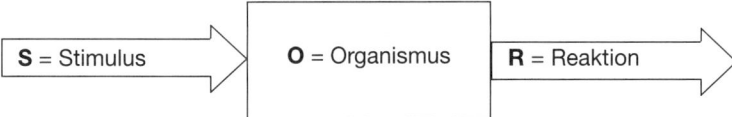

  Dabei wird davon ausgegangen, dass der Mensch auf Stimuli (S) als Impulse seiner Umwelt eine Reaktion (R) zeigt, die aufgrund der Informationsverarbeitung seines Organismus (O) erfolgt (*Lewin*).

- Mit dem **Zwei-Faktoren-Ansatz** (Pittsburgh-Studie) hat *Herzberg* aufgrund empirischer Erhebungen untersucht, welche Faktoren Unzufriedenheit vermeiden oder abbauen und welche Motivationsfaktoren **Zufriedenheit** hervorrufen. Das Vorhandensein folgender Motivatoren kann zur Zufriedenheit führen:

Leistungserfolg	Erfolgserlebnisse mit Selbstbestätigung
Anerkennung	Lob des Vorgesetzten für gute Arbeit
Arbeit selbst	Inhalt der Aufgabe des Mitarbeiters
Verantwortung	Aufgabenentsprechende Verantwortung
Aufstieg	Beförderungsmöglichkeiten für Mitarbeiter
Entfaltung	Möglichkeiten der Selbstentfaltung

Das Nichtvorhandensein von **Hygienefaktoren** führt zu Unzufriedenheit, wenn beispielsweise Unternehmenspolitik, Personalführung, Bedingungen am Arbeitsplatz, Arbeitsplatzsicherheit, Bezahlung bzw. Beziehungen zu Vorgesetzten, Kollegen und Mitarbeitern negativ beurteilt werden.

Die Bedeutung der **Bezahlung** hinsichtlich ihrer Wirkungen auf die Motivation eines Menschen ist bis heute umstritten.

- Die **Bedürfnispyramide** von *Maslow* stellt eine hierarchische Ordnung der menschlichen Bedürfnisse dar. Die unteren vier Kategorien werden als Defizitbedürfnisse und die Selbstverwirklichungsmotive als Wachstumsbedürfnisse bezeichnet. Das nächsthöhere Bedürfnis wird erst dann aktualisiert, wenn das hierarchisch darunter liegende Bedürfnis befriedigt ist:

- Die **Anreiz-Beitrags-Theorie** von *March* und *Simon* verbindet die Anreize des Unternehmens mit den Beiträgen der Mitarbeiter. Als wesentliche Inhalte dieser Theorie gelten:

  ▸ Eine Organisation besteht aus Teilnehmern, zwischen denen sich ein System wechselseitiger sozialer Verhaltensweisen bildet.

  ▸ Jeder Teilnehmer bzw. jede Gruppe erhält Anreize von der Organisation und leistet Beiträge an die Organisation.

  ▸ Die Teilnehmer verbleiben solange in der Organisation, wie die angebotenen Anreize so groß oder größer als die geforderten Beiträge sind.

  ▸ Die von den Teilnehmern geleisteten Beiträge bilden die Quelle für neue Anreize an die Teilnahme als Mitarbeiter.

  ▸ Eine Organisation ist nur so lange existenzfähig, wie die Beiträge in genügendem Maße ausreichen, den Teilnehmern Anreize zu bieten.

Die Motivation ist auch ein hervortretendes Thema der **Organisationspsychologie**, die *von Rosenstiel* als Erleben, Verhalten und Handeln von Menschen in Organisationen definiert.

06 ⟫ **Seite 434**

2.1.5 FÜHRUNGSBEZOGENE ANSÄTZE

Da die Führung ein Schlüssel zum Erfolg eines Unternehmens ist, beschäftigen sich verschiedene Führungsansätze mit ihr. Ein **Führungsansatz** versteht sich als ein anschaulich aufbereitetes Aussagensystem, in dem Ergebnisse der Führungsforschung zusammengefasst werden. Außer neueren Ansätzen (*Weibler, Weinert*) sind als wesentliche Personalführungsansätze zu unterscheiden (*Becker, Staehle, Steinmann/Schreyögg, Tisdale, Wunderer*):

- **Eigenschaftsansatz**, welcher der historisch älteste Erklärungsansatz der Führung ist. Er stellt die Persönlichkeit des Führenden und seine Eigenschaften in den Vordergrund

und geht davon aus, dass die Eigenschaften der Führungskraft für den Führungserfolg entscheidend sind. *Stogdill* hat über 100 Studien zur Identifizierung von Führungseigenschaften ausgewertet. Als Beispiele können Sachkenntnis, Selbstsicherheit, Aktivität, Motivation und Intelligenz genannt werden.

- **Verhaltensansatz**, der sich mit den Führungsstilen im Unternehmen beschäftigt. Während *Tannenbaum/Schmidt* z. B. den autoritären und den kooperativen Führungsstil gegenüberstellen, betrachten *Blake/Mouton* den personenorientierten und den aufgabenorientierten Führungsstil. *Hersey/Blanchard* zeigen die Art des Führungsstils in Abhängigkeit von der Reife des Mitarbeiters. Sie bringen die Reife und das Verhalten der Führungskraft mit Führungsstilen in Verbindung.

- **Situationsansatz**, bei dem sich die Art der Führung nach der jeweiligen Situation richtet. In seinem Kontingenzmodell bringt *Fiedler* z. B. die Positionsmacht des Führenden, die Beziehung zwischen Führungskraft bzw. Mitarbeiter und die Aufgabenstruktur in direkte Beziehung zueinander. Je nach günstiger oder ungünstiger Situation ergibt sich dann der angemessene Führungsstil, der entweder aufgabenorientiert oder personenorientiert ist.

- **Interaktionsansatz**, der auf die Interaktionen aller am Führungsprozess Beteiligten abzielt und besonders im deutschen Sprachraum diskutiert wird (*Lukascyk, Macharzina, Schanz*). Es werden die Persönlichkeitsstruktur des Führenden, die Gruppenmitglieder, die Gruppe als Ganzes und die spezifische Situation hervorgehoben. Die genannten Faktoren stehen in interaktiver Beziehung zueinander, d. h. sie beeinflussen sich gegenseitig.

- **Systemansatz**, der alle obigen Personalführungsansätze zu integrieren versucht, indem die Führung als erfolgsgerichteter Prozess nach der Systemtheorie (*v. Bertalanffy, Luhmann, Tacke*) bzw. als Regelkreis im Sinne der Kybernetik (*Wiener, Flechtner, Klaus*) interpretiert wird. Diesem führungsbezogenen Ansatz gehört wohl die Zukunft (*Ulrich, Tisdale*). Es ist zwischen personen- und sachbezogenen Führungsprozessen zu unterscheiden (vgl. Kap. D 1.2.4).

Beim systembezogenen Ansatz beeinflusst eine Führungskraft (vgl. Eigenschaftsansatz) unter Einsatz von Führungsinstrumenten (vgl. Verhaltensansatz) – und bei Beachtung der Führungssituation (Situationsansatz) bzw. der Führungsziele – den Geführten so, dass der Führungserfolg eintreten kann. Die einzelnen Systembestandteile beeinflussen sich nicht nur gegenseitig (Interaktionsansatz), sondern die Inputfaktoren sind als Elemente des Kreislaufprozesses auf den gemeinsam anzustrebenden Erfolg ausgerichtet.

In Beiträgen zur aktuellen **Führungspsychologie** wurden die Elemente der Führung des Interaktionsansatzes durch die Führungsziele, die Führungsinstrumente und den Erfolg ergänzt, systemtheoretisch in einen Führungskreislauf eingebracht und zum personenorientierten Führungsprozess entwickelt (*Rahn*).

Auf der Basis des Kapitels 2.1 kann die **Betriebswirtschaftslehre** mit unterschiedlichen Akzenten (*Albach, Gaugler, Hill, Kirsch u. a.*) als Managementlehre (*Hopfenbeck*) oder als Führungslehre (*Olfert/Rahn*) aufgefasst werden.

2.1.6 FÜHRUNGSSTILBEZOGENE ANSÄTZE

Als Ausgangspunkt der gesamten empirischen Führungsstilforschung gilt die Reihe der Laborexperimente des Psychologen *Lewin*, in denen er 1940 untersuchte, wie sich unterschiedliches Führungsverhalten von Vorgesetzten auswirkt (*Jung*).

Dabei ist der **Führungsstil** ein Führungsinstrument, das die Grundhaltung zeigt, mit der Vorgesetzte die ihnen unterstellten Mitarbeiter beeinflussen (*Olfert/Rahn*). Es werden folgende **klassische Führungsstile** unterschieden (*Lewin*):

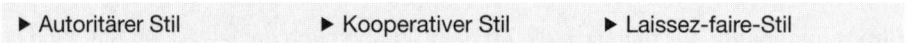

| ▶ Autoritärer Stil | ▶ Kooperativer Stil | ▶ Laissez-faire-Stil |

Diese Führungsstile werden in Kapitel C 1.3.1 behandelt. Darüber hinaus ist auf richtungsbezogene Führungsstile hinzuweisen.

Der **richtungsbezogene** Führungsstil aus den Ohio-Studien bzw. den Michigan-Studien beschreibt die Wege, die Führungskräfte einschlagen, um die Mitarbeiter zum Erfolg zu führen. Je nachdem, ob bei der jeweiligen Aktivität des Vorgesetzten die Aufgabe oder der Mitarbeiter im Vordergrund stehen, sind zu unterscheiden (*Berthel/Becker, Staehle*):

• Der **sachorientierte Führungsstil**, bei dem Leistungsdruck ausgeübt wird, damit die Mitarbeiter z. B. einen höheren Umsatz oder eine höhere Stückzahl erbringen. Der Führende dringt auf Termineinhaltung, um die Aufträge fristgerecht zu erfüllen.

Er herrscht mit »eiserner Hand«, damit keine Stockungen im Arbeitsablauf auftreten. Er legt Wert auf eine hohe Leistung, damit die Ziele des Unternehmens erreicht werden. Außerdem tadelt er mangelhafte Arbeit, um die Leistungen der Mitarbeiter zu verbessern.

• Beim **personenorientierten Führungsstil** behandelt der Führende seine Mitarbeiter als Partner und die Arbeit wird gemeinsam bewältigt. Er sucht ein gutes Verhältnis zu seinen Mitarbeitern, damit sich diese nicht als Untergebene fühlen.

Der Führende ist seinen Mitarbeitern gegenüber zugänglich und setzt sich für seine Mitarbeiter ein, damit sie spüren, dass er als Vorgesetzter loyal ist. Er gibt den Mitarbeitern Anerkennung für ihre Leistungen.

Die beiden Führungsrichtungen sind nicht völlig unabhängig voneinander zu interpretieren, denn bei der kooperativen Führung wirken sach- und personenbezogener Stil zusammen. In der **Führungspraxis** ist derjenige Vorgesetzte erfolgreich, der auf die Mitarbeiter zwar den nötigen Leistungsdruck ausübt, aber trotzdem von diesen geschätzt wird.

07 ▷▷ Seite 434

Werden die verschiedenen Führungsstile in direkte Verbindung zueinander gebracht, dann ergeben sich folgende Ansätze:

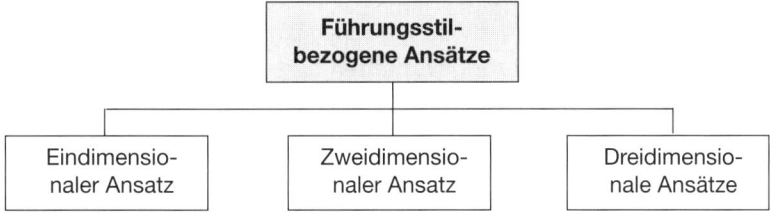

2.1.6.1 EINDIMENSIONALER ANSATZ

Tannenbaum und *Schmidt* unterscheiden die Führungsstile nach dem Grad der Autorität durch den Führenden. Daraus ergibt sich ein Kontinuum unterschiedlichen Führungsverhaltens, aus dem sich ein eindimensionaler Ansatz ableiten lässt.

Als **Extrempunkte** werden einerseits der autoritäre Führungsstil und andererseits der kooperative Führungsstil aufgefasst, sodass sieben idealtyische Führungsstile entstehen (vgl. dazu *Jung, Staehle*):

Autoritärer Führungsstil **Kooperativer Führungsstil**

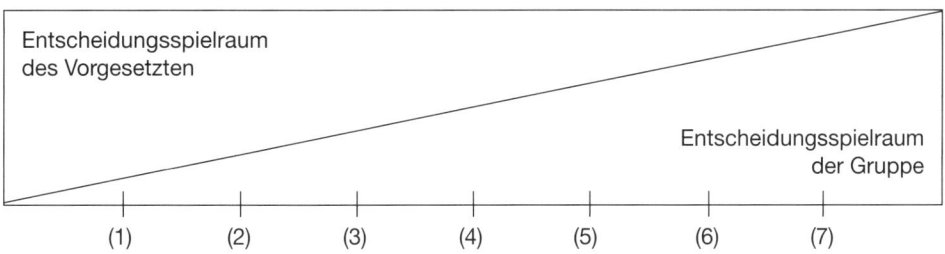

Die Abbildung zeigt, dass mit abnehmendem Entscheidungsspielraum des Vorgesetzten der **Entscheidungsspielraum** der Gruppe zunimmt. Somit können zu den einzelnen Führungsverhalten folgende Erklärungen gegeben werden:

(1) Der Vorgesetzte entscheidet autoritär, d. h. er wählt die harte Durchsetzung über den Weg des Befehls.

(2) Der Vorgesetzte entscheidet autoritär, aber in abgeschwächter Weise. Der Mitarbeiter wird z. B. zu einem bestimmten Tun überredet.

(3) Der Vorgesetzte erbittet Stellungnahmen zu seinen Entscheidungen. Er fragt die Mitarbeiter nach ihrer Meinung.

(4) Der Vorgesetzte trifft die vorläufige Entscheidung und lässt Änderungsvorschläge zu. Er informiert seine Mitarbeiter.

(5) Der Vorgesetzte weist auf das Problem hin, er bittet die ganze Gruppe um Lösungsvorschläge, entscheidet aber allein.

(6) Der Vorgesetzte fixiert den Entscheidungsspielraum und erlaubt der Gruppe innerhalb dieses Rahmens zu entscheiden.

(7) Der Vorgesetzte erlaubt der Gruppe, sich innerhalb des von höheren Instanzen vorgegebenen Spielraums frei zu entfalten.

Es kann **nicht einen einzig richtigen** Führungsstil für alle Situationen geben. Ein erfolgreicher Führer ist lediglich derjenige, der die verschiedenen Einflussfaktoren richtig einschätzt und sich mit seinem **Führungsverhalten** darauf einzustellen vermag. Die Flexibilität des Führungsverhaltens bildet den Schlüssel zum Führungserfolg.

2.1.6.2 Zweidimensionaler Ansatz

Der zweidimensionale Ansatz bezieht sich auf zwei Verhaltensdimensionen in Form des sog. Managerial Grid. Dieses **Verhaltensgitter** von *Blake/Mouton* sieht den jeweiligen Führungsstil unter dem Aspekt der jeweils schwachen bzw. starken

- Betonung des **Menschen** (personenorientierte Führung) bzw. der
- Betonung der **Arbeitsleistung** (sachorientierte Führung).

Das **Verhaltensgitter** hat folgende Struktur:

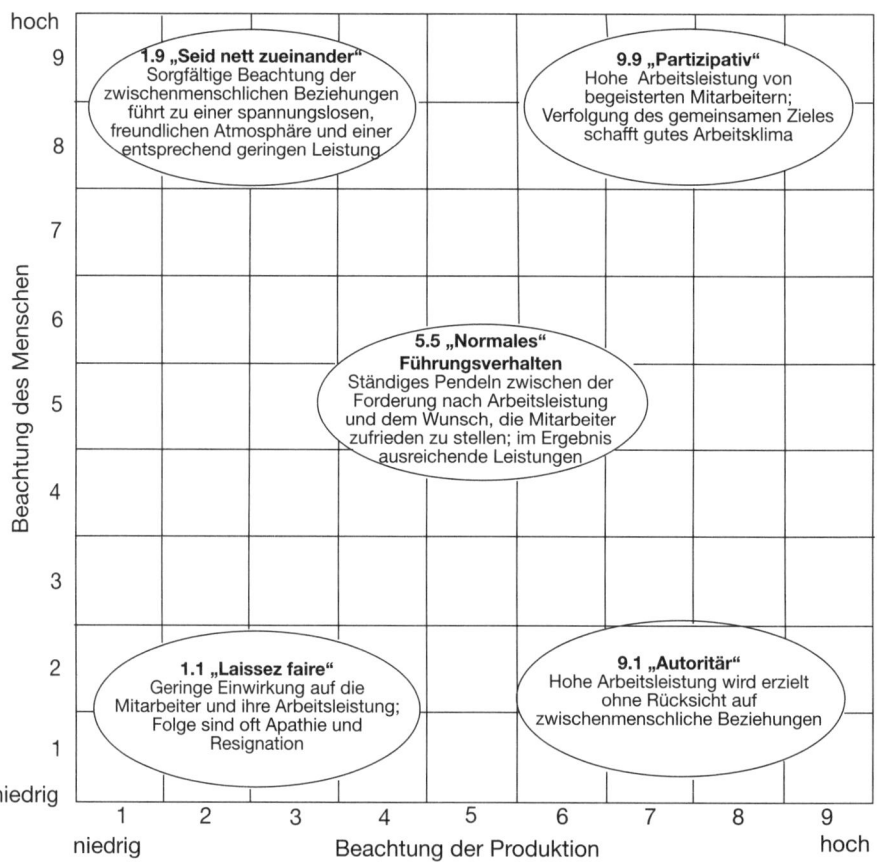

Jede Dimension ist durch neun Ausprägungsgrade gekennzeichnet, wobei der Wert 1 die geringste Ausprägung und der Wert 9 die höchste Intensität hat. Damit lassen sich theoretisch 81 **Führungsstile** bilden. *Blake/Mouton* beschreiben ausschließlich die Schlüssel-Führungsstile:

- **Führungsstil 1.1**

  - ▸ Er ist weder auf die Aufgabenorientierung
  - ▸ Noch auf die Personenorientierung ausgerichtet
  - ▸ Apathie und Resignation können die Folge sein
  - ▸ Wertung: kein effektiver Führungsstil.

- **Führungsstil 1.9**

  - ▸ Er ist durch Betonung der Sachaufgaben bestimmt
  - ▸ Zu freundliche Atmosphäre kennzeichnet ihn
  - ▸ Mitarbeiter geraten nicht unter Leistungsdruck
  - ▸ Wertung: zu idealistischer Stil.

- **Führungsstil 5.5**

  - ▸ Kompromiss zwischen aufgabenorientierter und personenorientierter Führung
  - ▸ Dieser Stil bringt nur ausreichende Leistungen
  - ▸ Wertung: unpraktischer Stil.

- **Führungsstil 9.1**

  - ▸ Hinwirkung auf hohe Arbeitsleistung
  - ▸ Auf menschliche Bedürfnisse wird nicht geachtet
  - ▸ Konflikte werden bei autoritärem Stil unterdrückt
  - ▸ Wertung: pessimistischer Stil.

- **Führungsstil 9.9**

  - ▸ Er ist auf hohe Arbeitsleistung und auf hohe Mitarbeiterzufriedenheit gerichtet
  - ▸ Die Ziele der Mitarbeiter und des Betriebes werden gleichzeitig verwirklicht
  - ▸ Wertung: anzustrebender Führungsstil.

Obwohl die Autoren einerseits eine Gestaltungsempfehlung für den Führungsstil 9.9 geben, weisen sie andererseits auf **Einflussfaktoren** für die Wahl des Führungsstils hin, z. B. Organisation, Situation, Führungsvorstellungen des Führenden.

Die Darstellung von *Blake/Mouton* zeichnet sich durch ihre einfache und übersichtliche Darstellung aus. In anschaulicher Weise wird der breite Spielraum möglicher Führungsstile abgebildet. Deshalb bildet es die Grundlage zahlreicher **Management-Seminare** (*Olfert*).

Kritisch wird in der Literatur angemerkt, dass ein Führungsstil für allgemein gültig deklariert und als universell effizient anwendbar empfohlen wird (*Neuberger, Staehle, Hentze/ Graf/Kammel/Lindert*).

08 ⟩⟩ Seite 435

2.1.6.3 DREIDIMENSIONALE ANSÄTZE

Die dreidimensionalen Ansätze erweitern die Mitarbeiterorientierung und die Aufgabenorientierung durch eine dritte situationsbezogene Dimension. Es sind zu unterscheiden:

- **3-D-Konzeption**
- **Reifebezogene Konzeption**.

2.1.6.3.1 DIE 3-D-FÜHRUNGSKONZEPTION

Dieser Ansatz von *Reddin* hat seinen Namen aufgrund von drei **Dimensionen** der Führung, die den jeweiligen Führungsstil veranschaulichen sollen:

- **Aufgabenorientierung** (hoch oder niedrig)
- **Beziehungsorientierung** (hoch oder niedrig)
- **Effektivität** (hoch oder niedrig).

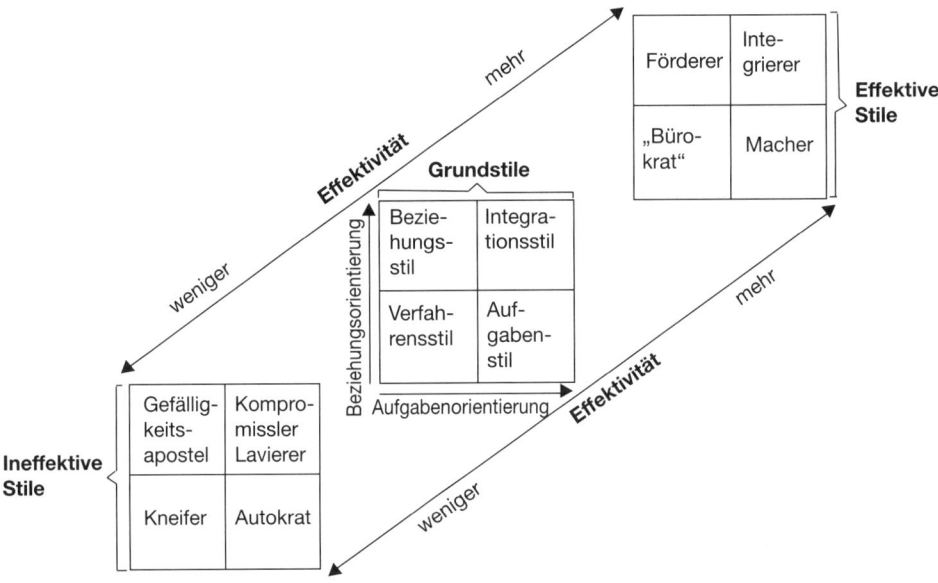

Dabei wird die **Situation** der Führung durch die Elemente Arbeitsweise und Anforderungen, Mitarbeiter, Kollegen, Vorgesetzte und Organisationsstruktur bzw. Organisationsklima beschrieben (*Staehle*).

- Die vier **Grundstile** der 3-D-Führungskonzeption sind:

Beziehungsstil	Der Vorgesetzte betont gute zwischenmenschliche Beziehungen und berücksichtigt Mitarbeiterbedürfnisse.
Verfahrensstil	Der Vorgesetzte verlässt sich primär auf Verfahren, Methoden, Systeme und bevorzugt stabile Umweltsituationen.

Integrationsstil	Der Vorgesetzte strebt nach gleichgewichtiger Beachtung von Mensch und Aufgabe.
Aufgabenstil	Der Vorgesetzte betont Leistungsergebnisse und denkt dabei produktivitätsorientiert.

• **Ineffektive Stile** sind mit folgenden Vorgesetzten verbunden:

Gefälligkeits-apostel	Er glaubt, dass zufriedene Mitarbeiter auch mehr leisten werden und vernachlässigt die Aufgabenerreichung.
Kneifer	Er beharrt auf Regeln und Vorschriften, wo die Situation flexible Anpassung erfordert.
Kompromissler	Er meidet die Konfrontation, zeigt entscheidungsscheues Verhalten und versucht, es allen Recht zu machen.
Autokrat	Er überfordert die Mitarbeiter und pocht auf die Amtsautorität des Vorgesetzten.

• **Effektive Stile** sind mit folgenden Vorgesetzten verbunden:

Förderer	Er delegiert, so viel und soweit es die Situation erlaubt und sieht in der Mitarbeiterentwicklung keinen Selbstzweck. Er erwartet langfristig eine bessere Aufgabenerfüllung.
Verwalter	Er beherrscht die Routineprozesse durch straffe Organisation und disziplinierte Regelbeachtung (»Bürokrat«).
Integrierer	Er entscheidet und führt kooperativ, motiviert und fördert seine Mitarbeiter zielorientiert.
Macher	Er setzt realisitische und anspruchsvolle Ziele und überzeugt durch Expertenwissen.

Es gibt nach *Reddin* nicht **den** einzig richtigen Führungsstil, sondern in verschiedenartigen Situationen wird auch unterschiedliches Führungsverhalten nötig.

Nach *Wunderer/Grunwald* ist dieses Modell als Instrument der Veranschaulichung in Führungsseminaren noch besser geeignet als das Verhaltensgitter, da es auf situative Bedingungen der Führung hinweist.

2.1.6.3.2 Reifebezogene Konzeption

Die Autoren *Hersey* und *Blanchard* knüpfen unmittelbar an das Konzept von *Reddin* an. Auch diese Führungstheorie ist dreidimensional aufgebaut:

- **Mitarbeiterbezogenes** Verhalten der Führungskraft
- **Aufgabenbezogenes** Verhalten der Führungskraft
- **Reifegrad des Mitarbeiters**.

Darauf aufbauend wird das jeweilige Führungsverhalten des Vorgesetzten vom **Reifegrad des Mitarbeiters** abhängig gemacht, der bestimmt wird von:

- ▶ Leistungsmotivation
- ▶ Fähigkeit zur Verantwortungsübernahme
- ▶ Aufgabenspezifischer Ausbildung
- ▶ Erfahrung.

Die Wahl des Führungsstils hängt in diesem Modell allein vom Reifegrad des jeweiligen Mitarbeiters ab:

- Bei **geringer** Mitarbeiterreife, d. h. bei mangelnden Fähigkeiten und wenig Motivation, ist primär aufgabenorientiert zu führen (**M1**).

- Bei **mäßiger** Mitarbeiterreife, d. h. bei mangelnder Fähigkeit, aber stärkerer Motivation, muss aufgaben- und personenorientiert geführt werden (**M2**).

- Bei **höherem** Reifegrad, d. h. mangelnder Motivation bei gegebenen Fähigkeiten, erfolgt **mehr** Mitarbeiterorientierung als Aufgabenorientierung (**M3**).

- Bei dem **reifen** Mitarbeiter, der sich fähig und willig zeigt, ist Delegation möglich, denn er arbeitet selbstständig (**M4**). Es ergibt sich die »**Glockenkurve**«:

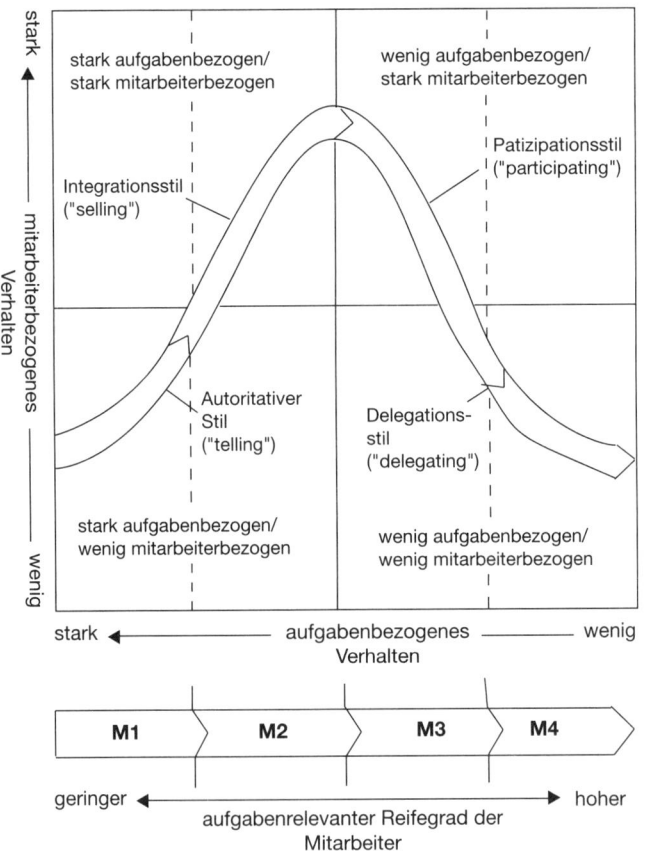

Die einzelnen Führungsstile des reifebezogenen Führungskonzeptes sind:

- **Autoritativer Stil** (stark aufgabenbezogen, wenig mitarbeiterorientiert)
- **Integrationsstil** (stark aufgabenbezogen und stark mitarbeiterbezogen)
- **Partizipationsstil** (stark mitarbeiterbezogen, wenig aufgabenbezogen)
- **Delegationsstil** (wenig mitarbeiterbezogen, wenig aufgabenbezogen).

Mit der Hervorhebung des Reifegrades haben *Hersey/Blanchard* einen wesentlichen Einflussfaktor des Führungserfolges beschrieben. Insbesondere leistungsorientierte Vorgesetzte sind mit den Thesen dieser Theorie einverstanden (*Wunderer/Grunwald*).

2.2 FÜHRUNGSMODELLE

Das Führungsmodell ist ein umfassendes Forschungskonzept, das Informationen darüber enthält, wie die Führung erfolgen soll. Es sind Konstruktionen mit idealtypischem Charakter, die das Führungsgeschehen abbilden (*Weibler*). **Modelle** sind Abstraktionen der Wirklichkeit (*Rühli*). Sie werden auch als modelltheoretische Ansätze bezeichnet (*Hentze/Graf/Kammel/Lindert*).

Von den Führungsmodellen sollen betrachtet werden:

- **Weg-Ziel-Modelle**

- **Kontingenz-Modell**

- **Harzburger Modell**

- **St. Galler Modell**.

2.2.1 WEG-ZIEL-MODELLE

Die Weg-Ziel-Modelle basieren auf der Motivation des vom Vorgesetzten geführten Mitarbeiters. Nach der von *Atkinson* entwickelten **Erwartungs-Valenz-Theorie** sind für den Mitarbeiter zur Aufgabenerfüllung bedeutsam:

- Stärke des Leistungsmotivs
- Subjektive Erwartung des Mitarbeiters
- Subjektiver Attraktivitätswert des Zieles.

Der **Weg-Ziel-Gedanke** beruht auf empirischen Beobachtungen, wonach die **Leistung** des Mitarbeiters nur dann als erstrebenswert wahrgenommen wird, wenn damit ein erwünschtes Ziel erreicht werden kann.

Das **Weg-Ziel-Modell** von *Evans/House* stellt die Ziele und Wege zu einem effektiven Führungsverhalten in den Mittelpunkt der Betrachtung. Der Führende soll die Mitarbeiter in Abhängigkeit von der Zielerreichung belohnen und ihnen Mittel und Wege öffnen, die zur Erfüllung der Ziele führen. *Evans* erkannte, dass die Effizienz des Führungsverhaltens davon abhängt, ob das Führungsverhalten die Mitarbeiter motiviert oder nicht.

In dem **motivationalen Modell** von *Neuberger* konkretisieren sich die Wirkungen von Führung stets im Verhalten der Geführten. Nach seiner Auffassung muss die Erklärung des Verhaltens von Geführten Gegenstand einer Theorie der Führung sein. Die wichtige Erkenntnis, dass sich Wirkungen von Führung stets im Verhalten des Geführten äußern, ist für die Führungsforschung von richtungsweisender Bedeutung.

Die **Weg-Ziel-Ansätze** geben Erklärungen ab, welches Führungsverhalten bei bestimmten situativen Gegebenheiten zu welchem Verhalten der Mitarbeiter führt. Deren Befinden und Empfindungen sind es letztlich, die die Arbeitsergebnisse erbringen. Als zentrale Aufgabe des Führenden wird das Ebnen des Weges zu gemeinsam vereinbarten Zielen deutlich gemacht (*Staehle*).

2.2.2 Kontingenzmodell

Dieses Führungsmodell gehört zu den viel diskutierten Führungsmodellen der Gegenwart (*Jung, Hentze/Graf/Kammel/Lindert, Wunderer*). Es wird von *Fiedler* als Kontingenzmodell bezeichnet, weil das Wort „contingency" die Bedingtheit bzw. die Abhängigkeit von verschiedenen **Situationen** beschreibt.

Das Ziel dieses Modells besteht darin, die Effektivität der Führung in Abhängigkeit von verschiedenen Situationen zu untersuchen. Das Kontingenzmodell besteht aus folgenden wesentlichen Elementen:

* Die **Wahrnehmungsmaße**, die der Bestimmung des zu praktizierenden Führungsstils dienen. Der Vorgesetzte soll dabei anhand eines Fragebogens jene Person beschreiben, mit der er zusammenarbeitet.

Der Bogen enthält 16 Begriffspaare mit 8 graduellen Abstufungen. Als Wahrnehmungsmaße gelten:

ASO-Wahr-nehmungsmaß	Es wird das Ausmaß gemessen, in dem der Führende den am meisten und den am wenigsten geschätzten Mitarbeiter als ähnlich wahrnimmt (**A**ssumed **S**imilarity between **O**pposites). Die Wahrnehmung hoher Ähnlichkeit besagt, dass der Führende keinen Mitarbeiter bevorzugt oder benachteiligt und umgekehrt.
LPC-Wahr-nehmungsmaß	In diesem Falle wird das Ausmaß gemessen, in dem der Führende den am wenigsten geschätzten Mitarbeiter noch relativ wohlwollend beschreibt (**L**east **P**referred **C**oworker). Das besagt, dass der Führende rücksichtsvoll und beziehungsorientiert führt und umgekehlt.

Da nach den Ermittlungen von *Fiedler* zwischen den ASO-Werten und den LPC-Werten hohe Korrelation bestand, wurden die LPC-Werte verstärkt berücksichtigt.

- Die **Führungsstile**, welche die zweite Kontingenzvariable bestimmen. Die Führungsstile werden später mit den jeweiligen Situationen der Führung in Verbindung gebracht. Es wird zwischen zwei Arten der Führung unterschieden:

Aufgabenbezogener Stil	Er befriedigt das Bedürfnis nach Aufgabenlösung und Zielerreichung. Dieser Führungsstil bezieht sich auf die Leistungsorientierung. Der Führende wirkt darauf hin, dass die Produktionszahlen erhöht werden, z. B. indem der Vorgesetzte den Mitarbeitern Druck macht.
Beziehungsorientierter Stil	Dieser Führungsstil befriedigt das Bedürfnis nach guten menschlichen Beziehungen zwischen Führungskraft und Mitarbeiter. Diese Art des Führens kann auch als personenorientierte Führung bezeichnet werden, z. B. das Motivieren der Mitarbeiter.

Die beiden Führungsstile wurden mithilfe der Wahrnehmungsmaße ermittelt. Niedrige LPC-Werte entsprechen der aufgabenorientierten Führung und hohe LPC-Werte passen zur Beziehungsorientierung.

Fiedler geht von der zentralen Hypothese aus, dass die Leistung einer Gruppe eine Funktion der Beziehung sei, die zwischen dem Führungsstil eines Vorgesetzten und dem Ausmaß an Einfluss besteht, das er in einer Gruppensituation ausüben kann (*Staehle*).

- Die **Situationskriterien** umfassen bestimmte Gegebenheiten, denen nach *Fiedler* eine besondere Bedeutung zukommt. Es entsteht ein Klassifikationssystem, das aus drei wesentlichen Komponenten besteht:

Positionsmacht des Führenden	Sie ist die formale Führungsposition, mit der ein Vorgesetzter seine Autorität durchsetzt. Die Positionsmacht des Führenden kann entweder stark sein, z. B. bei einem Geschäftsführer oder schwach ausgeprägt sein, z. B. bei einem Auszubildenden.
Führer-Mitarbeiter-Beziehung	Hier wird die Qualität der zwischenmenschlichen Beziehung zwischen dem Führenden und den Mitarbeitern erfasst, z. B. die gegenseitige Unterstützung, Vertrauensbildung usw. Die Führer-Mitarbeiter-Beziehung kann gut und schlecht sein.
Gegebene Aufgabenstruktur	Es wird der Grad der Strukturierung der Aufgabe spezifiziert. *Fiedler* unterscheidet zwischen strukturierten Aufgaben, bei denen der Mitarbeiter genau weiß, worum es geht und unstrukturierten Aufgaben, die dem Vorgesetzten mehr Motivationsfähigkeit abverlangen.

Während die Positionsmacht und die Aufgabenstruktur durch das Unternehmen festgelegt werden, ist die Führer-Mitarbeiter-Beziehung zum großen Teil von der Persönlichkeit des Führenden abhängig.

Durch die Kombination der obigen drei Kriterien analysiert *Fiedler* acht **Situationen der Führung**, die in Form eines Würfels dargestellt werden:

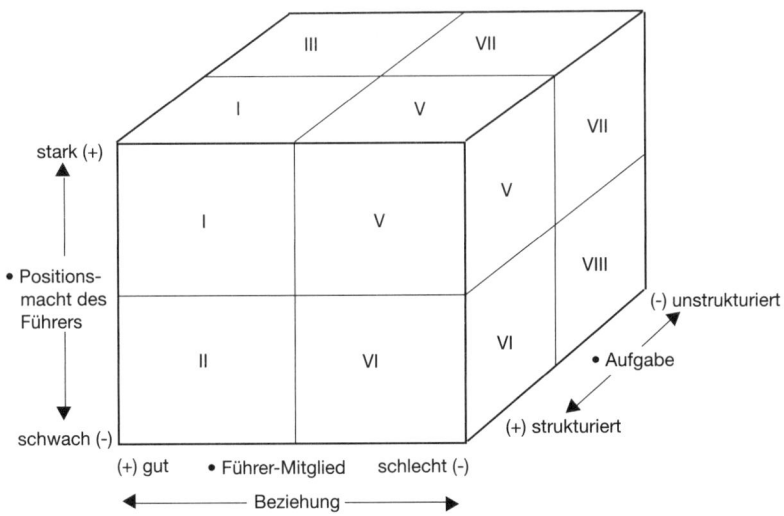

Mit dieser **Würfeldarstellung** werden zunächst alle möglichen Konstellationen der Situation aufgezeigt. Im nächsten Schritt wurde die Korrelation zwischen LPC-Werten und der Gruppenleistung ermittelt. Dabei unterstellte die ursprüngliche Hypothese eine positive Korrelation zwischen dem LPC-Wert und der Gruppenleistung.

Zwischen den einzelnen **Oktanten** und den LPC-Werten bzw. der Gruppenleistung ergibt sich folgender hypothetischer und praktischer Kurvenverlauf:

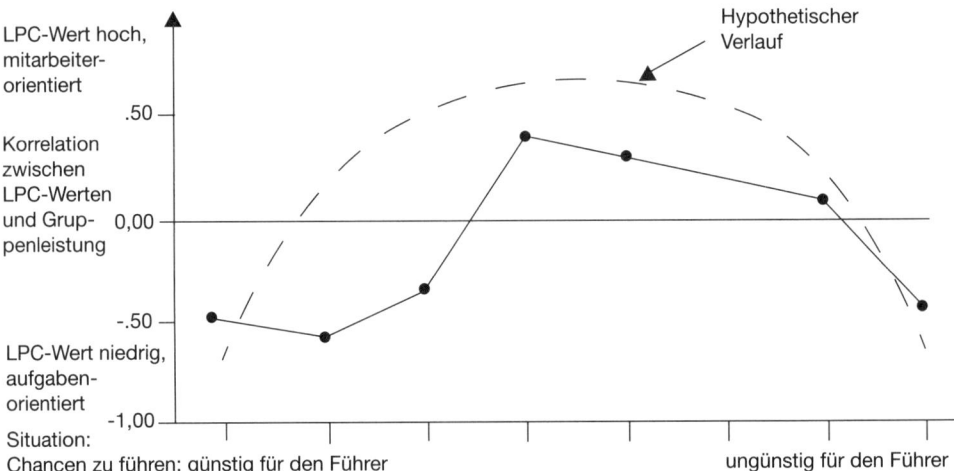

Die **Effektivität** der Führung wird in Abhängigkeit von der **Situation** gesehen, die für den Führer entweder günstig oder ungünstig sein kann. Der Führungsstil wird durch den jeweiligen LPC-Wert gemessen, der das Ausmaß ausdrückt, in dem der Führende die am wenigsten geschätzten Mitarbeiter noch relativ wohlwollend beschreibt (*Hentze/Graf/Kammel/Lindert*).

Oktant:	I	II	III	IV	V	VI	VII	VIII
Beziehung Führer-Gruppe	gut	gut	gut	gut	eher schlecht	eher schlecht	eher schlecht	eher schlecht
Aufgabe (s = strukturiert, us = unstruk- turiert)	s	s	us	us	s	s	us	us
Positionsmacht des Führers	stark	schwach	stark	schwach	stark	schwach	stark	schwach

Als Ergebnis von *Fiedler* sind die folgenden wesentlichen Aussagen festzuhalten:

- Die **aufgabenorientierte Führung** ist effektiver, wenn die Situationen sehr günstig (Oktanten I,II,III) oder sehr ungünstig sind (Oktant VIII). Dies zeigt sich z. B. bei Oktant II, wo eine gute Beziehung zwischen Führendem und Gruppe, eine strukturierte Aufgabe und schwache Positionsmacht des Führenden bestehen.

- Die **personenorientierte Führung** ist effektiver, wenn die Situationen eine mittlere Günstigkeit aufweisen (z .B. bei Oktanten IV und V). Bei Oktant IV besteht zwischen Führungskraft und Gruppe eine gute Beziehung, aber die Aufgabe ist unstrukturiert und die Positionsmacht des Führenden ist schwach ausgeprägt.

Nach *Fiedler* gibt es keinen allgemein gültigen Führungsstil, der immer und überall anwendbar ist. Vielmehr richten sich die Führenden in Bezug auf bestimmte Situationen nach einem bestimmten Stil.

2.2.3 HARZBURGER MODELL

Das Harzburger Modell wurde von *R. Höhn* an der Akademie für Führungskräfte in Bad Harzburg entwickelt. Es bildet das Gegenstück zum nicht mehr zeitgemäßen autoritär-patriarchalischen Führungsstil und beruht auf der **Führung im Mitarbeiterverhältnis**. An die Stelle von Befehlsempfängern sollen unternehmerisch denkende und handelnde Mitarbeiter treten.

Das Harzburger Modell, das auch als **Management by Delegation** bezeichnet wird, hat folgende wesentliche Bestandteile:

- Die **Delegation von Verantwortung**, d. h. Übertragung von Verantwortung an den Mitarbeiter, der an die Stelle des Untergebenen tritt:

  ▸ Der Mitarbeiter bearbeitet Normalfälle in eigener Verantwortung.
  ▸ Der Vorgesetzte ist für außergewöhnliche Fälle verantwortlich.
  ▸ Es sind Regelungen zur Stellvertretung der Vorgesetzten notwendig.

- Die **Führungsverantwortung**, die beim Vorgesetzten liegt. Als Instrumente der Führung gelten die Dienstaufsicht und Erfolgskontrolle (vgl. dazu *Jung, Staehle*):

> - Die Verantwortung der Führung hat immer der Vorgesetzte.
> - In der Führungsrichtlinie stehen die zu beachtenden Regeln.
> - Die Führungsanweisung regelt die Pflichten von Vorgesetzten und Mitarbeitern.
> - Die Rückdelegation durch den Mitarbeiter ist nicht sinnvoll.
> - Der Dienstweg ist von Vorgesetzten und Mitarbeitern stets einzuhalten.
> - Im Regelfall gibt es kein Überspringen von Stufen der Hierarchie des Unternehmens.

- Die **Handlungsverantwortung**, die dem Mitarbeiter übertragen wird, geht aus der Stellenbeschreibung hervor. Auch Stellvertreter-Regelungen sind Bestandteil der Stellenbeschreibung.

- Die **Führungsmittel**, auf die kein Vorgesetzter verzichten kann, werden bei der Führung gezielt eingesetzt. Führungsmittel im Harzburger Modell sind:

Dienstaufsicht	Hier prüft der Vorgesetzte durch Stichproben, ob der Mitarbeiter die ihm übertragene Handlungsverantwortung richtig zu nutzen weiß oder ob er nicht im Sinne des Vorgesetzten handelt.
Erfolgskontrolle	Der Führende kontrolliert nicht die Arbeitsausführung, sondern nur das Ergebnis der Arbeit. Während der Durchführung der Arbeit erfolgt keine Kontrolle durch den Vorgesetzten.
Besprechungen	Sie sind bei höchstens 10 - 15 Personen einsetzbar. Die Mitarbeiterbesprechung wird vom Vorgesetzten ausgelöst. Eine Dienstbesprechung geschieht bei der Erteilung von Anordnungen.
Gespräche	Grundsätzlich werden sie unter vier Augen geführt. Es können folgende Arten unterschieden werden, z. B. ▸ Mitarbeitergespräch ▸ Beförderungsgespräch ▸ Dienstgespräch ▸ Kritikgespräch
Stäbe	Ein Stab ist eine Stelle mit Beratungs- und Unterstützungsfunktion. Er hat keine Anordnungsbefugnis und unterstützt die Unternehmensleitung.

2.2.4 ST. GALLER MODELL

Das St. Galler Modell, das von *Ulrich* erarbeitet wurde, stellt die Gesamtheit aller Gestaltungs-, Lenkungs- und Entwicklungsprozesse dar, die das Unternehmensgeschehen bestimmen.

In abstrakter Sicht erscheinen sie als vernetztes **Informations-Entscheidungs-System (IES)**. Damit sind sie einer umfassenden kybernetischen Betrachtung zugänglich. Das St. Galler Führungsmodell ist ein sehr umfassendes, mehrdimensionales Modell, das im Wesentlichen aus folgenden Elementen besteht:

- Das **integrierte Unternehmungskonzept** ist ein ganzheitliches Unternehmungs-Umwelt-Konzept. Es basiert auf der systemorientierten Betriebswirtschaftslehre. Es sind zu unterscheiden:

Unternehmung	Die Unternehmung wird als produktives, soziotechnisches System und als ein Regelkreissystem im Sinne der Kybernetik interpretiert.
Dimensionen	Als Dimensionen des St. Galler Modells gelten Führungsstufen, Führungsphasen, Führungsfunktionen.

- Die **Unternehmungspolitik** besteht aus drei wesentlichen Elementen, die das St. Galler Führungsmodell entscheidend prägen:

Unternehmens-leitbild	Es charakterisiert die zukünftigen Zielrichtungen des Unternehmens und enthält deren grundlegenden Zwecke, Gestaltungsprinzipien und Verhaltensnormen.
Unternehmens-konzept	Das Unternehmungskonzept zeigt folgende Komponenten, die das Kernstück des Modells bilden:
	▸ Das **leistungswirtschaftliche Konzept** wird z. B. durch Markt- bzw. Produktziele, Strategien und Leistungspotenzial geprägt.
	▸ Das **finanzwirtschaftliche Konzept** besteht z. B. aus Liquiditäts-reserve, Kapitalvolumen und Finanzierungs-Strategien.
	▸ Das **soziale Konzept**, das gesellschaftsbezogene und mitarbeiter-bezogene Ziele, Potenziale und Verhaltensnormen umfasst.
Führungs-konzept	Dieses Konzept besteht aus Zielen und Grundsätzen, die zu einer Einheit zu formen sind:
	▸ Das sachbezogene **Führungssystem**, z. B. Unternehmenspolitik, Planung und Disposition, Information und Kontrolle.
	▸ Das **Organisationskonzept**, z. B. Gesamtleitung und operative Einheiten, Zentraldienste und Innovationen.
	▸ Die **Führungsmethodik**, z. B. Verhalten, Verfahren und Hilfsmittel der Führung.
	▸ Das **Führungskräftepotenzial**, z. B. Erfassung des Potenzials, Bedarf, Beschaffung und Entwicklung.

Das ursprüngliche St. Galler Managementmodell ist weiterentwickelt und als Konzept des integrierten Management neu ausformuliert worden (*Bleicher, Rühli*). Es knüpft am bisherigen, ganzheitlichen Management an und unterscheidet als Führungsebenen das normative, strategische und operative Management.

Ein weiteres **Modell zur Führungsforschung** stellt *Reber* vor, in dem Führereigenschaften, Führungsstil, Reaktion des Geführten, Führungseffizienz und Umweltwirkungen in einen Zusammenhang gebracht werden. In diesem **Führungsmodell** werden u. a. berücksichtigt:

- das Kontingenzmodell von *Fiedler*,
- das Input-Output-Schema,
- Teile der „interaktionellen Führung" und
- gesamtwirtschaftliche Ordnungsprinzipien nach *Gutenberg*.

Als Kriterien der **Effizienz** der **Führung** werden genannt:

- Ziele der Organisation
- Persönliche Ziele des jeweiligen Führers
- Erwartungen der Geführten bzw. der Gruppe.

Mit diesem Modell zur Führung soll ein Zusammenhang zwischen verschiedenen Inhalten der Führungsforschung hergestellt werden.

Der **Züricher Ansatz** ist ein umfassendes Ordnungsgerüst der Führung von Unternehmen (*Rühli*). Er beruht auf verhaltenswissenschaftlichen und ökonomischen Theoriekonzepten, stellt aber den Anwendungszusammenhang stets in den Vordergrund.

Die Führung wird dabei als Steuerung der multipersonalen Problemlösung gesehen. Das **Züricher Modell** erfasst sowohl inhaltliche als auch formelle Aspekte:

- Die **inhaltliche Seite** der Führung betont, dass die Innenpolitik des Unternehmens unter den Aspekten der Strategie, der Struktur und der Kultur gesehen werden kann. Außerdem ist die Vertretung der Unternehmenspolitik nach außen (Außenpolitik) nötig, z. B. hinsichtlich des Wirtschafts-, Gesellschafts- und Ökosystems.

- Die **formelle Seite** der Führung enthält sehr komplexe Beeinflussungsvorgänge zwischen Menschen, d. h. es geht um die Menschenführung. Dabei spielen das spezifische Vorgesetzten-Mitarbeiter-Verhältnis und der soziale Kontext eine Rolle. Im Rahmen der Führungstechniken werden Planung, Entscheidung, Anordnung und Kontrolle als Elemente gesehen.

Im Zusammenhang mit dem Züricher Ansatz wird das **Stakeholderkonzept** als geeignetes Instrument zur systematischen Erfassung und Gestaltung der Institutionen des Unternehmensumfeldes sowie der zwischen diesen bestehenden Interaktionen betrachtet (*Coenenberg/Salfeld, Dillerup/Stoi*).

Das Stakeholderkonzept berücksichtigt in umfassender Form die bezugsgruppen-bezogenen Umweltdaten eines Unternehmens, z. B. im öffentlichen Bereich, von Beraterkriterien und Anspruchsgruppen. Es werden Bedrohungspotenziale erfasst, die eine Unternehmensstrategie gefährden können (*Hungenberg/Wulf, Macharzina/Wolf*).

10 Seite 436

3. Rechtsrahmen

Im Rahmen der Unternehmensführung haben Unternehmensleitung und Führungskräfte eine Fülle von gesetzlichen Vorschriften zu beachten. Die rechtlichen Regelungen betreffen z. B. die Aufgaben, das Personal, die Organisation und bestimmte Prozesse. Als Rechtsrahmen sind für die **Unternehmensführung** bedeutsam:

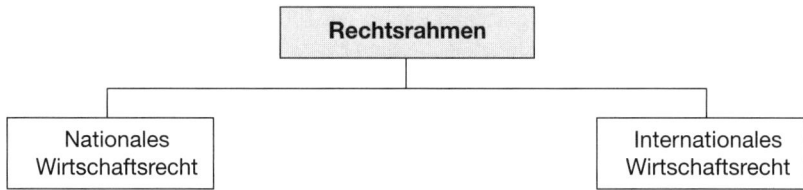

Während das nationale Wirtschaftsrecht die Rechtsgrundlagen klärt, die für die deutsche Wirtschaft gelten, liefert das internationale Wirtschaftsrecht Informationen, die darüber hinaus Gültigkeit haben. *Macharzina* spricht von der **Unternehmensverfassung** (Corporate Governance) als Instrument der Unternehmensleitung. Allerdings enthält die Unternehmensverfassung über die rechtlichen Regelungen hinausgehende Aspekte, z. B. Systemziele.

3.1 Nationales Wirtschaftsrecht

Das nationale Wirtschaftsrecht bezieht sich auf Rechtsgrundlagen, die im folgenden Teil in Kurzform behandelt werden (*Bühner, Olfert/Rahn, Steckler*):

- **Gesellschaftsrecht**
- **Arbeitsrecht**
- **Wettbewerbsrecht**
- **Steuerrecht**
- **Insolvenzrecht**
- **Sonstiges Recht**.

3.1.1 Gesellschaftsrecht

Die Regelung der Verhältnisse zwischen Eigentümern und Unternehmensleitung ist eine wichtige Aufgabe des Gesellschaftsrechts. Als Gesellschaft gilt jede durch Vertrag begründete Personenvereinigung zur Verfolgung eines gemeinschaftlichen Zwecks. Als **Rechtsformen** sind zu unterscheiden:

- Das **Einzelunternehmen** ist ein Gewerbebetrieb, dessen Vermögen einer Person zusteht, die Eigentümer des Unternehmens ist. Es ist mit rund 90 % aller deutschen Unternehmen die am häufigsten vorkommende Rechtsform. Die Unternehmensleitung wird vom Unternehmer vorgenommen.

- Die **Personengesellschaften** sind Unternehmen, welche keine Rechtsfähigkeit besitzen und deren Gesellschafter in der Mehrzahl der Fälle natürliche Personen sind. Sie haben mindestens zwei Gesellschafter und können folgende Rechtsformen aufweisen:

  - **OHG** = Offene Handelsgesellschaft (§§ 105-160 HGB)
  - **KG** = Kommanditgesellschaft (§§ 161-177a HGB)
  - **Stille Gesellschaft** (§§ 230-237 HGB)
  - **GdbR** = Gesellschaft des bürgerlichen Rechts (§§ 705-740 BGB)
  - **PartG** = Partnerschaftsgesellschaft (nach dem PartGG)

- Die **Kapitalgesellschaften** sind als juristische Personen rechtsfähig und verfügen über ein festes Nominalkapital, das gezeichnetes Kapital genannt wird. Es sind zu unterscheiden:

  - **GmbH** = Gesellschaft mit beschränkter Haftung (GmbHG, MoMiG)
  - **AG** = Aktiengesellschaft (AktG)
  - **KGaA** = Kommanditgesellschaft auf Aktien (AktG und HGB)

An Kapitalgesellschaften können sich viele Kapitalgeber beteiligen, die selbst keinen unmittelbaren Einfluss auf die Unternehmensführung ausüben und nicht willens sind, über ihre Einlage hinaus zu haften.

| 11 » Seite 437 | 12 » Seite 437 | 13 » Seite 438 | 14 » Seite 438 |

3.1.2 ARBEITSRECHT

Weil die Interessen der Kapitaleigner, der Unternehmensleitungen, der Arbeitnehmer und der Allgemeinheit sehr unterschiedlich sind, werden vielfältige Rechtsquellen zum Arbeitsrecht unterschieden (*Brox/Rüthers/Henssler, Steckler*):

- Das **Individualarbeitsrecht**, das die Grundlagen einzelner Arbeitsverhältnisse regelt und davon ausgeht, dass im Rahmen eines Arbeits- und Dienstvertrages (§ 611 BGB) eine Dienstleistung erbracht wird.

  Es sind z.B. folgende Teile zu unterscheiden:

  - **Arbeitsvertragsrecht** regelt die Rechte und Pflichten der Vertragsparteien.
  - **Arbeitszeitgesetz** (ArbZG, TzBfG) bestimmt z. B. die Arbeitszeit, Ruhepausen.
  - **Arbeitnehmerschutzrecht**, z.B. KSchG, JArbSchG, MuSchG, ArbPlSchG.
  - **Arbeitssicherheitsrecht** mit Regelungen zur Sicherheit der Arbeitnehmer (ArbSichG).

- Das **Kollektivarbeitsrecht** umfasst Vereinbarungen zwischen Arbeitgeber und Betriebsrat sowie zwischen den Tarifvertragsparteien. Es sind zu unterscheiden:

  - **Tarifvertragsrecht**, das im Tarifvertragsgesetz (TVG) geregelt ist.
  - **Arbeitskampfrecht**, das sich auf Streik und Aussperrung bezieht (SGB, BetrVG).
  - **Betriebsverfassungsrecht**, das Rechte und Pflichten des Betriebsrats regelt (BetrVG).
  - **Sprecherausschussverfassung** mit Regelungen für leitende Angestellte (SprAuG).
  - **Unternehmensverfassung**, die Mitbestimmung und Mitwirkung regelt (BetrVG).

Die betriebliche **Mitbestimmung** ist u. a. die institutionelle Teilhabe des Betriebsrats an Willensbildungs- und Entscheidungsprozessen im Unternehmen. Sie unterscheidet sich von der **Mitwirkung** dadurch, dass der Betriebsrat die Möglichkeit hat, einer Entscheidung des Unternehmers zu widersprechen oder sie zu verhindern.

Die letzte Entscheidung bleibt aber beim **Arbeitgeber**, d. h. er behält das Recht, seine Absichten auch gegen die Vorstellungen des **Betriebsrates** durchzusetzen. Die Mitwirkung geht damit nicht so weit wie die Mitbestimmung. Arbeitgeber und Betriebsrat sollen bei Meinungsverschiedenheiten rechtzeitig verhandeln mit dem ernsthaften Willen, zu einer Einigung zu kommen (§§ 2 und 74 Abs. 1 BetrVG).

Das **Mitbestimmungsgesetz** (MitbestG) enthält besondere Regelungen über die Zusammensetzung und Bildung von **Aufsichtsräten**.

Weitere wesentliche Gesetze zum Arbeitsrecht sind:

- ▶ Arbeitnehmerüberlassungsgesetz (AÜG)
- ▶ Arbeitsstättenverordnung (ArbStättVO)
- ▶ Entgeltfortzahlungsgesetz (EFZG)
- ▶ Heimarbeitsgesetz (HAG)
- ▶ Bundesurlaubsgesetz (BUrlG)
- ▶ Berufsbildungsgesetz (BBiG)
- ▶ Gewerbeordnung (GewO)
- ▶ Schwarzarbeitsgesetz (SchwararbG)

Das geltende deutsche **Betriebsverfassungsgesetz** sieht für die Mitbestimmung (*Gaugler*) außer dem Betriebsrat weitere Organe vor: Gesamt- und Konzernbetriebsrat, Betriebsversammlung, Auszubildendenvertretung, Einigungsstelle und Wirtschaftsausschuss.

3.1.3 Wettbewerbsrecht

Die Regelungen des Wettbewerbsrechts bezwecken die Aufrechterhaltung eines funktions- und leistungsfähigen Wettbewerbs in der Volkswirtschaft. Es möchte einerseits den freien Wettbewerb zwischen den Unternehmen sichern und andererseits vor unlauterem Wettbewerb schützen. Dabei sind im Rahmen der Unternehmensführung zu beachten (*Boesche, Frenz, Steckler*):

- Das **Gesetz gegen den unlauteren Wettbewerb** (UWG), das die unternehmerische Tätigkeit des Kaufmanns im Wettbewerb gegenüber missbräuchlichen Wettbewerbshandlungen schützt. Ihm liegt der Rechtsgedanke der guten Sitten im Wettbewerb zu Grunde. Danach führt eine wettbewerbswidrige Handlung zum Anspruch auf Unterlassung bzw. Schadensersatz des betroffenen Konkurrenten.

  Die **Generalklausel** des § 1 UWG besagt, dass auf Unterlassung und Schadenersatz in Anspruch genommen werden kann, wer im geschäftlichen Verkehr zu Zwecken des Wettbewerbs Handlungen vornimmt, die gegen die guten Sitten verstoßen, z.B. Verlockung durch unentgeltliche Zuwendung von Gegenständen oder Zusendung unbestellter Waren, Werbe-Mails bzw. Werbe-Telefonate ohne vorherige Zustimmung. Diese Regelungen existieren seit 2004.

  Zum Schutze des Wettbewerbs enthält § 3 UWG ein grundsätzliches Verbot der **Irreführung durch Werbung**. Im Rahmen der Werbung werden im Regelfall die eigenen

Produkte des Unternehmens präsentiert. Seit April 2000 darf die Werbung aber auch objektiv nachprüfbare Vergleiche zur Konkurrenz vornehmen.

- Das **Gesetz gegen Wettbewerbsbeschränkungen** (GWB), das ein grundsätzliches Verbot von Kartellen vorsieht und durch seine Neufassung in 2005 an europäische Gegebenheiten angepasst wurde. Nach § 1 GWB sind Vereinbarungen zwischen miteinander im Wettbewerb stehenden Unternehmen bzw. Beschlüsse von Unternehmensvereinigungen verboten, die eine Verhinderung, Einschränkung oder Verfälschung des Wettbewerbs bezwecken (*Hefermehl/Köhler/Bornkamm*).

  Es gibt zahlreiche Ausnahmen vom grundsätzlichen Kartellverbot. Das nationale Wettbewerbsrecht wird durch EU-Generalklauseln ergänzt (vgl. Kapitel A 3.2).

Die Einhaltung der Gesetze überwacht in Deutschland das **Bundeskartellamt** (bzw. die Landeskartellämter). Außerdem kontrolliert die Generaldirektion Wettbewerb der **Europäischen Kommission** die Einhaltung auf europäischer Ebene.

3.1.4 Steuerrecht

Steuern werden nach § 3 Abs. 1 Abgabenordnung (AO) als Geldleistungen definiert, die nicht eine Gegenleistung für eine besondere Leistung darstellen und von einem öffentlich-rechtlichen Gemeinwesen zur Erzielung von Einnahmen auferlegt werden. Zölle und Abschöpfungen sind ebenfalls Steuern (*Biergans, Bornhofen, Rose*).

Mit den Steuern beschäftigt sich die betriebliche **Steuerlehre** (siehe ausführlich *Grefe*). Steuern werden in einem Rechtsstaat aufgrund von Steuergesetzen erhoben. Die Steuergesetzgebung hat ihre Grundlage im Art. 105 GG.

Rechtsquellen auf dem Gebiet der Besteuerung sind Gesetze, Rechtsverordnungen, Rechtsprechung und Verwaltungsanweisungen (Richtlinien, Erlasse, Verfügungen).

Als rechtliche Grundlagen gelten:

- Das **Grundgesetz** (GG) regelt u. a. die Gesetzgebungskompetenz, Steuerverteilung, Steuerverwaltung und die Angaben zum Haushalt (Art. 104a bis 115 GG).
- Die **Abgabenordnung** (AO) regelt die Rechte und Pflichten der Steuerzahler, allgemeine Verfahrensvorschriften, die Durchführung der Besteuerung und das Erhebungsverfahren.
- Das **Bewertungsgesetz** (BewG) enthält Vorschriften zur Einheitsbewertung; die Einzelsteuergesetze haben jeweils die Regelungen bestimmter Steuerarten zum Gegenstand.

Die Unternehmensleitung hat dafür Sorge zu tragen, dass die betrieblichen **Steuererklärungen** rechtzeitig abgegeben und dass die Steuern unter Einhaltung der Buchführungspflichten entsprechend der Rechtsvorschriften abgeführt werden.

3.1.5 INSOLVENZRECHT

Die Insolvenz kann sich in Zahlungsunfähigkeit (§ 17 InsO), in drohender Zahlungsunfähigkeit (§ 18 InsO) oder in Überschuldung (§ 19 InsO) äußern (*Eickmann/Flessner/Irschlinger*). Im Hinblick auf das Insolvenzrecht sind von Bedeutung:

- Das **Insolvenzverfahren**, das 1999 an die Stelle des früheren Konkursverfahrens bzw. des Gesamtvollstreckungs-Verfahrens getreten ist. Die Insolvenzordnung (InsO) umfasst folgende Verfahren (*Köhler*):

Insolvenz-Großverfahren	Es gilt als Regelinsolvenzverfahren für juristische Personen (z. B. AG, GmbH, Genossenschaft, Vereine), gleichgestellte Gesellschaften (z. B. OHG, KG, GdbR) und für alle natürlichen Personen, die eine selbstständige wirtschaftliche Tätigkeit ausüben.
Insolvenz-Kleinverfahren	Es gilt für alle natürlichen Personen, die nie eine selbstständige wirtschaftliche Tätigkeit ausgeübt haben (§ 304 InsO). Es wird auch als Verbraucherinsolvenzverfahren bezeichnet.
Restschuld-Befreiungs-verfahren	Nach Abschluss des Insolvenzverfahrens wird auf Antrag des Schuldners das Restschuld-Befreiungsverfahren eingeleitet (§§ 286-303 InsO). Dabei kann ein Schuldenerlass auch gegen den Willen der Gläubiger ausgesprochen werden, wenn der Schuldner eine natürliche Person ist.

- In einem **Insolvenzplan** können die Maßnahmen zur Befriedigung der Gläubiger durch den Schuldner anders als nach den obigen gesetzlichen Abwicklungsvorschriften geregelt werden. Auszuarbeiten ist der Insolvenzplan entweder vom Schuldner oder vom Insolvenzverwalter. Wirksam wird er erst nach Zustimmung der Gläubigerversammlung.

Mit dem Insolvenzplan hat die Gläubigergemeinschaft die Möglichkeit, die Weichen für die Zukunft des Schuldners selbst zu stellen. Dabei ergibt sich entweder die Möglichkeit der **Sanierung** (Rettung des in Not geratenen Schuldners) oder die **Liquidation**, welche mit der Auflösung des Unternehmens verbunden ist.

In beiden Fällen wird mit besseren Vermögenserlösen gerechnet als sie bei der Insolvenzverwaltung nach Gesetz zu erzielen wären. Das Insolvenzverfahren ist die Weiterentwicklung des bisherigen Vergleichsverfahrens mit seiner Zwangsvergleichsmöglichkeit.

3.1.6 SONSTIGES RECHT

Für die Unternehmensführung sind weitere nationale Rechtsregelungen von Bedeutung. Zu den Rechtsgebieten des Wirtschaftsrechts, deren Kenntnis für die unternehmerische Tätigkeit bedeutsam ist, können gezählt werden:

- Das **Bürgerliche Recht**, das im Bürgerlichen Gesetzbuch (BGB) verankert ist, das im Schuldrecht ab 01.01.2002 geändert wurde. Hervorzuheben sind (*Larenz/Wolf, Palandt*):

- Die **Rechtsgeschäfte**, welche von den Führungskräften bzw. den Mitarbeitern abgeschlossen werden. Es sind rechtliche Tatbestände, die Rechtsfolgen bewirken, z. B. Kauf-, Werk-, Dienst-, Miet-, Pacht-, Leih- und Sachdarlehensverträge. Die Willenserklärung ist das Grundelement eines Rechtsgeschäftes. Die neuen Verjährungsfristen sind zu beachten (*Goebel*).

- Die **Anfechtung**, durch die zunächst zustande gekommene Rechtsgeschäfte mit rückwirkender Kraft nichtig werden (§ 142 BGB). Gründe dafür können der Irrtum als falsche Vorstellung über Tatsachen (§ 119 BGB), die arglistige Täuschung als bewusste Irreführung (§§ 123, 124 BGB) oder die widerrechtliche Drohung als eine rechtswidrige Beeinflussung (§§ 123, 124 BGB) sein.

- Die **Leistungsstörungen**, die beruhen können auf der Unmöglichkeit (z.B. §§ 275, 311 BGB), dem Verzug (§§ 280, 286 BGB), dem Vertragsmangel (§§ 434, 435 BGB), der positiven Vertragsverletzung (§§ 276, 280 BGB), dem Verschulden bei Vertragsabschluss (§§ 280, 311 BGB) und der Störung der Geschäftsgrundlage (§ 313 BGB).

- Das **Handelsrecht**, das ausschließlich die Rechtsverhältnisse von Kaufleuten regelt. Das Handelsgesetzbuch (HGB) umfasst die Bücher über den Handelsstand, die Handelsgesellschaften, die Handelsbücher, die Handelsgeschäfte und den Seehandel. Es sind Regelungen zu unterscheiden für (*Baumbach/Hopt*):

  - Den **Kaufmann**, der nach § 1 Abs. HGB ein Handelsgewerbe betreibt. Dazu zählt jedes gewerbliche Unternehmen, das nach Art und Umfang einen in kaufmännischer Art und Weise eingerichteten Geschäftsbetrieb erfordert. Hier sind vor allem der Istkaufmann (§ 1 HGB), Kannkaufmann (§§ 2 und 3 HGB) und Formkaufmann (§ 6 HGB) hervorzuheben.

  - Die **Firma**, die den Namen aufzeigt, unter dem der Kaufmann im Handel seine Geschäfte betreibt und die Unterschrift abgibt (§ 17 HGB). Der Kaufmann tritt im Handelsverkehr mit seiner Firma auf. Er kann unter seiner Firma klagen und verklagt werden. Die Firma ist gesetzlich geschützt (§ 37 HGB).

  - Das **Handelsregister**, das ein öffentliches Register darstellt, welches von den Amtsgerichten geführt wird (§ 8 HGB). Sie nehmen die Eintragung für alle Kaufleute vor, die in dem jeweiligen Gerichtsbezirk ihren Geschäftssitz haben. Ab 2007 müssen Anmeldungen zum Handelsregister (HRA und HRB) in **elektronisch beglaubigter Form** erfolgen (§ 12 Abs. 1 HGB).

  - Die **Vollmachten**, die geeigneten Führungskräften erteilt werden. Hier ist die Prokura (§§ 48 bis 53 HGB) hervorzuheben, die ins Handelsregister angemeldet wird und zu allen Arten von gerichtlichen und außergerichtlichen Geschäften befugt. Die Handlungsvollmacht (§ 54 HGB) ermächtigt zu Rechtshandlungen, die das Handelsgewerbe gewöhnlich mit sich bringt.

  - Die **Bilanzierung**, welche dazu dient, die Bilanzpositionen ordnungsgemäß anzusetzen. Da die Unternehmensleitung die Aufgabe hat, den Jahresabschluss gesetzesgemäß und rechtzeitig vorzulegen, ist insbesondere die Kenntnis von Inhalten der Rechtsvorschriften zu §§ 246-251, 266, 268-274 HGB notwendig. Hinzu kommen z.B. §§ 4, 5 und 6a des EStG.

- Das **Schutzrecht**, denn es gibt Vorgänge, die eines besonderen Schutzes bedürfen. Deshalb sind folgende besonderen Schutzgesetze zu beachten (*Steckler*):

  - Der **gewerbliche** Rechtsschutz, bei dem neue Erzeugnisse und Verfahren geschützt werden, die im Unternehmen entstanden sind, z.B. Patente, Gebrauchsmuster, Geschmacksmuster und Marken. Die Rechte an Erfindungen, die ein Arbeitnehmer während des Arbeitsverhältnisses macht, regelt das Arbeitnehmer-Erfindungsgesetz (ArbNEerfG).

▸ Der **Datenschutz**, der im Bundesdatenschutzgesetz (BDSG) und in den Landesdaten-schutzgesetzen geregelt ist. Auch die Verarbeitung personenbezogener Daten durch Unternehmen gehört zu diesem Anwendungsbereich. Diese Daten unterliegen bei ihrer Verarbeitung einer staatlichen Kontrolle durch Datenschutzbeauftragte des Bundes und der Länder.

▸ Der **Umweltschutz**, der auf die Erhaltung der natürlichen Lebensgrundlagen von Mensch, Tier und Pflanzen ausgerichtet ist. Das Umweltbewusstsein ist in der Bevölkerung und auch in den Unternehmen in den letzten Jahren deutlich gestiegen. Es gibt eine Vielzahl von Regelungen zum Umweltschutz (z.B. AbfG, BImSchG und Abfallverordnungen).

• Das **Sozialrecht**, zu dem z.B. die Sozialversicherung und die Sozialversorgung gehören. Es sind zahlreiche Einzelgesetze entstanden, die im Sozialgesetzbuch (SGB) zusammengefasst wurden. Zu unterscheiden sind z.B. (*Gitter, Steckler*):

▸ Allgemeiner Teil (SGB I)
▸ Grundsicherung für Arbeitssuchende (SGB II)
▸ Arbeitsförderung (SGB III)
▸ Vorschriften Sozialversicherung (SGB IV)
▸ Krankenversicherung (SGB V)
▸ Rentenversicherung (SGB VI)
▸ Unfallversicherung (SGB VII)

▸ Kinder- und Jugendhilfe (SGB VIII)
▸ Rehabilitation und Teilhabe Behinderter (SGB IX)
▸ Verwaltungsverfahren/Sozialdatenschutz (SGB X)
▸ Pflegeversicherung (SGB XI)
▸ Sozialhilfe (SGB XII)

• Das **Verfahrensrecht**, das unterschiedliche Ansprüche für den Rechtsweg zu den Arbeits-, Sozial-, Verwaltungs- und Zivilgerichten regelt. Das zuständige Gericht wird durch den Streitgegenstand bestimmt:

▸ Bei **zivilrechtlichen** Streitigkeiten z.B. aus dem BGB und HGB sind die Amts- und Landgerichte erstinstanzlich zuständig. Das Verfahren richtet sich nach der Zivilprozessordnung (ZPO). Zweite und dritte Instanz sind die Oberlandesgerichte und der Bundesgerichtshof.

▸ Im Falle **arbeitsrechtlicher** Probleme ist der Rechtsweg zu den Arbeitsgerichten gegeben. Hier sind die Regelungen des Arbeitsgerichtsgesetzes (ArbGG) bzw. der Zivilprozessordnung (ZPO) zu beachten. Arbeitsgerichte sind das Arbeits-, Landesarbeits- und das Bundesarbeitsgericht.

▸ Bei **sozialrechtlichen** Streitigkeiten ist der Rechtsweg zu den Sozialgerichten gegeben. Das Sozialgerichtsverfahren ist im Sozialgerichtsgesetz (SGG) geregelt. Es gibt das Sozialgericht als erste Instanz, das Landessozialgericht und das Bundessozialgericht.

3.2 INTERNATIONALES WIRTSCHAFTSRECHT

Es existiert kein »Weltrecht«, das alle Grundlagen des »internationalen Wirtschaftsrechts« zusammenfasst, sondern es gibt zunächst das **Völkerrecht**. Dieses umfasst Rechtssätze, durch die die gegenseitigen Rechte und Pflichten souveräner Staaten der Erde in Friedens- und Kriegszeiten geregelt werden (vgl. dazu Art. 25 GG).

Das **internationale Wirtschaftsrecht** umfasst hinsichtlich des Vertragsrechts vor allem folgende Regelungen, die für Unternehmen bedeutsam sind (vgl. dazu ausführlich *Aden*, *Steckler*):

- Das **UN-Kaufrecht**, welches sich auf das Übereinkommen der Vereinten Nationen zu Verträgen über den internationalen Warenkauf (CISG) bezieht und für Deutschland seit 1990 gilt.

- Die **Internationalen Handelsklauseln** (»International Commercial Terms = **Incoterms**«), die in Außenhandelsverträgen häufig verwendet werden, z.B. CIF (cost, insurance, freight). Die letzte Änderung dieser Klauseln erfolgte im Jahr 2000.

- Das **Außenwirtschaftsrecht**, bei dem außer den Gründungsverträgen der EG auch zahlreiche internationale Abkommen zu beachten sind. Das Gemeinschaftsrecht regelt den Binnenverkehr von EU-Staaten anders als den Handel mit Drittstaaten.

- Die **internationale Rechnungslegung** verpflichtet am Kapitalmarkt orientierte Unternehmen, ihren Konzernabschluss für alle nach dem 31.12.2004 beginnenden Geschäftsjahre nach **IFRS** (**I**nternational **F**inancial **R**eporting **S**tandards) vorzunehmen. Für Unternehmen, die bisher noch nach US-GAAP bilanzierten, galt die Übergangsregelung bis zum 31.12.2006 (vgl. dazu ausführlich *Ditges/Arendt*, *Grünberger/Grünberger*).

In dem gemeinsamen **europäischen Binnenmarkt** ergeben sich durch die Ausweitung der Märkte und Standorte für die Unternehmen Chancen, aber durch den größeren Wettbewerb grenzüberschreitend tätiger Unternehmen auch Risiken.

Zur Bewältigung der international anfallenden Probleme im Rahmen der **Globalisierung** sind neue **Konzepte der Unternehmensführung** notwendig. Die künftigen Managementkonzepte sind zum Teil universal anwendbar, enthalten aber auch kulturspezifische, nicht auf andere Kulturen übertragbare Elemente (*Jung, Perlitz*).

Die international aktiven **Unternehmensleitungen** werden sich mit diesen Gegebenheiten intensiv auseinander setzen müssen. Bei der Bewältigung von Problemen der Unternehmensführung sind also auch die international gültigen rechtlichen Grundlagen zu prüfen.

Es besteht in **Europa** die anspruchsvolle Aufgabe, die Vielfalt von Gesetzen, Vorschriften und Richtlinien der einzelnen Staaten anzugleichen, zumal sich das internationale Wirtschaftsrecht enorm entwickelt hat (*Herdegen, Kilian, Oppermann, Streinz*).

Nationale Unternehmen sind aufgrund der fehlenden Größenvoraussetzungen häufig nicht in der Lage, die neuen Marktpotenziale voll auszuschöpfen.

Deshalb werden in vielen Fällen grenzüberschreitende **Zusammenschlüsse** oder die Gründung einer Gesellschaft nach europäischem Recht angestrebt (*Bühner*).

Es sind zu unterscheiden:

- **Europäische Fusion**, die als grenzüberschreitender Zusammenschluss eine Fusion zweier oder mehrerer Unternehmen unterschiedlicher Staaten denkbar ist. Grenzüberschreitende Fusionen sind heute noch nicht im Gesellschaftsrecht verankert.

  Bei diesen Fusionen wird das nationale Gesellschaftsrecht angewendet, das am Sitz der erweiterten Gesellschaft gilt, d. h. maßgeblich ist der Ort des tatsächlichen Verwaltungssitzes.

- **Europäische Gesellschaft**, welche eine Rechtsform als Europäische Wirtschaftliche Interessenvereinigung (**EWIV**) ist. Das Ziel dieser Rechtsform besteht darin, für europaweit tätige Unternehmen die Voraussetzungen der Neuorientierung ihrer Tätigkeit auf Gemeinschaftsebene zu schaffen.

  Die Gründung der Europäischen Gesellschaft (lat. Societas Europaea = **SE**) ist seit Ende 2004 möglich. Bisher existieren z. B. die Allianz SE, die BASF SE, die Strabag SE. Umgangssprachlich wird die SE auch als **Europa AG** bezeichnet. Die Leitung einer SE kann in Vorstand bzw. Aufsichtsrat geteilt sein, oder wie im englischsprachigen Raum ein **Board of Directors** mit Managern sein (*Bartone/Klapdor*).

  Die europäische Gesellschaft bietet europäischen Unternehmen die Möglichkeit, europaweit als **rechtliche Einheit** aufzutreten und ihre Geschäfte in einer **Holding** zusammenzufassen.

  So können diese Unternehmen über Ländergrenzen hinweg eine Neuordnung und Ausweitung ihrer Geschäftstätigkeit vornehmen, ohne die zeitraubenden und kostenträchtigen Formalitäten für mehrere Tochtergesellschaften in den einzelnen EU-Staaten beachten zu müssen.

- **Internationaler Konzern**, der die Verbindung juristisch selbstständig bleibender Unternehmen zu einer wirtschaftlichen Einheit darstellt. Von diesen Unternehmen sind mindestens zwei mit ihrem tatsächlichen Verwaltungssitz (Hauptsitz) in verschiedenen Staaten ansässig.

  Dies ist beispielsweise bei einer internationalen Beziehung zwischen Mutter- und Tochtergesellschaften möglich (*Emmerich/Sonnenschein, Habersack*). Ein supranationales Konzernrecht gibt es allerdings nicht.

Das Anstreben europaeigener Rechtsformen basiert auf folgenden Begründungen:

- Dadurch wird die **Sitzverlegung** von einem Mitgliedstaat zu anderen Mitgliedstaaten – unter Beibehaltung der Rechtspersönlichkeit – erst möglich.

- Es wird hierdurch eine entsprechende **Transparenz** der Rechtsstruktur geschaffen, z. B. Eigentumsverhältnisse, Geschäftsleitung, Vertretung, Haftung.

In den einzelnen Ländern Europas gibt es viele unterschiedliche Bezeichnungen für die **Rechtsformen**. Ein Vergleich verschiedener Staaten mit **internationalen Gesellschaftsformen** ergibt folgendes Ergebnis:

Rechts-formen / Staaten	OHG	KG	GmbH	AG
Belgien und Frankreich	société en nom collectif (SNC)	société en commandite simple	société en responsabilité limitée = SARL - entreprise à responsabilitée = EURL = Einmann GmbH od. BVBA	société anonyme = SA od. NV
Griechenland	omorythmos eteria = O.E.	eterorythmos eteria = E.E.	Gesellschaft mit beschränkter Haftung = E.P.E.	anonymos Eterial = A.E.
Großbritannien	partnership	ltd. bzw. limited partnership	private company limited by shares = ltd. Wales: ltd. = cfyndedig	public company limited by shares = plc
Italien	societa in nome collettivo = s.n.c	societa in accoomandita semplice = s.a.s.	soiceta a responsabilita limitata = s.r.l.	societa per azioni = s.p.a.
Luxemburg	vgl. Belgien	dto.	société à responsabilitè limitèe	société anonyme
Niederlande	Vennootschap onder firma = VOF	Commanditaire Vennootschap = CV	Besloten Vennootschap = BV (Angabe zwingend)	Naamloze Vennootschap = NV (Angabe zwingend)
Spanien	sociedad colectiva = S.C. oder S.R.C.	sociedad commanditativa simple = S.C. oder S.Com.	sociedad de Respnsabilidad limitada = S.L. oder S.R.L.	sociedad Anonima = S.A.

Es sind folgende Rechtsgrundlagen zu unterscheiden:

* **Europäisches Gesellschaftsrecht**

* **Europäisches Arbeitsrecht**

* **Europäisches Wettbewerbsrecht**

* **Europäisches Steuerrecht**

* **Europäisches Insolvenzrecht**.

3.2.1 EUROPÄISCHES GESELLSCHAFTSRECHT

Das Europäische Gesellschaftsrecht hat die Aufgabe zu klären, welches nationale Recht auf einen grenzüberschreitenden Sachverhalt mit gesellschaftsrechtlichem Bezug anwendbar ist (*Habersack*).

Einen zentralen Aspekt dieses Rechts bildet die Anerkennung ausländischer Gesellschaften. Hier werden die **Voraussetzungen** umschrieben, unter denen eine ausländische juristische Person im Inland Rechte erwerben und Verpflichtungen eingehen kann.

Bisher ist kein geschlossenes System supranationalen Gesellschaftsrechts der EU gegeben. Die Regelungen des Gesellschaftsrechts der **Mitgliedstaaten der EU** stehen gleichrangig nebeneinander.

Bei grenzüberschreitender Tätigkeit beantwortet das Internationale Privatrecht des berührten Mitgliedstaates, welches nationale Gesellschaftsrecht („Gesellschaftsstatut") auf die jeweilige Gesellschaft anzuwenden ist.

Mit der Rechtsform der **Europäischen Wirtschaftlichen Interessenvereinigung (EWIV)** wurde zum ersten Mal eine europäische Gesellschaftsform geschaffen, die eine grenzüberschreitende Kooperation europäischer Unternehmen erleichtert (*Herdegen*).

Dieses Recht der EWIV ist dreistufig gestaltet (*Bühner*):

- Maßgeblich ist die EG-Verordnung Nr. 2137 von 1985
- Darüber hinaus gilt das EWIV-Ausführungsgesetz von 1988
- Es finden auf die EWIV die Vorschriften über die OHG Anwendung.

Die Gründung einer EWIV erfordert mindestens zwei Mitglieder aus verschiedenen Mitgliedstaaten der EU. Die Gründung erfolgt durch Abschluss eines Gründungsvertrages und Eintragung in das nationale **Handelsregister**. Der Firmenzusatz „EWIV" ist zwingend. Für die Gründung ist kein bestimmtes Kapital vorgesehen. Als Organe gelten der Geschäftsführer und die Gesellschafterversammlung.

Die Mitglieder der EWIV haften unbeschränkt und gesamtschuldnerisch für alle Verbindlichkeiten. Vertretungsorgan der EWIV ist der oder sind die Geschäftsführer. Im Gründungsvertrag kann ein Aufsichtsrat vereinbart werden. Eine **Mitbestimmung** ist in der EWIV nicht vorgesehen.

Die **EG-Kommission** hat 1989 einen Verordnungsentwurf (EGV) vorgelegt, der 136 Artikel umfasst. Die Verordnung ist nach Verabschiedung durch den Ministerrat in den Mitgliedstaaten unmittelbar geltendes Recht.

Die **Europäische Gesellschaft** wird als „**SE**" bezeichnet, d. h. Societas Europaea (*Bartone/Klapdor, Macharzina, Theisen/Wenz*). Ziele der Europäischen Aktiengesellschaft sind:

- Fusion von Gesellschaften verschiedener Mitgliedstaaten
- Errichtung europäischer Holdinggesellschaften
- Gründung gemeinsamer Tochtergesellschaften
- Umwandlung einer nationalen AG in eine Euro-AG.

Die Europäische AG kann im gesamten Gebiet der **Europäischen Gemeinschaft** gegründet werden. Die Gründung erfordert mindestens zwei Gründer. Der jeweils vorgesehene Weg ergibt sich aus der Rechtsform der beteiligten Gründer.

Zu beachten ist die Rechtsprechung des Gerichtshofs der Europäischen Gemeinschaften. Der **Europäische Gerichtshof** (EuGH) mit Sitz in Luxemburg ist das Recht sprechende Organ der Europäischen Gemeinschaften.

3.2.2 EUROPÄISCHES ARBEITSRECHT

Das europäische Arbeitsrecht gewinnt für das tägliche Arbeitsleben zunehmend an Bedeutung (*Birk, Schiek, Thüsing*). Insbesondere geht es hier um die Rechtsprechung des Europäischen Gerichtshofs und um **europäische Normen**.

Für das nationale Wirtschaftsrecht sind von Bedeutung, z. B. EU-Normen, Sozialpolitik, Gleichberechtigung von Mann und Frau, Regelungen zu Massenentlassungen und europäische Betriebsräte.

Der Zweck **europäischer Betriebsräte** liegt in der Schaffung eines übernationalen, zentralen Konsultationsorgans, in dem länderübergreifende Arbeitnehmerinteressen behandelt werden sollen (*Traum*). Die Rechtsgrundlage für den Einsatz eines Europäischen Betriebsrats bildet das Gesetz über Europäische Betriebsräte (ERBG) von 1996 (vgl. *Blanke*).

Um den Betriebsrat einsetzen zu können, muss ein gemeinschaftsweit tätiges Unternehmen mindestens 1.000 Arbeitnehmer in den Mitgliedstaaten beschäftigen, wobei in mindestens zwei Mitgliedstaaten jeweils mindestens 150 Personen betroffen sein müssen.

Der Europäische Betriebsrat hat folgende **Beteiligungsrechte**:

* Recht auf **Information** über die Geschäftslage durch die zentrale Unternehmensleitung (einmal im Jahr).
* Anhörung vor wichtigen Entscheidungen, z. B. **Betriebsverlagerungen**, **Stilllegungen** oder **Massenentlassungen**.

3.2.3 EUROPÄISCHES WETTBEWERBSRECHT

Dazu gehören vor allem Ordnungsnormen gegen wettbewerbsbeschränkende Verhaltensweisen, gegen den Missbrauch einer marktbeherrschenden Stellung und zur Kontrolle von Unternehmenszusammenschlüssen in Europa (*Schwarze, Streinz*). Auch das Recht des unlauteren Wettbewerbs ist zu berücksichtigen.

Die **Internationalisierung der Geschäftstätigkeit** und des organisatorischen Verbundes zwingt zu einer grenzüberschreitenden Ordnung gegen Wettbewerbsbeschränkungen. Häufig kommt das nationale Wettbewerbsrecht eines Staates zur Anwendung, wenn sich eine Beschränkung des Wettbewerbs auf einem Staatsgebiet auswirkt.

Im Rahmen der EG ist zum ersten Mal eine supranationale Wettbewerbsordnung mit einem effektiven Aufsichtsinstrumentarium verwirklicht worden (*Herdegen*).

Der **EG-Vertrag** (EGV) von 1992 (in der neuen Fassung des **Amsterdamer Vertrages** von 1997) zielt auf die Schaffung eines Wirtschaftsraums auf marktwirtschaftlicher Grundlage ab, in dem hinsichtlich des Wettbewerbsrechts folgende Rechtsgrundlagen (mit neuer Nummerierung der Artikel) eine zentrale Rolle spielen (*Bühner, Läufer*):

- Die Art. 81 und Art. 82 des EGV in Verbindung mit der EWG-Verordnung Nr. 17 (Kartellverordnung)
- Die Verordnung zur Fusionskontrolle von 1989
- Der Art. 86 EGV über öffentliche Unternehmen
- Die Art. 87 bis 89 EGV über staatliche Beihilfen
- Die Sonderregeln des EGKS-Vertrages für den Kohle- und Stahlsektor.

Die Aufsicht über die **Wettbewerbsordnung** liegt bei der Generaldirektion Wettbewerb der Europäischen Kommission. In Art. 81 Abs. 1 EGV wird ein grundsätzliches Verbot wettbewerbsbeschränkender Vereinbarungen oder abgestimmter Verhaltensweisen ausgesprochen.

Als Rechtsfolge bei Verstößen gegen Art 81 tritt die Nichtigkeit der Maßnahme ein. Als Ausnahme davon gelten Gruppenfreistellungs-Verordnungen (vgl. dazu *Steckler*).

Der Vertrag von Nizza (26.02.2001) zur Änderung des **Vertrags über die EU** (EUV) und der Verträge zur Gründung der Europäischen Gemeinschaften brachte neue Regelungen zur Zusammensetzung und Regelung der europäischen Beschlussorgane, z.B. der Kommission und des Europäischen Rates (*Streinz*).

3.2.4 Europäisches Steuerrecht

Hier geht es um die Besteuerung von Staatsangehörigen oder Personen mit Inlandswohnsitz, die wirtschaftliche **Auslandsbeziehungen** unterhalten oder um Ausländer mit wirtschaftlichen Inlandsbeziehungen (*Schaumburg*).

Die **Steuerbelastungen** sind im internationalen Vergleich hinsichtlich der Steuerquoten bzw. Abgabenquoten sehr unterschiedlich (vgl. *Bundesministerium der Finanzen*). Die Steuerpflicht ist in den Staaten der Erde differenziert geregelt. Es können zwei Grundsätze der **Steuerpflicht** unterschieden werden:

- Der Grundsatz **unbeschränkter Steuerpflicht**, bei dem inländische Steuerpflichtige der Besteuerung mit ihren weltweiten Einkünften unterliegen. Dann handelt es sich um das Welteinkommensprinzip.

- Der Grundsatz **beschränkter Steuerpflicht**, welcher gilt, wenn die Besteuerung ihre Grundlage in der Quelle der Einkünfte findet. Dann unterliegt der Steuerpflichtige nur mit den inländischen Einkünften der Besteuerung, d. h. dem Inlandseinkommensprinzip.

Das Nebeneinander unterschiedlicher Grundlagen und die Beliebtheit des **Welteinkommensprinzips** in der Staatengemeinschaft führen häufig zum konkurrierenden Zugriff zweier Staaten auf ein und denselben Sachverhalt zum Zwecke der Besteuerung. Dies führt zu Wettbewerbsverzerrungen und kann gewisse Vorteile eines Standortes wieder neutralisieren.

Deshalb wird versucht, die **Doppelbesteuerung** zu vermeiden. Die Anrechnung ausländischer Steuern auf die inländische Steuerschuld bietet keine voll befriedigende Lösung.

Um einen angemessenen Ausgleich zu schaffen, regeln zahlreiche bilaterale Doppelbesteuerungsabkommen die Konkurrenz nationaler Steueransprüche. Außer der Vermeidung von Doppelbesteuerung spielt die Bekämpfung der **Steuerflucht** eine große Rolle.

Bei der Nutzung internationaler Steuergefälle ist die Errichtung von sog. Basisgesellschaften in **Steueroasen** (z. B. Liechtenstein, Panama) bedeutsam. Dabei geht es um die **Gewinnverlagerung** einer selbstständigen Unternehmenseinheit in einen fremden Niedrigsteuerstaat.

Nach dem Recht vieler Staaten kommt der **Besteuerungszugriff** auf die Gewinne einer solchen Gesellschaft dann in Betracht, wenn die faktische Leitung der Basisgesellschaft im Inland angesiedelt ist oder sich die Gewinnverlagerung als Missbrauch steuerlicher Gestaltungsmöglichkeiten darstellt.

Ein besonderes Problem ist dabei die Besteuerung **multinationaler** Unternehmen.

3.2.5 Europäisches Insolvenzrecht

Ausgangspunkt des europäischen Insolvenzrechts ist der Grundsatz, dass auf die Durchführung eines **Insolvenzverfahrens** jeweils das inländische Recht angewendet wird.

Befinden sich Vermögenswerte des Schuldners außerhalb des Staates, in dem das Insolvenzverfahren durchgeführt wird, stellt sich die Frage nach der Anerkennung ausländischer Insolvenzmaßnahmen durch die einzelnen Staaten.

Im deutschen Recht gilt für die Auswirkungen eines deutschen Insolvenzverfahrens auf das Auslandsvermögen des Schuldners das **Universalprinzip**. Dieses besagt, dass mit der Eröffnung des Insolvenzverfahrens das gesamte Vermögen im Ausland erfasst wird (*Smid*).

Die Eröffnung eines Insolvenzverfahrens in einem Mitgliedstaat der EG führt heute zur Beschlagnahme aller Vermögenswerte des Gemeinschuldners in allen Mitgliedstaaten. Es kommt zur **Einzelzwangsvollstreckung**.

17 ⟫ Seite 439

	KONTROLLFRAGEN	bear-beitet	Lösungs-hinweise Seite	Lö-sung +	−
01	Definieren Sie den Begriff der Unternehmensführung!		25		
02	Worauf richtet sich die Führungsverantwortung der Unternehmenslei-tung?		25		
03	Erläutern Sie ausführlich die Formen des Managements!		26 f.		
04	Kennzeichnen Sie Unterschiede zwischen Führung und Leitung!		27 f.		
05	Wie können die Arten der Kommunikation eingeteilt werden?		28 f.		
06	Unterscheiden Sie die Arten der Macht und die Arten der Entscheidungs-träger!		30 f.		
07	Unterscheiden Sie die Sichtweisen der Unternehmensführung!		32 f.		
08	Strukturieren Sie den „Führungswürfel"!		33		
09	Diskutieren Sie Aussagen der Literatur zu den Führungsebenen!		34		
10	Erläutern Sie die verschiedenen Führungsebenen!		35		
11	In welcher Weise sind die Dimensionen der Unternehmensführung auf-teilbar?		35 f.		
12	Stellen Sie Elemente der Führungstheorie und der Führungspraxis ge-genüber!		36 f.		
13	Erklären Sie das Hempel-Oppenheim-Schema!		37		
14	Bilden Sie ein Beispiel für eine nomologische Hypothese!		37		
15	Unterscheiden Sie interne Teilnehmer am Unternehmensgeschehen!		38		
16	Erklären Sie Merkmale der externen Teilnehmer!		38 f.		
17	Welche Konzepte zur Unternehmensführung kennen Sie?		39 f.		
18	Erklären Sie das Wesen der marktorientierten Unternehmensführung!		39 f.		
19	Welche typischen Märkte kennen Sie?		40		
20	Was ist unter qualitätsorientierter Unternehmensführung zu verstehen?		40 f.		
21	Erläutern Sie die Begriffe TQM, Qualitätszirkel und Kaizen!		41		
22	Kennzeichnen Sie das Wesen der ökologieorientierten Unternehmensfüh-rung!		41 f.		
23	Wieso ist die wertorientierte Unternehmensführung zu einem Leitbegriff geworden?		42 f.		
24	Erklären Sie Unterschiede zwischen dem Stakeholder-Ansatz und dem Shareholder Value-Ansatz!		43 f.		
25	Erläutern Sie das Wesen der internationalen Unternehmensführung und Merkmale des Gesamterfolgs von Unternehmen!		45 ff.		
26	Erklären Sie Merkmale der Führungsforschung!		47 f.		
27	Kennzeichnen Sie ökonomische Ansätze der Betriebswirtschaftslehre!		48		
28	Welche traditionellen Managementansätze kennen Sie?		49		
29	Was ist unter modernen Managementansätzen zu verstehen?		49 f.		
30	Erklären Sie die X-Theorie bzw. Y-Theorie von *McGregor*!		50		

KONTROLLFRAGEN	bear-beitet	Lösungs-hinweise	Lö-sung	
		Seite	+	–
31 Erläutern Sie das S-O-R-Konzept!		51		
32 Kennzeichnen Sie den Zwei-Faktoren-Ansatz von *Herzberg*!		51		
33 Stellen Sie die Bedürfnispyramide von *Maslow* dar!		52		
34 Erklären Sie die Anreiz-Beitrags-Theorie von *March/Simon*!		52		
35 Interpretieren Sie führungsbezogene Ansätze der Betriebswirtschaftslehre und kennzeichnen Sie den Systemansatz!		52 f.		
36 Welche führungsstilbezogenen Ansätze kennen Sie?		54		
37 Nennen Sie klassische Führungsstile!		54		
38 Erklären Sie den sachorientierten Führungsstil!		54		
39 Wie grenzen Sie davon den personenorientierten Führungsstil ab?		54		
40 Erklären Sie die Führungsstile nach *Tannenbaum/Schmidt*!		55		
41 Beurteilen Sie den eindimensionalen Ansatz kritisch!		55		
42 Stellen Sie das Verhaltensgitter nach *Blake/Mouton* dar!		56		
43 Bewerten Sie dieses Verhaltensgitter aus praktischer Sicht!		57		
44 Unterscheiden Sie dreidimensionale Ansätze!		58		
45 Welche Grundstile unterscheidet die 3-D-Führungskonzeption?		58		
46 Erläutern Sie effektive und ineffektive Stile bestimmter Vorgesetzter nach *Reddin*!		59		
47 Beurteilen Sie die 3-D-Führungskonzeption in praktischer Sicht!		59		
48 Erläutern Sie die reifebezogene Konzeption von *Hersey/Blanchard*!		59 f.		
49 Stellen Sie die „Glockenkurve" dar und interpretieren Sie diese!		60 f.		
50 Erläutern Sie die Führungsstile der reifebezogenen Konzeption!		61		
51 Beurteilen Sie die reifebezogene Konzeption in praktischer Sicht!		61		
52 Was verstehen wir unter einem Führungsmodell?		61		
53 Interpretieren Sie Weg-Ziel-Modelle der Führung!		61 f.		
54 Erklären Sie ausführlich das Kontingenzmodell von *Fiedler*!		62 f.		
55 Welche Inhalte gehören zum Harzburger Modell von *Höhn*?		65 f.		
56 Kennzeichnen Sie das St. Galler Modell von *Ulrich*!		66 f.		
57 Welche Merkmale hat das Ordnungsmodell von *Reber*?		67 f.		
58 Erläutern Sie Inhalte des Züricher Modells von *Rühli*!		68		
59 Welche Gesetze können Sie zum nationalen Wirtschaftsrecht aufzählen?		69		
60 Unterscheiden Sie Regelungen zum Gesellschaftsrecht!		69 f.		

KONTROLLFRAGEN		bear-beitet	Lösungs-hinweise	Lö-sung	
			Seite	+	−
61	Zählen Sie die Arten der Personengesellschaften auf!		70		
62	Zählen Sie Gesetze zum individuellen Arbeitsrecht auf!		70		
63	Welche Gesetze zählen zum Kollektivarbeitsrecht?		70		
64	Unterscheiden Sie die betriebliche Mitbestimmung und die Mitwirkung!		71		
65	Welche Gesetze sind beim Wettbewerbsrecht zu beachten?		71 f.		
66	Welche Regelungen zum Steuerrecht kennen Sie?		72 f.		
67	Erläutern Sie Regelungen zum nationalen Insolvenzrecht!		73		
68	Unterscheiden Sie Regelungen zum Bürgerlichen Recht!		73 f.		
69	Erläutern Sie Inhalte des Handelsrechts!		74		
70	Welche Regelungen des Schutzrechts kennen Sie?		74 f.		
71	Welche Teile des Sozialrechts sind zu unterscheiden?		75		
72	Kennzeichnen Sie Regelungen zum Verfahrensrecht!		75		
73	Erklären Sie Regelungen des Internationalen Wirtschaftsrechts!		75 f.		
74	Wieso sind neue Konzepte zur internationalen Unternehmensführung nötig?		76		
75	Was ist unter der Europäischen Gesellschaft zu verstehen?		77		
76	Was wissen Sie über das europäische Gesellschaftsrecht?		78 f.		
77	Welchen Zweck haben europäische Betriebsräte?		80		
78	Was wissen Sie über das europäische Wettbewerbsrecht?		80 f.		
79	Unterscheiden Sie zwei Grundsätze des europäischen Steuerrechts!		81		
80	Welche Inhalte des europäischen Insolvenzrechts kennen Sie?		82		

B. Aufgabenbezogene Unternehmensführung

Die aufgabenorientierte Unternehmensführung umfasst die Gestaltung, Steuerung und Entwicklung der einzelnen Tätigkeitsfelder in einem Unternehmen. Die Auseinandersetzung mit den betrieblichen Tätigkeiten bzw. Aufgaben hat in der **Betriebswirtschaftslehre** lange Tradition (u. a. *G. Fischer, Gutenberg, Mellerowicz, Kosiol*).

Die zweckentsprechende Aufgabenerfüllung, klar geregelte Zuständigkeiten und die Wahrnehmung entsprechender Verantwortung sind wesentliche Einflussfaktoren des Unternehmenserfolges. Die aufgabenbezogene Unternehmensführung bezieht sich auf Tätigkeiten der Unternehmens-, Bereichs- und Gruppenleitung.

Aus der folgenden Darstellung einer **Führungspyramide** sind die **aufgabenbezogenen Dimensionen** der Führung des Unternehmens ersichtlich:

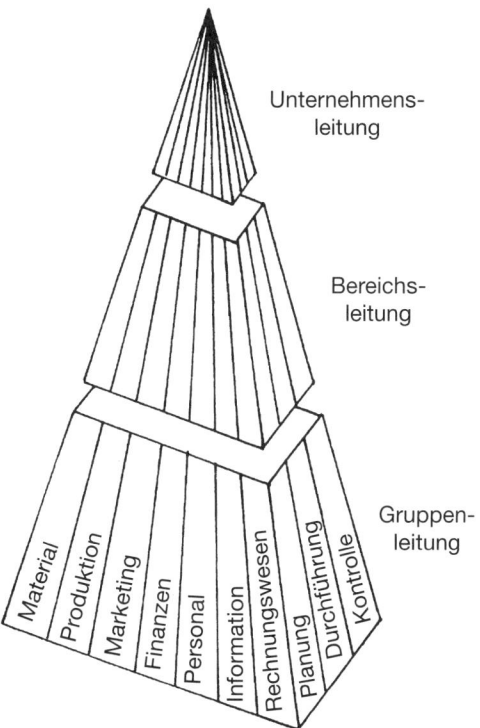

Die **Unternehmensleitung** hat interne Aufgaben und externe Interessenfelder zu beachten, die z. B. die Öffentlichkeit, Verbände, Behörden, Lieferanten, Kunden, Banken, Konkurrenten und Berater betreffen.

Das Kernelement der Führung ist die **Aufgabe**. Ohne Aufgaben funktioniert kein Unternehmen. Um überhaupt führen zu können, müssen die Führungskräfte und die Mitarbeiter ihre Aufgaben, Befugnisse und Verantwortungsfelder kennen.

Es sind also zu unterscheiden (*Bleicher, Kosiol, Olfert/Pischulti, Schmidt*):

* Die **Aufgabe**, welche eine dauerhaft wirksame Aufforderung an einen Aufgabenträger darstellt, eine festgelegte Verrichtung wahrzunehmen. Als **Arten** der Aufgaben sind modellhaft zu unterscheiden:

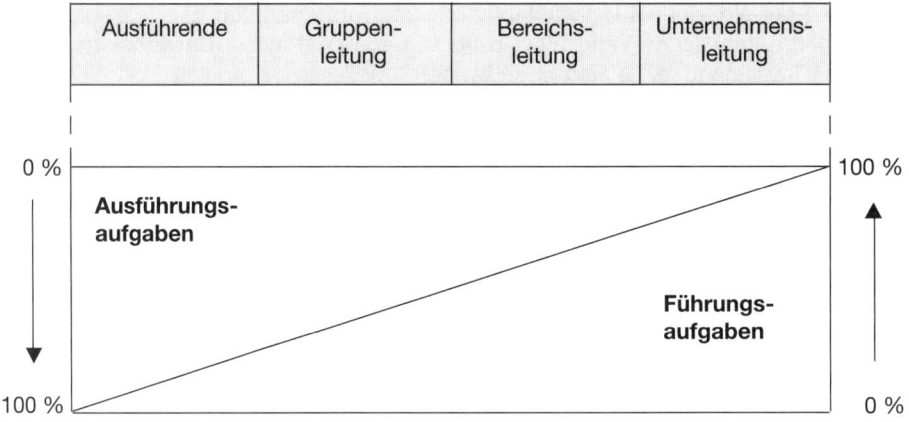

Hier umfassen die **Führungsaufgaben** alle Tätigkeiten, die mit der Steuerung personaler Aufgabenträger durch Vorgesetzte verbunden sind, z. B. sachbezogene Aufgaben, wie Ziele vereinbaren, delegieren, organisieren und personenbezogene Aufgaben, z. B. erfolgsorientiertes Motivieren der Mitarbeiter.

Zu den **Ausführungsaufgaben** zählen alle betrieblichen Aufgaben, die nicht mit der Steuerung personaler Aufgabenträger verbunden sind und von Mitarbeitern ausgeführt werden, z.B. Buchung von Belegen, Angebote bearbeiten, Maschinen rüsten, Waren ins Lager einordnen, Angebote einholen und Termine überwachen.

Aus der Abbildung ist ersichtlich, dass mit zunehmender **Unternehmensebene** die Führungsaufgaben zunehmen und die Ausführungsaufgaben abnehmen.

* Die **Kompetenz**, welche die Befugnis einer Person ist, auf der Basis fachlicher Zuständigkeit Maßnahmen zur Erfüllung von Aufgaben zu ergreifen. Befugnisse sind ausdrücklich zugeteilte Rechte (*Ulrich, Olfert*). Die Kompetenz bezieht sich auf die jeweils zu Grunde liegende Aufgabe des Aufgabenträgers. Als **Arten** der Kompetenzen gelten:

Sachkompetenz	Sie ist die fachliche Zuständigkeit, z. B. Fachkenntnisse und Fertigkeiten, die ein Vorgesetzter oder Mitarbeiter hat, z. B. wenn ein EDV-Experte über spezielle Softwarekenntnisse verfügt. Solche Kenntnisse bilden die Basis für die Befugnis, Maßnahmen im Sinne des Unternehmens ergreifen zu können.
Personen-kompetenz	Sie ist die persönliche Zuständigkeit für die Erfüllung bestimmter Aufgaben, z. B. wenn ein Gruppenleiter zur persönlichen Betreuung von Auszubildenden befugt ist. Die **soziale Kompetenz** ist die Fähigkeit, mit anderen Menschen effektiv zusammenzuarbeiten (*Crisand, Steinmann/Schreyögg*).

Führungs-kompetenz	Sie ist die Zuständigkeit von Managern für Führungsaufgaben, z. B. die Führungskompetenz eines Vorstandsmitglieds. Solche Führungs-kräfte werden in der Managementliteratur als Vorbilder und Macher interpretiert (*Jetter/Skrotzki, Richter*).

Die Zubilligung von **Befugnissen** ist nicht für alle Aufgabenträger einheitlich zu regeln, sondern es ist zu differenzieren. Den Vorgesetzten höherer Hierarchieebenen müssen aufgrund der höheren Verantwortung weiter gehende Befugnisse zugestanden werden als Mitarbeitern an der Basis.

Aber auch Mitarbeiter mit reinen Ausführungsaufgaben erhalten bestimmte Teilbefugnisse, z. B. die Kompetenz der Verfügung über Transportmaschinen.

- Die **Verantwortung** ist das persönliche Einstehen für die Folgen von Handlungen und Entscheidungen (*Bleicher*). Für die ordnungsgemäße Bewältigung der jeweiligen Aufgaben trägt die befugte Person die entsprechende Verantwortung.

Ohne die Befugnis ist ein Vorgesetzter bzw. ein Mitarbeiter nicht verantwortlich zu machen. Hervorzuhebende **Arten** der Verantwortung sind:

Erfolgs-verantwortung	Sie wird auch als Ergebnisverantwortung bezeichnet. Die Führungs-kraft trägt die Verantwortung dafür, dass ein Erfolg eintritt. Sie wird aber auch verantwortlich gemacht, wenn Misserfolge gegeben sind.
Budget-verantwortung	Die Führungskraft trägt die Verantwortung dafür, dass die Kostenvorgaben eingehalten werden, die sich aus dem entsprechenden Budget ergeben. Sie hat Überschreitungen des Budgets zu begründen.
Personal-verantwortung	Hier trägt der Instanzeninhaber die Verantwortung für den zweckentsprechenden Einsatz des Personals und dessen effizienter Arbeit. Es ist auch darauf zu achten, dass die Fürsorgepflicht des Vorgesetzten erfüllt wird.
Sachmittel-verantwortung	Der Stelleninhaber ist für den ordnungsgemäßen Einsatz der Maschinen bzw. Werkzeuge verantwortlich. Eine besondere Verantwortung kommt Aufgabenträgern zu, die mit sehr teuren Maschinen bzw. Werkstoffen arbeiten.
Termin-verantwortung	Hier trägt die Führungskraft oder ein Mitarbeiter die Verantwortung dafür, dass festgesetzte Termine eingehalten werden, z. B. Beschaffungstermine, Fertigungstermine, Verkaufstermine, Steuertermine.

Die **Übertragung** von Verantwortung an einen Aufgabenträger erfolgt oftmals ohne ihre ausdrückliche Nennung allein durch Übertragung einer Aufgabe. Es ist jedoch nötig, den Verantwortungsumfang gesondert zu definieren und zu dokumentieren, z. B. in einer **Stellenbeschreibung** (*Olfert, Olfert/Rahn, Vahs*).

Es ist notwendig, den Grundsatz der **Kongruenz** von Aufgabe, Kompetenz und Verantwortung zu beachten. Dieses Prinzip besagt, dass die Verantwortung in ihrem Umfang mit der Aufgabe und der Kompetenz übereinstimmen soll.

18 〉 **Seite** 439   19 〉 **Seite** 439   20 〉 **Seite** 439

Die **aufgabenbezogene** Unternehmensführung kann unter mehreren Gesichtspunkten betrachtet werden:

Aufgabenbezogene Unternehmensführung	Unternehmensleitung
	Bereichsleitung
	Gruppenleitung

1. Unternehmensleitung

Die Unternehmensleitung ist diejenige Institution, die im Unternehmen die Unternehmensführung ausübt (*Olfert/Rahn*). Sie wird auch **Top Management** genannt.

In der Praxis bzw. in der Literatur wird auch von **Geschäftsleitung, Unternehmungsleitung** (*Hinterhuber*), **Betriebsleitung** (*Gutenberg*) und **oberster Leitung** gesprochen.

Sie wird von der **obersten Leitungsinstanz** ausgeübt, welche die Spitze der Hierarchie des Unternehmens bildet. Es sind zu untersuchen:

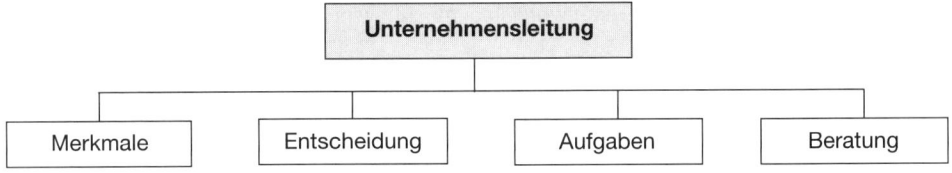

1.1 Merkmale

Aus gesellschaftsrechtlicher Sicht handelt es sich bei der Unternehmensleitung um den gesetzlichen Vertreter des Unternehmens (vgl. § 264 Abs. 1 HGB, § 4 Abs. 1 PublG). Dieser wird bei juristischen Personen auch als **Leitungsorgan** bezeichnet, insbesondere bei Kapitalgesellschaften.

Die jeweilige **Rechtsform** gibt den Rahmen für die betreffende Unternehmensverfassung vor. Je nach Rechtsform ist die Unternehmensleitung:

- Der **Unternehmer** bei einem Einzelunternehmen
- Der bzw. die geschäftsführende(n) **Gesellschafter** bei der OHG
- Der bzw. die geschäftsführende(n) **Komplementäre** bei der KG
- Der bzw. die **Geschäftsführer** bei der GmbH
- Der **Vorstand** bei der Aktiengesellschaft
- Der bzw. die **Komplementär(e) als Vorstand** bei der KGaA
- Der **Vorstand** bei der Genossenschaft.

Bei ihrer Tätigkeit hat die Unternehmensleitung nicht nur die **Unternehmensinteressen**, sondern vor allem die Interessen folgender Teilnehmer abzuwägen:

Werden diese unterschiedlichen Interessen nicht genügend in die Entscheidungen einbezogen, können erhebliche Probleme entstehen, wie die folgenden Beispiele zeigen:

• Werden die Interessen der **Anteilseigner** zu sehr betont, z. B. durch stark steigenden Unternehmenswert und sehr hohe Dividenden, dann kann das zu Konflikten mit den Arbeitnehmerinteressen führen.

• Wird den **Arbeitnehmerinteressen**, z. B. hohen Lohn- und Gehaltssteigerungen, sehr hohe Bedeutung beigemessen, dann kann das zu Lasten der Unternehmens- bzw. Kapitalinteressen gehen.

• Wird den **Bürgerinteressen** zu wenig entsprochen, z. B. Negieren des Umweltschutzes, dann können Käufer verloren gehen, die von diesem Verhalten enttäuscht sind.

• Werden die Interessen der **Kunden** zu wenig berücksichtigt, z. B. durch beträchtliche Preiserhöhungen, dann kann das zu Absatzeinbußen führen.

• Wird den **staatlichen Interessen** zu wenig entsprochen, z. B. über die Abschöpfung von Gewinnen durch nicht zulässige Abschreibungen, dann entstehen Probleme mit **öffentlichen Instanzen**.

• Werden die Interessen der **Konkurrenten** am Markt zu wenig berücksichtigt, z. B. aufgrund Nichtbeachtung von Kostensenkungen für deren Produkte, dann können preisbewusste Käufer zur Konkurrenz abwandern.

Die Unternehmensleitung hat bei ihren Entscheidungen die Aufgabe, diese unterschiedlichen Interessen gegeneinander abzuwägen und das Unternehmen dabei zum Erfolg zu führen.

1.2 Entscheidung

Die Entscheidungen der Unternehmensleitung sind von besonderer **Bedeutung**, weil sie das ganze Unternehmen betreffen. Bevor auf die typischen Entscheidungsaufgaben der Unternehmensleitung eingegangen wird, sollen zunächst die Entscheidungen in verschiedene Arten eingeteilt und Entscheidungsmethoden erörtert werden.

1.2.1 Arten

Aufgrund der Ergebnisse ist zwischen richtigen Entscheidungen und Fehlentscheidungen zu differenzieren. Jede betriebliche Entscheidung birgt die Gefahr des Misslingens in sich. Gründe für **Fehlentscheidungen** der Unternehmensleitung können sein (*Korndörfer, Riesenhuber*):

- Die zu Grunde liegenden Daten der Vergangenheit sind unvollkommen
- Die Informationen sind zwar richtig und vollständig, werden aber falsch interpretiert
- Die Entwicklung verläuft anders als sie geplant wurde, d. h. es besteht Ungewissheit.

Die von der Unternehmensleitung zu treffenden **Führungsentscheidungen** sind von großer Bedeutung für den Wert des gesamten Unternehmens. Es ist das gesamte Potenzial des Unternehmens – einschließlich der Vermögens- und Ertragslage – zu sichern bzw. zu erweitern. In der Praxis gibt es folgende Arten solcher Entscheidungen:

- Nach dem Ausmaß der **Sicherheit**, unter der Entscheidungen der Unternehmensleitung getroffen werden, sind zu unterscheiden (*Gutenberg*):

  ▸ Die **Entscheidungen unter Ungewissheit**, bei denen unter Risiko als bedingter Ungewissheit bzw. unter Unsicherheit entschieden wird. Diese Fälle kommen in der Unternehmenspraxis relativ häufig vor.

  ▸ Die **Entscheidungen bei Sicherheit**, bei denen die Daten eindeutig und bekannt sind. Eine bestimmte unternehmerische Maßnahme führt zu einem eindeutigen Ergebnis, was im marktwirtschaftlichen System aber eher unrealistisch ist.

- Nach der **Richtung** der vom Top Management zu treffenden Entscheidungen sind in der Unternehmenspraxis z.B. folgende Entscheidungsarten denkbar:

  ▸ **Strategische Entscheidungen**, die sich in der Formulierung von Unternehmensstrategien und in der Erarbeitung strategischer Pläne zeigen (vgl. zu den Merkmalen strategischer Entscheidungen ausführlich *Hinterhuber, Hungenberg/Wulf*).

  ▸ **Zielbezogene Entscheidungen**, welche die Festlegung der wesentlichen Ziele des Unternehmens betrifft. Damit richtet die Unternehmensleitung das Unternehmen nach Abstimmung mit den Bereichsleitern auf Ziele aus, z. B. Gewinnmaximierung um 3 %, Kostensenkung um 5 %.

  ▸ **Führungsentscheidungen**, welche die Art des Führungsstils, die Anreizsysteme bzw. die Auswahl von Mitarbeitern bestimmen. Die Unternehmensleitung hat zu entscheiden, welcher Führungsstil für das ganze Unternehmen gelten soll, z.B. der kooperative Führungsstil.

> ▸ **Corporate-Identity-Entscheidungen**, die nach innen und außen Aufschlüsse über das Selbstverständnis des Unternehmens geben, z.B. Entscheidungen zur Unternehmenskultur, zur Unternehmensethik und zum Unternehmensleitbild.

Merkmale dieser **Führungsentscheidungen** auf höchster Ebene sind (*Korndörfer*):

- Sie setzen aufgrund des Schwierigkeitsgrades ein hohes Maß an Selbstständigkeit, Entscheidungsbefugnis und Verantwortung der Aufgabenträger voraus.

- Sie sind richtungsweisende Entscheidungen, die für den Bestand und Erfolg des Unternehmens grundlegende Bedeutung haben.

- Sie können immer nur aus der Kenntnis der Gesamtzusammenhänge heraus getroffen werden, denn es sind Ganzheitsentscheidungen.

- Sie sind unabhängig von ihrer möglichen Übertragbarkeit grundsätzlich nicht an unterstellte Aufgabenträger delegierbar.

Führungsentscheidungen werden aber auch auf der mittleren und unteren Führungsebene getroffen, z. B. für Bereiche, Gruppen bzw. Individuen.

1.2.2 METHODEN

Die Entscheidungsmethoden umfassen Verfahrensweisen, die die Art und Weise des Entscheidens der Unternehmensleitung kennzeichnen. Sie zählen zu den **Entscheidungstechniken** (*Staehle*). Es sind zu unterscheiden:

- **Intuitive Methoden**, die vom Gefühl und von der Intuition des Unternehmensleiters getragen werden. Unternehmerische Entscheidungen müssen nicht selten unter Unsicherheit getroffen werden. Solche Entscheidungen sind schwierig zu realisieren und erfordern ein hohes Maß an **Führungserfahrung**.

- **Rationale Methoden**, die von der Unternehmensleitung auf der Grundlage von gesicherten Daten angewendet werden. In der täglichen Unternehmenspraxis werden folgende Methoden eingesetzt:

  > ▸ Die **Kriterienmethode**, bei der die Entscheidung auf bestimmten Merkmalen basiert, z. B. werden beim Kauf eines betrieblich genutzten PKW die infrage kommenden Kraftwagen anhand von Kriterien verglichen, z. B. Preis, Verbrauch.

  > ▸ Die **Pro/Contra-Methode**, bei der zunächst alle Vor- und Nachteile einer Alternative gesammelt werden. Die Kaufentscheidung wird dann aufgrund der Gegenüberstellung obiger Argumente getroffen.

  > ▸ Die **Kompromissmethode**, bei der von extremen Vorschlägen ausgegangen wird. So liegt z.B. bei dem Kauf eines teuren Produktes eine Preisspanne zu Grunde, die nicht unter- bzw. überschritten werden soll. Dabei ist ein Kompromiss zu suchen.

- **Mathematische Methoden**, die von der Unternehmensleitung dann eingesetzt werden, wenn eine große Zahl von Unbekannten vorliegt und die Zusammenhänge sehr vielfältig sind. Mithilfe des **Operations-Research** (OR) – als einer Methode der Unternehmensforschung – können solche Probleme gelöst werden (*Domschke/Drexl, Schreyögg*).

Dies geschieht computergestützt bei betrieblichen Optimierungsaufgaben, z.B. durch lineare bzw. dynamische **Programmierung**.

| 21 | Seite 440 | | 22 | Seite 440 |

1.3 Aufgaben

Die Unternehmensleitung hat als oberste Leitungsinstanz anspruchsvolle Aufgaben zu erledigen, die im Regelfall Entscheidungen sind, welche für das ganze Unternehmen Bedeutung haben. Es sind zu untersuchen:

- **Gründungsentscheidungen**

- **Organisationsentscheidungen**

- **Bereichsentscheidungen**

- **Abschlussentscheidungen**

- **Krisenentscheidungen**

- **Zusammenschlussentscheidungen**.

1.3.1 Gründungsentscheidungen

Diese Entscheidungen der Unternehmensleitung betreffen die Errichtung eines funktionsfähigen Unternehmens in der Marktwirtschaft, z. B. im Hinblick auf folgende Gegebenheiten:

- Die **Rechtsform** ist das »juristische Kleid« einer Einzelwirtschaft. Die Rechtsordnung stellt den Unternehmensleitungen eine Anzahl von Rechtsformen zur Verfügung, die bei einer Gründung möglich sind. Die Unternehmensleitung entscheidet sich z. B. zwischen:

  - Einzelunternehmen, z. B. Firma Hans Braun e.K.
  - Personengesellschaften, z. B. Firma Braun OHG
  - Kapitalgesellschaften, z. B. Firma Braun GmbH
  - Sonstigen Formen, z. B. Winzergenossenschaft Braun eG.

  Auch die Entscheidungen über den Standort bzw. die Firma des Unternehmens sind von langfristiger Bedeutung und müssen deshalb sehr intensiv geplant und realisiert werden.

- Der **Standort** ist der geografische Ort, an dem sich ein Unternehmen befindet. Der günstigste internationale Standort ist derjenige, der den größtmöglichen Gewinn abwirft und damit die bestmögliche Verzinsung des eingesetzten Kapitals ermöglicht. Demgegenüber bezeichnet der innerbetriebliche Standort die Lage der einzelnen Abteilungen bzw. Arbeitsplätze im Unternehmen.

Der **nationale Standort** bezieht sich auf die:

▸ Materialorientierung, z.B. angemessene Transportkosten
▸ Arbeitsorientierung, z. B. qualifiziertes Personal
▸ Verkehrsorientierung, z. B. günstige Verkehrslage
▸ Energieorientierung, z. B. angemessene Stromkosten
▸ Umweltorientierung, z. B. Umweltschutzbestimmungen
▸ Absatzorientierung, z. B. Verkaufsgebiete mit Kaufkraft
▸ Landschaftsorientierung, z. B. im Fremdenverkehr.

• Die **Gründung** kann eine Neugründung sein, z. B. wenn ein völlig neues Unternehmen errichtet wird, oder eine Umgründung, bei der ein bereits existierendes Unternehmen seine Rechtsform ändert. Im Rahmen von Gründungen sind u. a. folgende Entscheidungen zu treffen:

▸ Gestaltung des Gesellschaftervertrages
▸ Eröffnen einer Bankverbindung
▸ Druck der Geschäftsbriefe und Formulare
▸ Mieten der Geschäftsräume
▸ Erwirken eines Telefon-/Telefaxanschlusses.

Die Konsequenzen von Entscheidungen des **Gründungsmanagements** sind weitreichend. So bietet z. B. eine Existenzgründung für den einzelnen Unternehmer einerseits große Chancen und Möglichkeiten, andererseits bringt sie aber auch große Verantwortung und mitunter Risiken mit sich (*Dowling/Drumm, Hopfenbeck*).

1.3.2 ORGANISATIONSENTSCHEIDUNGEN

Die Organisationsentscheidungen der Unternehmensleitung betreffen die formelle Strukturierung des gesamten Unternehmens. Diese Entscheidungen des **Organisationsmanagements** (*Bokranz, Thom/Wenger*) beziehen sich auf:

• Die **Aufbauorganisation**, welche als betriebliche Gebildestrukturierung die Zuständigkeiten und Bestandsphänomene zeigt, z. B. in einem Organigramm. Sie ist mit der Organisationsform identisch, die den organisatorischen Rahmen des Unternehmens definiert, z. B. eine Spartenorganisation.

• Die **Prozessorganisation**, welche Ausdruck der Ablauf-Strukturierung ist, die eine hohe Wirtschaftlichkeit und Arbeitsgüte sowie eine schnelle und terminsichere Arbeitsabwicklung sicherstellen soll. Hier sind auch Entscheidungen über den Einsatz der erforderlichen Hilfsmittel zu treffen, z. B. über Diagramme oder Netzpläne.

• Die **Projektorganisation**, die von einer Person oder von einer Personenmehrheit durchgeführt werden kann. Hier sind vom Projektleiter Entscheidungen über die Aufgaben bzw. über die Zusammensetzung der Projektgruppen zu treffen, z. B. für die Errichtung eines Werkes bzw. bei größeren Bauvorhaben.

Alle drei Organisationsbereiche sind von der Unternehmensleitung harmonisch aufeinander abzustimmen, damit die Unternehmensziele erreicht werden.

1.3.3 Bereichsentscheidungen

Diese Entscheidungen beziehen sich auf die erfolgsbezogene Beeinflussung der Durchführung des Bereichsgeschehens, z. B. auch das Hereinholen von Großaufträgen. Diese **Steuerungsentscheidungen** betreffen zielorientierte Vorgänge in den Unternehmensbereichen. Es gibt folgende Bereichsentscheidungen:

- **Finanzentscheidungen**, die z. B. auf die Grundprinzipien der Kapitalbeschaffung (Finanzierung), die Kapitalverwendung (Investition) und den Zahlungsverkehr bezogen sind.

- **Personalentscheidungen**, die sich z. B. auf die Prinzipien der Personalbeschaffung, des Personaleinsatzes, der Personalentwicklung, der Personalentlohnung und Personalverwaltung beziehen.

- **Materialentscheidungen**, die z. B. grundlegende Entscheidungen zur Materialbeschaffung, Materiallagerung, zur Materialentsorgung, z. B. über Beschaffungsprinzipien oder zum Umweltschutz umfassen.

- **Produktionsentscheidungen**, die z. B. die Prinzipien der Produktion im Hinblick auf das Zusammenwirken von Arbeitskräften, Betriebsmitteln und Werkstoffen betreffen. Sie werden auch Fertigungsentscheidungen genannt.

- **Marketingentscheidungen**, die sich z. B. auf Grundsätze der Preispolitik, auf zu beschreitende Absatzwege und auf die Gestaltung der Kommunikationspolitik, z. B. den Umfang von Werbemaßnahmen beziehen.

- **Informationsentscheidungen**, die Grundsätze der betrieblichen Informationspolitik, des Datenschutzes und des Einsatzes der elektronischen Datenverarbeitung betreffen.

- **Rechnungswesenentscheidungen**, die interne Grundsätze zum Jahresabschluss, zur Kostenrechnung, Bewertung, Planung, Statistik, Steuerabführung und Buchhaltung umfassen.

- **Controllingentscheidungen**, die sich auf Grundsätze des Linien- bzw. Stabscontrolling beziehen, z. B. die Budgetierung, Frühwarnung und das interne Berichtswesen betreffend.

Dabei arbeitet die Unternehmensleitung mit dem jeweiligen **Bereichsmanagement** eng zusammen. Die Entscheidungen sind entsprechend zu planen. Nach der Durchführung fallen Kontrollentscheidungen an, z. B. im Rahmen des Controlling.

1.3.4 Abschlussentscheidungen

Die Unternehmensleitung hat am Ende des Geschäftsjahres den Jahresabschluss vorzulegen, der dann von Abschlussprüfern kontrolliert wird. Im Rahmen dieses **Jahresabschlusses** sind bedeutsame Entscheidungen zu treffen, die sich beziehen auf (*Angermeyer/Oser, Coenenberg, Küting/Weber*):

- Die **Bilanz**, welche aus betriebswirtschaftlicher Sicht die Gegenüberstellung des Vermögens auf der Aktivseite und des Kapitals auf der Passivseite zu einem bestimmten Zeitpunkt darstellt. Die Unternehmensleitung hat dafür zu sorgen, dass die Bilanz in drei Monaten nach Ablauf des Geschäftsjahres fertig gestellt ist. Die Bilanz ist in Kontoform vorzulegen und von den Abschlussprüfern zu kontrollieren.

- Die **Gewinn- und Verlust-Rechnung**, welche eine Gegenüberstellung von Erträgen und Aufwendungen in Staffelform ist, die den Erfolg des Unternehmens und seine Zusammensetzung offen legt. Durch die Aufgliederung der erfolgswirksamen Komponenten werden die Quellen des Erfolgs sichtbar, welche die Unternehmensleitung zu neuen Entscheidungen für die nächste Periode veranlassen.

- Den **Anhang**, welcher der Erläuterung des Jahresabschlusses dient, indem er Posten der Bilanz bzw. GuV-Rechnung interpretiert. Dabei hat die Unternehmensleitung über Angaben zu den wahrgenommenen Wahlrechten zu entscheiden und über nicht bilanzierungspflichtige Sachverhalte zu informieren.

Bei Aktiengesellschaften hat die Unternehmensleitung außer dem Jahresabschluss auch einen **Lagebericht** vorzulegen, der Aufschlüsse über die aktuellen Gegebenheiten des Unternehmens geben soll. Zusammen mit dem **Prüfbericht** des Abschlussprüfers hat der Vorstand diese Unterlagen unverzüglich dem Aufsichtsrat zur Prüfung vorzulegen, um dessen Zustimmung zu erwirken.

Der **Konzernabschluss** umfasst die Konzernbilanz, die Konzern-GuV-Rechnung, den Konzernanhang und den Konzernlagebericht (§ 297, 315 HGB). Nach **IFRS** sind besondere Vorschriften zu beachten (*Ditges/Arendt*).

1.3.5 Krisenentscheidungen

Entscheidungen der Unternehmensleitung unterliegen der Ungewissheit des zukünftigen Geschehens. Deshalb können **Krisen** nicht ausgeschlossen werden. Die Risiken sind für die Unternehmensleitung um so größer, je lückenhafter und ungenauer die zu Grunde gelegten Informationen sind und je größer die Planungsperiode ist (*Gaenslen*).

Krisen können das Unternehmen in **Not** bringen, z. B. zur Zahlungsunfähigkeit führen. Es sind zu unterscheiden:

Sanierung	Hier sind Entscheidungen darüber zu treffen, wie die Gesundung des Unternehmens wieder herbeigeführt werden kann, z. B. durch finanzielle, sachliche, personelle und organisatorische Maßnahmen.
Insolvenz	Hier ist zu entscheiden, ob das Insolvenzverfahren zur Auflösung des Unternehmens in die Wege geleitet wird. Mit der Einschaltung des Gerichts soll vermieden werden, dass einzelne Gläubiger versuchen, sich durch raschen Zugriff Vorteile gegenüber anderen Gläubigern zu verschaffen.
Liquidation	Die Unternehmensleitung hat zu entscheiden, ob das Unternehmen z. B. freiwillig aufgelöst werden soll. Das ist beispielsweise dann der Fall, wenn ein kranker Unternehmer mangels Nachfolger das Unternehmen nicht mehr weiterführen kann.

Diese Aufgaben sind vom **Krisenmanagement** zu bewältigen (*Krystek*). Die Entscheidungen können von der Unternehmensleitung nicht an unterstellte Mitarbeiter delegiert werden, sondern sind vom Unternehmer selbst zu treffen.

In manchen Krisenfällen ist zu prüfen, ob es sinnvoll ist, **Outsourcing** durchzusetzen. Dabei wird überlegt, Funktionsbereiche aus der eigenen Unternehmenskompetenz auszugliedern oder den Fremdbezug notwendiger Dienstleistungen einzuleiten (*Dittrich/ Braun, Hermes/Schwarz, Hopfenbeck, Olfert/Pischulti*).

1.3.6 ZUSAMMENSCHLUSSENTSCHEIDUNGEN

Für ein Unternehmen kann es zweckmäßig sein, über einen Unternehmenszusammenschluss nachzudenken. Dies ist eine Verbindung von rechtlich und wirtschaftlich selbstständigen Unternehmen zu größeren Wirtschaftseinheiten. Die Unternehmensleitung hat dann zu entscheiden über (*Wöhe/Döring*):

- Die **Kooperation**, bei der die einzelnen Unternehmer selbstständig bleiben, aber einen mehr oder weniger großen Teil ihrer wirtschaftlichen Selbstständigkeit aufgeben müssen, z. B. bei einer Arbeitsgemeinschaft (Arge), bei der Interessengemeinschaft (IG) bzw. bei relativ lockeren Kartellen.

- Die **Konzentration**, bei der die wirtschaftliche Selbstständigkeit der zusammengeschlossenen Unternehmer verloren geht, z. B. beim Konzern, dessen einzelne Unternehmen aber rechtlich selbstständig bleiben. Die rechtliche Selbstständigkeit kann aber auch enden, z. B. bei der Fusion.

Zur Entwicklung funktionsfähiger Zusammenschlüsse können folgende unternehmensübergreifende **Entscheidungen** beitragen (*Carl/Kiesel, Hopfenbeck, Olfert/Pischulti, Ziegenbein*):

- Die Bildung **strategischer Allianzen**, die Vereinbarungen zwischen Unternehmen sind, welche auf bestimmten Gebieten zusammenarbeiten, z. B. durch informelle Abkommen, Kooperationsvereinbarungen oder Errichtung von Gemeinschaftsunternehmen (*Hoffmann*).

- Die Kooperation über **Joint Ventures**, die Gemeinschaftsunternehmen mit ausländischen Partnern darstellen, um gemeinsame Aktivitäten durchzuführen. Das ist eine Aufgabe des Joint-Venture-Managements (*Büchel u.a., Herrmann*). Hier wird ein grenzüberschreitendes, rechtlich selbstständiges Unternehmen durch Kapitalbeteiligung von mindestens je einem in- und ausländischen Partner gegründet oder erworben.

Fazit: Engagiertes **Unternehmertum** heißt, dass die Unternehmer bzw. Unternehmensleiter bei der Wahrnehmung ihrer Aufgaben bereit sind, hohe Verantwortung zu tragen, zweckentsprechend zu handeln, Eigeninitiative zu entwickeln und offen gegenüber neuen Entwicklungen zu sein.

23 ＞ Seite 441

1.4 BERATUNG

Weil die strategischen, personal- bzw. strukturbezogenen Entscheidungen des Top Managements immer komplizierter werden, hat es sich als sinnvoll erwiesen, dass sich die Unternehmensleitung von **Experten** beraten lässt.

Als Berater werden nicht nur externe Experten, sondern auch interne Fachleute eingesetzt, an deren Qualifikation hohe Anforderungen gestellt werden. Es sind zu unterscheiden (*Olfert*):

* **Unternehmensberater**

* **Personalberater**

* **Organisationsberater**.

1.4.1 UNTERNEHMENSBERATER

Der Unternehmensberater ist ein externer Experte, der gegen Entgelt mit oft weitreichenden Erfahrungen Beratungsdienste erbringt. Mit seinen Empfehlungen und Lösungsvorschlägen zu fast allen Gebieten der Betriebswirtschaftslehre unterstützt er die Entscheidungsfindung der **Unternehmensleitung** (*Niedereichholz*).

Die Beratung hat eine stetige Aufwärtsentwicklung zu verzeichnen, wie Veröffentlichungen des Bundesverbandes deutscher Unternehmensberater* zeigen. Das ist wohl darauf zurückzuführen, dass die Qualität und die Zahl betriebswirtschaftlicher Probleme zunehmen und sich der Einsatz qualifizierter Unternehmensberater** **bewährt** hat.

Die Ursprünge der Unternehmensberatung gehen auf **Rationalisierungsexperten** wie *Taylor, Gantt* und vor allem die Unternehmensberater *McKinsey* und *Kearney* zurück, die ihre Erfahrungen aus ihren unterschiedlichen Arbeitsgebieten auf die Führung von Unternehmen übertrugen.

Ausgehend von den USA und gefördert von der zunehmenden Verflechtung bzw. Globalisierung wurde es vor allem für große und international aktive Unternehmen zur Regel, die Hilfe von qualifizierten Unternehmensberatern in Anspruch zu nehmen.

---

* Bundesverband Deutscher Unternehmensberater e.V. (BDU), Zitelmannstr. 22, 53113 Bonn, Tel. 0228/9161-0

** **Informationen** sind z.B. bei folgenden Institutionen erhältlich:
- Bundessteuerberaterkammer, Neue Promenade 4, 10 178 Berlin, Tel. 030/240087-0
- Bundesverband der Wirtschaftsberater **BVW** e.V., Lerchenweg 14, 53909 Zülpich, Tel. 02252/81361
- Bundesverband deutscher Volks- und Betriebswirte (**Bdvb**) e.V., Florastr. 29, 40217 Düsseldorf, Tel. 0211/371022
- Bundesverband junger Unternehmen der ASU e.V. (**BJU**), Reichsstr. 17, 14052 Berlin, Tel. 030/300650
- Deutscher Industrie- und Handelskammertag (**DIHK**), Breite Straße 29, 10178 Berlin, Tel. 030/203080
- Rationalisierungs- und Innovationszentrum der Deutschen Wirtschaft e.V. (**RKW**), Düsseldorfer Str. 40, 65760 Eschborn, Tel. 06196/495-1
- Wirtschaftsjunioren Deutschland e.V. (**WJD**), Breite Straße 29, 10178 Berlin, Tel. 030/203081-515

Die **Haupteinsatzgebiete** der Unternehmensberatung entsprechen in ihrer Vielfalt den verschiedenartigen Problemen der Unternehmensführung, die in den Unternehmen anfallen. Dementsprechend können folgende Arten der **Unternehmensberatung** unterschieden werden (vgl. Kapitel B, C, D und E):

> ▶ Prozessbezogene Beratung   ▶ Personenbezogene Beratung
> ▶ Strukturbezogene Beratung   ▶ Aufgabenbezogene Beratung

Im amerikanischen – und zunehmend auch deutschen Sprachraum – wird der Begriff des **Consulting** für diese Beratertätigkeiten verwendet (*Niedereichholz, Scheer/Köppen*).

1.4.2 Personalberater

Der Personalberater ist ein externer Experte, der dem Unternehmen gegen Entgelt personalbezogene Dienste verrichtet (*Föhr, Kraft*). Der Beratungsbedarf des Unternehmens wird von Umfang und Intensität der gegebenen Personalprobleme und der Verfügbarkeit entsprechender Expertenkapazität bestimmt. Jene Personalberater, die zwecks Vermittlung ausgewählte Führungskräfte ansprechen, werden auch als **Head Hunter** bezeichnet (*Berthel/Becker, Drumm, Schanz*).

Beiträge von Personalberatern zur personenorientierten **Unternehmensführung** können sich z.B. auf folgende Funktionen des Personalwesens beziehen:

* **Personalführung**, z.B. Personalkonflikte, Führungsgrundsätze, Beurteilungen
* **Personalplanung**, z.B. Umsetzung der Stellenplanmethode
* **Personalbeschaffung**, z.B. Vermittlung von Führungskräften und Mitarbeitern
* **Personaleinsatz**, z.B. Karriereberatung, Arbeitsrecht
* **Personalfreisetzung**, z.B. Beratung bei Kündigungsvorhaben
* **Personalcontrolling**, z.B. Senkung der Personalkosten, Reduktion der Fehlzeiten
* **Personalentlohnung**, z.B. Entlohnungssysteme, Arbeitsbewertung
* **Personalbeurteilung**, z.B. der Leistung, des Verhaltens von Mitarbeitern
* **Personalbetreuung**, z.B. Sozialeinrichtungen, Altersversorgung
* **Personalorganisation**, z.B. Humanisierung der Arbeitswelt (§§ 90, 91 BetrVG)
* **Personalentwicklung**, z.B. Laufbahnplanung, Weiterbildung für Führungskräfte
* **Personalkommunikation**, z.B. Einführung von Personalinformationssystemen.

Die künftigen Tendenzen bei der Funktionsausgliederung von Teilgebieten des betrieblichen Personalwesens hängen vor allem davon ab, wie sich die Komplexität der Personalprobleme entwickelt. So kann z.B. die zunehmende **Internationalisierung** der Wirtschaft die Entwicklung der Personalberatung fördern.

1.4.3 Organisationsberater

Der Organisationsberater ist ein Experte, der ausschließlich mit Problemstellungen der betrieblichen Organisation beschäftigt ist und für eine Vielzahl von Verbesserungen und Veränderungen neue Impulse gibt.

Nach ihrer **Herkunft** sind als Organisationsberater zu unterscheiden:

- Der **externe** Organisationsberater, der einem Firmenunternehmen angehört oder selbstständiger Berater ist. Da er in die Organisation nicht selbst eingebunden ist, kann er sich unbefangener zu betrieblichen Schwachstellen äußern (*Bea/Göbel*). Vielfach fehlen ihm aber fundierte interne Kenntnisse, was als nachteilig anzusehen ist.

- Der **interne** Organisationsberater, der in der **Organisationsabteilung** von Großunternehmen als Organisationsleiter bzw. als Organisator tätig ist. Sie haben den Vorteil, dass sie die Strukturen des Unternehmens sehr genau kennen. Nachteilig ist, dass er mitunter Schwachstellen nicht rechtzeitig erkennt, wenn eine gewisse »Betriebsblindheit« gegeben ist.

Darüber hinaus nutzt die Unternehmensleitung auch den Rat des **Organisationscontrolling**, das den Aktivitäten der Organisationsabteilung parallel- bzw. übergelagert und auf organisatorische Effizienz ausgerichtet ist.

Es stellt den Koordinationsprozess der Planung, Kontrolle, Informationsversorgung und Steuerung betrieblicher Organisationsstrukturen dar (*Olfert, Rahn*).

Es gibt keine einhellige Meinung darüber, welche der obigen **Berater** für die Unternehmensleitung generell zu bevorzugen sind. Das lässt sich von Problemstellung zu Problemstellung auch sehr unterschiedlich beurteilen.

Grundsätzlich setzt eine erfolgreiche Beratung eine vertrauensvolle Kooperation zwischen Unternehmensleitung und ihren Beratern voraus. Im Rahmen ihrer Beratertätigkeit setzen die Experten auch selbst entwickelte und bewährte Verfahren ein, die sie als eigentliche Dienstleistung vermarkten.

2. BEREICHSLEITUNG

Als Bereich wird eine einheitlich geleitete, plurale Organisationseinheit bezeichnet, z. B. eine Hauptabteilung in **Großunternehmen**. Betriebliche Bereiche finden sich aber auch als Abteilungen in mittelgroßen Betrieben.

Die Bereichsleitung ist diejenige Institution, die im **Middle Management** die Bereichsführung ausübt. Die Bereichsleiter der einzelnen Funktionsbereiche sollen die Vorstellungen des Top Management auf mittlerer Ebene umsetzen. Sie bilden das Bindeglied zwischen der Unternehmensleitung und den Gruppenleitern. Dabei fallen eine Fülle unterschiedlicher Aufgaben an:

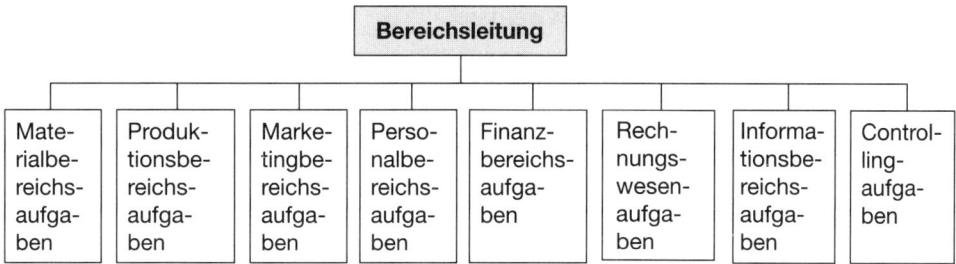

2.1 Materialbereichsaufgaben

Der Materialbereich umfasst Planungs-, Beschaffungs-, Lagerungs-, Verwaltungs-, Verteilungs-, Entsorgungs- und Kontrollaufgaben, die das Material betreffen (*Bichler/ Krohn*).

Aus der Sicht der Unternehmensleitung, die eng mit dem **Materialbereichsleiter** zusammenarbeitet, kommt diesem Bereich große Bedeutung zu, weil einerseits »der Gewinn häufig im Einkauf liegt« und andererseits eine ausgewogene Lagerwirtschaft für den Erfolg des Unternehmens wesentlich ist.

Deshalb sollen folgende Materialbereichsaufgaben des **Materialmanagement** untersucht werden (*Hartmann, Melzer/Ridinger, Oeldorf/Olfert, Schulte*):

- **Materialbedarfsplanung**
- **Materialbestandsplanung**
- **Materialbeschaffungsplanung**
- **Materialwirtschaftsdurchführung**
- **Materialwirtschaftskontrolle**.

2.1.1 Materialbedarfsplanung

Sie ist die zeitliche Vorwegnahme des in einer Periode benötigten Bedarfes an Material nach Art, Menge, Qualität und Zeit. Ihr Ziel ist die kostengünstige Versorgung des Unternehmens mit dem benötigten Material. Die Materialbedarfsplanung kann sein:

- **Programmorientiert**, d. h. sie erfolgt unter Verwendung der zu fertigenden Erzeugnisse oder des Produktionsprogramms, das auf der Grundlage des künftigen Absatzprogramms erstellt wird.
- **Verbrauchsorientiert**, d. h. die Bedarfsvorhersagen des zukünftigen Materialbedarfs werden aufgrund von Vergangenheitswerten anhand mathematisch-statistischer Verfahren vorgenommen.
- **Schätzungsorientiert**, d. h. die Materialbedarfsplanung erfolgt aufgrund von entsprechenden Schätzwerten des Bedarfs.

Der Bereichsleiter hat darauf zu achten, dass Störungen in der Leistungserstellung bzw. überhöhte Kapitalbindung vermieden werden.

2.1.2 Materialbestandsplanung

Sie ist die gedankliche Vorwegnahme des zukünftigen Materialbestandes. Ihr Ziel besteht in der Sicherstellung des Vorhandenseins der erforderlichen Materialien nach Art, Qualität, Menge und Zeit. Die **Bestandsplanung** umfasst:

Material-bestands-arten	Es handelt sich um Lagerbestand, Höchstbestand, Meldebestand, Sicherheitsbestand und Buchbestand. Hier geht es um die Materialmengen, die zur Sicherung eines kontinuierlichen Produktionsverlaufs nötig sind.
Material-bestands-strategien	Es gibt z. B. die S,T-Strategie, bei der der Lagerbestand in konstanten Zeitintervallen programmgemäß überprüft und disponiert wird. Eine Mindermenge wird auf den Grundbestand S aufgefüllt.
Material-bestands-ergänzung	Sie ist verbrauchsbedingt, wenn ein regelmäßiger Verbrauch an Hilfs- und Betriebsstoffen sowie ein sonstiger relativ geringwertiger Verbrauch an Materialien vorliegt. Die bedarfsbedingte Ergänzung erfolgt bei der Planung höherwertiger Materialien.

Der Bereichsleiter achtet darauf, dass sowohl zu hohe Bestände als auch zu geringe Bestände vermieden werden.

2.1.3 MATERIALBESCHAFFUNGSPLANUNG

Die Materialplanung wird ergänzt durch die Materialbeschaffungsplanung. Sie bildet den Ausgangspunkt, um den konkreten Beschaffungsvorgang einzuleiten. Sie betrifft folgende Problemkreise:

- Die **Materialbeschaffungsprinzipien**, z. B. das **Just-in-Time-Prinzip**, das als produktionssynchrone Beschaffung bezeichnet werden kann. Das beschaffende Unternehmen handelt dabei rahmenmäßige Lieferverträge über größere Materialmengen aus, ruft aber nur die unmittelbar benötigten Mengen ab.

- Die **Materialbeschaffungswege**, z. B. die direkten Beschaffungswege, die es ermöglichen, direkt beim Hersteller einzukaufen. Hier können z. B. Einkaufsbüros hilfreich sein. Als indirekte Beschaffungswege können der Handel, die Kommissionäre und Importeure genannt werden.

- Die **Materialbeschaffungsmengen**, um die wirtschaftliche Losgröße festzulegen. Hier ist über die Beschaffungskosten, die Bestellkosten, die Lagerhaltungskosten, die Fehlmengenkosten, die Losgrößeneinheiten und das Finanzvolumen zu entscheiden.

Im Rahmen der Materialbeschaffungsplanung geht es auch um die **optimale Beschaffungsmenge**, welche die wirtschaftliche Losgröße ist. Nach der klassischen Losgrößenformel von *Andler* ist die Beschaffungsmenge optimal, wenn die Kosten für die Bestellung und die Lagerung ein Minimum ergeben (*Oeldorf/Olfert*).

2.1.4 MATERIALWIRTSCHAFTSDURCHFÜHRUNG

Ausgehend vom jeweiligen Materialbedarf bzw. Materialbestand wird die **Materialbeschaffung** vorgenommen. Sie umfasst alle Maßnahmen, die darauf gerichtet sind, dem Unternehmen kostengünstig die nötigen Materialien art-, mengen-, qualitäts- und zeitgerecht bereitzustellen.

Dabei sind zu beachten:

Material-rationalisierung	Sie ist die möglichst wirtschaftliche Gestaltung des Aufbaus und Ablaufs im Materialbereich. Sie ist mit einer **Senkung der Kosten** bzw. mit einer Steigerung der Leistung verbunden.
	Sie zeigt sich im Rahmen der Materialstandardisierung (Normung, Typung), Materialanalyse und Materialnummerung.
Material-beschaffung	Der Materialbereichsleiter hat vor allem auf die ordnungsmäßige **Durchführung** der Materialbeschaffung zu achten. Es sind:
	▸ Betriebsmittel und Werkstoffe sind von den Materialmanagern rechtzeitig und preisgünstig zu beschaffen ▸ Anfragen an Lieferanten zu richten z. B. über Preise, Qualität, Bedingungen ▸ Angebote von Lieferanten einzuholen und zu vergleichen, z.B. Qualität, Preis, Lieferfrist, Flexibilität ▸ Verhandlungen mit Lieferanten zu führen, z. B. Preise aushandeln ▸ Bestellungen sind rechtzeitig auszuschreiben und die Termineinhaltung ist zu überwachen.
	Die Materialexperten schließen mit den Lieferanten Kaufverträge ab, die Beschaffenheit, Menge, Gewicht, Verpackung, Erfüllungszeit bzw. -ort, Preis, Zahlungs- und Lieferungsbedingungen enthalten können.
Material-lagerung	Für sie ist der **Leiter der Materialwirtschaft** zuständig, z. B. für die Einlagerung, Pflege, Umlagerung, Prüfung und dass die Abgabe der Materialien in Lägern ordnungsmäßig erfolgt.
	Dieser Prozess beginnt mit der Übernahme des bestellten und gelieferten Materials von Lieferanten bzw. Frachtführern und endet mit dem Materialabgang.
Material-verteilung	Der Bereichsleiter hat dafür zu sorgen, dass der **Materialfluss** zum, im und vom Unternehmen einwandfrei funktioniert.
	Die Kunden beurteilen ein Unternehmen nicht nur nach der Qualität, der Leistung und dem Preis der Erzeugnisse, sondern auch danach, wie schnell und zuverlässig die Aufträge bearbeitet werden bzw. wie die Abwicklung des Transportes erfolgt.
	Deshalb ist auf einwandfreien Versand bzw. Transport der Ware zu achten.
Material-entsorgung	Sie umfasst alle Maßnahmen der Begrenzung und Behandlung von betrieblichem **Abfall**.
	Die Materialentsorgung ist erforderlich, weil vom Unternehmen beschaffte Materialien, z. B. als Rohstoffe oder als Abfall nicht in vollem Umfang zu Bestandteilen der Erzeugnisse werden.
	Der Bereichsleiter hat dafür Sorge zu tragen, dass die Materialentsorgung unter Beachtung der Abfallgesetze bzw. der Abfallverordnungen erfolgt.

2.1.5 MATERIALWIRTSCHAFTSKONTROLLE

Der Leiter der Materialwirtschaft überwacht das Materialwesen d. h. er erfasst die materialwirtschaftlichen Ist-Werte und vergleicht sie mit den Soll-Werten. Soll-Ist-Abweichungen sind offen zu legen. Der Bereichsleiter hat insbesondere auf die Kontrolle der **Materialkosten** zu achten, z. B. die Beschaffungspreise zu senken, denn »im Einkauf liegt der Gewinn«.

Die **Untersuchung** schließt sich der **Überwachung** an. Sie soll Aufschluss darüber geben, warum es zu den Soll-Ist-Abweichungen gekommen ist. Es schließen sich Steuerungsmaßnahmen an, z. B. Beschaffung von Rohstoffen bei preisgünstigeren Lieferanten.

Die Kontrolle des Materialbereichs durch den Bereichsleiter kann durch den Einsatz der Elektronischen Datenverarbeitung im Unternehmen erheblich verbessert werden.

Das **Materialcontrolling** ist eine materialwirtschaftliche Funktion, die den ganzheitlichen Koordinationsprozess der Planung, Kontrolle und Steuerung mit der Informationsversorgung verbindet und die **Materialmanager** unterstützt. Es ist Bestandteil des **Bereichscontrolling** bzw. des **Beschaffungscontrolling** und des **Logistikcontrolling** (*Jung, Küpper, Weber*).

2.2 PRODUKTIONSBEREICHSAUFGABEN

Der Produktionsbereich umfasst alle Aufgaben der industriellen Leistungserstellung unter besonderer Berücksichtigung des ökonomischen Prinzips (*Bloech, Blohm u.a., Corsten, Dyckhoff/Spengler, Fandel, Schneeweiß*). Dieser Sektor wird auch als **Fertigungsbereich** bezeichnet.

Die Unternehmensleitung arbeitet mit dem Produktionsbereichsleiter eng zusammen. Für das **Produktionsmanagement** ist dieser Bereich von großer Bedeutung, weil hier die Produkte bzw. die Dienstleistungen in zweckentsprechender Qualität zu fertigen sind.

Eine wesentliche Voraussetzung dafür ist die gezielte **Forschung und Entwicklung**. Sie bildet ein wesentliches Element für den Fortschritt im Unternehmen, weil sie zur Zukunftssicherung des Unternehmens beiträgt.

In Großunternehmen wird die Forschung und Entwicklung häufig als eigener Bereich organisiert. Dieser umfasst dann alle planvollen und schöpferischen Aktivitäten, die auf den Erwerb neuer Kenntnisse im naturwissenschaftlichen Sektor und/oder auf die neuartige Anwendung derartiger Kenntnisse in **Produktion** und Produktionsprozessen ausgerichtet sind.

Die zunehmende internationale und nationale Konkurrenz führt zu einer Beschleunigung des technischen Fortschritts, wodurch sich der **Innovationsdruck** insbesondere in der Produktion ständig verstärkt.

Im Einzelnen werden folgende Produktionsbereichsaufgaben untersucht (*Ebel*):

- **Erzeugnisplanung**
- **Produktionsprogrammplanung**
- **Arbeitsplanung**
- **Produktionsprozessplanung**
- **Produktionsdurchführung**
- **Produktionskontrolle.**

2.2.1 Erzeugnisplanung

Die Erzeugnisplanung umfasst die Festlegung und Beschreibung der Merkmale eines Erzeugnisses, das in das **Produktionsprogramm** des Unternehmens aufgenommen wird. Sie legt die Art, Funktion, Menge und das Einsatzgebiet des Erzeugnisses fest und umfasst folgende Planungsteile:

- **Zeichnung**, mit der das Erzeugnis grafisch beschrieben wird. Die Erstellung unterliegt strengen Normen und verursacht hohen Arbeitsaufwand.
- **Stückliste**, die das Verzeichnis aller Rohstoffe, Teile und Baugruppen eines Erzeugnisses darstellt, z. B. eine Baukastenstückliste oder Mengenstückliste.
- **Verwendungsnachweis**, welcher die synthetische Erzeugnisgliederung dokumentiert. Dabei wird festgestellt, in welchen Erzeugnissen welche Teile enthalten sind.
- **Nummerung**, mit der über die Verschlüsselung von Daten zusammengehörige Gegenstände einem einheitlichen Ordnungsprinzip unterworfen werden.

Die Erzeugnisplanung kann auch eine Planung sein, die festlegt, welche Erzeugnisse in das Leistungsprogramm aufgenommen werden sollen. In dieser Form ist sie der **Marketingplanung** zuzuordnen.

2.2.2 Produktionsprogrammplanung

Die Planung des Produktionsprogramms ist die gedankliche Vorwegnahme von Einzelheiten der Produktion und bezieht sich auf die zu fertigenden Erzeugnisse unter Angabe der Arten, Mengen und Zeiten. Sie wird auch **Fertigungsprogrammplanung** genannt.

In diesem Rahmen sind vom Fertigungsleiter zu bestimmen:

- Die **Breite** des Produktionsprogrammes, die sich aus der Zahl der zu fertigenden Erzeugnisarten bzw. der Erzeugnis-Ausführungsformen (Maße, Qualität, Farbe) ergibt.
- Die **Tiefe** des Produktionsprogrammes, welche sich aus der Zahl der Produktionsstufen ableitet, z. B. Teilefertigung, Baugruppen- und Enderzeugnismontage.

Die Produktionsprogrammplanung ist sorgsam vorzunehmen, da spätere Änderungen Umdispositionen, Mehrarbeit und erhöhte Kosten mit sich bringen können.

Mit ihr eng verbunden ist die **Bereitstellungsplanung**, bei der festgelegt wird, zu welchem Zeitpunkt welche Arbeitskräfte, Werkstoffe und Betriebsmittel benötigt werden.

2.2.3 ARBEITSPLANUNG

Der Produktionsbereichsleiter hat darauf zu achten, dass die für die Produktion erforderlichen Arbeitspapiere zweckentsprechend erstellt werden. Das Ergebnis dieser Planung ist der **Arbeitsplan**, der die **Zeichnungen** und **Stücklisten** um weitere Angaben ergänzt:

- Die **Terminkarte** dient der Festlegung des zeitlichen Durchlaufs durch die Produktionsstätten und ist damit ein Hilfsmittel der Arbeitsvorbereitung.

- Die **Laufkarte** zeigt jeden Arbeitsgang, nach dessen Beendigung die Daten eingetragen werden. Sie wird im Rahmen der Produktionsprozesssteuerung benötigt.

- Der **Materialentnahmeschein** dient der Erfassung von Entnahmemengen aus dem Materiallager. Er ist ein Beleg für die Materialbestandsrechnung.

- Der **Lohnschein** dient der Erfassung der Arbeitszeit und zur Verrechnung von Lohnkosten auf Kostenstellen bzw. Kostenträger des Unternehmens.

- Die **Unterweisung** der Arbeitskräfte dient der besseren Bewältigung der Arbeitsprozesse. Hier werden fertigungsbezogene Kenntnisse und Fähigkeiten vermittelt.

- Die **Prüfanweisung** dient dazu, dass die Arbeitskräfte die Vorgänge in der betrieblichen Produktionswirtschaft genauer überwachen und untersuchen können.

- Der **Einrichteplan** zeigt das Vorgehen bei der Umstellung auf andere Betriebsmittel, z. B. Einrichten von Arbeitsmaschinen auf andere Systeme.

- Der **Werkzeugwechselplan** verdeutlicht der Arbeitskraft, welche Werkzeuge nötig sind, z. B. Hammer, Meisel, Zange, Säge, Bohrer.

- Die weiteren **Produktionsvorschriften** zur Fertigungstechnologie bzw. zu Produktionsverfahren, z. B. bei computergestützter Arbeitsplanung.

Die Arbeitsplanung baut auf der Erzeugnisplanung auf und bestimmt die nötigen Arbeitsgänge und Produktionsverfahren in zielorientierter Weise.

2.2.4 PRODUKTIONSPROZESSPLANUNG

Sie umfasst alle Aktivitäten der gedanklichen Vorwegnahme des zu realisierenden Produktionsablaufes. Sie wird auch **Fertigungsprozessplanung** und **Fertigungsvollzugsplanung** genannt.

Phasen dieses Prozesses sind:

Auftrags-planung	Sie ergibt sich aus den Aufforderungen an Stellen, bestimmte Arbeiten vorzunehmen. Ein Auftragsplan enthält Auftrags- bzw. Sachnummer, Auftragsdringlichkeit, Auftragsvernetzung und Fertigstellungstermin. Nach Abschluss der Auftragsplanung erfolgt die Auftragsfreigabe.
Auftrags-freigabe	Sie erfolgt nach der Auftragsplanung, wenn der festgelegte Zeitpunkt des Produktionsbeginns ansteht. Es sind der Starttermin, die Verfügbarkeit der Kapazität der Daten und des Materials zu prüfen. Der Auftragsfreigabe folgt die Auftragsauslösung.
Auftrags-auslösung	Sie umfasst die Erstellung der Werkstatt- und Produktionspapiere und die Bereitstellung der Materialien, z. B. Materialbezugsbelege, Ausfassung und Bereitstellung der Materialien.

Außer den Aufträgen sind auch die Zeiten (z. B. Zeitaufnahme, Vorgabezeiten nach REFA) bzw. die Termine (z. B. Vorwärts-, Rückwärtsterminierung) und die Kapazitäten (z. B. verfügbare und erforderliche Kapazität) zu planen.

2.2.5 Produktionsdurchführung

Die Durchführung der vom Produktionsleiter geplanten Maßnahmen ist je nach dem Verfahren der Produktion unterschiedlich. Es sind zu unterscheiden (*Blohm u.a.*):

- Die **ablaufbezogene Produktionsdurchführung**, bei der die Abläufe der Produktion im Vordergrund der Betrachtung stehen. Es gibt:

  - Die **Werkstattfertigung**, bei der alle Betriebsmittel und Arbeitsplätze gleichartiger Arbeitsverrichtungen räumlich zusammengefasst werden, z. B. Stanzerei.
  - Die **Fließfertigung**, bei der die Betriebsmittel und Arbeitsplätze räumlich nach dem Produktionsablauf angeordnet sind.
  - Die **Gruppenfertigung**, bei der eine Kombination zwischen Werkstattfertigung und Fließfertigung erfolgt.
  - Die **Baustellenfertigung**, bei der die Betriebsmittel und Arbeitsplätze an den Ort der zu erstellenden Erzeugnisse gebracht werden, z. B. im Hochbau.

- Die **mengenbezogene Produktionsdurchführung**, dem eine bestimmte Vorgehensweise zur Durchführung der Produktion in industriellen Unternehmen zu Grunde liegt. Es gibt:

  - Die **Einzelfertigung**, bei der ein einzelnes Erzeugnis gefertigt wird, z. B. im Schiffsbau oder Großmaschinenbau. Diese Unternehmen arbeiten im Regelfall auftragsbezogen.
  - Die **Serienfertigung**, bei der jeweils mehrere Erzeugnisse einer Erzeugnisart aufgrund eines Auftrags gefertigt werden, z. B. Großserien- und Kleinserienfertigung.
  - Die **Massenfertigung**, bei der keine Produktionsmenge konkret festgelegt wird, sondern eine Produktion ohne Begrenzung über eine längere Zeit erfolgt, z. B. Zigarettenindustrie.

- Die **monotoniebezogene Produktionsdurchführung**, d. h. die positive Beeinflussung des gleichförmigen und wenig motivierenden Arbeitsempfindens bestimmter Mitarbeiter im Produktionswesen, z. B. bei Näherinnen und bei Arbeiten am Schaltpult. Wirksame Mittel gegen Monotonie können sein:

  ▸ Das **Job Enlargement**, bei dem eine Erweiterung der Arbeitsaufgabe erfolgt, indem bestimmte Arbeitselemente an einem Arbeitsplatz zusammengefasst werden, z. B. hat eine Näherin bisher nur Ärmel angenäht, jetzt näht sie die ganze Bluse.

  ▸ Das **Job Enrichment**, womit eine Bereicherung der Arbeitsaufgabe vorgenommen wird, indem der Entscheidungsspielraum und/oder der Kontrollspielraum erhöht wird, z. B. wirkt eine Näherin nun auch an der Gestaltung des Entwurfes der Bluse mit.

  ▸ Das **Job Rotation-System** als Arbeitsplatzwechsel. Damit soll die einseitige Belastung der Arbeitskraft vermindert und ihre Flexibilität erhöht werden, z. B. wechselt eine Näherin von Arbeitsplatz A zu Arbeitsplatz B, der sich arbeitsinhaltlich von A unterscheidet.

- Die **transportbezogene Produktionsdurchführung**, z. B. die optimale Anordnung von Mitteln, Gängen und Regalen. Der Transport ist die Beförderung von Werkstoffen, Einzelteilen, Halb- und Fertigerzeugnissen, Werkzeugen und Vorrichtungen. Er wird auf Transportwegen abgewickelt. Es sind innerbetriebliche und außerbetriebliche Transportwege zu unterscheiden (*Aberle*).

- Die **Produktionssteuerung**, die ein zielbezogener Vorgang ist, mit dem das Produktionsmanagement den Produktionsprozess beeinflusst. Entsprechend ist sie derjenige Teil der Produktion, der sich auf die Realisierung der Produktionsziele als Soll-Werte bezieht.

  Sie muss die von der Produktionsplanung erarbeiteten Vorgaben bei allen Produktionsstellen durchsetzen. Es sind Vorsteuerung und Nachsteuerung zu unterscheiden.

2.2.6 PRODUKTIONSKONTROLLE

Der Leiter der Produktionswirtschaft überwacht den Produktionsbereich, d. h. er erfasst die produktionswirtschaftlichen Ist-Werte und vergleicht sie mit den Soll-Werten. Soll-Ist-Abweichungen sind offen zu legen.

Der Bereichsleiter hat insbesondere zu achten auf:

- Die **Rückmeldung**, die vom Meister, Vorarbeiter oder Werkstattschreiber als Rückkopplung über den Stand der Produktion gegeben wird. Sie kann auch von der Qualitätskontrolle kommen.

- Die **Qualitätskontrolle**, bei der geprüft wird, ob die Erzeugnisse den geforderten Qualitätsanforderungen genügen. So können z. B. mechanische, elektrische, chemische und sensorische Eigenschaften der Erzeugnisse geprüft werden.

- Die **Quantitätskontrolle**, die eine Mengenkontrolle ist. Dabei werden die Ist-Stückzahlen eines Produktes mit den Soll-Stückzahlen der Planung verglichen. Abweichungen werden einer gründlichen Analyse unterzogen.

- Die **Zeitkontrolle**, die z.B. die Zeitaufnahmen bzw. Vorgabezeiten unter die Lupe nimmt. Die Vorgabezeiten können nach gewisser Zeit veraltet sein, sodass sie überprüft werden müssen.

- Die **Kostenkontrolle**, die vor allem für auftragsbezogen gefertigte Erzeugnisse durchzuführen ist. Dabei werden den ermittelten Soll-Herstellungskosten im Rahmen der Nachkalkulation die Ist-Herstellungskosten gegenübergestellt.

Die Untersuchung soll Aufschluss darüber geben, warum es zu den Soll-Ist-Abweichungen gekommen ist. Es schließen sich Steuerungsmaßnahmen an, z. B. Erweiterung der **Kapazitäten**. Die Kontrolle des Materialbereichs kann durch den Einsatz der **EDV** im Unternehmen erheblich verbessert werden.

Das **Produktionscontrolling** stellt eine fertigungswirtschaftliche Funktion dar, die aus dem ganzheitlichen Koordinationsprozess der Planung, Kontrolle und Steuerung bzw. der Informationsversorgung besteht. Es zählt zum **Bereichscontrolling**, unterstützt die **Produktionsmanager** und wird auch **Fertigungscontrolling** genannt.

2.3 Marketingbereichsaufgaben

Als Marketingbereich gilt jene Organisationseinheit im Unternehmen, deren Aufgabenträger im Rahmen des **Marketingmanagement** (*Homburg/Krohmer, Meffert*) für den Absatz der erstellten Erzeugnisse zu sorgen haben. Der Marketingbereich umfasst alle Aufgaben, die mit dem Durchdringen und Ausschöpfen bestehender Absatzmärkte verbunden sind (*Kotler/Keller/Bliemel, Meffert, Nieschlag/Dichtl/Hörschgen*). Außerdem sind neue Märkte zu erkunden und zu erschließen.

Die Marketingmanager bedienen sich zur Erfüllung ihrer Aufgaben des **Customer Relationship Management (CRM)**, das eine Managementphilosophie darstellt, welche die Kundenorientierung in den Vordergrund stellt (*Bruhn, Hippner/Wilde, Raab/Werner, Selchert*). Darüber hinaus gewinnt das **internationale Marketing** immer mehr an Bedeutung (*Backhaus/Büschken/Voeth*).

Die **Unternehmensleitung** arbeitet mit dem Leiter des Marketingbereichs eng zusammen. Der Marketingbereich hat besondere Bedeutung, denn hier sind die nötigen **Umsätze** zu erzielen, d. h. die in Geldeinheiten bewerteten abgesetzten Mengen von Gütern. Im Einzelnen sollen folgende Marketingbereichsaufgaben untersucht werden (*Weis*):

- **Marketingplanung**
- **Marketinggestaltung**
- **Marketingkontrolle**.

2.3.1 Marketingplanung

Die Marketingplanung ist die systematische gedankliche Vorwegnahme zukünftigen Marktgeschehens. Es sind zu unterscheiden:

Marktforschung	Sie ist das systematische und methodisch einwandfreie **Untersuchen** eines Marktes mit dem Ziel, marktbezogene Informationen zu erhalten. Ihre Ergebnisse schlagen sich in Marktforschungsberichten nieder. Solche Daten basieren auf: ▸ Befragungen ▸ Beobachtungen ▸ Experimenten Als **Formen** der Marktforschung werden die Marktanalyse (zu einem Zeitpunkt), die Marktbeobachtung (fortlaufend) und die Marktprognose (über die Zukunftsentwicklung) unterschieden.
Marketingpläne	Auf der Grundlage der Marketingziele hat der Bereichsleiter festzulegen, auf welchen Wegen diese Ziele zu erreichen sind. Daraus entstehen Marketingpläne, beispielsweise: ▸ Der **Absatzplan**, der im engeren Sinne ein Absatzmengenplan ist. Er zeigt z. B. die Produktarten, Abnehmergruppen und Absatzgebiete. ▸ Der **Marketing-Maßnahmenplan**, der geplante Maßnahmen zur Produkt-, Kontrahierungs-, Distributions- und Kommunikationspolitik enthält. ▸ Der **Marketing-Kostenplan**, der alle Kosten enthält, die durch den Absatz der Produkte am Markt entstehen.

Die Marketingplanung hat sich an den Marketingzielen auszurichten, die vom Leitbild des Unternehmens ausgehen, d. h. von der Leitlinie der Unternehmenspolitik.

2.3.2 Marketinggestaltung

Die Marketinggestaltung geschieht mithilfe marketingpolitischer Instrumente, die vom Marketingleiter eingesetzt werden. Es sind zu unterscheiden (*Meffert, Weis*):

- Die **Produktpolitik**, die sich mit der marktgerechten Gestaltung des Leistungsangebotes des Unternehmens von der Ideenfindung bis zur marktreifen Umsetzung befasst. Als Ausgangspunkte der Produktpolitik dienen die Bedürfnisse, Wünsche und Probleme potenzieller Kunden.

- Die **Kontrahierungspolitik**, die alle Maßnahmen umfasst, die durch die Gestaltung des geldlichen Ausgleichs für einen Kauf dazu beitragen können, den Abschluss eines Kaufes zu Stande zu bringen. Sie dient dazu, Abnehmer zu Käufen zu bewegen, z. B. durch die Rabatt-, Konditionen- und die Preispolitik (*Diller*).

- Die **Distributionspolitik**, welche alle Entscheidungen und Maßnahmen umfasst, die im Zusammenhang mit dem Weg des Produktes oder einer Dienstleistung vom Hersteller zum Verbraucher oder Verwender zu fällen sind, z. B. zu direkten oder indirekten Absatzwegen, zum **Vertrieb**, zur Vertriebsorganisation (*Fink, Herndl, Winkelmann*) und zur Marketinglogistik.

- Die **Kommunikationspolitik**, welche dazu dient, den Kontakt zwischen dem Unternehmen und den potenziellen Abnehmern herzustellen. Mit ihrer Hilfe werden Informationen zum Zwecke der Steuerung von Meinungen und Verhaltensweisen übermittelt,

z. B. durch Werbung, Verkaufsförderung, persönlicher Verkauf, Öffentlichkeitsarbeit (Public Relations) und Sponsoring.

2.3.3 Marketingkontrolle

Der Leiter des Marketing überwacht den Absatzbereich, d. h. er erfasst die marketingbezogenen Ist-Werte und vergleicht sie mit den Soll-Werten. Soll-Ist-Abweichungen sind offen zu legen. Der Bereichsleiter hat insbesondere auf die Kontrolle der **Marketingkosten** zu achten.

Die **Untersuchung** schließt sich der **Überwachung** an. Sie soll Aufschluss darüber geben, warum es zu den Soll-Ist-Abweichungen gekommen ist. Es folgen Steuerungsmaßnahmen, z. B. Erhöhung des Werbeetats.

Die Marketingkontrolle bezieht sich insbesondere auf die Umsätze, Marktanteile und auf den Erfolg, der erheblich von der Höhe der **Marketingkosten** abhängig ist. Sie deckt nicht nur Fehler auf und bringt Verbesserungsvorschläge ein, sondern sie entlastet auch dadurch, dass sie den Erfolg von Planungen bestätigt und neue Informationen zur Anregung gibt.

Das **Marketingcontrolling** umfasst eine Marketingfunktion, die aus dem ganzheitlichen Koordinationsprozess der Planung, Kontrolle und Steuerung sowie der Informationsversorgung besteht. Es ist Bestandteil des **Bereichscontrolling** und unterstützt die **Marketingmanager** bei ihren Entscheidungen (*Ehrmann, Küpper, Weis*).

2.4 Personalbereichsaufgaben

Die Aufgaben des Personalbereichs werden vielfach mit den Begriffen **Personalwesen** (*Gaugler/Oechsler/Weber*), **Personalwirtschaft** (*Drumm, Hentze u.a., Jung, Olfert, Schanz, Stopp*), **Personalmanagement** (*Berthel/Becker, Bühner, Scholz*) und **Human Resource Management** (*Liebel/Oechsler*) beschrieben.

In allen Betrachtungsweisen zum Personalwesen stehen die Arbeit und das Personal im Mittelpunkt der Betrachtung (*Oechsler*). Als **Personal** wird die zur Realisierung der Führungs- und Geschäftsprozesse eingesetzte Gesamtheit der Arbeitnehmer bezeichnet. Das **Personalwesen** umfasst als Gesamtheit der Funktionen, die mit der Bereitstellung und dem Einsatz von Menschen im Unternehmen verbunden sind (*Gaugler*), folgende Aufgaben:

- Die **prozessbezogenen Funktionen** des betrieblichen Personalwesens, die in ihrer Gesamtheit den personalwirtschaftlichen Prozess bilden, der auch **Personalprozess** genannt wird (*Rahn*):

- ▸ Die **Personalplanung** als gedankliche Vorwegnahme der künftigen Personalarbeit unter Wirtschaftlichkeitsgesichtspunkten, z. B. die Individual- bzw. Kollektivplanung.
- ▸ Die **Personalbeschaffung** als Bereitstellung des für das Unternehmen notwendigen Personals, z. B. die interne und die externe Personalbeschaffung.
- ▸ Der **Personaleinsatz** in der Zugangs-, Haupteinsatz- und Abgangsphase z.B. Einführung, Einarbeitung, Leistungserbringung, Personalabgang.
- ▸ Die **Personalwirtschaftskontrolle** als Überwachung und Untersuchung der Personalarbeit, z. B. Fluktuation, Fehlzeiten, Leistungen und Personalkosten.

- Die **einsatzbezogenen Funktionen** des Personalwesens, die sich auf die erfolgreiche Realisierung der Personalarbeit während der Personaleinsatzphase beziehen (*Becker, Breisig, Olfert*):

  - ▸ Die **Personalentwicklung** als Dienste zur Erhaltung und Verbesserung der Personalqualifikation, z. B. Ausbildung, Fort-/Weiterbildung, Umschulung, Förderung.
  - ▸ Die **Personalbeurteilung** als systematische Einschätzung der Qualifikation des Personals, z. B. Beurteilung der Leistung, des Verhaltens bzw. des Führungsverhaltens.
  - ▸ Die **Personalentlohnung** als Entgelt für unmittelbar erbrachte Arbeitsleistungen des Personals, z. B. Zeitlohn, Akkordlohn, Prämienlohn und Zusatzkosten.
  - ▸ Die **Personalbetreuung** als über das Entgelt hinausgehende Leistungen und Dienste an Personal, z. B. Sozialbetreuung, Sozialleistungen und Sozialeinrichtungen.
  - ▸ Die **Personalverwaltung** als administrative Begleitung des Personals in den Einsatzphasen, z. B. Personalakte, Reisekostenabrechnung, Zeiterfassung.

- Die **strukturbezogenen Funktionen** des Personalwesens, die mit der Organisationsstruktur der Personalarbeit im Unternehmen verbunden sind (*Berthel/Becker, Jung, Olfert*):

  - ▸ Die **Personalorganisation** als Strukturierung von Zusammenhängen, z. B. Aufbau, Prozesse, Projekte im Rahmen des betrieblichen Personalwesens.
  - ▸ Die **Personalkommunikation** als soziale Kommunikation bzw. gegenseitige Information von Vorgesetzten und Mitarbeitern im Unternehmen.

- Die **managementbezogenen Funktionen** des Personalwesens, die das gesamte Personal des Unternehmens und personalpolitische Themen und Führungsaspekte betreffen:

  - ▸ Die **Personalpolitik** umfasst einerseits Grundsätze und Entscheidungen, die sich auf das Personal und seine Arbeit beziehen. Andererseits wird sie auch als Prozess zur Durchsetzung von Interessen interpretiert, z.B. Beschäftigungs-, Einsatz-, Vergütungs- und Sozialpolitik (*Allewell, v. Eckardtstein*).
  - ▸ Die **Personalführung** ist die zielorientierte bzw. situationsbezogene Beeinflussung des Personals, die unter Einsatz von Führungsinstrumenten durch Führungskräfte auf einen gemeinsam zu erzielenden Erfolg ausgerichtet ist. Sie ist ein wesentlicher Teil der Unternehmensführung (*Weibler*).

Die effektive **Personalabteilung** der Zukunft wird als Wertschöpfungs-Center agieren (*Wunderer/Dick*). Die Anforderungen an das unternehmerische und prozessbezogene Denken der Personalmanager und Personalexperten werden künftig immer mehr steigen.

Im Einzelnen sollen folgende **Aufgaben** des Personalbereichs untersucht werden (*Olfert, Olfert/Rahn*):

- **Personalplanung**

- **Personalbeschaffung**

- **Personaleinsatz**

- **Personalentlohnung**

- **Personalentwicklung**

- **Personalfreistellung**

- **Personalverwaltung**

- **Personalwirtschaftskontrolle**.

2.4.1 Personalplanung

Die Personalplanung ist die gedankliche Vorwegnahme des zukünftigen Personalgeschehens unter Wirtschaftlichkeitsgesichtspunkten. Sie erfolgt auf der Grundlage der von der Unternehmensleitung festgelegten Ziele und unter Berücksichtigung arbeitsrechtlicher Vorschriften. Es gibt folgende Möglichkeiten:

- Die **Individualplanung** bezieht sich auf den einzelnen Mitarbeiter des Unternehmens und erfordert die Bereitschaft des Mitarbeiters, an ihr mitzuwirken. Unternehmensbedürfnisse und Mitarbeiterbedürfnisse sollten dabei in Einklang gebracht werden. Es können unterschieden werden:

Laufbahn-planung	Sie zeigt dem Mitarbeiter, welche Position er im Zeitablauf erreichen kann, wenn er den Erwartungen des Unternehmens gerecht wird. Sie bezieht sich auf betriebliche Tätigkeiten.
Besetzungs-planung	Sie verdeutlicht, welche Mitarbeiter den einzelnen Stellen des Organisationsplans im Zeitablauf zugeordnet werden. Daraus ergibt sich z.B. der Stellenbesetzungsplan.
Entwicklungs-planung	Sie umfasst allgemeine Entwicklungspläne für alle Mitarbeiter, Standard-Entwicklungspläne für Mitarbeiter bestimmter Stufen und persönliche Pläne.
Einarbeitungs-planung	Sie erfolgt für neu in das Unternehmen eintretende Mitarbeiter, aber auch beispielsweise für versetzte Mitarbeiter, die dann systematisch an ihre Aufgaben herangeführt werden.

- Die **Kollektivplanung**, die sich auf Personalgesamtheiten eines Unternehmens bezieht, z. B. die gesamte Belegschaft, eine Abteilung oder eine Gruppe. Sie umfasst nicht nur quantitative Aspekte, wie Personalzahlen, Stundenwerte bzw. Kosten, sondern schließt auch qualitative Aspekte ein, z. B. Fähigkeits- bzw. Anforderungsprofile. Es gibt folgende Arten:

Personal-bedarfs-planung	Auf der Basis von Vorgaben aus dem Management wird der Personalbedarf ermittelt. Er kann ein Neubedarf, Ersatzbedarf oder auch ein Überbrückungsbedarf sein.
Personal-bestands-planung	Sie geht vom aktuellen Personalbestand aus und ermittelt unter Berücksichtigung der voraussichtlichen Zu- und Abgänge den zukünftigen Personalbestand des Unternehmens.
Personal-einsatz-planung	Sie gleicht den Personalbedarf und den Personalbestand im Rahmen der Stellenplanmethode in quantitativer, qualitativer und zeitlicher Sicht aufeinander ab.
Personal-veränderungs-planung	Sie bringt je nach Art des obigen Abgleichs eine Beschaffungsplanung oder eine Personalfreistellungsplanung mit sich. Bei letzterer Form ist der voraussichtliche Stellenbestand kleiner als der Personalbestand.
Personal-entwicklungs-planung	Sie bezieht sich auf die Personalbildung im Rahmen der Aus- und Fortbildung bzw. Umschulung und auf die **Personalförderung**, z. B. Coaching, Mentoring, Job Enlargement, Job Enrichment.
Personal-kostenplanung	Sie ist notwendig, weil für das Personal viele unterschiedliche Kosten entstehen, die für die Zukunft ermittelt und geplant werden müssen.

2.4.2 PERSONALBESCHAFFUNG

Die Personalbeschaffung ist der Inbegriff aller Maßnahmen, mit denen die für das Unternehmen erforderlichen Arbeitskräfte in qualitativer, quantitativer und zeitlicher Hinsicht bereitgestellt werden. Es sind zu unterscheiden:

- **Interne Personalbeschaffung**, die auf dem innerhalb des Unternehmens gegebenen Arbeitsmarkt erfolgt. Sie ist für das Unternehmen von Vorteil, da die Motivation und die Mobilität der Arbeitnehmer durch sie erhöht werden kann, z. B. durch innerbetriebliche Stellenausschreibungen und Personalentwicklung.

- **Externe Personalbeschaffung**, die auf dem außerhalb des Unternehmens liegenden Arbeitsmarkt erfolgt. Ausgehend von der Personalanforderung der entsprechenden Fachabteilung werden Stellenanzeigen aufgegeben (auch per Internet), Bewerbungen ausgelöst und ausgewertet.

  Es werden Eignungstests bzw. **Assessment-Center** vorgenommen und **Vorstellungsgespräche** geführt. Wege externer Personalbeschaffung können außer den Stellenanzeigen über die öffentliche bzw. private Arbeitsvermittlung wahrgenommen werden.

Der Leiter des Personalbereichs hat darauf zu achten, dass die interne und die externe Personalbeschaffung so aufeinander abgestimmt werden, dass die Ziele des Personalwesens erreicht werden.

2.4.3 PERSONALEINSATZ

Der Personaleinsatz lässt sich nach dem Zeitpunkt und dem Zeitraum betrachten. In **zeitpunktorientierter** Betrachtung ist er die quantitative, qualitative und zeitliche Zuordnung der Mitarbeiter zu den verfügbaren Stellen oder Arbeitsplätzen eines Unternehmens. Er schließt sich der Personalbeschaffung an. Auf den Zeitpunkt bezogen sind zu unterscheiden:

- Der **qualitative Personaleinsatz**, der für den Einsatz geeigneter Mitarbeiter an den Organisationseinheiten bedeutsam ist. Ihre Planung kann mithilfe der Laufbahnplanung erfolgen. Die Telearbeit wird durch die Informationstechnologie unterstützt. Beim Auslandseinsatz ist zu prüfen, ob die Mitarbeiter die nötigen Sprachkenntnisse haben.

- Der **quantitative Personaleinsatz**, der die Zahl vorhandener Stellen und Arbeitsplätze mit der Anzahl entsprechend geeigneter Mitarbeiter in Verbindung zu bringen versucht. Kündigungen sollten erst erwogen werden, wenn keine anderen Einsatzmöglichkeiten bestehen.

- Der **zeitliche Personaleinsatz**, der sich auf die Termine des Mitarbeitereinsatzes an den Organisationseinheiten bezieht, z. B. Einsatz einer Teilzeitkraft an einem Vormittag oder an einem Nachmittag. Auch der Einsatz im Schichtbetrieb in der Nacht ist entsprechend einzuplanen.

In **zeitraumbezogener** Sicht beginnt die Phase des Personaleinsatzes mit der Aufnahme der Tätigkeit eines Mitarbeiters im Unternehmen (**Zugangsphase** als Probezeit) der sich die **Haupteinsatzphase** anschließt. Die **Abgangsphase** des Mitarbeiters kann mit der ordentlichen Kündigung durch den Arbeitgeber beginnen und mit dem Ablauf der Kündigungsfrist enden. Alle Phasen sind mit **Personalbeurteilungen** verbunden.

2.4.4 PERSONALENTLOHNUNG

Die Personalentlohnung umfasst alle Maßnahmen, die mit der Bereitstellung finanzieller Leistungen eines Unternehmens an bzw. für seine Arbeitnehmer zusammenhängen.

Ein wesentliches Teilgebiet der Personalentlohnung ist die **Entgeltabrechnung**, die auch als **Lohn- und Gehaltsabrechnung** heißt. Hier wird die Höhe der Löhne in Form von Brutto- und Nettolöhnen festgestellt. Dabei werden die Lohn- und Gehaltskosten ermittelt. Es sind zu unterscheiden (*Olfert*):

- Die **Personalbasiskosten**, die als Löhne und Gehälter in unmittelbarem Zusammenhang zu den von Mitarbeitern erbrachten Arbeitsleistungen stehen, z.B.:

Zeitlohn	Hier wird das Personal nach der Dauer der geleisteten Arbeitszeit entlohnt. Arbeiter erhalten vielfach einen Stundenlohn, Angestellte einen Monatslohn als Gehalt. Es sind der reine Zeitlohn und der Zeitlohn mit Leistungszulage zu unterscheiden.

Akkordlohn	Bei ihm wird das Personal nach der von ihm erbrachten Leistungs- menge entlohnt. Es sind der Stückakkord und der Zeitakkord zu un- terscheiden, bei dem außer der Leistungsmenge der Minutenfaktor und die Vorgabezeit berücksichtigt werden.
Prämienlohn	Er wird genutzt, wenn das Arbeitsergebnis vom Arbeitnehmer beein- flussbar ist, die Ermittlung genauer Vorgaben aber unwirtschaftlich oder unmöglich ist. Der Prämienlohn wird als Grundlohn (Fixum) mit zusätzlicher Prämie gezahlt.

- Die **Personalzusatzkosten**, die Personalkosten betreffen, denen keine direkte Ar- beitsleistung gegenübersteht, z.B. bei Krankheit. Es fallen z.B. Sozialleistungen, Maß- nahmen der Sozialfürsorge und für Sozialeinrichtungen an.

Rechtsgrundlagen für die Personalentlohnung sind Tarifverträge, Betriebsvereinbarun- gen und die einzelnen Arbeitsverträge. Zur Sicherung des Arbeitslohnes gelten Regelun- gen zur Pfändung, Aufrechnung und Abtretung.

2.4.5 PERSONALENTWICKLUNG

Die Personalentwicklung ist Inbegriff aller Maßnahmen zur Erhaltung und Verbesserung der Qualifikation von Mitarbeitern (*Becker*). Die tragenden Säulen bilden die Personalbil- dung und die Personalförderung. Wenn Unternehmen nicht zweckentsprechend in die Entwicklung ihrer Mitarbeiter investieren, laufen sie Gefahr, ihre Wettbewerbsfähigkeit zu verlieren.

Arten der **Personalbildung** sind (*Mentzel, Olfert*):

- Die **Ausbildung**, die eine berufliche Erstausbildung ist, welche in einem anerkannten Ausbildungsberuf erfolgt. In § 1 des BBiG wird von Berufsausbildung gesprochen. Die Ausbildung ist in Ausbildungsberufsbildern, Ausbildungsordnungen, Rahmenplänen und Prüfungsordnungen geregelt (*Freytag/Gmel/Grasmeher*).

- Die **Fort- und Weiterbildung**, die auf Maßnahmen der Ausbildung aufbaut. Es gibt Erhaltungsfortbildung (z. B. Kurse für eine Sekretärin), Erweiterungsfortbildung (z. B. Übersetzer lernt zusätzliche Fremdsprache), Aufstiegsfortbildung (z. B. Training von Führungsverhalten) und Anpassungsfortbildung (z. B. Erwerb von EDV-Kenntnissen).

- Die **Umschulung**, die Maßnahmen zur Verbesserung der Qualifikation von Beschäftig- ten umfasst. Mit ihr sollen der Übergang zu einem anderen Beruf ermöglicht und die berufliche Beweglichkeit verbessert werden.

  Gesetzliche Grundlagen bilden das Berufsbildungsgesetz von 2005 (BBiG), das Sozi- algesetzbuch III (SGB III) und die Handwerksordnung (HandwO).

Als erste Möglichkeit des **Führungstrainings** zur Vermittlung von sozialer, fachlicher und methodischer Kompetenz von Vorgesetzten gilt das **Training-on-the-Job**, das di- rekt am Arbeitsplatz erfolgt. Davon ist das **Training-off-the-Job** zu unterscheiden, das außerhalb des Arbeitsplatzes in Kursen und Seminaren realisiert wird – vgl. dazu aus- führlich *Olfert*.

Zur **Personalförderung** zählen Job Enlargement, Job Enrichment, Job Rotation und die Laufbahnplanung. Auch die Führungsmaßnahmen zur Förderung leistungsstarker Mitarbeiter dienen der Personalentwicklung (*Rahn*). Außerdem sind zu unterscheiden (*Olfert*):

- Das **Mentoring** als Betreuung neuer Mitarbeiter, um deren Integration in das Unternehmen voranzubringen. Dies kann durch einen Paten auf gleicher hierarchischer Ebene oder durch einen Mentor geschehen, der auf einer höheren Ebene steht als der neue Mitarbeiter (*Becker, Hilb*).

- Die **Einarbeitung** als Maßnahme für neue Mitarbeiter, die mithilfe der Vier-Stufen-Methode erfolgt, z.B. Vorbereiten (Ordnung des Unterweisungsplatzes), Vormachen (Unterweisung in kleinen Lernschritten), Nachmachen (Nachvollzug durch den Lernenden) und üben durch Wiederholungen (*Freytag/Gmel/Grasmeher*).

- Das **Coaching** als Betreuung von Führungskräften, die von einem außenstehenden Berater unter Verwendung psychologischer Methoden durchgeführt wird, um den Reifegrad der Führungskraft zu erhöhen. Die Betreuung kann für einzelne Führungskräfte, aber auch für Gruppen erfolgen (*Schneider*).

- Das **Outplacement** als einer vom Unternehmen finanzierten Dienstleistung durch Berater, die im Rahmen der Personalfreistellung der beruflichen Neuorientierung ausscheidender Führungskräfte dient. Die Beratung soll für die Entlassenen eine angemessene neue Tätigkeit finden helfen (*Berg-Peer, Heizmann*).

2.4.6 Personalfreistellung

Sie umfasst alle Maßnahmen, die der Personalerhaltung, Personaleinschränkung und dem Personalabbau dienen. In der Literatur wird z. T. mit anderem Inhalt auch von Personalanpassung, **Personalfreisetzung**, Personalentlassung und Personalabbau gesprochen. Es werden unterschieden:

- Die **interne Personalfreistellung**, bei der personelle Kapazität angepasst wird, ohne dass es zu einem Personalabbau kommt, z. B. Abbau von Mehrarbeit, Flexibilisierung der Arbeitszeit, Umwandlung von Voll- in Teilzeitstellen, Einführung von Kurzarbeit, Versetzung, Umverteilung von Aufgaben und Entwicklungsmaßnahmen.

- Die **externe Personalfreistellung**, bei der personelle Kapazität durch die Beendigung bestehender Arbeitsverhältnisse angepasst wird, z. B. Ausnutzung der Fluktuation, befristete Arbeitsverträge, Vereinbarung von Aufhebungsverträgen, Outplacement, Vorruhestandsregelungen, Kündigungen.

Jedes Unternehmen hat für seine spezielle Ausgangssituation zu entscheiden, in welcher Weise die Personalfreistellung zu vollziehen ist. Aus einer breiten Skala von Alternativen werden Lösungsmöglichkeiten selektiert.

2.4.7 Personalverwaltung

Die Personalverwaltung wickelt die administrativen, routinemäßigen Aufgaben des Personalbereichs ab, vom Personalzugang über Personalveränderungen bis zum Personalabgang.

Aufgaben der Personalverwaltung sind:

- **Information**, z. B. aus der **Personalakte** über einzelne Mitarbeiter, über Gruppen, über das gesamte Personal, aus Personalinformationssystemen (PIS).

- **Abwicklung**, z. B. Einstellung, Versetzung, Beförderung, Veränderung und Austritte. Sie sind von der Personalverwaltung durchzuführen.

- **Abrechnung**, z. B. Darlehensgewährung, Essensgeldabzug, Reisekostenabrechnung, private Telefongespräche, Werksverkäufe.

- **Meldung**, z. B. Arbeitsagenturmeldungen, Lohnnachweis für die Berufsgenossenschaften, IHK-Meldungen, Lohnsteueranmeldungen, Entgeltnachweise.

- **Überwachung**, z. B. Kontrolle der Fluktuation, des Krankenstandes, der Überstunden und der Urlaubsinanspruchnahme, Arbeitszeiterfassung bei Gleitzeit.

- **Schutz des Personals**, z. B. als Arbeitsschutz und als Datenschutz, dessen Regelungen sich aus dem Bundesdatenschutzgesetz (BDSG) ergeben.

Dabei sind gesetzliche und tarifliche Regelungen, Betriebsvereinbarungen und die Arbeitsverträge der Mitarbeiter zu beachten.

2.4.8 Personalwirtschaftskontrolle

Die Personalwirtschaftskontrolle schließt sich der Planung und der personalwirtschaftlichen Gestaltung an (*Rahn*). Als mitarbeiterbezogene Kontrolle soll sie den Prinzipien der Wirtschaftlichkeit und der Humanität gerecht werden. Im engeren Sinne wird sie auch **Personalkontrolle** genannt.

Es gibt dabei folgende Möglichkeiten (*Olfert/Rahn*):

Bereichs-überwachung	Sie ist eher vergangenheitsorientiert, d. h. es werden Leistungs-Ist-Werte und die Differenzen zu den Soll-Werten ermittelt, auch Kennzahlen der Fluktuation und bei Fehlzeiten im Unternehmen. Die Überwachung der vereinbarten Arbeitszeiten und der Personalkosten ist eine wesentliche Aufgaben personalwirtschaftlicher Kontrolle.
Bereichs-untersuchung	Der Überwachung schließt sich die Analyse darüber an, warum die Ist-Werte von den Sollwerten abweichen. Die Bereichsuntersuchung ist vergangenheits- und zukunftsorientiert und hat sehr gründlich zu erfolgen. Oberflächliche Analysen der Gegebenheiten des Personalbereichs führen zu fehlerhaften Ausgangsbetrachtungen und damit u. U. zu falschen Steuerungsmaßnahmen.

Das **Personalcontrolling** ist eine personalwirtschaftliche Funktion, die aus dem ganzheitlichen Koordinationsprozess der Planung, Kontrolle und Steuerung sowie der Informationsversorgung besteht. Es zählt zum **Bereichscontrolling** und unterstützt die **Personalmanager** (z. B. Arbeitsdirektor, Personalleiter, Personalentwicklungsleiter, Lohnabrechnungsleiter) bei ihren Entscheidungen.

2.5 Finanzbereichsaufgaben

Der Finanzbereich umfasst alle Maßnahmen der Planung, Durchführung und Kontrolle der betrieblichen Einnahmen und Ausgaben. Im finanzwirtschaftlichen Prozess wird Kapital beschafft, verwendet, wieder freigesetzt und verwaltet (*Busse, Büschgen, Olfert, Olfert/Reichel, Perridon/Steiner, Wöhe/Bilstein*).

Die Unternehmensleitung arbeitet mit dem **Finanzbereichsleiter** eng zusammen. Sie trägt im Rahmen der Unternehmensführung die Verantwortung dafür, dass Einnahmen und Ausgaben in einem ausgewogenen Verhältnis zueinander stehen. Der Finanzbereich bildet also einen bedeutsamen Unternehmenssektor.

Es gibt folgende Funktionen des **Finanz- bzw. Investitionsmanagement** (*Däumler, Jahrmann, Obst/Hintner, Olfert/Reichel*):

- Die **Kapitalbeschaffung** oder Finanzierung, die zur Aufgabe hat, das Unternehmen mit dem Kapital zu versorgen, das zur Leistungserstellung und Leistungsverwertung im Unternehmen erforderlich ist.

- Die **Kapitalverwendung** oder Investition, die dazu dient, das beschaffte Kapital im Unternehmen einzusetzen. Sie bezieht sich auf das Sach-Anlagevermögen und Sach-Umlaufvermögen.

- Die **Kapitalverwaltung**, welche die Abwicklung der Einnahmen und Ausgaben des Unternehmens ermöglicht, die im Rahmen des gesamten Zahlungsverkehrs erfolgt.

Im Einzelnen sollen folgende Aufgaben des Finanzbereichs untersucht werden (*Olfert/Reichel*):

- **Finanz- und Investitionsplanung**
- **Finanz- und Investitionsgestaltung**
- **Finanz- und Investitionskontrolle**.

2.5.1 Finanz- und Investitionsplanung

Nachdem der betriebliche Finanzbereich aus der Beschaffung, Verwendung und Verwaltung des Kapitals besteht, orientiert sich auch die Finanzbereichsplanung an diesen drei Begriffen. Es sind zu unterscheiden:

- **Finanzplanung**, die auf den vom Finanzmanagement vorgegebenen Zielen beruht. Sie stellt einen gedanklichen Prozess dar und ist auf zukünftiges Handeln gerichtet. Mit dem **Finanzplan** werden die zu treffenden dispositiven Maßnahmen der Kapitalbeschaffung vorweggenommen, indem die im Planungszeitraum anfallenden Ausgaben und Einnahmen berechnet werden. Daraus ergibt sich der Kapitalbedarf.

- **Investitionsplanung**, welche die gedankliche Vorwegnahme von Maßnahmen im Kapitalverwendungsbereich ist. Die Planung ist auf zukünftiges Handeln gerichtet und befasst sich mit der Beschaffung und Nutzung von Investitionsobjekten. Ausgangspunkt ist die Ermittlung des Investitionsbedarfs. Als Teil der Unternehmensplanung haben die statischen und dynamischen **Investitionsrechnungen** eine herausragende Bedeutung.

- **Verwaltungsplanung**, die auf der Kapitalverwaltung und auf den vom Finanzmanagement vorgegebenen Zielen basiert. Sie ist ebenfalls auf das zukünftige Handeln gerichtet und betrifft die Abwicklung der Kapitalbeschaffung und -verwendung, d. h. den **Zahlungsmittelplan**.

2.5.2 FINANZ- UND INVESTITIONSGESTALTUNG

Die Gestaltung der Finanzierung, der Investitionen und des Zahlungsverkehrs schließt sich der Planung an. Sie beschäftigt sich mit der Konkretisierung der im Finanz-, Investitions- und Zahlungsmittelplan gegebenen Informationen.

Bei der Realisierung der Finanzvorhaben ist besonders darauf zu achten, dass die **Zinsbelastungen** nicht erheblich von den Planungen abweichen. Es gibt folgende Möglichkeiten der Realisation der Finanzwirtschaft:

- Die **Durchführung der Finanzierung**, bei der als wesentliche Formen in der Praxis unterschieden werden können:

Beteiligungs-finanzierung	Hier wird einem Unternehmen von außen Eigenkapital zugeführt. Sie kann durch bisherige oder neue Gesellschafter mithilfe von Geldeinlagen, Sacheinlagen und dem Einbringen von Rechten erfolgen.
Fremd-finanzierung	Sie ist eine Form der Außenfinanzierung und wird auch als Kreditfinanzierung bezeichnet. Als Fremdkapitalgeber sind vor allem Kreditinstitute, Lieferanten und Kunden zu nennen.
Innen-finanzierung	Sie wird vom Unternehmen aus eigener Kraft vorgenommen, denn das Unternehmen verwendet die ihm zufließenden Gewinne oder sonstigen Erlöse für Finanzierungszwecke.

- Die **Durchführung von Investitionen** sollte frühzeitig eingeleitet werden. Es ist zu beachten, dass für die Investitionsobjekte in vielen Fällen Lieferfristen bestehen, die erheblich sein können. Es gibt folgende objektbezogene Alternativen:

Sach-investitionen	Sie sind am betrieblichen Leistungsprozess direkt beteiligt, wie beispielsweise Maschinen, die Roh- und Hilfsstoffe verarbeiten. Oder aber sie ermöglichen erst den Leistungsprozess, wie z. B. Gebäude. Diese Investitionen werden auch als **produktionswirtschaftliche Investitionen** und als **Realinvestitionen** bezeichnet.
Finanz-investitionen	Sie beziehen sich auf das Finanzanlagevermögen des Unternehmens und umfassen Forderungsrechte (z. B. Bankguthaben, festverzinsliche Wertpapiere, gewährte Darlehen) und Beteiligungsrechte, z. B. Aktien. Sie werden mitunter **finanzwirtschaftliche** oder **Nominalinvestitionen** genannt.
Immaterielle Investitionen	Sie dienen dazu, das Unternehmen wettbewerbsfähig zu halten bzw. seine Wettbewerbsfähigkeit zu stärken. Immaterielle Investitionen betreffen den **Personalbereich** (z. B. über Ausbildung und Fortbildung), den Forschungs- und Entwicklungsbereich (z. B. Schaffung neuer Produkte) und den **Marketingbereich**, z. B. Werbung.

- Die **Durchführung der Kapitalverwaltung** bezieht sich auf Zahlungsmittel, bei denen Bargeld, Buchgeld und Geldersatzmittel unterschieden werden. Unter Verwendung dieser Mittel wird der Zahlungsverkehr abgewickelt, bei dem zu unterscheiden sind:

Barzahlungs-verkehr	Hier wird Bargeld in Form von **Geldscheinen** oder **Münzen** übertragen. Das Geld wird entweder unmittelbar »von Hand zu Hand« gezahlt oder mittelbar als Wertbrief. Im Geschäftsverkehr hat diese Zahlungsart im Wesentlichen nur bei Handels- und Dienstleistungsunternehmen größere Bedeutung, die private Kunden haben.
Halbbarer Zahlungsverkehr	Es wird Bargeld in **Buchgeld** umgewandelt und umgekehrt. Damit muss einer der beiden am Zahlungsverkehr Beteiligten ein Konto haben. Einer der Partner zahlt z. B. mit Barscheck, der ein Bankscheck oder ein Postbankscheck sein kann. Beim Zahlschein muss der Zahlungsempfänger über ein Konto verfügen.
Bargeldloser Verkehr	Hier kommt weder der Zahlungspflichtige noch der Zahlungsempfänger mit Bargeld in Berührung. Beide verfügen über ein **Konto**. Der Zahlungsverkehr erfolgt mithilfe von Buchgeld, das jederzeit durch Abhebung in Bargeld umgewandelt werden kann, z. B. Überweisungen, Verrechnungsschecks, Wechsel.

2.5.3 Finanz- und Investitionskontrolle

Im Finanz- und Investitionswesen wird mit Kennzahlen gearbeitet, die als Sollwerte vorgegeben sind und die später mit den Ist-Werten verglichen werden.

Es gibt folgende Möglichkeiten der Kontrolle im Finanzbereich:

- Die **Überwachung** der Finanzen, der Investitionen und des Zahlungsverkehrs, z. B. werden im Finanzwesen Deckungsgrade berechnet, Liquiditätsberechnungen vorgenommen und Rentabilitäten ermittelt. Im Investitionsbereich wird geprüft, ob die tatsächlichen mit den geplanten Investitionen übereinstimmen.

Es ist auch zu kontrollieren, ob der Zahlungsverkehr entsprechend der finanzwirtschaftlichen Ziele abgewickelt wurde und ob die Zahlungsmittel sinnvoll eingesetzt wurden.

• Die **Untersuchung**, die darüber Aufschluss gibt, warum die geplanten Finanzkennziffern nicht eingehalten worden sind. Die Gründe dafür können vielfältiger Art sein, z. B. Kunden halten ihre Zahlungsverpflichtungen nicht ein, hohe Verschuldung. Die Finanzprobleme können aber auch durch Beschaffungsprobleme, Stockungen in der Fertigung oder in unerwarteten Absatzeinbrüchen liegen.

Das **Finanzcontrolling** ist eine finanzwirtschaftliche Funktion, die aus dem ganzheitlichen Koordinationsprozess der Planung, Kontrolle und Steuerung sowie Informationsversorgung besteht. Es unterstützt als **Bereichscontrolling** die **Finanzmanager** bei ihren Entscheidungen.

2.6 Rechnungswesenaufgaben

Das **Rechnungswesen** ist die Gesamtheit der Einrichtungen und Verrichtungen, die bezwecken, alle wirtschaftlichen Gegebenheiten und Vorgänge zahlenmäßig zu erfassen. Es ist die Ermittlung, Verarbeitung, Speicherung und Abgabe von Informationen über Geld- und Leistungsgrößen im Unternehmen (*Coenenberg, Eisele, Jung, Weber/Rogler, Wedell*).

Für die Unternehmensleitung bildet das betriebliche Rechnungswesen ein umfassendes Instrumentarium, um auf der Basis der Unternehmens- bzw. der Umfelddaten zweckentsprechende **Entscheidungen** fällen zu können.

Das Rechnungswesen muss sich auch mit der Statistik, der Planungsrechnung und mit den Steuern auseinander setzen, z. B. Körperschaftsteuer, Umsatzsteuer. Es sollen folgende Rechnungswesen-Aufgaben untersucht werden:

• **Buchführung**

• **Jahresabschluss**

• **Kostenrechnung**.

2.6.1 Buchführung

Die Buchführung ist die zeitlich und sachlich geordnete Aufzeichnung der betrieblichen **Geschäftsvorfälle** (*Buchner, Bussiek/Ehrmann, Gabele, Zschenderlein*). Dazu gehören das Sammeln von Belegen, das Formulieren von Buchungssätzen, die Konteneintragung und der Kontenabschluss. Formal werden die Konten nach Kontenklassen entsprechend eines Kontenrahmens eingeteilt.

Im Rahmen der **doppelten Buchführung** sind Bestands- und Erfolgskonten zu unterscheiden. Die Buchführung kann funktional als Tätigkeit und die Buchhaltung im institutionellen Sinne als Einrichtung gesehen werden.

Folgende **Buchführungsaufgaben** sollen analysiert werden:

Betriebs-buchführung	Es werden Vorgänge verbucht, die sich auf interne Vorgänge beziehen. Sie umfasst die Kostenrechnung einschließlich der Leistungsrechnung. Die Betriebsbuchführung nimmt Buchungen in Kontenklasse 9 vor, wenn vom Industriekontenrahmen ausgegangen wird.
Finanz-buchführung	Hier werden Vorgänge verbucht, die die Beziehungen des Unternehmens zur Außenwelt betreffen. Sie wird auch Geschäftsbuchführung genannt. Die Vorfälle werden im Grundbuch bzw. im Hauptbuch festgehalten. Im Industriekontenrahmen umfasst diese Buchhaltung die Kontenklassen 0 bis 8.
Anlagen-buchführung	Es werden Daten der betrieblichen Anlagen gespeichert und verwaltet und nach Art, Menge und Wert bereitgestellt. Dazu zählen insbesondere der Tag des Zugangs der beschafften Anlage, die Höhe der Anschaffungskosten oder der Herstellungskosten, die Höhe des Bilanzwertes und der Tag des Abgangs der Anlage. Diese Daten dienen u. a. der Erstellung von Handels- bzw. Steuerbilanz.
Lohn- und Gehalts-buchführung	Es werden die zu zahlenden Arbeitsentgelte erfasst, berechnet, verbucht und zur Auszahlung angewiesen. Außerdem hat sie gesetzlich geregelte Dokumentations-, Abzugs- und Abführungspflichten. Die Lohn- und Gehaltsbuchführung stellt die Höhe der Arbeitslöhne der Arbeitnehmer in Form der Brutto- und Nettolöhne fest.

2.6.2 Jahresabschluss

Bei Aktiengesellschaften hat der Vorstand nach § 170 AktG den Jahresabschluss und den Lagebericht, zusammen mit dem Prüfbericht des Abschlussprüfers unverzüglich dem **Aufsichtsrat** vorzulegen. Es sind zu unterscheiden (*Coenenberg, Döring/Buchholz, Küting/Weber, Wöhe/Döring*):

- Die **Bilanz** als Gegenüberstellung des Vermögens auf der Aktivseite und des Kapitals auf der Passivseite zu einem bestimmten Zeitpunkt (*Ditges/Arendt*). Während das Vermögen die konkrete Verwendung der Finanzmittel in Form von Anlage- bzw. Umlaufvermögen zeigt, ist das Kapital entweder Eigenkapital oder Fremdkapital, z. B. in Form von Rückstellungen und/oder Verbindlichkeiten. Es sind **Bilanzanalysen** (*Langenbeck*) vorzunehmen.

- Die **Gewinn- und Verlustrechnung** als Zusammenfassung und Darstellung der ökonomischen Vorgänge. Dabei wird der Erfolg als Gewinn oder der Verlust als Saldo zwischen den Erträgen und Aufwendungen ermittelt. Der Aufwand ist der gesamte Wertverzehr für Güter und Dienstleistungen in einer Periode. Der Ertrag ist der entsprechende Wertzuwachs. Für die GuV-Rechnung ist bei Kapitalgesellschaften die Staffelform vorgeschrieben (*Adler/Düring/Schmaltz*).

- Der **Anhang** als Ergänzung der Bilanz und der G+V-Rechnung. Auch für ihn gelten die Grundsätze ordnungsmäßiger Buchführung (*Coenenberg*). Es sind wahrheitsgemäße, klare und übersichtliche Angaben zu machen. Außerdem erfolgt eine Beschränkung auf wesentliche Sachverhalte, z. B. Erläuterungen von Bilanz und G+V-Rechnung, allgemeine Angaben zu Bilanzierungs- und Bewertungsmethoden.

Der **Lagebericht** soll den Jahresabschluss ergänzen und ein den tatsächlichen Verhältnissen entsprechendes Bild vom Unternehmen vermitteln. Auch bei der Erstellung des Lageberichts sind die Grundsätze ordnungsmäßiger Buchführung zu beachten. Der Inhalt des Lageberichts bezieht sich z. B. auf den Geschäftsverlauf, auf die Gesellschaftslage und auf die voraussichtliche Entwicklung.

Im **Konzernabschluss** ist die Vermögens-, Finanz- und Ertragslage der einbezogenen Unternehmen so darzustellen, dass diese Unternehmen in ihrer Gesamtheit als ein einziges Unternehmen erscheinen. Er besteht aus Konzernbilanz, Konzern-G+V-Rechnung, dem Konzernanhang, ergänzt um den Konzernlagebericht (*Angermayer/Oser, Ditges/Arendt, Küting/Weber*).

Der Konzernabschluss und die gesamte Führung des Konzern bilden Aufgaben des **Konzernmanagement** (*Scheffler*). Hier gewinnt die **Führungsorganisation** immer mehr an Bedeutung (*v. Werder*). Sie umfasst die organisatorische Strukturierung zielorientierter Managementsysteme, z.B. aus der Sicht des Top-Management.

2.6.3 Kostenrechnung

Die Kostenrechnung entspricht der Betriebsbuchhaltung, in die auch die Leistungsrechnung eingegliedert ist. Dadurch wird die Kostenrechnung zu einer **kalkulatorischen Erfolgsrechnung**. Sie ist eine fortlaufend durchgeführte Rechnung, die kurzfristigen Charakter aufweist (*Däumler/Grabe, Haberstock, Männel, Schweitzer/Küpper*).

Kosten sind der wertmäßige Verzehr von Produktionsfaktoren zur Erstellung und Verwertung von Leistungen sowie zur Sicherung der dafür erforderlichen betrieblichen Kapazitäten. Den Kosten stehen die **Leistungen** gegenüber. Diese sind in Erfüllung des Betriebszweckes erstellte Güter und Dienstleistungen, denen ein Verbrauch an Produktionsfaktoren zu Grunde liegt.

Die **Kostenrechnung** besteht aus drei Elementen, die aufeinander aufbauen. Die Kostenarten werden in der Kostenartenrechnung erfasst. Sofern es sich bei den Kosten um Gemeinkosten handelt, werden sie in die Kostenstellenrechnung aufgenommen, von der sie dann in die Kostenträgerrechnung gelangen. Einzelkosten werden direkt von der Kostenartenrechnung auf die Kostenträger (Produkte, Dienste) verrechnet.

Also können folgende **Arten** der Kostenrechnung unterschieden werden (*Olfert*):

Kostenarten-rechnung	Mit ihrer Hilfe wird festgestellt, welche Kosten in welcher Höhe angefallen sind. Die Erfassung der Kosten erfolgt durch Belege, die erkennen lassen, um welche Kostenarten es sich handelt, welche Geschäftsvorfälle zu Grunde liegen und wie die Weiterverrechnung der Kosten als Einzel- oder Gemeinkosten zu erfolgen hat.
Kostenstellen-rechnung	Sie dient der Feststellung, wo die Kosten im Unternehmen entstanden sind, z. B. Material-, Verwaltungs-, Vertriebsstellen als **Kostenstellen**. Die Kostenstellenrechnung übernimmt die Gemeinkosten aus der Kostenartenrechnung.
Kostenträger-rechnung	Sie bezieht sich auf **Kostenträger**, z. B. Güter und Dienstleistungen, die in Erfüllung des Betriebszweckes erstellt werden und Kosten verursachen. Die Kostenträgerrechnung übernimmt die Einzelkosten aus der Kostenartenrechnung und die Gemeinkosten in Form von Zuschlagssätzen aus der Kostenstellenrechnung.

Die gesamte Kostenrechnung hat systematisch zu erfolgen. Je nach dem Betriebszweck bzw. den situativen Bedingungen nutzt die Unternehmensleitung verschiedene Möglichkeiten von **Kostenrechnungssystemen**. Es sind zu unterscheiden (*Olfert*):

▶ Istkostenrechnung   ▶ Prozesskostenrechnung
▶ Normalkostenrechnung   ▶ Deckungsbeitragsrechnung
▶ Plankostenrechnung

Die **Zielkostenrechnung** (*Dinger, Schmidt*) ist ein System des allgemeinen Kostenmanagement (*Franz/Kajüter, Hungenberg/Kaufmann*), welches das Marketing mit der Kostenrechnung verbindet. Es wird auch **Target Costing** genannt. Das grundlegende Systemziel besteht darin, den einzelnen Komponenten von Produkten die Werte zuzuordnen, die Kunden diesen Komponenten im Rahmen der Nutzung des jeweiligen Produktes beimessen.

Diese Werte stellen die Obergrenzen (targets) für die Kosten dar. Die durch die Bereitstellung der einzelnen Produktfunktionen verursacht werden dürfen. Zur Erreichung dieser Ziele bedient sich die Zielkostenrechnung der traditionellen Kostenrechnung. Das **Zielkostenkonzept** geht vom Marktpreis als dem Wert aus, den ein potenzieller Kunde zu zahlen bereit ist.

Der Marktpreis abzüglich Gewinn ergibt die **Zielkosten** für ein Produkt als Ganzes. Die Einhaltung der Kostenbudgets wird ständig kontrolliert.

Die Aufgaben des Rechnungswesens sind eng mit dem **Gesamtcontrolling** verbunden, bei dem die Daten des gesamten Unternehmens und ihrer Bereiche in einem Koordinationsprozess gebündelt werden (vgl. Kapitel B 2.8 bzw. E 1.2.6).

31 〉〉 Seite 444

2.7 INFORMATIONSBEREICHSAUFGABEN

Der Informationsbereich befasst sich mit der Planung, Verarbeitung und Kontrolle von **Daten**. Diese stellen Informationen dar, die in Verbindung mit den betrieblichen Zielen stehen.

Die **Information** ist zweckorientiertes, personen- und arbeitsplatzbezogenes Wissen. Ihr Zweck besteht darin, Handlungen vorzubereiten und durchzuführen. Sie kann Gegenstand des Handelns selbst, aber auch ein Instrument sein.

Die automatische Verarbeitung von Informationen ist im Unternehmen Aufgabe der **Wirtschaftsinformatik**, welche die Grundlagen der elektronischen Datenverarbeitung (**EDV**) erforscht (*Hansen/Neumann, Holey/Welter/Wiedemann, Mertens, Scheer, Stahlknecht/ Hasenkamp*).

Das **Informationsmanagement** umfasst alle Managementaufgaben, welche die Themen EDV, Information und Wissen zum Gegenstand haben (*Dillerup/Stoi, Heinrich/Lehner, Krcmar*).

Es gibt folgende Aufgaben des Informationsbereichs:

* Die **Verwaltungsaufgaben**, d. h. Datenpflege, Abwicklungs-, Abrechnungs-, Buchhaltungsaufgaben und Aufgaben des Zahlungsverkehrs. Sie sind durch die jeweilige Menge der zu verarbeitenden Daten gekennzeichnet, z. B. Massendatenverarbeitung.

* Die **Informationsaufgaben**, z. B. Aufgaben der Informationsgewinnung bzw. Informationsverarbeitung (z. B. Auswählen, Speichern) und Aufgaben der Bereitstellung von Informationen, z. B. über Berichte.

* Die **Planungsaufgaben**, z. B. Gesamtplanungs- und Einzelplanungsmaßnahmen im technischen Bereich als Erstellung von Zeichnungen und Stücklisten. Im kaufmännischen Bereich z. B. als Terminplanung und Personalplanung.

* Die **Dispositionsaufgaben**, z. B. Aufgaben der Material- und Fertigungsdisposition, der Lieferantenauswahl, der Auftragsannahme und des Kundendiensteinsatzes, außerdem Aufgaben der Finanz- und Investitionsdisposition.

* Die **Kontrollaufgaben**, z. B. Vergleichen der Ist-Werte mit den Soll-Werten im Leistungsbereich. Ermittlung der Abweichungsursachen im Material-, Fertigungs- und Marketingbereich, z. B. Fehlerprüfung und Bonitätsprüfung.

* Die **Steuerungsaufgaben**, d. h. Informationen in Maßnahmen umsetzen, z. B. Steuerung des Lagers, der Fertigung, des Außendienstes, des Transportes, des Personals, der Finanzabläufe, des Rechenzentrums.

Die **Unternehmensleitung** hat engen Kontakt zum **Informationsbereichsleiter**. Gerade heute benötigt sie die Unterstützung der EDV-Experten. Die Fülle der anfallenden Informationen ist ohne Computer nicht mehr zu bewältigen.

Im Einzelnen werden folgende Aufgaben des Informationsbereichs genauer untersucht (*Olfert/Rahn*):

- **Informationsplanung**
- **Informationsgestaltung**
- **Informationskontrolle.**

2.7.1 Informationsplanung

Am Anfang steht die Ermittlung des **Informationsbedarfs**. Die Komplexität des wirtschaftlichen Geschehens, das Wachstum des Unternehmens, die Verlängerung der Produktionswege und die zunehmende Arbeitsteilung lassen den Informationsbedarf und das Informationsvolumen steigen. Die Notwendigkeit systematischer Informationsplanung nimmt mit höherem Informationsvolumen zu. Es sind zu unterscheiden:

Bedarfs-planung	In den Informationsbedarf gehen die Anforderungen der Unternehmensbereiche hinsichtlich der Entwicklung betrieblicher Informationssysteme ein. Zunächst wird der bereits vorhandene Informationsbedarf erfasst und der zukünftige Bedarf wird prognostiziert. Die Informationsplanung erfolgt auf der Grundlage der vorgegebenen Ziele.
Ziel-planung	Der hohe Informationsbedarf und die sich daraus ergebende Flut an Informationen haben dazu geführt, dass dem Informationsmanagement verstärkte Beachtung geschenkt wird. Die Zielanalyse kann sich z. B. mit den Soll-Größen der Wirtschaftlichkeit und der Zuverlässigkeit der Informationen beschäftigen.

2.7.2 Informationsgestaltung

Im Rahmen der Informationsgestaltung ist darauf zu achten, dass geeignete Sachmittel, Techniken und Methoden eingesetzt werden. Außerdem sind bestimmte Anforderungen an das Informatik-Personal zu stellen, z. B. Genauigkeit und Schnelligkeit. Es können folgende **Informationsarten** unterschieden werden:

- Die **Personalinformationen**, die vor allem für den Führungs- und Kommunikationsprozess bedeutsam sind. Sie werden auch Mitarbeiterinformationen genannt (*Rump*).
- Die **Güterinformationen**, die Auskünfte über die Art und Struktur der Materialien liefern, die im güterwirtschaftlichen Prozess Verwendung finden.
- Die **Kapitalinformationen**, z. B. Daten über die Kapitalbeschaffung (Finanzierung), die Kapitalverwendung (Investition) und die Kapitalverwaltung (Zahlungsverkehr).
- Die **Rechtsinformationen**, die z.B. das nationale und internationale Wirtschaftsrecht betreffen (vgl. Kapitel A. 3). Hervorzuheben sind Informationen aus dem Gesellschaftsrecht, Arbeitsrecht, Wettbewerbsrecht, Steuerrecht und Insolvenzrecht.

- Die **Organisationsinformationen**, die z.B. Daten über die Aufbauorganisation, Prozessorganisation und Projektorganisation enthalten. Diese Informationen können von innerhalb oder von außerhalb des Unternehmens kommen.

- Die **sonstigen** Informationen, die vom **Informationsmanagement** auch über das Internet beschafft werden und z. B. von Universitäten, Hochschulen, Schulen, Behörden, Verbänden, Kammern, Krankenkassen, Leasingfirmen, Beraterfirmen, Verlagen und der Öffentlichkeit kommen können.

Im Informationsbereich werden Vorgabedaten, Programme und Datenverarbeitungsanlagen eingesetzt. Im Einzelnen sind zu unterscheiden:

- **Software**, welche die Gesamtheit aller Programme umfasst, die mit einem Computer ausgeführt werden können. Sie bilden das Betriebssystem, das auch als Operating System bezeichnet wird. Für die Unternehmen ist die Qualität der Software besonders bedeutsam. Die Softwarequalität zeigt sich in der Benutzerfreundlichkeit, Korrektheit, Zuverlässigkeit, Verständlichkeit und Wirtschaftlichkeit.

- **Orgware**, die das Ergebnis der Organisationsarbeit darstellt und die Vorgabe für den Programmierer ist, um Software zu gestalten. Die Orgware umfasst z. B. die Integration der betrieblichen Informatik, die Organisation von Projekten der Informatik und die Organisation des Rechenzentrums. Sie ist ein Sammelbegriff für die Datenorganisation und die damit verbundenen Betriebsdaten.

- **Hardware**, welche die Gesamtheit der physischen Bestandteile von EDV-Anlagen betrifft, die vor allem in Form von Personalcomputern und Großrechnern eingesetzt werden. Zur Hardware gehören z. B. Zentraleinheit, Ein- und Ausgabegeräte, Speichermedien, Dialoggeräte und Verbindungseinrichtungen. Erst zusammen mit der Software bildet die Hardware ein einsetzbares System der Datenverarbeitung.

Zur Unterstützung effektiver Informationsgestaltung durch die **neuen Medien** rücken die **Electronic-Begriffe (E)** auch für die **Unternehmensführung** immer mehr in den Vordergrund. Es werden zwischen den Marktpartnern über das **Internet** Informationen z.B. über Produkte und Dienstleistungen ausgetauscht. Es sind zu unterscheiden:

- **E-Business** als Einsatz von Informations- und Kommunikationstechnologie durch vermehrte Vernetzung nationaler und internationaler Unternehmen und durch informationsbezogene Vorteile für die Kunden, z.B. E-Commerce, E-Finance und E-Government (*Amor, Biethahn/Nomicos, Ebel*).

- **E-Commerce** als Technologieeinsatz zur Verbesserung des Direktabsatzes über Online-Dienste bzw. das Internet, z.B. Electronic Selling, Customer Relationship Management (*Bruhn, Raab/Werner, Selchert*) und Supply Chain Management, z.B. Wertschöpfung in Logistikketten (*Fritz ,Meier/Storner*).

- **E-Finance** als Technologieeinsatz für finanzbezogene Geschäftsprozesse, z.B. Electronic Banking (Kontenverbindungen mit Banken), Home Banking (Abwicklung von Finanzprozessen von zu Hause aus) und Electronic Insurance als Verbindung zu Versicherungen (*Bodendorf/Robra-Bissantz,Petzel*).

- **E-Government** als Technologieeinsatz zur Unterstützung von Prozessen in der öffentlichen Verwaltung, z.B. Vernetzung mit Behörden, schnellere Steuererklärungen online

(*Elster-System*) und Chipkartensysteme, d.h. »Bürgercard« als Fahrschein im Nahverkehr (*Kröger/Hoffmann, Träger*).

- **E-Learning** als Technologieeinsatz zur Unterstützung des Lernens in Organisationen, z.B. Computer Based Training (CBT) im Selbststudium, Videokonferenzen und Learning-Management-System (LMS) zur Planung von Kursen und Seminaren (*Bendel/ Hauske*).

- **E-Marketing** als Technologieeinsatz, um mit den Kunden in direkte Internetkontakte zu treten, z.B. E-Mails (Online-Marketing), www.-Adressen und Marketing-Websites. Beim Multimedia-Marketing werden auch multimediale Offline Medien (z.B. CD ROM) genutzt (*Bogner, Tramsen*).

Außerdem bieten die **Suchmaschinenoptimierung** (*Erlhofer, Greifeneder, Kaiser*) und das Instrument des **Business Intelligence** (BI) neue Möglichkeiten (*Knöll/Schulz-Sacharow/Zimpel*). Die rasante Entwicklung neuer **Informationstechniken** und die steigende Bedeutung des **Internets** führen zu neuen Anforderungen an die Unternehmensleitung von Unternehmen der **New Economy** (*Dillerup/Stoi*).

2.7.3 Informationskontrolle

Die Informationskontrolle orientiert sich an den vorgegebenen **Soll-Größen**. Die Informationsnehmer sollen mit Informationen weder über- noch unterversorgt werden. Von den **Zielgrößen** ausgehend ist zu überprüfen, ob die Ist-Werte eingehalten, unter- oder überschritten wurden. Es sind zu prüfen:

- Die Erreichung der Informations-Wirtschaftlichkeit
- Die zielentsprechende Informationsqualität
- Das Vorhandensein bestimmter Informationseigenschaften
- Die Erfüllung der Informationszuverlässigkeit
- Die Einhaltung der Informationszeit.

Daraufhin ist gründlich zu analysieren, wo die Gründe für Abweichungen zu suchen sind, damit in Zukunft die richtigen Steuerungsmaßnahmen ergriffen werden.

Das **Informationscontrolling** ist eine informationswirtschaftliche Funktion, die aus dem ganzheitlichen Koordinationsprozess der Planung, Kontrolle und Steuerung sowie der Informationsversorgung besteht. Es ist Bestandteil des **Bereichscontrolling** und unterstützt die Informationsmanager bei ihren Entscheidungen.

2.8 Controllingaufgaben

Das Controlling umfasst jene Organisationseinheiten im Unternehmen, deren Aufgabenträger umfassende Koordinationsaufgaben der Planung, Steuerung, Kontrolle und Informationsversorgung wahrnehmen.

Der **Begriff** des Controlling kommt von „to control", d.h. regeln, steuern, überwachen, prüfen. Daraus ergibt sich, dass der Controllingbegriff über den Kontrollbegriff hinausgeht.

Das Controlling dient dazu, die gesamten Aktivitäten des Unternehmens zielorientiert zu beeinflussen (*Horváth, Küpper, Peemöller, Preißler, Schröder, Weber/Schäffer, Ziegenbein*).

In Wissenschaft und Praxis besteht weitgehende Einigung darüber, dass die **Kernaufgabe** des Controlling in der Unterstützungsfunktion der Unternehmensleitung liegt (*Hungenberg/Wulf*). Als **Formen** des Controlling sind zu unterscheiden:

▶ Gesamtcontrolling   ▶ Organisationscontrolling
▶ Bereichscontrolling   ▶ Gruppencontrolling

Das **Gesamtcontrolling** hat hier besondere Bedeutung, denn hier laufen die wesentlichen Daten des gesamten Unternehmens zusammen. Als Aufgaben des **Controlling-Management** (*Hering/Rieg*) mit Beratungsfunktion der Unternehmensleitung sind zu unterscheiden:

• **Planungsaufgaben**

• **Kontrollaufgaben**

• **Informationsaufgaben**

• **Steuerungsaufgaben**.

2.8.1 PLANUNGSAUFGABEN

Der Gesamtcontroller unterstützt aus ganzheitlicher Sicht und auf der Basis gegebener Zielsetzungen bzw. in Zusammenarbeit mit der Unternehmensleitung und der Bereiche die gesamte gegenwärtige gedankliche Vorwegnahme zukünftigen Handelns unter Beachtung des Rationalprinzips. Dabei sind zu unterscheiden:

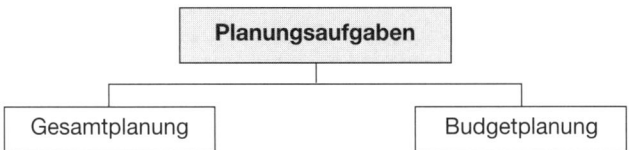

2.8.1.1 GESAMTPLANUNG

Die inhaltliche Planung kann zunächst dezentral durch die für die Realisation verantwortlichen Fachabteilungen erfolgen. Der **Gesamtcontroller** kann dabei Unterstützung leisten. Die Beteiligung des Controllers an der Planung kann sich erstrecken auf (*Horvath*):

- Erarbeitung und Pflege des Planungssystems
- Aufbereitung von Planungsinformationen
- Inganghaltung von Planungsaktivitäten der Fachabteilungen
- Hilfestellung und Beratung bei der Planung
- Abstimmung der Planungstätigkeit und der Pläne.

Die Planungsüberlegungen eines Gesamtcontrollers beziehen sich auf die:

Unternehmens-gesamtheit	Diese Planungen betreffen Umsatzpläne, Kosten- und Gewinnpläne bzw. die allgemeine Investitions- und Personalplanung, die der Unternehmensleitung den aktuellen Stand des Unternehmensgeschehens zeigen. Der Controller unterstützt die Unternehmensleitung bei ihren Entscheidungen.
Unternehmens-bereiche	Hier geht es um die Aufgabe, z. B. Material-, Produktions- und Absatzpläne, Personal- und Finanzpläne detailliert aufzustellen. Die Bereiche planen ihre Aktivitäten zunächst selbst und der Controller bietet den Fachabteilungen als Experte bei eventuellen Planungsproblemen und unter Einsatz der Planungstechniken seine Hilfe an.

Die Zentralplanung der Unternehmensleitung prüft die Planungsergebnisse der Fachbereiche. Nach Rücksprache mit dem Controller werden die Pläne u. U. geändert. Daraufhin erfolgt eine verbindliche **Ausgaben-Vorgabe (Budget)** für die Leiter der Bereiche des Unternehmens.

2.8.1.2 Budgetplanung

Ein **Budget** ist ein zielbezogener Plan, der aus Rechengrößen besteht. Er hat für jeden einzelnen Bereich Vorgabecharakter. Die einzelnen Budgets sind für die Unternehmensbereiche zweckentsprechend zu planen.

Sie sind besonders bedeutsam, weil sich später die **Budgetkontrolle** an diesen Plänen orientiert und die Bereichsleiter für ihre Ergebnisse verantwortlich sind.

Es sind folgende Budgets zu planen:

Umsatz-budget	Es enthält die Umsatzvorgaben im Budgetjahr bzw. die ergebniswirksame Gesamtleistung unter Berücksichtigung von Erlösschmälerungen und Bestandsveränderungen.
Produktions-budget	Es zeigt die Produktionsleistung im Budgetjahr. Überhangkapazitäten bzw. fehlende Kapazitäten sind einzubeziehen.
Investitions-budget	Es beinhaltet die Investitionssummen nach Kapitaleinsatz und legt den Investitionsrahmen fest, dessen Höhe sich am Volumen der Abschreibungen und des Umsatzes orientiert.
Personal-budget	Es enthält die Personalkosten der direkt Beschäftigten als Empfänger von Fertigungslohn und die indirekt Beschäftigten als Empfänger von Gemeinkostenlohn.

Material-budget	Es zeigt den geplanten Einsatz an Material für die Produktion, z. B. Rohstoffe. Der Einsatz lässt sich über die Stücklisten der Erzeugnisse ermitteln.
Kosten-budget	Dieses enthält die Materialeinzelkosten und die Fertigungslöhne bzw. die angefallenen Gemeinkosten für das Unternehmen als Kostenübersicht.
Ergebnis-budget	Es enthält das Betriebsergebnis aus der Differenz der Gesamtleistung und der Gesamtkosten bzw. das Neutrale Ergebnis.
Finanz-budget	Hier wird die vorgesehene Mittelverwendung den verfügbaren bzw. noch benötigten Mitteln (Mittelherkunft) gegenübergestellt.
Bilanz-budget	Es ergibt sich aus der Zusammenfassung von erwarteter Schlussbilanz und Bewegungsbilanz. Die Ermittlung von Kennzahlen ist sinnvoll, um sie später kontrollieren zu können.

Die **Einzelbudgets** werden nach dem Baukastenprinzip im Rahmen der Budgetierung zu einem Gesamtbudget zusammengefasst.

Die **Null-Basis-Budgetierung** (NBB) ist ein zentrales Instrument der Planung von Gemeinkosten, das die Einhaltung der betrieblichen Budgetvorhaben bewirken soll (*Ziegenbein*). Sie wird auch **Zero-Base-Budgeting** genannt und dient der Aufdeckung von Schwachstellen bzw. in dem Erreichen eines gesteigerten Kostenbewusstseins.

Die Zukunft der Budgetierung liegt möglicherweise in neuen Verfahren, z. B. in dem dezentral orientierten **Beyond Budgeting** (*Hope/Frazer*). Das **Better Budgeting** (*Pfläging*) sucht einen Kompromiss (**Advanced Budgeting**) zwischen zentralen und dezentralen Aspekten (*Ziegenbein*).

2.8.2 KONTROLLAUFGABEN

Die Kontrolle ist ein Vorgang der personen-, sach- und zeitbezogenen **Gewinnung von Informationen** über Daten der Fachabteilungen. Die Kompetenzspanne des Controllers kann von der reinen Unterstützung bei der Kontrolle bis hin zur Zusatzkontrolle dieser Organisationseinheiten reichen. Dabei sind zu unterscheiden:

2.8.2.1 GESAMTKONTROLLE

Die **Fachabteilungen** neigen u. U. dazu, nach Vorliegen der Kontrollergebnisse ihre eigenen Fehler zu verharmlosen. Deshalb erscheint in diesem Falle die Kontrolle durch die zusätzliche Institution des Controllers sinnvoll. Im Rahmen der Gesamtkontrolle von Ergebnissen der Fachabteilungen sind zwei Aufgaben zu beachten:

- Die **Überwachung**, die eher vergangenheitsorientiert ist. Dabei werden die Ist-Werte der Unternehmensbereiche erfasst und die Differenzen zu den Sollwerten ermittelt, wobei der Leistungs- und Kostenstand einzubeziehen ist.

- Die **Untersuchung**, die sich der Überwachung anschließt und vergangenheits- bzw. zukunftsorientiert ist. Mit ihr werden die Soll-Ist-Abweichungen der Ergebnisse von Unternehmensbereichen analysiert, um die Gründe der Abweichungen zu finden und über die weitere Entwicklung zu entscheiden.

Diese Vorgehensweise bezieht sich auch auf die Kontrolle der Einhaltung von **Budgetvorgaben**. Die Kontrolle hat sachlich und gründlich zu erfolgen, um aus den Ergebnissen entsprechende Maßnahmen der Steuerung bzw. der Information ableiten zu können. Dabei ist so vorzugehen, dass die Betroffenen nicht persönlich verletzt werden.

2.8.2.2 Budgetkontrolle

Der Budgetplanung folgt die Realisierung, deren Ergebnisse in einer laufenden Kontrolle gemessen werden (*Ziegenbein*). Die Budgetkontrolle umfasst die Überwachung und Untersuchung der Budgetierung. Es sind zu unterscheiden:

- Die **Selbstkontrolle** der für das Budget Verantwortlichen, die schnelle Anpassungsmaßnahmen und Lernprozesse für die künftige Informationsgewinnung ermöglicht. Sie ist notwendig, kann aber oft der Forderung nach Neutralität und Objektivität nicht standhalten.

- Die **Fremdkontrolle** des Budgets, die zusätzlich unerlässlich ist, da Selbstkontrollen der Subjektivität und Manipulationsgefahren unterliegen. Die Fremdkontrolle sollte so bemessen sein, dass Mitarbeiter motiviert und risikobereit bleiben.

Der **Prozess** der Budgetkontrolle kann folgendermaßen ablaufen:

- **Festlegung der Kontrollmaßstäbe**, d. h. sowohl der Kontrollobjekte (Strom- und Bestandsgrößen) als auch der Erscheinungsformen (Mengen, Zeiten, Werte).

- **Erfassung der tatsächlichen Ergebnisse**, d. h. Überwachung der Ist-Werte durch den Controller. Es sind grundlegende Ist-Informationen zu ermitteln.

- **Festlegung von Abweichungen**, d. h. Durchführung von Soll-Ist-Vergleichen, z. B. bei einem Kostenbudget die Gegenüberstellung von Soll- und Istkosten.

- **Analyse der Abweichungen**, d. h. die Suche nach den Ursachen des jeweiligen Problems, z. B. bei Über- oder Unterschreitung bestimmter Toleranzwerte.

Aus den Ergebnissen der Budgetkontrolle sind Maßnahmen der Steuerung abzuleiten, insbesondere wenn die Sollwerte negativ von den Istwerten abweichen.

2.8.3 Informationsaufgaben

Da beim **Gesamtcontrolling** die wesentlichen Daten des gesamten Unternehmens zusammenkommen, hat der Gesamtcontroller einen guten Überblick über das Unternehmensgeschehen. Deshalb ist er in der Lage, entsprechende Informationsaufgaben zu erfüllen.

Eine ständige Rückmeldung von Informationen an die Unternehmensleitung bzw. an die Bereiche macht ein **internes Berichtswesen** notwendig. Dieses muss zweckentsprechend gestaltet werden. Das Controlling trägt die Verantwortung für eine einheitliche Berichterstattung im Unternehmen.

Der Zweck des Berichtswesens liegt in der angemessenen Abstimmung zwischen Informationsbedarf, Informationsnachfrage und Informationsangebot. Sind die Bereiche nicht sinnvoll abgestimmt, bestehen **Informationslücken**, die eine Verbesserung der Informationsversorgung notwendig machen.

Ein Controllerbericht umfasst die Erstellung und Weiterleitung von Darstellungen komplexer betrieblicher Sachverhalte. Sein Zweck liegt darin, dass der Unternehmensleitung und den Führungskräften die nötigen Informationen gegeben werden.

Der **Controllerbericht** ist nach verschiedenen Kriterien einteilbar:

- Nach der **Regelmäßigkeit der Erstellung** gibt es folgende **Berichtsarten**:

Standard-bericht	Mit ihm werden regelmäßig und nach einem Schema einem meist gleich bleibenden Empfängerkreis bestimmte Informationen übermittelt, z. B. die Ergebnisse monatlicher Kosten-, Leistungs-, Erlös- und Bestandsrechnungen bzw. der Betriebsabrechnungsbogen.
Abweichungs-bericht	Ihn erhält der jeweilige Bereichsleiter, wenn das betriebliche Geschehen in seinem Bereich bestimmte Toleranzgrenzen über- bzw. unterschreitet, so z. B. wenn der Leiter des Marketingbereiches sein Budget überzogen hat.
Bedarfs-bericht	Er wird fallweise und im Auftrag von Führungskräften der Unternehmensbereiche erstellt, z. B. wenn das Informationsmaterial des Standard- bzw. des Abweichungsberichtes nicht ausreichend ist.

- Nach der **Führungsebene** lassen sich unterscheiden:

Strategischer Bericht	Er informiert über langfristig wirkende Sachverhalte, die dem Auffinden, Aufbau und Bewahren von Erfolgspotenzialen dienen. Damit dient er dazu, die strategische Planung bzw. Kontrolle zu unterstützen.
Taktischer Bericht	Er soll mittelfristig bedeutsame Sachverhalte darlegen, z. B. die Budgetierung für mehrere Geschäftsjahre oder die Ergebnisse der Budgetkontrolle.

Operativer Bericht	Er gibt über kurzfristig bedeutende Sachverhalte Auskunft, z. B. über monatliche Umsatz-, Kosten- und Ergebnisbudgets und informiert auch über Frühwarnindikatoren und deren Berücksichtigung bei der Unternehmenspolitik.

Ein Controllerbericht soll verständlich, sachlich bzw. objektiv abgefasst sein und eindeutig definierte Begriffe enthalten. Er soll vollständig, aussagekräftig, zutreffend bzw. aktuell sein und rechtzeitig zu den bestimmten Terminen vorliegen.

2.8.4 Steuerungsaufgaben

Die Steuerung des Unternehmensgeschehens ist ein zielbezogener Vorgang in einem System, bei dem eine oder mehrere Größen als Eingangsgrößen andere Größen als Ausgangsgrößen beeinflussen. Sie ist immer mit Maßnahmen verbunden, z. B. vom **Gesamtcontroller** vorgeschlagen werden und sein können (*Rahn*):

- Die **Vorsteuerung**, bei der die Steuerung vor dem Eintritt von Störungen zukunftsbezogen und inputorientiert erfolgt, z. B. wenn ein Bereichsleiter offensichtlich auf dem falschen Weg ist und durch eine Steuerungsmaßnahme eine Störgröße rechtzeitig erkannt wird. Es gilt, negative Wirkungen frühzeitig zu erkennen und vermeiden.

- Die **Nachsteuerung**, bei der die Steuerung von den Sollwerten (Ziele) und den Istwerten (Ergebnissen) ausgeht. Der Steuernde handelt vergangenheitsbezogen, d. h. nach Eintritt einer Störung und outputorientiert. Wenn z. B. ein Abteilungsleiter mit seiner Abteilung drei Prozent zu wenig Umsatz erreicht hat, werden Maßnahmen zur Gegensteuerung eingeleitet, z. B. gezielte Werbung.

Liegen die **Kontrollergebnisse** fest, werden diese Informationen aufbereitet und der Unternehmensleitung bzw. den Leitern der Unternehmensbereiche mit entsprechenden Vorschlägen zur Steuerung zugestellt.

3. Gruppenleitung

Die Gruppenleitung ist diejenige betriebliche Organisationseinheit, die im Unternehmen das **Lower Management** ausübt. Sie wird auch als **Teamleitung** bezeichnet.

Die **Gruppenleiter** haben im Unternehmen folgende allgemeine Aufgaben zu bewältigen (*Olfert/Pischulti, Olfert/Rahn, Rahn*):

- Führung und Förderung der Gruppenmitglieder
- Fällen und Umsetzen von Routineentscheidungen
- Ausführen von Entscheidungen übergeordneter Führungsebenen
- Aufrechterhalten des Arbeitsflusses
- Beseitigung von Störungen des Arbeitsablaufes.

Im Hinblick auf die Tätigkeitsfelder der **Gruppenleitung** ist nach verschiedenen Unternehmensbereichen zu unterteilen. Alle Gruppenleiter haben kurzfristige Planungs-, Realisations- und Kontrollaufgaben zu bewältigen, die einen Zeitraum von etwa bis zu einem Jahr umfassen.

Als **Gruppenarten** nach Funktionen im Unternehmen gelten:

- **Materialgruppen**, die im Materialbereich agieren und z. B. von einem Gruppenleiter im Lager oder im Einkauf geführt werden. Hier arbeiten einerseits Einkäufer und andererseits Lagermeister, Lagerverwalter bzw. Lagerarbeiter. Die Materialgruppen können folgende Aufgaben haben:

  ▶ Einholen von Anfragen und Angeboten
  ▶ Vergleichen von Angeboten der Lieferanten
  ▶ Schreiben von Bestellungen an Lieferanten
  ▶ Führen und Pflege von Einkaufskarteien
  ▶ Durchführung der Terminüberwachung
  ▶ Annahme der Waren beim Wareneingang

  ▶ Vergleichen von Lieferscheinen und Bestellungen
  ▶ Zählen, Messen und Wiegen der bestellten Ware
  ▶ Einordnung und Pflegen von Waren im Lager
  ▶ Ausgabe von Waren im Lager gegen Entnahmeschein
  ▶ Führen von betrieblichen Lagerkarteien
  ▶ Abgeben von Bedarfsmeldungen an Einkauf

- **Produktionsgruppen**, die eine Mehrheit von Personen bilden, die im Produktionsbereich tätig sind. Solche Arbeitsgruppen werden von Gruppenleitern geführt, z. B. Meister oder Vorarbeiter. Produktionsgruppen können folgende Funktionen ausüben:

  ▶ Produzieren der Fertigprodukte
  ▶ Transportieren von Rohstoffen
  ▶ Befördern von Hilfsstoffen
  ▶ Einsatz von Betriebsmitteln
  ▶ Rüsten von Maschinen

  ▶ Ausnutzen von Kapazitäten
  ▶ Einhalten von Produktionsterminen
  ▶ Sichten von Laufkarten
  ▶ Erstellung von Stücklisten
  ▶ Ausfüllen von Lohnzetteln

- **Marketinggruppen**, die im Marketingbereich agieren und von einem Gruppenleiter geführt werden. Hier arbeiten Verkäufer, Marketingexperten und Werbefachleute, die jeweils von einem Gruppenleiter zu führen sind. Marketinggruppen können folgende Aufgaben verrichten:

  ▶ Kundenaufträge bearbeiten
  ▶ Angebote erstellen
  ▶ Werbung betreiben
  ▶ Aufträge ausführen
  ▶ Waren verkaufen

  ▶ Rechnungen schreiben
  ▶ Reklamationen bearbeiten
  ▶ Fertigprodukte verpacken
  ▶ Verkaufsprodukte versenden
  ▶ Versandpapiere ausstellen

- **Personalwesengruppen**, die eine Mehrzahl von Personen bilden, die im Personalbereich tätig sind. Hier arbeiten unter der Führung von Gruppenleitern Ausbilder, Personalbetreuer, Sozialfürsorger, Arbeitsbewerter und Personalsachbearbeiter. Diese Gruppen können für folgende Aufgaben zuständig sein:

▶ Personalzugänge bearbeiten
▶ Lohnabrechnung ausführen
▶ Personal betreuen
▶ Personaltraining durchführen
▶ Personalakten führen und betreuen

▶ Personalstatistiken erstellen
▶ Arbeitsbewertung vornehmen
▶ Personaldateien führen
▶ Personaldatenbanken bearbeiten
▶ Personalabgänge bearbeiten

- **Finanzwesengruppen**, die im Finanzbereich arbeiten und von einem Gruppenleiter geführt werden. Hier arbeiten beispielsweise Finanzplaner, Kassenverwalter und Finanzbuchhalter. Die Finanzwesengruppen können folgende Aufgaben haben:

▶ Sicherung des Zahlungsmittel-Eingangs
▶ Abwicklung von Zahlungsausgängen
▶ Wechsel bearbeiten
▶ Investitionsrechnungen durchführen
▶ Kasse verwalten

▶ Schecks bearbeiten
▶ Überweisungen bearbeiten
▶ Finanzvorgänge verbuchen
▶ Finanzbuchhaltung betreiben

- **Rechnungswesengruppen**, die im Bereich Rechnungswesen tätig sind und von einem Gruppenleiter zu führen sind. Es arbeiten hier Buchhalter, Kostenrechner, Rechnungsprüfer, Bilanzexperten, Betriebsabrechner, Kalkulatoren. Die Rechnungswesengruppen können zuständig sein für:

▶ Buchung der Ausgangsbelege
▶ Buchung der Eingangsbelege
▶ Kalkulation der Preise
▶ Erstellen von Statistiken
▶ Aufstellen des BAB

▶ Steuern berechnen
▶ Versicherungen bearbeiten
▶ Bilanzen vorbereiten
▶ GuV-Rechnungen vorbereiten

- **Informatikgruppen**, die unter Führung eines Gruppenleiters im Informationswesen agieren. Es arbeiten hier z. B. EDV-Experten, Hardwaretechniker, Programmierer, Datenbankadministratoren, Operatoren, Anwenderbetreuer und Systembetreuer. Die Informatikgruppen können folgende Aufgaben haben:

▶ Informationen bereitstellen
▶ Systeme programmieren
▶ Daten pflegen
▶ Informationen aufnehmen
▶ Informationen speichern

▶ Informationen drucken
▶ Interessenten betreuen
▶ Hardware pflegen
▶ Software installieren

- Die **Organisationsgruppen**, die in der Organisationsabteilung agieren und bei größeren Organisationsaufgaben eingesetzt werden. Sie sind auch als Organisationsteams zu bezeichnen. Hier arbeiten z. B. Organisatoren und Organisationsexperten. Eine Organisationsgruppe kann mit folgenden Aufgaben beschäftigt sein (*Olfert*):

▶ Organisationstechniken einsetzen
▶ Organisationsmethoden nutzen
▶ Organisationsmittel einsetzen
▶ Organigramme erstellen
▶ Stellenbeschreibungen entwerfen

▶ Verhandeln und besprechen
▶ Präsentieren und visualisieren
▶ Berichten und protokollieren
▶ Dokumentieren und archivieren
▶ Recherchieren und lösen

- **Controllinggruppen**, die z. B. von einem Gruppenleiter geführt werden. Hier fungieren Linien- oder Stabscontroller und Controllingexperten. Eine Controllinggruppe kann folgende Aufgaben haben:

▶ Indikatoren erfassen	▶ Berichte schreiben
▶ Ist-Werte aufnehmen	▶ Abteilungen überwachen
▶ Soll-Ist-Vergleiche durchführen	▶ Vorgänge untersuchen
▶ Ergebnisse untersuchen	▶ Vorsteuerungsmaßnahmen auslösen
▶ Kontrollen vornehmen	▶ Nachsteuerungsmaßnahmen erwirken

Die verschiedenen Gruppen verrichten ihre Aufgaben im Rahmen der betrieblichen Zielsetzungen. Im nächsten Kapitel wird genauer analysiert, wie die einzelnen Gruppen bzw. deren Gruppenmitglieder von ihren Vorgesetzten zu führen sind.

32 〉〉 Seite 444

KONTROLLFRAGEN	bear-beitet	Lösungs-hinweise	Lö-sung	
		Seite	+	–
01 Was ist unter aufgabenorientierter Unternehmensführung zu verstehen?		87		
02 Zeichnen Sie eine Führungspyramide mit den aufgabenbezogenen Dimensionen der Führung!		87		
03 Erklären Sie den Begriff der Aufgabe!		88		
04 Stellen Sie die Arten der Aufgaben modellhaft gegenüber!		88		
05 Welche Aufgaben zählen zu den Führungsaufgaben?		88		
06 Welche Aufgaben zählen zu den Ausführungsaufgaben!		88		
07 Definieren Sie den Begriff Kompetenz!		88		
08 Welche Arten von Kompetenzen sind zu unterscheiden?		88 f.		
09 Wieso ist bei der Übertragung von Befugnissen zu differenzieren?		89		
10 Was ist unter Verantwortung zu verstehen?		89		
11 Unterscheiden Sie die Arten der Kompetenz bzw. Verantwortung!		89		
12 Was besagt der Grundsatz der Kongruenz von Aufgabe, Kompetenz und Verantwortung?		89		
13 Welche Arten der Unternehmensleiter gibt es hinsichtlich der Rechtsformen?		90		
14 Unterscheiden Sie die Arten der betriebsbezogenen Interessen und die damit verbundenen Probleme!		91		
15 Wieso sind die Entscheidungen der Unternehmensleitung von besonderer Bedeutung?		92		
16 Zählen Sie Gründe für betriebliche Fehlentscheidungen auf!		92		
17 Wie können Entscheidungen nach dem Ausmaß der Sicherheit unterschieden werden?		92		
18 Strukturieren Sie Entscheidungen nach der Richtung der Entscheidungen!		92		
19 Erläutern Sie Corporate-Identity-Entscheidungen!		93		
20 Welche Merkmale haben Führungsentscheidungen auf höchster Ebene?		93		
21 Stellen Sie intuitive und rationale Entscheidungsmethoden gegenüber!		93		
22 Welche mathematischen Methoden können eingesetzt werden?		93 f.		
23 Unterscheiden Sie betriebliche Gründungsentscheidungen!		94 f.		
24 Welche Organisationsentscheidungen hat das Organisationsmanagement zu treffen?		95		
25 Erläutern Sie bereichsbezogene Entscheidungen der Unternehmensleitung!		96		
26 Welche Abschlussentscheidungen fallen für die Unternehmensleitung an?		96 f.		
27 Welche Krisenentscheidungen hat die Unternehmensleitung zu treffen?		97 f.		
28 Erläutern Sie betriebliche Zusammenschluss-Entscheidungen!		98		
29 Erläutern Sie Aufgaben der Unternehmensberater!		99 f.		

	KONTROLLFRAGEN	bear-beitet	Lösungs-hinweise	Lö-sung	
			Seite	+	–
30	Unterscheiden Sie Aufgaben der Personalberater, Head Hunter und Organisationsberater!		100		
31	Erklären Sie Aufgaben der Bereichsleitung!		101 f.		
32	Welche Aufgaben haben die Materialbedarfs- und Materialbestandsplanung?		102 f.		
33	Womit beschäftigt sich die Materialbeschaffungs-Planung?		103		
34	Welche Inhalte hat die Materialwirtschaftsdurchführung?		103 f.		
35	Kennzeichnen Sie Aufgaben der Materialwirtschaftskontrolle!		105		
36	Was wissen Sie über die Erzeugnisplanung?		106		
37	Erläutern Sie die Produktionsprogrammplanung!		106		
38	Welche Angaben kann ein Arbeitsplan enthalten?		107		
39	Erklären Sie Möglichkeiten der Produktionsdurchführung!		108		
40	Erläutern Sie Mittel gegen die Monotonie in der Produktion!		109		
41	Kennzeichnen Sie die Produktionssteuerung!		109		
42	Aus welchen Aufgaben besteht die Produktionskontrolle?		109 f.		
43	Welche Aufgaben umfasst der Marketingbereich?		110 f.		
44	Was wissen Sie über das Customer Relationship Management bzw. über die Marketingplanung?		110 f.		
45	Welche marketingpolitischen Instrumente werden bei der Marketinggestaltung eingesetzt?		111		
46	Wie wird bei der Marketingkontrolle vorgegangen?		112		
47	Zählen Sie die prozessbezogenen Funktionen der Personalwirtschaft auf (personalwirtschaftlicher Prozess)!		113 f.		
48	Welche einsatzbezogenen, strukturbezogenen und managementbezogenen Funktionen der Personalwirtschaft gibt es?		113		
49	Unterscheiden Sie die individuelle und die kollektive Personalplanung!		114 f.		
50	Erläutern Sie die interne und die externe Personalbeschaffung!		115		
51	Wie lässt sich der Personaleinsatz betrachten?		116		
52	Unterscheiden Sie Formen der Personalentlohnung und Arten der Personalentwicklung! Was ist unter Personalförderung zu verstehen?		116 f.		
53	Was wissen Sie über die Personalfreistellung?		118		
54	Welche Aufgaben hat die Personalverwaltung?		119		
55	Wie läuft die Kontrolle in der Personalwirtschaft ab?		119		
56	Welche wesentlichen Funktionen gehören zum Finanzbereich?		120 f.		
57	Kennzeichnen Sie die Finanz- und Investitionsplanung!		120 f.		

KONTROLLFRAGEN	bear-beitet	Lösungs-hinweise	Lö-sung	
		Seite	+	–
58	Unterscheiden Sie Arten der Finanzierung und der Investitionen!		121 f.	
59	Wie läuft die Finanz- und Investitionskontrolle ab?		122 f.	
60	Erläutern Sie die betrieblichen Buchführungsaufgaben!		123 f.	
61	Aus welchen Teilen besteht der Jahres- bzw. Konzernabschluss?		124 f.	
62	Unterscheiden Sie verschiedene Kostenrechnungssysteme!		126	
63	Welche wesentlichen Aufgaben hat der Informationsbereich?		127	
64	Unterscheiden Sie die Arten der Informationsplanung!		128	
65	Erklären Sie verschiedene Informationsarten und E-Begriffe!		128 ff.	
66	Welche Gegebenheiten sind im Rahmen der Informationskontrolle zu prüfen?		130	
67	Welche Formen des Controlling sind zu unterscheiden?		131	
68	Erläutern Sie die Planungsaufgaben eines Controllers!		131 ff.	
69	Welche Kontrollaufgaben nimmt ein Controller wahr?		133 ff.	
70	Erklären Sie die Informationsaufgaben eines Controllers!		135	
71	Wie unterscheiden sich Aufgaben der Vor- und Nachsteuerung?		136	
72	Wie lassen sich Gruppen nach Funktionen unterscheiden?		137 f.	
73	Erklären Sie Aufgaben von Materialgruppen!		137	
74	Welche Aufgaben haben Produktionsgruppen?		137	
75	Zählen Sie Aufgaben von Marketinggruppen auf!		137	
76	Unterscheiden Sie Aufgaben von Gruppen im Personalwesen!		137 f.	
77	Erläutern Sie Aufgaben von Finanzwesengruppen!		138	
78	Welche Aufgaben haben Rechnungswesengruppen?		138	
79	Zählen Sie Aufgaben von Informatikgruppen auf!		138	
80	Womit beschäftigen sich Organisations- bzw. Controllinggruppen?		138	

C. Personenbezogene Unternehmens-führung

Die personenbezogene Unternehmensführung ist die ziel- und situationsbezogene Beeinflussung der Mitarbeiter, die unter Einsatz von Führungsinstrumenten auf einen gemeinsam zu erzielenden Erfolg hin ausgerichtet ist. Sie grenzt sich damit von der sachbezogenen Unternehmensführung ab, die in aufgaben-, struktur- bzw. prozessorientierter Form vorkommt.

In der Betriebswirtschaftslehre wird auch von **Personalführung** (*Hentze/Graf/Kammel/ Lindert, Weibler*), als Mitarbeiterführung (*Frese*) bzw. in weiterer Sicht von **Personal-management** (*Berthel/Becker, Bühner, Dillerup/Stoi, Scholz*) gesprochen. Im englischen Sprachraum wird der Begriff **Leadership** verwendet (*Bruch/Krummacker/Vogel*). Sie ist ein wesentlicher Teil der gesamten Unternehmensführung (*Bamberger/Wrona, Jung, Macharzina/Wolf*) und besteht aus verschiedenen Dimensionen.

Aus der Sicht der Unternehmensleitung zeigen sich die **personenbezogenen Dimensionen** der Führung eines Unternehmens in folgender **Führungspyramide**:

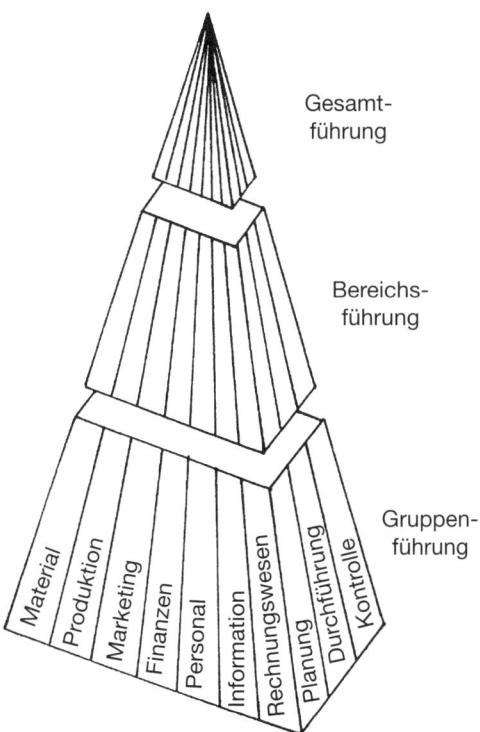

Die Unternehmensleitung hat dafür Sorge zu tragen, dass das Personal aller Ebenen zum **Unternehmenserfolg** beiträgt. Dieser hängt in hohem Maße von der Qualität der personenbezogenen Unternehmensführung ab, die z. B. aus der Gesamtführung, der Bereichsführung und der Gruppenführung besteht.

Viele Führungskräfte haben nicht nur die Aufgabe der Personalführung, sondern auch **extern** bezogene Führungsaufgaben zu bewältigen, z. B. hinsichtlich der Konkurrenten, Lieferanten. Für die personenbezogene Unternehmensführung sind folgende Aspekte bedeutsam:

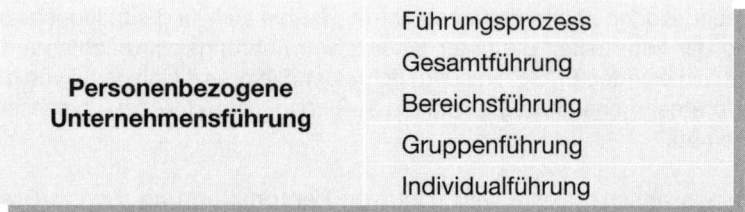

1. Führungsprozess

Die personenbezogene Unternehmensführung wird durch Personalführungsprozesse geprägt. Ein **personenbezogener Führungsprozess** ist dann gegeben, wenn eine Führungskraft unter Berücksichtigung ihrer Führungsziele bzw. der Führungssituation und unter Einsatz von Führungsinstrumenten ihre Mitarbeiter zum gemeinsam zu erzielenden Erfolg führt. Dieser Führungsprozess wird im englischen Sprachraum als **Leadership-Process** bezeichnet.

Durch Beiträge der aktuellen **Führungspsychologie** wurden die Elemente der Führung des Interaktionsansatzes (Führender, Gruppe, Gruppenmitglieder, Situation – vgl. Kap. A 2.1.5) durch die Führungsziele, die Führungsinstrumente und den Erfolg ergänzt und systemtheoretisch in folgenden Regelkreis-Zusammenhang gebracht (*Rahn*):

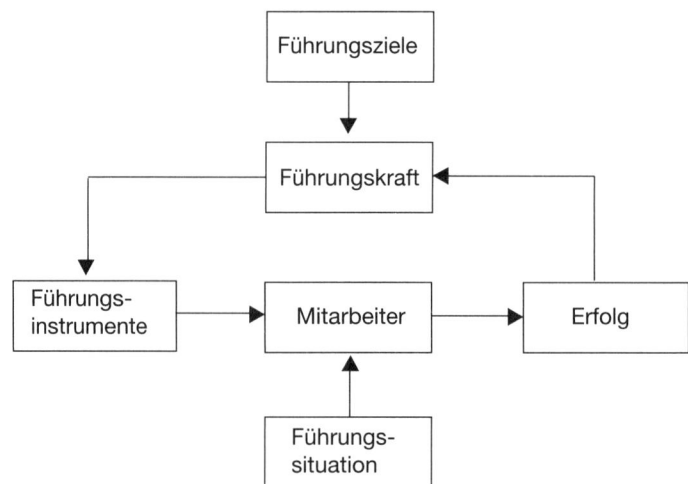

Dieser **Führungskreislauf** bildet ein System, das aus Elementen und ihren Verbindungen besteht. In der **Systemtheorie** (*Bertalanffy*) bzw. **Kybernetik** (*Wiener*) werden die Elemente eines Systems als Regler, Regelstrecke bzw. als Führungs-, Stell-, Regel- und Störgrößen bezeichnet (*Ulrich*).

Wird von diesem Grundmuster ausgegangen, dann entsteht der obige Führungsprozess. Der **personenorientierte Führungsprozess** besteht aus folgenden Elementen, die nun genauer zu untersuchen sind:

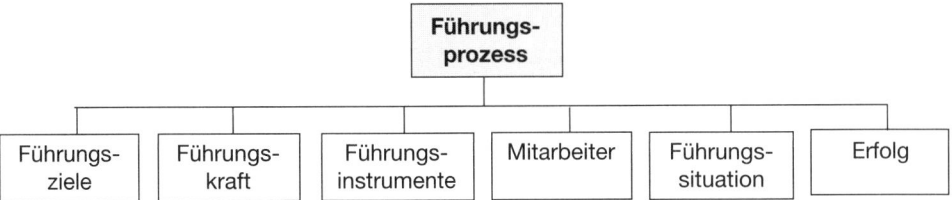

1.1 Führungsziele

Ein Führungsziel ist eine Soll-Größe (Führungsgröße) mit Vorgabecharakter für die Führungskraft (*Rahn*). Vorher sind diese Ziele mit den Aufgabenträgern der Organisationseinheiten zu vereinbaren und zu formulieren. Die Führung durch **Zielvereinbarung** und das Führen mit Zielen werden in der Literatur aktuell diskutiert (*Koreimann, Schwaab, Stroebe/Stroebe*). Es sind zu unterscheiden:

- **Zielvereinbarungen**
- **Führungsgrößen**.

1.1.1 Zielvereinbarungen

Die Zielvereinbarungen zwischen Führungskraft und Personal gehen der Festlegung von Führungszielen voraus und sind ein Bestandteil der Management- und Führungstechnik **Management by Objectives**, die von *Drucker* und *Odiorne* in die Führungstheorie eingebracht wurden.

Die Beteiligung des Mitarbeiters an der Zielbestimmung bewirkt i. d. R. Zielbejahung bzw. **Zielidentifikation**. Wer vorher hinsichtlich der Zielsetzung mitbestimmen darf, ist nachher positiv eingestellt. Bei der Gewinnung der Zielmaßstäbe wird die Führungskraft geneigt sein, die Ziele höher zu setzen und der Mitarbeiter wird versuchen, bremsend zu korrigieren (*Rahn*).

Schwierig zu erreichende Ziele führen unter entsprechenden Leistungsbedingungen zu hoher Arbeitsmotivation und zu höherem **Führungserfolg**, als wenn die Ziele allzu leicht erreichbar sind (*Wegge/v. Rosenstiel, Pietruschka*). Erfolgreiche Führungskräfte werden deshalb ihr Personal so anregen, dass sie sich der Zielerreichung stark verpflichtet fühlen.

Wenn Mitarbeiter auf Ziele motiviert werden sollen, dann dürfen diese aber nicht zu hoch gesteckt sein (*Stroebe/Stroebe*). Die Ziele sind möglichst messbar zu formulieren, damit sie den Charakter von **Leistungsstandards** erhalten, die auch Bestandteil des zur Beurteilung des Personals auszufüllenden **Personalbogens** sein können. Die Eindeutigkeit der Zielformulierung kann herbeigeführt werden durch:

- Den **Inhalt** des Zieles, bei dem die sachlichen Inhalte festzulegen sind, z.B. bei einem Verkäufer eine Steigerung des Umsatzes.

- Das **Ausmaß** des Zieles, das den genauen Umfang der Zielerreichung ausdrückt, z.B. eine Umsatzsteigerung um 3 %.

- Den **Zeitbezug** des Zieles, der den Zeitpunkt bzw. den Zeitraum näher bestimmt, z.B. Steigerung für das Jahr 200X.

Diese Zielformulierungen sind z. B. individuell auf den **einzelnen Mitarbeiter** zugeschnittten Ziele, im Gegensatz zu der Formulierung von **Gesamtzielen** (vgl. Kap. E 1.2.1.4), die für das ganze Unternehmen gelten. Hier wird deutlich, dass die personalbezogenen Führungsprozesse von den sachbezogenen Führungsprozessen zu unterscheiden sind.

1.1.2 Führungsgrössen

Durch die Zielvereinbarung und Zielformulierung wird das **Führungsziel** für den Vorgesetzten definiert, das eine Führungsgröße im Sinne der Systemtheorie darstellt (*Drumm, Ulrich*). Dieser **Sollwert** hat dann für die Führungskraft Vorgabecharakter, denn aufgrund dieser Führungsziele hat er die Mitarbeiter unter Einsatz von Führungsinstrumenten zum Erfolg zu führen.

Die mit dem Mitarbeiter vereinbarten Ziele müssen zu Führungszielen werden, denn sonst gelten sie nur für das Personal und nicht für den Vorgesetzten (*Rahn*). Zur Erfüllung der Führungsgrößen wird der Führende so auf den Mitarbeiter einwirken, dass mit dessen Engagement der **Erfolg** eintreten kann.

Als auf **Einzelpersonen** bezogene Führungsziele sind zu unterscheiden (*Rahn*):

- Die **Leistungsziele** als vereinbarte und zu erfüllende Leistungsnormen des Mitarbeiters, z.B. ein festgelegter Umsatzzuwachs pro Jahr, eine festgelegte Leistungsmenge bzw. Einhaltung einer bestimmten Kostensumme durch den Geführten.

- Die **Verhaltensziele** als vereinbarte und zu erfüllende Verhaltensweisen des Mitarbeiters, z.B. geringe Fehlzeiten, in bestimmten Situationen kritisches – aber auch angepasstes – Verhalten bei der Diskussion von Sachproblemen, Hilfsbereitschaft gegenüber Kollegen bzw. hinsichtlich des Zusammenhalts.

- Die **Zufriedenheitsziele** als Grad der Arbeitszufriedenheit des Geführten, z.B. positive Einstellung zum Unternehmen, Grad der Akzeptanz der Bedingungen, positive Beurteilung der eigenen Arbeit, Zufriedenheit mit der Führung und Identifikation mit den Gegebenheiten des Führungsrahmens.

Diese Führungsgrößen werden später mit den vom Personal erzielten Ist-Ergebnissen (erzielte Resultate, Befragungsergebnisse) verglichen, die je nach Ergebnis dann zum Einsatz von neuen Führungsinstrumenten führen. Die jeweilige Ausprägung der Erfüllung von Leistungs- bzw. Verhaltens-Sollgrößen geht auch in die **Personalbeurteilung** ein und später in die **Arbeitszeugnisse** der Beurteilten.

Die Führungskräfte werden den Mitarbeitern aber auch bewusst machen, dass die **Gesamtziele** des Unternehmens zu erfüllen sind und dass jeder Mitarbeiter dazu seinen Beitrag zu erbringen hat. Es sind dem Mitarbeiter stets zu vermitteln:

- Die **monetären** Gesamtführungsziele, z.B. Höhe des zu erreichenden Gesamtumsatzes, der Gesamtkosten bzw. des Gewinns, der Rentabilität und der Wirtschaftlichkeit.

- Die **nicht monetären** Gesamtführungsziele als Ziele der Qualitätsverbesserung, Steigerung der Serviceleistungen, Weiterentwicklung des Kundendienstes, Vergrößerung des Marktanteils, Wachstumserhöhung, Steigerung der Produktionsmengen und Corporate Identity (vgl. Kap. C 2.2). Außerdem ist auf ein gutes Betriebsklima hinzuwirken.

Um die Erfüllung der Führungsziele im Unternehmen durchzusetzen, sind Führungskräfte erforderlich, die durch ihre Persönlichkeit, ihre Autorität und ihr Leistungspotenzial überzeugen.

1.2 FÜHRUNGSKRAFT

Die Führungskraft ist ein **Vorgesetzter**, der die Aufgabe hat, die ihm unterstellten Mitarbeiter so zu beeinflussen, dass sie erfolgreich arbeiten. Die Führungskräfte können unter folgenden Aspekten betrachtet werden:

- **Führungsmerkmale**
- **Führungskräftetypen**.

1.2.1 FÜHRUNGSMERKMALE

Der Vorgesetzte ist Träger der **Personalführung** und betreut die ihm unterstellten Mitarbeiter. Er selbst kann einem Vorgesetzten als Mitarbeiter direkt unterstellt sein. Die ihm zugeordneten Personen können ebenfalls wieder Vorgesetzte sein (*Olfert*).

Erfolgreiche Führungskräfte haben folgende wesentliche Merkmale, die durch eine Persönlichkeitsanalyse näher bestimmt werden können:

- Die **Persönlichkeit**, welche die individuelle Struktur der Eigenschaften einer Führungskraft umfasst. Sie ist durch die Verwirklichung der personalen Identität, Charakter und eigenständiges Verhalten gekennzeichnet und findet ihren Ausdruck in richtungsweisenden Normen und Orientierungspunkten.

  Arten der Persönlichkeit sind (in Anlehnung an *C. G. Jung*):

  ▸ Die **extravertierte Persönlichkeit**, die eher nach außen orientiert ist und gleichsam in einer Einheit mit ihrer Umwelt lebt. Von der Außenwelt erhält sie Antriebe zur Aktivität. Sie knüpft rasch an Beziehungen an.

  ▸ Die **introvertierte Persönlichkeit**, die eher nach innen orientiert ist, nach werthafter Vertiefung strebt und der Außenwelt sekundären Wert beimisst. Sie ist ruhig bzw. besinnlich und setzt sich mit den betrieblichen Gegebenheiten aktiv auseinander.

Jede Persönlichkeit ist ein selbstständiger produktiver Träger von Werten, z. B. durch Loyalität, Ehrlichkeit, Zuverlässigkeit und sozialer Kompetenz (*Asendorpf, Crisand*).

- Die **Autorität**, welche das durch Macht oder Können erworbene Ansehen einer Führungskraft darstellt. Dieser Begriff kann auch eine soziale Einflussbeziehung beschreiben, die sich als wechselseitiges Beziehungsverhältnis zwischen Personen zeigt. Formen der Autorität können sein:

  ▸ Die **formale Autorität**, die vorwiegend aus der Unternehmensverfassung (Corporate Governance) und der Formalstruktur der Organisation abgeleitet wird. Sie erwächst kraft Amtes aus der Tätigkeit selbst heraus und wird aufgrund von Entscheidungs- bzw. Weisungsbefugnissen ausgeübt.

  ▸ Die **personale Autorität**, welche in den persönlichen Eigenschaften der Führungskraft begründet ist, z. B. durch Ausdrucksfähigkeit, Ausstrahlungskraft, Intelligenz, Reife, Selbstständigkeit, Überzeugungskraft, Verantwortungsbereitschaft, Belastbarkeit, Vitalität.

  ▸ Die **fachliche Autorität**, welche direkt aus der fachlichen Qualifikation resultiert, d. h. sie betrifft das Wissen und Können einer Person auf einem bestimmten Gebiet. Sie wird deshalb in der Praxis auch Fachautorität, Expertenautorität oder Sachautorität genannt.

Für jede erfolgreiche Führungskraft sind personale *und* fachliche Autorität unverzichtbar, denn fehlt eines der beiden Elemente, dann sind Autoritätsverluste die Folge.

- Das **Leistungspotenzial**, das für das Erbringen von Leistungen der Führungskräfte unverzichtbar ist. Die individuellen Leistungsbeiträge von Vorgesetzten hängen von psychischen und physischen Faktoren ab:

  ▸ Das **Engagement** der Führungskraft, das von der inneren Motivation (Leistungswille, Grad der Selbstverpflichtung, persönliche Ziele) und von der äußeren Motivation abhängt, z. B. von Gegebenheiten der Privat- und Arbeitssituation.

  ▸ Die **Fähigkeiten** der Führungskraft, die von den Kenntnissen und Fertigkeiten des Vorgesetzten abhängig sind. Hinzu kommen entsprechende Charakterstärke, Intelligenz, Bildungsstand, Erfahrung, Gesundheit, Teamfähigkeit und Durchsetzungswille.

Souveräne Führungskräfte sind auf der Basis eines hervortretenden Leistungspotenzials durch eine ausgeprägte Persönlichkeit und ein hohes Maß an Autorität gekennzeichnet.

1.2.2 Führungskräftetypen

In der Unternehmenspraxis gibt es viele unterschiedliche Typen von Führungskräften. Nach dem **Verhaltenstyp** kann folgende Einteilung vorgenommen werden (*Rahn*):

- **Souveräne Führungskräfte**, die keine Führungsprobleme haben und präzise analysieren können bzw. schnell und richtig entscheiden. Rasch wird das Machbare erkannt. Mitarbeiter werden von ihnen überzeugt.

- **Strenge Führungskräfte**, die eine Neigung zum autoritären Führungsstil aufweisen. Sie erwarten, dass ihnen überall Respekt entgegengebracht wird. Selbstbeherrschung und Pflichterfüllung werden zu hervortretenden Prinzipien.

- **Sachliche Führungskräfte**, die eine Neigung zum bürokratischen Führungsstil haben, denn sie führen mit Richtlinien, Rundschreiben, Dienstanweisungen und Vorschriften. Formalismus ist nicht selten. Sie erwarten von ihren Mitarbeitern, dass sie sachlich mit ihnen zusammenarbeiten.

- **Muntere Führungskräfte**, die eine Neigung zum anspornenden Führungsstil aufweisen und es verstehen, ihre Mitarbeiter mitzureißen. Muntere Vorgesetzte haben eine nach außen orientierte Wesensart. Von ihren Mitarbeitern erwarten sie, dass sie offen mit ihnen zusammenarbeiten.

- **Kritische Führungskräfte**, die mit einem gewissen Misstrauen betriebliche Verbesserungsmöglichkeiten prüfen. Anderen Personen halten sie gern einen Spiegel vor und wirken deshalb machmal bremsend. Sie erwarten von ihren Mitarbeitern trotzdem, dass sie den Wandel voranbringen.

- **Ehrgeizige Führungskräfte**, die die Anforderungen des betrieblichen Leistungssystems mehr betonen als die des menschlichen Bereichs. Stress wird durch Ansporn, Dominanz und Machteinsatz bekämpft. Von ihren Mitarbeitern erwarten sie ein sehr hohes Maß an Leistung.

- **Humane Führungskräfte**, die Verständnis für ihre Mitarbeiter haben und zum kooperativen Führungsstil neigen. Dabei verstehen sie es zu ermutigen. Auseinandersetzungen werden von ihnen gern gemieden. Von ihren Mitarbeitern erwarten sie, dass sie auf menschlicher Basis zusammenarbeiten.

- **Hektische Führungskräfte**, die ständig unter Termindruck und Anspannung stehen. Sie haben kaum Zeit für die Probleme ihrer Mitarbeiter, setzen sich aber voll für das Unternehmen ein. Von den unterstellten Mitarbeitern wird erwartet, dass sie sich engagieren.

- **Nachlässige Führungskräfte**, die die Mitarbeiter sich selbst überlassen und sich nicht um gegebene Führungsaufgaben kümmern. Sie neigen zum Laissez-faire-Führungsstil. Bei leistungsschwachen Mitarbeitern entstehen Autoritätsprobleme.

In der betrieblichen Praxis wird zunehmend auch die Stellung der **Frau als Führungskraft** diskutiert. Frauen sind als leitende Kräfte in den Unternehmen stark unterrepräsentiert. Es gibt nur wenige Branchen, in denen Frauen in größerem Umfang Führungsverantwortung haben, z. B. in der Modebranche oder im Handel (*Olfert/Pischulti*).

Die frauenbezogene Literatur zum Management stellt **weibliche Tugenden** in den Vordergrund. Als solche werden beispielsweise Teamgeist, Kontaktfreude, soziale Kompetenz, Intuition und die Fähigkeit zu ganzheitlichem Denken und Handeln genannt. Insbesondere wird das zukunftweisende Innovations-, Produktivitäts- und Kreativitätspotenzial betont (*Hopfenbeck*).

Einige große Unternehmen bzw. der öffentliche Dienst haben **Förderungskonzepte** für Frauen entwickelt, die z. B. ausschließlich auf weibliches Personal ausgerichtete Maßnahmen der Qualifizierung sowie deren Wiedereinstellung nach längerer Pause betreffen, z. B. durch Familieneinflüsse.

33 ⟩⟩ Seite 445

1.3 FÜHRUNGSINSTRUMENTE

Ein Führungsinstrument ist Ausdruck des Führungs-Mix, das unter Beachtung der Führungsziele auf einen vom Vorgesetzten und Mitarbeiter gemeinsam zu erzielenden Erfolg hin ausgerichtet ist (*Olfert/Rahn*).

Die Instrumente der Führung gibt es als **Führungs-Mix**:

* **Führungsstile**

* **Führungsmittel**

* **Führungstechniken**.

1.3.1 FÜHRUNGSSTILE

Führungsstile sind als Führungsinstrumente Ausdruck der Grundhaltung, mit der Vorgesetzte ihnen unterstellte Mitarbeiter beeinflussen. Ein bestimmter Führungsstil beschreibt ein idealtypisches Verhaltensmuster einer Führungskraft.

In der Praxis gibt es eine Vielzahl von Modifikationen und Mischungen der Führungsstile. Es können folgende **Führungsstile** unterschieden werden (*Lewin, Schierenbeck, Staehle, Wunderer*):

* Der **autoritäre Führungsstil**, bei dem die betrieblichen Aktivitäten vom Vorgesetzten gestaltet werden, ohne dass die Untergebenen am Entscheidungsprozess beteiligt werden. Der Vorgesetzte trifft seine Entscheidungen allein und erwartet vom Mitarbeiter totalen Gehorsam. Bei Fehlern wird bestraft statt zu helfen.

* Der **Laissez-faire-Führungsstil**, bei dem versucht wird, die Motivation der Mitarbeiter durch Freiheitsgrade zu bewirken. Die Informationen fließen zwischen Vorgesetzten und Mitarbeitern mehr oder weniger zufällig. Der Vorgesetzte überlässt die Mitarbeiter weitgehend sich selbst. Bei Fehlern wird weder bestraft noch geholfen.

* Der **kooperative Führungsstil**, bei dem die betrieblichen Aktivitäten im Zusammenwirken des Vorgesetzten und der Mitarbeiter abgestimmt werden. Der Vorgesetzte bezieht seine Mitarbeiter in den Entscheidungsprozess ein. Bei Fehlern wird i.d.R. nicht bestraft, sondern geholfen.

* Der **situative Führungsstil**, bei dem sich die Aktivitäten der Führungskraft an der jeweils gegebenen Situation orientieren. Es wird hier versucht, den jeweiligen Führungsbedingungen gerecht zu werden, die z. B. einen mehr autoritären oder mehr kooperativen Stil verlangen.

  Je nach den Bedingungen werden Strenge, Güte, Liberalität, Humor (*Jaehrling*) und Sachlichkeit als Führungsinstrumente eingesetzt.

1.3.2 FÜHRUNGSMITTEL

Führungsmittel sind Führungsinstrumente, die im Rahmen der Unternehmensführung von Vorgesetzten unmittelbar genutzt werden, um Mitarbeiter in bestimmten Situationen zum Erfolg zu führen. Ohne Anspruch auf Vollständigkeit sind in der betrieblichen Praxis zu unterscheiden (*Olfert/Rahn, Olfert*):

- Die **Weisungsmittel**, die ein Vorgesetzter gegenüber seinen Mitarbeitern konkret einsetzt. Eine Weisung ist die Zuteilung einer Arbeitsaufgabe oder die Forderung eines bestimmten Verhaltens vom Mitarbeiter. Sie wird im Rahmen des Direktionsrechts vom Vorgesetzten erteilt, z. B. indem er Mitarbeiter an ihre Dienstleistungspflicht erinnert durch:

  ▸ Befehle, z. B. bei Gefahr im Verzug, bei Brandgefahr
  ▸ Aufträge, z. B. Art des Vorgehens dem Mitarbeiter überlassen
  ▸ Anweisung, z. B. außer dem Inhalt wird auch die Vorgehensweise festgelegt
  ▸ Kommando, z. B. gemeinsames Anheben eines Gegenstandes.

Wenn Mitarbeiter ihre vertraglichen Pflichten aus dem Auge verlieren, hat der Vorgesetzte für entsprechende Hinweise zu sorgen. Außerdem ist auf Einhaltung der Rechte des Mitarbeiters zu achten.

- Die **Anreizmittel**, die Mitarbeiter dazu motivieren sollen, ihr Leistungsverhalten zu verbessern. Sie werden auch **Motivationsfaktoren** bzw. **Motivatoren** genannt. Die Anreize bewegen die innere Motivation und steuern das Verhalten auf Bedürfnisbefriedigung (*Rheinberg, v. Rosenstiel*). Folgende Anreizmittel haben Aufforderungscharakter, wenn sie auf »offene« Motive treffen (*Rahn*):

  ▸ Ermunterungsanreize, z. B. Mitarbeiter loben, Anerkennung geben
  ▸ Arbeitsanreize, z. B. interessante Aufgaben zukommen lassen
  ▸ Verwirklichungsanreize, z. B. Verantwortung übertragen
  ▸ Aufstiegsanreize, z. B. angemessene Beförderung ermöglichen
  ▸ Entwicklungsanreize, z. B. Weiterbildungsmaßnahmen anbieten
  ▸ Entgeltanreize, z. B. künftig mehr Lohn in Aussicht stellen
  ▸ Statusanreize, z. B. bestehende Zimmerausstattung verbessern.

Gleiche Anreize wirken auf Mitarbeiter mit abweichenden Motiven verschieden. So wird z. B. das Angebot, für zwei Jahre in den USA arbeiten zu können, von einem eher bodenständigen Mitarbeiter kaum als Anreiz empfunden, aber für bewegliche Mitarbeiter ist ein solches Angebot in der Regel reizvoll.

- Die **Informationsmittel**, die von Vorgesetzten im Rahmen der Führung relativ häufig eingesetzt werden. Zu nennen sind vor allem folgende sachliche Informationsmittel zur Mitteilung von Wissen:

  ▸ Rundschreiben, z. B. über neue Regelungen informieren
  ▸ Aushänge, z. B. über wichtige Vorgänge benachrichtigen
  ▸ Merkblätter, z. B. an bestimmte Vorschriften erinnern
  ▸ Mitteilungen, z. B. Mitarbeiter über Abläufe aufklären
  ▸ Informationen, z. B. Plakate, Berichte, Handzettel, Briefe.

Die von Führungskräften bewusst gegebene Information ist eine Führungsaufgabe als ein gerichteter, Wirkungen erstrebender Akt, der Informationsfähigkeit und Informationsbereitschaft voraussetzt.

- Die **Kommunikationsmittel**, bei denen soziale und technische Führungsinstrumente gegeben sind. Als **soziale** Kommunikationsmittel sind folgende Mittel zum Austausch von Informationen zu unterscheiden:

> ▸ Konferenz, z. B. Informationskonferenz im Unternehmen
> ▸ Besprechung, z. B. Mitarbeiterbesprechung am Montagmorgen
> ▸ Verhandlung, z. B. über Verträge zwischen Verkäufer und Kunden
> ▸ Gespräch, z. B. Einzelgespräch bzw. Gruppengespräch.

Zu den **technischen** Kommunikationsmitteln zählen:

> ▸ Telefon, d. h. mündlicher Kontakt zwischen Chef und Mitarbeiter
> ▸ Telex, d. h. Einsatz des Fernschreibers im Unternehmen
> ▸ Telefax, d. h. Mitarbeiter sollen den Fernkopierer nutzen.

Die **Kommunikation** ist ein auf Wechselseitigkeit beruhendes Führungsinstrument, das auf gegenseitiger Information basiert.

- Die **Kooperationsmittel**, die der Zusammenarbeit von zwei oder mehr Personen dienen, die gemeinschaftlich eine Aufgabe erfüllen. Einer möglichst reibungslosen Zusammenarbeit dienen:

> ▸ Partnerschaft, z. B. Respektieren des Mitarbeiters
> ▸ Vertrauen, z. B. Vorgesetzter glaubt seinem Mitarbeiter
> ▸ Anerkennung, z. B. Mitarbeiter für gute Leistung loben
> ▸ Offenheit, z. B. Ehrlichkeit nicht bestrafen
> ▸ Hilfe, z. B. Mitarbeitern Unterstützung geben
> ▸ Rücksicht, z. B. bei behinderten Mitarbeitern.

Um die **Kooperation** erfolgreich einsetzen zu können, bedarf es eines partnerschaftlichen, vom Vertrauen geprägten Verhältnisses zwischen den Betroffenen.

- Die **Delegationsmittel**, die Rechte auf Mitarbeiter des Unternehmens übertragen, damit die Motivation der Mitarbeiter erhöht wird:

> ▸ Aufgaben übertragen, z. B. Mitarbeiter entscheiden lassen
> ▸ Kompetenzen übertragen, z. B. Handlungsvollmacht geben
> ▸ Verantwortung übertragen, z. B. für Folgen einstehen lassen.

Die **Delegation** ist eine wesentliche Führungsaufgabe, denn ohne sie sind Überlastungserscheinungen bei Führungskräften die Regel.

- Die **Partizipationsmittel**, die das Teilhaben des Mitarbeiters an Entscheidungen der Führungskraft anstreben (*Wagner*). Der Vorgesetzte hat die Möglichkeit, die Partizipation des Mitarbeiters auszulösen, indem er sie als Führungsinstrument einsetzt:

> ▸ Beteiligen an Entscheidungen, z. B. Akzeptanz des Mitarbeiters
> ▸ Vorschläge aufnehmen, z. B. im betrieblichen Vorschlagswesen
> ▸ Mitbestimmung bzw. Mitwirkung auslösen, z. B. im Rahmen des Gesetzes
> ▸ Ideen honorieren, z. B. bei Qualitätszirkeln, autonomen Gruppen.

Vor allem **Innovation** und **Kreativität** werden zu einer Führungsaufgabe, die in der Zukunft als **Innovationsmanagement** (*Vahs/Burmester*) bzw. als **Innovationscontrolling** (*Littkemann*) enorm an Bedeutung gewinnen wird (*Bergmann, Schlicksupp*).

- Die **Kritikmittel**, die als positive Mittel in Form von Ermunterungsanreizen vorkommen (Anerkennung, Lob), aber auch als negative Kritik denkbar sind:

  ▸ Tadel, z. B. Kritik von Fehlleistungen des Betroffenen
  ▸ Sanktionen, z. B. sofortige Versetzung des Mitarbeiters
  ▸ Strafen, z. B. Kehren des Hofes durch einen Arbeiter.

Art und Ausmaß von **Anerkennung** und **Kritik** als Führungsinstrument werden von sozio-ökonomischen Bedingungen und sozio-kulturellen Normen mitbestimmt.

- Die **Beurteilungsmittel**, welche die Stärken und Schwächen des Mitarbeiters verdeutlichen und Bestätigungen bzw. Verhaltensverbesserungen bewirken sollen:

  ▸ Beurteilungsbogen, d. h. in schriftlicher Form urteilen
  ▸ Beurteilungsgespräch, d. h. Bewerten in mündlicher Form.

Die **Beurteilung** der Mitarbeiter durch ihren Vorgesetzten ist von großer Bedeutung für die späteren Ergebnisse und Bewertungen in den Zeugnissen. Zwischen der **Personalbeurteilung** und den Vorgesetzten der Fachabteilungen sind deshalb enge Kontakte notwendig.

- Die **Steuerungsmittel**, die den Führungsprozess betreffen, der aus Zielsetzung, Planung, Durchführung und Kontrolle besteht. Mit der Festlegung beispielsweise von Zielen und Plänen verpflichten Vorgesetzte ihre Mitarbeiter zur Aufgabenerfüllung. Es sind folgende Führungsmittel zu unterscheiden:

  ▸ Ziele vereinbaren und vorgeben, z. B. Leistungsziele, Verhaltensziele
  ▸ Pläne vorgeben, z. B. Arbeitspläne, Lagepläne, Einrichtepläne
  ▸ Budgets als Steuerungsmittel (*Steinmann/Schreyögg*)
  ▸ Arbeitszeit und Arbeitsaufgaben festlegen, z. B. gleitende Arbeitszeit
  ▸ Innovationen bei Mitarbeitern auslösen, z. B. Verbesserungsvorschläge
  ▸ Flexibilität aller Gruppenmitglieder erwirken, z. B. persönliche Mobilität
  ▸ Einsatz der elektronischen Datenverarbeitung betonen, z. B. Internet und Intranet
  ▸ Die Kontrolle als Führungsinstrument einsetzen, z. B. Ergebnisse vor Augen führen.

Die steuernden Führungsinstrumente sind so aufeinander abzustimmen, dass der Führungsprozess ohne Probleme möglich ist.

In einer Leistungsgesellschaft wird Chancengleichheit durch das **Leistungsprinzip** verwirklicht. Die Führungskräfte sollten sich jedoch bewusst sein, dass selbst die fundierteste Leistungsbeurteilung keine Aussage über den Wert eines Menschen liefern kann.

35 ▷ Seite 446   36 ▷ Seite 446   37 ▷ Seite 446   38 ▷ Seite 447

1.3.3 Führungstechniken

Die **Führungstechniken** sind als Führungsinstrumente grundsätzliche Verfahrens- und Verhaltensweisen von Führungskräften, die eine Konkretisierung der Führungsmittel darstellen.

Während die Führungsmittel offenbaren, welche Instrumente eingesetzt werden, zeigen die Führungstechniken, wie der Mitteleinsatz erfolgt. Als mittelbezogene Führungstechniken sind zu unterscheiden (siehe ausführlich *Olfert*):

- Die **Anweisungstechnik**, welche die Art und Weise der Anweisungen des Vorgesetzten verdeutlicht. Sie sollen persönlich, mit Anrede, höflich, ruhig und sachlich erfolgen. Hier werden die Inhalte der Arbeit und die Verfahrensweisen festgelegt.

- Die **Anreiztechnik**, die den Führungskräften im Unternehmen eröffnet, wie die Anreizmittel konkret einzusetzen sind, z.B. regelmäßig oder unregelmäßig, häufig oder selten, beitragsorientiert oder zwangsläufig.

- Die **Informationstechnik**, die dem Vorgesetzten zeigt, wie Informationen wirkungsvoll vom Sender an den Empfänger gebracht werden, z.B. durch ansprechende Visualisierung, Präsentation und Motivation.

- Die **Kommunikationstechnik**, die beschreibt, wie die gegenseitige Information zwischen Vorgesetzten und Mitarbeitern wirkungsvoll zu gestalten ist, z.B. Gesprächstechniken, Verhandlungstechniken, Konferenztechniken.

- Die **Kooperationstechnik**, die verdeutlicht, wie die Beteiligten möglichst reibungslos zusammenarbeiten können, z.B. durch wechselseitiges Helfen und Unterstützen. Dies bedarf eines von Vertrauen geprägten Verhältnisses der Beteiligten.

- Die **Delegationstechnik**, die aufzeigt, wie der Vorgesetzte Aufgaben, Kompetenzen und Verantwortung an seine Mitarbeiter übertragen soll, z.B. gleich dimensioniert, damit dem Prinzip der Kongruenz dieser drei Elemente entsprochen wird.

- Die **Partizipationstechnik**, die zeigt, wie der Vorgesetzte seine Mitarbeiter an den Entscheidungen teilhaben lässt, z.B. durch freiwilliges Beteiligen der Mitarbeiter oder durch Einhaltung gesetzlicher Regelungen (§§ 81, 82 BetrVG).

- Die **Kritiktechnik**, die beschreibt, wie ein Vorgesetzter seinem Mitarbeiter Tadel und Sanktionen zu vermitteln hat, z.B. angemessen, ruhig und sachlich, auf die Arbeitsergebnisse ausgerichtet.

- Die **Beurteilungstechnik**, die zeigt, wie die Führungskraft bei der Beurteilung der Mitarbeiter vorgeht, z.B. regelmäßig oder unregelmäßig, Anwendung der Skalentechnik oder der Vorgabevergleichstechnik.

- Die **Steuerungstechnik**, die offen legt, wie der Vorgesetzte die Ziele, Pläne und Kontrollen gegenüber Mitarbeitern als Führungsmittel einsetzen soll, z.B. sachbezogen, verbindlich, genau, eindeutig, zur Leistung motivierend.

Demgegenüber sieht *Jung* die Führungstechniken als **Managementtechniken**, die größtenteils aus der praxisorientierten amerikanischen Managementlehre stammen und unter der Bezeichnung **Management-by-Techniken** bekannt geworden sind.

Als **managementbezogene** Führungstechniken sind z.B. hervorzuheben (*Jung, Hopfenbeck, Holzbaur, Korndörfer, Staehle*):

- **Management by Exception**, bei dem Mitarbeiter innerhalb eines vorgegebenen Rahmens selbstständig entscheiden. Alle in den Normbereich fallenden Entscheidungen werden von den dafür zuständigen Stellen getroffen. Der Vorgesetzte entscheidet nur im Ausnahmefall. Diese Technik ist auf die Führungsfunktion des Entscheidens ausgerichtet.

- **Management by Delegation**, bei dem Kompetenzen und Handlungsverantwortung auf Mitarbeiter übertragen werden, so weit sie nicht typische Führungsfunktionen der Unternehmensleitung oder Aufgaben mit weitreichenden Konsequenzen sind. Hier steht die Führungsfunktion des Realisierens im Vordergrund.

- **Management by Objectives**, bei dem die Mitarbeiter auf der Grundlage von Zielen tätig werden, die vielfach zwischen dem Vorgesetzten und seinen Mitarbeitern zu vereinbaren sind, mitunter aber auch von Vorgesetzten vorgegeben werden. Hier wird die Führungsfunktion der Zielsetzung hervorgehoben.

- **Management by Systems**, bei dem die Führung durch Systemsteuerung erfolgt. Die Unternehmensprozesse werden im Sinne von Regelkreisen gesteuert. Darin wirkt eine Führungskraft als Regler auf die Regelstrecke ein, die das zu beeinflussende Problem darstellt. Diese Technik betont insbesondere die Führungsfunktion des Realisierens.

Alle wesentlichen **Führungsinstrumente** der kooperativen Führungskraft lassen sich in folgendem Schema übersichtlich zusammenfassen:

Führungsmittel	Beispiele	Führungstechniken
Weisungsmittel	Befehle, Aufträge, Anweisungen, Kommandos	Anweisungstechnik
Anreizmittel	Arbeitsanreize, Ermunterungsanreize, Verwirklichungsanreize, Aufstiegsanreize, Entgeltanreize, Statusanreize, Entwicklungsanreize	Anreiztechnik
Informationsmittel	Rundschreiben, Aushang, Merkblätter, Mitteilungen	Informationstechnik
Kommunikationsmittel	Konferenz, Besprechung, Verhandlung, Gespräch	Kommunikationstechnik
Kooperationsmittel	Offenheit, Zusammenarbeit	Kooperationstechnik
Delegationsmittel	Aufgaben, Kompetenzen, Verantwortung	Management-by-Delegation
Partizipationsmittel	Vorschlagswesen, Qualitätszirkel	Kreativitätstechnik
Kritikmittel	Tadel, Sanktionen	Kritiktechnik
Beurteilungsmittel	Beurteilungsbogen	Beurteilungstechnik
Steuerungsmittel	Ziele, Pläne, Kontrollen	Steuerungstechnik

Die Führung ist nicht selten mit **Manipulation** verbunden, die den Versuch der Führungskraft darstellt, zum eigenen Vorteil das Erleben und Verhalten anderer Personen zu beeinflussen, ohne dass diesen die Art und Weise dieses Einflusses bewusst und durchschaubar wird (*Richter, v. Rosenstiel*).

Dabei versucht der Manipulierende systematisch und zielgerichtet das Bewusstsein, die Denkgewohnheiten, und Gefühlslagen des Manipulierten zu steuern. Die Manipulation mag kurzfristig erfolgreich sein, langfristig gefährdet sie jedoch das Vertrauensverhältnis zwischen dem Vorgesetzten und dem Mitarbeiter.

Abschließend ist festzustellen, dass es Patentrezepte zur **Führung** und **Motivation** nicht gibt, denn die Führungsrealität ist sehr vielschichtig und höchst komplex.

1.4 Mitarbeiter

Mitarbeiter sind die Arbeitnehmer eines Unternehmens. Während vom Arbeitnehmer in Zusammenhang mit arbeitsrechtlichen Betrachtungen gesprochen wird, findet der Begriff des Mitarbeiters eher im Rahmen der Personalführung Verwendung.

Der Mitarbeiter kann unter folgenden Aspekten betrachtet werden:

- **Mitarbeitermerkmale**
- **Mitarbeitertypen**.

1.4.1 Mitarbeitermerkmale

Der Mitarbeiter wird von einer Führungskraft geführt. Es sind z. B. folgende Faktoren zu nennen, welche die **Persönlichkeit des Mitarbeiters** näher kennzeichnen:

- Das **Motiv**, mit dem der Grund offenbar wird, warum man etwas tut. In einem Bedürfnis drückt sich ein Verlangen aus. Individualziele, Motive und Bedürfnisse haben für die Mitarbeiter hohe Bedeutung, z. B. persönliche Ziele, Geld- bzw. Lernmotive. Daraus lassen sich **Verhaltens-** und **Leistungsziele** ableiten.

- Die **Leistungsfähigkeit**, also die Begabung bzw. Befähigung des Mitarbeiters. Sie wird z. B. durch Ausbildung, Kenntnisse, Fertigkeiten und Erfahrung beeinflusst und hängt auch von persönlichkeitsbezogenen Elementen ab, z. B. vom Talent. Die Steigerung der Leistungsfähigkeit ist für den Mitarbeiter ein **Leistungsziel**.

- Die **Leistungsbereitschaft** umfasst das Engagement des Mitarbeiters. Es hängt von inneren Faktoren (z. B. Leistungswille) und von äußeren Faktoren ab, z. B. Arbeits- bzw. Privatsphäre, Unternehmens- bzw. Umfeldsituation. Die Erhöhung der Bereitschaft des Mitarbeiters ist ein **Leistungsziel**.

- Das **Leistungsvermögen**, das sich in der Gesundheit, Disposition und Kondition des Mitarbeiters zeigt. Diese Faktoren beeinflussen den Erfolg des Mitarbeiters. Die Steigerung des Leistungsvermögens ist ebenfalls ein **Leistungsziel**.

- Die **Zufriedenheit** des Mitarbeiters, also der Grad des Zufriedenseins mit den gegebenen Bedingungen. Die Zufriedenheit äußert sich z. B. in der positiven Einstellung des Mitarbeiters. Daraus lassen sich **Zufriedenheitsziele** ableiten.

Die Persönlichkeit des Geführten ist für dessen **Verhalten** von hoher Bedeutung, z. B. vorbildliches oder falsches Verhalten des Mitarbeiters.

1.4.2 MITARBEITERTYPEN

Die Wesensart eines Mitarbeiters lässt sich durch eine **Persönlichkeitsanalyse** näher bestimmen, z. B. kann dieser eher introvertiert oder eher extravertiert, eher gefühls-, verstandes- oder eher tatorientiert sein.

In der Literatur gibt es eine Fülle von Vorschlägen zur Einteilung von **Mitarbeitertypen**, die im Unternehmen vorkommen können:

- Nach der Art der **Persönlichkeit** ist mit *Hersey/Blanchard* zwischen Mitarbeitern mit geringem und hohem Reifegrad zu unterscheiden:

Mitarbeitertyp	Beispiele	Geführtenverhalten
Typ mit geringer Reife	Geringe Fähigkeiten Wenig Antriebe	Leistungsschwach Unselbstständig
Typ mit hoher Reife	Hohe Fähigkeiten Viel Bereitschaft	Leistungsstark Engagiert

- Nach dem Merkmal der **Richtung** können mit *C. G. Jung* folgende psychologische Typen von Mitarbeitern unterschieden werden:

Mitarbeitertyp	Beispiele	Geführtenverhalten
Extrovertierter Typ	Nach außen gekehrt Tatmensch	Knüpft Beziehungen Aktives Handeln
Introvertierter Typ	Nach innen gekehrt Zurückgezogenheit	Werthafte Vertiefung Passives Handeln

- Nach dem Merkmal der **Mitarbeiterstruktur** lassen sich mit *Neuberger* und *Richter* folgende Mitarbeitertypen unterscheiden:

Mitarbeitertyp	Beispiele	Geführtenverhalten
Jugendlicher	Auszubildende	Lernbereitschaft
Älterer	Erfahrener	Besonnenheit
Ausländischer	Italiener	Deutsch lernen
Behinderter	Körperbehinderter	Engagement

- Nach dem Merkmal der **Gruppenmitgliedschaft** können in einem Unternehmen weitere Mitarbeitertypen unterschieden werden (vgl. ausführlich Kapitel C 4.4).

Die Persönlichkeit und das Verhalten des Geführten bilden bedeutsame Anhaltspunkte für den Einsatz der Führungsinstrumente. Wenn z. B. ein zu lebhafter Auszubildender frech zu seinem Ausbilder ist, so hat dieser bremsend zu handeln.

Allerdings sollten **Führungsmaßnahmen** nicht nur vom Mitarbeiterverhalten ausgehen, sondern die Führungskraft sollte nach den Gründen des Verhaltens suchen.

Das **Führungsverhalten** eines Vorgesetzten umfasst seine Aktivitäten bzw. Reaktionen im Hinblick auf den Geführten. Es ist quasi der Führungskräfte-»Output«, der sich in Form eines speziellen geführten »Inputs«, z. B. im Einsatz von Führungsinstrumenten äußert. Die Art und Weise dieses Einsatzes prägt das Führungsverhalten von Vorgesetzten.

1.5 Führungssituation

Die Führungssituation ist jene Problemlage, in der sich Vorgesetzter und Mitarbeiter befinden. Der Führende bezieht beim Einsatz seiner Führungsinstrumente vor allem die Situation des Mitarbeiters ein, die aus folgenden Elementen besteht:

- Die **Unternehmenssituation**, z. B. die Unternehmenstradition und das Betriebsklima. Der Zusammenhang zwischen Betriebsatmosphäre und Leistungsbereitschaft der arbeitenden Menschen ist offensichtlich. Vor allem die betriebliche Absatz- bzw. Kostensituation kann sich stark auf die Führungsgegebenheiten auswirken.

  Wenn z. B. im Marketingbereich ein Konkurrenzunternehmen die Preise erheblich senkt und die Kundschaft dort kauft, dann werden alle Führungsbemühungen des Marketingleiters nicht erfolgreich sein können.

- Die **Arbeitssituation**, z. B. die Schwierigkeit der Aufgabe und die Arbeitsplatzsituation (Beleuchtung, Lärm, Klima). Die Ausgestaltung der Arbeitsmittel und Arbeitsmaterialien hat unmittelbaren Einfluss auf die Arbeit.

  Die Arbeitswissenschaft als praktische Wissenschaft vom optimalen Einsatz des Faktors Arbeit im Betrieb hat sich eingehend mit dieser Problematik befasst, z. B. Arbeitsmedizin, Arbeitsphysiologie, Arbeitstechnologie. Mit der jeweiligen Gruppensituation haben sich vor allem die Arbeitspsychologie und die Arbeitssoziologie beschäftigt.

- Die **Privatsituation**, z. B. Familie, Freunde, Bekannte und Freizeitverhalten, die das Arbeitsverhalten erheblich beeinträchtigen können. Es steht aber fest, dass Störungen des persönlichen Gleichgewichts infolge hoher Belastungen im Privatbereich, z. B. schwere Erkrankung eines nahen Angehörigen oder bevorstehende Scheidung, die Arbeitsleistung des Mitarbeiters negativ beeinflussen können.

  Die Privatsphäre als Gegenpol zur Berufssphäre ist der Betrachtung durch den Vorgesetzten weniger zugänglich als die Arbeitssituation.

- Die **Umfeldsituation**, z. B. die natürliche, sachliche und geistige Umfeldsituation. Die natürliche Umwelt beeinflusst das Leistungsverhalten des Menschen durch extreme Temperaturen, Klima usw. In sachlicher Beziehung kann die momentane Konjunkturlage die Führungssituation erheblich beeinflussen.

  Zur geistigen Umfeldsituation zählen die Kultur und Zivilisation, z. B. Einflüsse des Staates, der Wissenschaft, der Wirtschaft, der Technik und der Religion. Auch die Ausprägung des jeweiligen Wirtschaftssystems kann für die Unternehmensführung bedeutsam sein.

1.6 ERFOLG

Wenn ein Unternehmen erfolgreich sein soll, dann muss es von seinen Führungkräften im Top-, Middle- und Lower-Management entsprechend geführt werden. Dabei ist der Erfolg durch gemeinsame Aktivitäten des Vorgesetzten und der Mitarbeiter zu erzielen. Es sind zu unterscheiden:

* Der **Führungserfolg** als das positive Ergebnis der Bemühungen der Vorgesetzten um Zielerreichung

* Der **Mitarbeitererfolg** als positiver Beitrag der Geführten, um die vereinbarten Ziele zu erfüllen.

Eine Betrachtung des Erfolgs hat also auch die Seite der Geführten einzubeziehen (*Neuberger*). Der zu führende Mitarbeiter strebt mehr oder weniger nach einem persönlichen Erfolg. Dieser ist das Resultat der Aktivitäten des Mitarbeiters hinsichtlich der Erfüllung seiner **Individualziele**, z. B. Bedürfnisse befriedigen, mehr Geld verdienen, Zufriedenheit erreichen. Im Hinblick auf den gemeinsam zwischen Vorgesetztem und Geführten zu erzielenden Erfolg sind folgende Formen von Bedeutung (*Rahn*):

* **Leistungserfolg**, der das sachliche Ergebnis ist, das durch die Führungsbemühungen der Vorgesetzten bz. die Intentionen der Mitarbeiter erreicht wird, z. B. Erfüllen der **Leistungsziele**. Der Leistungserfolg ist bei messbarer Zielformulierung relativ einfach messbar, indem die Erreichung der Soll-Werte geprüft wird.

* **Verhaltenserfolg**, auf den der Führende hinsteuert und der sich auch im Zusammenhalt der Mitarbeiter zeigt, z. B. ein Mitarbeiter hilft dem anderen und verteidigt ihn nach außen. Durch dieses **Verhalten** kann das Fortbestehen der Gruppen bzw. des Bereiches gesichert werden. An den Kennziffern **Fluktuation** bzw. **Fehlzeiten** lässt sich beispielsweise ablesen, ob die **Verhaltensziele** erfüllt werden.

* **Zufriedenheitserfolg**, der sich in dem Grad der Arbeitszufriedenheit der Mitarbeiter zeigt. Die individuelle Zufriedenheit ist vom Vorgesetzten mit Kennzahlen schwierig zu erfassen. Die Erfüllung der **Zufriedenheitsziele** lässt sich durch Beobachtung bzw. Befragung ermitteln.

Die Zielsetzungen der Führungskräfte in einer Organisation sind mit Blick auf die zu erzielende Leistung (bzw. auf das Verhalten) keineswegs immer kompatibel mit individuellen Zielsetzungen, woraus sich wiederum negative Effekte auf die Arbeitszufriedenheit ableiten lassen (*Weibler*). Ob die Führung gut oder schlecht beurteilt wird, hängt auch davon ab, ob die drei obigen Erfolgsfaktoren erfüllt werden oder nicht.

Der **Erfolg** der am Führungsprozess Beteiligten ist vor allem von folgenden Einflussfaktoren abhängig:

* **Persönlichkeit des Vorgesetzten**, die von seiner persönlichen und fachlichen Autorität getragen wird und z.B. folgende Merkmale umfasst:

▶ Intelligenz	▶ Ausdrucksfähigkeit	▶ Überzeugungskraft
▶ Ausstrahlungskraft	▶ Niveau	▶ Vitalität
▶ Begabung	▶ Reife	▶ Temperament
▶ Belastbarkeit	▶ Selbstwertgefühl	▶ Triebfedern, Fleiß

Die Verfechter des Eigenschaftsansatzes beschäftigen sich damit, wie stark der Führungserfolg von den Eigenschaften des Vorgesetzten abhängt. Sie gehen davon aus, dass bestimmte Eigenschaften einen angestrebten Führungserfolg unmittelbar bewirken (siehe dazu *Olfert*).

* **Art der Führungsinstrumente**, die vom Vorgesetzten eingesetzt werden, d.h. ob die Führungsstile, Führungsmittel und Führungsinstrumente so einwirken, dass sie zum Erfolg führen.

* **Persönlichkeit der Mitarbeiter**, deren Leistungsbereitschaft, Leistungsfähigkeit und Leistungsvermögen den Erfolg erheblich beeinflussen. Auch Motive, Ziele, Erwartungshaltungen und die Zufriedenheit der Mitarbeiter sind hier einzubeziehen.

* **Bestimmungsfaktoren der Situation**, in der sich Vorgesetzter und Mitarbeiter befinden. Nur wenn die Führungskraft situationsgerecht führt, kann ein hinreichender Führungserfolg eintreten. Bestandteile der Situation sind:

▶ Arbeitssituation	▶ Unternehmenssituation
▶ Privatsituation	▶ Umfeldsituation

Der **Führungserfolg** bewirkt, dass der geführte Mitarbeiter einen **persönlichen Erfolg** empfindet, der motivierende Wirkung für seine weitere Tätigkeit hat. Ein Individualerfolg des Geführten, kann das künftige Arbeitsverhalten des Betroffenen erheblich bestärken.,z. B. der Abschluss eines Großauftrages für das Unternehmen mit Lob durch die Unternehmensleitung.

Der wissenschaftliche Nachweis von Zusammenhängen zwischen der Wirkung der verschiedenen Einflussfaktoren auf den Erfolg ist noch nicht erbracht. Auch der Führungsanteil am **Unternehmenserfolg** ist schwierig zu bestimmen, weil auch Nicht-Führungsfaktoren den Erfolg beeinflussen, z. B. die betriebliche Gesamtsituation.

2. GESAMTFÜHRUNG

Die personenbezogene Gesamtführung zeigt die Beeinflussung des Unternehmenspersonals durch die **Unternehmensleitung** (Top-Management) bzw. durch einen **Unternehmer** (*Lang-von Wins*). Das **Top-Management** setzt seine Führungsinstrumente unter Beachtung der Unternehmensziele und der Führungssituation so ein, dass ein gemeinsam zu erzielender Unternehmenserfolg erreicht werden kann.

Damit ist die Gesamtführung ein besonders hervorzuhebender Teil der personenorientierten Unternehmensführung, die auf der **oberen** Führungsebene ausgeübt wird. Bei der Wahrnehmung der Gesamtführung ist es notwendig, dass sich der Unternehmensleiter auf die diskrete und kompetente Unterstützung seiner **Experten** verlassen kann, z.B. sein(e) Direktionsassistent(in) bzw. seine internen und externen Berater.

Die **personenbezogene** Gesamtführung, die von der **sachbezogenen** Gesamtführung zu unterscheiden ist (vgl. Kap. E), lässt sich mit der Regelkreisdarstellung mit folgendem Strukturbild beschreiben (vgl. dazu auch *Hopfenbeck, Korndörfer, Ulrich*):

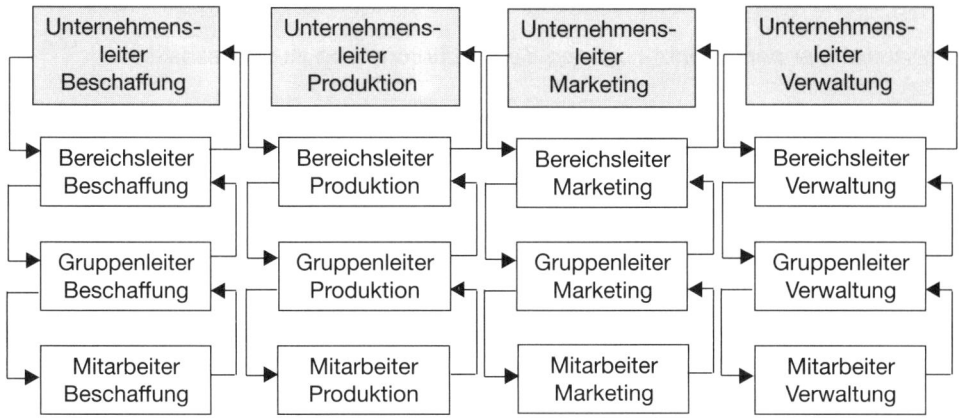

Diese Sichtweise geht davon aus, dass das gesamte Unternehmen aus miteinander **vernetzten Regelkreisen** besteht, die in ihrer Gesamtheit sowohl horizontal als auch vertikal strukturiert sind. Von besonderer Bedeutung sind dabei die Entscheidungen der **Unternehmensleitung**. Da die Gesamtführung eines Unternehmens sehr anspruchsvoll ist, werden an diesen Personenkreis besonders hohe Anforderungen gestellt.

Die Qualifikationspotenziale bilden die Voraussetzungen erfolgreicher Unternehmensführung. Sie sind in den meisten Fällen als **Begabung** im Menschen angelegt, können zu einem Teil aber auch durch **Schulung** erworben werden. Besondere **Qualifikationsfaktoren** für Leiter von Unternehmen sind:

- Die **Persönlichkeit**, welche durch die Verwirklichung der personalen Identität, Intelligenz und Charakterstärke, eigenständiges Verhalten, Courage, Verhandlungsgeschick bzw. Selbstvertrauen gekennzeichnet ist und ihren Ausdruck in richtungsweisenden Visionen und Normen findet.

- Die **Autorität**, die durch Wissen und Können erworbenes Ansehen darstellt. Sie ist in der fachlichen Qualifikation, aber auch in persönlichen Eigenschaften begründet, z.B. Souveränität, Charisma, Reife, Wortwahl, Verantwortungsbereitschaft, Vitalität und Denken in Zusammenhängen.

- Das **Engagement**, das von der inneren Motivation (z.B. Leistungswille, Grad der Selbstverpflichtung, persönliche Ziele) und von der äußeren Motivation abhängt, z.B. von der Unternehmens-, Umfeld-, Privat- und Arbeitssituation einschließlich der Vergütung.

Aufgrund der hohen Anforderungen und als Anreizwirkung werden den Top-Managern in **Konzernunternehmen** teilweise sehr hohe Vergütungen gezahlt, die nicht immer an den Unternehmenserfolg gekoppelt sind. Dem **Top-Management** von Konzernen werden pro Jahr **Bruttovergütungen** in Euro-Millionenhöhe gezahlt.

Die Vergütung **außertariflicher** Mitarbeiter, für die Bestimmungen der Tarifverträge keine unmittelbare Gültigkeit haben, teilen sich in Grundgehalt, Zusatzleistungen und variable Vergütungen (*Becker/Kramarsch*).

Das anreiztheoretische – bisher nicht gelöste – Problem von **Vergütungen** der Führungskräfte besteht darin, ein im Sinne der Zielsetzung des Unternehmens anreizverträgliches Vergütungspaket zu vereinbaren. Empirische Studien zeigen häufig nur geringe Korrelationen zwischen der Vergütungshöhe und dem Ergebnis der Managementleistung (*Witt*).

Hinsichtlich der **personenbezogenen** Gesamtführung sind zu unterscheiden:

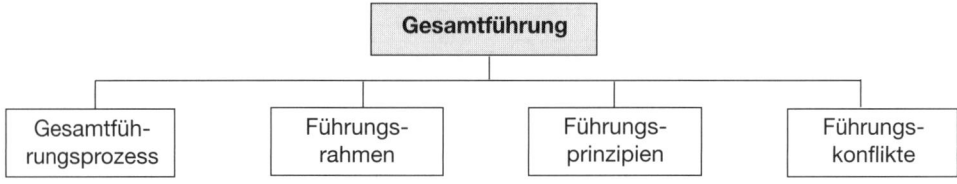

2.1 GESAMTFÜHRUNGSPROZESS

Ein personenbezogener Gesamtführungsprozess ist ein Ablauf, der das ganze Personal des Unternehmens betrifft und zu den Unternehmensprozessen gehört. Er ist sehr komplex und wird von einem **Unternehmensleiter** oder **Unternehmer** gesteuert. In der Systemtheorie wird er als System interpretiert, das aus Führungselementen und ihren Beziehungen besteht.

Ein personenbezogener **Gesamtführungsprozess** hat folgende Struktur:

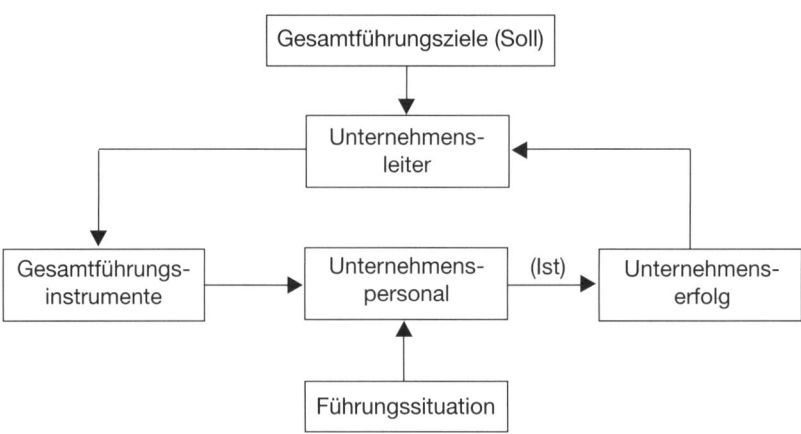

Folgende **Führungselemente** bilden die Bestandteile des personenbezogenen Gesamtführungsprozesses im Unternehmen:

- **Gesamtführungsziele** als Führungsziele, die das gesamte Personal betreffen, z.B. sachbezogene (z.B. Umsatz, Kosten, Gewinn) und personenbezogene Gesamtziele, z.B. Identifikation mit dem Führungsrahmen, Vermeiden unnötiger Konflikte, soziale Sicherheit, Verhaltensziele (Fehlzeiten, Fluktuation vermeiden, Hilfsbereitschaft) und Arbeitszufriedenheit.

- **Unternehmensleiter**, beispielsweise als Vorstand eines Konzerns, einer Aktiengesellschaft oder als Geschäftsführer in einer GmbH. Top Manager können auch geschäftsführende Gesellschafter einer OHG oder geschäftsführende Komplementäre einer KG sein. Bei Einzelunternehmen übernimmt der Unternehmer die Leitungsaufgaben.

- **Unternehmenspersonal** (abkürzend: **Personal**) als Gesamtheit der Arbeitnehmer eines Unternehmens, die als Führungskräfte und Mitarbeiter zur Realisierung von Geschäftsprozessen eingesetzt werden und entsprechend zur Zielerfüllung zu beeinflussen sind. Die **Belegschaft** ist Arbeitsträger, Individuum, Koalitionspartner, Entscheidungsträger und Kostenverursacher (*Olfert*).

- **Gesamtführungssituation** als interne und externe Herausforderungen, denen sich die Unternehmensleitung und das Unternehmenspersonal gegenübersehen, z.B. internationale Konkurrenz, gesättigte Märkte, Veränderungen an Beschaffungs- und Absatzmärkten, Neue Technologien, verschiedene Außeninteressen.

- **Gesamtführungsinstrumente** als Anreize für das Unternehmenspersonal, um die Gesamtzielerreichung zu sichern. Umfassende Kooperation mit dem Unternehmenspersonal, um ein angemessenes Betriebsklima zu schaffen. Information des Unternehmenspersonals über die Gesamtsituation und die Erfüllung der Gesamtziele.

- **Unternehmenserfolg** als das gemeinsam erzielte Ergebnis des betrieblichen Wirtschaftens durch die Unternehmensleitung und das Unternehmenspersonal, d.h. Ökonomischer Erfolg (z.B. hoher Gewinn, niedrige Kosten und hohe Umsätze, produktive und wirtschaftliche Leistungen bzw. Rentabilität) und sozialer Erfolg, z.B. gutes Betriebsklima, Zusammenhalt, Zufriedenheit des Personals und der Kunden.

Die personenbezogene Gesamtführung äußert sich auch im unternehmensspezifischen **Führungskonzept**. Dieses ist von der Unternehmensleitung so umzusetzen, dass das Personal zu Spitzenleistungen bereit ist und sich mit dem Führungskonzept identifiziert. Deshalb wurden die folgenden Themen der **personenbezogenen Unternehmensführung** zugeordnet.

2.2 Führungsrahmen

Als Führungsrahmen kann die **Corporate Identity** (*Achterholt, Birkigt/Stadler/Funck, Herbst*) bezeichnet werden. Hier stellt die Unternehmenleitung das nach innen und außen schlüssig dargestellte Selbstverständnis des Unternehmens dar. Der Führungsrahmen verdeutlicht sich im (in):

- Erscheinungsbild (corporate design)
- Verhalten (corporate behavior)
- Kommunikation (corporate communication)
- Ergebnis (corporate image).

Die Corporate Identity bildet einen kollektiven **Führungsrahmen**, der im Hinblick auf den einzelnen Mitarbeiter denk- und handlungsleitend wirkt (*Hentze/Graf/Kammel/Lindert*). Die Unternehmensleitung hat für die Erstellung eines solchen Rahmens Sorge zu tragen. Im Einzelnen sind zu unterscheiden:

- **Unternehmenskultur**
- **Unternehmensethik**
- **Unternehmensleitbild**.

2.2.1 Unternehmenskultur

Die Unternehmenskultur ist ein Wertsystem von Vorstellungen, Orientierungsmustern, Verhaltensnormen bzw. Denk- und Handlungsweisen, die sich auf eine Betriebswirtschaft beziehen (*Carl/Kiesel, Dillerup/Stoi, Franken, Heinen*). Sie wird auch **Organisationskultur** genannt (*Schein*).

Mit der Unternehmenskultur wird die **Verhaltensdimension** des normativen Management angesprochen (*Hungenberg/Wulf*). Dieses Wertsystem prägt das Verhalten aller Mitglieder des Unternehmens. Allerdings gibt es nicht die Unternehmenskultur an sich, sondern jedes Unternehmen hat seine eigene Variante.

Eine von der Unternehmensleitung überzeugend formulierte Unternehmenskultur entsteht im Laufe vieler Jahre bzw. Jahrzehnte über:

- **Sprachregelungen**, die für das ganze Unternehmen einheitlich gelten, z. B. wird der Terminus des Untergebenen durch den Begriff des Mitarbeiters ersetzt. Damit wird gezeigt, dass kooperatives Verhalten der Vorgesetzten erwünscht ist. Es darf aber nicht bei reinen Sprachregelungen bleiben, sondern es müssen Taten folgen.

- **Typische Gegebenheiten**, die dem Unternehmen zugeschrieben werden, z. B. die traditionsreiche Firmengeschichte. Damit wird dokumentiert, dass das Unternehmen jahrzehntelange Erfahrungen einbringen kann. Andere Unternehmen legen Wert auf die Dokumentation zusätzlicher Sozialleistungen.

- **Unternehmensstrategische Faktoren**, die das Unternehmen auszeichnen und es von den Konkurrenzbetrieben abgrenzen, z. B. Hervorhebung der Qualitätsorientierung. Damit wird dokumentiert, dass im Hinblick auf die Kundenbelieferung hohe Produktqualität im Vordergrund steht.

Die Unternehmensleitung beeinflusst mit der Formulierung der Unternehmenskultur in hohem Maße, wie die Kundschaft bzw. die Mitarbeiter das Unternehmensgeschehen wahrnehmen. Das **Wertsystem** sollte allen Vorgesetzten und Mitarbeitern bekannt sein und auch von ihnen mitgetragen werden.

Auf dieser Basis kann die Motivation der Mitarbeiter gefördert werden. Sind die Vorgesetzten und die Mitarbeiter von einem Wertsystem überzeugt, werden sie die von ihnen erwarteten Leistungen erbringen und auch schwierige Unternehmenssituationen gemeinsam durchstehen.

2.2.2 UNTERNEHMENSETHIK

Die Unternehmensethik ist Ausdruck des wertbezogenen Handelns von Führungskräften aufgrund sittlicher Grundwerte bzw. moralischer Normen und Ideale. Die bedeutsamsten unternehmerischen **Entscheidungen** sind immer auch ethische Fragen (*Küpper*).

Unternehmensentscheidungen können z. B. Kapitaleigner bevorteilen und Mitarbeiter vernachlässigen, z. B. durch hohe Gewinnausschüttungen bei Massenentlassungen.

Damit die ethischen Bekenntnisse nicht realitätsfremd werden, hat die Unternehmensleitung konkrete Normen zu entwickeln, die in die Praxis umsetzbar sind. Eine zeitgemäße Unternehmensethik ist z. B. durch folgende **Merkmale** zu beschreiben (*Hopfenbeck, Staehle, Ulrich/Fluri*):

* **Soziale Verantwortung** tragen heißt, dass sich die Unternehmensleitung auch für die Mitarbeiter einsetzt bzw. dass Humanität und Solidarität gepflegt werden.
* **Wirtschaften** heißt, echte Werte zu schaffen, damit der betriebswirtschaftliche Kernbegriff der Wertschöpfung seinen Namen verdient.
* **Konsensorientierte Unternehmenspolitik** betreiben heißt, den Dialog z. B. mit Führungskräften und Mitarbeitern, Kunden und Lieferanten zu pflegen.
* **Offene Unternehmensverfassung** praktizieren heißt, nicht verdeckte Regelungen treffen, sondern in offener Weise zu agieren.

Damit werden unternehmensethische Regelungen für die Unternehmensleitung zu einem Akt der Selbstverpflichtung, der nicht einfach zu bewältigen ist.

2.2.3 UNTERNEHMENSLEITBILD

Das Unternehmensleitbild dient als Orientierungsgrundlage und liefert den Handlungsrahmen bzw. die Handlungsperspektive für die Entscheidungen auf allen Führungsebenen. Es ist die nach innen und außen verbal dargestellte Leitlinie der Unternehmenspolitik. Es ergibt sich nicht selten aus einer Vision als genereller **Leitidee** (*Bleicher, Herbeck*). Folgende **Zielsetzungen** können damit verfolgt werden:

* Klärung der Leitidee des Unternehmens
* Festlegung des zu steuernden Kurses
* Bildung eines Eckpfeilers der Führungsverantwortung
* Bindung der Mitarbeiter an das Leitbild.

Die Unternehmensleitung formuliert das **Leitbild** des Unternehmens und bekennt sich ausdrücklich zu ihm, beispielsweise:

* »Gut ist uns nicht gut genug«
* »Vorsprung durch Technik«
* »Tätigsein in einer gestalteten Umwelt«
* »Wir möchten das kundenfreundlichste Unternehmen der Branche sein«.

Bei den Überlegungen zur Corporate Identity ist unbedingt darauf zu achten, dass Bekenntnisse und Taten nicht zu weit auseinander driften. Das konkrete Verhalten muss der angestrebten Werthaltung auch in etwa entsprechen. Damit wird das Leitbild zum **Führungsinstrument** der Vorgesetzten.

Eine Unternehmenskultur kann zu einer Unternehmensphilosophie werden, wenn sie mit entsprechend ausformulierten Führungsprinzipien ausgestattet ist. Eine **Unternehmensphilosophie** ist ein System von Leitmaximen, deren Ausprägungen von ethischen und moralischen Werthaltungen bestimmt wird. Sie zeigen sich in der Grundeinstellung zur Gesellschaft, zu Mitarbeitern, Aktionären, Kunden und Lieferanten, also zu internen und externen Teilnehmern (*Schierenbeck*).

Eine Unternehmensphilosophie als moralische Willensbekundung sollte ein Mantel für eine **Managementphilosophie** sein. Diese steht im Spannungsfeld gegebener Werthaltungen und interdierter Einstellungen und Verhaltensweisen (*Bleicher*).

2.3 Führungsprinzipien

Die Führungsprinzipien sind Grundsätze für die einheitliche Handhabung der Führungsinstrumente im Unternehmen (*Olfert/Rahn*). Sie werden auch als Managementprinzipien (*Berthel/Becker*) bzw. Führungsgrundsätze (*Wunderer*) bezeichnet.

Peters und *Waterman* weisen auf acht Prinzipien zur Führung erfolgreicher **amerikanischer Unternehmen** hin:

- Primat des Handelns, d. h. aktives Zupacken des Unternehmers

- Nähe zum Kunden, d. h. der Kunde ist als König zu behandeln

- Freiraum für das Unternehmertum, d. h. Autonomie im Handeln

- Produktivität durch die Mitarbeiter, d. h. Kreativität und Engagement sind für den Erfolg bedeutsamer als alle Finanzmittel

- Sichtbar gelebtes Wertsystem, d. h. die Unternehmensleitung meint was sie sagt und tut es auch. Zu häufige Wechsel im Top-Management sind zu vermeiden.

- Bindung an das angestammte Geschäft, d. h. übertrieben risikoreiche Experimente sollten unterlassen werden

- Einfacher, flexibler Aufbau, d. h. Bürokratie vermeiden

- Straff-lockere Führung, d. h. so viel Führung wie nötig ausüben, aber so wenig Kontrolle wie möglich vornehmen.

Als Hauptzweck der Führungsprinzipien ist die Effizienzsteigerung der Organisation zu sehen, indem günstige Voraussetzungen für das Zusammenwirken zwischen Vorgesetzten und Mitarbeitern durch Vereinheitlichung des **Führungsverhaltens** geschaffen werden (*Hentze/Graf/Kammel/Lindert*).

Die **Führungsprinzipien** beschreiben Normen und Regeln der Beziehungen zwischen Vorgesetzten und Mitarbeitern. Diese Grundsätze haben einen dauerhaften Charakter und gelten generell für das ganze Unternehmen. Damit werden sie zum Bestandteil der **Unternehmensverfassung** (*Bleicher, Schewe*) und der **Gesamtführung**.

Künftig werden die Bedingungen des europäischen Binnenmarktes bzw. des Weltmarktes eine noch größere Rolle spielen. Die praktische Umsetzung der Führungsprinzipien wird für die Führungskräfte dadurch nicht einfacher.

2.4 FÜHRUNGSKONFLIKTE

Konflikt bedeutet einen Zusammenstoß (lat. configere = zusammenstoßen, aneinander geraten). Die Führungskraft hat die Aufgabe, zur Bewältigung von Konflikten umfassende Beiträge zu leisten.

Konflikte bilden ein universelles, notwendiges Element des gesellschaftlichen Zusammenseins. Der Konfliktbegriff wird als Gegensatz zur **Kooperation** angesehen. Die Lösungen von Konflikten ist Aufgabe des **Konfliktmanagements** (*Glasl, Haeske, Jiranek/ Edmüller*).

Die Vielfalt der Erscheinungsformen des Konflikts reicht von leichten Spannungen bis zu gewalttätigen Auseinandersetzungen (*Berkel, Jung, Oechsler*).

Es sind für das Unternehmen folgende **Konfliktursachen** zu unterscheiden:

• Persönliche Reibungen, z. B. aufgrund persönlicher Spannungen
• Probleme der Organisation, z. B. Fehlen von Aufstiegsmöglichkeiten
• Technische Entwicklung, z. B. Einführung neuer Arbeitsmethoden
• Arbeitsbedingungen, z. B. Umgebungseinflüsse am Arbeitsplatz
• Lohnverhältnisse, z. B. Unzufriedenheit mit dem Lohn
• Herrschaftsverhältnisse, z. B. Machtkampf
• Gerüchte, z. B. über bevorstehende Entlassungen.

Auch **Gerüchte** sind nicht selten Anlass für Konflikte. Ein Gerücht ist eine unkontrolliert, meist mündlich verbreitete unverbürgte Nachricht, die zwar meist auf Tatsachen zurückgeht, diese aber oft verzerrt, entstellt oder verfälscht (*Stroebe*).

Quellen für Gerüchte sind z.B. die Konkurrenz, die Kunden, die Angehörigen der eigenen Organisation und sonstige Einzelpersonen und Gruppen, die negativ gegen eine Organisation eingestellt sind. Als **Führungsregeln** sind z. B. zu beachten:

• Zunächst sollte der Vorgesetzte den Ist-Zustand erfassen, indem er eine selbstkritische Situationsanalyse durchführt und mögliche Gerüchtegruppen ermittelt.

• Aus der Diagnose des Ist-Zustands sind Maßnahmen abzuleiten, z. B. Schwach- und Gefahrenpunkte anzugehen.

• Der Führende wird vorbeugend über eigene Planungen, Maßnahmen, Leistungen unterrichten (Abteilungsversammlung). Es spricht Probleme an, informiert über geplante Veränderungen und nimmt zu Gerüchten Stellung.

- Bei bereits umlaufenden Gerüchten ist über die eigenen Planungen und Maßnahmen bzw. Leistungen zu informieren.

- Es ist der persönliche Kontakt zu pflegen und dabei sind insbesondere die **Rädelsführer** bzw. Meinungsträger vorbeugend zu betreuen.

- **Ziel** muss es immer sein, nicht unvorbereitet getroffen zu werden. In Krisenfällen sollte die Realität zuversichtlich, aber ohne Schönfärberei dargestellt werden.

Dementis können Gerüchte entkräften, aber häufig tragen sie auch zum Gegenteil bei. Dann bewirken sie die verneinende Bestätigung eines Sachverhalts, der bislang nur ein Gerücht war. Schweigen ist oft weniger verdächtig als ein vage formuliertes Dementi.

Es gilt die **Regel**: Je häufiger bereits dementiert wurde, desto weniger glaubwürdig sind weitere Dementis. Schon aus diesem Grund sollte ein Dementi nur dann veröffentlicht werden, wenn es wirklich **überzeugend formuliert** werden kann.

Die Führungskraft hat im Rahmen der Konfliktbewältigung die **Ursachen** des Konfliktes zu prüfen. Es sind zu unterscheiden:

- **Arten**

- **Handhabung**.

2.4.1 Arten

Konfliktarten lassen sich grundsätzlich nach der Zahl der beteiligten Personen und nach der Entscheidungsform unterscheiden. *Lewin* nennt drei Arten von Konflikten:

- **Annäherungs-Annäherungs-Konflikt**, bei dem eine Person das Problem hat, sich zwischen zwei gut dotierten Stellen entscheiden zu müssen. Der Mensch steht zwischen zwei Zielen, die er für gleich wertvoll hält. Nur eines der beiden Ziele ist aber erreichbar. Dieser Konflikt heißt auch Appetenz-Appetenz-Konflikt.

- **Vermeidungs-Vermeidungs-Konflikt**, bei dem sich ein Unternehmer beispielsweise gezwungen sieht, entweder Personal zu entlassen oder auf Gewinn zu verzichten (Aversions-Aversions-Konflikt). Die Person muss sich also zwischen zwei Gegebenheiten entscheiden, die sie beide als Übel ansieht.

- **Vermeidungs-Annäherungs-Konflikt**, bei dem eine Person vor einer Entscheidung steht, die ihr sowohl Übles wie Wertvolles bringt. Einerseits muss sie Schichtarbeit übernehmen, andererseits aber möchte sie einen guten Verdienst haben. Dann handelt es sich um einen Aversions-Appetenz-Konflikt.

Nach der **Zahl der beteiligten Personen** unterscheidet *von Rosenstiel*:

- **Intrapersonelle** Konflikte (wenn bei einer Person Konflikte entstehen)

- **Interpersonelle** Konflikte (zwischen mindestens **zwei** Personen).

2.4.2 HANDHABUNG

Im Rahmen **kooperativer Konfliktbewältigung** unterscheidet *Berkel* verschiedene Regeln, die sich auf die Bemühungen der vom Konflikt unmittelbar Betroffenen beziehen:

Erregung kontrollieren	Für das **Durchsetzen von Interessen** gegenüber einer Konfliktpartei gilt die Grundsatzregel:
	▸ wohl überlegt ▸ wohl vorgetragen ▸ wohl formuliert ▸ wohl terminiert
	Die Konfliktparteien sollten sich in der Gewalt haben.
Vertrauen herstellen	Das **Misstrauen** stellt sich als reflexartige Reaktion auf bedrohliche Situationen dar. Misstrauen gleicht einer Art Selbstschutz. Die Person rüstet sich für einen »Abwehrkampf«.
Offen kommunizieren	Bei Konflikten in der Arbeitswelt sollten zunächst die Umstände sondiert werden, die für die Beziehung zwischen den Konfliktparteien wesentlich sind, **bevor** an die Klärung der Sachlage gegangen wird.
	Hier sind Situation, Wahrnehmungen, Gefühle und Einstellungen einzubeziehen.
Konflikt lösen	Zunächst sollte das Problem definiert werden, bevor nach einer Lösung gesucht und eine Entscheidung aus Alternativen getroffen wird.
	Eine Konfliktpartei wird sich leichter entscheiden, auf die Vorschläge der anderen einzugehen, wenn sie **ihr Gesicht wahren** kann. Strikte Forderungen reizen zum Widerstand.
Vereinbarung treffen	Die schließlich gefundene **Einigung** muss fixiert werden:
	▸ Sie soll nicht gegen zentrale Interessen einer Partei gerichtet sein, denn sonst könnten die Vereinbarungen scheitern. ▸ Klare und eindeutige Formulierungen sind zu wählen. ▸ Die Vereinbarung ist den Partnern bekannt. ▸ Es wird festgelegt, was jede Seite zu tun oder zu lassen hat. ▸ Sanktionen für den Fall der Nichteinhaltung werden vereinbart, damit sich die Partner an die Vereinbarung halten.
Persönlich verarbeiten	Die Konfliktbewältigung betrifft zunächst nur die zwischenmenschlichen Ebenen. Die eigentliche Konfliktbewältigung findet aber erst **in der Person** statt.
	Zum Abschluss kommt der Konflikt dann, wenn die Person rückblickend sagen kann, dass sie sich nicht mehr weiter an dem Konflikt stört.

Bei der Handhabung von Konflikten sind **Methoden** und **Techniken** zu beachten, z.B. die Abfragemethode und der psychologische Ablaufplan (vgl. *Crisand*).

Das **Konfliktmanagement** hat dafür Sorge zu tragen, dass Konflikte nicht außer Kontrolle geraten, sondern bewältigt werden. Zum Abschluss kommt ein Konflikt, wenn die beiden Parteien mit den getroffenen Vereinbarungen leben und arbeiten können.

40 >> Seite 447

3. BEREICHSFÜHRUNG

Die personenbezogene Bereichsführung ist die – unter Beachtung der Bereichsziele und der Bereichssituation gegebene – Beeinflussung des Bereichspersonals durch einen Bereichsleiter, der seine Führungsinstrumente im Hinblick auf einen gemeinsam zu erzielenden Bereichserfolg einsetzt.

Sie bildet ein weiteres Element der personen-orientierten Unternehmensführung und wird auch als **Middle-Management** bezeichnet. Dementsprechend wird die Führung im Bereich auf der **mittleren** Führungsebene ausgeübt. Sie ist von der sachbezogenen Bereichsführung zu unterscheiden (vgl. Kap. E).

Bei der Wahrnehmung der Bereichsführung stehen die Bereichsleiter in enger Verbindung zur **Unternehmensleitung**, die u.a. strategische Entscheidungen zu treffen hat und den Rahmen der Betätigung von Bereichsleitern absteckt.

Hinsichtlich der personenbezogenen Bereichsführung sind zu unterscheiden:

3.1 BEREICHSFÜHRUNGSPROZESS

Ein personenbezogener Bereichsführungsprozess ist ein Ablauf, der einen Bereich des Unternehmens betrifft und von einem **Bereichsleiter** gesteuert wird. In der Systemtheorie wird dieser Prozess als System interpretiert, das aus Führungselementen und ihren Beziehungen besteht.

Ein personenbezogener **Bereichsführungsprozess** hat folgende Struktur:

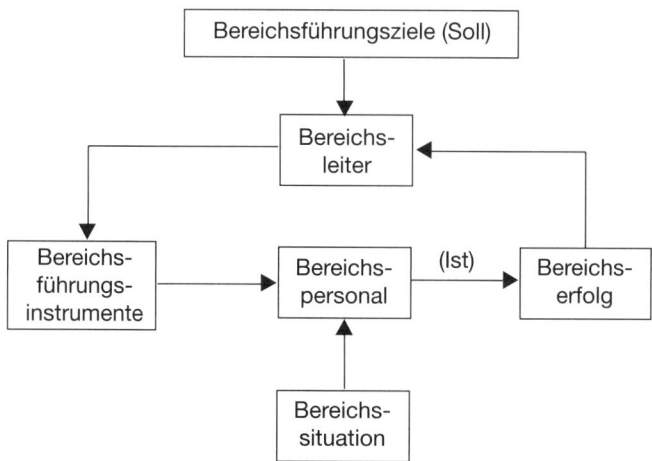

Die **Führungselemente** des personenbezogenen Bereichsführungsprozesses sind:

- **Bereichsführungsziele** als das Bereichspersonal betreffende Führungsziele, z.B. sachbezogene Bereichsziele (vgl. Kap. E 2.1.1 bzw. E.2.2. ff.) und personenbezogene Bereichsziele, z.B. Vermeiden unnötiger Konflikte, soziale Sicherheit, Leistungs- bzw. Verhaltensziele (Fehlzeiten vermeiden, Hilfsbereitschaft) und Arbeitszufriedenheit. Bereichsziele werden zu Führungszielen, denn sonst gelten sie nur für das Bereichspersonal und nicht für die Bereichsleiter.

- **Bereichsleiter** als Hauptabteilungsleiter oder Abteilungsleiter im Material-, Produktions-, Marketing- und Verwaltungsbereich. Er hat die Aufgabe, seinen Bereich als Ganzes und das Verhalten seiner Bereichsmitarbeiter unter Einsatz von Führungsinstrumenten auf Bereichsführungsziele zu steuern. Dies geschieht mit Unterstützung der Unternehmensleitung.

- **Bereichspersonal** als Gesamtheit der Arbeitnehmer eines Bereiches, die als Führungskräfte und Mitarbeiter zur Realisierung von Bereichsprozessen eingesetzt werden und die so zu beeinflussen sind, dass sie die Bereichsziele erreichen. Das Bereichspersonal ist Arbeitsträger, Individuum, Koalitionspartner, Entscheidungsträger und Kostenverursacher.

- **Bereichssituation** als die jeweilige Lage, in der sich ein Unternehmensbereich befindet. Das Bereichsklima kann in einem Unternehmen sehr unterschiedlich sein. Es gibt Bereiche mit hohem Bereichsstatus und solche mit geringem Ansehen. Diese Einflüsse wirken sich auch auf den Bereichserfolg aus und umgekehrt.

- **Bereichsführungsinstrumente** als Anreize für das Bereichspersonal, um die Bereichsziele zu erfüllen. Es sind Stile, Mittel und Techniken der Führung, die der Bereichsleiter gegenüber seinen Mitarbeitern im Bereich einsetzt. Diese Instrumente sind auf einen gemeinsam zu erreichenden Bereichserfolg ausgerichtet.

- **Bereichserfolg** als das positive Ergebnis der Steuerungsmaßnahmen des Bereichsleiters und der Beiträge seiner Bereichsmitarbeiter, um die ökonomisch bedingten (z.B. niedrige Bereichskosten und hohe Umsätze) bzw. sozialen Bereichsziele zu erfüllen, z.B. gutes Bereichsklima, Zusammenhalt im Bereich und Zufriedenheit der Bereichsmitarbeiter. Der ökonomische Bereichserfolg ergibt sich aus dem Soll-Ist-Vergleich der Bereichsleistung.

In einem erfolgreich geführten Bereich empfinden die Bereichsmitarbeiter ein „Wir"-Gefühl. Hoher **Bereichszusammenhalt** löst unter den gegebenen Bedingungen beim Bereichspersonal Zufriedenheit aus und vermindert die Fluktuationsneigung im Unternehmen.

Die Interaktionen im Bereich bzw. das **Abgrenzungsbedürfnis** der Bereichsmitarbeiter gegenüber anderen Bereichen führt zu gemeinsamen Normen und Verhaltensweisen, die für den ganzen Bereich typisch sein können, z. B. EDV-Experten treten im Bewusstsein ihres Kompaktwissens sehr selbstbewusst auf.

Mit zunehmendem Zusammenhalt im Bereich sind Gefühle der Abgrenzung gegenüber anderen Bereichen verbunden, z. B. traditionelle **Bereichskonflikte** zwischen naturwissenschaftlichen und kaufmännischen Bereichen.

Die Möglichkeit des Auseinanderfallens eines Bereichs hängt u. a. von dessen Notwendigkeit bzw. dessen Umfeldbedingungen ab, z. B. Konjunktur, Absatzlage.

Diese Konflikte gehen nicht selten aus dem gegebenen **Machtpotenzial** eines Bereiches hervor. Jeder Bereich versucht, für seine eigene Position möglichst viel zu erwirtschaften. Dieses Grundverhalten geht nicht selten zu Lasten des Gesamterfolgs.

In diesen Fällen ist die koordinierende Funktion der **Unternehmensleitung** gefordert. Der Bedarf an Strukturierung und die Koordinationsanforderungen sind in großen Unternehmensbereichen höher als in kleinen Bereichen.

Für die Umsetzung des Zielkonzeptes der Unternehmensleitung ist der jeweilige **Bereichsleiter** zuständig. Je nach Bereich ist der Einsatz von Führungsinstrumenten durch die **Bereichsmanager** unterschiedlich.

3.2 FÜHRUNG IM MATERIALBEREICH

Der Materialbereich umfasst alle Aufgaben des Unternehmens, die der Beschaffung und Bereitstellung des Materials zum Zwecke der Leistungserstellung und Leistungsverwertung dienen (*Hartmann*). Er zählt zum **Leistungsbereich**, der auch als güterwirtschaftlicher Bereich bezeichnet wird (*Oeldorf/Olfert, Olfert/Rahn*).

Die Führung im Materialbereich beinhaltet die Art und Weise, wie der Materialbereichsleiter auf sein Personal Einfluss nimmt. Zu analysieren sind:

- **Materialbereichsleiter**
- **Materialbereichspersonal**
- **Materialbereichssituation**
- **Bereichsführungsinstrumente**
- **Materialbereichserfolg.**

3.2.1 MATERIALBEREICHSLEITER

Der Materialbereichsleiter nimmt die Aufgabe wahr, den Materialbereich als Ganzes erfolgreich zu steuern und die Mitarbeiter der Materialwirtschaft unter Einsatz von Führungsinstrumenten erfolgreich zu beeinflussen.

Wesentliche **Anforderungen an Materialmanager** sind:

- Die **persönlichen Fähigkeiten**, z. B. Koordinationsfähigkeit, Überzeugungskraft, Verhandlungsgeschick, Flexibilität und Entscheidungsfreude.

- Die **fachlichen Fähigkeiten**, z. B. sind im Materialbereich außer ökonomischem Wissen zunehmend auch technische Kenntnisse über Materialien, Produktionsprozesse und umfassende EDV-Kenntnisse nötig.

Diese umfangreichen Kenntnisse können im Zuge von Aus- und Weiterbildungsmaßnahmen vermittelt werden. Am Markt befinden sich viele Weiterbildungsinstitute, die zu obigen Anforderungen Schulungen anbieten.

3.2.2 MATERIALBEREICHSPERSONAL

Die Führung im Materialbereich bezieht sich auf **Verhaltens- und Führungsmuster**, die mit dem Materialbereichspersonal direkt verbunden sind, z. B. im gewerblichen Bereich Handgeschick, Körperkraft, Augenmaß, Sauberkeit, Ordnung und im kaufmännischen Bereich Sorgfalt, Kostendenken, Genauigkeit.

Es können im Materialbereich des Unternehmens z. B. folgende **Materialmanager** bzw. Materialbereichsmitarbeiter unterschieden werden:

▶ Beschaffungsleiter(in)	▶ Lagerverwaltungsleiter(in)
▶ Lagerwirtschaftsleiter(in)	▶ Einkäufer(in)
▶ Materialwirtschaftscontroller(in)	▶ Beschaffungsexperten(innen)
▶ Einkaufsleiter(in)	▶ Lagerdisponent(in)
▶ Materialeingangsleiter(in)	▶ Lagerverwalter(in)
▶ Lagerleiter(in)	▶ Materialverwalter(in)
▶ Industriefachwirt(in)	▶ Lagerbuchhalter(in)
▶ Sekretär(in)	▶ Lagerarbeiter(in)

Hier geht es also um Mitarbeiter, die im Materialbereich als Arbeitnehmer unter Führung des Materialbereichsleiters ihre Leistungen erbringen.

3.2.3 MATERIALBEREICHSSITUATION

Die speziellen Bedingungen des Materialbereichs prägen die Anforderungen an die Führung durch den Materialbereichsleiter. Es kann von folgenden **Bedingungen** ausgegangen werden:

- Die **Materialbeschaffung** sieht sich Herausforderungen gegenüber, wenn die Rohstoffpreise am Beschaffungsmarkt steigen.

- Die **Materialbesorgung** ist effizient zu gestalten und zu intensivieren, denn „im Einkauf liegt der Gewinn" des Unternehmens.

- Die **Materialkostensituation** ist in den meisten Unternehmen abgespannt. Deshalb müssen die Kosten der Materialwirtschaft minimiert werden.

- Die **materialwirtschaftlichen Prozesse** laufen in vielen Fällen nicht schnell genug ab, so dass unnötige Verzögerungen entstehen, die zu bekämpfen sind.

- Vom Produktionsbereich kann **Druck auf die Materialwirtschaft** ausgeübt werden, wenn die Fertigungskapazitäten ausgelastet sind und Mehrbedarf an Material besteht.

Die heutige Situation der Materialwirtschaft wird durch den verstärkten **Einfluss der EDV** im Einkauf und im Beschaffungslager geprägt (*Grupp*). Ständige Weiterbildung ist deshalb unerlässlich. Computergestützte Materialwirtschaftskonzepte tragen erheblich zum Unternehmenserfolg bei, weil dadurch die logistischen Prozesse schneller und genauer abwickelbar sind.

3.2.4 Bereichsführungsinstrumente

Die Führungsinstrumente im Materialbereich sind auf den vom Leiter des Materialwesens und dem Materialwirtschaftspersonal gemeinsam zu erzielenden Erfolg hin ausgerichtet. Der Materialbereichsleiter setzt Stile, Mittel und Techniken ein.

Folgende Instrumente sind bedeutsam:

- **Bereichsführungsziele**, d.h. das Materialbereichspersonal ist auf die Erfüllung der Materialwirtschaftsziele hinzusteuern. Es wird hier nicht nur auf Leistungsziele, sondern auch auf das Erreichen der Verhaltens- und Zufriedenheitsziele hingewirkt.

- **Anreize**, d. h. um die Zielerreichung zu sichern, sind die gängigen Instrumente der Menschenführung einzusetzen, z. B. Ermunterungs-, Arbeits-, Verwirklichungs-, Aufstiegs-, Entwicklungs- und Entgeltanreize für das Personal im Materialbereich.

- **Kooperation**, d.h. es ist insbesondere das Verhältnis von Lieferanten und Einkauf zu strukturieren. Im Zuge einer zunehmenden volkswirtschaftlichen Arbeitsteilung können beide Seiten aus der engen Kooperation Vorteile ziehen.

- **Information**, d.h. die Mitarbeiter im Materialbereich sind darüber zu informieren, dass die Kostenminimierung erreicht werden muss. Zu teuere Einkaufsquellen sind durch günstigere zu ersetzen, damit die Materialkosten gesenkt werden.

- **Organisation**, d.h. der Aufbau und die Arbeitsabläufe im Materialwesen sind zu verbessern. Der Materialzufluss und der Produktionsrhythmus sind logistisch aufeinander abzustimmen. Dabei ist eine enge Zusammenarbeit mit dem Produktionsbereich sinnvoll.

3.2.5 MATERIALBEREICHSERFOLG

Wenn die Materialwirtschaft erfolgreich arbeiten soll, dann ist vom Abteilungsleiter insbesondere auf die Erfüllung der folgenden **Materialbereichsziele** als Leistungsziele zu achten:

- Erhaltung hoher Lieferbereitschaft und Flexibilität des Unternehmens
- Sicherung der Qualität von Beschaffungsprodukten zu günstigem Preis
- Erreichung der Kostenwirtschaftlichkeit sowohl im Einkauf als auch im Lager
- Möglichst geringe Kapitalbindung und Erhaltung der Liquidität im Materialbereich.

Außerdem hat der **Materialwirtschaftsleiter** darauf zu achten, dass der erfolgreiche und gut harmonierende Materialwirtschaftsbereich erhalten bleibt. Auch auf angemessenes Verhalten und auf die Arbeitszufriedenheit der einzelnen Bereichsmitarbeiter ist Wert zu legen.

Der **Bereichserfolg** im Materialwesen hängt von der Persönlichkeit und dem Verhalten des Materialwirtschaftsleiters, von der Qualifikation und dem Engagement des Materialbereichspersonals, von der Situation der Materialwirtschaft und vom richtigen Einsatz der Führungsinstrumente ab.

3.3 FÜHRUNG IM PRODUKTIONSBEREICH

Der Produktionsbereich umfasst alle Aufgaben der industriellen Leistungserstellung, bei der das **ökonomische Prinzip** besonders zu berücksichtigen ist. Im Produktionsbereich erfolgt die Be- und Verarbeitung der Werkstoffe unter Einsatz von Arbeitsleistung und Betriebsmitteln (*Ebel, Olfert/Rahn*).

Die personenbezogene Führung im Produktionsbereich beinhaltet die Art und Weise, wie der Produktionsleiter auf seine Mitarbeiter Einfluss nimmt (*Wildemann*). Es sind zu untersuchen:

- **Produktionsbereichsleiter**
- **Produktionsbereichspersonal**
- **Produktionsbereichssituation**
- **Bereichsführungsinstrumente**
- **Produktionsbereichserfolg**.

3.3.1 PRODUKTIONSBEREICHSLEITER

Der Produktionsbereichsleiter hat die Aufgabe, den Produktionsbereich als Ganzes und das Verhalten der Produktionsmitarbeiter unter Einsatz von Führungsinstrumenten erfolgreich auf die Bereichsziele zu steuern. Es werden an ihn folgende **Anforderungen** gestellt:

- Umfangreiche **Kenntnisse** über Arbeitsstudium und Arbeitsplanung, Produktionstechnik, Betriebsmittel und Produktionsorganisation.

- Ausgeprägte **Fähigkeiten** der Integration, Kooperation und Koordination, um die fertigungsbezogenen und logistischen Aufgaben zu erfüllen.

Im Produktionsbereich sind relativ häufig **strenge Führungskräfte** tätig, die das Produktionsgeschehen termingerecht voranzubringen versuchen. Mitunter finden sich hier aufgrund des zeitlichen Drucks im Hinblick auf die Produktionsmengen auch hektische Fertigungsmanager.

3.3.2 Produktionsbereichspersonal

Die Führung im Produktionsbereich ist mit **Verhaltens- und Führungsmustern** verbunden, die sich auf das Fertigungspersonal und dessen Verhalten beziehen, z. B. technisches Verständnis, räumliches Vorstellungsvermögen, Körperkraft, Beweglichkeit, Gewandtheit, Gestaltungsgabe, Ausdauer, Stress-Stabilität und Flexibilität.

Im Produktionsbereich des Unternehmens sind z.B. folgende **Produktionsmanager** bzw. Produktionsmitarbeiter zu unterscheiden:

▸ Betriebsleiter(in)	▸ Werkstattleiter(in)
▸ Produktionscontroller(in)	▸ Ingenieur(in)
▸ Produktionsleiter(in)	▸ Konstrukteur(in)
▸ Fertigungsleiter(in)	▸ Industriemeister(in)
▸ Leiter(in) der Fertigungsvorbereitung	▸ Handwerksmeister(in)
▸ Leiter(in) der Arbeitsvorbereitung	▸ Qualitätsprüfer(in)
▸ Leiter(in) der Arbeitsplanung	▸ Produktionssteuerer(in)
▸ Leiter(in) der Produktionssteuerung	▸ Werkstattschreiber(in)
▸ Leiter(in) der Produktion	▸ Vorarbeiter(in)
▸ Leiter(in) der Produktionskontrolle	▸ Techn. Betriebswirt(in)
▸ Sekretär(in)	▸ Techn. Zeichner(in)

Es handelt sich um jene Mitarbeiter, die im **Produktionsbereich** als Arbeitnehmer tätig sind. Aufgrund eines Arbeitsvertrages erbringen sie unter Führung des Abteilungsleiters ihre Arbeitsleistungen.

3.3.3 Produktionsbereichssituation

Die Anforderungen an die Führung durch Produktionsmanager sind von den speziellen Bedingungen des Produktionsbereichs abhängig. Es ist von folgenden **allgemeinen Bedingungen** auszugehen:

- Herstellung ständig neuer Produkte
- Permanente Änderungen der Stückzahlen
- Druck durch kürzere Lieferzeiten
- Anspannungen durch kurzfristige Entscheidungen
- Technische Störungen der Produktion

- Veränderung der Produktionsaufgaben
- Zeitlohn bzw. Prämienlohn treten in den Vordergrund
- Anspannung durch Druck des Marketingbereichs.

Als **interne** Einflussgrößen der Führung im Produktionsbereich sind die Organisation bzw. die Unternehmensgröße und als externe Größen z. B. gesetzliche Regelungen, die Lage am Arbeitsmarkt und Wertvorstellungen der Mitarbeiter hervorzuheben (*Wildemann*).

3.3.4 BEREICHSFÜHRUNGSINSTRUMENTE

Die Führungsinstrumente im Produktionsbereich sind auf den vom Produktionsleiter und Produktionspersonal gemeinsam zu erzielenden Erfolg ausgerichtet.

Es werden folgende **Instrumente** eingesetzt:

- **Bereichsführungsziele**, d.h. es sind Leistungs-, Verhaltens- und Zufriedenheitsziele zu beachten. Die Erfüllung der Produktionsziele, die den Mitarbeitern ständig vor Augen zu führen ist, steht im Vordergrund.

- **Information**, d.h. es sind Hinweise auf die Förderung der Produktqualität bzw. auf kurze Durchlaufzeiten nötig, die als Erfolgsfaktoren hervortretende Bedeutung haben.

- **Strenge/Güte**, d.h. die klassischen Führungsinstrumente, z.B. Strenge und Druck sind im Produktionsbereich häufiger zu finden als in anderen Bereichen, z. B. Befehle, Kommandos, Druck machen. Aber auch Wertschätzung und Zugänglichkeit sind notwendig, damit die Bereichsmitarbeiter zum Erfolg kommen.

- **Flexibilität**, d.h. hohe Flexibilität und Anpassungsfähigkeit verdrängen starre Strukturen. Bei steigenden Umweltturbulenzen sind dämpfende Führungsmaßnahmen nötig, z. B. beruhigend auf Mitarbeiter einwirken.

- **Organisation**, d.h. es ist z.B. der Einsatz teilautonomer Arbeitsgruppen zu empfehlen, die als selbstständige Organisationseinheiten Verantwortung tragen und in eigenverantwortlicher Weise Erfolg bringen können (*Pietruschka, Wegge*). Akkordsysteme werden zurückgehen (*Wildemann*).

- **EDV**, d.h. der Einsatz von Computern ist unverzichtbar, denn es ist auf schnelle Reaktionsmöglichkeit bei Störungen der Produktion zu achten. Die Bedeutung der computerintegrierten Fertigung (CIM) wird zunehmen (*Scheer*).

- **Anreize**, d.h. es sind Entwicklungsanreize nötig, damit Mitarbeiter im Ausführungsbereich selbstständig disponieren können. Auch die Ermunterungs-, Arbeits- und Verwirklichungsanreize sind zu geben. Die Entgeltanreize sind über flexible Lohnformen und individuelle Leistungszulagen einsetzbar.

- **Innovation**, d.h. die Förderung der Kreativität wird zu einem hervortretenden Führungsinstrument, indem z. B. auf das betriebliche Vorschlagswesen hingewiesen wird. Jeder Mitarbeiter im Produktionsbereich sollte Vorschläge einbringen.

3.3.5 Produktionsbereichserfolg

Die zunehmende internationale und nationale Konkurrenz führt im Produktionsbereich zu einer Beschleunigung des technischen Fortschritts, wodurch sich der Druck auf den Leiter dieses Bereiches ständig verstärkt. Der **Produktionsbereichsleiter** hat insbesondere auf die Erfüllung folgender Produktionsziele als Leistungsziele zu achten:

▶ Verringerung der Durchlaufzeit   ▶ Optimale Kapazitätsausnutzung
▶ Minimierung der Kapitalbindung   ▶ Verringerung der Rüstkosten
▶ Einhaltung der Produktionstermine   ▶ Reduzierung der Transportkosten

Außerdem ist der **Zusammenhalt** im Produktionsbereich zu fördern und auf die **Zufriedenheit** der einzelnen Produktionsmitarbeiter zu achten. Dann ist die Wahrscheinlichkeit hoch, dass der Produktionsbereichserfolg eintritt.

Der **Erfolg im Produktionsbereich** hängt von der Führungsqualifikation und dem Engagement des Produktionsleiters, der Persönlichkeitsstruktur seiner Mitarbeiter, der Situation im Produktionsbereich und vom angemessenen Einsatz der Führungsinstrumente ab.

41 ⟩⟩ Seite 448

3.4 Führung im Marketingbereich

Der Marketingbereich umfasst alle Aufgaben des Unternehmens, die dessen Leistungsverwertung betreffen. Es geht hier um die Planung, Koordination und Kontrolle aller auf die aktuellen und potenziellen **Märkte** ausgerichteten Aktivitäten des Unternehmens (*Meffert*).

Marketing kann auch im Sinne eines marktorientierten unternehmerischen Denkstils gesehen werden (*Nieschlag/Dichtl/Hörschgen*) oder auch als Ausdruck für eine umfassende Philosophie und Konzeption des Planens und Handelns (*Weis*).

Das Spektrum der **Marketingaufgaben** stellt nicht nur differenzierte Anforderungen an die Führung innerhalb des Marketingbereichs (*Köhler*) sondern auch in Bezug auf externe Marktteilnehmer, z. B. Kunden, Lieferanten, Behörden, Verbände und Berater.

Zu nennen sind:

• **Marketingbereichsleiter**

• **Marketingbereichspersonal**

• **Marketingbereichssituation**

• **Bereichsführungsinstrumente**

• **Marketingbereichserfolg**.

3.4.1 MARKETINGBEREICHSLEITER

Der Marketingbereichsleiter hat die Hauptaufgabe, den Marketingbereich als Gesamtheit bzw. die **internen** Marketingteilnehmer unter Einsatz von Führungsinstrumenten erfolgreich zu steuern. Außerdem wird er versuchen, die **externen** Teilnehmer im Sinne der betrieblichen Zielerfüllung zu beeinflussen.

Die Hauptanforderungen an Marketingbereichsleiter sind (*Köhler*):

- Die **fachlichen Anforderungen**, z. B. Kenntnisse über Märkte, Preise, Kunden, Materialwissen, EDV-Kenntnisse.

- Die **persönlichen Anforderungen**, z. B. Denken in Zusammenhängen, Durchsetzungsvermögen, Kontaktfähigkeit, Kreativität, Menschenführungsfähigkeiten.

Diese Ergebnisse entstammen einer empirischen Untersuchung, die sich mit den Qualifikationsmerkmalen der Marketingleiter in Deutschland auseinander setzen (*Heidrick and Struggles International Inc.*). Entsprechende Trainingsmaßnahmen können die oben genannten Fähigkeiten vermitteln (vgl. *Köhler*).

3.4.2 MARKETINGBEREICHSPERSONAL

Die Führung im Marketingbereich ist eng mit den **Verhaltens-** und **Führungsmustern** verbunden, die das Marketingbereichspersonal direkt betreffen, z. B. Kontaktfähigkeit, Munterkeit, Kreativität, Freude am Handeln, rasches Reaktionsvermögen, geistige Beweglichkeit, Verkaufsgeschick.

Für den **Erfolg** der Aufgabendurchführung im Marketingbereich kommt es nicht allein auf ein bestimmtes Fähigkeitsmerkmal der Mitarbeiter an, sondern auf das Zusammenspiel zwischen Eigenschaften der Führungspersönlichkeiten und Erwartungen bzw. Bedürfnissen der Marketingmitarbeiter (*Köhler*).

Im Marketingbereich des Unternehmens sind folgende **Marketingmanager** bzw. Marketingmitarbeiter zu unterscheiden:

▶ Marketingleiter(in)	▶ Marktforscher(in)
▶ Vertriebsleiter(in)	▶ Verkäufer(in) im Innendienst
▶ Absatzleiter(in)	▶ Verkäufer(in) im Außendienst
▶ Werbeleiter(in)	▶ Werbeexperten(innen)
▶ Verkaufsleiter(in)	▶ Lagerdisponent(in)
▶ Leiter(in) des Absatzlagers	▶ Lagerarbeiter(in)
▶ Transportleiter(in)	▶ Transportarbeiter(in)
▶ Produktmanager(in)	▶ Office Manager(in)
▶ Projektmanager(in)	▶ Sekretär(in)

Es handelt sich um Mitarbeiter, die im Marketingbereich als Arbeitnehmer unter Führung des Marketingbereichsleiters agieren und Beiträge zur Leistungsverwertung des Unternehmens erbringen.

3.4.3 MARKETINGBEREICHSSITUATION

Die im Marketingbereich gegebenen, speziellen Bedingungen prägen die Anforderungen an die Führung durch den Marketingleiter. Es ist von folgenden allgemeinen Bedingungen auszugehen (*Weis*):

- Mit anwachsendem Wohlstand entwickelte sich der europäische Markt von einem Verkäufermarkt zu einem **Käufermarkt**. Die Unternehmen haben sich deshalb immer mehr an den Wünschen und Erwartungen der Kunden zu orientieren.

- Die zunehmende **Internationalisierung** erfordert eine gezielte Ausrichtung des Marketing am Weltmarkt. Es ist ein verstärktes Aufkommen sehr erfolgreicher Wettbewerber aus dem asiatischen Raum zu verzeichnen.

- Hinzu kommt die **erhöhte Präsenz** weltweit operierender Unternehmen aus Japan und weiterer westlicher Industrienationen auf dem deutschen Markt, z. B. Unternehmen aus den USA.

- Zudem eröffnen der Zusammenbruch des Kommunismus in der Sowjetunion und in Osteuropa sowie die **ökonomische Neuorientierung** der Volksrepublik China dem Marketing neue weltweite Perspektiven.

Das Entstehen großer einheitlicher Wirtschaftsblöcke wie die des **EG-Binnenmarktes** und die sich beschleunigende Entwicklung der neuen Technologien bringen weitere internationale Aspekte für die **Marketingmanager** deutscher Unternehmen ein.

3.4.4 BEREICHSFÜHRUNGSINSTRUMENTE

Die Führungsinstrumente beziehen sich einerseits auf den vom Leiter des Marketing und dem Marketingpersonal gemeinsam zu erzielenden Marketingbereichserfolg und andererseits auf die externen Teilnehmer. Es sind zu unterscheiden (*Köhler*):

- **Bereichsführungsziele**, d.h. der Marketingleiter steuert seine Mitarbeiter auf die zu erfüllenden Marketingbereichsziele hin. Außer diesen Leistungszielen sind Verhaltens- und Zufriedenheitsziele zu erreichen.

- **Pläne**, d. h. die Marketingpläne bilden ein wesentliches Führungsinstrument. Zum einen bilden sie die Grundlage für die Technik des Management by Objectives und zum anderen sind sie geeignet, die Einzelpläne besser aufeinander abzustimmen.

- **Information**, d. h. nicht nur die Informationen an die Mitarbeiter des Innen- und Außendienstes bzw. an die externen Teilnehmer sind von Bedeutung, sondern insbesondere die Informationen von diesen Personen.

- **Kommunikation**, d.h. der wechselseitige Informationsaustausch tritt im Marketingbereich besonders hervor. Die interne Zusammenarbeit in Planungs- und Projektteams bzw. mit externen Teilnehmern ist für den Marketingbereich typisch.

- **Organisation**, d. h. für die erfolgreiche Arbeit im Marketingbereich bieten sich z. B. objektspezialisierte Einheiten für das Produktmanagement, Einheiten für das Kundengruppenmanagement und für das Projektmanagement an.

- **EDV**, d. h. auch im Marketingbereich tritt der EDV-Einsatz besonders als Führungsinstrument hervor, z. B. in Form von Informationsaufbereitung und Informationssystemen für Mitarbeiter und Kunden.

- **Innovation**, d.h. die Förderung von Innovation und Kreativität ist insbesondere im Marketingbereich hervorzuheben, z. B. in der Neuproduktpolitik, der Werbung und in Kreativitätsteams.

- **Führungstechniken**, d.h. es können Prognose- bzw. Szenariotechniken, Stärken-Schwächenanalyse, Absatzsegmentrechnung genannt werden.

- **Anreize**, d.h. im Innen- und Außendienst des Marketingbereichs wirken leistungsfördernd z. B. leistungsabhängige Entlohnungssysteme, Anerkennung, Verwirklichungsanreize, Arbeitsanreize, Aufstiegs- und Statusanreize.

3.4.5 MARKETINGBEREICHSERFOLG

Wenn der Marketingbereich erfolgreich arbeiten soll, dann ist vom Abteilungsleiter insbesondere auf die Erfüllung folgender **Marketingbereichsziele** als Leistungsziele zu achten:

▶ Senkung der Marketingkosten	▶ Erhöhung der Kundenzufriedenheit
▶ Erhöhung der Deckungsbeiträge	▶ Erzielen von Wiederkaufraten
▶ Erzielung von Nettogewinnen	▶ Erhöhung der Marktanteile
▶ Erwirtschaften von Renditen	▶ Ausschalten von Konkurrenten
▶ Steigerung des Umsatzes	▶ Auslösen von Kaufwünschen

Der **Leiter** des Marketingbereichs hat außerdem Sorge dafür zu tragen, dass der Bereichszusammenhalt im Marketingsektor gefördert wird und die Mitarbeiter bzw. vor allem die Kunden mit den Leistungen des Unternehmens zufrieden sind.

Der **Erfolg** im Marketingbereich hängt vom Charisma des Marketingleiters, von der Qualifikation und dem Engagement der Marketingmitarbeiter, von der Marketingsituation und vom erfolgreichen Einsatz der Führungsinstrumente ab.

42 ⟩⟩ **Seite 448**

3.5 FÜHRUNG IM VERWALTUNGSBEREICH

Der Verwaltungsbereich umfasst alle Aufgaben des Unternehmens, die das **Personal**-, **Finanz**-, **Informations**- und **Rechnungswesen** sowie das **Controlling** betreffen. Diese Abteilungen werden im Betriebsabrechnungsbogen (*Olfert, Olfert/Rahn*) zu Zwecken der Kostenrechnung häufig in einem Bereich zusammengefasst.

Die Führung im Verwaltungsbereich beinhaltet die Art und Weise, wie der Verwaltungsbereichsleiter auf sein Personal Einfluss nimmt. Zu analysieren sind:

- **Verwaltungsbereichsleiter**
- **Verwaltungsbereichspersonal**
- **Verwaltungsbereichssituation**
- **Bereichsführungsinstrumente**
- **Verwaltungsbereichserfolg**.

3.5.1 Verwaltungsbereichsleiter

Der Verwaltungsbereichsleiter nimmt die Aufgabe wahr, den Verwaltungsbereich als Ganzes zu steuern und die Mitarbeiter der Verwaltung unter Einsatz von Führungsinstrumenten erfolgreich zu beeinflussen.

Allgemeine **Anforderungen** an Verwaltungsmanager sind:

- Die **persönlichen Fähigkeiten**, z. B. Koordinationsfähigkeit, Zahlengedächtnis, Genauigkeit, analytisches Denken, Zuverlässigkeit, Interesse an Detailarbeit, analytisches Denken, Blick für das Wesentliche.
- Die **fachlichen Fähigkeiten**, z. B. Umgang mit Menschen bzw. Zahlen und Kenntnisse, z. B. über Personalwirtschaft, Finanz- und Rechnungswesen, Statistik, Revision, EDV und Controlling.

Diese umfangreichen Kenntnisse können im Zuge von Aus- und Weiterbildungsmaßnahmen vermittelt werden. Am Markt befinden sich viele Weiterbildungsinstitute, die zu obigen Anforderungen Fortbildungsmöglichkeiten anbieten.

3.5.2 Verwaltungsbereichspersonal

Die Führung im Verwaltungsbereich bezieht sich auf **Verhaltens-** und **Führungsmuster**, die mit dem Verwaltungsbereichspersonal direkt verbunden sind, z. B. Stetigkeit, Gewissenhaftigkeit, Sorgfalt, Ordnungsliebe, Genauigkeit, Selbstständigkeit im Denken und Handeln, Problemlösungsfähigkeit, Verantwortungsbewusstsein, gute Rechen- und Deutschkenntnisse.

In der folgenden Aufzählung werden – etwas vereinfachend – die Mitarbeiter des Personalwesens, der Finanzwirtschaft, des Rechnungswesens und des Informations- bzw. Organisationsbereichs zum Verwaltungsbereichspersonal zusammengefasst. Es wird dabei nicht außer Acht gelassen, dass auch im **Leistungsbereich** verwaltet wird.

- Als **Personalmanager** bzw. Mitarbeiter des Personalwesens zu unterscheiden:

▶ Personalleiter	▶ REFA-Experte(in)
▶ Leiter(in) des Personalwesens	▶ Lehrkräfte und Ausbilder(in)
▶ Leiter(in) der Personalplanung	▶ Personalplaner(in)
▶ Personalbeschaffungsleiter(in)	▶ Personaltrainer(in)

- ► Personalfachkaufmann (-kauffrau)
- ► Personalentwicklungsleiter(in)
- ► Ausbildungsleiter(in)
- ► Leiter(in) der Fort- und Weiterbildung
- ► Leiter(in) der Personalbetreuung
- ► Leiter(in) der Personalentlohnung
- ► Personalverwaltungsleiter(in)
- ► Werksarzt(-ärztin)
- ► Sozialfürsorger(in)
- ► Lohnbuchhalter(in)
- ► Sekretär(in)
- ► Arbeitsbewerter(in)
- ► Personalreferent
- ► Personalsachbearbeiter(in)

- Als **Finanzmanager** bzw. Mitarbeiter des Finanzbereichs gelten:

- ► Leiter(in) der Finanzwirtschaft
- ► Leiter(in) der Finanzplanung
- ► Kassenverwaltungsleiter(in)
- ► Grundstücksverwaltungsleiter(in)
- ► Steuerverwaltungsleiter(in)
- ► Versicherungsverwaltungsleiter(in)
- ► Kassenverwalter(in)
- ► Grundstücksverwalter(in)
- ► Steuerexperten(in)
- ► Versicherungsexperten(in)
- ► Finanzbuchhalter(in)
- ► Finanzplaner(in)

- Als **Manager** bzw. Mitarbeiter im **Rechnungswesen** bzw. **Controlling** gelten:

- ► Leiter(in) des Rechnungswesens
- ► Leiter(in) des Controlling
- ► Leiter(in) der Buchhaltung
- ► Leiter(in) der Kostenrechnung
- ► Sachkontenbuchhalter(in)
- ► Kontokorrentbuchhalter(in)
- ► Buchhalter(in)
- ► Rechnungsprüfer(in)
- ► Kostenrechner(in)
- ► Treasurer
- ► Betriebsabrechner(in)
- ► Kalkulator(in)
- ► Statistiker(in)
- ► Sekretär(in)
- ► Registrator(in)
- ► Planungsexperten(in)
- ► Controller(in)

- Als **Manager** bzw. Mitarbeiter im **Informations- und Organisationsbereich** gibt es im Unternehmen:

- ► Organisationsleiter(in)
- ► Informationsleiter(in)
- ► EDV-Organisator(in)
- ► Organisationsprogrammierer(in)
- ► Systemprogrammierer(in)
- ► Operator(in)
- ► EDV-Leiter(in)
- ► Sekretär(in)
- ► Organisator(in)
- ► Anwendungsprogrammierer(in)
- ► Datenbankadministrator(in)
- ► Betriebswirt

Hier geht es also um Mitarbeiter, die im Verwaltungsbereich als Arbeitnehmer unter Führung des Leiters der Verwaltung ihre Leistungen erbringen.

3.5.3 VERWALTUNGSBEREICHSSITUATION

Die speziellen Bedingungen des Verwaltungsbereichs prägen die Anforderungen an die Führung durch den Verwaltungsleiter. Es kann von folgenden **allgemeinen Bedingungen** ausgegangen werden:

- **Innovationen** werden im europäischen Markt bzw. Weltmarkt zunehmen.

- Im **Personalwesen** bildet die Mobilisierung der Erfolgspotenziale des Faktors Arbeit für alle Unternehmen ein vorrangiges Problem.

- Im **Finanz-** und **Rechnungswesen** werden viele neue Rechtsvorschriften im europäischen Markt zu beachten sein, d. h. der Änderungsbedarf wird erheblich gesteigert.

- Der **Informations-** und **Organisationsbereich** erfordert durch immer wieder neue Technologien von Führungskräften und Mitarbeitern sehr viel Qualifikation und Engagement.

Die heutige und künftige Situation der Verwaltungswirtschaft ist vor allem durch hervortretenden Einfluss der **EDV** gekennzeichnet. Computergestützte, effektive Verwaltungskonzepte tragen erheblich zum Unternehmenserfolg bei.

3.5.4 Bereichsführungsinstrumente

Die Führungsinstrumente im Verwaltungsbereich sind auf den vom Leiter der Verwaltung und dem Verwaltungspersonal gemeinsam zu erzielenden Erfolg hin ausgerichtet. Folgende Instrumente sind bedeutsam:

- **Bereichsführungsziele**, d. h. das Verwaltungspersonal ist auf die Erfüllung der Personal-, Finanz-, Rechnungswesen-, Informationsziele hinzusteuern. Es sind nicht nur Leistungs-, sondern auch Verhaltens- und Zufriedenheitsziele zu erfüllen.

- **Anreize**, d. h. um die Zielerreichung zu sichern, sind die gängigen Instrumente der Menschenführung einzusetzen, z. B. Ermunterungs-, Arbeits-, Verwirklichungs-, Aufstiegs-, Entwicklungs- und Entgeltanreize.

- **Kooperation**, d. h. es sind Finanzwirtschaft, Personalwirtschaft, Rechnungswesen, Controlling und Informationswesen aufeinander abzustimmen. Hier ist das Führungsmittel der Kooperation gefragt.

- **Information**, d. h. die Mitarbeiter sind darüber zu informieren, dass vor allem im Verwaltungsbereich die Kostenminimierung erreicht werden muss. Zu teuere Verwaltungsvorgänge sind durch günstigere zu ersetzen.

- **Organisation**, d. h. die Arbeitsabläufe im Verwaltungswesen sind zu verbessern und zweckentsprechend abzustimmen. Dabei ist eine enge Kooperation mit dem Leistungsbereich sinnvoll.

3.5.5 Verwaltungsbereichserfolg

Wenn die Verwaltungswirtschaft erfolgreich arbeiten soll, dann hat der Abteilungsleiter vor allem auf die Erfüllung der **Verwaltungsbereichsziele** als Leistungsziele zu achten:

- Senkung der Verwaltungskosten, Rationalisierung
- Erhöhung der Arbeitsproduktivität
- Erhöhung der Kreativitätsbeiträge des Personals
- Fehlzeiten und Fluktuation in den Abteilungen verringern

- Sicherung der Liquidität bzw. Rentabilität
- Zweckentsprechende Investitionen
- Zahlungseingänge vorantreiben
- Außenstände verringern
- Rechnerische Fehlerquellen reduzieren.

Außerdem wird der **Verwaltungsleiter** darauf Wert legen, dass der erfolgreiche und gut harmonierende Bereich erhalten bleibt. Auch auf angemessenes Verhalten und auf die Arbeitszufriedenheit der Bereichsmitarbeiter ist hinzuwirken.

Der **Bereichserfolg** im Verwaltungswesen hängt von der Persönlichkeit des Verwaltungsleiters, vom Personal, von der Situation und vom effektiven Einsatz der Führungsinstrumente ab.

4. GRUPPENFÜHRUNG

Die personenbezogene Gruppenführung ist die – unter Beachtung der Gruppenführungsziele und der Gruppensituation gegebene – Beeinflussung der Gruppe bzw. deren einzelner Gruppenmitglieder durch einen Gruppenleiter, der seine Führungsinstrumente im Hinblick auf einen gemeinsam zu erzielenden Gruppenerfolg einsetzt (*Rahn*).

Sie bildet ein weiteres Element der personenorientierten Unternehmensführung und wird auch als **Lower-Management**, **Teamführung** (*v. Rosenstiel, Weinert*), Gruppenmanagement (*Jung*) und **Teammanagement** (*Belbin, Gemünden/Högl, Orlikowski*) bezeichnet. Dementsprechend wird die Gruppenführung auf der **unteren** Führungsebene ausgeübt. Sie ist von der sachbezogenen Gruppenführung zu unterscheiden (vgl. Kap. E).

Die Gruppenführung ist ein Teil der **Unternehmensführung**, wie *Konrad Mellerowicz* bereits 1976 festgestellt hat. Er weist u.a. darauf hin, dass die Führung einer Gruppe dann vor Probleme gestellt wird, wenn in einem Team intelligente **Spezialisten** arbeiten, die selbstständig denken und nicht bereit sind, ihre Individualität preiszugeben.

Bei der Wahrnehmung der Gruppenführung stehen die Gruppenleiter mit ihren operativen Aufgaben in enger Verbindung zur **Bereichsleitung**, die u.a. taktische Entscheidungen zu treffen hat und den Rahmen der Betätigung von Gruppenleitern absteckt.

Hinsichtlich der personenbezogenen Gruppenführung sind zu unterscheiden:

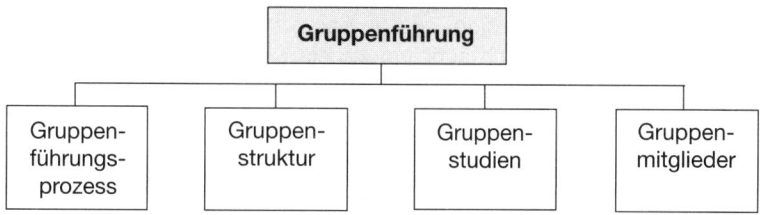

4.1 Gruppenführungsprozess

Ein personenbezogener Gruppenführungsprozess ist ein Ablauf, der eine Gruppe des Unternehmens betrifft und von einem **Gruppenleiter** gesteuert wird. In der Systemtheorie wird dieser Prozess als System interpretiert, das aus Führungselementen und ihren Beziehungen besteht. Ein personenbezogener **Gruppenführungsprozess** hat folgende Struktur:

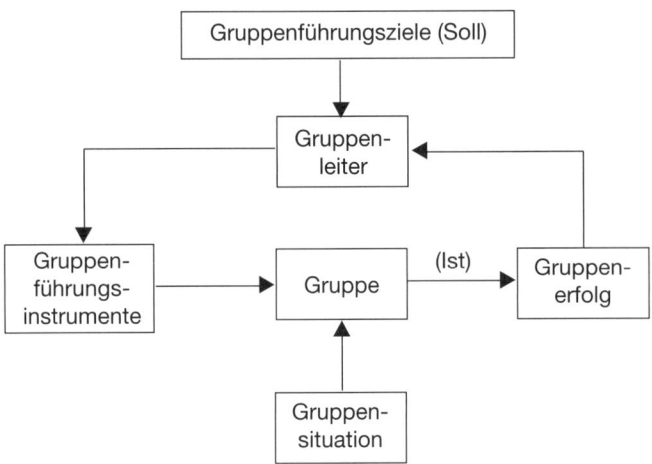

Die **Führungselemente** des personenbezogenen Bereichsführungsprozesses sind:

- **Gruppenführungsziele** als die Gruppe betreffende Führungsziele, z.B. sachbezogene (vgl. Kap. E 3.2.1) und personenbezogene Gruppenziele, z.B. Gruppenleistungsziele bzw. Verhaltensziele der Gruppe (Fehlzeiten vermeiden, gegenseitiges Helfen) und Arbeitszufriedenheit ihrer Gruppenmitglieder.

- **Gruppenleiter** als Meister, Vorarbeiter, Bürochef, Fachkaufmann, Fachwirt. Er hat die Aufgabe, seine Gruppe als Ganzes und das Verhalten seiner Gruppenmitglieder unter Einsatz von Führungsinstrumenten zielbezogen zu steuern. Dies geschieht mit Unterstützung der Bereichsleitung.

- **Gruppe** als Ganzes bzw. ihre Gruppenmitglieder, die so zu beeinflussen sind, dass die Gruppenziele erreicht werden. Die Gruppe ist Arbeitsträger, Koalitionspartner, Entscheidungsträger und Kostenverursacher. Die Gruppenmitglieder weisen unterschiedliche Reifegrade auf, z.B. leistungsstarke Kräfte, Drückeberger, Außenseiter.

- **Gruppensituation** als die jeweilige Lage, in der sich eine Gruppe befindet. Das Gruppenklima kann in einem Bereich sehr unterschiedlich sein. Es gibt Einflüsse der Arbeits- und Privatsphäre, der Unternehmens- und Umweltssphäre. Diese Einflüsse können sich auch auf den Gruppenerfolg auswirken.

- **Gruppenführungsinstrumente** als Stile, Mittel und Techniken der Führung, die der Gruppenleiter gegenüber seinen Mitarbeitern einsetzt, z. B. ist bei einer leistungsstarken Gruppe der Einsatz des fördernden Stils mit den entsprechenden Anreizen angebracht. Diese Instrumente sind auf einen gemeinsam zu erreichenden Gruppenerfolg ausgerichtet.

- **Gruppenerfolg** als das positive Ergebnis der Führungsbemühungen des Gruppenleiters bzw. der Gruppenbeiträge, hinsichtlich des Erreichens der Gruppenziele und des Gruppenzusammenhalts, z.B: Erzielen eines „Wir"-Gefühls. Die Zufriedenheit der Gruppenmitglieder zeigt sich im Individualerfolg. Der Gruppenleistungserfolg ergibt sich aus dem Soll-Ist-Vergleich der Gruppenleistung.

4.2 GRUPPENSTRUKTUR

Die **Gruppe** umfasst eine Mehrzahl von Personen, die in einer bestimmten Zeitspanne häufig in direkter Interaktion stehen (*Högl, v. Rosenstiel, Sader, Staehle, Wegge, Weinert*). Die Anzahl der Gruppenmitglieder ist so gering, dass jede Person mit allen anderen Personen in Verbindung treten kann (*Homans*). Die Struktur von Gruppen wird nach folgenden Gesichtspunkten beschrieben:

- **Arten**

- **Merkmale**

- **Eignung/Beurteilung**

- **Rolle/Status**.

4.2.1 ARTEN

Die Arten und Strukturen der Gruppen weichen voneinander ab, weil die Ziele des Unternehmens und die daraus abgeleiteten Gruppenaufgaben oft nicht mit den Zielen der Gruppenmitglieder übereinstimmen. Es lassen sich folgende **Gruppenarten** einteilen (*v. Rosenstiel, Sader*):

- Nach der **Organisationsart** sind zu unterscheiden:

Formelle Gruppen	Sie werden im Sinne der betrieblichen Zielerreichung geplant und bestimmt. Bei ihnen steht die betriebliche Aufgabenstellung im Vordergrund. Die Rangordnung in der Gruppe wird von außen vorgegeben. Sie zeigt sich in der betrieblichen Über- und Unterordnung.
Informelle Gruppen	Sie bilden sich nach menschlichen Gesichtspunkten spontan und ungeplant. Bei ihnen hat die individuelle Befriedigung sozialer Bedürfnisse Vorrang. Die Rangordnung in der Gruppe ergibt sich aus den Sympathiebeziehungen zwischen den Gruppenmitgliedern.

- Nach dem **Solidaritätsgrad** kann differenziert werden in:

Primäre Gruppen	Sie unterliegen i.d.R. wenig Veränderungen, z. B. Familie, Spielgruppe. Heute gilt die Primärgruppe als face-to-face-Gruppe mit starken emotionalen Bindungen der Mitglieder und mit großem Einfluss auf deren Persönlichkeit und deren Verhalten.

| Sekundäre Gruppen | Sie sind innerhalb eines organisierten Zweckgebildes durch eine Gemeinsamkeit zweckvoll miteinander verbunden, z. B. im Betrieb oder in einer Abteilung. Im Hinblick auf diese Zweckgebilde entsteht z.b. das Führungsproblem den Mitgliedern ein „Wir"-Gefühl zu vermitteln. |

- Nach der Art der **Betriebsaktivität** gibt es:

Arbeitsgruppe	Sie ist eine Gruppe von Mitarbeitern, die von einem Gruppenleiter geführt wird, z. B. von einem Meister oder Büroleiter. Bei der Führung von Arbeitsgruppen sind bestimmte Regeln zu beachten (*Wegge*).
Projektgruppe	Sie wird von einem Projektleiter geführt. Sie besteht relativ kurzzeitig und ist aufgabenorientiert, interdisziplinär und flexibel. Die Mitglieder kommen aus unterschiedlichen Hierarchieebenen. Bei Bedarf werden diese Gruppen kurzfristig einberufen (*Olfert/Rahn*).
Wertanalyseteam	Hier übernimmt der Wertanalyse-Moderator die gezielte Führung. Vom Ist-Zustand ausgehend werden im Team kreative und bereichsübergreifende Lösungen erarbeitet, z. B. zu Rationalisierungs- und Kostensenkungsmaßnahmen. Die Orientierung erfolgt an quantifizierbaren Zielen.
(Teil)autonome Gruppe	Hier kann ein Leiter aus der Gruppe hervorgehen. Die Gruppe entscheidet, ob sie überhaupt einen Führer haben möchte. Sie strebt nach Selbstregulation, Selbstbestimmung und Selbstverwaltung. Die Gruppe vereinbart die Ziele, legt die Rahmenbedingungen fest und entscheidet selbst (*Pietruschka*).
Werkstattzirkel	Der Leiter ist Meister oder Vorarbeiter. Es werden werkstattbezogene Themen und Problemstellungen behandelt, z. B. in Problemlösungsgruppen. Es erfolgt eine relativ starke Reglementierung durch Personen höherer Hierarchieebenen. Diese Regelung lässt für kreative Lösungen weniger Platz.
Lernstattgruppen	Hier agiert der Leiter als Moderator einer Gruppe von Arbeitern. Es werden Lösungsvorschläge erarbeitet. Die Mitglieder treffen sich in regelmäßigen Zeitabständen. Die Gesamtpersönlichkeit des Mitarbeiters wird in die Diskussionen einbezogen.
Qualitätszirkel	Der Leiter wird häufig von der Gruppe gewählt. Die Mitglieder treffen sich auf mehr oder weniger freiwilliger Basis. Die Diskussionsziele liegen in der Verbesserung der Produktqualität, der Qualität der Arbeitsbedingungen und der Qualität des Arbeitsprozesses.

4.2.2 MERKMALE

Betriebliche Gruppen weisen **Merkmale** auf, die unter folgenden Aspekten betrachtet werden können:

- **Gruppendenken**, d. h. viele Gruppenmitglieder unterliegen aufgrund ihrer Gruppenzugehörigkeit einer Illusion der Unverwundbarkeit. Dadurch werden Optimismus und Risikobereitschaft gefördert.

  Es wird gemeinsam versucht, Warnungen von außen oder Gegenargumente zu widerlegen, damit die eigene Orientierung nicht in Frage gestellt werden muss. Gegenüber dem »Feind« werden negative Stereotypen formuliert.

- **Gruppenzusammenhalt**, d. h. mit ihm sind Gefühle der Abgrenzung gegenüber anderen Gruppen verbunden. Das Ausmaß der **Gruppenkohäsion** hängt von gruppeninternen Faktoren ab, z. B. Gruppengröße, Homogenität und von gruppenexternen Variablen wie z. B. Arbeitssituation und Ziele.

  Der Prozess der Kohäsion ergänzt sich durch die Bildung von Gruppennormen. Dabei handelt es sich um Verhaltensmuster, deren Anerkennung und Beachtung von jedem Gruppenmitglied erwartet wird (*Richter*).

- **Gruppenarbeit**, d. h. sie ist eine Arbeitsform, durch welche ein höheres Leistungsniveau bzw. eine Steigerung der **Arbeitsproduktivität** erreicht werden soll (*Antoni, Kasper/Mayrhofer*). Beispielsweise kann eine begrenzte Anzahl von Arbeitskräften planmäßig zu einer gemeinsamen und koordinierten Arbeitsverrichtung zusammengefasst werden, um Gruppenleistungen nachhaltig zu verbessern. Die Gruppenarbeit wird auch als Teamarbeit bezeichnet (*Gebert*).

- **Gruppenleistung**, d. h. sie ist das bewertete Ergebnis einer Gruppenarbeit. Je nach Art der Gruppenaufgabe, deren Schwierigkeitsgrad und den Gruppenproblemen mit Raum und Zeit, je nach Gruppenzusammensetzung und je nach Persönlichkeit der Gruppenmitglieder, kann eine Gruppenleistung unterschiedlich ausfallen (*Hofstätter*):

  - Leistungen vom **Typ des Tragens oder Hebens**, z. B. mechanisches Prinzip der additiven Kombination der Einzelleistungen.
  - Leistungen vom **Typ des Suchens und Beurteilens**, z. B. ist die Gesamtheit aller Schätzungen in der Regel richtiger als die meisten Einzelschätzungen.
  - Leistungen vom **Typ des Bestimmens**, z. B. legt die Gruppe die Minima und Maxima von Einzelleistungen fest. Als Regel gilt, dass diese Normen geringfügig unterhalb des Durchschnitts der Einzelleistungen liegen.

- **Gruppenzerfall**, d. h. ein Grund für ihn kann eine von der Gruppenmehrheit nicht akzeptierte Aufgabe sein, die dem gemeinsamen Leistungswillen den Boden entzieht. Wer die Gruppe zu wenig fordert, schwächt u. U. die leistungsbezogene Gruppendynamik. Ebenso sind bei starker und lang andauernder Überbelastung **Zerfallserscheinungen** möglich.

4.2.3 EIGNUNG/BEURTEILUNG

Der Einsatz von Gruppen hat sich im Unternehmen bewährt. Sie werden aus folgenden **Gründen** als geeignet angesehen:

- Gruppen sind häufig kreativer als Einzelmitglieder.
- Es existiert eine größere Zahl von Lösungsvorschlägen bei einem Problem.

- Die Beteiligung an der Problemlösung erhöht die Akzeptanz von Entscheidungen.
- Es liegt ein besseres Verständnis für die Entscheidungen vor, weil kooperiert wird.
- Kommunikationsverzerrungen werden durch den Gruppenverbund reduziert.
- Teilnehmer kennen auch abgelehnte Alternativen.
- Der Kontakt wirkt der Isolierung entgegen.
- Mehr eigene Aktivität durch Ansporn der Gruppe.
- Verständnisvertiefung durch Diskussionen.

Im Wesentlichen ergibt sich folgende **Beurteilung** von Gruppen (*Wunderer/Grunwald*):

- Gruppen tendieren zu einmütigen Entscheidungen und erhöhen die **Uniformität** der Mitgliederurteile. Gründe dafür können sein: geringes Selbstvertrauen, Wunsch nach Gruppenakzeptanz, wechselseitige Sympathie.

- Es erfolgt eine Verschiebung der Gruppenentscheidung gegenüber der Individualentscheidung hin zu größerer Risikobereitschaft der Gruppe (**»Risky-shift«-Effekt**). Um das Risiko einzudämmen, kann in der Gruppe eine Person bestimmt werden, die alle Entscheidungen anzweifelt, um Fehler frühzeitig zu erkennen.

- Das Gefühl persönlicher Verantwortungsbereitschaft für einen Fehlschlag wird durch die einstimmige **Gruppenentscheidung** auf die Gruppenmitglieder verteilt. Umfassende Diskussionen erfordern allerdings einen hohen Zeitaufwand.

- Je größer die Gruppe ist, desto größer ist der Einfluss **selbstbewusster** Mitglieder, z. B. bei führerlosen Gruppen. Gewählte Führer haben den höchsten Statuskredit, wodurch sie auch den größten Einfluss auf die Gruppe ausüben können.

- Beiträge jener Personen, die am meisten reden, werden am häufigsten akzeptiert. Die Ergebnisse sind dann – nach längerem Nachdenken – nicht im Sinne aller **Gruppenmitglieder**.

4.2.4 Rolle/Status

Eine Rolle ist eine festgelegte Handlungsfolge, ein bestimmtes Verhaltensmuster, das von einer Person in einer Interaktionssituation durchgespielt wird. Vorgesetzter und Mitarbeiter haben bestimmte **Rollenerwartungen**, denn sie setzen Verhaltensmuster bei ihrem Partner voraus (*v. Rosenstiel, Weinert*).

So erwartet der Mitarbeiter, dass der Vorgesetzte z. B. Sachverstand hat, Verständnis aufbringt und **Autorität** ausstrahlt. Umgekehrt erwartet der Vorgesetzte, dass sein Mitarbeiter z. B. zielstrebig, engagiert und sozial eingestellt ist.

Als Gruppenmitglied kann ein Mensch ganz unterschiedliche Rollen spielen (*Rahn*):

- **Gruppenzielrollen**, die von denjenigen Gruppenmitgliedern gespielt werden, die zum Erreichen des Gruppenzieles beitragen, z. B. Gruppenstars, Leistungsstarke. Tritt der Gruppenzielerfolg ein, so wird das Fortbestehen der Gruppe gesichert.

- **Gruppenerhaltungsrollen**, die für das »Wir«-Gefühl der Gruppe von Bedeutung sind. Als Träger von Erhaltungsrollen gelten die Gruppenstars, fröhliche und ausgleichende Naturen. Sie bringen Beiträge, die sowohl im Interesse der Gruppe als auch im Sinne des Gruppenmitglieds sind.

- **Individualrollen**, die im Interesse des einzelnen Gruppenmitglieds liegen und oft nicht im Einklang mit obigen Rollen stehen, z. B. Außenseiter, Ehrgeizlinge, Intriganten, Drückeberger. Grundsätzlich dienen Individualrollen der Befriedigung von individuellen Bedürfnissen.

Ob eine Gruppe gut oder schlecht beurteilt wird, hängt davon ab, ob und wie die obigen drei Rollen in der Gruppe übernommen wurden. Um Klarheit über die **Rollenwahrnehmung** in der Gruppe zu erhalten, sollte der Vorgesetzte schon frühzeitig eine Rollenanalyse vornehmen (*Rahn*).

Als **Teamrollen** unterscheidet *Belbin* den Neuerer, Wegbereiter, Koordinator, Macher, Beobachter, Teamarbeiter, Umsetzer, Perfektionist und Spezialisten. Bei der Wahrnehmung von Rollen nimmt ein Mensch unterschiedliche **Positionen** ein. Sie kann zum Beispiel als Gruppenleiter im Betrieb einen anderen Rang bzw. Status haben als zu Hause in der Familie.

Der Status ist diejenige Stellung, die jemand im Ranggefüge einer Gruppe einnimmt. Es gibt keine **Rolle** ohne **Status** und keinen Status ohne Rolle. Die Abstufung der Statuspositionen ergibt eine Statuspyramide, die als Hierarchie bezeichnet wird.

Es sind zu unterscheiden:

- Der **formelle Status** basiert auf Kenntnissen und Fähigkeiten, nicht selten auch auf informellen Verbindungen. Er kann sich aus folgenden **Statussymbolen** ergeben:

▶ Weißer Arbeitskittel	▶ Reisen erster Klasse
▶ Separater Telefonanschluss	▶ Eigene Toilette
▶ Eigener Parkplatz	▶ Berechtigung,
▶ Dienstwagen	im Casino zu essen

Auf ihre Statussymbole pflegen die Inhaber in der Regel auch großen Wert zu legen, denn auf ihren Verlust reagieren sie empfindlich, z. B. gegenüber Falschparkern auf ihrem reservierten Parkplatz. **Statussymbole** haben oft motivierende Wirkung für den Mitarbeiter. Störend wirken sie dann, wenn sie ihre Träger zu Überheblichkeit verleiten, sich andere Mitarbeiter zurückgesetzt fühlen bzw. sich Machtverhältnisse bestärken (*Macharzina/Wolf*).

- Der **informelle Status**, der sich in der Gruppe spontan und ungeplant herausbildet. Grundsätzlich wird erwartet, dass eine Rolle in etwa dem Status entspricht. Wer das gewünschte Rollenverhalten nicht erfüllt, wird seinen Status schnell verlieren. Als Komponenten des informellen Status gelten:

  - ▶ Das **Sozialverhalten**, denn im Allgemeinen werden Freundlichkeit und Hilfsbereitschaft, Solidarität und Toleranz, Aufgeschlossenheit und Kontaktfähigkeit von der Gruppe honoriert. Verschlossene und kontaktarme Gruppenmitglieder haben einen geringeren Status als solche mit angemessenem Sozialverhalten.

- ▸ Die **soziometrische Wahrnehmung**, die das Wissen um die eigene Position in der Gruppe kennzeichnet. Falsche Rollenwahrnehmung führt zu sozialen Schwierigkeiten in der Gruppe. Wer in der Rangordnung ganz unten steht, täuscht sich über seinen Rang am meisten.

- ▸ Die **Meinung der Gruppe**, denn die Mitglieder einer Gruppe haben offensichtlich eine genaue Vorstellung davon, welchen Stand ein Gruppenmitglied in der Gruppe haben soll. Sehr rangniedrige Teilnehmer einer Gruppe sind oft weniger intelligent bzw. weniger begabt als die ranghöheren.

- ▸ Auch **Persönlichkeitstyp**, häusliche Atmosphäre und äußere Erscheinung eines Menschen können für dessen Gruppenrang bedeutsam sein. Ein ranghohes Gruppenmitglied ist nicht selten ein extravertierter Typ, der in der Lage ist, sich verbal auszudrücken.

Wo Gruppen längere Zeit bestehen, kommt es zu internen Differenzierungen, die auch in der Natur angetroffen werden. Aus dem Tierreich sind z. B. stabile Rangsysteme bekannt, die man auch als »**Hackordnungen**« bezeichnet.

Als Hackliste oder Hackgesetz wird die hierarchische soziale Ordnung bezeichnet, die *Schjelderup-Ebbe* bei Haushühnern entdeckt hat. Hackordnungen regeln die Stellung der Gruppenmitglieder zueinander. Sie ist das Ergebnis vorausgehender Kämpfe um die Macht und regelt die Dominanz (*v. Rosenstiel*).

4.3 Gruppenstudien

Als Gruppenstudien können wissenschaftliche Betrachtungen bezeichnet werden, die auch für die Praxis der **Gruppenarbeit** von Bedeutung sind.

Es sind zu unterscheiden:

- **Gruppenforschung**

- **Soziogramm**.

4.3.1 Gruppenforschung

Von den umfassenden Ergebnissen zur Gruppenforschung sollen folgende Studien genauer untersucht werden, die insbesondere für die personenbezogene Unternehmensführung von Bedeutung sind (*Hentze/Kammel, Homans*):

- Die **Hawthorne Studien**, die von *Mayo, Whitehead, Roethlisberger, Dickson* und *Homans* in den Jahren von 1927-1932 in wissenschaftlichen Untersuchungen durchgeführt wurden.

  Sie ermittelten ihre Ergebnisse in den Hawthorne-Werken der Western-Electric-Company in Chicago. Die Studien konzentrierten sich auf folgende Experimente:

Licht-experiment	Bei ihm wurden eine **Testgruppe** und eine **Kontrollgruppe** gebildet. Beide Gruppen setzte man unterschiedlich starker Beleuchtung aus.
	Unabhängig von der in beiden Gruppen unterschiedlichen Beleuchtungsstärke hatten beide Gruppen etwa die gleiche Leistungssteigerung. Die Verschlechterung der Bedingungen am Arbeitsplatz führte also nicht zum Nachlassen der Produktion.
	Dies war darauf zurückzuführen, dass bei Änderungen mit den Betroffenen jedesmal gesprochen wurde. Im Übrigen wurde nicht scharf und streng überwacht. Diese **neue soziale Einstellung** beeinflusste das Verhalten der Testpersonen ganz wesentlich.
Pausen-experiment	Es wurde der Einfluss von Pausen auf die Produktion von fünf Arbeitern untersucht. Auch hier war nicht die Zunahme der Pausen entscheidend für die stetige Leistungssteigerung. Vielmehr lagen die Gründe in der veränderten **sozialen Situation**.
	Die Beachtung und Aufmerksamkeit, die man den Arbeitskräften schenkte, förderte die Arbeitszufriedenheit und führte zur Steigerung der Leistung.
Montage-experiment	Hier haben 14 Mitarbeiter Schalter für Telefonanlagen montiert. Einige von diesen Arbeitskräften hatten Kontaktbänke (banks of terminals) in dem Beobachtungsraum (observation room) zu verdrahten (wiring). Die Untersuchung wurde als »Bank-Wiring-Observation-Room«-Experiment bezeichnet.
	Die Arbeiter produzieren aber weit weniger als das, wozu sie physisch in der Lage gewesen wären. Sie folgten nämlich einer sozialen **Gruppennorm**, die die Produktionsmenge gruppenintern festlegte.
	Es wurde auf jedes Gruppenmitglied **Gruppendruck** ausgeübt, damit von der Unternehmensseite niemand etwas von den vorhandenen Leistungsreserven merken sollte.

Die **Gruppenbildung** ist ein Prozess, bei dem aus Individuen eine Gruppe entsteht. Dabei sind folgende Regeln zu beachten (*Homans*):

Interaktions-regel	Erhöht sich die Häufigkeit der Kontakte zwischen zwei oder mehr Personen, so wird auch das Ausmaß ihrer Zuneigung zunehmen. Auch umgekehrt wird durch die Sympathie der Kontakt häufiger. Das räumliche Zusammensein bzw. die räumliche Nähe gewinnen an Bedeutung für die gemeinschaftlichen Gefühle.
Angleichungs-regel	Je häufiger Interaktionen zwischen Personen bestehen, desto mehr tendieren ihre Aktivitäten und Gefühle dazu, sich in mancher Hinsicht anzugleichen. Also passen sich mit zunehmender Wechselwirkung die Einstellungen, Sympathien, Aktivitäten und Gefühle immer mehr an.

Distanzierungs-regel	Je größer die Gruppensolidarität nach innen ist, umso stärker ist die Feindseligkeit nach außen. Gruppen mit nachhaltig ausgeprägter Binnengruppen-Solidarität verstärken auch im Betrieb ihr Gemeinschaftsgefühl.
	Das Zusammenhalten gegenüber **Außengruppen** verstärkt die Erhaltung der **Binnengruppe**. Die Solidarität der Gruppenmitglieder begünstigt das Erreichen der Gruppenziele.

Das Hauptergebnis der Hawthorne-Studien war die Erkenntnis, dass die menschlichen Beziehungen im Betrieb sehr bedeutend für das Arbeitsverhalten der Beschäftigten sind. Außerdem wurde die Rolle des informellen **Gruppenführers** erkannt.

- Die **Norton-Street-Gang-Studie**, bei der der Autor *White* die Bedingungen der sog. Norton-Straßen-Bande erforschte. Der Wissenschaftler studierte den italienischen Teil der Elendsviertel von Boston in einer Weise, die ihn völlig zu einem Teil dieses Bezirks und der Untersuchungsgruppe werden ließ.

  Die Studie eröffnete Einblicke in die soziale Organisation von Gruppen. Man erhielt Aufschlüsse über das Verhalten der informellen **Gruppenstars** und der sog. **schwarzen Schafe** als Außenseiter.

- Die **Konformitätsstudie**, bei der *Asch* mit dem sog. Linienexperiment neue Hinweise auf das Konformitätsverhalten von Gruppenmitgliedern gab. Er bot seinen Versuchspersonen jeweils Aufgaben an, die aus einer Standardlinie und drei Vergleichslinien bestanden.

  Die Testpersonen mussten die Vergleichslinie aussuchen, die in ihrer Länge mit der Standardlinie übereinstimmte. Außer der Versuchsperson befanden sich **Mitarbeiter des Versuchsleiters** im Raum, die ihre falschen Lösungen bewusst und laut im Beisein der Versuchsperson bekannt geben. Es zeigte sich, dass etwa ein Drittel der **Versuchspersonen** wenigstens einmal dem Einfluss der Gruppe nachgab und das Gruppenurteil übernahm, obwohl die eigene Wahrnehmung davon abwich.

Umfassende aktuelle Forschungsergebnisse wurden zur Führung **selbstregulierter** Arbeitsgruppen (*Pietruschka*) und zur Führung von **Arbeitsgruppen** (*Wegge*) vorgelegt.

4.3.2 Soziogramm

Das Soziogramm ist die am weitesten verbreitete Methode zur Messung der gegenseitigen Zu- bzw. Abneigungen in der Gruppe. Ihre Grundzüge und Weiterentwicklung sind häufig beschrieben worden (*Moreno, Rahn*).

Über die Befragung von Gruppenmitgliedern durch die Führungskraft werden auf Handzetteln Antipathie- und Sympathiewahlen aufgeschrieben, die später zu einem **Soziogramm** zu verarbeiten sind. Dieses ist ein Diagramm, das die bevorzugten sozialen Kontakte innerhalb einer Gruppe in graphischer Weise aufzeigt.

Die Anwendung der **soziometrischen Methode** trägt u. a. dazu bei, dass aus den Einblicken in die Struktur der Gruppe klare Ansatzpunkte für die Führung der Gruppenmitglieder gefunden werden. Vor allem kann die Methode sehr hilfreich sein, wenn die Führungskraft ihre Gruppenmitglieder kaum kennt.

Beispiel eines Soziogramms:

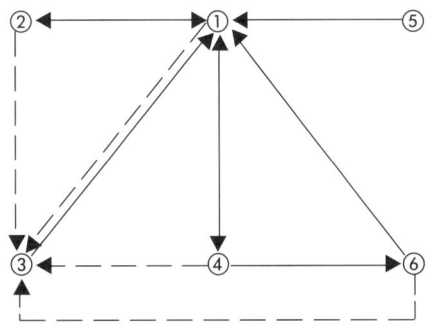

Erläuterungen des Soziogramms:

① Dieses Gruppenmitglied ist der informelle Gruppenführer, weil er fünf mal gewählt wird.

③ Er ist der Außenseiter, weil er vier negative Wahlen von den anderen Personen bekommt.

⑤ Diese Person ist eine Randfigur, da sie weder positive noch negative Wahlen erhält.

④ bzw. ① und ② sind durch positive Wahlen miteinander verbunden (gegenseitige Wahlen).

Erklärungen:

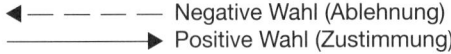
◀— — — — Negative Wahl (Ablehnung)
———————▶ Positive Wahl (Zustimmung)

① und ③ Der Gruppenstar lehnt den Außenseiter ab, dieser möchte aber mit dem Star kommunizieren.

Anhand der ermittelten Ergebnisse kann sich die Führungskraft ein klares Bild von der **Rollenverteilung** (Gruppenstar, Außenseiter, Antipathien bzw. Sympathien der Gruppenmitglieder) verschaffen. Außerdem ergibt sich die Struktur von Teilgruppen.

4.4 GRUPPENMITGLIEDER

Als Gruppenmitglieder gelten die Teilnehmer einer Gruppe, die vom **Gruppenleiter** zu führen sind. Die Mitglieder unterscheiden sich durch ihre Motive, Leistungsfähigkeit, Leistungsbereitschaft und ihr Leistungsvermögen. Es sind folgende Arten der **Gruppenmitglieder** und **gruppenorientierte Führungsstile** zu unterscheiden, die auch im Rahmen der Personalwirtschaft und des Projektmanagements bedeutsam sind (*Krause, Olfert, Rahn*). Gruppenmitglieder sind als

- Gruppenstar bzw. Leistungsstarker zu **fördern**.

- Drückeberger bzw. Leistungsschwacher **anzuspornen**.

- Frohnatur bzw. Ausgleichender **wertzuschätzen**.

- Frecher, Ehrgeizling, Intrigant, Gruppenclown zu **bremsen**.

- Schüchterner bzw. Problembeladener zu **ermutigen**.

- Neuling bzw. Außenseiter zu **integrieren**.

Es sind zu unterscheriden:

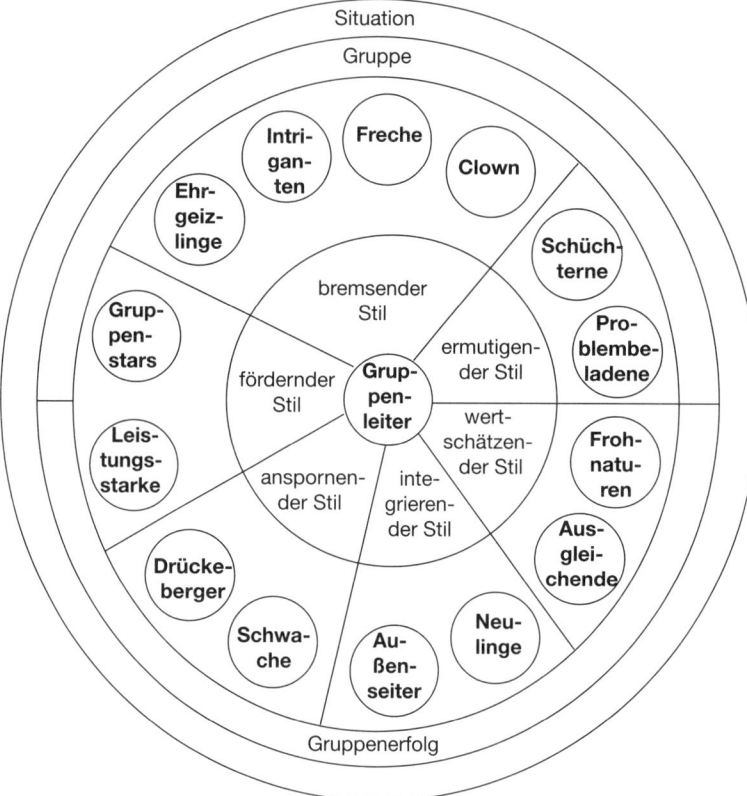

Aus der Abbildung ergeben sich Stile zur **Gruppenführung**, die modellhaft zu interpretieren sind und idealtypische Verhaltensweisen darstellen. Diese Stile beschreiben die Art und Weise, wie ein Gruppenleiter seine Gruppenmitglieder führt.

Aus einem Praxisbericht über die **Führung von Gruppen** (*Rahn*) sind folgende gruppenorientierte Führungsstile ableitbar:

- Der **anspornende** Führungsstil, der alle Führungsmaßnahmen umfasst, die Mitarbeiter mit Leistungsreserven betreffen. Drückeberger sind zu fordern, damit sie aus ihrer Leistungsreserve gelockt werden. Auch Leistungsschwache sind anzuspornen.

- Der **bremsende** Führungsstil, der dazu dient, zu lebhafte Gruppenmitglieder, Intriganten und Ehrgeizlinge in ihre Schranken zu verweisen. Sie sind rechtzeitig auf ihre Leistungsziele hinzusteuern, bevor ihr Verhalten ausufert oder außer Kontrolle gerät.

- Der **ermutigende** Führungsstil, der geeignet ist, das Verhalten zu schüchterner oder problembeladener Gruppenmitglieder positiv zu beeinflusssen. Verzweifelte Mitarbeiter benötigen Mut und Zuversicht, damit ihr Selbstwertgefühl bestärkt wird.

- Der **fördernde** Führungsstil, der ein Verhaltensmuster des Vorgesetzten umfasst, das informelle Gruppenführer und leistungsstarke Kräfte über Anreize dazu bringt, die bisherigen Leistungen weiterhin zu erbringen bzw. zu steigern.

- Der **integrierende** Führungsstil, der dazu dient, über bestimmte Maßnahmen Neulinge bzw. Außenseiter näher an die Gruppe heranzuführen, damit sie sich in die Gruppe einfinden und mit ihren Aktivitäten in die Gruppe einbezogen werden.

- Der **wertschätzende** Führungsstil, der grundsätzlich bei positiv eingestellten Leistungsträgern gilt und vor allem bei Frohnaturen und ausgleichenden Gruppenmitgliedern anzuwenden ist. Sie sind in ihrer Art und mit ihren Beiträgen zu akzeptieren.

Allerdings haben Gruppenleiter immer auch die Situation der Gruppe und die Wirkungen seiner Entscheidungen auf die **Gesamtgruppe** zu beachten, denn auch andere Gruppenmitglieder nehmen Gegebenheiten und Rückwirkungen von Maßnahmen des Vorgesetzten wahr.

Gegenüber der Führung einzelner Gruppenmitglieder ist die Führung von größeren **Gruppen als Ganzes** im deutlich komplexeren Unterfangen (*Wegge/v. Rosenstiel*). Die folgende Darstellung gibt einen Überblick über die ganze Gruppen betreffenden Führungsstile (*Rahn*):

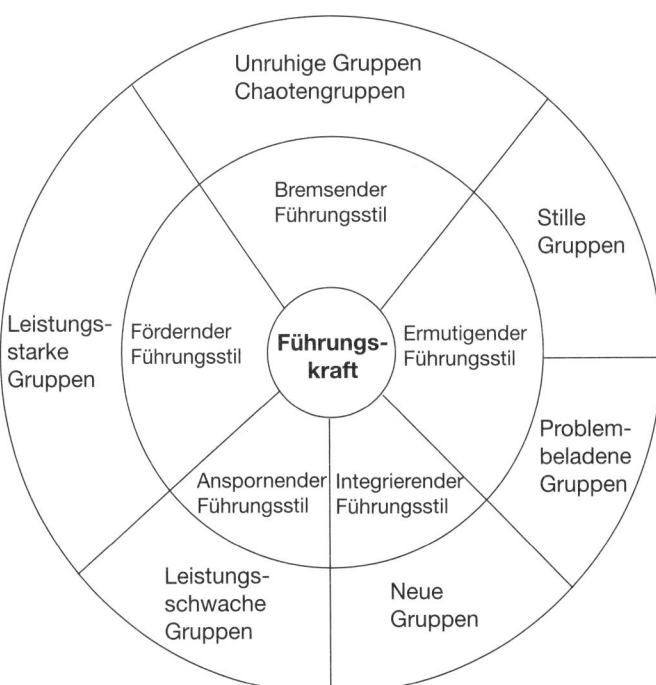

Wie aus der Abbildung zu ersehen ist, haben auch Leiter interner Firmenseminare bzw. **Konferenzleiter** ganz unterschiedlich motivierte Gruppen bzw. Gruppenmitglieder zu führen.

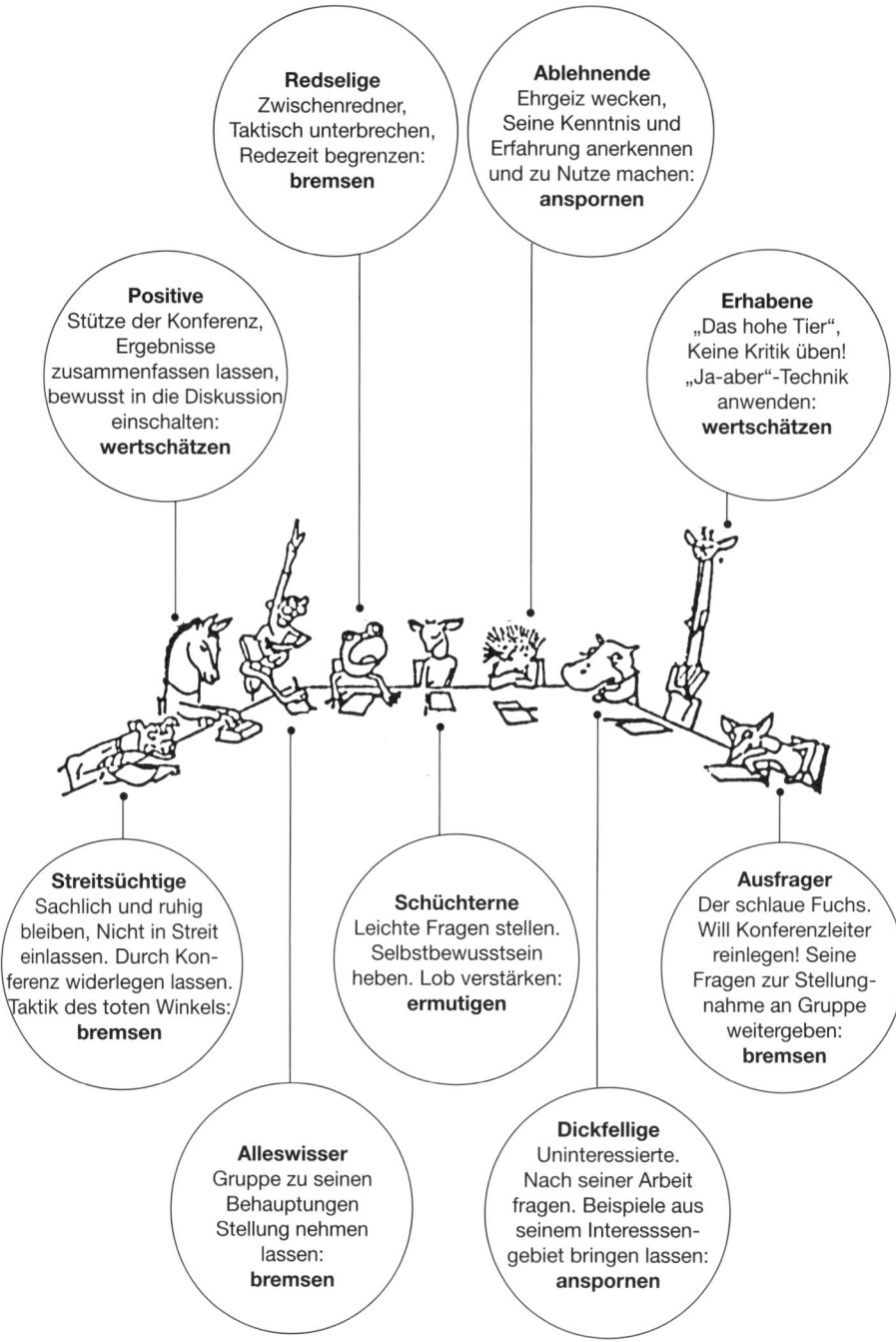

Redselige
Zwischenredner,
Taktisch unterbrechen,
Redezeit begrenzen:
bremsen

Ablehnende
Ehrgeiz wecken,
Seine Kenntnis und
Erfahrung anerkennen
und zu Nutze machen:
anspornen

Positive
Stütze der Konferenz,
Ergebnisse
zusammenfassen lassen,
bewusst in die Diskussion
einschalten:
wertschätzen

Erhabene
„Das hohe Tier",
Keine Kritik üben!
„Ja-aber"-Technik
anwenden:
wertschätzen

Streitsüchtige
Sachlich und ruhig
bleiben, Nicht in Streit
einlassen. Durch Kon-
ferenz widerlegen lassen.
Taktik des toten Winkels:
bremsen

Schüchterne
Leichte Fragen stellen.
Selbstbewusstsein
heben. Lob verstärken:
ermutigen

Ausfrager
Der schlaue Fuchs.
Will Konferenzleiter
reinlegen! Seine
Fragen zur Stellung-
nahme an Gruppe
weitergeben:
bremsen

Alleswisser
Gruppe zu seinen
Behauptungen
Stellung nehmen
lassen:
bremsen

Dickfellige
Uninteressierte.
Nach seiner Arbeit
fragen. Beispiele aus
seinem Interesssen-
gebiet bringen lassen:
anspornen

Aus den Darstellungen ergeben sich verschiedene Arten von Gruppenmitgliedern, die nun hinsichtlich ihrer Merkmale, Führungsinstrumente und dem Selbstmanagement zu analysieren sind.

4.4.1 GRUPPENSTARS

Die positiv eingestellten Gruppenstars sind die informellen **Gruppenführer** einer Gruppe. Bei Befragungen erhalten sie von den Gruppenmitgliedern viele Stimmen. Negative Gruppenstars werden hier nicht behandelt (z. B. Rädelsführer), sondern den frechen Typen zugeordnet (vgl. nächstes Kapitel). Bei der Führung des Gruppenstars sollte der Gruppenleiter im Unternehmen – unter Beachtung der jeweiligen Situation – folgende **Führungsinstrumente** einsetzen:

- **Anreize**, d. h. es sind alle Motivationsfaktoren einzusetzen, die auch für Leistungsstarke gelten, z. B. Ermunterungs-, Arbeits-, Verwirklichungs-, Aufstiegs-, Entwicklungs-, Entgelt- und Statusanreize.

- **Gespräche**, d. h. der Vorgesetzte wird den Star für die Beiträge zur Erfüllung der Gruppenzielrolle bzw. der Gruppenkohäsion würdigen und ihn für das Hinwirken auf die Organisation des Gruppengeschehens bzw. für seine Arbeitsleistungen loben.

- **Kontrolle**, d. h. wer als Führungskraft die Stars kleinlich kontrolliert, wird keinen Erfolg haben. Denn es leidet deren Motivation, weil sie Freiräume brauchen. Zielgebundene Ergebniskontrollen reichen im Regelfall aus.

- **Informationen**, d. h. der Führende wird den Gruppenstar stets über besondere Arbeitsvorgänge auf dem Laufenden halten. Er sollte einen guten Kontakt zu ihm pflegen, ihn für die eigenen Ideen gewinnen und ihn damit als »verlängerten Arm« gegenüber der Gruppe betrachten.

- **Führungsstil**, d. h. der Vorgesetzte pflegt einen **fördernden** Führungsstil, denn der Gruppenstar soll merken, dass der Chef seine tragende Rolle anerkennt. Strenge ist nicht nötig. Ernsthafte Auseinandersetzungen mit ihm (wegen Kleinigkeiten) sind schon deshalb zu vermeiden, weil er die Unterstützung der Gruppe hat.

Im Rahmen des **Selbstmanagements** ist informellen Führern zu raten, das Spielen der Gruppenerhaltungsrolle und der Gruppenzielrolle zu trainieren, um für die Gruppe immer engagiert zu bleiben. Er sollte sich nicht über den Chef hinwegsetzen, d. h. es gilt die Rolle der »grauen Eminenz« zu vermeiden.

4.4.2 FRECHE

Extravertierte Menschen versuchen alles an Eindrücken aufzunehmen, was sie aus ihrer Umwelt aufnehmen können. Als ausgesprochene **Tatmenschen** sind sie durch ausgeprägten Bewegungsdrang gekennzeichnet und setzen sich für berechtigte Anliegen der Gruppenmitglieder ein. Lebhafte Menschen bilden für jede Gruppe bereichernde Elemente. Es gibt aber auch **freche Naturen**, z. B. Rädelsführer, Aufwiegler, Kesseltreiber und Querulanten, die sich nicht in die betriebliche Ordnung eingliedern wollen.

Unter Beachtung der jeweiligen Situation sollte der Vorgesetzte gegenüber frechen Typen folgende **Führungsinstrumente** einsetzen:

- **Anreize**, d. h. der Vorgesetzte sollte als Arbeitsanreize herausfordernde Aufgaben geben, die stark belastend sind. Er kann die Gruppenzusammensetzung ändern und Versetzungsmöglichkeiten prüfen. Das Lob wird dosiert eingesetzt, da Überheblichkeit möglich ist.

- **Gespräche**, d.h. zunächst wird die Führungskraft mit der ganzen Gruppe über das freche Verhalten von Gruppenmitgliedern sprechen. Später können in Einzelgesprächen die eigentlichen Gründe des Verhaltens ermittelt werden. In allen Gesprächen muss der Vorgesetzte Autorität zeigen.

- **Weisungen**, d. h. der Führende sollte den Frechen Weisungen korrekt erteilen und mit Arbeit so auslasten, dass er weniger Zeit für sein Treiben hat. Fehler sind sachlich zu korrigieren. Bei Widerspuch des Frechen darf sich der Führende nicht provozieren lassen. Er sollte die Frechen aber auch nicht reizen.

- **Kritik**, d. h. die Kritik des Verhaltens hat i.d.R. unter vier Augen zu erfolgen. Im Ausnahmefall kann der Führende den Frechen vor der Gruppe bloßstellen, wenn es offensichtlich ist, dass dieser seinen Chef »vorführen« will. Die Folgen des Verhaltens sind klar aufzuzeigen.

- **Strenge**, d. h. wenn die Autorität des Vorgesetzten nicht Schaden nehmen soll, müssen zur rechten Zeit die Grenzen der Betätigung aufgezeigt werden. Weil zu viel Güte von Frechen zuweilen ausgenutzt wird, muss der Chef auch manchmal streng sein können.

- **Führungsstil**, d. h. zu lebhafte Mitglieder werden mit dem **bremsenden** Führungsstil geführt, damit ihre Aktivitäten in die richtige Richtung gelenkt werden. Die Führungskraft darf sich nicht von ihren Leistungszielen abbringen lassen. Auch Vielredner sind zu bremsen (*Birker/Birker*).

Im **Selbstmanagement** lässt sich für den Frechen einiges erreichen. Er muss lernen, sich besser zu beherrschen, damit er ruhiger bleibt und sich mehr zurückhält. Der Freche müsste Anpassungsfähigkeit trainieren, damit er besser zuhört und weniger verletzend wirkt. Außerdem sollte er sich angewöhnen, mehr Respekt vor anderen Menschen zu zeigen.

4.4.3 Problembeladene

Manches Gruppenmitglied hat in seiner Privatsphäre harte **Schicksalsschläge** hinzunehmen, mit denen es verständlicherweise nicht so schnell fertig wird, z. B. Sterbefälle, Scheidung. In diese Betrachtung werden keine problembeladenen Menschen einbezogen, die mit Alkohol- bzw. Drogenproblemen zu kämpfen haben. Hier ist eine spezielle Behandlung nötig (vgl. Kap. C 5.4.6).

Bei der Führung von problembeladenen Mitarbeitern können im Unternehmen folgende **Führungsinstrumente** eingesetzt werden:

- **Anreize**, d. h. Ermunterungsanreize können darin bestehen, Mut zu machen und neue Hoffnung zu geben. Auf künftige Ereignisse, die ihm Zuversicht bringen, ist hinzuweisen. Der Vorgesetzte sollte seinen Mitarbeiter »motivieren«, z. B. durch Betonung früherer positiver Begebenheiten bzw. durch lobende Worte.

- **Gespräche**, d. h. der Chef sollte sich die Zeit für ein Gespräch nehmen, auch wenn die Alltagsverpflichtungen drängen. Allerdings wird er dem Mitarbeiter niemals ein Gespräch aufdrängen. Die Fähigkeit des aktiven Zuhörens und die Bereitschaft zur Anteilnahme sind gefragt.

- **Kooperation**, d. h. das Führungsinstrument der Kooperation kann in der Ablenkung von den Problemen liegen. Diese kann von der Gruppe und/oder vom Vorgesetzten ausgehen, z. B. durch eine Einladung zu einem gemeinsamen Treffen. Auch die fröhlichen Gruppenmitglieder sind hier gefordert.

- **Kritik**, d. h. Tadel oder Kritik sollten während dieser für den Mitarbeiter schwierigen Zeit unterbleiben, um die Lage nicht noch zu verschlimmern. Wenn sich der Vorgesetzte ernsthaft bemüht, wird der Mitarbeiter zu gegebener Zeit das Verständnis würdigen und mehr leisten als früher.

- **Führungsstil**, d. h. Problembeladene Gruppenmitglieder sind mit dem **ermutigenden** Führungsstil zu führen. Diese Mitarbeiter brauchen die Führungskraft als Bezugsperson. Sie benötigen ernst gemeinte Aufmunterungen, damit eine Neuorientierung möglich wird.

Auch im **Selbstmanagement** kann der Problembeladene einiges erreichen, indem er ernsthaft versucht, sein Problem zu bewältigen. Er sollte sich auch selbst ablenken, z. B. durch Hobbys und durch Entspannung. Er muss versuchen, das Problem zu bekämpfen, indem er sich nicht gehen lässt, sondern eine positive Grundhaltung anstrebt. Dazu können auch kleine Selbstbelohnungen beitragen, z. B. Erfüllung eines schon länger gehegten Wunsches.

Im Falle der **Trauer** ist es denkbar, dass sich der Problembeladene selbst eine Trauergrenze setzt. Wenn eine nicht vermeidbare Scheidung ansteht, bei der eine Person noch an ihrem Partner hängt, sollte er versuchen, sich möglichst bald innerlich von ihm zu lösen. Bei **Privatproblemen** kann es hilfreich sein, sich mit zuverlässigen Menschen zu besprechen oder die Probleme in ein Tagebuch zu schreiben.

4.4.4 INTRIGANTEN

Eine **Intrige** ist eine Machenschaft, mit der ein Gruppenmitglied anderen Gruppenmitgliedern zu schaden versucht. Intriganten sind also Gruppenmitglieder, die hinter dem Rücken der Kollegen ihr heimtückisches Spiel betreiben (**Mobbing**). Sie verfolgen egoistische Ziele, z. B. als Ränkeschmiede. Nicht selten versuchen sie dabei eigene Fehler zu vertuschen bzw. auf anderer Mitarbeiter abzuwälzen.

Bei der Führung von Intriganten sollten vom Vorgesetzten im Unternehmen folgende **Führungsinstrumente** eingesetzt werden:

- **Einzelgespräch**, d. h. der Vorgesetzte wird gegenüber dem Intriganten deutlich zu erkennen geben, dass er von Intrigen verschont bleiben möchte. Er fragt nach den Gründen dieses Verhaltens und führt dem Intriganten klar vor Augen, welche Folgen mit diesem Verhalten verbunden sind.

- **Gruppengespräch**, d. h. wenn sich das Verhalten wiederholt, dann sollte im Beisein der Gruppe oder des Betroffenen die Hinterlist offen gelegt werden. Das Problem ist frei heraus anzusprechen, z. B. durch eine Gegenüberstellung. Damit wird versucht, der Wiederholung von ungerechtfertigten Beschuldigungen vorzubeugen.

- **Führungsstil**, d. h. dem Verhalten des Intriganten ist der **bremsende** Führungsstil entgegenzusetzen. Der Mitarbeiter muss möglichst bald merken, dass der Chef das Tun längst durchschaut hat und es nicht teilt.

Auch im **Selbstmanagement** kann der Intrigant einiges bewegen. Er muss lernen, andere Menschen nicht zu beschuldigen und nicht neidisch auf andere Personen zu sein. Vielredner sollten sich kürzer fassen. Lüge bzw. Hinterlist sind zu vermeiden und das intrigierende Verhalten ist zu zügeln bzw. abzustellen.

4.4.5 Leistungsstarke

Ohne Leistungsträger kann keine Gruppe existieren. Die Leistung eines Gruppenmitglieds ist das bewertete Ergebnis seiner Arbeit, das anhand von formellen Leistungsstandards gemessen werden kann. Die Leistungsbeiträge unterscheiden sich im Hinblick auf die benötigte Zeit, die Qualität und die Quantität des Ergebnisses.

Auch in schwierigen Situationen bringen die Leistungsträger ihre volle Leistung. Sie tragen erheblich zur Erreichung der **Gruppenziele** bei.

Bei der Führung von Leistungsstarken sind in der Unternehmenspraxis vom Gruppenleiter folgende **Führungsinstrumente** zu beachten:

- **Anreize**, d. h. Ermunterungsanreize (Lob), Arbeitsanreize (interessante Aufgaben), Verwirklichungsanreize (Delegieren), Aufstiegsanreize (Beförderung), Entwicklungsanreize (Kurse), Entgelt- und Statusanreize.

- **Gespräche**, d. h. im Einzelgespräch würdigt der Vorgesetzte ihren Anteil an der Gruppenleistung. Bei überdurchschnittlichen Leistungen ist klug dosierte Anerkennung zu geben.

- **Informationen**, d. h. leistungsstarke Kräfte sind mit denjenigen Informationen zu versorgen, die sie zur Bewältigung ihrer anspruchsvollen Aufgaben benötigen. Ihre guten Leistungen müssen sich auch in der Beurteilung niederschlagen.

- **Kontrolle**, d. h. bei leistungsstarken Mitarbeitern reichen End- bzw. Ergebniskontrollen aus, weil sich der Vorgesetzte auf diese Leistungsträger verlassen kann. Zwischenkontrollen würden leistungsstarke Kräfte eher demotivieren.

- **Führungsstil**, d. h. hier ist die Pflege des **fördernden** Führungsstils angebracht. Wer alles als selbstverständlich nimmt, muss sich nicht wundern, wenn ein Leistungsträger zur Konkurrenz abwandert oder Dienst nach Vorschrift erfolgt.

Der Vorgesetzte hat darauf zu achten, dass er in seinem Führungsverhalten selbst ein Leistungsvorbild ist. Bei Leistungsstarken sind strikte Weisungen und Kritik oder Strenge nicht nötig.

Selbstmanagement ist bei Leistungsstarken dann sinnvoll, wenn sie Leistungsschwache total ablehnen und sie die Ablehnung spüren lassen. Hier sollte der Mensch lernen, dass im Leben nicht immer nur die Leistung zählt, sondern auch menschliches Verhalten angebracht ist. Dieses wirkt sich mitunter auch auf die Karriere positiv aus.

4.4.6 DRÜCKEBERGER

Es gibt Personen, die aus egoistischen Gründen nicht bereit sind, ihre Leistungsreserven auszuschöpfen und die geforderte Normalleistung zu erreichen. Die folgende Betrachtung nimmt ausdrücklich diejenigen aus, die die erwartete **Leistung** aufgrund mangelnder Voraussetzungen nicht erbringen können, weil z. B. die Ausbildung fehlt, sondern bezieht sich auf diejenigen, die nicht leisten wollen.

Im Rahmen der Führung von Drückebergern können von deren Vorgesetzten folgende **Führungsinstrumente** eingesetzt werden:

- **Einzelgespräche**, d. h. zunächst wird der Vorgesetzte den Ist-Zustand offen legen. Der Drückeberger muss zu der Einsicht gelangen, dass er durch sein Verhalten auch der Gruppe schadet. In einem persönlichen Gespräch sollte ihm der Chef klarmachen, dass die anderen Gruppenmitglieder durch sein Verhalten zu Mehrarbeit gezwungen sind und dass sich dieser Zustand ändern muss.

- **Gruppengespräch**, d. h. der Chef wird auch mit der Gruppe darüber sprechen. Es hat sich in der Praxis bewährt, sehr Leistungsschwache nicht in räumliche Nähe zu »Artverwandten«, sondern zu Leistungsstärkeren zu bringen. In vielen Fällen hilft sich die Gruppe selbst, indem sie den Drückerberger »erzieht«, z. B. bei Akkordgruppen, bei denen die Höhe des Lohnes von der Gruppenleistung abhängig ist.

- **Anreize**, d. h. der Gruppenleiter wird ihm eine Spezialaufgabe geben, die seine Leistungsantriebe weckt und für ihn eine Herausforderung bedeutet. Er lernt, dass die Arbeit auch Erfolgserlebnisse bringen kann. Die Bereitschaft wird aber nicht geweckt, wenn er sich vom Chef angetrieben fühlt. Eine Führungskraft sollte Gruppenmitglieder nicht gängeln oder antreiben, sondern geschickt anspornen.

- **Kontrollen**, d. h. sie brauchen häufigere Kontrollen als andere Gruppenmitglieder. Die bisher erzielten Ergebnisse werden diesen Mitarbeitern deutlich vor Augen geführt. Drückeberger benötigen auch klar definierte Ziele und Anweisungen. Der Chef sollte deutlich machen, dass auch dieser Mitarbeiter mindestens eine Normalleistung zu erbringen hat.

- **Kritik**, d. h. die Leistungen des Drückebergers liegen unterhalb der vereinbarten Norm, sodass das Erreichen der Gruppenziele gefährdet ist. Also muss der Chef gegensteuern und die Ziele verdeutlichen. Es besteht die Möglichkeit, dass durch das egoistische Verhalten des Drückebergers der Bestand der Gruppe nicht mehr gesichert ist.

- **Führungsstil**, d. h. um die Gefährdung des Gruppenbestands zu vermeiden, wird der Vorgesetzte den Drückeberger **anspornen** bzw. fordern (*v. Cube*). Auch Mitläufer sind zu **fordern** (*Birker/Birker*). Das Führungsverhalten sollte nicht zu milde sein, denn zuviel Güte wird von Leistungsschwachen häufig ausgenutzt. Der Chef sollte bei der Führung Autorität haben, aber auch seinen Humor nicht vergessen.

Das **Selbstmanagement** des Drückebergers ist auf ein höheres Maß an Engagement auszurichten. Er muss seine Leistung steigern und seine Bequemlichkeit ablegen. Er wird sich selbst den Herausforderungen stellen müssen und damit seine Einstellung ändern, um persönliche Fortschritte zu erzielen.

4.4.7 Neulinge

Als Neuling lässt sich eine Person bezeichnen, die noch nicht als echtes Gruppenmitglied akzeptiert ist. Die neuen Mitarbeiter erleben oftmals eine Situation, die mit vielen Belastungen verbunden ist, z. B. Umzug in eine andere Stadt.

Die Leistungsbereitschaft ist beim Neuling in der Regel gegeben, da er in der **Probezeit** beweisen muss, dass er als Mitarbeiter geeignet ist. Die Verunsicherung ist in dieser Zeit stark, vor allem dann, wenn sich der Neue erst einarbeiten muss. Der Neuling wird in den ersten Wochen die meiste Kraft auf die »Absicherung« verwenden.

Bei der Führung von Neulingen sollten vom Gruppenleiter folgende **Führungsinstrumente** eingesetzt werden:

- **Anreize**, d. h. der Chef wird dem Neuling helfen, aus der Rolle des »Fremdlings« herauszukommen. Vorgesetzte sollten Neulinge dazu ermuntern, Fragen zu stellen, wann immer sie Probleme bei der Einarbeitung haben. Der Führende hat vor allem dann seine Hilfe anzubieten, wenn Neulinge Probleme haben.

- **Gruppengespräche**, d. h. neue Mitarbeiter erhalten von ihrem Chef eine Einführung in die Gegebenheiten des Unternehmens. Der Vorgesetzte verdeutlicht die Bedeutung der Stelle für das Gesamtunternehmen, z. B. mit Stellenbeschreibungen. Dann sollte gemeinsam ein Einarbeitungsprogramm erarbeitet werden, z. B. ein Trainingsprogramm. Die Zuordnung eines Mentors bzw. Paten hat sich in der Praxis bewährt.

- **Einzelgespräche**, d. h. der Neue ist in einem sachlichen Einführungsgespräch mit den formellen und informellen Normen der Gruppe vertraut zu machen. Er sollte merken, dass auch von ihm Leistung verlangt wird. Darüber hinaus ist auf die ungeschriebenen Gesetze in der Gruppe hinzuweisen.

Vor allem ist auf die Sicherheitsunterweisung zu achten, damit der neue Mitarbeiter den Vorschriften entsprechend arbeitet und keine Unfälle passieren. Spricht der Neue über Schwierigkeiten, dann sollte die Führungskraft dies nicht abtun, sondern darauf eingehen und nach Lösungen suchen.

- **Kritik**, d. h. bei ersten Fehlern des Neuen sollte der Chef nicht zu streng reagieren, denn dem Neuen fehlt es in der Regel noch an der nötigen Arbeitssicherheit. Der Führende hat Verständnis aufzubringen und in der Anfangsphase mit Kritik und Tadel vorsichtig zu sein.

- **Führungsstil**, d. h. bei neuen Gruppenmmitgliedern wird der **integrierende** Führungsstil gepflegt. Neulinge sollen so geführt werden, dass sie möglichst bald als echtes Gruppenmitglied akzeptiert werden. Über den richtigen Einsatz der genannten Führungsinstrumente wird der Neuling eher zu einem leistungsstarken Mitarbeiter.

Im Rahmen des **Selbstmanagements** sollte der Neuling von sich aus Kontakt zum informellen Führer aufnehmen und sich in die neue Umgebung einzugliedern versuchen. Hier ist ein hohes Maß an Anpassungsfähigkeit gefragt. Der anpassungsfähige Neuling wird Offenheit zeigen und Ratschläge der Gruppe annehmen.

4.4.8 FRÖHLICHE

Als gesellige Menschen, die gerne lachen und Witze erzählen können, sind die heiteren Naturen eine echte Bereicherung für jede Gruppe. Fröhliche Menschen verstehen es, die sachlich orientierte Arbeitswelt durch ihre Unbeschwertheit aufzulockern. Frohnaturen lassen sich auch in schwierigen Situationen nicht ihre gute Laune nehmen.

Frohnaturen sind muntere Tatmenschen mit Tendenz zur **Extraversion** und ausgeprägtem Bewegungsdrang. Ihr Selbstbewusstsein und ihr Selbstwertgefühl geben ihnen viel Kraft zur Bewältigung der Alltagsarbeit.

Bei der Führung der Frohnaturen sind folgende **Führungsinstrumente** einsetzbar:

- **Anreize**, d. h. der Vorgesetzte wird anerkennen, dass die Frohnatur zum Gruppenzusammenhalt beiträgt, denn die Gruppe ist in der Regel für fröhliche Beiträge dankbar. Der Gruppenleiter sollte in angemessener Form Ermunterungsanreize für weitere Erhaltungsbeiträge zu geben.

- **Humor**, d. h. wenn Gruppenfeiern anstehen, dann sollte der Vorgesetzte versuchen, die Frohnaturen zu weiteren humorvollen Beiträgen anzuregen. Um den Gruppenerhaltungserfolg zu stärken, ist auch der Humor des Chefs selbst gefragt.

- **Führungsstil**, d. h. für die Frohnaturen der Gruppe wird das **wertschätzende** Führungsverhalten eingesetzt. Diese Mitarbeiter sollen spüren, dass der Vorgesetzte dankbar ist, heitere Menschen in seiner Gruppe zu haben. In unserer heutigen, hektischen Betriebswelt, die oft einseitig auf Kritik ausgerichtet ist, werden leider die humorvollen Eigenschaften von Mitarbeitern nur noch wenig gewürdigt.

Im Hinblick auf das **Selbstmanagement** ist den Frohnaturen zu raten, ihren Humor zu erhalten, auch wenn das Umfeld dieses Verhalten nicht immer honoriert. Sie sollten weiterhin trainieren, andere Menschen zum Lachen zu bringen, allerdings ohne zu übertreiben.

4.4.9 EHRGEIZLINGE

Der Ehrgeiz eines Menschen zeigt sich in einem stark ausgeprägten Streben nach Erfolg. So lange sich dieses Bemühen in normalen Bahnen bewegt, ist jeder Vorgesetzte an Mitarbeitern mit solchen Eigenschaften sehr interessiert. Es gibt allerdings Gruppenmitglieder, die sich von ihrem Ehrgeiz so weit treiben lassen, dass sie sich gegenüber der Gruppe selbst isolieren.

Ehrgeizlinge sind **Streber**, die übertrieben ehrgeizig sind und damit häufig der Gruppe schaden. Sie sehen die Situation in erster Linie unter ihren speziellen Karriereaspekten. Wenn die Hierarchie neue Möglichkeiten des Aufstiegs eröffnet, dann streben sie das Weiterkommen nicht selten mit übertriebenen Mitteln an, z. B. Ellenbogenverhalten.

Bei der Führung von Ehrgeizlingen sollte der Gruppenleiter den Einsatz folgender **Führungsinstrumente** erwägen:

* **Anreize**, d. h. einerseits sollte der Führende die Leistungsbeiträge anerkennen, aber andererseits erscheinen Hinweise auf das mangelhafte Sozialverhalten gegenüber der Gruppe angebracht. Der Vorgesetzte hat diese Gruppenmitglieder so zu führen, dass sie ihr Sozialverhalten gegenüber der Gruppe ändern.

* **Einzelgespräch**, d. h. der Gruppenleiter sollte die Ehrgeizlinge dahingehend aufklären, dass ein überzogenes Karrieredenken und reiner Egoismus für einen höheren Platz in der Betriebshierarchie nicht ausreichen. Wer unsozial ist, der ist als Führungskraft nicht geeignet.

* **Gruppengespräch**, d. h. die Führungskraft sollte in Abständen auch mit der Gruppe darüber sprechen, wie sich das Sozialverhalten dieser Personen entwickelt. Nicht selten versprechen Ehrgeizlinge im Einzelgespräch, dass sie ihr Verhalten ändern wollen. Leider verfallen sie immer wieder in ihr abstoßendes Verhalten.

* **Führungsstil**, d. h. Ehrgeizlinge sind in ihrem Egoverhalten zu **bremsen** und so zu führen, dass sich ihr Sozialverhalten bessert, ohne dass die Leistung darunter leidet. Es ist also eine »Ja-aber«-Strategie anwendbar.

Das **Selbstmanagement** kann dem Ehrgeizling helfen, auch selbst Beiträge zur Verbesserung seiner Situation zu bringen. Er sollte lernen, lockerer zu werden und seine Verkrampfung abzulegen. Diese Person wird dann mehr Rücksicht auf andere Mitarbeiter nehmen und sich menschlicher zeigen, z. B. in dem er anderen Gruppenmitgliedern hilft. Außerdem sollte er Leistungsschwache tolerieren lernen.

4.4.10 SCHÜCHTERNE

Diese Gruppenmitglieder sind stark introvertierte, sehr zurückhaltende und wenig selbstbewusste Naturen. Die schüchternen Gruppenmitglieder betrachten die Realität nicht selten als zu hart. In vielen Situationen halten sie sich zu sehr zurück.

Bei der Führung von Schüchternen sollte der Gruppenleiter folgende **Führungsinstrumente** einsetzen:

- **Anreize**, d. h. die Schüchternen brauchen Anreize, damit sie mehr aus sich herausgehen. Der Vorgesetzte sollte Lob vor der Gruppe für eine gute Tat oder Anerkennung schon bei frühen Leistungsfortschritten geben. Die Führungskraft hat vor allem Mut zuzusprechen und das Selbstwertgefühl zu heben.

- **Gespräche**, d. h. wenn Schüchterne von anderen Gruppenmitgliedern »überfahren« werden, sollte der Chef mit diesen darüber sprechen und zur Abwehrbereitschaft ermutigen. Die schüchternen Mitarbeiter müssen selbst erkennen, dass sie sich durch ihre Zurückhaltung Nachteile einhandeln.

- **Kritik**, d. h. laute, überzogene Töne des Vorgesetzten werden von Schüchternen besonders verübelt. Durch strenge Zurechtweisungen fühlen sich diese Personen schnell innerlich verletzt.

- **Führungsstil**, d. h. schüchterne Naturen benötigen den **ermutigenden** Führungsstil. Wenn Schüchterne spüren, dass der Vorgesetzte nicht mehr viel von ihnen erwartet, lässt ihre Leistungsbereitschaft nach. Das Führungsverhalten sollte gegenüber Sensiblen, die nach positiver Arbeitserfüllung streben, von Geduld und Verständnis getragen sein.

Das **Selbstmanagement** des Schüchternen kann helfen, das Selbstwertgefühl aufzubauen. Er sollte lernen, von sich aus mehr auf andere Menschen zuzugehen und seine Passivität aufzugeben. Dieser Mitarbeiter wird sich dann auch wehren, wenn ihm Unrecht getan wird und sich nicht alles zu sehr zu Herzen zu nehmen. Der Schüchterne sollte sich seine eigenen Stärken vor Augen führen, um zu mehr Selbstbewusstsein zu gelangen.

4.4.11 GRUPPENCLOWNS

Die Gruppenclowns sind die Spaßmacher der Gruppe, die die Gruppenmitglieder mit allerlei lustigen Beiträgen zum Lachen anregen, mit übertriebenen Späßen aber oft auch für Durcheinander sorgen. Sie bringen ihre Scherze manchmal zu einem aus der Sicht des Vorgesetzten unglücklichen Zeitpunkt.

Der Gruppenleiter sollte bei der Führung des Gruppenclowns folgende **Führungsinstrumente** einsetzen:

- **Einzelgespräch**, d. h. in einem sachlich geführten Gespräch sollte der Gruppenclown erkennen, dass der Chef zwar den Humor seines Mitarbeiters schätzt, aber dass das auch Grenzen hat. Der Führende sollte sachlich die Folgen dieses Verhaltens aufzeigen, z. B. auf Beschwerden von Kunden hinweisen. Der Vorgesetzte gibt zu erkennen, dass er permanentes Durcheinander in der Arbeitsgruppe nicht teilen kann.

- **Gruppengespräch**, d. h. die Gruppe sollte ebenfalls erfahren, wenn z. B. Klagen von Kunden an den Führenden herangetragen werden, die auf das Verhalten des Gruppenclowns zurückzuführen sind, z. B. Klagen über lautes Johlen, das mit Ärger verbunden ist. Der Chef wird auch auf den informellen Gruppenführer mäßigend einwirken.

- **Führungsstil**, d. h. das Verhalten des Gruppenclowns ist spätestens dann zu **bremsen**, wenn dessen Beiträge zu Ausuferungen führen. Das Führungsverhalten des Vorgesetzten wird in diesen Situationen von seiner Autorität getragen.

Auch im **Selbstmanagement** kann der Gruppenclown Verhaltensänderungen herbeiführen, indem er sich vornimmt, bei seinen Beiträgen nicht zu übertreiben und darauf zu achten, dass durch sein Auftreten kein Durcheinander entsteht.

4.4.12 Ausgleichende

Die Ruhigen in der Gruppe sind besinnliche Menschen. Die ausgleichenden Naturen unter ihnen bilden eine echte Bereicherung für jede Gruppe. Die ruhigen Naturen lassen sich auch durch bewegte Situationen und Stress weniger schnell aus dem Rhythmus bringen. Manche von ihnen spielen gern eine **Gruppenerhaltungsrolle**, d. h. ihre natürliche Ausgeglichenheit hilft ihnen, Konflikte zu entschärfen.

Die **Ruhigen** haben ein mehr nach innen gekehrtes Wesen und sind zurückhaltend. Für sie sind Tatsachen wichtiger als der bloße Eindruck von Gegebenheiten. Sie haben ein ausgeprägtes Streben nach werthafter Vertiefung und messen deshalb der Außenwelt nur sekundären Wert zu. Ausgleichende Menschen sind in der Lage, bei Streit zu schlichten.

Bei der Führung von Ausgleichenden sollte der Gruppenleiter im Unternehmen folgende **Führungsinstrumente** einsetzen:

- **Anreize**, d. h. der Vorgesetzte wird anerkennen, wenn Ausgleichende zum Gruppenzusammenhalt beigetragen haben. Ermunterungsanreize zu weiteren solchen Beiträgen sind angebracht. Der Vorgesetzte sollte auch selbst Ausgleichsbeiträge bringen. Außerdem wird er ausgleichende Naturen dazu anregen, bei Konflikten und Auseinandersetzungen zwischen Gruppenmitgliedern ihrer Vermittlerrolle gerecht zu werden.

- **Führungsstil**, d. h. bei ausgleichenden Naturen ist **wertschätzendes** Führungsverhalten angebracht. Diese Mitarbeiter müssen spüren, dass der Chef dankbar ist, ausgleichende Menschen in seiner Gruppe zu haben.

Im **Selbstmanagement** kann der Ausgleichende trainieren, weiterhin Streit zu schlichten und bei ernsthaften Konflikten zwischen Mitarbeitern vermittelnd einzugreifen.

4.4.13 Aussenseiter

Die Außenseiter haben in der Gruppe erhebliche Probleme. Sie befinden sich in einer schwierigen Situation. Als sog. »**schwarze Schafe**« werden sie von den anderen Gruppenmitgliedern abgelehnt. Außenseiter versäumen es, ihren Gruppenverpflichtungen nachzukommen. Sie sind Gruppenziel- bzw. Gruppenerhaltungsrollen nicht gewachsen, sondern spielen Individualrollen.

Für **Randfiguren**, die weder positiv noch negativ bemerkt werden, ist es charakteristisch, dass sie den Kontakt zu schwarzen Schafen meiden. Sowohl Randfiguren als auch schwarze Schafe zeigen leistungsschwaches Verhalten. Außenseiter wirken oft störend und sind fortwährend mit ihrer Arbeit unzufrieden.

Randfiguren und **schwarze Schafe** sind häufig sehr eigenwillig und nicht bereit, sich in das Team so einzufügen wie es vom Gruppenleiter erwartet wird. Es fehlt an der Bereitschaft zur Anpassung an die Gruppennormen.

Bei der Führung von Außenseitern setzt der Gruppenleiter in der Praxis folgende **Führungsinstrumente** ein:

- **Anreize**, d. h. bei Außenseitern sollte der Vorgesetzte bereit sein, schon bei relativ wenig Leistungszuwachs Lob zu spenden. Schwarze Schafe und Randfiguren benötigen die Ermunterungsanreize des Führenden besonders.

- **Gruppengespräch**, d. h. zuerst kann mit der Gruppe gesprochen werden um herauszufinden, warum diese den Außenseiter ablehnt. Wenn die Gründe bekannt sind, kann der Gruppenleiter versuchen, im Einzelgespräch mit dem Außenseiter Verhaltensänderungen zu erwirken.

- **Einzelgespräch**, d. h. der Vorgesetzte wird den Außenseiter auf die Folgen seines Verhaltens im Hinblick auf die Gruppe hinweisen. Wie verworren die Situation auch immer für den Außenseiter sein mag: der Vorgesetzte sollte seine Hilfe anbieten.

- **Kooperation**, d. h. werden Außenseiter von Gruppenmitgliedern gehänselt oder verspottet, hat der Führende schützend einzugreifen. Der Chef sollte darauf achten, dass keiner auf Kosten anderer Gruppenmitglieder lacht. Es ist zu vermeiden, dass der Außenseiter noch mehr in eine Außenseiterrolle gedrängt wird. Gruppe und Außenseiter sollen zusammenarbeiten.

- **Weisungen**, d. h. gezielte Arbeitsanweisungen sind angebracht, aber unpersönliche Worte und generelle Verbotsformen müssen vermieden werden. Es sind vielmehr Geduld und Verständnis notwendig. Wenn keine Besserung eintritt, muss eine Versetzung des Außenseiters erwogen werden.

- **Kritik**, d. h. mit Tadel sollte der Vorgesetzte vorsichtig sein, auch wenn die Situation für den Führenden unbefriedigend ist. Schon bei geringer Kritik ziehen sich Außenseiter in ihr »Schneckenhaus« zurück oder werden gelegentlich noch aggressiver als vorher.

- **Führungsstil**, d. h. über Eingliederungsversuche wird sich der Führende bemühen, den Außenseiter wieder näher an die Gruppe heranzubringen, ihn zu **integrieren**. Dies ist in der Regel auch mit viel Geduld und verständnisvollem Führungsverhalten nur unter Schwierigkeiten möglich. Besonders mühevoll ist die Führung der **Depressiven**, die sich total in sich selbst zurückziehen. Während der **Aggressive** zumindest Energien hat, fehlt dem depressiven Außenseiter sogar die Restenergie.

Auch Außenseiter können im **Selbstmanagement** ihr Verhalten verbessern, indem sie mehr auf andere Personen zugehen, sich nicht wichtig machen, sondern sich mehr um die Einhaltung von Normen der Gruppe bemühen. Der Außenseiter sollte sich selbst erkennen und lernen, mehr über sich selbst bzw. sein Verhalten nachzudenken.

4.4.14 LEISTUNGSSCHWACHE

Leistungsschwäche kann viele **Ursachen** haben, z. B. Antriebsschwäche, geringe Fähigkeiten, mangelnde Begabung, wenig Interesse, Trägheit, Nachlässigkeit, Unorganisiertheit. Die Gründe können aber auch in einer Krankheit oder vorübergehenden **Privatproblemen** zu suchen sein. Der Vorgesetzte sollte nach den Gründen der Leistungsschwäche suchen. In Fällen der Leistungsschwäche durch **Krankheit** hat der Arzt zu entscheiden.

Es kann aber auch an **Führungsfehlern** des Vorgesetzten liegen, wenn ein Gruppenmitglied die erwartete Leistung nicht bringt. Der Vorgesetzte sollte keinesfalls davon ausgehen, dass Mitarbeiter grundsätzlich faul und nicht verantwortungsfähig sind.

Wer Schwache von vornherein als **Versager** abstempelt, macht diese auch zu solchen. Zu einem Teil liegt es auch in der Hand des Führenden, die Leistung des Schwachen zu verbessern.

Im Rahmen der Führung sind dem Vorgesetzten bei Leistungsschwachen folgende **Führungsinstrumente** zu empfehlen (vgl. auch *Hunold/Wetzling*):

- **Anreize**, d. h. wenn die Leistungsschwäche auf fehlende Kenntnisse oder Fertigkeiten zurückzuführen ist, dann können Entwicklungsanreize der richtige Weg zur Leistungssteigerung sein. Schon bei geringem Leistungszuwachs sollte der Leistungsschwache unter vier Augen Anerkennung spüren, denn er braucht diese Ermutigung besonders.

- **Weisungen**, d. h. Leistungsschwache benötigen klare Anweisungen und eindeutige Ziele. Ohne eine starke Führung verändern die Schwachen ihr Verhalten nicht. Ihre Leistungsergebnisse müssen intensiver kontrolliert werden.

- **Kritik**, d. h. vor allem für Leistungsschwache gilt, dass sie nicht vor der Gruppe getadelt werden sollen, denn i.d.R. wird das Verhalten dadurch nicht geändert. Im Gegenteil führt die Bloßstellung zu einem weiteren Nachlassen der Bemühungen. Die Kritik hat immer unter vier Augen zu erfolgen.

- **Führungsstil**, d. h. wenn einem Menschen der Antrieb fehlt und eine gewisse Trägheit in seiner Natur liegt, wird er sich im Arbeitsprozess nicht halten können. In nicht wenigen Fällen hat aber der **anspornende** Führungsstil des Vorgesetzten manchen Menschen auf den richtigen Weg gebracht.

  Wenn die angesprochenen Maßnahmen aber nicht zum Ziel führen, wird eine Versetzung oder bei mangelhafter Leistung eine Kündigung mit vorausgehender Abmahnung erfolgen.

Leistungsschwache können auch im **Selbstmanagement** viel dazutun, dass sich ihre Leistungen verbessern. Die Art des Trainings hängt von der Art der Leistungsschwäche ab:

- Im Falle **gesundheitlicher Anfälligkeit** oder fehlender Antriebe kann vom Gruppenmitglied manches aus eigener Kraft getan werden, z. B. angemessene Lebensweise, **Sport** treiben und/oder eine **Sauna** besuchen.

- Bei **fehlenden Kenntnissen** und Fertigkeiten sollte der Betroffene diese Lücken selbst erkennen und entsprechende Kurse besuchen, um auf den neuesten Stand zu kommen.

Dieser Betrachtung der Führung von Gruppen liegt eine modellhafte Sicht zu Grunde, denn Patentrezepte gibt es nicht. Dafür ist die Realität der Führung viel zu komplex. Die

Inhalte zu den **gruppenorientierten Führungsstilen** sind nicht statistisch belegt, sondern wurden aus der Praxis heraus entwickelt.

Die Stile zur Gruppenführung sollten nicht isoliert voneinander, sondern im zweckmäßigen Verbund zueinander gesehen werden.

| 45 | Seite 449 | 46 | Seite 450 | 47 | Seite 450 |
| 48 | Seite 450 | 49 | Seite 450 | | |

5. INDIVIDUALFÜHRUNG

Die Individualführung ist auf einzelne Menschen ausgerichtet und wird als ziel- und situationsbezogene Beeinflussung eines Geführten durch eine Führungskraft interpretiert, die diesen unter Einsatz von Führungsinstrumenten auf einen von beiden Partnern gemeinsam zu erzielenden Erfolg hinsteuert. Es sind zu untersuchen:

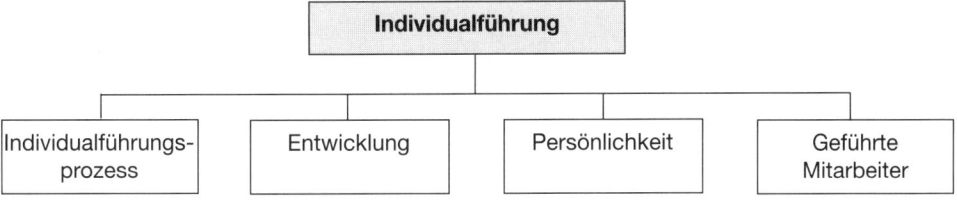

5.1 INDIVIDUALFÜHRUNGSPROZESS

Ein Individualführungsprozess ist ein Ablauf, der einen Geführten des Unternehmens betrifft und von einer Führungskraft gesteuert wird. In der Systemtheorie wird dieser Prozess als **System** interpretiert, das aus Führungselementen und ihren Beziehungen besteht.

Das System der Individualführung besteht aus den **Elementen** der Führungsziele, der Führungskraft, den Führungsinstrumenten, dem Geführten, der Führungssituation und dem gemeinsam von Vorgesetzten und Mitarbeiter zu erzielender Erfolg. Als Relationen zwischen den Elementen sind zu unterscheiden:

- **Einkopplung**, d. h. die Führungsziele wirken auf de Führungskraft und die Situation wirkt auf die Mitarbeiter.

- **Vorkopplung**, d. h. die Führungsinstrumente der Führungskraft bilden Inputfaktoren des Geführten.

- **Rückkopplung**, d. h. die Erfolgsdaten als Outputfaktoren des Mitarbeiters und Inputfaktoren des Vorgesetzten.

Ein **Individualführungsprozess** hat folgende Struktur:

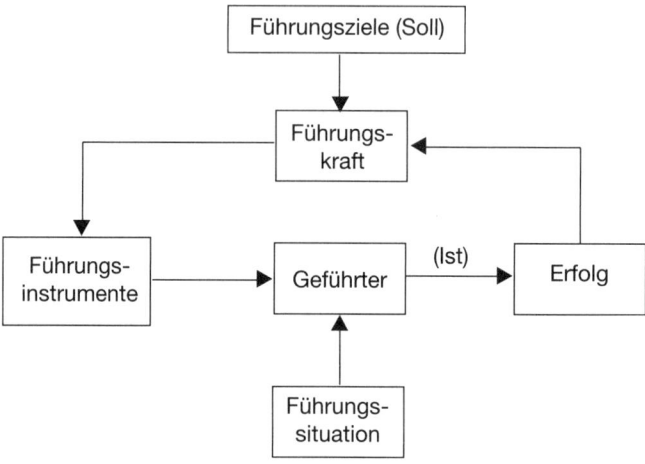

Da die Führungselemente in Kapitel C1 ausführlich analysiert wurden, soll an dieser Stelle auf Erklärungen verzichtet werden.

5.2 Entwicklung

Für die Führung ist die Entwicklung des Menschen sehr aufschlussreich. Nicht wenige Probleme von Führungskräften und Mitarbeitern sind in ihrer Entwicklung begründet. Wir können folgende **Lebensalter** des Menschen unterscheiden (*Crisand/Kiepe*):

• Das **Kindheitsalter** umfasst im juristischen Sinne die Zeit von der Geburt bis zum 14. Lebensjahr. Die frühe Kindheit ist durch aktive Hinwendung zur Außenwelt geprägt. Das Kind nimmt erste Eindrücke auf.

• Das **Jugendalter** schließt sich an das Kindheitsalter an und umfasst Altersklassen von 11 bis 16 Jahre, wobei eine etwa 1,5- jährige Toleranzgrenze zu berücksichtigen ist. Das Spätpubertätsalter gilt als eine Phase der Gestaltharmonisierung bzw. der weiteren Geschlechtsreifung. Langsam formt sich die äußere Gestalt des Heranwachsenden.

• Das **Heranwachsendenalter** bildet im Alter von etwa 17 bis 21 Jahren die Übergangsphase zwischen Pubertät und Erwachsenenalter. Diese Phase der Adoleszenz charakterisiert sich durch verstärktes Selbstwertgefühl. Der Hang zur Gruppe lässt nun nach und es erfolgt eine verstärkte Hinwendung zum anderen Geschlecht.

• Das **Erwachsenenalter** bezieht sich auf die umfassende Phase ab 21 Jahre. Wird eine Aufgabe im Betrieb übernommen, dann hat der Erwachsene seine Rolle als Vorgesetzter bzw. Mitarbeiter zu spielen.

Die Entwicklung des Menschen ist ein lebenslanger Prozess, der die Persönlichkeit prägt. Dabei bilden sich individuelle Strukturen heraus, die den Menschen entweder in seiner beruflichen Entwicklung bestärken oder zurückwerfen.

50 〉〉 Seite 451

5.3 PERSÖNLICHKEIT

Eine Person ist das Ewige am Menschen, das Bleibende an ihm. Nach *C.G. Jung* ist die Person mit der äußeren Einstellung (z. B. Kundgabe der Meinung) eines Menschen verbunden, im Unterschied zu seiner inneren Einstellung, z. B. sein Engagement.

Eine Persönlichkeit umfasst die individuelle Struktur der Eigenschaften eines Individuums. Sie ist durch die Verwirklichung der personalen Identität bzw. ihr eigenständiges **Verhalten** gekennzeichnet und findet ihren Ausdruck in richtungsweisenden Normen und Orientierungspunkten.

Nicht jede **Person** ist eine Persönlichkeit, denn nur eine Persönlichkeit verfügt über einen besonders ausgeprägten Charakter. Darüber hinaus besitzt sie Geist, d. h. intellektuelles Niveau. Geistlose Menschen können keine Persönlichkeit sein.

Jede Persönlichkeit ist ein selbstständiger, produktiver Wertträger. Als **Persönlichkeitsfaktoren** sind zu nennen:

- Ausdrucksfähigkeit, z. B. Redegewandtheit, verbale Fähigkeiten
- Ausstrahlungskraft, z. B. Charisma, Frohsinn, Heiterkeit
- Begabung, z. B. Anlagen, Leistungsfähigkeit, Talente
- Belastbarkeit, z. B. körperliche und geistige Beanspruchung
- Intelligenz, z.B. Abstraktionsfähigkeit, logisches Denken
- Niveau, z. B. Charakterstabilität, Anstand, Takt
- Reife, z. B. Erfahrung, Fähigkeiten und Bereitschaft zur Leistung
- Selbstwertgefühl, z. B. Selbstsicherheit, Selbstbewusstsein
- Überzeugungskraft, z. B. Sachlichkeit, Durchsetzungsfähigkeit
- Vitalität, z. B. Antriebsstärke, Intensität des Wollens
- Temperament, z. B. Impulsivität, Munterkeit
- Triebfedern, z. B. Strebungen, Antriebe, Engagement
- Charakterstärke, z. B. Glaubwürdigkeit, Gerechtigkeit, Hilfsbereitschaft.

Die Persönlichkeit eines Menschen lässt sich vom Vorgesetzten anhand einer **Persönlichkeitsanalyse** bestimmen.

In der Psychologie können verschiedene **Persönlichkeitsmodelle** unterschieden werden, die auch für die betriebliche Praxis bedeutsam sind (*Crisand*):

- Das **Instanzenmodell** geht von der psychischen Persönlichkeit aus und setzt sich nach *Freud* aus drei verschiedenen Instanzen zusammen:

  ▸ Dem **Über-Ich**, das als Ideal-Ich durch unsere Erziehung geprägt wird und Werte und Normen beinhaltet, die wir übernommen haben. Es ist unser Gewissen, da sich immer dann meldet, wenn wir gegen unsere Werte und Normen verstoßen.

  ▸ Dem **Gruppen Über-Ich**, das beispielsweise als Familien-Über-Ich oder Sportverein-Über-Ich denkbar ist und Normen dieser Gruppen enthält.

> ▸ Dem **Es**, in dem sich unsere Gefühle und Triebe wieder finden. Es reagiert nach dem Lustprinzip, z. B. wenn Mitarbeiter Freude an ihrem Hobby haben.

> ▸ Dem **Ich**, das als Kontrollinstanz die Persönlichkeit ist, die sich zwischen den Wünschen des Es und den Normen des Über-Ichs entscheiden muss.

Wenn der Vorgesetzte beispielsweise von einem Mitarbeiter verlangt, dass er mehr Leistung in seiner Gruppe erbringt, dann wird das Gruppen Über-Ich angesprochen. Dem steht das Es gegenüber, denn der Mitarbeiter würde gerne ausspannen.

Es kommt zu einem **Konflikt** zwischen Über-Ich und Es. Entscheidet das Ich zu Gunsten des Es, so bleibt das »schlechte Gewissen«. Im anderen Fall bleibt das »ach, schade«-Gefühl zurück. Auf Mitarbeiter, die diesen Konflikt nicht zu Gunsten des Über-Ichs lösen, haben Führungskräfte besonders zu achten.

* Das **Selbstwertgefühlsmodell** beschäftigt sich mit der Einschätzung der eigenen körperlich-seelischen Individualität. Das Selbstwertgefühl bildet sich im Laufe der Entwicklung.

Es ist vielfach bestimmend für unser Verhalten. Menschen, die ein hohes Selbstwertgefühl haben, zeigen ein anderes Verhalten (z. B. forsches Auftreten) als Menschen mit einem niedrigen Selbstwertgefühl. Es lassen sich mit *Crisand* folgende **Haupteinflussfaktoren** des Selbstwertgefühls von Individuen unterscheiden:

Idealüber-einstimmung	Menschen im Betrieb sollten nach Übereinstimmung zwischen dem »Wie ich bin« (Ich) und dem »Wie ich sein sollte« (Ideal-Ich) streben. Das Selbstwertgefühl der Mitarbeiter leidet, wenn hier Diskrepanzen auftreten.
Gewissens-überein-stimmung	Im Laufe der Entwicklung eines Menschen prägt das Gewissen dessen moralische Richtschnur. Die Handlungsweisen sollten mit den Geboten und Normen übereinstimmen, die wir während unserer Erziehung verinnerlicht haben.
Sexuelle Befriedigung	Der Privatbereich ist für das Selbstwertgefühl bedeutungsvoll. Die seelischen und körperlichen Liebesbeziehungen zwischen zwei Menschen sind zu befriedigen. Kommt es nicht dazu, treten Schwierigkeiten auf.
Angepasste Aggressivität	Es gibt Menschen mit hoher bzw. niedriger Aggressivität. Die Menschen können verschieden gut mit ihrem Energiepotenzial umgehen. Hält sich diese nicht mehr in Grenzen, dann leidet das Selbstwertgefühl.
Wertschätzung	Jeder Mensch wünscht sich, dass ihm Wertschätzung entgegengebracht wird. Er möchte als Mensch geschätzt werden. Erfährt der Mitarbeiter Wertschätzung, dann verstärkt sich sein Selbstwertgefühl.
Arbeitserfolge	Jeder Mensch braucht Erfolge, die Bestätigung für die geleistete Arbeit bringen und das Selbstwertgefühl anheben. Ein Mitarbeiter erhält von seinem Vorgesetzten eine Leistungsbeurteilung.

Gesundheit	Sie ist ein bedeutsamer Beeinflussungsfaktor des Selbstwertgefühls. Für die Fitness des Menschen sind richtige Ernährung und angemessene Lebensweise zu fordern.

Führungskräfte können an verschiedenen Verhaltensweisen erkennen, in welcher Form das Selbstwertgefühl eines Mitarbeiters ausgeprägt ist:

- Übermäßige **Abhängigkeit** von seiner Umwelt, z. B. Ja-Sager-Verhalten eines Mitarbeiters ohne jegliche Eigeninitiative. Ein solches Verhalten kann auf eine bereits vorhandene »innere Kündigung« des Mitarbeiters schließen lassen.

  Folgende Verhaltenssignale deuten auf eine **innere Kündigung** hin:

  ▶ Er zeigt gleichgültiges Verhalten   ▶ Dienst nach Vorschrift
  ▶ Kein Interesse des Mitarbeiters   ▶ Karriere-Interessen versiegen
  ▶ Es kommen keine Vorschläge mehr   ▶ Er fehlt ständig wegen Krankheit
  ▶ Kompetenz wird nicht mehr ausgeschöpft

- Übersteigertes **Sicherheitsbedürfnis**, d. h ständiges Suchen nach Anlehnung an andere Mitarbeiter. Ein überentwickeltes Selbstwertgefühl ist z. B. dann denkbar, wenn ein Mitarbeiter häufig über das Ziel hinausschießt.

- Die **Transaktionsanalyse** von *Berne* ist ein Modell, mit dessen Hilfe man in Gesprächen Konfliktsituationen lösen bzw. von vornherein vermeiden kann. Modellhaft lässt sich dieser Zusammenhang mit folgender Abbildung darstellen:

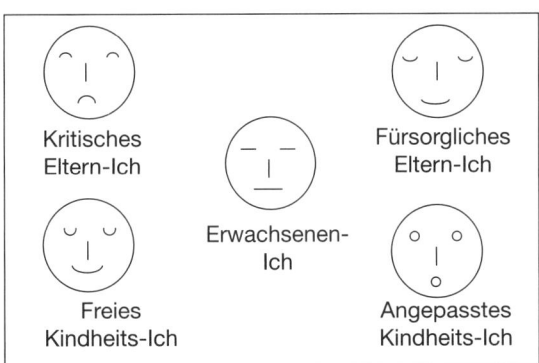

Diese Methode entstand durch Verhaltensbeobachtungen des Menschen. Dabei zeigte sich, dass sich das menschliche Verhalten auf drei Ebenen (*Jung, Rüttinger*) abspielt:

- Das **Eltern-Ich** reagiert nach Werten und Normen, die wir von unseren Eltern im Laufe unserer Erziehung gelernt haben. Während das **kritische** Eltern-Ich den Zeigefinger hebt und befiehlt (»Haben Sie schon wieder vergessen, dort anzurufen?«) tröstet das **fürsorgliche** Eltern-Ich, indem es hilft und ausgleicht (»Wenn wir zusammenhalten, dann schaffen wir es!«).

- Das **Erwachsenen-Ich** trifft sachliche Aussagen oder es fragt nach Fakten. Das Erwachsenen-Ich trifft Entscheidungen, sammelt und gibt Informationen ab (»Haben alle das Rundschreiben erhalten?«)

- Das **Kindheits-Ich** reagiert ungezwungen und lässt seinen Gefühlen freien Lauf. Oder es passt unser Verhalten bestimmten Normen an. Man unterscheidet:

  ▶ Das **freie Kindheits-Ich**, das spontan, impulsiv, aggressiv und listig ist (»Toll, wie Sie das gelöst haben!«).

  ▶ Das **angepasste Kindheits-Ich**, das sich den Normen anpasst, Angst hat und hilflos ist (»Ich entschuldige mich, weil ich schuld bin!«).

Wenn die Führungskraft den Ich-Zustand ihres Gesprächspartners erkennt, kann sie richtig reagieren und einem Streit aus dem Wege gehen. Dazu folgendes Beispiel:

- **Vorgesetzter**: »Sie haben schon wieder vergessen, das Lager abzuschließen!« (kritisches Eltern-Ich)

- Es gibt z. B. folgende Antwortmöglichkeiten des **Mitarbeiters**:

  ▶ Antwort A des **angepassten Kindheits-Ichs**: »Ich sehe es ein, es wird nicht wieder vorkommen!«

  ▶ Antwort B des **kritischen Eltern-Ichs**: »Wissen Sie nicht mehr, wie oft Sie das schon vergessen haben?«

  ▶ Antwort C des **Erwachsenen-Ichs**: »Ich bin dort noch nicht ganz fertig, deshalb habe ich noch nicht abgeschlossen!«

Bei der Antwort A erkennt der Vorgesetzte das Anpassungsverhalten und aus der Antwort C kann er schließen, dass der Mitarbeiter bewusst gehandelt hat. Antwort B gilt es zu vermeiden, denn daraus wird sich ein Konflikt ergeben.

 51 〉〉 Seite 451

5.4 Geführte Mitarbeiter

In der Literatur wird auf die Bezugspersonen der Führungskraft und des Geführten als Mitarbeiter eingegangen (*Neuberger, Richter*). Ohne Zweifel braucht der erfolgreiche Vorgesetzte die Mitarbeiter und diese benötigen die Führungskraft. Es sind zu unterscheiden:

- **Jugendliche Mitarbeiter**

- **Behinderte Mitarbeiter**

- **Ältere Mitarbeiter**

- **Ausländische Mitarbeiter**

- **Weibliche und männliche Mitarbeiter**

- **Suchtkranke Mitarbeiter**.

5.4.1 JUGENDLICHE ARBEITNEHMER

Von der Führungskraft wird erwartet, dass sie Verständnis hat und Jugendlichen gegenüber aufgeschlossen ist. Jugendliche haben ein großes Bedürfnis nach Achtung, Wärme und Rücksichtnahme (*Crisand/Kiepe*).

Im Rahmen der Individualführung sind zu berücksichtigen:

- **Alterstypische Probleme**, d. h. die Schwierigkeiten können mit der Affektlabilität verbunden sein, denn Jugendliche unterliegen Gefühlsschwankungen. Hier sollte der Führende Verständnis zeigen und hilfsbereit sein. Geduld, Ruhe und Gelassenheit sind nötig, denn junge Menschen reifen erst heran.

- **Widerstandsprobleme**, d. h. die Oppositionslust des Jugendlichen kann den Führenden aus der Reserve bringen. Der Trotz des jungen Menschen sollte nicht herausgefordert werden. Der Vorgesetzte darf sich nicht provozieren lassen.

- **Aggressivitätsprobleme**, d. h. Vorgesetzte dürfen aggressive Reaktionen nicht provozieren. Zunächst sind die »Streithähne« zu trennen. Es ist an deren Einsicht zu appellieren. Bei Handgreiflichkeiten kann der Werksschutz eingeschaltet werden.

- **Unwahrheitsprobleme**, d. h. wenn Jugendliche lügen, wird der Vorgesetzte dabei helfen, eine neue Einstellung zu finden (»Wer lügt, dem glaubt man nicht! Wollen Sie das?«). Es sind ernste Gespräche zu führen.

- **Faulheitsprobleme**, d. h. in diesem Alter ist der Mensch nachlässig und hat erhebliche Leistungsdefizite, die in hohem Maße durch die Hormonumstellung bedingt sind. Die Motivation des Jugendlichen ist deshalb gering. Der Führende kann Aufgaben geben, die Erfolgserlebnisse bringen.

  Der Jugendliche sollte erleben, dass Arbeit nicht nur Last bedeutet. Es kann ihm Teilverantwortung übertragen werden. Die Neugier ist zu wecken und der Ehrgeiz zu aktivieren. Ständiges Predigen gilt es zu vermeiden.

- **Entwicklungsbedingte Probleme**, d. h. sie sind als solche vom Vorgesetzten zu erkennen. Der Chef hat die Vorbildfunktion des Führenden zu erfüllen. Er sollte den Jugendlichen ernst nehmen und seine positiven Eigenschaften schätzen.

- **Überforderungsprobleme**, d. h. der Chef darf sich nicht durch das Aussehen der Jugendlichen beirren lassen. Zuweilen sehen sie schon älter aus als sie es sind. Bei vertretbaren Gelegenheiten sollten sie zur Selbstständigkeit und zu Verantwortungsbewusstsein gebracht werden.

- **Verwöhnungsprobleme**, d. h. Ziel muss es sein, den Jugendlichen zu einem Bürger mit Lebensbefähigung zu formen, der eine eigene Meinung hat und trotzdem anpassungsfähig ist.

5.4.2 BEHINDERTE MITARBEITER

Die behinderten Arbeitnehmer haben es im Unternehmen nicht einfach. Medizinische und psychologische Erkenntnisse haben zu beträchtlichen Fortschritten geführt. Die

Wertschätzung von Menschen kommt insbesondere bei der Führung von Behinderten zum Tragen. Die Gesellschaft hat hier die besondere Verpflichtung behinderten Menschen zu helfen.

Es sind folgende **Arten** von Behinderungen zu unterscheiden:

* Rehabilitationsfälle, z. B. langzeiterkrankte bzw. unfallverletzte Personen,
* Psychisch kranke Menschen, z. B. durch Verhaltensstörungen Behinderte,
* Geistig behinderte Menschen, z. B. in ihrem Intellekt eingeschränkte Personen,
* Körperbehinderte Menschen, z. B. mit Lähmung oder Unfallschäden,
* Sinnesbehinderte Menschen, z. B. Blinde, Schwerhörige oder Gehörlose.

Im Unternehmen finden wir beispielsweise körperbehinderte Mitarbeiter direkt am Arbeitsplatz oder in speziell eingerichteten **Werkstätten**. Weil sich diese Behinderten in keiner einfachen Situation befinden, sind ihnen Verständnis und individuelle Wertschätzung entgegenzubringen.

Der Arbeitseinsatz ist nach ärztlicher Empfehlung und durch technische Anpassung des Arbeitsplatzes an die Art der Behinderung zu vollziehen. Es sind insbesondere folgende **Führungsinstrumente** einsetzbar:

* **Kontaktpflege**, d. h. die verstärkte Pflege des Kontaktes seitens des Vorgesetzten ist ein Zeichen der mitmenschlichen Persönlichkeitswürdigung. Die Ermutigung zur Lebensbewältigung (»Es geht weiter!«) ist sinnvoll. Der Vorgesetzte sollte sich um kameradschaftliche Eingliederung in das Team bemühen.

* **Akzeptanz**, d. h. der Vorgesetzte hat das Bewusstsein einer allmählich wieder vollwertigen Arbeitskraft zu vermitteln. Ein bedrückendes Gefühl des »Mitgeschlepptwerdens« ist zu vermeiden. Der Führende darf kein mitleidiges Verhalten zeigen, sondern hat den Mitarbeiter voll zu akzeptieren und seine Leistungen anzuerkennen.

* **Rücksicht**, d. h. allzu große ängstliche Vorsicht ist im Umgang zu vermeiden. Vielmehr sind Geduld und Rücksicht angebracht. Vor allem ist es gegenüber Behinderten zu vermeiden, aus bloßer Neugier Fragen nach der Behinderung zu stellen »(Wodurch? Seit wann?)«.

Behinderte entwickeln schon aufgrund der Stärkung ihres Selbstwertgefühls in der Regel sogar einen gesteigerten Leistungsehrgeiz, der besondere Wertschätzung verdient.

5.4.3 Ältere Mitarbeiter

Das kalendarische Alter sagt sehr wenig über die körperliche, geistige und berufsspezifische **Leistungsfähigkeit** aus. Die älteren Mitarbeiter (ab 50 Jahre) haben über viele Jahre hinweg ihre Tätigkeiten in den Dienst des Unternehmens gestellt.

Deshalb verdienen ältere Mitarbeiter die **Wertschätzung** der Führungskraft. Frühere Beiträge der älteren Mitarbeiter sollten von Vorgesetzten nicht ignoriert werden. Fakten belegen, dass ältere Mitarbeiter nicht mehr **Fehlzeiten** haben als jüngere (*Domres, Lehr*).

Mit zunehmendem Alter tritt weniger eine Leistungsminderung als vielmehr ein **Leistungswandel** ein. Mögen die Körperkräfte am Arbeitsplatz nachlassen, so nehmen Sorgfalt und Umsicht, Erfahrung und Geduld, Zuverlässigkeit und Verantwortungsbewusstsein, Überzeugungsgabe und Besonnenheit eher zu. Vor allem die gesammelten Erfahrungen sollten respektiert werden (*Naegele/Frerichs*).

Im Arbeitsbereich sind manche Tätigkeiten für Ältere nicht mehr so schnell zu bewältigen wie früher, z. B. **Tempoarbeit** fällt schwerer, Seh- und Hörschärfe lassen nach, gebückte Haltungen werden schwieriger, einseitige **Muskelbelastung** führt zu Schmerzen.

Vom Vorgesetzten können im Unternehmen vor allem folgende kooperative **Führungsinstrumente** eingesetzt werden:

* **Aufgabe**, d. h. die Befreiung von stärkerer Muskelbelastung erscheint aufgrund obiger Argumente sinnvoll. Nach Möglichkeit sollte die Übertragung von Kontrollaufgaben statt Tempoarbeit erfolgen. Bei älteren Personen ist das Nachlassen der Seh- oder Hörschärfe zu berücksichtigen.

* **Information**, d. h. der Vorgesetzte darf keine Einschränkung des »Ansehens« älterer Mitarbeiter zulassen, wenn jüngere Menschen abwertende Bemerkungen über Ältere abgeben. Neue Gruppen sind auf ältere Mitarbeiter vorzubereiten. Bei Neuerungen und Umstellungen sind die Älteren rechtzeitig zu informieren.

* **Kritik**, d. h. vorbildliches Taktgefühl im Umgang mit älteren Mitarbeitern ist selbstverständlich. So sollte vor allem ein jüngerer Chef bei Kritikgesprächen sachlich bleiben und nicht persönlich werden. Zuweilen sind ältere Menschen empfindsamer als in früheren Jahren.

* **Anspornen**, d. h. ungerechtfertigte Vorurteile von Führungskräften führen mitunter zu einer Unterforderung der Älteren. Sie ist genauso schädlich wie eine Überforderung, denn sie trägt zu einer Verkümmerung des meistens durchaus noch vorhandenen Leistungspotenzials bei.

* **Verwirklichungsanreize**, d. h. Vorurteile sollten abgebaut werden bezüglich einer weiteren Schulung von älteren Mitarbeitern. Auch der ältere Mitarbeiter ist noch lern- und umstellungsfähig. Wenn ein Mensch noch etwa zehn Arbeitsjahre vor sich hat, kann er sich z. B. den Anforderungen des Computers nicht verweigern.

* **Wertschätzung**, d. h. der Vorgesetzte sollte auf die Erfahrungen der Älteren zurückgreifen. Die Wertschätzung bildet den Schlüssel zum Führungserfolg. Eine eventuelle »Flucht in die Krankheit« ist allerdings nicht zuzulassen. Die älteren Mitarbeiter sind so zu führen, dass sie ihre Erfahrungen weitergeben können.

Die Ausgliederung aus dem Berufsleben ist für viele ältere Mitarbeiter nicht einfach. Führung bedeutet hier, dass eine richtige Beratung und Vorbereitung der älteren Arbeitnehmer erfolgt. Allgemein gültige Rezepte kann es nicht geben.

Der Vorbereitung auf den **Ruhestand** seitens des Ausscheidenden kommt also große Bedeutung zu, z. B. durch angemessene körperliche Aktivitäten, Aktivierung geistiger Kräfte, Interessenauslotung, Hobbys, Schaffung sozialer Kontakte, Vereinsleben.

5.4.4 Ausländische Mitarbeiter

Ausländische Mitarbeiter haben es im fremden Land nicht einfach, weil sie sich weitab von der Heimat mit für sie zum Teil neuen Bedingungen abfinden müssen. Mitunter sind sie örtlich weit von ihrer Familie entfernt.

Sie haben vielfach einen ausgeprägten **Nationalstolz** und eigene religiöse Gewohnheiten bzw. ein von Inländern abweichendes Brauchtum, z. B. bezüglich der Essgewohnheiten. Für einen großen Teil der Ausländer ist das geringe Ansehen bzw. der Versuch, mehr Ansehen zu erwerben, ein zentrales persönliches Problem.

Schwierigkeiten können zwischen Ausländern verschiedener Nationen auftreten. Relativ häufig sind auch **Sprachschwierigkeiten** zu überwinden (*I. Weber*).

Es können folgende **Führungsinstrumente** eingesetzt werden:

* **Akzeptanz**, d. h. Führungskräfte sollten Misstrauen und Empfindlichkeiten gar nicht erst entstehen lassen. Nationale bzw. religiöse Eigenheiten und Brauchtum sind zu akzeptieren. Die inländischen Mitarbeiter sind auf neue ausländische Kräfte entsprechend vorzubereiten. Abwertende Äußerungen über Ausländer sind zu unterlassen.

* **Rücksicht**, d. h. bei der Planung der Arbeitsteams ist darauf zu achten, dass Ausländer aus politisch verfeindeten Nationen nicht zusammenkommen. Wenn politischer Streit entsteht, dann suchen die Beteiligten die Unterstützung ihres Vorgesetzten, was sehr zeitaufwändig sein kann. Die Möglichkeit sinnvoller Teamentwicklung ist zu nutzen.

* **Information**, d. h. lernwillige Fremdarbeiter sind auf vorhandene Gelegenheiten zur deutschsprachigen Förderung hinzuweisen. Der Vorgesetzte kann sich bei größeren und häufigen Ausländergruppen selbst fremdsprachlich wichtige Ausdrücke aneignen. Er kann bedeutsame Betriebsvorgänge mit bildhaftem Anschauungsmaterial und mit Geduld erklären.

* **Kooperation**, d. h, der Vorgesetzte sollte bei der Kritik an den Arbeitsergebnissen keine Unterschiede zwischen Inländern und Ausländern aufkommen lassen. Hier reagieren Ausländer besonders empfindsam. Der Führende muss korrekt sein. Den Kontaktproblemen kann durch die Bestellung eines geeigneten Mentors entgegengewirkt werden.

5.4.5 Weibliche und männliche Mitarbeiter

Hinsichtlich des Verhältnisses weiblicher und männlicher Mitarbeiter ist auf das Allgemeine **Gleichbehandlungsgesetz (AGG)** hinzuweisen. Es kann folgende Bestandsaufnahme vorgenommen werden:

* Psychische Unterschiede zwischen den **Geschlechtern** in der Einstellung und Befähigung zu außerhäuslicher Erwerbstätigkeit waren in den vergangenen Generationen vorwiegend gesellschaftsbedingt. Hier hat sich heute viel geändert.

- Die von Männern geprägte Arbeitswelt wurde in vielen Tätigkeitsbereichen als ein ausschließliches Betätigungsfeld für Männer angesehen. Inzwischen haben sich im außerfamiliären **Berufsleben** starke Veränderungen angebahnt.

- Der Anteil und die Mannigfaltigkeit weiblicher Berufsausbildungen nimmt ständig zu. Die Berufsausübung der **Frauen** hat auch in ihrer gesellschaftlichen Wertung einen zunehmend höheren Stellenwert erreicht.

- Andererseits sind Frauen im Betriebsleben zusätzlich belastet, wenn sie zugleich familiäre Pflichten als Hausfrau und vor allem als Mutter zu erfüllen haben. Diese **Doppelrolle** wird heute auch zahlreichen, allein erziehenden Männern zuteil.

Beim Einsatz der **Führungsinstrumente** ist zu beachten:

- **Kooperation**, d. h. der Vorgesetzte darf sich nicht von irgendwelchen Vorurteilen leiten lassen, sondern hat für eine Gleichbehandlung beider Geschlechter zu sorgen (*Krell*). Dies gilt vor allem auch für die Entgeltfindung.

- **Aufgabe**, d. h. es gibt körperliche Schwerarbeit, die für Frauen grundsätzlich nicht infrage kommt. Für weibliche und männliche Mitarbeiter gilt: keine Überforderung, aber auch keine Unterforderung.

- **Weisungen**, d. h. jeder Vorgesetzte hat darauf zu achten, dass voreingenommene Bevorzugung oder Benachteiligung von Frauen oder Männern zu vermeiden ist. Der Vorgesetzte hat absolut neutral zu sein.

5.4.6 SUCHTKRANKE MITARBEITER

Leider gibt es auch im Unternehmen Mitarbeiter, die suchtkrank sind. Diese verursachen nicht selten Führungsprobleme, z. B. durch auffallend hohe **Fehlzeiten** oder mehr **Arbeitsunfälle**. Die fehlzeitbedingten Kosten stellen ein betriebswirtschaftliches Problem dar. Auch in den Führungsetagen spielt die Sucht eine besondere Rolle.

Die persönliche Situation suchtkranker Menschen ist oft nicht einfach zu bewältigen. Das Arbeitsverhalten ist nicht immer einwandfrei. Vor allem bei verstärktem Alkoholgenuss neigen sie zu aggressivem Verhalten oder zu Depressionen. Nicht selten ist die **Arbeitssicherheit** gefährdet.

Häufig wird der Zugang zum **Alkohol** durch die Kaufmöglichkeit in der **Kantine** erleichtert. Leider gibt es bisweilen auch Kollegen, die alkoholabhängige Mitarbeiter (auch nach Entziehungskuren) immer wieder zum Alkoholgenuss verführen, obwohl sie die Situation des Alkoholikers kennen.

Folgende **Führungsregeln** sollten bei Alkoholikern beachtet werden:

- Der Vorgesetzte sollte sich ein genaues Bild von der Situation zu verschaffen versuchen, z. B. über Vorgesetzte, Kollegen. Es stellen sich folgende Fragen: Wie hoch ist der tägliche Alkoholverbrauch? Wie war der bisherige **Krankenstand**? Wie ist die Arbeitsleistung? Vor allem ist nach den Gründen des Verhaltens zu suchen.

- Es ist ein **Gespräch** zu führen, das von gegenseitigem Vertrauen und der Annahme des anderen getragen werden sollte. Der Vorgesetzte darf Alkoholprobleme seines Mitarbeiters nicht decken. Es muss deutlich werden, dass der Vorgesetzte das Verhalten nicht mehr duldet.

- Die Folgen des Verhaltens sind klar vor Augen zu führen, z. B. unfallbezogene Sicherheitsprobleme, **Arbeitsdefizite**, Mehrarbeit für Kollegen bei Fehlzeiten. Es ist ein strenges Alkoholverbot auszusprechen und auf mögliche Folgen bei Zuwiderhandlung hinzuweisen.

- Die Personalabteilung, die Sozialberatung und der Werksarzt sollten informiert werden. Auch die Familie ist einzubeziehen. Es ist eine **Entziehungskur** anzuraten. Erfolge wurden auch durch die Einschaltung ehemaliger Suchtkranker erzielt, die wieder auf den richtigen Weg gekommen sind.

- Ein alkoholabhängiger Mitarbeiter sollte eine echte **Chance** erhalten. Beim Ansprechen einer Entziehungskur sollte dem Suchtkranken der Weg zur Rückkehr offen gelassen werden, bis er wieder »trocken« ist. Ansonsten fehlt dem Menschen der Anreiz, das bisherige Verhalten zu ändern.

- Wenn keine Besserung eintritt, dann wird in vielen Unternehmen eine erste **Abmahnung** ausgesprochen, dann eine zweite Abmahnung mit Fristsetzung und der Hinweis auf eine mögliche Kündigung wegen mangelhafter Leistung gegeben, z. B. bei unentschuldigten Fehlzeiten (*Beckerle*). Ob Alkoholgenuss im Unternehmen ein Kündigungsgrund ist, hängt vom Einzelfall ab.

An zweiter Stelle der Suchtkrankheiten steht die Abhängigkeit von **Medikamenten** (*Jung*). In die Medikamentenabhängigkeit führen Probleme wie z. B. Über- bzw. Unterforderung, Ärger im Alltag, Langeweile oder Einsamkeit.

Diese Faktoren führen zu **Stress**. Vorgesetzte sollten hier versuchen, gefährdete Mitarbeiter davon zu überzeugen, dass es auch ohne Medikamente geht. Auch in Arbeitsgruppen Gleichgesinnter kann diesem Phänomen entgegengewirkt werden.

Dass **Rauchen** schädlich ist, wird nicht allen Menschen bewusst. Auch Passivraucher sind einem gesundheitlichen Risiko ausgesetzt. Viele Krebsarten werden durch das Rauchen ausgelöst. Im Unternehmen können Raucher-Entwöhnprogramme die Gesundheitspflege unterstützen.

Eine wesentliche Rolle, um vom Rauchen loszukommen, spielen die Selbstkontrolle, Entspannungsübungen und körperliche Bewegung. Da der Nichtraucher rechtlich einen Anspruch auf einen tabakfreien Raum hat, sollte der Arbeitgeber entsprechende Schutzmaßnahmen ergreifen.

Besonders suchtgefährdet sind Jugendliche, z. B. durch Alkohol, aber auch durch andere **Drogen** wie beispielsweise Opiate, Cocain, Psychodysleptika. Verbote und Sanktionen reichen nicht aus. Die beste Bekämpfung der Sucht ist immer die Vorbeugung. Patentrezepte gibt es hier allerdings nicht.

52 >>> Seite 451

KONTROLLFRAGEN	bear-beitet	Lösungs-hinweise	Lösung	
		Seite	+	–
01	Definieren Sie die personenbezogene Unternehmensführung!		143		
02	Welche personenbezogenen Dimensionen der Unternehmensführung kennen Sie?		143		
03	Stellen Sie den personenorientierten Führungsprozess dar!		144		
04	Was wissen Sie über Führungsziele?		145 ff.		
05	Unterscheiden Sie die Formen der Autorität!		148		
06	Erläutern Sie verschiedene Führungskräfte-Typen!		148 f.		
07	Wie sehen Sie die Stellung der Frau als Führungskraft?		149		
08	Erklären Sie die Arten der Führungsstile!		150		
09	Erläutern Sie zehn verschiedene Führungsmittel!		151 ff.		
10	Unterscheiden Sie Führungstechniken des Vorgesetzten!		154		
11	Wie lassen sich Mitarbeitertypen bzw. Führungssituation modellhaft einteilen?		156 ff.		
12	Unterscheiden Sie Arten und Merkmale des Erfolgs!		159		
13	Beschreiben Sie Wesensmerkmale der Gesamtführung!		160 f.		
14	Erläutern Sie den Gesamtführungsprozess!		162 f.		
15	Erklären Sie das Wesen der Unternehmenskultur, der Unternehmensethik und des Unternehmensleitbilds!		164 ff.		
16	Erläutern Sie Inhalte von Führungsprinzipien!		166 f.		
17	Was beschreiben die Führungsprinzipien?		167		
18	Welche Führungsregeln gelten für den Umgang mit Gerüchten?		167		
19	Welche Arten von Konflikten nach der Entscheidungsform und nach der Zahl der Personen gibt es?		168		
20	Welche Schritte sind bei der Handhabung von Konflikten zwischen Personen zu beachten?		169		
21	Was ist unter der personenbezogenen Bereichsführung zu verstehen?		170		
22	Stellen Sie den personenbezogenen Bereichsführungsprozess dar!		170 f.		
23	Erklären Sie Anforderungen an Materialmanager!		173		
24	Zählen Sie Arten des Materialbereichspersonals auf!		173		
25	Welche Führungsinstrumente werden im Materialbereich eingesetzt?		174		
26	Welche Anforderungen werden an Produktionsbereichsleiter gestellt?		176		
27	Nennen Sie Personal im Produktionsbereich! Was ist Bereichserfolg?		176 ff.		
28	Erläutern Sie die Anforderungen an Marketingbereichsleiter!		179		
29	Erklären Sie die Führungsinstrumente im Marketingbereich!		180		
30	Unterscheiden Sie das Personal im Marketingbereich!		181		
31	Welche Anforderungen werden an Verwaltungsmanager gestellt?		182		
32	Zählen Sie das Personal in der Verwaltung auf!		182 f.		

KONTROLLFRAGEN	bear-beitet	Lösungs-hinweise	Lö-sung	
		Seite	+	–
33 Welche Bereichsführungsinstrumente werden in der Verwaltung eingesetzt und was ist der Verwaltungsbereichserfolg?		184 f.		
34 Was ist unter personenbezogener Gruppenführung zu verstehen?		185		
35 Stellen Sie den personenorientierten Gruppenführungsprozess dar!		186		
36 Unterscheiden sie Arten und Merkmale von Gruppen!		187 ff.		
37 Wie können Gruppen beurteilt werden?		190		
38 Unterscheiden Sie die Gruppenrollen und Statusformen!		190 ff.		
39 Was wissen Sie über die Hawthorne-Studien?		192 f.		
40 Welche Regeln nach *Homans* gelten für die Gruppenbildung?		193 f.		
41 Was wissen Sie über das Soziogramm?		194		
42 Unterscheiden Sie Gruppenmitglieder und ganze Gruppen!		195 ff.		
43 Erläutern Sie gruppenorientierte Führungsstile!		196		
44 Wie sind informelle Gruppenführer zu motivieren?		199		
45 Welche Regeln gelten für den Umgang mit frechen Typen?		199 f.		
46 Wie sind problembeladene Gruppenmitglieder zu führen?		200 f.		
47 Welche Regeln gelten beim Selbstmanagement für Problembeladene?		201		
48 Wie sollten Intriganten geführt werden?		201 f.		
49 Wie führt der Vorgesetzte leistungsstarke Kräfte?		202 f.		
50 Welche Führungsregeln gelten für Drückeberger?		203 f.		
51 Wie führen Sie Neulinge in die Gruppe ein?		204 f.		
52 Welche Anreize gelten bei der Einarbeitung von Neulingen?		204		
53 Wie sollte der Vorgesetzte mit Frohnaturen umgehen?		205 f.		
54 Welche Führungsregeln gelten für Ehrgeizlinge?		206		
55 Wie sind schüchterne Naturen zu führen?		206 f.		
56 Welche Führungsinstrumente benötigt der Gruppenclown?		207 f.		
57 Wie sind ausgleichende Gruppenmitglieder zu führen?		208		
58 Wie führt der Vorgesetzte die Außenseiter?		208 f.		
59 Welche Führungsregeln gelten für Leistungsschwache?		209 ff.		
60 Erklären Sie Regeln zum Selbstmanagement von Leistungsschwachen!		210		
61 Was ist unter Individualführung zu verstehen?		211		
62 Stellen Sie den Individualführungsprozess dar!		212		

KONTROLLFRAGEN	bear-beitet	Lösungs-hinweise Seite	Lö-sung + –
63	Welche Merkmale gelten für das Jugendalter?		212	
64	Unterscheiden Sie Jugendalter, Heranwachsendenalter und Erwachse-nenalter!		212	
65	Erläutern Sie Merkmale der Persönlichkeit!		213	
66	Erläutern Sie das Instanzenmodell nach *Freud*!		213 f.	
67	Zu welche Aussagen kommt das Selbstwertgefühlsmodell?		214 f.	
68	Welche Thesen verfolgt das Transaktionsanalyse-Modell?		215 ff.	
69	Unterscheiden Sie Arten zu führender Mitarbeiter!		216	
70	Wie führen Sie jugendliche Mitarbeiter?		217	
71	Welche Arten von Behinderungen sind zu unterscheiden?		218	
72	Wie sollte der Vorgesetzte mit behinderten Mitarbeitern umgehen?		218	
73	Welche Probleme können ältere Mitarbeiter haben?		218 f.	
74	Welche Führungsinstrumente gelten bei älteren Mitarbeitern?		219	
75	Erläutern Sie Schwierigkeiten ausländischer Mitarbeiter!		220	
76	Wie sind ausländische Mitarbeiter zu führen?		220	
77	Unterscheiden Sie Merkmale der Führung von weiblichen und männli-chen Mitarbeitern!		220 f.	
78	Wie wirken sich Suchtkrankheiten im Unternehmen aus?		221	
79	Was wissen Sie über den Umgang mit suchtkranken Mitarbeitern?		221 f.	
80	Wie beurteilen Sie es, wenn Führungskräfte bzw. Mitarbeiter rauchen?		222	

D. STRUKTURBEZOGENE UNTERNEHMENS-FÜHRUNG

Unter strukturbezogener Unternehmensführung ist die Steuerung, Gestaltung und Entwicklung der gesamten Organisation des Unternehmens zu verstehen. Die **Unternehmensleitung** hat zu entscheiden und durchzusetzen, welche Organisationsstruktur das Unternehmen haben soll und wie diese zu gestalten ist.

Ohne eine effiziente **Organisationsstruktur** funktioniert kein Unternehmen – vgl. dazu ausführlich: *Bleicher, Bühner, Dillerup/Stoi, Frese, Krüger, Olfert/Rahn, Schulte-Zurhausen*. Die organisatorische Struktur zeigt sich z. B. in den **Managementebenen**, die in Top-, Middle- und Lower-Management eingeteilt werden (*Steinmann/Schreyögg*).

Aus der Sicht der Unternehmensleitung zeigen sich in einer **Führungspyramide** die **strukturbezogenen Dimensionen** des Managements bzw. der Führung eines Unternehmens:

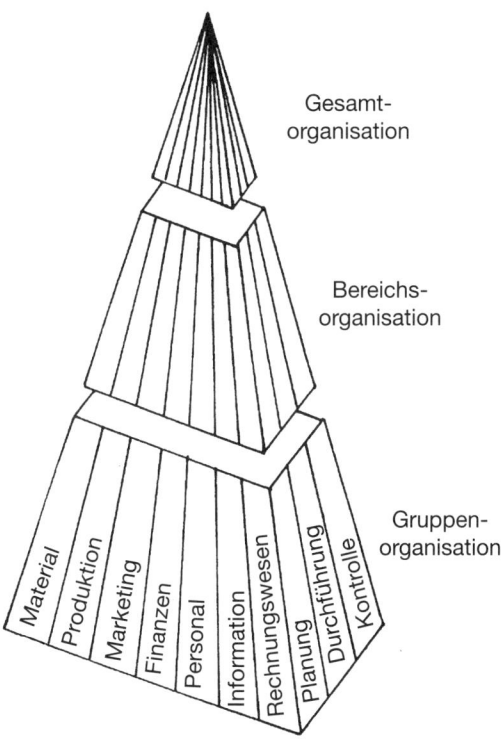

Die Entscheidungen der Unternehmensleitung sind von großer Bedeutung, weil die durch Unternehmensführung ausgelöste Qualität der Unternehmensorganisation maßgeblich den **Unternehmenserfolg** beeinflusst. Dies gilt sowohl für die Aufbauorganisation als auch für die Prozess- und Projektorganisation.

Die strukturbezogene Unternehmensführung bezieht sich auf:

- Die **Gesamtorganisation**, bei der die Leitung, Systeme, Formen, Prozesse, Projekte, Controlling, Konzepte und Entwicklung der Organisation effizient zu gestalten sind.

- Die **Bereichsorganisation**, bei der Bereichsaufbau, Bereichsprozesse und Bereichs- controlling so zu strukturieren sind, dass sie der Zielerfüllung des Unternehmens die- nen.

- Die **Gruppenorganisation**, bei der Gruppenaufbau, Gruppenprozesse und Gruppen- controlling von den Verantwortlichen zweckmäßig gestaltet werden sollen.

Diese drei Strukturformen bilden die **Führungsorganisation**, die von der Ausführungs- organisation abzugrenzen ist (*Becker, v. Werder*).

Ist das Unternehmen in einen Konzern eingebunden, dann sind die **Konzernorganisati- on** bzw. das **Konzernmanagement** zu gestalten und zu entwickeln (*Scheffler*).

Die **Unternehmensleitung** ist dafür verantwortlich, dass die Entscheidungen zur struk- turorientierten Unternehmensführung von den Führungskräften und Mitarbeitern zielent- sprechend umgesetzt werden.

Bei der Wahrnehmung ihrer Entscheidungsaufgaben wird die Unternehmensleitung vor allem in Großbetrieben von verschiedenen **Beratern** und anderen Aufgabenträgern un- terstützt. Dies können z. B. sein – siehe Kapitel B 1.4:

- Direktionsassistent(in)
- Unternehmensberater(in)
- Organisationsberater(in)
- Organisationsmitarbeiter(in)
- Personalberater(in)

Die strukturbezogene Unternehmensführung soll in den nächsten Kapiteln unter folgen- den Aspekten betrachtet werden:

Strukturbezogene Unternehmensführung	Gesamtorganisation
	Bereichsorganisation
	Gruppenorganisation

53 〉〉 Seite 452

1. Gesamtorganisation

Die Gesamtorganisation ist ein wesentlicher Teil der strukturorientierten Unternehmens- führung. Die Unternehmensleitung hat dafür zu sorgen, dass die Gesamtorganisation einwandfrei funktioniert.

Sie soll unter folgenden Aspekten betrachtet werden:

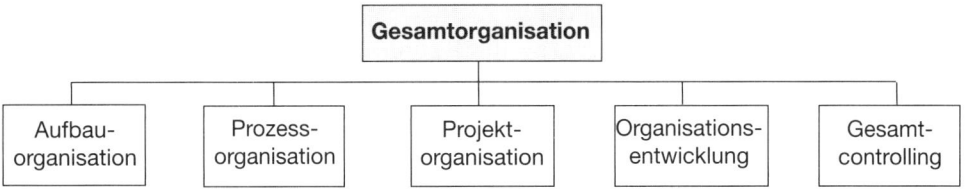

1.1 Aufbauorganisation

Die betriebliche Aufbauorganisation ist die dauerhaft wirksame Gestaltung des **statischen** Beziehungszusammenhangs eines soziotechnischen Systems. Sie wird auch als Gebildestrukturierung bezeichnet (*Frost, Kosiol*), weil sie die Zuständigkeiten und Bestandsphänomene im Unternehmen zeigt.

Die Aufbauorganisation soll der **Unternehmensleitung** bei ihren Problemlösungen helfen. Deshalb ist sie von großer Bedeutung für den Erfolg des Unternehmens.

Nachdem der Organisator von der Unternehmensleitung den Organisationsauftrag erhalten hat, kann bei dem **Organisationsprozess** in folgenden Schritten vorgegangen werden (vgl. dazu ausführlich *Olfert*, *Olfert/Rahn*):

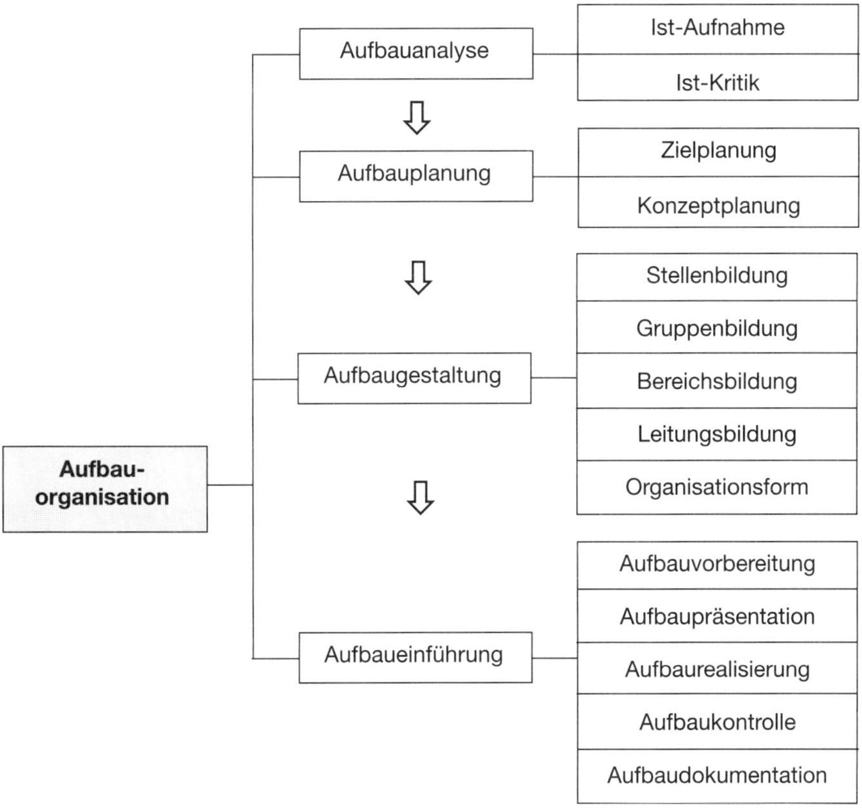

Bei einer **Neuorganisation** entfällt die erste Stufe. Dann wird sofort mit der Aufbauplanung und der Aufgabenanalyse bzw. -synthese begonnen. In der betrieblichen Praxis ist diese Möglichkeit allerdings seltener gegeben als die Reorganisation.

Bei der **Reorganisation** liegt den Gestaltungsmaßnahmen eine bereits existierende Aufbaustruktur zu Grunde, die gründlich zu analysieren ist, bevor Korrekturmaßnahmen eingeleitet werden.

Im Hinblick auf die Ergebnisse der Aufbauorganisation sind zu unterscheiden:

- **Leitungsaufbau**

- **Systemaufbau**

- **Branchenformen**

- **Grundformen**

- **Ableitungsformen**

- **Aufbaucontrolling**.

1.1.1 LEITUNGSAUFBAU

An der Spitze des Unternehmens steht die **Unternehmensleitung**, welche die strukturorientierte Unternehmensführung wahrnimmt. Die Leitung des Unternehmens hat vor allem grundlegende und strategische Entscheidungen zu treffen, die für das gesamte Unternehmen von großer Bedeutung sind.

Außerdem hat sie die ihr unterstellten Unternehmensbereiche so zu organisieren und zu koordinieren, dass die Betriebswirtschaft zwischen Absatzmarkt und Beschaffungsmarkt erfolgreich agieren kann.

Darüber hinaus haben die Unternehmensleiter über die **Organisation der Unternehmensleitung** zu entscheiden (*Becker*). Das Ergebnis kann als Leitungsaufbau bezeichnet werden.

Es sind zu unterscheiden:

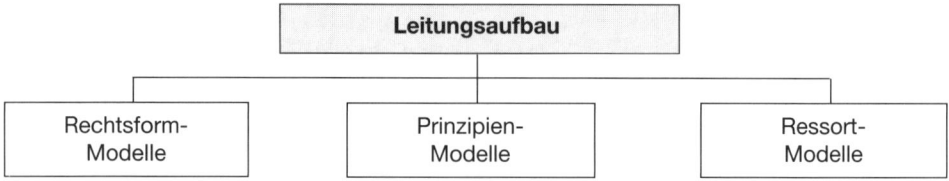

Der Leitungsaufbau des Unternehmens lässt sich nach unterschiedlichen Rechtsformen, nach verschiedenen Grundsätzen und nach Ressorts organisieren.

1.1.1.1 RECHTSFORM-MODELLE

Das deutsche Gesellschaftsrecht stellt drei alternative Modelle bereit, die an die Rechtsform (*Olfert/Rahn*) und an die Mitbestimmung gekoppelt sind:

- Das **Eingremium-Modell**, das bei der Einzelunternehmung mit der Leitung durch den Unternehmer bzw. bei der Offenen Handelsgesellschaft (OHG) mit der Leitung durch die geschäftsführenden Gesellschafter gegeben ist.

- Das **Zweigremium-Modell**, das z. B. bei einer mitbestimmungsfreien GmbH existiert, in der die Geschäftsführer der GmbH die Leitung bilden und außerdem die Gesellschafterversammlung zu berücksichtigen ist.

- Das **Dreigremium-Modell**, das z. B. bei den mitbestimmten Kapitalgesellschaften (AG bzw. GmbH) vorkommt, mit der Leitung bei der AG durch den Vorstand unter Einbezug der Organe Aufsichtsrat und Hauptversammlung. Mit zunehmender Betriebsgröße nimmt im Regelfall auch die Kopfzahl der Leiter im Vorstand zu.

1.1.1.2 PRINZIPIEN-MODELLE

Als Prinzipien-Modelle sind zwei wesentliche Aufbaukonzepte zu unterscheiden, die sich nach den zu Grunde liegenden Organisationsprinzipien unterscheiden (*Becker, Krüger, Kosiol, Olfert/Pischulti, Olfert/Rahn, Riester*):

- **Kollegialprinzip**
- **Direktorialprinzip**.

1.1.1.2.1 KOLLEGIALPRINZIP

Die Kollegialorganisation ist auf die gemeinsame Willensbildung der Träger von Organisationseinheiten ausgerichtet, die sich auf gleicher Entscheidungsebene befinden. Danach ist in vielen Fällen der Leitungsaufbau in sehr großen Unternehmen strukturiert. Es sind zu unterscheiden (*Kosiol*):

- Die **Primatkollegialität**, bei der ein Mitglied des Top Managements »Erster unter Gleichen« ist. Bei Meinungsverschiedenheiten ist seine Stimme ausschlaggebend. Zuweilen behält sich der Primus inter Pares auch wichtige Entscheidungen vor. Diese Form findet sich heute in Großunternehmen.

- Die **Abstimmungskollegialität**, bei der alle Entscheidungen gemeinsam nach dem Mehrheitsprinzip getroffen werden. Nach diesem Grundsatz sind häufig leitende Gremien von Kreditinstituten organisiert. Als Sonderfall kann bei Stimmengleichheit die Stimme des am meisten von dem Vorgang Betroffenen ausschlaggebend sein.

- Die **Kassationskollegialität**, bei der die gleichberechtigten Unternehmensleiter das Recht der gegenseitigen Aufhebung oder Anerkenung der getroffenen Entscheidungen wahrnehmen, z. B. durch die unterlassene oder gegebene Gegenzeichnung von Dokumenten.

- Die **Ressortkollegialität**, bei der jeder Unternehmensleiter für ein Ressort zuständig ist und eigenverantwortlich über seinen Zuständigkeitsbereich entscheidet. Bei bereichsübergreifenden Fragen sind gemeinsame Entscheidungen der Beteiligten zu treffen. Die Ressortleiter verabreden sich in regelmäßigen Abständen zu gemeinsamen Sitzungen.

1.1.1.2.2 Direktorialprinzip

Bei dem Direktorialprinzip entscheidet eine einzelne Person in einem Leitungsgremium allein. Eine Direktorialorganisation kann sich in folgender Struktur niederschlagen:

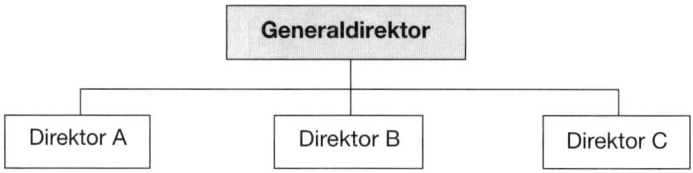

Damit ist zwar eine einheitliche **Willensbildung** gewährleistet, aber es kompensieren sich hier große Machtbefugnisse, die zu »einsamen« Entscheidungen führen können. In diesem Fall kann die ganze Entwicklung des Unternehmens von einer einzigen Person abhängen.

54 Seite 452

1.1.1.3 Ressort-Modelle

Die Ressort-Modelle basieren auf der sog. Ressortkollegialität, d. h. jeder Entscheidungsträger ist für ein Ressort eigenverantwortlich zuständig. Die Ressortbildung kann in der Unternehmensleitung einer großen Aktiengesellschaft folgende Formen annehmen:

- Das **Funktionalmodell** der Unternehmensleitung, das die Vorstandsressorts nach Verrichtungen aufteilt. Es kann in einem **Industrieunternehmen** folgende modellhafte Struktur haben:

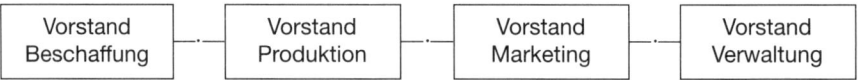

  Für diese Form entscheidet sich die Unternehmensleitung, wenn Größenvorteile zu nutzen sind und im Top Management vorrangig verrichtungsorientierte Entscheidungsprozesse anfallen. Dabei können Spezialisierungsvorteile wahrgenommen werden.

- Das **Divisionsmodell** der Unternehmensleitung, das die Vorstandsressorts nach Sparten bzw. Produkten aufteilt. Dieses Modell kann in einem großen **Chemieunternehmen** folgende modellhafte Struktur haben:

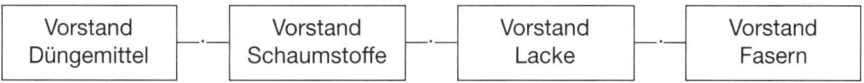

Die Unternehmensleitung kann sich für diese Form entscheiden, wenn die Entscheidungsprozesse im Top Management vorrangig produktbezogen zu fällen sind und ein gewisses Maß an Dezentralisierung angestrebt wird.

- Das **Regionenmodell** der Unternehmensleitung, das die Vorstandsressorts nach regionalen Gesichtspunkten aufteilt. Dieses Modell kann in einem **Handelsunternehmen** folgende modellhafte Struktur aufweisen:

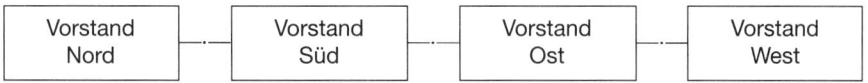

Das Top Management entscheidet sich für dieses Modell, wenn die Entscheidungsprozesse vorrangig auf regionalen Gesichtspunkten basieren und vor allem dezentrale Gesichtspunkte eine hervortretende Rolle spielen.

- Das **Kundenmodell** der Unternehmensleitung, das die Vorstandsressorts nach Kundengruppen unterteilt. Dieses Modell kann in einem **Versicherungsunternehmen** folgende modellhafte Struktur haben:

Die Unternehmensleitung gibt diesem Modell den Vorzug, wenn die Entscheidungsprozesse mit einer möglichst optimalen Kundenbetreuung verbunden sind. Jedes Vorstandsmitglied ist hier für eine Kundengruppe zuständig.

- Das **Mischformen-Modell** der Unternehmensleitung, das nicht ausschließlich nach bestimmten Verrichtungen, Regionen oder Produkten gegliedert ist, sondern Teilelemente verschiedener Idealtypen verwendet, wie es für einen großen **Automobilhersteller** typisch ist:

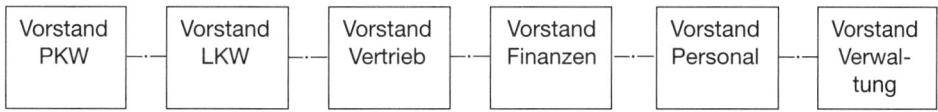

Für dieses Modell kann sich die Unternehmensleitung entscheiden, wenn nicht eine reine Leitungsform infrage kommt, sondern sich die Entscheidungsprozesse nach Mischkriterien richten.

1.1.2 SYSTEMAUFBAU

Der Systemaufbau der Organisationsstruktur eines Unternehmens kann unterschiedliche Ausprägungen haben. Ein **System** ist eine Menge von Elementen, die miteinander in Verbindung stehen.

Also sind zu unterscheiden (*Olfert, Olfert/Rahn, Rahn*):

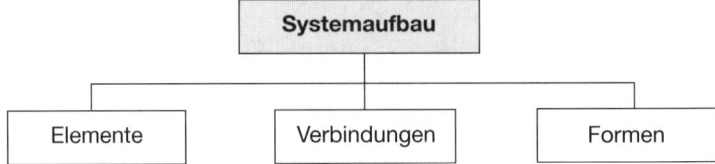

1.1.2.1 Elemente

Die **Systemelemente** stellen Organisationseinheiten dar, z.B. Stellen, Gruppen, Bereiche oder Abteilungen. Diese Strukturelemente werden durch die **Aufgabenanalyse** und die **Augabensynthese** gewonnen (*Kosiol*). Es können aber auch Aufgabenträger als Systemelemente infrage kommen.

Es gibt als betriebliche **Organisationseinheiten**:   **Symbole:**

* Die **Instanz** als Stelle mit Leitungsbefugnis, bei der Führungsaufgaben überwiegen und Entscheidungen hinsichtlich anderer Stellen zu treffen sind. Sie sind mit Weisungsbefugnissen auszustatten.

* Die **Linienstelle** als singulare Organisationseinheit und Aufgabenkombinat, das aus dauerhaft zu verrichtenden Teilaufgaben besteht. Sie ist zweckorientiert und von anderen Linienstellen abgrenzbar, aber auch mit ihnen verbindbar. Die Linienstelle hat hier keine Weisungsbefugnis.

* Die **Stabsstelle** als Leitungshilfsstelle, die keine Entscheidungs- und Weisungsbefugnisse besitzt, sondern nur Vorschlagsrechte hat. Sie unterstützt, berät ihr übergeordnete Instanzen und kann bei der Übernahme der Entscheidungsvorbereitung entlastend wirken.

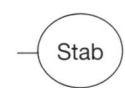

* Die **plurale Organisationseinheit** als Zusammenfassung mehrerer Einzeleinheiten, die mit Weisungsbefugnis ausgestattet sind. Sie sind als Bereiche, Abteilungen oder Gruppen anderen betrieblichen Organisationseinheiten übergeordnet.

Die einzelnen Elemente sind von den Aufgabenträgern der Organisationsabteilung so miteinander zu verbinden, dass homogene Systeme entstehen, die als Organisationssysteme bzw. Organisationsformen bezeichnet werden – vgl. ausführlich *Olfert, Olfert/ Rahn*.

1.1.2.2 Verbindungen

Die Verbindungen, die auch Verkehrswege (*Kosiol*), Verbindungsarten, Informationswege und Kommunikationswege (*Schmidt*) genannt werden. Als Arten von **Verbindungswegen** sind zu unterscheiden (*Rahn*):

- **Längsverbindungen** (Symbol:——), die mit **voller Weisungsbefugnis** des Vorgesetzten ausgestattet sind. Sie zeigen die Über- und Unterordnungsverhältnisse und fließen als Weisungen, Aufträge, Anordnungen, Kommandos oder Befehle »von oben nach unten«. Mithilfe der Längsverbindungen wird der Leitungswille im Unternehmen durchgesetzt. Sie erscheinen im Organigramm.

- **Querverbindungen** (Symbol:— · —), die nach *Fayol* **keine Weisungsbefugnisse** enthalten und reine Querkontakte darstellen. Als informelle Querverbindungen beinhalten sie Hinweise auf Sympathie- bzw. Antipathiebeziehungen.

  Formelle Verbindungen entstehen aus dem Betriebszweck und beziehen sich auf die Aufgabenerfüllung. Trotzdem erscheinen sie nicht im Organigramm.

- **Diagonalverbindungen** (Symbol:– – –), die mit **begrenzter Weisungsbefugnis** verbunden sind und dem Stelleninhaber auf einem begrenzten Teilsektor ein endgültiges Entscheidungsrecht gewähren.

  Solche Verbindungen existieren entweder innerhalb eines Bereiches als Einzelanweisungen des jeweiligen Experten oder sie verlaufen von einem Bereich in einen anderen betrieblichen Bereich. Sie erscheinen in dem Organigramm einer Matrixorganisation.

- **Richtlinienverbindungen** (Symbol: = = =) enthalten **keine Weisungsbefugnisse**. Der Vorgesetzte kann aber mit Unterstützung der Unternehmensleitung Einfluss auf jene Aufgabenträger ausüben, die gegen früher gemeinsam beschlossene Richtlinien verstoßen.Der Stelleninhaber wird die Mängel dann mit Nachdruck ansprechen. Im Organigramm erscheinen diese Verbindungen nicht.

- **Außenverbindungen** (Symbol: ~~~~), die **nicht mit Weisungen** verbunden sind und die Beziehungen zu externen Organisationseinheiten verdeutlichen. Ohne sie wäre ein Unternehmen nicht existenzfähig. Über sie erhält der Aufgabenträger die Gelegenheit der Kontaktaufnahme zu Institutionen und Gremien außerhalb des Unternehmens. Im Organigramm erscheinen die Außenverbindungen nicht.

55 >> **Seite 452**

1.1.2.3 FORMEN

Die verschiedenen Elemente und ihre Verbindungen lassen sich zu Strukturen entwickeln, die als **Organisationssysteme** (*Olfert/Rahn, Rahn*) oder **Leitungssysteme** (*Bea/ Göbel, Vahs*) bezeichnet werden. Grundsätzlich sind folgende Arten des Systemaufbaus zu unterscheiden:

- **Liniensystem**
- **Funktionssystem**
- **Stabliniensystem**.

1.1.2.3.1 Liniensystem

Das **Liniensystem** hat eine Struktur, bei der Stellen und Abteilungen in einem einheitlichen Instanzenweg eingegliedert sind, der von der obersten Instanz bis zur untersten Stelle reicht. Damit wird dem Prinzip der Einheit von Auftragserteilung und Auftragsempfang entsprochen.

Dieses Liniensystem ist die **straffste** Form der organisatorischen Gliederung. Jeder Mitarbeiter ist dabei nur einem Vorgesetzten unterstellt. Anweisungen und Informationen gehen stets an die unmittelbar unterstellten Stelleninhaber, bis die zum Empfang bestimmte Stelle erreicht wird. Es ergibt sich folgendes Strukturbild:

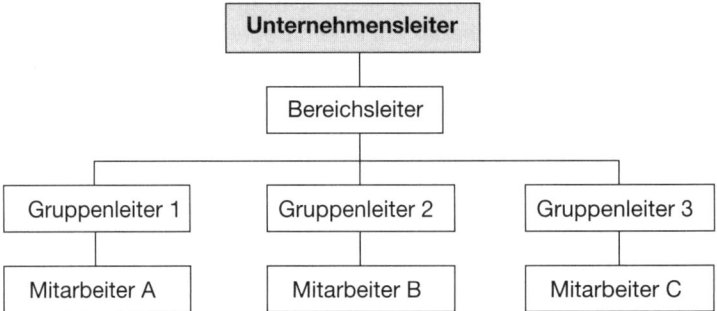

Das System ist vorteilhaft, weil die einheitliche Auftragserteilung für die Einhaltung des Dienstweges sorgt bzw. weil durch **klare Kompetenzregelungen** ein hohes Maß an Ordnung besteht. Es hat eine einfache und überschaubare Struktur.

Probleme können darin bestehen, dass übergeordnete Einheiten stark mit Koordinationsaufgaben beansprucht werden und dass bei Großunternehmen lange Weisungswege gegeben sind. Dem System kann die Dynamik fehlen und Mitarbeiter können in direkte persönliche Abhängigkeit von ihrem Vorgesetzten kommen.

In der Praxis wird das Liniensystem vielfach durch Querverbindungen ergänzt, die in das Gesamtsystem eingebaut werden. Dadurch wird der Informationsfluss beschleunigt.

1.1.2.2.3.2 Funktionssystem

Das Funktionssystem ist ein **Mehrliniensystem**, bei dem der Informationsfluss nicht durch den Instanzenweg festgelegt wird. Das bedeutet, dass jeder Mitarbeiter funktionsbedingt mehreren Vorgesetzten unterstellt ist.

Beispiel: Der Gruppenleiter 1 ist für Prozesse des Fräsens, der Gruppenleiter 2 für Drehprozesse und der Gruppenleiter 3 für Vorgänge des Bohrens zuständig. Bei Bedarf wenden sich die Mitarbeiter A, B und C an den entsprechenden Leiter.

Es wird auch als **Funktionsmeistersystem** bezeichnet und hat folgende Struktur:

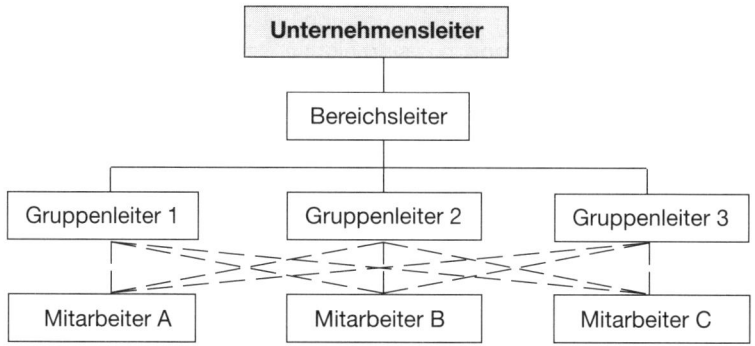

Hier wird das Prinzip des kürzesten Weges durch direkte Weisungs- und **Informations-wege** realisiert. Entscheidungen und Anordnungen werden relativ schnell gefasst. Die Einzelanweisungen kommen von fachkundiger Stelle und die Mitarbeiter können Auskünfte von den jeweiligen Spezialisten einholen.

Probleme können bei der Abgrenzung der Zuständigkeiten, der Weisungsbefugnisse und der Verantwortlichkeiten entstehen. Die Fehlerzurechnung wird zuweilen erschwert. Außerdem sind persönliche Konflikte der Aufgabenträger nicht auszuschließen.

1.1.2.3.3 STABLINIENSYSTEM

Das Stabliniensystem hat eine Struktur, bei dem das Liniensystem mit dem Stabsprinzip verbunden wird. Dabei lässt sich die Leitung von Fachkräften beraten, die als Stäbe tätig sind.

Sie haben kein unmittelbares Weisungsrecht gegenüber Stellen anderer Abteilungen. Die Weisungsbefugnis liegt bei der zu beratenden Instanz. Das **Stabliniensystem** hat z. B. folgende Struktur:

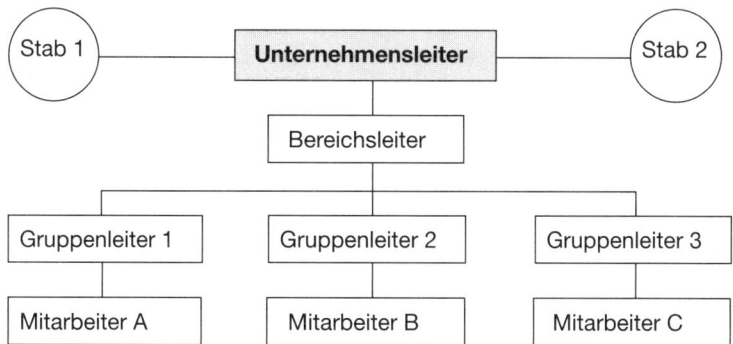

Dieses System behält die Vorzüge des Liniensystems. Die Unternehmensleiter werden im Großunternehmen durch die **Stäbe** bzw. **Experten** entlastet. Außerdem wird die Entscheidungsqualität i.d.R. verbessert. Typische Stäbe gibt es als Organisationsabteilung, Controlling, Rechtsabteilung bzw. Stab für Öffentlichkeitsarbeit.

Eine Konfliktgefahr besteht durch die Trennung von Entscheidungsvorbereitung und Entscheidung. **Stabsdenken** und Egoismus sind nicht auszuschließen und können zu Streitigkeiten zwischen Stab und Linie führen. Ein Stab kann zur sog. »grauen Eminenz« werden, wenn er hervortretenden Einfluss auf Entscheidungen der Leitung nimmt.

56 〉〉 Seite 453

1.1.3 BRANCHENFORMEN

Die Organisationssysteme sind nicht für alle Unternehmen in gleicher Weise gestaltbar. Die strukturorientierte **Unternehmensführung** kann Formen der Aufbauorganisation des Unternehmens bewirken, die sich an Branchengesichtspunkten orientieren. Das Ergebnis der Gestaltungsmaßnahmen kann sich in folgenden Formen niederschlagen:

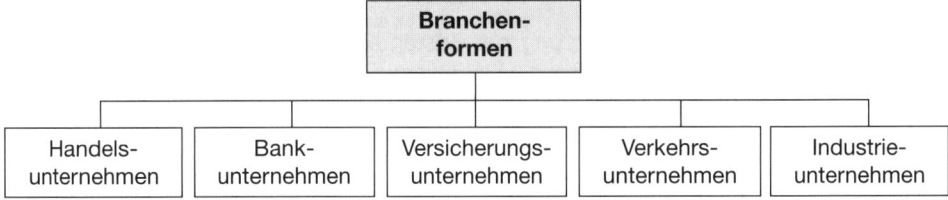

1.1.3.1 HANDELSUNTERNEHMEN

Ein Handelsunternehmen ist eine Organisation, deren Haupttätigkeit im Austausch von Gütern besteht. Sie fertigen selbst keine Produkte, sondern nehmen ausschließlich Aufgaben der Distribution von angebotenen Gütern wahr.

Es sind beispielsweise **Einzelhandelsunternehmen**, bei denen die Endverbraucher kaufen, und Großhandelsunternehmen, bei denen die Händler einkaufen, zu unterscheiden. Mit den Gegebenheiten in Handelsunternehmen beschäftigt sich die **Handelsbetriebslehre** (*Barth, Lerchenmüller*) bzw. die Lehre des **Außenhandels** (*Jahrmann*).

Einen guten Überblick über die **Formen** der Handelsunternehmen gibt *Weis*, der folgende Handelbsbetriebsformen genauer vorstellt:

- ▶ Gemischtwarengeschäft
- ▶ Fach- bzw. Spezialgeschäft
- ▶ Kauf- und Warenhaus
- ▶ Filialunternehmen
- ▶ Supermarkt und Fachmarkt
- ▶ SB-Warenhaus
- ▶ Versandhandelsunternehmen
- ▶ Einkaufszentren

Ein Handelsunternehmen kann als Großunternehmen beispielsweise folgende funktionale **Aufbauorganisation** haben:

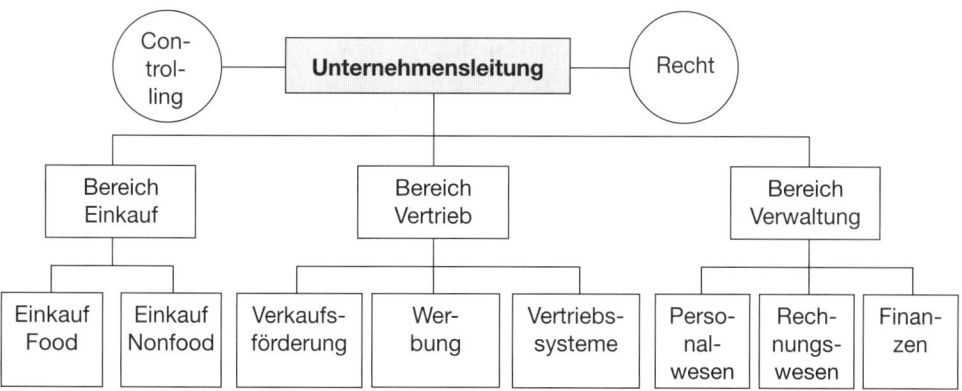

Der Unternehmensleitung sind in obigem Beispiel als **Stabsabteilungen** (ohne Entscheidungsrecht) das Controlling und das Rechtswesen (Juristen) zugeordnet. Im mittleren Management fungieren die Bereichsleiter Einkauf, Vertrieb und Verwaltung. Der Einkauf ist hier getrennt in den Lebensmittelbereich (**Food**) und den sonstigen Bereich (**Nonfood**) organisiert.

1.1.3.2 BANKUNTERNEHMEN

Als Bankunternehmen werden **Kreditinstitute** bzw. **Geldinstitute** bezeichnet, die als Dienstleistungsunternehmen Geldanlagen, Finanzierungen, Zahlungsabwicklungen und sonstige Leistungen anbieten, z. B. Beratung, Vermittlung, Verwaltung.

Als Arten von **Banken** sind z. B. Kreditbanken, Landesbanken, Sparkassen und Genossenschaftsbanken zu unterscheiden. Die Kreditinstitute nehmen Finanzmittel der Sparer auf und sind damit in der Lage, Kredite zu vergeben. Mit den Bankunternehmen beschäftigt sich die **Bankbetriebslehre** (*Eilenberger, Obst/Hintner*).

Die Aufbauorganisation einer großen **Geschäftsbank** kann in modellhafter Sicht z. B. folgende Struktur haben:

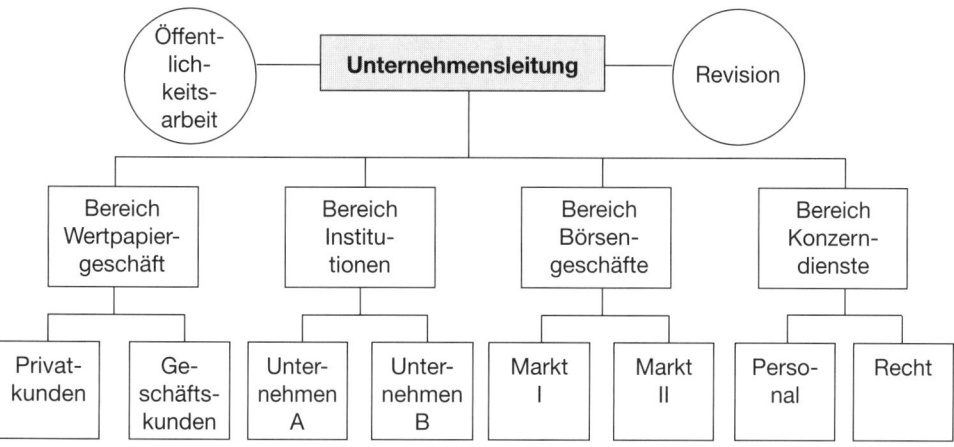

Hinzu können weitere Stäbe mit Beratungsfunktion kommen, z. B. für Treasuring (Finanz-management), Beteiligungen, Planung, Kreditrisiken usw.

1.1.3.3 Versicherungsunternehmen

Versicherungsunternehmen sind Betriebswirtschaften, die gegen Prämien der Versicher-ten deren Risiko abdecken und im Schadensfall Leistungen erbringen. Es sind zu unter-scheiden:

* **Sachversicherungen**, z. B. Feuerversicherung, Transportversicherung, Kraftfahrzeug-Versicherung, Vermögensversicherung.

* **Personenversicherungen**, z. B. Rentenversicherung, Krankenversicherung, Lebens-versicherung, Unfallversicherung

Mit den Versicherungen und deren Organisation beschäftigt sich die **Versicherungsbe-triebslehre** (*Farny, Kurtenbach u. a.*). Nach *Farny* werden in den meisten Versicherungs-unternehmen funktionale mit anderen Aufbauprinzipien vermischt.

Die Aufbauorganisation einer großen **Versicherungs-Aktiengesellschaft** kann beispiels-weise folgende funktionale Struktur haben:

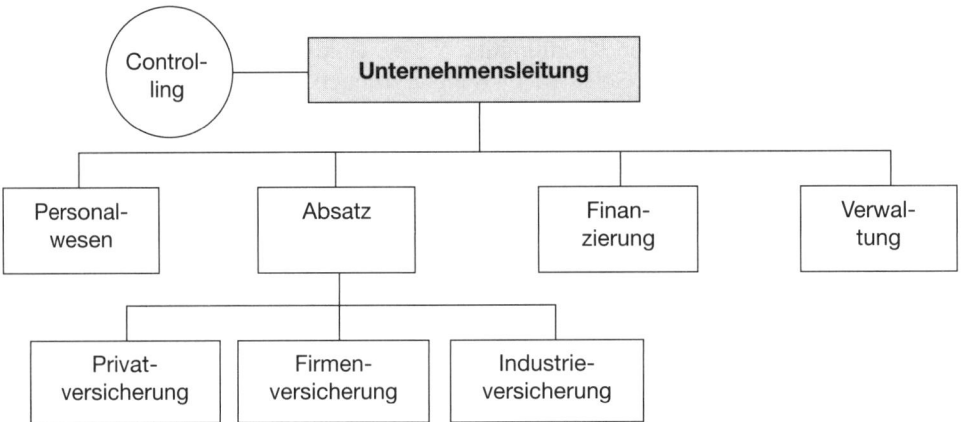

Das Ziel einer ausschließlichen Aufbauorganisation nach **Kundengruppen** ist eine mög-lichst optimale Kundenbetreuung. Jeder Bereich ist dann für eine bestimmte Kunden-gruppe zuständig, z. B. Kontakte zu Privat- bzw. Firmenkunden.

Ein Versicherungsunternehmen kann aber auch nach regionalen Gesichtspunkten orga-nisiert sein, z. B. Versicherungen der Bereiche Nord, Mitte und Süd.

1.1.3.4 Verkehrsunternehmen

Die Verkehrsunternehmen sind im Luft-, Schienen-, Wasser- und Straßenverkehr tätig. Es sind z. B. Personentransportunternehmen, Luftfahrtgesellschaften und Speditionen zu unterscheiden. Mit den Verkehrsunternehmen beschäftigt sich die **Verkehrsbetriebs-lehre** (*Aberle, Ihde, Oelfke*).

Ein großes Speditionsunternehmen kann auf internationaler Ebene nach Regionen ge-gliedert sein. Aber auch Spartengliederungen sind denkbar, z. B. auf nationaler Ebene. Die Niederlassung einer Spedition kann auch als **Profit-Center** organisiert sein.

Die Aufbauorganisation eines **Speditionsunternehmens** kann beispielsweise folgende Struktur haben:

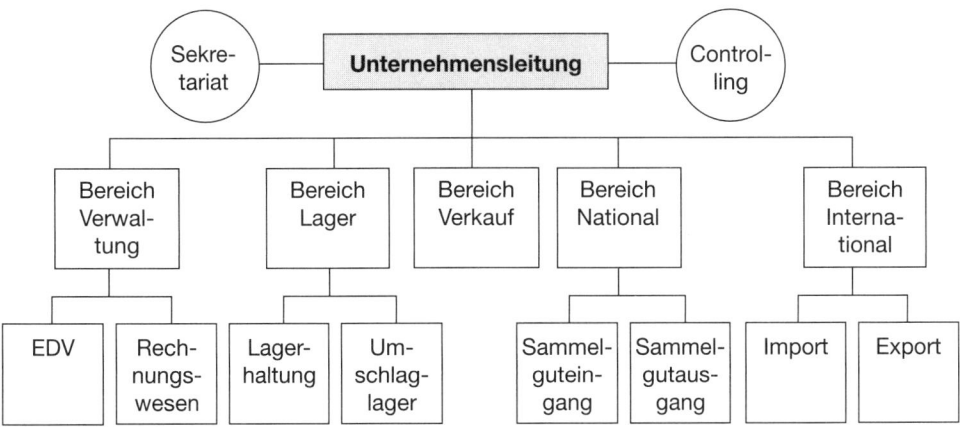

Der Unternehmensleitung können auch andere Stabstellen zugeordnet werden, z. B. ein Qualitätsbeauftragter. Der nationale Bereich der Spedition kann in Sammelguteingang und Sammelgutausgang untergliedert werden.

Der **Sammelgut-Verkehr** umfasst:

- Die Sammlung kleingewichtiger Einzelsendungen (Stückgüter)
- Die Zusammenfassung zu einer Sammelsendung (Sammelladung)
- Die Verteilung der Einzelsendungen an Empfänger z.B. durch einen Versandspediteur.

Als **Sammelgut-Ausgang** werden aus der Sicht des Umschlagsterminals diejenigen Sendungen zusammengefasst, die z. B. mit dem Nahverkehr-Fuhrpark bei den Versen-dern abgeholt, in Terminals umgeschlagen und mit Fernverkehr-Fahrzeugen an Emp-fangsspediteure weitergeleitet werden.

Im Rahmen des **Sammelgut-Eingangs** werden diejenigen Sendungen gebündelt, die mit Fernverkehr-Fahrzeugen im Terminal eintreffen, dort umgeschlagen und mit dem Nahverkehr-Fuhrpark den Endempfängern zugestellt werden.

1.1.3.5 INDUSTRIEUNTERNEHMEN

Die Industrieunternehmen befassen sich beispielsweise mit der Rohstoff- bzw. Material-gewinnung oder mit der Veredlung und Herstellung von Gütern. Sie sind Gegenstand der **Industriebetriebslehre** (*Haupt, Heinen*).

Das Industrieunternehmen kann folgenden funktionalen Aufbau haben:

Bei Industrieunternehmen sind zu z. B. unterscheiden:

- Die **Materialwirtschaft**, welche die Gesamtheit aller Einrichtung und Maßnahmen der Planung, Beschaffung, Lagerung, Verwaltung, Verteilung, Entsorgung und Kontrolle der Materialien umfasst.

- Die **Produktionswirtschaft**, welche die Umwandlung von Produktionsfaktoren in zum Absatz bestimmte Fertigprodukte betrifft und auch als betriebliche Leistungserstellung bezeichnet wird.

- Das **Marketing**, das Ausdruck eines marktorientierten, unternehmerischen Denken und Handelns ist. Es erfolgt hier eine systematische Ausrichtung der Aktivitäten auf die Kundschaft.

- Die **Personalwirtschaft**, welche die Gesamtheit der mitarbeiterbezogenen umschließt. Ihre Träger sind die betrieblichen Führungskräfte und die Personalabteilung.

- Das **Finanz- und Rechnungswesen**, das sich einerseits um die betrieblichen Einzahlungen und Auszahlungen kümmert und anderseits alle wirtschaftlichen Gegebenheiten und Vorgänge nach Geld- bzw. Mengeneinheiten erfasst.

- Die **Forschung und Entwicklung**, die den naturwissenschaftlich-technischen Bereich betrifft. Nicht selten wird sie in den Produktionsbereich integriert (*Brockhoff*).

- Das **Controlling**, das die unterstützende Planung, Kontrolle, Informationsversorgung bzw. Steuerung umfasst und hier als Stabscontrolling fungiert.

1.1.4 GRUNDFORMEN

Als Grundformen der Aufbauorganisation gelten die traditionellen Aufbaustrukturen. Sie bestehen aus Organisationseinheiten und ihren Verbindungen.

Die Unternehmensleitung entscheidet darüber, welche **Organisationsform** für das Unternehmen gültig ist. Dabei sind die Vor- und Nachteile der einzelnen Formen abzuwägen.

Es sind als Grundformen der Aufbauorganisation zu unterscheiden (*Bea/Göbel, Dillerup/ Stoi, Olfert, Olfert/Rahn, Rühli, Schulte-Zurhausen, Vahs*):

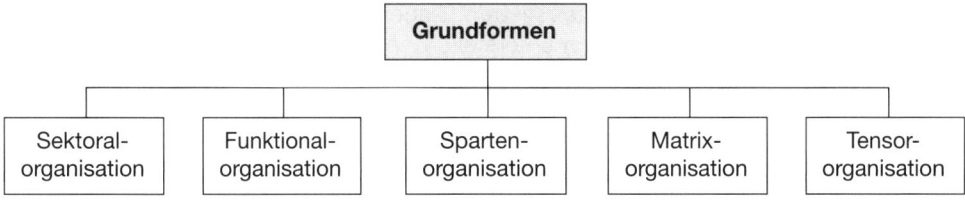

1.1.4.1 SEKTORALORGANISATION

Die Sektoralorganisation hat eine **zentrale Organisationsstruktur** und ist durch eine Zweiteilung auf der zweiten Hierarchieebene in einen technischen und einen kaufmännischen Sektor geprägt, was einer sektoralen Zentralisierung entspricht:

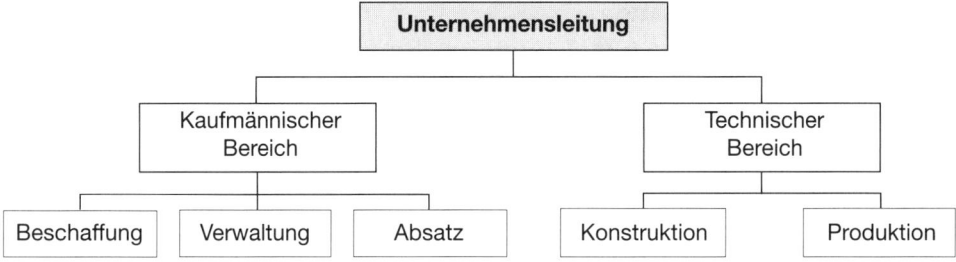

Bei der Sektoralorganisation erfolgt die Leitung des Unternehmens nach dem **Liniensystem**, wobei die beiden Sektoren der Unternehmensleitung verantwortlich unterstellt sind. Aus dem obigen Beispiel ergeben sich folgende **Merkmale**:

▶ Sektorale Zentralisation   ▶ Einfachunterstellung   ▶ Vollkompetenz

Der **Einsatz** der Sektoralorganisation bietet sich bei einer geringen Unternehmensgröße, einer relativ stabilen Umwelt und einem relativ homogenen Leistungsprogramm an.

1.1.4.2 FUNKTIONALORGANISATION

Die Funktionalorganisation ist auf der zweiten Hierarchieebene nach Verrichtungen gegliedert. Sie knüpft dabei i.d.R. an den güterwirtschaftlichen Prozess des Unternehmens an, sodass sich als Organisationseinheiten ergeben können (*Hamel*):

Die Leitung erfolgt nach dem **Liniensystem**. Dabei sind die einzelnen Funktionen der Unternehmensleitung verantwortlich unterstellt. Kennzeichnende Merkmale der obigen Funktionalorganisation sind:

- ▶ Verrichtungszentralisation ▶ Einfachunterstellung ▶ Vollkompetenz

Der **Einsatz** der Funktionalorganisation kann sich für die Unternehmensleitung bei kleinen bis mittleren Unternehmen, relativ stabiler Umwelt und relativ homogenem Leistungsprogramm anbieten.

57 ⟫ **Seite 454**

1.1.4.3 Spartenorganisation

Die Spartenorganisation ist eine Organisationsform (*Schewe*), die hauptsächlich durch die Dezentralisierung geprägt ist. Sie wird auch als **Divisionalorganisation** bezeichnet.

In vielen Unternehmen war in der Vergangenheit ein Wechsel von der Funktionalorganisation auf die Spartenorganisation festzustellen, der z.B. folgende Gründe hatte:

- ▶ Veränderte Märkte   ▶ Zunehmende Konzernbildung
- ▶ Steigende Betriebsgrößen   ▶ Internationalisierung

Auch durch den Einfluss amerikanischer Beratungsunternehmen – speziell auf Großunternehmen – hat diese Organisationsform an Bedeutung gewonnen.

Bei der Spartenorganisation ist die zweite Hierarchieebene des Unternehmens nach **Objekten** gegliedert, die im weitesten Sinne Produkte, Kunden und Regionen sein können.

Beispiel:

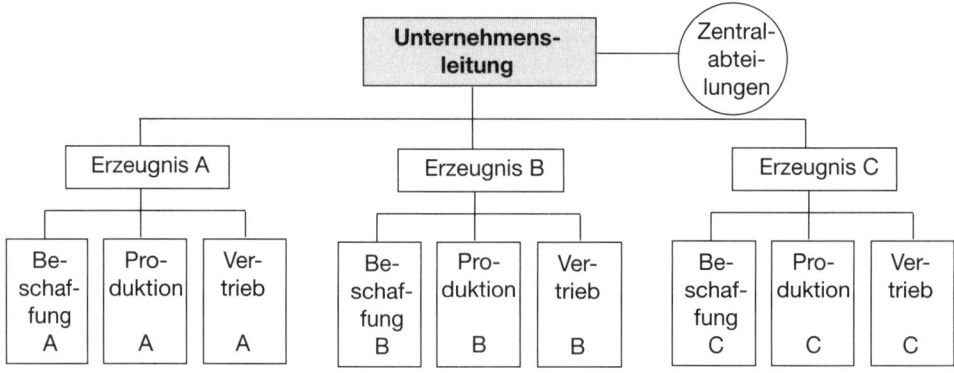

Wesentliche Elemente sind bei der Spartenorganisation die **Zentralabteilungen**, die für die leistungsprozessbezogenen Sparten vielfältige Dienstleistungen erbringen, z.B. als Revisionsabteilung, Organisationsabteilung, Rechenzentrum, Personalabteilung, Rechtsabteilung.

Die Zentralabteilungen übernehmen häufig auch Koordinationsaufgaben, um ein »Eigenleben« von Sparten zu begrenzen, das sich von den Unternehmenszielen entfernt, z.B. durch eine zentrale Personalabteilung, damit die betriebliche Personalpolitik »mit einer Stimme« vertreten wird.

Weitere **Formen** der Spartenorganisation in Großunternehmen sind (vgl. ausführlich *Bea/Göbel, Olfert, Olfert/Rahn, Schulte-Zurhausen*):

> ▶ Produktorganisation   ▶ Regionalorganisation   ▶ Kundenorganisation

Der **Einsatz** der Spartenorganisation bietet sich für die Unternehmensleitung an, wenn die Entscheidungsprozesse dezentralisiert sind und vor allem produkt-, regional- bzw. kundenbezogenen Aspekten entsprochen werden soll.

1.1.4.4 MATRIXORGANISATION

Bei sehr großen Unternehmen können die Nachteile der Funktionalorganisation und der Spartenorganisation in besonderer Weise hervortreten. Deshalb kann es sinnvoll sein, eine Matrix zu organisieren, die Merkmale dieser beiden Organisationsformen enthält (*Bleicher, Bühner, Frese, Richter/Thommen, Vahs*).

Bei der Matrixorganisation werden auf der zweiten Hierarchieebene folgende **Gliederungsprinzipien** gleichzeitig und gleichberechtigt verfolgt:

- In der **Horizontalen** der Matrix können zentrale Funktionen aufgenommen werden, z.B. Technologie und Marktforschung.

- Die **Vertikale** der Matrix kann die Objekte als dezentrale Organisationseinheiten ausweisen, z.B. Erzeugnisse A, B und C.

In den **Schnittstellen** von Funktionen und Objekten befinden sich als **Organisationseinheiten**, z.B. die doppelt unterstellten Abteilungen Produktion (A,B,C) und Vertrieb (A,B,C) – siehe Beispiel auf der nächsten Seite.

Das Beispiel zeigt, dass die Matrixschnittstellen Produktion und Vertrieb als organisatorische Einheiten für fertigungs- bzw. marketingbezogene Problemstellungen zuständig sind. Jeder Matrixschnittstelle sind zwei Matrixstellen übergeordnet.

Die Matrixorganisation ist nach dem **Funktionsprinzip** gestaltet.

Beispiel eines **Großunternehmens**:

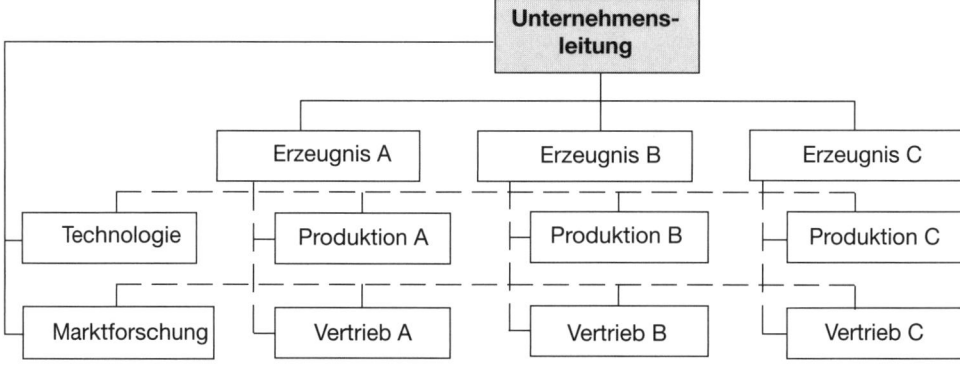

Kennzeichnende **Merkmale** der obigen Matrixorganisation sind:

- Zentralabteilungen: Verrichtungszentralisation, z.B. Marktforschung, Technologie
- Dezentralabteilungen: Objektdezentralisation, z.B. Erzeugnisse A, B und C
- Doppelunterstellungen: Abteilungen Produktion und Vertrieb
- Vollkompetenz: Bei Längsinformationswegen
- Teilkompetenz: Bei Diagonalinformationswegen

Der **Einsatz** der Matrixorganisation bietet sich für die Unternehmensleitung bei relativ instabiler Umwelt und heterogenem Leistungsprogramm an. Um Konfliktpotenziale in Grenzen zu halten, sind besondere Regelungen der Kompetenzabgrenzung nötig, z.B. hinsichtlich der Weisungsbefugnisse.

Konflikte zwischen den Abteilungen sind systemimmanent, weil mehrere Personen am Entscheidungsprozess beteiligt sind. Deshalb wird bei der Aufgabenbewältigung und der Kommunikation flexibel denkendes Personal benötigt.

Aus dieser Grundform der Aufbauorganisation wurden folgende matrixorientierte Organisationsformen **abgeleitet** – siehe ausführlich *Olfert*:

- Produktmanagement   ▶ Prozessmanagement
- Projektmangement   ▶ Kundenmanagement

Wenn zwischen Zentral- und Dezentralabteilungen gemeinsam und direkt zu lösende Probleme anfallen, kann auf die Doppelunterstellungen in den Schnittstellen verzichtet werden.

1.1.4.5 TENSORORGANISATION

Die Tensororganisation ist eine Organisationsform, bei der **drei Dimensionen** des Unternehmens berücksichtigt werden. Sie umfasst z.B.:

- **Zentralbereiche**, z.B. Technologie und Marktforschung
- **Regionalbereiche**, z.B. USA und Südamerika
- **Unternehmensbereiche**, z.B. Erzeugnisse A, B und C.

Für die Tensororganisation kann sich folgendes **Strukturbild** ergeben (*Bleicher*):

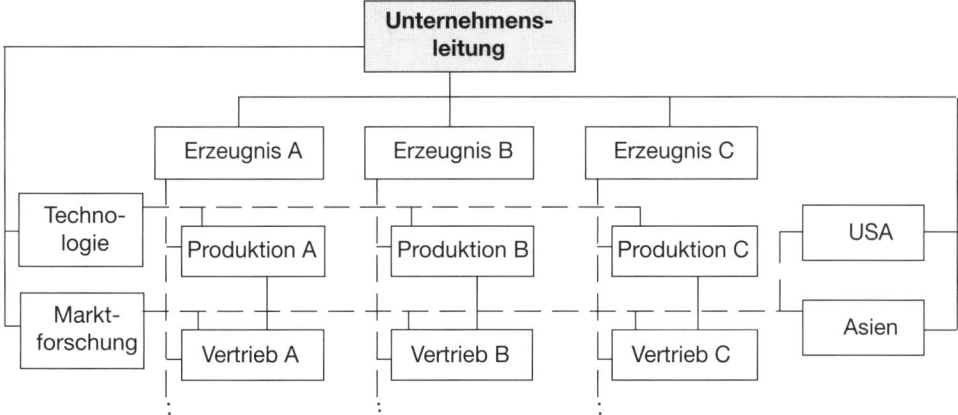

Aus obiger Darstellung ergeben sich folgende **Merkmale**:

▷ Zentralbereiche: Verrichtungszentralisation, z.B. Technologie, Marktforschung
▷ Dezentralbereiche: Objektdezentralisation, z.B. Erzeugnisse A, B und C
▷ Regionalbereiche: Regionale Dezentralisation, z.B. USA, Asien
▷ Vollkompetenz: Bei Längsinformationswegen
▷ Teilkompetenz: Bei Diagonalinformationswegen

Die Tensororganisation wird vielfach von Unternehmensleitungen **multinationaler Großunternehmen** genutzt, die auf unterschiedlichen Märkten bei relativ instabilen Umwelten tätig sind. Sie stellt hohe Anforderungen an die Kooperationsfähigkeit der Stelleninhaber.

58 ⟫ Seite 454

1.1.5 ABLEITUNGSFORMEN

Abgeleitete Organisationsformen sind der Lösung spezieller Aufgaben förderlich. Sie sind aus den grundlegenden Organisationsformen (**Primärorganisation**) entwickelt worden, um in den Unternehmen anfallende Sonderaufgaben besser bewältigen zu können.

Sie haben Ergänzungscharakter und werden in der Literatur zum Teil als **Sekundärorganisationen** bezeichnet (*Bea/Göbel, Schulte-Zurhausen, Staehle, Vahs*).

Es sollen dargestellt werden:

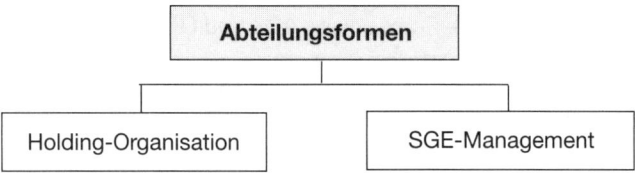

Außer den obigen Formen gibt es die Center-Organisation, das **Produktmanagement**, Prozessmanagement, Kundenmanagement und **Projektmanagement** (vgl. ausführlich *Olfert*).

Die **Aufgaben** der abgeleiteten Organisationsformen bestehen in der schnittstellenüber-greifenden Bearbeitung von innovativen oder selten auftretender Spezialaufgaben, die hierarchieergänzend bzw. hierarchieübergreifend wirken.

1.1.5.1 Holding-Organisation

Eine Holding ist eine aus der Spartenorganisation abgeleitete Organisationsform, bei der es eine nicht selbst am Markt auftretende **Dachgesellschaft** sowie Beteiligungen an mehreren, rechtlich selbstständigen Unternehmen als Beteiligungsgesellschaften gibt (*Keller*). Die rechtliche Selbstständigkeit bleibt durch die Beteiligungen erhalten.

Die **Aufgaben** einer Holding reichen von der strategischen Planung und Kontrolle über das Personalmanagement bis zur Rechtsberatung (*Hopfenbeck*). Als **Formen** der Holding-Organisation sind zu unterscheiden (*Bea/Göbel, Luther, Meier, Zeiss*):

* Die **Management-Holding**, bei der die Dachgesellschaft die Leitung und Koordination der gesamten Holding-Organisation einschließlich der strategischen Aufgaben wahr-nimmt. Die Autonomie der Geschäftsbereiche wird deutlich gestärkt.

  Beispiel:

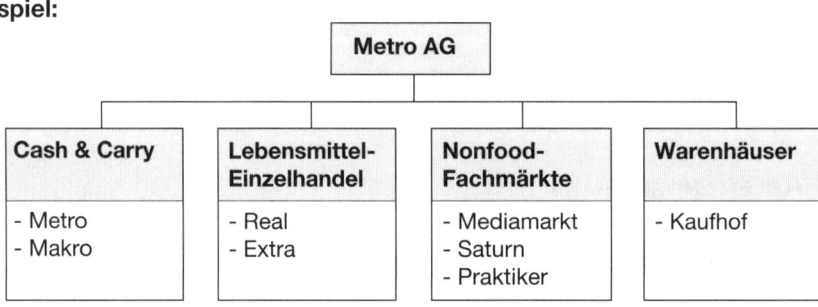

* Die **Finanz-Holding**, bei der die Dachgesellschaft keine strategischen Führungsauf-gaben übernimmt. Die einzelnen Beteiligungsgesellschaften sind dafür selbst zustän-dig. Die Aufgabe der Dachgesellschaft liegt im Halten von Anteilen der Holdinggesell-schaften. Dennoch besitzt sie eine gesamtunternehmerische Finanzperspektive.

1.1.5.2 SGE-MANAGEMENT

Das SGE-Management besteht aus **strategischen Geschäftseinheiten** (SGE), die sich auf strategische Geschäftsfelder (SGF) beziehen (*Bea/Göbel*). Sie sind Ausdruck von Produkt-Markt-Kombinationen, die in einzelne, voneinander unterscheidbare Organisationseinheiten zerlegt und von der Spartenorganisation abgeleitet werden.

Beispiel:

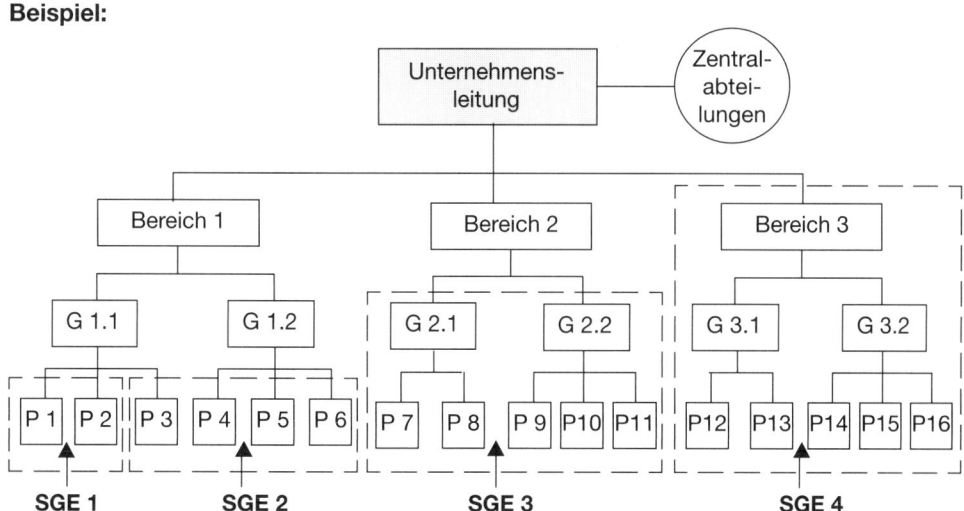

Kriterien zur Bildung strategischer Geschäftseinheiten sind (*Staehle*):

- Eigenständige Marktaufgabe
- Eindeutig indentifizierbare Konkurrenten
- Potenzial zur Erreichung eines relativen Wettbewerbsvorteils
- Eigenverantwortliche Entscheidungen über den Ressourceneinsatz
- Existenz ausreichender Kompetenz des Managements.

Die strategischen Geschäftseinheiten sollen ihre **Aufgaben** effizient und eigenverantwortlich erledigen. Es empfiehlt sich, ihre Anzahl überschaubar und handhabbar zu halten. Sie befinden sich in Konkurrenz zu anderen Anbietern und richten sich an eine klar abgrenzbare Kundengruppe (*Bleicher, Bühner, Hinterhuber, Vahs*).

1.1.6 AUFBAUCONTROLLING

Die Unternehmensleitung wird bei der strukturorientierten Unternehmensführung z. B. von der **Organisationsabteilung** unterstützt, indem sie sich von ihr beraten und Organisationsentscheidungen vorbereiten lässt. Dabei spielt auch das Aufbaucontrolling als Teil des **Organisationscontrolling** (*Olfert, Rahn*) eine hervortretende Rolle.

Das gesamte Aufbaucontrolling ist den Aktivitäten der **Organisationsabteilung** parallel- bzw. übergelagert und zielt dabei auf die aufbauorganisatorische Effizienz ab. Es stellt den Koordinationsprozess der Planung, Kontrolle und Steuerung betrieblicher Aufbaustrukturen dar.

Außerdem versorgt das **Aufbaucontrolling** die an der Organisationsarbeit Beteiligten mit den notwendigen Informationen. Das Aufbaucontrolling dient dazu, die Aktivitäten der Organisationsabteilung zielorientiert zu beeinflussen. Es geht über die reine Kontrolle der Aufbauorganisation hinaus.

Beispiel:

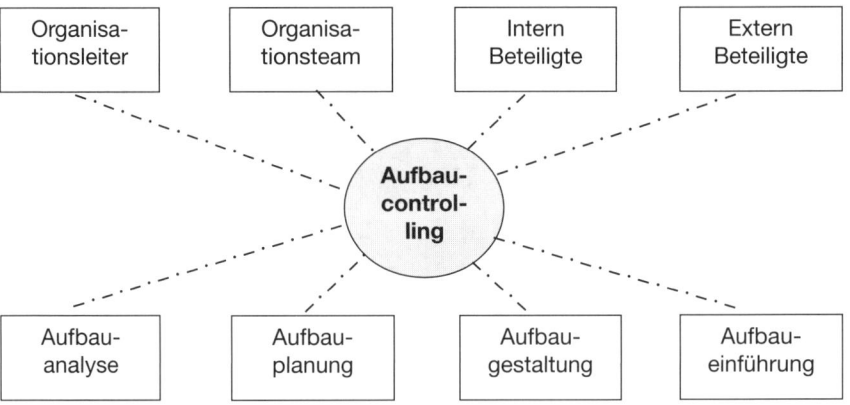

Das Aufbaucontrolling kann von der **Unternehmensleitung** selbst, aber auch von einem Gesamtcontroller oder von einem Organisationsausschuss wahrgenommen werden:

Die wesentlichen Aufgaben des Aufbaucontrolling sind:

- Die **Aufbauplanung**, bei der vor allem die organisatorischen Ziele fixiert werden, die sich aus dem Zielbündel des Unternehmens ergeben und als Soll-Werte zu interpretieren sind, z.B. das Ziel der Erstellung eines funktionsfähigen Organigrammes mit verschiedenen Unternehmensebenen.

- Die **Aufbaukontrolle**, bei der über die Kontrolle des organisatorischen Aufbaus durch die Organisationsabteilung hinaus eine Zusatzkontrolle erfolgt. Dieses Vorgehen hat den Vorteil, dass Probleme nicht »unter den Tisch gekehrt«, sondern aufgedeckt und gelöst werden.

- Die **Aufbausteuerung**, bei der Maßnahmen eingeleitet werden, wenn die Abweichungsursachen beeinflussbar sind. Ansonsten wird gegebenenfalls eine Korrektur der Soll-Vorgaben vorgenommen. Wesentlich ist, dass organisatorische Fehler im Aufbau frühzeitig erkannt und behoben werden.

- Die **Informationsversorgung**, die aus der Weitergabe bzw. Mitteilung wesentlicher Daten über die Aufbauorganisation besteht, z.B. durch das Berichtswesen. Der Aufbaucontroller liefert z.B. der Unternehmensleitung oder anderen Interessierten die erforderlichen Informationen.

Die wesentliche **Aufgabe** des Aufbaucontrollings besteht darin, bei auftretenden Störungen und Problemen der Aufbauorganisation das Organisationspersonal aktiv zu unterstützen und auf die vorgegebenen Ziele im Kostenrahmen unter Einhaltung der Terminvorgaben hinzuwirken.

1.2 PROZESSORGANISATION

Die Prozessorganisation stellt als wirksame Strukturierung des **dynamischen** Beziehungszusammenhangs eines soziotechnischen Systems einen bedeutenden Teil der betrieblichen Gesamtorganisation dar.

Sie wurde in der Vergangenheit als **Ablauforganisation** bezeichnet (*Frost, Kosiol*), was heute noch vielfach geschieht. Hinsichtlich der Gestaltung dynamischer Beziehungszusammenhänge setzt es sich aber zunehmend durch, von Prozessorganisation zu sprechen (*Gaitanides*).

Die **Unternehmensleitung** hat dafür Sorge zu tragen, dass die Prozessorganisation einwandfrei funktioniert. Sie sieht sich vor allem durch die hohe wirtschaftliche Dynamik und den steigenden Wettbewerbsdruck gezwungen, sich mehr mit den Prozessen zu beschäftigen und die Strukturen entsprechend anzupassen.

Die Prozessorganisation wird damit zu einer sehr bedeutenden Aufgabe der strukturorientierten **Unternehmensführung**. Den Ausgangspunkt organisatorischer Prozessgestaltung bildet in vielen Fällen ein **Organisationsauftrag** der Unternehmensleitung bzw. der Bereichsleitung an die Organisationsabteilung oder den Organisator.

Dabei kann die Vergabe des Organisationsauftrages mit folgenden organisationsbezogenen **Zielsetzungen** verbunden sein:

▶ Verkürzung der Durchlaufzeiten	▶ Erhöhung der Prozessqualität
▶ Verbesserung der Innovationen	▶ Senkung der Prozesskosten
▶ Bewirken termingerechter Arbeit	▶ Vermeiden von Reibungsverlusten

Durch die Konkretisierung des Auftrages mit entsprechender Zielsetzung wird eine Ausgangsbasis für die Gestaltung der gesamten Prozessorganisation geschaffen. Der Ablauf der Prozessorganisation ergibt sich aus vier wesentlichen Schritten (vgl. dazu die nächste Seite und ausführlich *Olfert, Olfert/Rahn*).

Der dargestellte Ablauf der Prozessorganisation ist aber keine lineare Abfolge der ausgewiesenen Phasen. Vielmehr überlappen sich verschiedene Phasenabschnitte und sind durch Rückkopplungen untereinander vernetzt.

Im Rahmen der Prozessorganisation sind zu unterscheiden:

- **Reengineering**

- **Unternehmensprozesse**

- **Geschäftsprozesse**
- **Führungsprozesse**
- **Prozessmanagement**
- **Prozesscontrolling**.

Beispiel:

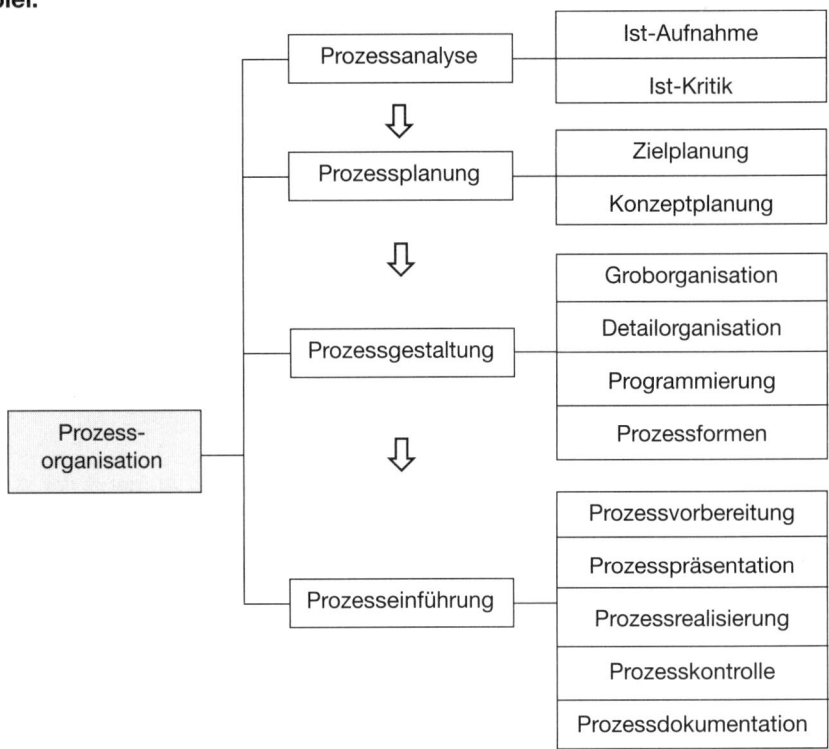

1.2.1 REENGINEERING

Das Reengineering ist Ausdruck des fundamentalen Überdenkens aller betrieblichen Prozesse (*Hammer/Champy*). Dabei ist einzelner **Prozess** eine Kette zwangsläufig aufeinander aufbauender Vorgänge mit Input und Output.

Er hat folgende grundlegende **Struktur**:

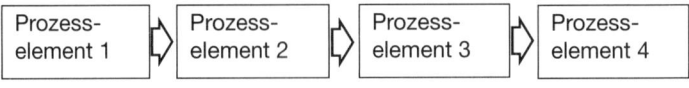

Der Prozess ist nicht nur hinsichtlich seines **Beginns** und seines **Endes** zu definieren, sondern auch im Hinblick auf seine **Elemente**.

Die Gestaltung solcher Prozesse ist eine Aufgabe der **Prozessorganisation** bzw. des **Prozessmanagements**. In letzter Zeit hat sich die statische Betrachtung der Organisation hin zur dynamische Sicht des Reengineering entwickelt:

- ▸ Die **kontinuierliche Verbesserung** der gesamten Organisation wird als vorrangiges Ziel konzipiert, das es nachdrücklich zu verwirklichen gilt (*Witt/Witt*).
- ▸ Das dynamische **Prozessdenken** hat das statische Problemlösen früherer Tage abgelöst, weil diesem die organisatorische Effizienz fehlte.
- ▸ Das **Arbeitsergebnis** steht im Vordergrund und weniger die Arbeitsdurchführung, weil der organisatorische Erfolg am Resultat gemessen wird.
- ▸ Die Aufbauorganisation wird der Prozessorganisation **untergeordnet**, die damit die Gebildestrukturierung erheblich beeinflusst.
- ▸ Die **Kernprozesse** der betrieblichen Organisation rücken in den Vordergrund der Betrachtung, ohne die **Unterstützungsprozesse** zu vernachlässigen.
- ▸ Heute werden die Prozesse vorrangig unter Einsatz der **Informatik** gestaltet, d.h. die Elektronische Datenverarbeitung tritt immer mehr in den Vordergrund.

Die **Unternehmensleitung** trägt die Verantwortung für das Funktionieren der Prozessorganisation. Die dafür Verantwortlichen haben die bedeutsame Aufgabe, die Kernprozesse und auch die Unterstützungsprozesse nach ihrer Effizienz zu durchforsten und nach Kosteneinsparungen zu suchen, wie z.B.:

- ▸ Kostenminderungen dokumentieren
- ▸ Durchlaufzeiten minimieren
- ▸ Fehlerquoten senken
- ▸ Arbeitszeitbedarf reduzieren

Die Konzeption des **Business Reengineering** fordert radikales Redesign und damit ein fundamentales Überdenken aller Prozesse im Unternehmen (*Hammer/Champy*). Mit diesem Vorgehen wurden bei vielen Organisationen bereits grundlegende Verbesserungen erzielt. Solche Projekte waren aber häufig auch mit Misserfolgen verbunden.

Das **radikale Redesign** verfolgt als revolutionäre Prozessorganisation organisatorische Quantensprünge. Es wird auch von der »Bombenwurfstrategie« gesprochen. Nicht in jedem Falle lassen sich die geforderten Quantensprünge realisieren (*Gaitanides*).

Um konkrete Ansatzpunkte für die **Verwirklichung** des Reengineering zu zeigen, sollen zunächst die Unternehmensprozesse genauer untersucht werden.

1.2.2 UNTERNEHMENSPROZESSE

Ein Unternehmen wickelt mit seinen Kunden und Lieferanten Geschäfte ab, die mit Handlungen verbunden sind, welche zu Unternehmensprozessen führen. Ein **Unternehmensprozess** ist eine umfassende, arbeitsteilige und auf den Unternehmenserfolg ausgerichtete Abfolge verschiedener Phasen. Im Unternehmen gibt es folgende Unternehmensprozesse:

- Die **Führungsprozesse** als personen- oder sachbezogene Abläufe, bei denen Führungskräfte das Personal (Leadership-Prozesse) oder die zu bewältigenden Geschäfte aktiv beeinflussen (Managementprozesse). Letztere werden auch als sachbezogene Führungsprozesse bezeichnet. Ohne Manager gibt es keine Führungsprozesse.

- Die **Geschäftsprozesse** als zielgerichtete, arbeitsteilige Abläufe, die eine Folge von Einzelschritten bilden, welche dazu dienen, bestimmte Geschäftsresultate zu erzielen. Sie haben einen definierten Beginn, definierte Elemente und einen definiertes Ende, z.B. Kern- und Unterstützungsprozesse, bereichsbezogene und -übergreifende Prozesse bzw. hierarchiebezogene Prozesse.

Managementprozesse sind nicht als Teile der Geschäftsprozesse zu interpretieren, weil personenbezogene Führungsprozesse keine Geschäftsprozesse sind.

Die Unternehmen sind mit Märkten verbunden. Während die **Beschaffungsprozesse** des Unternehmens auf den Markt der Beschaffung von Informationen, Gütern, Kapital und Personal ausgerichtet sind, beziehen sich die Absatzprozesse auf den **Absatzmarkt**. Daraus ergibt sich folgendes Bild:

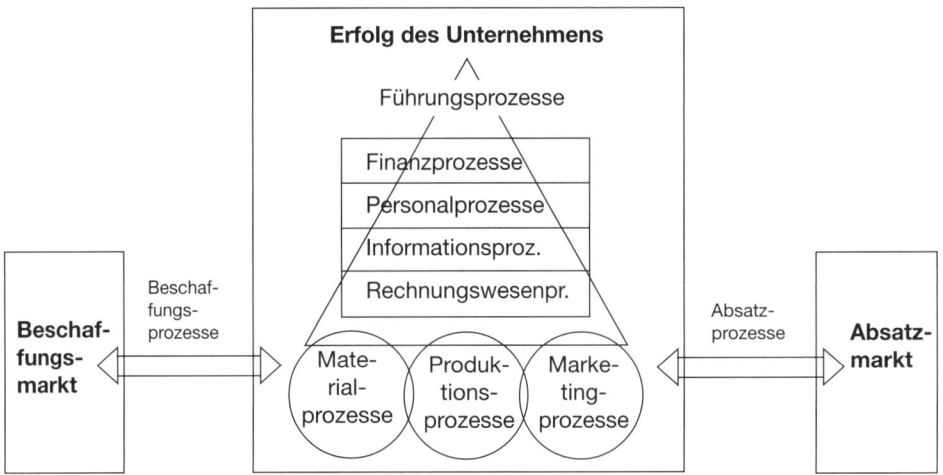

Die **Unternehmensleitung** hat nicht nur dafür Sorge zu tragen, dass die internen Unternehmensprozesse effizient ablaufen, sondern hat sich auch für die kostengünstige und nutzenbringende Abwicklung der Beschaffungs- und Absatzprozesse einzusetzen.

1.2.3 GESCHÄFTSPROZESSE

Die Geschäftsprozesse sind zielgerichtete, arbeitsteilige Abläufe, die bestimmte **Geschäftsresultate** bewirken sollen. Dabei hängt die Reichweite der Geschäftsprozesse von der Betrachtungsweise des Gestalters und des Nutzers ab (*Keller & Partner*). So gliedert *Österle* die Geschäftsprozesse in die Führungs-, Leistungs- und Unterstützungsprozesse.

Relativ häufig wird die Einteilung in Kern- und Unterstützungsprozesse vorgenommen (*Disterer/Fels/Hausotter, Gadatsch, Gaitanides, Hinterhuber, Holey/Welter/Wiedemann, Stahlknecht/Hasenkamp, Staud, Vahs*).

Im Hinblick auf Industrieunternehmen können verschiedene **Arten** von Geschäftsprozessen unterschieden werden.

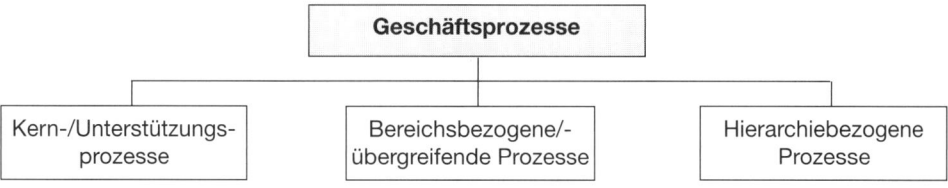

1.2.3.1 Kern-/Unterstützungsprozesse

Während in Industrieunternehmen Geschäftsprozesse ablaufen, die mit der Fertigung von Erzeugnissen verbunden sind, beinhalten Dienstleistungsunternehmen Geschäftsprozesse, die sich z.B. auf Kreditinstitute, Handels-, Versicherungs- und Speditionsunternehmen beziehen. Es gibt in **horizontaler** Sicht folgende Geschäftsprozesse zu unterscheiden:

- Die **Kernprozesse** als güterwirtschaftliche Abläufe, die der betrieblichen Leistungserstellung und Leistungsverwertung dienen und Wettbewerbsvorteile z.B. eines Industrieunternehmens gegenüber den Mitbewerbern am Markt mit sich bringen, z.B. Material-, Produktions- und Marketingprozesse als **Leistungsprozesse** bzw. **Logistikprozesse**. Kernprozesse lassen sich unterschiedlich definieren.

  Sie beruhen auf den **Kernkompetenzen** (*Fearns*) des Unternehmens, die den betrieblichen Erfolg am Absatzmarkt begründen. Sie bilden die Wurzeln des Unternehmenserfolges und sichern den langfristigen Wettbewerbsvorsprung gegenüber den Konkurrenten. In einem **Industrieunternehmen** zeigt er sich vor allem auf technologischem Gebiet, z.B. in der Qualität des zu vertreibenden Produktes.

  Die Kernkompetenzen (und damit die Kernprozesse) von **Dienstleistungsunternehmen** verlagern sich je nach Wirtschaftszweig unterschiedlich. So sieht z. B. ein Kreditinstitut seine Kernkompetenz im finanzwirtschaftlichen Bereich und ein Personalleasing-Unternehmen in der Personalwirtschaft. Funktionale Kernprozesse sind grundsätzlich nicht für alle Branchen festlegbar.

- Die **Unterstützungsprozesse** als unverzichtbare Abläufe, die zum Prozess der Leistungserstellung und Leistungsverwertung als flankierende Prozesse hinzukommen. Sie werden in der Literatur auch als **Supportprozesse** bezeichnet. Es sind hinsichtlich der Industrieunternehmen zu unterscheiden:

▶ Finanzwirtschaftliche Prozesse   ▶ Rechnungswesenprozesse
▶ Personalwirtschaftliche Prozesse   ▶ Informationswirtschaftliche Prozesse
▶ Organisatorische Prozesse   ▶ Controllingprozesse

1.2.3.2 BEREICHSBEZOGENE/-ÜBERGREIFENDE PROZESSE

Die Industrie- und Dienstleistungsunternehmen sind in Großbetrieben nach Bereichen aufgeteilt, die plurale Organisationseinheiten darstellen, z.B. Hauptabteilungen oder Abteilungen. Die mit diesen Bereichen verbundenen Geschäftsprozesse lassen sich in **horizontaler** Sicht bereichsübergreifend oder bereichsbezogen betrachten:

- Die **bereichsbezogenen** Geschäftsprozesse, z.B. Marketing-, Produktions-, Material-, Personal-, Rechnungswesenprozesse, informations- und finanzwirtschaftliche Prozesse. Bevor bereichsübergreifende Prozesse zu analysieren bzw. zu gestalten sind, sollten zunächst die bereichsbezogenen Abläufe auf Schwachstellen untersucht werden, denn sonst können sich Organisationsfehler in übergreifende Betrachtungen einschleichen, die später schwieriger zu beseitigen sind.

- Die **bereichsübergreifenden** Geschäftsprozesse als **Wertschöpfungsketten**, die umfassende Aktivitäten verschiedener Abteilungen eines Industrieunternehmens enthalten, z.B. logistische Geschäftsprozesse, Kundenserviceprozesse, Serienproduktionsprozesse, Auftragsabwicklungsprozesse und Transformationsprozesse (mit Montage).

Die effiziente Gestaltung der bereichsbezogenen bzw. bereichsübergreifenden Geschäftsprozesse ist eine wesentliche Aufgabe des **Geschäftsprozessmanagements** (vgl. Kap. D 1.2.5.1).

1.2.3.3 HIERARCHIEBEZOGENE PROZESSE

Außen den horizontalen Geschäftsprozessen spielen im Unternehmen auch Abläufe eine Rolle, welche sich in **vertikaler** Sicht auf die betriebliche Hierarchie beziehen.

- Die **Gesamtprozesse** als sehr komplexe Geschäftsprozesse, die das ganze Unternehmen und dessen Umfeld betreffen. Sie laufen zwischen den externen und internen Teilnehmern des Unternehmens ab und beziehen sich sowohl auf das Unternehmen selbst als auch auf den Beschaffung- bzw. Absatzmarkt.

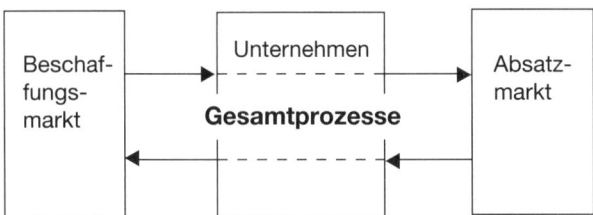

Ein **Gesamtprozess** beginnt z.B. mit der Anfrage eines Kunden vom Absatzmarkt beim Marketingbereich, der Aktivitäten des Produktions- bzw. Materialbereichs (Lieferantenaktivitäten) und Verwaltungsbereichs auslöst und endet mit dem Zahlungseingang durch den Kunden im Finanzbereich (vgl. Übersicht nächste Seite). Die einzelnen Vorgänge zwischen den Märkten bzw. Bereichen lassen sich aus Kap. D 2.2 ableiten.

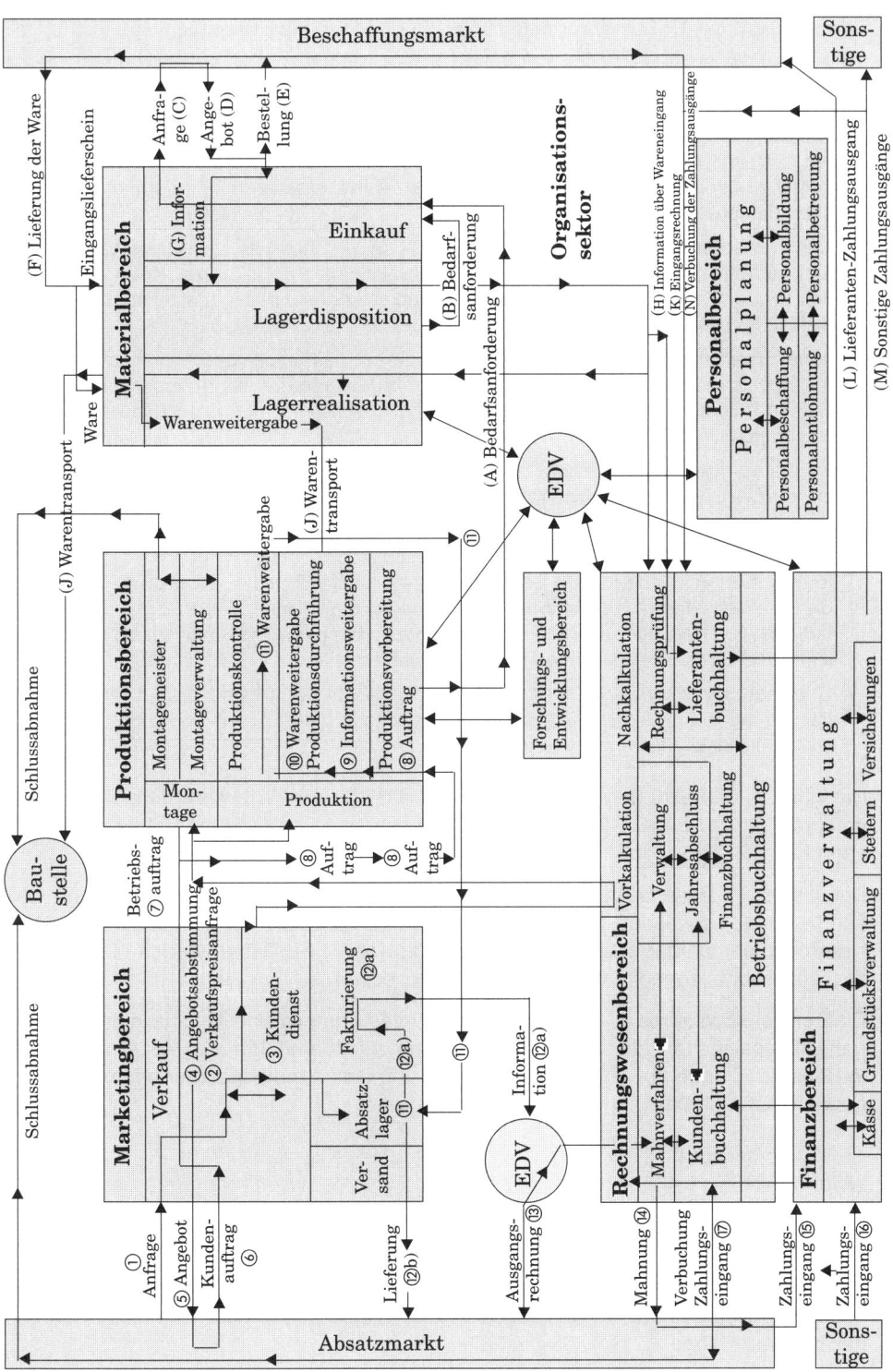

Aus der Sicht der **Unternehmensleitung**, die den Überblick über die wesentliche Geschäftsprozesse im Unternehmen haben muss, können in **horizontaler** Sicht unterschieden werden:

- **Kundenbezogene** Geschäftsprozesse, die durch Top-Angebote der Unternehmensleitung z.B. an Großkunden ausgelöst werden. Sie erteilen dem Unternehmen Aufträge, die später zu Großlieferungen führen können. Den A-Prozessen kommt aufgrund des Umsatzvolumens und damit verbundener Gewinne erhöhte Aufmerksamkeit zu.

- **Lieferantenbezogene** Geschäftsprozesse, die z.B. Anfragen an Großlieferanten betreffen, mit denen möglichst günstige Angebote auszuhandeln sind, die später zum Abschluss von Kaufverträgen mit hohem Wert führen können. In der günstigen bzw. effektiven Güterbeschaffung liegt in vielen Fällen der Gewinn des Unternehmens.

- **Arbeitsmarktbezogene** Geschäftsprozesse, die mit der Personalbeschaffung auf höchster Ebene verbunden sind, um hochqualifizierte Manager für das Unternehmen zu gewinnen, z.B. Kontakte zu Hochschulen, Fachhochschulen, Unternehmensberatern und zu anderen Unternehmen.

- **Kapitalmarktbezogene** Geschäftsprozesse, welche sich auf die Kapitalbeschaffung beziehen. Die Unternehmensleitung führt vor allem dann intensive Verhandlungen mit Kreditinstituten, wenn es um beträchtliches Investituionsvolumen geht und eine für das Unternehmen günstige Finanzierung des Projektes zu sichern ist.

- **Informationsmarktbezogene** Geschäftsprozesse, die im Rahmen der Globalisierung für die Unternehmensleitung immer mehr an Bedeutung gewinnen. Es geht z.B. um die Anbahnung von Kontakten zu Behörden, Verbänden, Kammern und zur Öffentlichkeit im Inland und Ausland, um den Good will der Firma zu stärken.

- **Unternehmensbezogene** Geschäftsprozesse, die interner Art sind und die Koordination der horizontalen Geschäftsprozesse dienen, z.B. güter-, finanz-, personal- und verwaltungswirtschaftliche Geschäftsprozesse.

Die internen und externen Gesamtprozesse sind von der **Unternehmensleitung** zielentsprechend zu steuern. Die Abwicklung der strategischen Führung ist besonders anspruchsvoll.

Dabei sind im Rahmen ausgewogener Gesamtplanung, Gesamtrealisierung und Gesamtkontrolle schwierige Top-Entscheidungen zu fällen, die der **prozessorientierten** Unternehmensführung zuzurechnen sind (vgl. Kapitel E). Dabei werden Gesamtprozesse zu sachbezogenen Gesamtführungsprozessen.

- Die **Bereichsprozesse** als Teilprozesse des Unternehmens sind Abläufe in pluralen Organisationseinheiten, die von **Bereichsleitern** auf mittlerer Ebene zu steuern sind, z.B. in Hauptabteilungen bzw. Abteilungen. Wird von einem Industrieunternehmen ausgegangen, dann gibt es folgende Bereichsprozesse:

▶ Materialbereichsprozesse	▶ Finanzbereichsprozesse
▶ Produktionsbereichsprozesse	▶ Rechnungswesenprozesse
▶ Marketingbereichsprozesse	▶ Informationsbereichsprozesse
▶ Personalbereichsprozesse	

Die Bereichsprozesse sind als Geschäftsprozesse so zu beschreiben, dass sie einen definierten Beginn bzw. ein definiertes Ende haben und auch seine Teilaufgaben genau bestimmt sind.

Beispielsweise beginnt der **personalwirtschaftliche Bereichsprozess** beispielsweise mit dem Ergebnis der kollektiven Personalplanung, dass die geplante Stellenzahl größer als der Personalbestand ist. Dieser Personalprozess endet mit der personalwirtschaftlichen Kontrolle, die aufzeigt, ob die Personalbeschaffung und der Personaleinsatz zielentsprechend verlaufen sind.

Ein **Bereichsleiter** hat die anspruchsvolle Führungsaufgabe, die Bereichsprozesse im Rahmen des sachbezogenen Bereichsführungsprozesses so zu beeinflussen, dass diese erfolgreich ablaufen (vgl. zur prozessorientierten Bereichsführung: Kapitel E 2.). Bereichsprozesse werden durch das Management zu sachbezogenen Bereichsführungsprozessen.

- Die **Gruppenprozesse** als Teilprozesse von bereichsbezogenen Geschäftsprozessen, die sich unterschiedlich diskutieren lassen. Es sind ausschließlich sachbezogene Gruppenprozesse mit ökonomischer Bedeutung, wie z.B. Geschäftsprozesse in Material-, Produktions-, Marketing-, Personalwesen-, Finanzwesen-, Rechnungswesen und Informatikgruppen.

  Beispielsweise beginnt ein **gruppenbezogener Geschäftsprozess** mit der Planung eines Vorschlags zur Entwicklung eines neuen Medikaments durch eine Forschergruppe, die den Vorgang realisiert und am Ende ihre eigenen Ergebnisse kontrolliert.

  Ein **Gruppenleiter** ist dafür zuständig, dass die wirtschaftlichen Gruppenprozesse im Unternehmen erfolgreich ablaufen. Damit werden die Gruppenprozesse durch das Teammanagement zu Gruppenführungsprozessen (vgl. Kapitel E 3.2).

- Die **Einzelprozesse** als stellenbezogene Geschäftsprozesse, die je nach Tätigkeitsgebiet unterschiedlich ablaufen, z.B. Prozesse an Stellen im Leistungsbereich bzw. im Finanz-, Personal- und Rechnungswesen. Beispielsweise beginnt ein **Einzelprozess** als Bestellprozess an der Stelle eines Einkäufers mit der Ermittlung des Materialbedarfs, die zum Einholen von Angeboten bzw. zur Bestellung führt und mit der Kontrolle durch den Sachbearbeiter endet.

Die Führungsaufgabe der **Leitungsinstanzen** besteht darin, die Gesamt-, Bereichs-, Gruppen- und Einzelprozesse erfolgsgerichtet und zweckentsprechend zu koordinieren und zu steuern. Dabei werden die Leitungsinstanzen vom **Prozesscontrolling** unterstützt (*Knuppertz/Ahlsrichs*).

1.2.4 FÜHRUNGSPROZESSE

Ein Führungsprozess zeigt den Ablauf der zielgerichteten und erfolgreichen Beeinflussung des Personals (**Leadership-Prozess**) oder der Geschäfte (**Managementprozess**). Es sind zu unterscheiden:

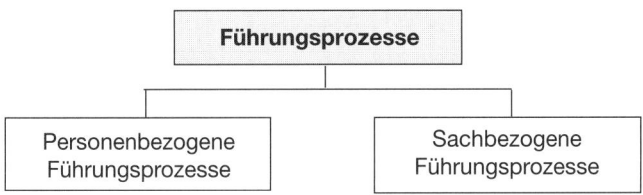

1.2.4.1 Personenbezogene Führungsprozesse

Die **personenbezogenen** Führungsprozesse sind Abläufe, bei denen eine Führungskraft ihre Mitarbeiter mit Führungsinstrumenten und unter Beachtung der Führungsziele (Soll) bzw. der Führungssituation auf einen gemeinsam zu erreichenden Erfolg beeinflusst. Wesentliche Elemente dieses Prozesses (vgl. Regelkreisdarstellung Kap. C 1) sind:

Führungsziele	Sie sind mit dem Mitarbeiter zu vereinbaren und werden dann für die Führungsperson zu Soll-Größen der Führung. Auf diese Führungsgrößen ist solange hinzusteuern, bis beim Mitarbeiter der Erfolg eintritt, z. B. Leistungs-, Verhaltens- und Zufriedenheitsziele.

⇩

Führungskraft	Sie ist eine Führungsperson, welche die Aufgabe hat, den ihr unterstellten Mitarbeiter so zu beeinflussen, dass es erfolgreich arbeitet. In der Literatur wird bei diesem Personenkreis z. B. auch vom Manager bzw. vom Vorgesetzten gesprochen.

⇩

Führungs-instrumente	Sie sind Ausdruck des Führungsverhaltens einer Führungskraft, das von Führungszielen ausgeht und auf Erfolg gerichtet ist, z. B. Einsatz von Führungsstilen, Führungmitteln und Führungstechniken.

⇩

Mitarbeiter	Sie sind die Geführten, die von der Führungskraft so zu beeinflussen sind, dass sie ihre Aufgaben zielentsprechend wahrnehmen, z. B. Jugendliche, Ältere, Behinderte, Ausländer bzw. andere Mitglieder einer Gruppe (z. B. Neuling, Außenseiter, Star).

⇩

Führungs-situation	Sie ist jene Problemlage, in der sich Vorgesetzte und Mitarbeiter befinden und die bei der Führung zu berücksichtigen ist, z. B. die Unternehmens-, Arbeitsplatz-, Privat- und Umfeldsituation der Mitarbeiter.

⇩

Erfolg	Er ist das Ergebnis der gemeinsamen Bemühungen des Vorgesetzten und des Mitarbeiters um Zielerfüllung, z. B. der Leistungserfolg des Mitarbeiters (Menge, Umsatz, Kosten), der Verhaltenserfolg (Benehmen, Zusammenhalten, Fehlen) bzw. die Zufriedenheit.

Die **personenbezogenen** Führungsprozesse sind als Gesamtführungsprozess (Kap. C 2.1), Bereichsführungsprozess (Kap. C. 3.1.), Gruppenführungsprozess (Kap. C. 4.1) und Prozess der Individualführung (Kap. C 5.1) denkbar.

An diesen Prozessen sind Vorgesetzte, Gruppenleiter, Bereichsleiter und Unternehmensleiter beteiligt, die das ihnen unterstellte Personal so beeinflussen sollen, dass es erfolgreich arbeitet.

1.2.4.2 SACHBEZOGENE FÜHRUNGSPROZESSE

Sachbezogene Führungsprozesse sind im Unternehmen notwendig, damit **Geschäftsprozesse** wirtschaftlich und effizient ablaufen können. Es sind Abläufe, bei denen eine Führungskraft Prozesse beeinflusst, die hinsichtlich sachlich-rationaler Tatbestände bedeutsam sind. Durch den Einbezug der Aktivitäten von Führungskräften werden Geschäftsprozesse zu **Managementprozessen**, die effizient zu gestalten und zu entwickeln sind.

Das **Geschäftsprozessmanagement** ist für den Erfolg des Unternehmens sehr bedeutsam (*Allweyer, Gadatsch, Schmelzer/Sesselmann*). Wesentliche Elemente sachbezogener Führungsprozesse sind:

Zielsetzung	Sie ist eine Aussage mit normativem Charakter, die einen gewünschten Zustand der Realität beschreibt. Als messbare Zielsetzung gibt sie die Orientierung zur erfolgreichen Beeinflussung der Geschäftsprozesse durch die Führungskraft.

⇩

Führungskraft	Sie beeinflusst als Unternehmens-, Bereichs- bzw. Gruppenleiter oder als Vorgesetzter die jeweiligen Geschäftsprozesse so, dass sie erfolgreich ablaufen, z. B. als Top-Manager, Middle-Manager oder Lower-Manager.

⇩

Planung	Sie ist die gedankliche Vorwegnahme des zukünftigen wirtschaftlichen Handelns. Es wird von den Führungskräften und Mitarbeitern anhand von Plänen überlegt, auf welchen Wegen die Zielsetzungen zu erreichen sind.

⇩

Durchführung	Sie betrifft die Umsetzung der Pläne in die betriebliche Wirklichkeit. Hier sind Entscheidungen und Maßnahmen hinsichtlich der Realisierung des Gewollten zu treffen, z. B. durch Organisation, Personaleinsatz, Information.

⇩

Kontrolle	Sie ist ein Vorgang der Informationsgewinnung und besteht aus der Überwachung und Untersuchung von Geschäftsprozessen. Sie bildet eine bedeutende Phase des sachbezogenen Führungsprozesses, wirkt aber auch prozessbegleitend.

⇩

Steuerung	Aus den Ergebnissen der Kontrolle ergeben sich Steuerungsmaßnahmen, die der Realisierung der gegebenen Zielsetzungen durch die Führungskräfte dienen. Durch diese Maßnahmen sollen die Geschäftsprozesse effektiver ablaufen.

Die **sachbezogenen** Führungsprozesse sind **Managementprozesse**, die in der Unternehmenspraxis auf der oberen, mittleren und unteren Führungsebene ablaufen.

An der Basis des Unternehmens werden **Ausführungsprozesse** verrichtet, in denen die entsprechenden Mitarbeiter die in den Führungsetagen getroffenen Führungsentscheidungen in die Realität umzusetzen versuchen.

Das effektive **Controlling** ist als Teil der Führung eine organisatorisch verselbstständigte Funktion, die vor allem den sachbezogenen Führungsprozessen parallel- bzw. übergelagert ist. Es hat die Hauptaufgabe, den Führungskräfte bei ihrem Streben nach Erfolg beizustehen. Es verbindet den ganzheitlichen Koordinationsprozess der Planung, Kontrolle und Steuerung mit der Informationsversorgung.

Das Controlling beschäftigt sich vorrangig mit den **sachbezogenen** Führungsprozessen, muss sich aber auch mit personenorientierten Führungsprozessen auseinandersetzen, wenn die Erfüllung der betrieblichen Zielsetzungen durch personalbedingte Problemstellungen gefährdet ist.

Seite 454

1.2.5 PROZESSMANAGEMENT

Die inhaltliche Gestaltung von **Geschäftsprozessen** wird durch Vorschläge zur Prozessorganisation und zum Prozessmanagement geprägt. Diese beiden Begriffe sind nicht identisch.

Die **Prozessorganisation** bildet als effektive Strukturierung des dynamischen Beziehungszusammenhangs im Unternehmen einen Teil der gesamten Organisation und ist eine bedeutsame Aufgabe der Organisationsexperten (*Fischermanns/Liebelt, Gaitanides, Wilhelm*). Die Prozessorganisation ist ein Element des Prozessmanagements.

Demgegenüber geht es beim funktionalen **Prozessmanagement** vor allem um Entscheidungen von Prozessmanagern über die Geschäftsprozesse, um diese Prozesse zu optimieren und zu modellieren (*Becker/Kugler/Rosemann, Helfrich*). Das Prozessmanagement ist auch institutionelll interpretierbar (vgl. Kap. D 1.1.5).

Die **Unternehmensleitung** trägt die Verantwortung dafür, dass die Organisation und das Management von Geschäftsprozessen zweckentsprechend koordiniert werden und dass diese Prozesse effektiv ablaufen. Ihr geht es insbesondere um die Beachtung von Qualitätsaspekten, Kosteneinsparungen, Minimierung der Durchlaufzeiten, höhere Sicherheit und um Innovationen. Dabei wird sie vom **Prozesscontrolling** aktiv unterstützt.

Im Rahmen des Prozessmanagements ergeben sich folgende Problemkreise:

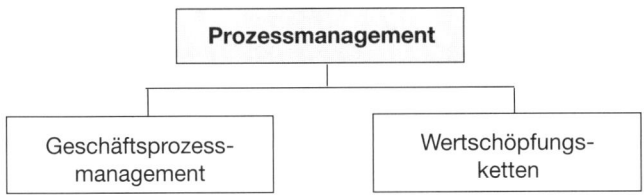

1.2.5.1 GESCHÄFTSPROZESSMANAGEMENT

Die Anforderungen an die Unternehmensleitung steigen ständig durch die schnelle technologische Entwicklung, die Internationalisierung der Märkte, den Kostendruck, die Innovationszyklen und die steigenden Ansprüche der Käufer.

Die wachsenden Anforderungen an Zeit, Qualität, Kosten und Flexibilität können die Unternehmen nur erfüllen, wenn sie den allumfassenden **Wandel** als permanente Herausforderung und kontinuierlichen Prozess sehen. Nicht beherrschte Geschäftsprozesse führen in der Praxis zu vielen Beanstandungen, Fehlern, hohen Produktkosten, langen Durchlaufzeiten, unzureichender Liefertreue und zu hohen Beständen.

In der Literatur wird deshalb das **Geschäftsprozessmanagement** als angemessene Reaktion vorgeschlagen, um flexibel auf die neuen Anforderungen reagieren zu können (u.a. *Allweyer, Gadatsch*). Die Praktiker *Schmelzer/Sesselmann* verstehen darunter ein integriertes Konzept von Führung, Organisation und Controlling, das eine zielgerichtete Steuerung der Geschäftsprozesse durch die Geschäftsprozessverantwortlichen ermöglicht.

Wettbewerbsvorteile erzielen vor allem die Unternehmen, die schneller als ihre Wettbewerber auf Marktveränderungen reagieren. Das gesamte Unternehmen wird dabei auf die Bedürfnisse der Kunden und anderer **Interessengruppen** ausgerichtet, z.B. Mitarbeiter, Kapitalgeber, Eigentümer, Lieferanten, Partner und Gesellschaft (*Gaitanides*).

1.2.5.2 WERTSCHÖPFUNGSKETTEN

Die Hauptziele des Geschäftsprozessmanagement bestehen in der Erhöhung der **Kundenzufriedenheit** und der Steigerung der **Produktivität**, die beide erheblich zum Unternehmenserfolg beitragen. Die laufende Messung und kontinuierliche Verbesserung der Führungsprozesse und der Geschäftsprozesse bilden die Basis für die Steigerung der Prozessleistungen.

Die hier vorrangig zu betrachtenden Prozesse bestehen aus der bereichsübergreifenden Verkettung **wertschöpfender Aktivitäten**, die vom Kunden erwartete Leistungen erzeugen. Die Führungsaufgaben werden von den für die Geschäftsprozesse Verantwortlichen in Managementprozessen wahrgenommen.

Dabei ist die **Wertschöpfung** sowohl ein betrieblicher Prozess der Entstehung von Werten als auch das Ergebnis dieses Prozesses (*Boos/Heitger, Haller, Horváth*). Es sind zu unterscheiden:

- Die **güterbezogene** Wertschöpfung, die der vom Unternehmen erbrachten Eigenleistung entspricht, nämlich dem Mehrwert. Sie ist die Differenz zwischen der Gesamtleistung des Unternehmens (z.B. Umsatzerträge) und den Vorleistungen als Wert der von außen bezogenen Güter und Dienstleistungen, z.B. Fremdbezüge einschließlich der Abschreibungen.

- Die **geldbezogene** Wertschöpfung, die dem Einkommen der Beteiligten am Wertschöpfungsprozess entspricht, z.B. die Wertschöpfungsanteile für die Belegschaft (Löhne, Gehälter), die Gläubiger (Zinsen), die Eigentümer (Gewinn, Dividende), für das Unternehmen (Rücklagen) und den Staat (Steuern).

Eine **Wertschöpfungskette** (Lieferkette, Logistische Kette) entsteht nach *Porter*, wenn alle primären und sekundären Aktivitäten der Wertschöpfung von der ursprünglichen Beschaffungsquelle bis zu den an den Endabnehmer ausgelieferten Produkte und Dienstleistungen aneinander gereiht werden (vgl. auch *Olfert, Töpfer, Ziegenbein*):

Nach der Wertkette von *Porter* nutzt das Unternehmen die **Eingangslogistik** (u.a. Warenempfang, Lagerung) zur Produktion wettbewerbsfähiger Produkte (Operationen zur Leistungserstellung) und richtet sie am Bedarf der Kunden bzw. auf die Gegebenheiten am Markt aus.

Die **Ausgangslogistik** (Lagerung und Auslieferung von Fertigprodukten, Auftragsabwicklung) arbeitet mit dem Marketing (Vertrieb, Verkaufsförderung, Werbung, Vertriebswege) und den Servicefunktionen (Reparatur, Ersatzteile, Schulung) zusammen, um im Rahmen dieser Primäraktivitäten zum Gewinn (Umsatz-Kosten) beizutragen.

Als **Unterstützungsaktivitäten** werden die Beschaffung (Einkauf), Technologieentwicklung (Forschung und Entwicklung), Personalwirtschaft (Humanressourcen) und Unternehmensinfrastruktur (Finanzierung, Rechnungswesen, Rechtswesen, Öffentlichkeitsarbeit bzw. auch die Geschäftsführung) genannt.

Die Unternehmensführung sollte hier allerdings aus der Infrastruktur herausgehoben werden und über den Primär- und Sekundäraktivitäten stehen, denn **Führung** und **Leitung** haben nicht nur unterstützenden Charakter, sondern stellen in hohem Maße den Erfolg des Unternehmens beeinflussende, gestaltende und entwickelnde Elemente dar.

Die Gestaltung und Steuerung von Wertschöpfungsketten obliegt dem **Supply Chain Management** (SCM: *Arndt, Werner, Wildemann, Ziegenbein*), das dabei vom Logistikcontrolling bzw. vom Supply Chain Controlling unterstützt wird (*Weber, Zäpfel/Piekratz*).

Das Konzept des **Prozessmanagements** dient nicht nur der Deskription betrieblicher Pro-zesse, sondern ist vor allem Ausgangspunkt für deren Verbesserung (*Dillerup/Stoi*). Aus der Geschäftsprozessorientierung lässt sich das Ziel der **Prozessoptimierung** bzw. der **Modellierung** von Geschäftsprozessen ableiten (*Holey/Welter/Wiedemann, Stahlknecht/Hasenkamp*).

1.2.6 PROZESSCONTROLLING

Das Prozesscontrolling ist den Aktivitäten des Prozessmanagements parallel- bzw. übergelagert und zielt auf die prozessorganisatorische Effizienz ab. Es stellt den Koordinationsprozess der Planung, Kontrolle und Steuerung betrieblicher Prozessstrukturen dar und wird von **Controllinginstanzen** wahrgenommen.

Als Controllinginstanz kann die **Unternehmensleitung** fungieren. Es können aber auch ein **Gesamtcontroller** bzw. ein **Organisationsausschuss** mit dieser Aufgabe betraut werden. Beim Einsatz des Prozesscontrolling ist darauf zu achten, dass eine kooperative Zusammenarbeit der Controller mit dem Prozessmanagement gewährleistet ist.

Wesentliche **Aufgaben** des Prozesscontrolling sind:

- Die **Prozessplanung**, mit der insbesondere die organisatorischen Ziele fixiert werden, die sich aus dem Zielbündel des Unternehmens ergeben und als Soll-Werte zu interpretieren sind, z.B. das Ziel der Erstellung funktionsfähiger Abläufe auf allen Unternehmensebenen.

- Die **Prozesskontrolle**, die über die Kontrolle der organisatorischen Prozesse durch das Prozessmanagement hinaus als Zusatzkontrolle durch den Gesamtcontroller erfolgt. Dieses Vorgehen hat den Vorteil, dass Probleme nicht »unter den Tisch gekehrt«, sondern konkretisiert und gelöst werden.

- Die **Prozesssteuerung**, die auf Abweichungen zwischen den Soll- und Ist-Werten basiert. Wesentlich ist, dass organisatorische Fehler in den Prozessen frühzeitig erkannt und umgehend mit geeigneten Gegenmaßnahmen beantwortet werden.

- Die **Prozessinformation**, die als Informationsversorgung aus der Weitergabe bzw. Mitteilung wesentlicher Daten über die Prozessorganisation besteht, z.B. durch das Berichtswesen. Der Gesamtcontroller liefert der Unternehmensleitung die erforderlichen Informationen.

Daraus lässt sich ein kompaktes Konzept als Prozess-Controlling-System ableiten, das in ein strategisches **Controlling-System** integrierbar ist (vgl. ausführlich *Helbig*).

1.3 Projektorganisation

Die Projektorganisation ist einerseits die Strukturierung von Projekten als Zustand und andererseits die Gestaltung von Arbeitssystemen zur Projektdurchführung (u. a. *Olfert/ Rahn*). Sie wird vom **Projektmanagement** durchgeführt (*Birker, Burghardt, Dillerup/Stoi, Kessler/Winkelhofer, Litke, Madauss, Marr/Steiner, Olfert*) und soll die **Unternehmensleitung** bei ihren Problemlösungen unterstützen.

Projekte sind Vorhaben mit definiertem Anfang und Abschluss, die beispielsweise durch die Merkmale Einmaligkeit, begrenzte Dauer, Komplexität, interdisziplinärer Umfang, Schwierigkeit und Risiko charakterisiert sind.

Es sind zu unterscheiden:

- **Projektaufbauorganisation**
- **Projektprozessorganisation**
- **Projektcontrolling**.

1.3.1 Projektaufbauorganisation

Die Projektaufbauorganisation zeigt die Zuständigkeiten und Strukturen, die dann auch für die Projektprozessorganisation Bedeutung haben. Dabei sind zu unterscheiden (*Bea/ Göbel, Mehrmann/Wirtz, Olfert, Olfert/Rahn*):

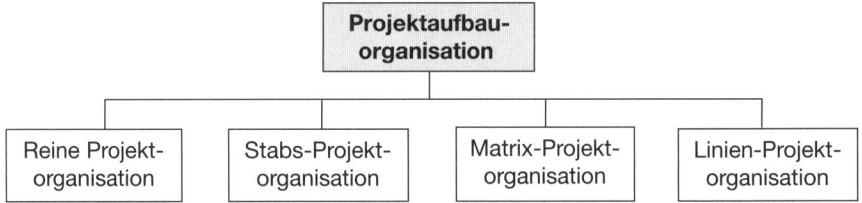

1.3.1.1 Reine Projektorganisation

Hier werden die Projektgruppen für die Projektdauer vollständig aus den Fachabteilungen herausgelöst und zeitlich befristet in die Aufbauorganisation integriert. Sie wird auch **Task-Force** genannt.

Der Projektgruppe werden relativ weit reichende fachliche und disziplinarische Entscheidungs- und Weisungsbefugnisse übertragen. Die Verantwortung für das Projekt trägt der Projektleiter.

Diese Form der Projektorganisation wird vor allem bei Großprojekten eingesetzt, die oft sehr umfangreich, zeitintensiv und strategisch bedeutsam sind. Hier arbeitet die Projektgruppe ausschließlich für die Ziele des Projektes.

Der Projektleiter untersteht direkt der **Unternehmensleitung** und hat die volle **Kompetenz**, d.h. die gesamte Weisungs- und Entscheidungsbefugnis, und die Projektmitarbeiter sind ihm disziplinarisch und fachlich unterstellt:

Beispiel:

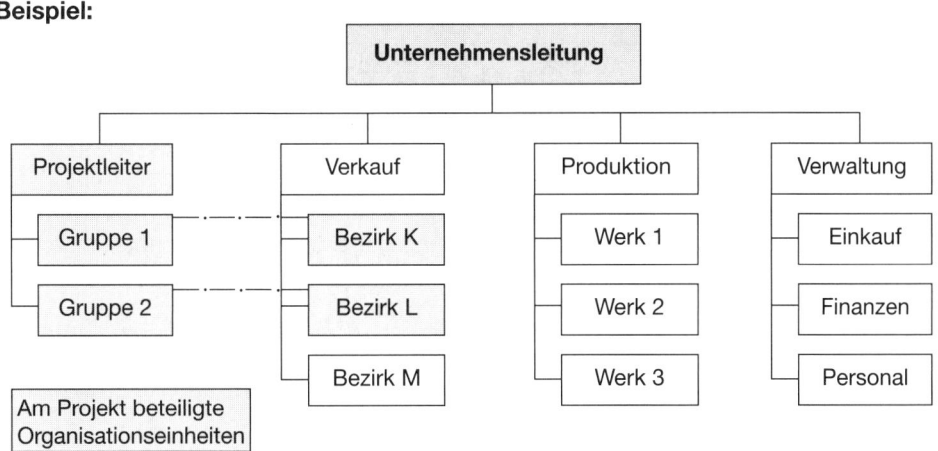

Bei dieser Art der Projekteinbindung sind Probleme der **Kompetenzabgrenzung** weniger häufig, weil die Projektgruppe dem Projektleiter uneingeschränkt untersteht. Die Projektgruppe nutzt die Querverbindungen, um sich Daten aus der Fachabteilung zu beschaffen.

1.3.1.2 STABS-PROJEKTORGANISATION

Bei der Stabs-Projektorganisation ist der Projektleiter als Koordinator der **Unternehmensleitung** unterstellt. Sein Einfluss ist aber vergleichsweise gering, denn hier werden die Projektgruppen für die Projektdauer nicht aus ihren Abteilungen herausgelöst, sondern die Projektgruppe untersteht weiterhin der Fachabteilung.

Es wird auch als **Koordinations-Projektmanagement** bezeichnet. Der Projektleiter hat hier als Leiter einer Stabsstelle oder Stabsabteilung über Querverbindungen vor allem die Aufgabe der Koordination.

Die **Kompetenzen** sind bei der Stabs-Projektorganisation also der Fachabteilung zugeordnet, deren Leiter auf die Projektarbeit einen hohen Einfluss ausüben. Somit greift diese Form des Projektaufbaus am wenigsten in bestehende Strukturen ein. Die betriebliche Hierarchie wird lediglich um die Stabstelle eines Projektkoordinators ergänzt.

Daraus ergibt sich folgendes Strukturbild:

Beispiel:

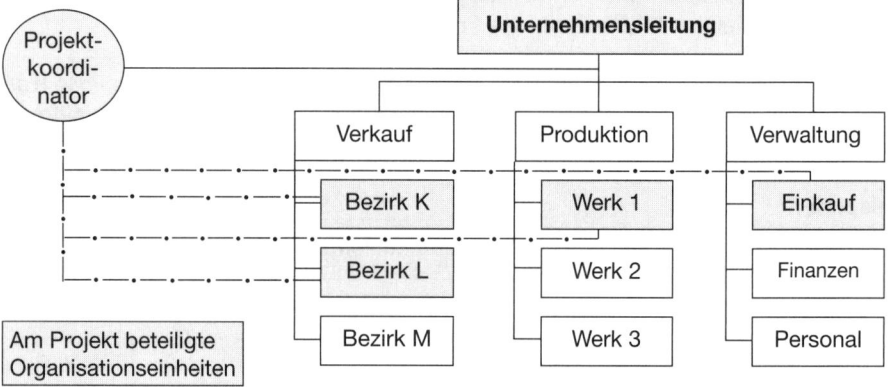

Da der Projektleiter zur Informationsbeschaffung gegenüber den Fachabteilungen nur Querverbindungen nutzen kann, sind seine **Kompetenzen** nur relativ gering ausgeprägt.

1.3.1.3 MATRIX-PROJEKTORGANISATION

Bei der Matrix-Projektorganisation untersteht ein Projektleiter der **Unternehmensleitung**. Die Projektmitglieder sind in disziplinarischen Fragen weiterhin der Fachabteilung zugeordnet und sind in abgegrenzten Projektfragen dem Projektleiter unterstellt. Die Matrixprojektorganisation wird auch als **begrenztes Projektmanagement** bezeichnet.

Die Leitung der Fachabteilung und die Projektleitung arbeiten gleichberechtigt zusammen und tragen gemeinsam die **Projektverantwortung**. Die Einheitlichkeit der Auftragserteilung wird in der Fachabteilung zum Vorteil des jeweils kürzeren Informationsweges aufgegeben.

Diese Form wird in der Praxis vorzugsweise bei **abteilungsübergreifenden** Projekten eingesetzt, wie die folgende Abbildung zeigt:

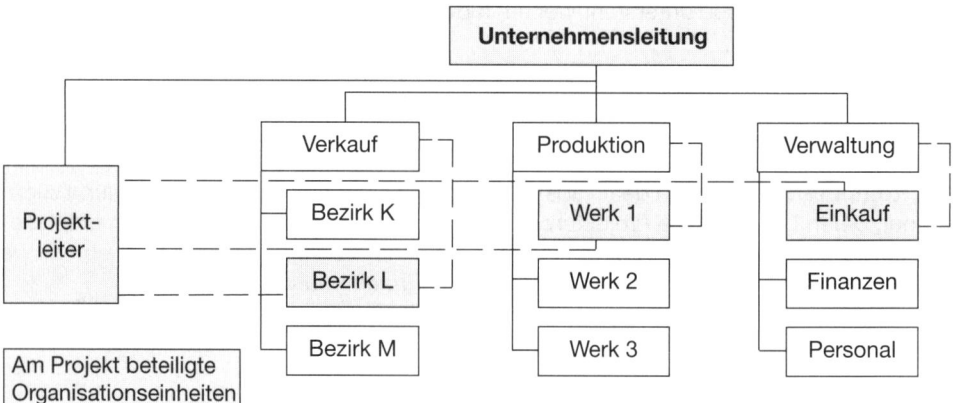

Durch die Doppelunterstellungen können hier **Kompetenzprobleme** auftreten, vor allem dann, wenn die Zuständigkeiten zwischen Fachabteilung und Projektleiter nicht genau abgegrenzt sind.

1.3.1.4 Linien-Projektorganisation

Die Lösung von Projektaufgaben erfordert nicht grundsätzlich die Einrichtung einer eigenständigen Projektorganisation, sondern kann in Form von Einzelprojekten in die gegebene Aufbauorganisation integriert werden (*Burghardt*).

Dies gilt vor allem für funktional ausgerichtete Projekte, z. B.:

* **Markteinführungsprojekte**, die z. B. im Verkauf der Einführung von neuen Produkten des Unternehmens am Markt dienen.

* **Entwicklungsprojekte**, die z. B. in der Produktion zur Entwicklung neuer Fertigprodukte eingesetzt werden.

* **Informatikprojekte**, die z. B. in der Verwaltung eingerichtet werden, um die Datenverarbeitung im Unternehmen zu verbessern.

Die Linien-Projektorganisation wird auch **reine Linien-Projektorganisation** genannt. Sie ist eine Form der Projekteinbindung, bei welcher der jeweilige Projektleiter nicht der **Unternehmensleitung** direkt untersteht, sondern z.B. als Gruppenleiter der Fachabteilung direkt unterstellt wird. Projekte können z.B. in folgender Weise in die Aufbauorganisation eingeordnet sein:

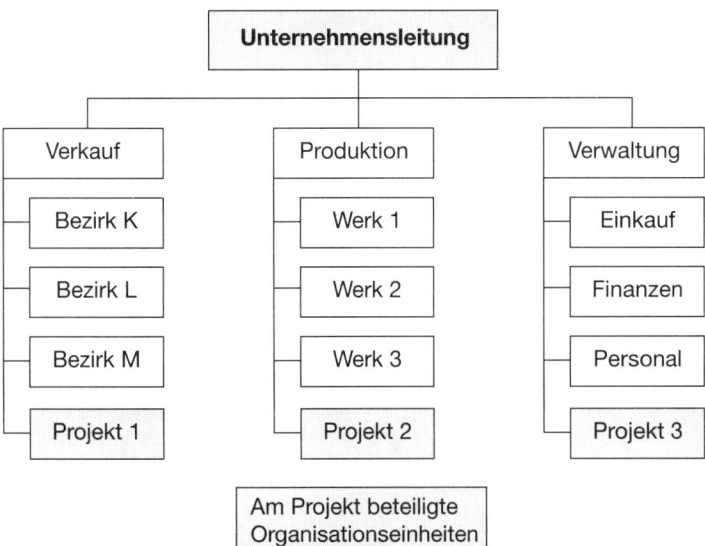

Die aufbauorganisatorische Stellung des Projektleiters wird der Bedeutung eines Projektes vielfach nicht gerecht, wenn z.B. der jeweilige Fachabteilungsleiter über einen zu starken Einfluss verfügt.

1.3.2 PROJEKTPROZESSORGANISATION

Die Projektprozessorganisation ist die befristete Gestaltung von prozessorientierten Gesamtvorhaben bzw. von Einzelvorhaben innerhalb eines Unternehmens.

Den Ausgangspunkt der Projektprozessorganisation bildet i. d. R. der schriftliche **Projektauftrag** (*Birker, Burghardt, Madauss*) durch die Unternehmensleitung oder einer entsprechend autorisierten Führungsebene an einen zu berufenden Projektleiter bzw. eine zu bildende Projektgruppe.

Der Projektauftrag beinhaltet üblicherweise:

► Name des gesamten Projektes
► Name des Projektleiters / der Projektgruppe
► Kurzbeschreibung des Vorhabens
► Geplante Kosten des Projektes
► Voraussichtliche Zwischentermine
► Mögliche Endtermine
► Zu beachtende Risiken des Projektes
► Unterschriften der Auftraggeber und Auftragnehmer

Projekte werden oft durch **Ideen** bzw. **Visionen** ausgelöst, die sich darauf beziehen, wie eine Verbesserung herbeigeführt werden kann. Auch das Erkennen eines Mangels bzw. Problems kann zum Wunsch nach Veränderung führen.

Ausgehend vom **Organisationsauftrag** der Unternehmensleitung kann bei dem projektbezogenen **Organisationsprozess** in vier Stufen vorgegangen werden (vgl. dazu ausführlich *Olfert, Olfert/Rahn*).

Beispiel:

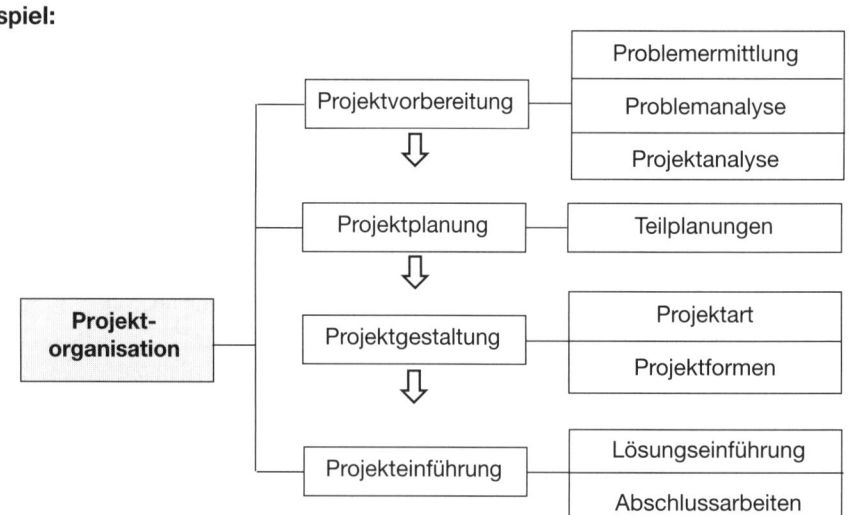

Die Projektorganisation ist allerdings keine schematische Aneinanderreihung der dargestellten Phasen. Vielmehr überlappen sich verschiedene Phasenabschnitte, sind über Rückkopplungen miteinander verbunden und sind auf den **Projekterfolg** ausgerichtet (*Selchert*).

1.3.3 Projektcontrolling

Das Projektcontrolling ist den Projektaktivitäten parallel- bzw. übergelagert und zielt auf **Projekteffizienz** ab. Es verbindet den Koordinationsprozess der Planung, Kontrolle und Steuerung betrieblicher Projekte mit der Informationsversorgung (Jung, Küpper). Die Aufgabenstruktur des Projektcontrolling hängt im Einzelnen von der gesamten Controllingorganisation ab. Es kann als Teil des **Gesamtcontrolling** gesehen werden.

Auf der Basis einer **Matrix-Projektorganisation** kann das Projektcontrolling in das Gesamtcontrolling integriert werden, wie die Abbildung zeigt.

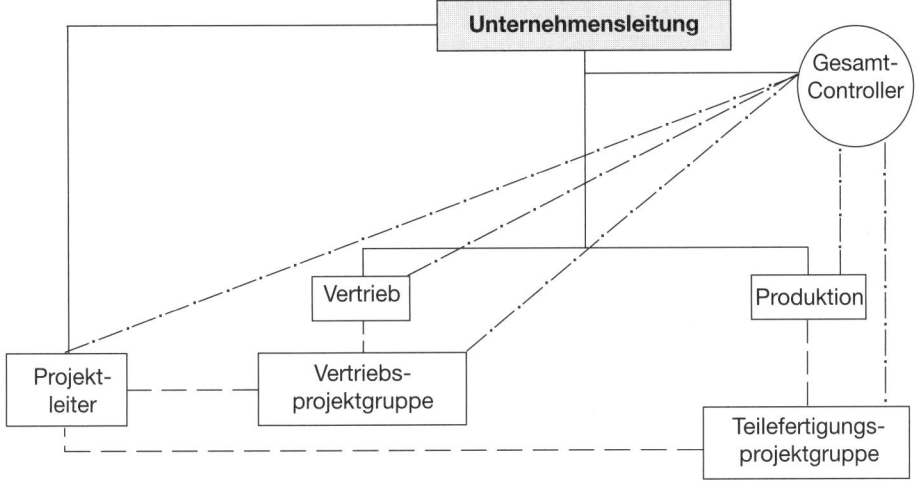

Daraus ergibt sich folgender Zusammenhang:

- Die **Unternehmensleitung** arbeitet mit dem Gesamtcontroller eng zusammen. Das Controlling hat besondere Bedeutung, denn bei ihm werden die wesentlichen Daten des gesamten Unternehmens gebündelt, über die jede Unternehmensleitung informiert sein muss.

- Der **Gesamtcontroller** hält nicht nur zum **Projektleiter** bzw. zur Projektgruppe intensive Querverbindungen, sondern auch zu den Fachabteilungen Vertrieb und Produktion. Diese haben hinsichtlich der Projektgruppen – ebenso wie der Projektleiter – begrenzte Weisungsbefugnis. Während die Fachabteilungen für Vertriebs- bzw. Produktionsfragen zuständig sind, trägt der Projektleiter für die Zielverwirklichung des Projektes die Verantwortung.

Die wesentlichen **Funktionen** des Projektcontrolling bestehen in Planungs-, Kontroll-, Steuerungs- und Informationsaufgaben (vgl. dazu ausführlich *Olfert, Olfert/Rahn*).

1.4 Organisationsentwicklung

Unternehmen unterliegen einem ständigen **Wandel**, der als kontinuierlicher Prozess zu verstehen ist. Im Rahmen der Gesamtorganisation hat sich die Unternehmensleitung diesem Wandel zu stellen und vor allem dafür Sorge zu tragen, dass sich das Unternehmen als Ganzes positiv entwickelt.

Die Organisationsentwicklung, die eine hervortretende Aufgabe des **Top Managements** ist, stellt einen langfristig angelegten Prozess von Veränderungen der Unternehmen bzw. der in ihnen tätigen Menschen dar (*Olfert, Olfert/Rahn, Steinmann/Schreyögg*). *Dillerup/Stoi* sprechen vom **Management** des **Wandels**.

Von den Unternehmen wird ein hoher Grad an Wandlungsfähigkeit verlangt. Daraus ergibt sich, dass sie und ihre Führungskräfte bzw. die Mitarbeiter ständig dazulernen müssen. Deshalb werden Unternehmen auch als **„lernende Organisationen"** bezeichnet. Hier besteht ein enger Bezug zur Personalentwicklung (vgl. Kap. B 2.4.5) und zum Wissensmanagement (vgl. Kap. A 1.1.1).

In den letzten fünf Jahrzehnten waren die Unternehmen vielfältigen **Veränderungen** durch ihrer Umwelt ausgesetzt, denen sie begegnen mussten, wenn sie erfolgreich sein und bleiben wollen.

Die Organisationsentwicklung soll unter folgenden Aspekten betrachtet werden:

- **Organisationsabteilung**
- **Organisationscontrolling**
- **Organisationskonzepte**.

1.4.1 ORGANISATIONSABTEILUNG

Als interne Berater der Unternehmensleitung im Großunternehmen können Organisatoren einer **Organisationsabteilung** fungieren. Sie ist eine plurale Organisationseinheit, welche die Aufgaben der Organisation im Unternehmen zu erledigen hat. Diese Aufgaben werden vom **Organisationsmanagement** wahrgenommen (*Bokranz, Kreikebaum/Gilbert/Reinhardt, Thom/Wenger*).

Das Vorhandensein und der Aufgabenumfang einer Organisationsabteilung sind vor allem von der Größe eines Unternehmens abhängig.

Es sind zu unterscheiden:

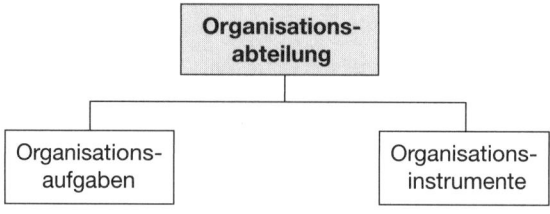

1.4.1.1 ORGANISATIONSAUFGABEN

Zu den wesentlichen **Aufgaben** einer Organisationsabteilung im Großunternehmen zählen (vgl. ausführlich *Olfert, Olfert/Rahn*):

- Die **Organisationsanalyse** als Aufbauanalyse, Prozessanalyse und Projektanalyse. Sie bildet einen Teil der Organisationsvorbereitung.

- Die **Organisationsplanung** als gegenwärtige gedankliche Vorwegnahme der Strukturen. Innerhalb dieser Planung sind Organisationsziele zu bestimmen.

- Die **Organisationsgestaltung** als Aufbau-, Prozess- und Projektgestaltung.

- Die **Organisationeinführung** als Vorstellen und Durchsetzen der neuen Organisation, einschließlich der Organisationskontrolle.

- Die **Organisationsentwicklung** als Bewältigung langfristig wirksamer Veränderungen der Unternehmen und der in ihnen tätigen Menschen.

Die Organisationsabteilung ist für die erfolgreiche Abwicklung des allgemeinen **Organisationsprozesses** zuständig, der aus der Vorbereitung (Analyse, Planung), Gestaltung und Einführung der Organisationsstrukturen besteht.

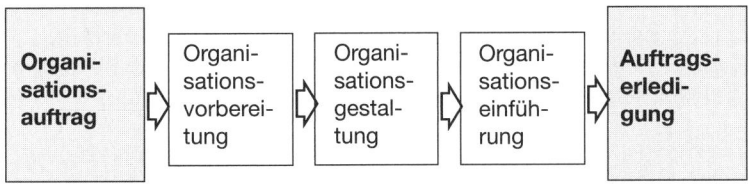

Der Begriff des Organisationsprozesses kann auch im institutionellen Sinne verwendet werden, z. B. als Gesamtprozess aller Abläufe in einer Organisation.

Dabei hat die Organisationsabteilung immer anzustreben, dass sich die gesamte Organisationsentwicklung positiv vollzieht. Die **Einordnung** in die Aufbauorganisation des Unternehmens kann als Linienabteilung oder als Stabsabteilung erfolgen (s. oben).

1.4.1.2 ORGANISATIONSINSTRUMENTE

Organisationsinstrumente sind materielle und immaterielle Werkzeuge zur praktischen Arbeit in der **Organisationsabteilung**. Sie werden mit Personen, Räumen bzw. Zeitfaktoren kombiniert und sollten so eingesetzt werden, dass sie die Erreichung der Ziele gewährleisten. Es sind zu unterscheiden (vgl. ausführlich *Olfert*):

▶ Organisationsmittel   ▶ Organisationstechniken   ▶ Organisationsmethoden

Die **Unternehmensleitung** nutzt vor allem folgende traditionelle Organisationsmittel, die bei Organisations- und Personalentscheidungen hilfreich sein können:

- Das **Organisationshandbuch**, das eine gegliederte Gesamtzusammenfassung aller wesentlichen Organisationsregelungen darstellt, die für ein Unternehmen gelten (*Frese, Olfert/Pischulti, Schmidt, Vahs*).

Das Organisationshandbuch muss allen Mitarbeitern zugänglich sein. Ein EDV-gestützter, permanenter Pflege- und Änderungsdienst ist unerlässlich.

Mit dem Organisationshandbuch sollen den Mitarbeitern die organisatorischen Gegebenheiten zugänglich gemacht werden. Es dient der **Unternehmensführung** bzw. der Information der Mitarbeiter. In einem Organisationshandbuch können z.B. dargestellt werden:

▶ Unternehmensgeschichte	▶ Organisationspläne
▶ Entwicklung des Unternehmens	▶ Stellenbesetzungspläne
▶ Aktuelle Unternehmensziele	▶ Stellenbeschreibungen
▶ Geschäftsbedingungen	▶ Prozessorganisation
▶ Lagepläne und Kostenpläne	▶ Projektorganisation

- Der **Organisationsplan**, der als grafische Darstellung ein Dokumentationsmittel der Aufbauorganisation darstellt (*Olfert*). Es wird auch vom Organigramm (*Bea/Göbel, Vahs*), Organisationsschaubild oder Strukturbild gesprochen.

Der Organisationsplan veranschaulicht das Verteilungssystem der Aufgaben und die Zuordnung von betrieblichen Teilaufgaben auf Bereiche, Hauptabteilungen, Abteilungen und Stellen. Aus dem Organisationsplan sind z. B. zu ersehen:

▶ Unternehmensleitung	▶ Bestimmte Betriebsgruppen
▶ Hauptabteilungen	▶ Wesentliche Stellen
▶ Abteilungen	▶ Längsverbindungen

Im Organisationsplan werden die hierarchische Ordnung der Organisationseinheiten und deren Verbindungen offen gelegt. Außerdem sind im Regelfall die Organisationsform und das Organisationssystem ersichtlich.

- Die **Stellenbeschreibung** ist der formularmäßige Ausweis aller wesentlichen Merkmale einer Stelle (*Knebel/Schneider, Olfert/Rahn*) und ist damit ein Dokumentationsmittel der Aufbauorganisation.

Sie wird auch als Arbeitsplatzbeschreibung, Tätigkeitsbeschreibung oder Job-Description bezeichnet. In der Praxis sind Stellenbeschreibungen oft ein bedeutender Bestandteil von Organisationshandbüchern.

Die **Inhalte** von Stellenbeschreibungen können sein:

▶ Stellenbezeichnung	▶ Stellenverantwortung
▶ Stelleneinordnung	▶ Stellenziele
▶ Stellenaufgaben	▶ Stellvertretung
▶ Stellenbefugnisse	▶ Stellenanforderungen

- Der **Stellenbesetzungsplan** ist ein Teil der Besetzungsplanung im Rahmen der individuellen Personalplanung (*Jung, Olfert*). Im Rahmen der strukturorientierten Unternehmensführung ist er nicht nur ein Dokumentationsmittel der Aufbauorganisation sondern er bildet auch eine Grundlage für **Personalentscheidungen**.

In seiner einfachsten Form enthält er nur die Bezeichnungen der Stellen und die Namen der Stelleninhaber. Es können aber weitere Daten hinzukommen, z. B. Stellvertreternamen, Eintrittsdatum bzw. Dienstalter des Stelleninhabers.

Für die Planung des gesamten betrieblichen **Personalbedarfs** ist es bedeutsam, dass die Inhalte des Stellenbesetzungsplans aktuell sind, was einen entsprechenden Änderungsdienst erforderlich macht.

1.4.2 ORGANISATIONSCONTROLLING

Als Gegenstand des Organisationscontrolling sind die Mitglieder und die Regelungen in einer Organisation zu sehen (*Wiedemann*). Damit soll ein effizientes Fuktionieren der Organisation gesichert werden (*Fischermanns, v. Werder/Stöber/Grundei*). Das Organisationscontrolling dient der Verbesserung bzw. Optimierung der Organisation und lässt sich interpretieren als:

- Controlling der **Institution Organisation**, d. h. Controlling im Sinne von Revision als interner Überprüfung der Rechnungslegung einer Organisation.

- Controlling der **Tätigkeit des Organisierens** durch die Organisationsabteilung, d. h. Controlling in einer Organisation.

Das **tätigkeitsbezogene** Organisationscontrolling koordiniert den Prozess der Organisationsplanung, Organisationskontrolle und Organisationssteuerung mit der organisationsbezogenen Informationsversorgung. Es ist als effiziente Führungsfunktion den Aktivitäten der Organisationsabteilung parallel- bzw. übergelagert und unterstützt die Unternehmensleitung hinsichtlich der Organisationsentwicklung (*Olfert/Rahn, Rahn*).

Das Organisationscontrolling wird auf der obersten Ebene unter Einsatz verschiedenartiger Instrumente abgewickelt und kann erfolgen als:

> ▶ Aufbaucontrolling   ▶ Projektcontrolling   ▶ Prozesscontrolling

Es kann als methodische **Schwachstellenanalyse** interpretiert werden, bei der die eine Organisation ausmachenden Personen und Verfahren im Vordergrund der Betrachtung stehen (*Wiedemann*).

Für den erfolgreichen Einsatz des tätigkeitsbezogenen Organisationscontrolling in der betrieblichen Praxis gibt es mehrere **Gründe**:

- Das Organisationscontrolling hat Abstand zum Organisationsproblem
- Die Mitarbeiter dieser Einheiten verfügen über Controllingerfahrungen
- Sie haben einen Gesamtüberblick und Spezialwissen.

Daraus ergibt sich folgendes Bild:

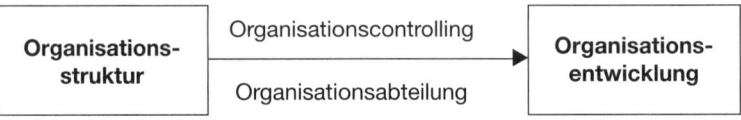

Die Aufgabenstruktur des Organisationscontrolling ist im Einzelnen von der Art der **Controllingorganisation** abhängig, die z. B. als Stabs- oder Liniencontrolling möglich ist (vgl. Kapitel D 1.5.1 und D 1.5.2). Im Hinblick auf das Organisationscontrolling sind zu unterscheiden:

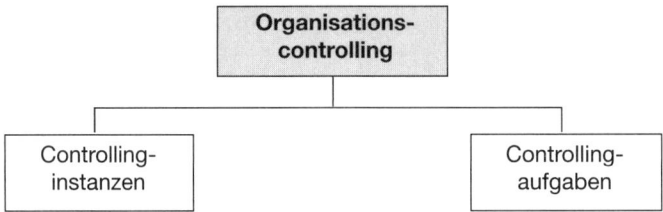

1.4.2.1 CONTROLLINGINSTANZEN

Controllinginstanzen sind hier Einheiten des tätigkeitsbezogenen Organisationscontrolling, welche die Organisationsabteilung bei der Wahrnehmung ihrer Aufgaben unterstützen, sie aber auch kontrollieren sollen, z.B. als:

* **Unternehmensleitung**, die das Organisationscontrolling selbst ausübt

* **Gesamtcontroller**, der noch andere Controllingaufgaben hat

* **Organisationsausschuss**, der aus internen bzw. externen Experten besteht.

Ob eine oder mehrere Controllinginstanzen eingerichtet werden oder nicht, richtet sich nach den gegebenen Intentionen bzw. Bedingungen des Unternehmens.

Wird ein **Organisationscontroller** eingesetzt, dann ist darauf zu achten, dass dieser arbeitsmäßig ausgelastet ist. Er soll kooperativ mit der Organisationsabteilung zusammenarbeiten. Schließlich dient das Controlling der Überwachung des organisatorischen Fortschritts und weniger der Kontrolle des Organisationspersonals.

Das Organisationscontrolling dient dazu, die Effektivität und Effizienz der gesamten Organisationsstruktur zu planen, zu kontrollieren und zu steuern. Die Informationsversorgung durch ein zweckorientiertes Berichtswesen kommt als weitere Funktion hinzu.

Wenn bei einem größeren Unternehmen ein **Organisationsausschuss** auf der Ebene der Unternehmensleitung eingeordnet wird, können sich folgende Beziehungen ergeben:

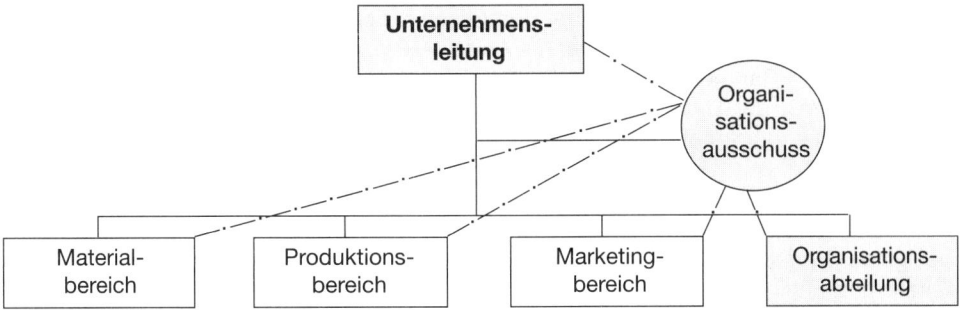

Wie aus der Abbildung ersichtlich ist, unterstützt der Organisationsausschuss sowohl die Unternehmensleitung als auch die Organisationsleitung und die anderen funktional eingeordneten Bereichsleiter bei der Wahrnehmung ihrer organisationsbezogenen Aufgaben.

1.4.2.2 CONTROLLINGAUFGABEN

Als Koordinationsaufgaben eines Organisationsausschusses bzw. Gesamtcontrollers können im Rahmen des Stabscontrolling unterschieden werden:

- Die **Planung** des Organisationsprozesses ist die gedankliche Vorwegnahme der zukünftigen Entwicklung des Unternehmens. Die Rolle des Gesamtcontrollers kann dabei in Zusammenarbeit mit der Organisationsleitung folgendermaßen aussehen:

  ▸ Der **Gesamtcontroller** und der Organisationsleiter planen einvernehmlich miteinander. Die Entscheidungen erfolgen in Abstimmung mit der Unternehmensleitung.

  ▸ Der **Organisationsleiter** entscheidet in Abstimmung mit der Unternehmensleitung und der Gesamtcontroller übernimmt diese Planwerte.

  ▸ Der **Gesamtcontroller** unterbreitet der Unternehmensleitung seine Pläne, damit sie darüber entscheiden und dem Organisationsleiter die Planwerte vorgeben kann.

- Die **Kontrolle** des Organisationsprozesses, die zunächst durch die Organisationsabteilung intern erfolgt. Sie ist ein Vorgang der Gewinnung von Informationen über den Organisationserfolg. Darüber hinaus kann der Gesamtcontroller als zusätzliche Instanz die Effizienz der Organisationsarbeit überprüfen.

  Das Organisationscontrolling kann auch durch einen Ausschuss mit außenstehenden Experten wahrgenommen werden.

- Die **Steuerung** des Organisationsprozesses, die grundsätzlich Vorgänge darstellt, bei denen eine oder mehrere Größen als Eingangsdaten andere Größen als Ausgangsinformationen beeinflussen. Bei unplanmäßiger Organisationsentwicklung unterbreitet der Gesamtcontroller der Unternehmensleitung seine Vorschläge.

  Diese umfassen dabei alle Maßnahmen, die der Erfüllung der Organisationsziele und der Beeinflussung von Störgrößen des organisatorischen Prozesses dienen. Wenn Abweichungen der Ist-Daten gegenüber den geplanten Daten gegeben sind, dann ist den Differenzen durch geeignete **Steuerungsmaßnahmen** zu begegnen.

- Die **Informationsversorgung** über den Organisationsprozess, die aus der Weitergabe bzw. Mitteilung von Daten über die Aufbau-, Prozess- bzw. Projektorganisation besteht, z.B. im Rahmen eines zweckorientierten **Berichtswesens**. Der Gesamtcontroller liefert z.B. der Unternehmensleitung die für deren Organisationsentscheidungen erforderlichen Informationen.

Um schlüssige Organisationskonzepte zur Organisationsentwicklung gestalten zu können, benötigt sowohl die Organisationsabteilung als auch das Organisationscontrolling geeignete Aufgabenträger, welche über die zur Aufgabenlösung erforderlichen Kompetenzen und Fähigkeiten verfügen.

1.4.3 Organisationskonzepte

Die Organisationskonzepte sind strukturierte Entwürfe zur Bewältigung von Veränderungen in und von Unternehmen. *Olfert* unterscheiden folgende Organisationskonzepte zur **Organisationsentwicklung**:

- ▶ Wertschöpfende Konzepte
- ▶ Lean-Konzepte
- ▶ Team-Konzepte
- ▶ Kooperative Konzepte

Hier sollen folgende Organisationskonzepte vorgestellt werden:

1.4.3.1 Wertschöpfende Konzepte

Die Wertschöpfung umfasst die von einem Unternehmen erbrachten Eigenleistungen als Mehrwert. Sie ist dementsprechend die Differenz zwischen dem Verkaufswert des Outputs und dem Wert für extern bezogene Güter bzw. Dienstleistungen.

Als wertschöpfende Konzepte sind zu unterscheiden:

- Als **Outsourcing** wird das Ausgliedern von einzelnen Aufgaben bis hin zu ganzen Funktionsbereichen aus der eigenen Unternehmenskompetenz bezeichnet (*Brändli, Bühner*). Die Verlagerung betrieblicher Aktivitäten auf Fremdfirmen bewirkt eine unternehmensbezogene Abnahme der Wertschöpfung, weil damit eine Verringerung der betrieblichen Eigenleistungen verbunden ist (*Dittrich/Braun, Hermes/Schwarz*).

  Das Outsourcing basiert vielfach auf einer **Make-or-Buy-Analyse**, mit deren Hilfe der Nutzen einer Fremdvergabe von Prozessen geprüft wird. Dabei wird überlegt, inwieweit es vorteilhaft ist, Leistungen selbst zu erstellen oder sie durch andere Unternehmen durchführen zu lassen.

Das **Ziel** des Outsourcing besteht darin, durch Verlagerung bisher selbst erstellter betrieblicher Leistungen auf spezialisierte und kostengünstigere Fremdfirmen strategische Erfolgspositionen aufzubauen.

- Das **Insourcing** ist ein dem Outsourcing gegenläufiger Prozess. Nach einer Phase des Outsourcing hat das **Wertschöpfungsmanagement** bei einer Reihe von Unternehmen in jüngerer Zeit eine Re-Integration ihrer outgesourcten Aktivitäten vorgenommen.

  Die Gründe für Insourcing liegen z.B. darin, dass in Verbindung mit Produktionsverlagerungen auf ausländische Fremdfirmen nach ersten positiven Einschätzungen in verschiedenen Fällen erhebliche Schwierigkeiten aufgetreten sind. So stellte sich nach kurzer Zeit mitunter heraus, dass die Qualität der Produkte nicht den Anforderungen des Unternehmens entsprach.

Während das Outsourcing zu einer **Abnahme** der Wertschöpfung führt, bewirkt das Insourcing eine unternehmensbezogene **Zunahme** der Wertschöpfung, weil damit eine Erweiterung der betrieblichen Eigenleistungen verbunden ist.

1.4.3.2 LEAN-KONZEPTE

Die Lean Organisation ist eine schlanke Organisation, die der Verbesserung der Produktivität und Wirtschaftlichkeit des Unternehmens dienen soll. Sie wird weithin auch als **Lean Management** bezeichnet und vielfach mit der **Lean Production** gleichgesetzt (*Jung, Macharzina, Staehle, Vahs*).

Als **Konzepte** der Lean Organisation sind zu unterscheiden:

- **Lean-Aufbaukonzept**

- **TQM-Konzept**

- **Just-in-Time-Konzept**.

1.4.3.2.1 LEAN-AUFBAUKONZEPT

Im Verlaufe der 50er- bis 70er-Jahre wurden mit zunehmenden Auftragsvolumina und steigenden Umsätzen der Aufbauorganisation großer Unternehmen immer mehr Organisationseinheiten angefügt, sodass die **Organisationspläne** sowohl horizontal als auch vertikal umfangreicher und die Prozesse dadurch komplizierter und unüberschaubarer wurden.

In Zeiten rückläufiger Unternehmenserfolge erhöhte sich der **Rationalisierungsdruck**, sodass sich die Unternehmensleitungen zur Einführung neuer organisatorischer Aufbaukonzepte gezwungen sahen, die weniger Kosten verursachten. Das führte in Großunternehmen u. a. dazu, dass die Hierarchien flacher gestaltet wurden, d. h. dass die Zahl der **Führungsebenen** reduziert wurde.

Das kann sich z. B. in einer Reduzierung von **8 Hierarchieebenen** auf nur **5 Ebenen** auswirken. Die Anzahl der Manager wurde in dem folgenden Beispiel von 168 Managern auf 98 Manager verringert, was einer Senkung um 42 % entspricht (*van Geldern, Spengler*):

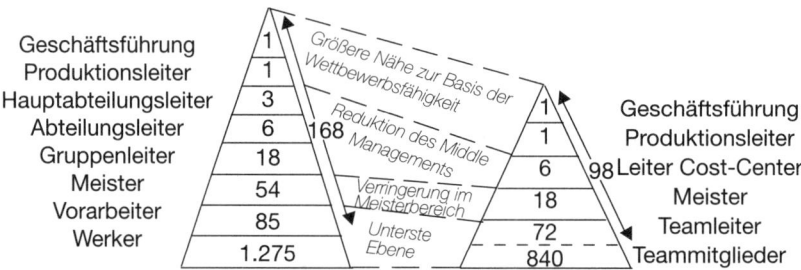

In vielen Unternehmen wurde in den vergangenen Jahren das Bestreben um eine schlanke Aufbauorganisation zur Verbesserung der **Produktivität** und **Wirtschaftlichkeit** deutlich. Damit war auch die Absicht verbunden, die Organisationsentwicklung positiv zu beeinflussen.

1.4.3.2.2 TQM-Konzept

Das Total-Quality-Management-Konzept strebt eine absolute **Fehlerfreiheit** der Produkte auf der Basis einer verstärkten Mitarbeiterschulung und Mitarbeitermotivation an. Dieser ganzheitliche Qualitätsansatz kennzeichnet eine Denk- und Handlungsweise, bei dem der **Kundennutzen** im Vordergrund steht (*Vahs*).

Die Erreichung der Ziele wird über eine kompromisslose **Qualitätsstrategie** (*Ebel*) sowie eine konsequente Prozessorientierung angestrebt. Bei dieser Vorgehensweise soll das Qualitätsbewusstsein alle Bereiche und Aktivitäten eines Unternehmens erfassen und führen zu dem:

- **Kontinuierlichen Verbesserungsprozess (KPV)**, der die Marktfähigkeit und Wettbewerbsfähigkeit positiv beeinflusst (*Witt/Witt*).

- **Kaizen-Prinzip**, das in allen Unternehmensbereichen permanente Veränderungen durch systematische Lernprozesse anstrebt (*Dillerup/Stoi, Vahs*). Dabei steht:

  > ▶ »Kai« für Wandel   ▶ »zen« für das Gute

Für das TQM-Konzept gilt als Kernaussage, dass jeder Mitarbeiter des Unternehmens für die Qualität seiner Arbeit selbst verantwortlich ist. Es ist mit einem **Null-Fehler-Programm** vergleichbar, das der positiven Organisationsentwicklung dient.

1.4.3.2.3 Just-in-Time-Konzept

Das Just-in-time-Konzept ist auf produktionssynchrone und kostengünstige Materialbeschaffung bzw. einen schnellen **Produktionsfluss** ausgerichtet. Dabei wird die Planung des kurzfristigen Materialbedarfs den Kapazitäten an die aktuelle Produktionssituation angepasst (*Olfert*).

In der produktionssynchronen Beschaffung wird ein Zwischenprodukt nicht auf Lager vorgefertigt, sondern erst dann eingesteuert, wenn es tatsächlich benötigt wird. Die Prozesse der Produktion werden von einem Bring-System auf ein **Hol-System** umgestellt (*Ebel*).

Die Produktion erfolgt hierbei in allen Stufen **auf Abruf**. Der Prozess endet mit der raschen Ablieferung der fertigen Produkte beim Kunden. Als Maßeinheit für die Periodenlänge in den einzelnen Produktionsstufen gilt z. B. ein Tag. Es wird »heute produziert, was morgen benötigt wird«.

1.5 GESAMTCONTROLLING

Das Gesamtcontrolling ist eine Form des **Controlling**, das in Großunternehmen organisatorisch verselbstständigt und auf Effizienz ausgerichtet ist. Es dient **Unternehmensleitungen** (z.B. großer Aktiengesellschaften bzw. Konzerne) dazu, die immer komplexer werdenden Controllinginformationen für ihre Entscheidungen zu nutzen.

Der Gesamtcontroller unterstützt die Unternehmensleitung (vgl. Symbol —·—·—·—▸), wie aus folgendem **Koordinationsprozess** ersichtlich ist:

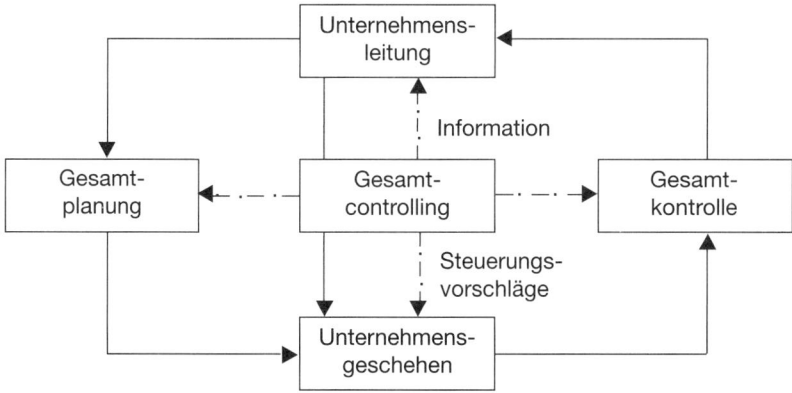

Die **Koordinationsaufgaben** des Gesamtcontrollers können in einem großen Unternehmen ganz unterschiedliche Aktivitäten umfassen (vgl. ausführlich Kapitel B 2.8). Für die Aufbauorganisation des Gesamtcontrolling gelten folgende Regeln:

* Mit wachsendem betrieblichem Innovationsbedarf steigt die Notwendigkeit, das Controlling als Gesamtcontrolling **auf oberster Führungsebene** einzusetzen.

* Zunehmende Unternehmensgröße führt auch im Controllingbereich aufgrund des Aufgabenvolumens zu steigender **Arbeitsteilung**.

* Mit vermehrter Problem-Komplexität wird im Unternehmen ein Gesamtcontroller mit hoher **Autorität** erforderlich.

- Die konkrete Art der Ausübung der Controlling-Aufgaben hängt von den speziellen **Führungsgrundsätzen** des Unternehmens ab.

Es sind zwei wesentliche Formen der **Aufbauorganisation** des Gesamtcontrolling zu unterscheiden:

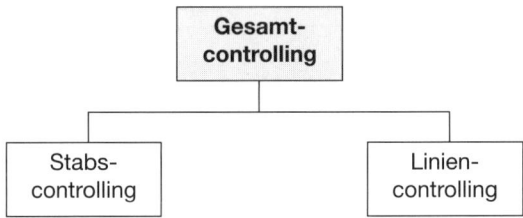

1.5.1 Stabscontrolling

Beim Stabscontrolling hat der Gesamtcontroller **keine Weisungsbefugnis**. Er liefert der Unternehmensleitung bzw. den Bereichsleitern lediglich Informationen zur übergreifenden Planung, Kontrolle und Steuerung.

Die **Unterstützungsfunktion** des Controlling erfolgt sowohl im Hinblick auf die strategische als auch auf die taktische und operative Führung. Das Stabscontrolling lässt sich in folgender Weise in die Aufbauorganisation des Unternehmens integrieren:

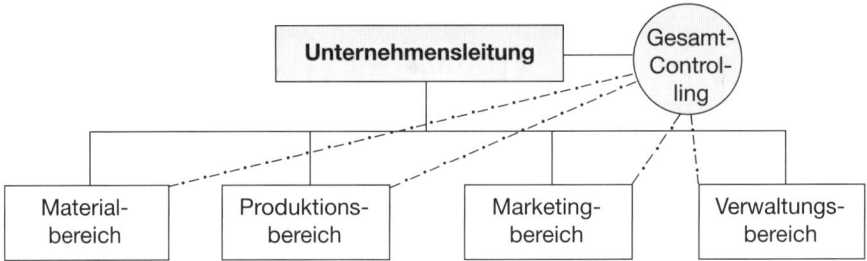

Die einzelnen Leiter der Fachabteilungen, die der Unternehmensleitung mit **Längsverbindungen** unterstellt sind, setzen ihre Ziele entsprechend der Unternehmensziele fest und planen, auf welchen Wegen diese Ziele zu erreichen sind. Später wird intern kontrolliert, inwieweit die Pläne eingehalten wurden.

Das Stabscontrolling kontrolliert als Gesamtcontrolling zusätzlich die Ergebnisse und unterstützt die Fachabteilungen bei ihrer Arbeit, indem es die **Querverbindungen** zu den Bereichen nutzt. Es hilft bei der Erstellung der Pläne, erarbeitet ganzheitliche Grundlageninformationen und unterstützt die Planungsaktivitäten der Bereiche.

Die Einzelpläne der Bereiche werden vom Stabscontroller geprüft und aufeinander abgestimmt. Es werden **Budgets** entwickelt, die später vom Controller auf ihre Einhaltung überprüft und untersucht werden.

Bereits bei ihrer laufenden Tätigkeit und auch nachdem die für die Realisation verant-wortlichen Bereichsleiter ihre Aktivitäten abgeschlossen haben, prüft der Gesamtcont-roller die Erfüllung der gesetzten Ziele bzw. der **Kennzahlen** und kontrolliert die Einhal-tung der Budgetvorgaben.

Dann erarbeitet er Vorschläge zur künftigen Steuerung des Geschehens, ohne jedoch Weisungen zu erteilen. Die Entscheidungskraft liegt allein bei der **Unternehmenslei-tung**.

Es ist theoretisch auch denkbar, dass das Controlling so organisiert wird, dass der Con-troller gegenüber den Bereichen eine **begrenzte Weisungsbefugnis** erhält. Diese Rege-lung kann dann von Nutzen sein, wenn sich Bereichsleiter nicht an die vereinbarten Zie-le bzw. Vorgaben halten.

1.5.2 LINIENCONTROLLING

Beim Liniencontrolling ist der Gesamtcontroller in den Instanzenzug eingegliedert, d. h. er hat **volle Weisungsbefugnis**.

Für den Erfolg des Liniencontrolling ist es wesentlich, dass die **Controllingabteilung** nicht zu tief in die Unternehmenshierarchie eingeordnet wird. Die folgende Organisati-onsvariante ist sicherlich mit relativ hoher **Effizienz** für das Controlling verbunden:

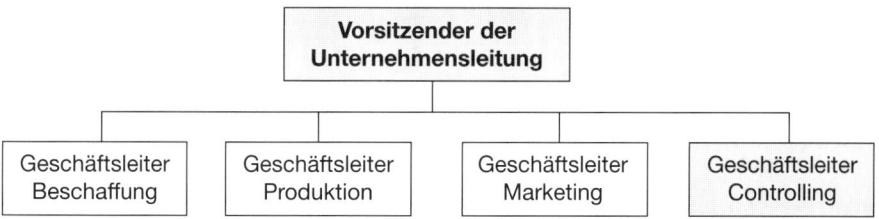

Der Geschäftsleiter für Controlling wird durch diese Einordnung mit hoher **Autorität** aus-gestattet. Er besetzt eine Instanz der obersten Ebene und verfügt über umfangreiche Entscheidungs- und Weisungskompetenzen.

Diese Einordnung bewirkt, dass die Koordination auf der höchsten Leitungsebene um-fassend eingebracht wird (siehe ausführlich *Küpper*).

60 〉 Seite 455

2. BEREICHSORGANISATION

Die Bereichsorganisation, die einen wesentlichen Teil der strukturorientierten Unterneh-mensführung darstellt, ist auf das **Middle Management** ausgerichtet. Dieses agiert auf der mittleren Ebene des Unternehmens und soll die Unternehmensleitung bei ihrer Pro-blemlösung unterstützen.

Es sind zu unterscheiden:

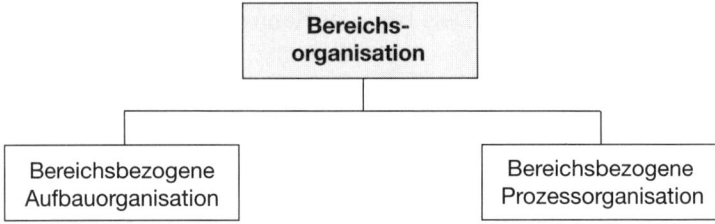

2.1 BEREICHSBEZOGENE AUFBAUORGANISATION

Die Bereichsaufbauorganisation ist die dauerhaft wirksame Gebildestrukturierung der nächsten Stufe unterhalb der Unternehmensleitung. Ein **Bereich** ist eine von einem Bereichsleiter geführte, plurale Organisationseinheit, die vielfach einer Abteilung oder Hauptabteilung entspricht und dessen Struktur aus Organisationseinheiten und ihren Verbindungen besteht.

Die Organisation des Bereichsaufbaus soll am Beispiel der **Funktionalorganisation** erläutert werden, die folgende Bereiche enthalten kann:

• **Materialbereich**

• **Produktionsbereich**

• **Marketingbereich**

• **Personalbereich**

• **Finanzbereich**

• **Rechnungswesen**

• **Informationsbereich**.

2.1.1 MATERIALBEREICH

In der Betriebswirtschaftslehre wird dem Materialbereich in den letzten Jahren verstärkte Aufmerksamkeit gewidmet. Vor allem in industriellen Unternehmen hat er erhebliche Bedeutung (*Olfert/Rahn*).

Der Materialbereich beschäftigt sich mit der Beschaffung, Lagerung und Verteilung und – soweit erforderlich – Entsorgung der vom Unternehmen benötigten Materialien.

Die organisatorische **Einordnung** des Materialbereichs in die Gesamtorganisation des Unternehmens kann zentral, dezentral oder kombiniert erfolgen.

Der **Aufbau** des Materialbereichs kann in folgender Weise gegliedert sein:

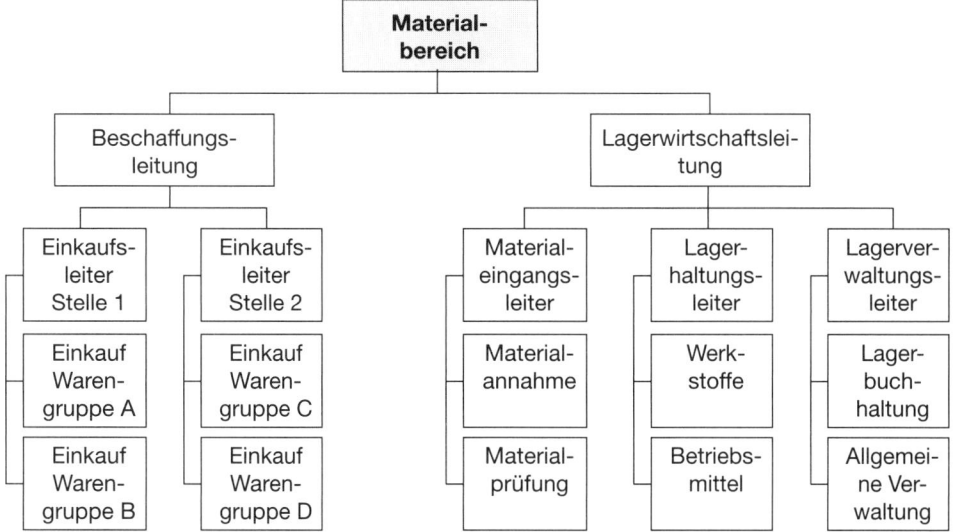

Die Aufbauorganisation der Materialwirtschaft kann als betriebliche **Beschaffungsorganisation** (*Grün*) gegliedert werden nach:

- **Verrichtungen**, z. B. Angebotsbearbeitung, Bestellwesen, Rechnungsprüfung
- **Objekten**, z. B. Materialgruppen der Werkstoffe und Betriebsmittel
- **Regionen**, z. B. Materialbereiche Nord, Süd, Ost und West.

Zur Bewältigung der umfangreichen Teilaufgaben der Materialwirtschaft im Betrieb ist qualifiziertes Führungspersonal erforderlich.

2.1.2 PRODUKTIONSBEREICH

Im Produktionsbereich fallen Aufgaben der Leistungserstellung an, die unter Beachtung des ökonomischen Prinzips wahrgenommen werden.

Nach dem Gestaltungsprinzip der Arbeitsteilung lassen sich für den Produktionsbereich eindimensionale und mehrdimensionale Aufbauformen unterscheiden (*Blohm/Beer/Seidenberg/Silber*).

Die Organisation des Aufbaus der Produktion stellt die Gebildestrukturierung dieses Bereichs dar. Von den Möglichkeiten zentraler, dezentraler bzw. kombinierter Organisation wird auf der nächsten Seite die **Phasenorganisation** des Produktionswesens dargestellt.

Die Organisation der Produktionsabteilung lässt sich in folgender Weise zeigen:

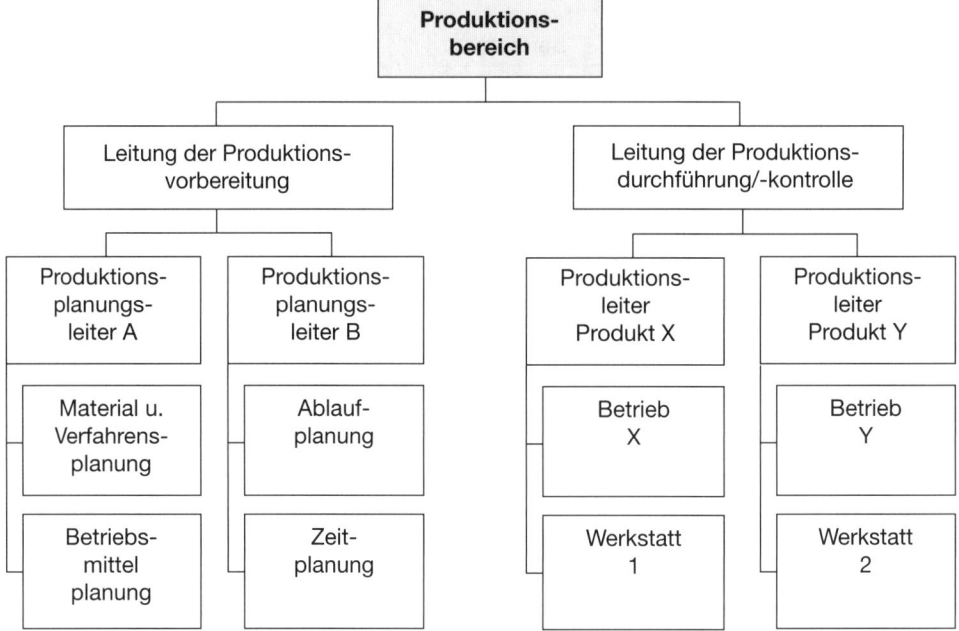

Außerdem bestehen z. B. folgende **Organisationsmöglichkeiten** nach:

- Verrichtungen (Produktionswesen und Montage)
- Objekten (Erzeugnis A, Erzeugnis B, Erzeugnis C)
- Zwecken (Werkstätten, Verwaltung)
- Institutionen (Werk I, Werk II, Werk III).

Außer den Gestaltungsalternativen der aufbauorganisatorischen **Produktionsorganisation** ist auch auf die prozessbezogenen Möglichkeiten hinzuweisen (*Wildemann*).

2.1.3 MARKETINGBEREICH

Der Marketingbereich ist die Gesamtheit aller Organisationseinheiten, die mit Aufgaben des Absatzes betraut ist. Die **Aufbauorganisation** des Marketing ist in folgenden Ausprägungen möglich:

- Als **Verrichtungsorganisation**, die als funktionale Organisation von Funktionsmanagern geleitet wird, z. B. Führungskräfte für Marktforschung, Verkaufsförderung, Werbung, Verkauf, Produktplanung und Public Relations.

- Als **Produktorganisation**, die eine Spartenorganisation mit Produktmanagern darstellt, z. B. für die Marketing-Produktgruppen A und B. Die einzelnen Produktgruppen können in sich funktional gegliedert sein.

- Als **Kundengruppenorganisation**, die unter Einsatz von Kundenmanagern erfolgt, z. B. Verkäufer für Kundengruppe A und Kundengruppe B. Die Kundenmanager können auch als Funktionskoordinatoren fungieren.

- Als **Gebietsorganisation**, die mit Gebietsmanagern arbeitet, z. B. für Marketing Nord, Süd, Mitte oder Inland/Ausland. Diese Organisationsform kommt insbesondere bei multinationalen Unternehmen vor.

- Als **Matrixorganisation**, die sich sowohl der Produktmanager als auch der Funktionsmanager bedient. Diese stehen über zentrale bzw. dezentrale Organisationseinheiten in gegenseitigem Kontakt zur Lösung umfassender Marketingaufgaben.

- Als **Tensororganisation**, bei der Produkt-, Funktions- und Gebietsmanager eingesetzt werden, die vor allem in internationalen Unternehmen zusammenarbeiten, z. B. im Rahmen der Koordination verschiedener Konzernbetriebe.

Daraus ist erkennbar, dass für den Marketingbereich eine Fülle unterschiedlicher Organisationsmöglichkeiten besteht. Als **Verrichtungsorganisation** kann die Marketingabteilung im Einzelnen in folgender Weise gegliedert sein:

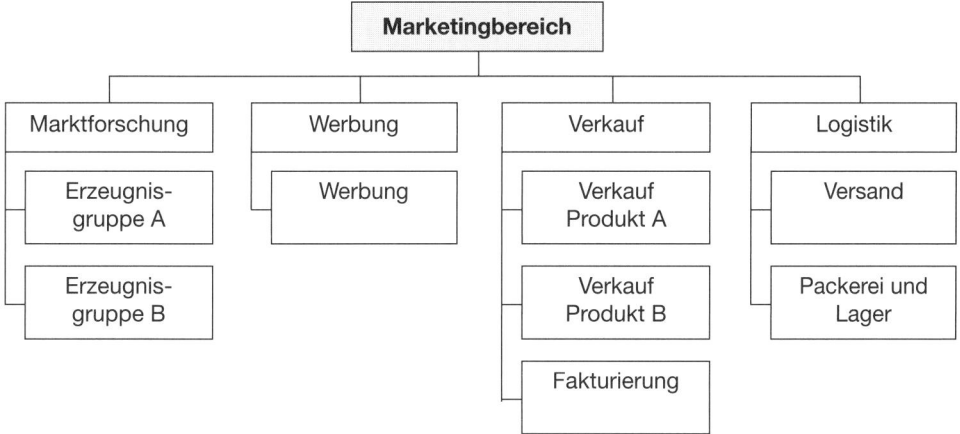

Der Materialbereich, der Produktionsbereich und der Marketingbereich bilden den **Leistungsbereich** des Unternehmens, welcher der betrieblichen Leistungserstellung und Leistungsverwertung dient. In diesen Bereichen laufen **Leistungsprozesse** ab, die auch als Kernprozesse bezeichnet werden.

Hier stellen sich logistische Probleme und Aufgabenstellungen, die zu organisieren sind (*Delfmann, Klaas*). Es geht um die **Beschaffungs-, Produktions- und Absatzlogistik** (*Ehrmann, Horváth, Jung, Küpper*).

2.1.4 Personalbereich

Der Personalbereich umfasst die Gesamtheit der mitarbeiterbezogenen Gestaltungs- und Verwaltungsaufgaben im Unternehmen (*Olfert*). Der Aufbau der Personalabteilung kann z. B. als **Verrichtungsorganisation** geregelt sein. Es sind aber auch andere Formen der aufbaubezogenen **Personalorganisation** denkbar (*Jung, Olfert/Rahn, Scherm*).

Der **Aufbau** der funktionalen Gliederung des Personalbereichs ist eindeutig geordnet und die Kompetenzen sind klar verteilt. Die Zentralausrichtung ermöglicht eine einheitliche Auftragserteilung im Einlinienzusammenhang.

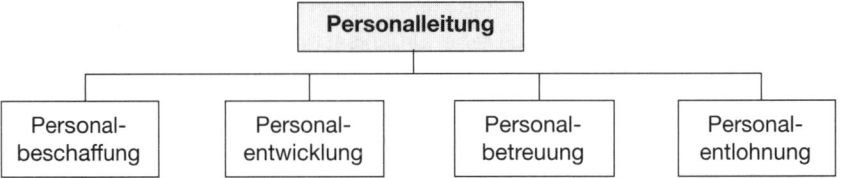

Weil dieses System nach Verrichtungen (Funktionen) gegliedert ist, lässt es sich in eine **Funktionalorganisation** des Gesamtbetriebes einordnen, die z. B. aus den weiteren Bereichen der Beschaffung, Fertigung, Absatz, Finanzwesen und Rechnungswesen bestehen kann.

Der Wandel außerhalb und innerhalb des Unternehmens wirkt sich auch auf die **Personalabteilung** aus (*Becker, Ems*). Die effektive Personalabteilung der Zukunft wird als **Wertschöpfungs-Center** agieren (*Wunderer/Dick*).

61 ⟩⟩ Seite 456

2.1.5 FINANZBEREICH

Der Finanzbereich umfasst Maßnahmen der Planung, Durchführung und Kontrolle der betrieblichen Einzahlungen und Auszahlungen. Er dient der Beschaffung, Verwendung, Freisetzung und Verwaltung des Kapitals. Wesentliche **Funktionen** sind:

- Die **Finanzierung** als Kapitalbeschaffung, die das Unternehmen mit dem erforderlichen Kapital zu versorgen hat, z.B. in Form der Innen- und Außenfinanzierung.

- Die **Investition** als Kapitalverwendung, die Auszahlungen für Vermögensteile darstellt und sich auf das Sach-Anlagevermögen und Sach-Umlaufvermögen bezieht.

- Die **Finanzverwaltung** als Kapitalverwaltung, die den Zahlungsverkehr nach innen und außen abwickelt, z.B. Kassen- und Versicherungsverwaltung.

Die Aufbaugestaltung des **Finanzbereichs** ist wie folgt möglich:

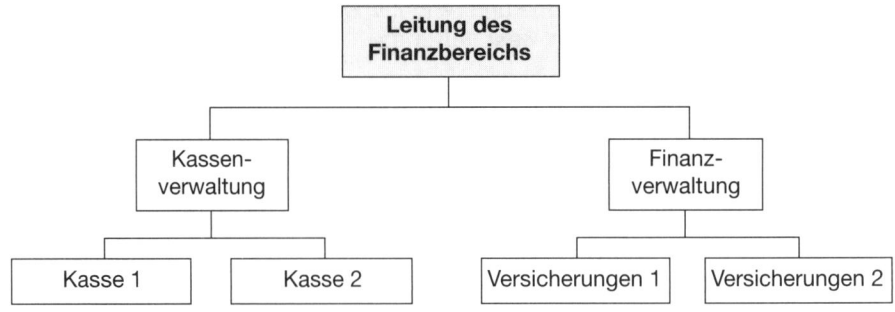

Eine Aufteilung des oben dargestellten Finanzbereichs ist in großen Unternehmen denkbar. In kleinen Einzelunternehmen wird das Finanzwesen oft vom Unternehmer selbst bearbeitet.

2.1.6 RECHNUNGSWESEN

Das Rechnungswesen ist die Gesamtheit der Einrichtungen und Verrichtungen mit der Hauptaufgabe, alle wirtschaftlichen Gegebenheiten und Vorgänge zahlenmäßig nach Geldeinheiten – und soweit möglich – nach Mengeneinheiten zu erfassen.

Als **Funktionen** des Rechnungswesens sind zu unterscheiden:

- Die **Buchhaltung**, in der alle Geschäftsvorfälle im zeitlichen Ablauf lückenlos aufgezeichnet werden sollen.

- Die Erstellung der **Bilanz**, indem eine Gegenüberstellung von Vermögen und Kapital eines Unternehmens zu einem Stichtag erfolgt.

- Die Ermittlung der **Gewinn- und Verlustrechnung**, bei der Erträge und Aufwendungen gegenübergestellt werden, um den Gewinn bzw. Verlust zu errechnen.

- Die **Kosten- und Leistungsrechnung**, bei der die Ermittlung der Kosten und der betrieblichen Leistungen im Mittelpunkt steht.

Die Ausgestaltung der Struktur des Rechnungswesens kann wie folgt geschehen:

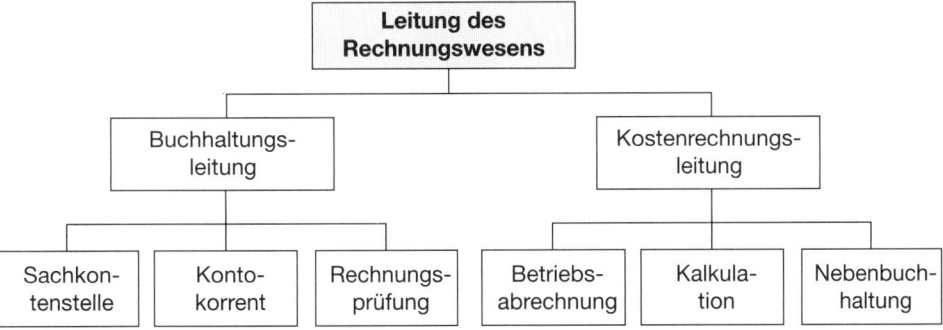

In mittleren Unternehmen wird der Finanzbereich oft mit dem Rechnungswesen zu einer Abteilung zusammengefasst und darunter je eine eigene Leitung des Finanz- bzw. Rechnungswesens eingerichtet.

2.1.7 INFORMATIONSBEREICH

Der Informationsbereich befasst sich mit der Planung, Verarbeitung und Kontrolle von Daten als **Informationen**, die in direkter Verbindung mit den betrieblichen Zielen stehen. Sie sind zweckorientiertes, personen- und arbeitsplatzbezogenes Wissen und dienen dazu, Handlungen vorzubereiten und durchzuführen.

Als **Funktionen** des Informationsbereichs gelten:

- Die **Verwaltungsaufgaben**, bei denen es um Datenpflege, Abwicklungs-, Abrechnungs-, Buchhaltungsaufgaben und Aufgaben des Zahlungsverkehrs geht.

- Die **Informationsaufgaben**, z.B. als Aufgaben der Gewinnung, Verarbeitung und Bereitstellung von Informationen für andere Unternehmensbereiche.

- Die **Planungs-, Kontroll- und Steuerungsaufgaben**, z.B. als Soll-Ist-Vergleich von Daten mit den entsprechenden Folgemaßnahmen.

Die Aufbaugestaltung des **Informationsbereichs** kann in einem mittleren Unternehmen folgendes Aussehen haben:

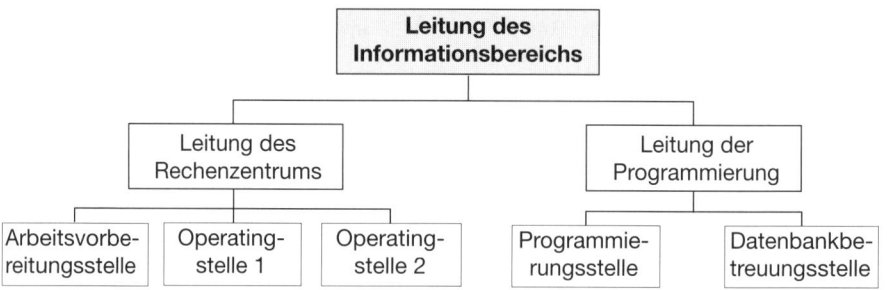

Werden die dargestellten Bereiche zu einer Grundform der gesamten Aufbauorganisation zusammengefasst, dann entsteht die **Funktionalorganisation**. Die Funktionsbereiche können je nach Wirtschaftszweig inhaltlich verschieden sein.

2.2 Bereichsbezogene Prozessorganisation

Die Organisation von **Bereichsprozessen** ist auf Abläufe in Abteilungen ausgerichtet. Bereichsprozesse stellen diejenigen Vorgänge dar, die in den funktionalen Bereichen des Unternehmens vorkommen.

Es sind zu untersuchen (*Olfert/Rahn*):

- **Materialbereichsprozess**
- **Produktionsbereichsprozess**
- **Marketingbereichsprozess**
- **Personalbereichsprozess**
- **Finanzbereichsprozess**
- **Rechnungswesenprozess**
- **Informationsbereichsprozess**.

2.2.1 MATERIALBEREICHSPROZESS

Der Materialbereichsprozess, der abkürzend auch als **Materialprozess** bezeichnet wird, umfasst Vorgänge, die sich auf den **Einkauf** und die **Läger** des Unternehmens beziehen. Er dient dazu, die benötigten Waren, Werkstoffe und Zulieferteile zu beschaffen, lagern, verteilen und gegebenenfalls zu entsorgen.

Grundsätzlich besteht ein Materialbereichsprozess aus mehreren Vorgängen, wobei z.B. der definierte **Beginn** die Bedarfsanforderung bzw. der Bewilligungsantrag und das definierte **Ende** des Prozesses die Warenausgabe an den anfordernden Materialnehmer ist.

Beispiel: Materialbereichsprozess

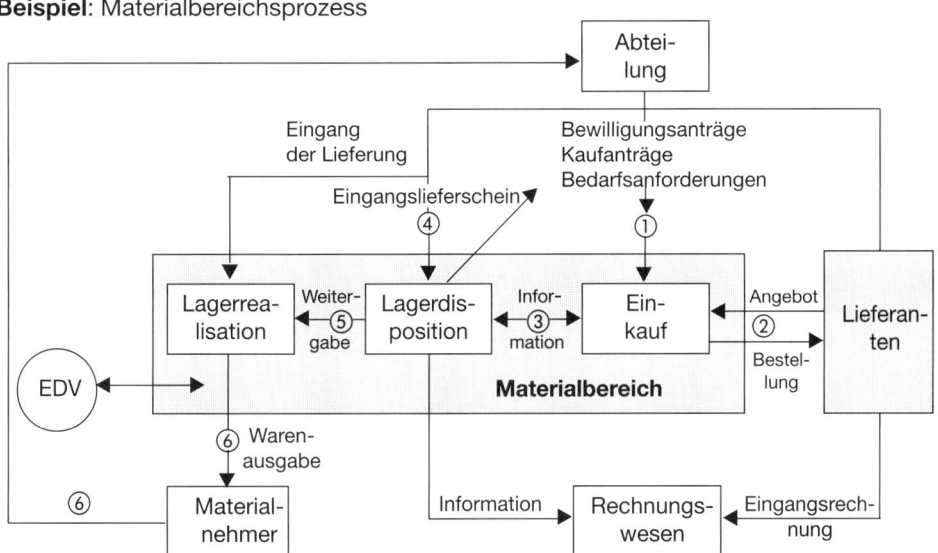

Der **Ablauf** des Materialbereichsprozesses umfasst:

① Die Material anfordernde Abteilung meldet sich beim Einkauf, z.B. mit Bedarfsanforderung

② Der Einkauf holt Angebote verschiedener Lieferanten ein, vergleicht sie und bestellt.

③ Der Einkauf informiert die Lagerdisposition über den Vorgang.

④ Die gelieferte Ware wird im Lager eingelagert und durch den Lieferschein bestätigt.

⑤ Die Lagerdisposition stimmt sich mit der Lagerrealisation ab.

⑥ Die das Material anfordernde Abteilung erhält die angeforderte Ware.

2.2.2 PRODUKTIONSBEREICHSPROZESS

Im industriellen Unternehmen umfasst der Produktionsbereichsprozess jene Vorgänge, die sich im Wesentlichen auf die **Produktion** des Unternehmens beziehen, welche dazu dient, Sachgüter und/oder Dienstleistungen zu erstellen. Es kann auch von der prozessbezogenen **Produktionsorganisation** gesprochen werden (*Wildemann*).

Der definierte **Beginn** dieses Prozesses ist z.B. die Weitergabe des Auftrags an den Produktionsbereich und das definierte **Ende** die Abgabe der produzierten Ware an den Marketingbereich.

Ein Produktionsbereichsprozess besteht aus verschiedenen **Arbeitsoperationen**, an denen bei einem **Isoliermittelhersteller** beteiligt sein können:

* Die **Produktionsvorbereitung**, d. h. Erzeugnisplanung, Produktionsprogrammplanung, Arbeitsplanung und Produktionsprozessplanung.

* Die **Produktionsdurchführung**, d. h. Produktion der Isoliermittel am Hochofen, Transportleistungen und Produktionssteuerung. Hier werden Produktionsprozesse abgewickelt, bis die Endprodukte erstellt sind.

* Die **Produktionskontrolle**, d. h. Qualitäts- und Quantitätskontrolle, Zeit- und Kostenkontrolle, Kontrolle durch Zählwerke an Maschinen.

Hinzu kommt der **Montagesektor**, dessen Aufgabenträger die Aufgabe haben, die Isoliermittelprodukte auf der Baustelle des Kunden zu montieren.

Beispiel: Produktionsbereichsprozess

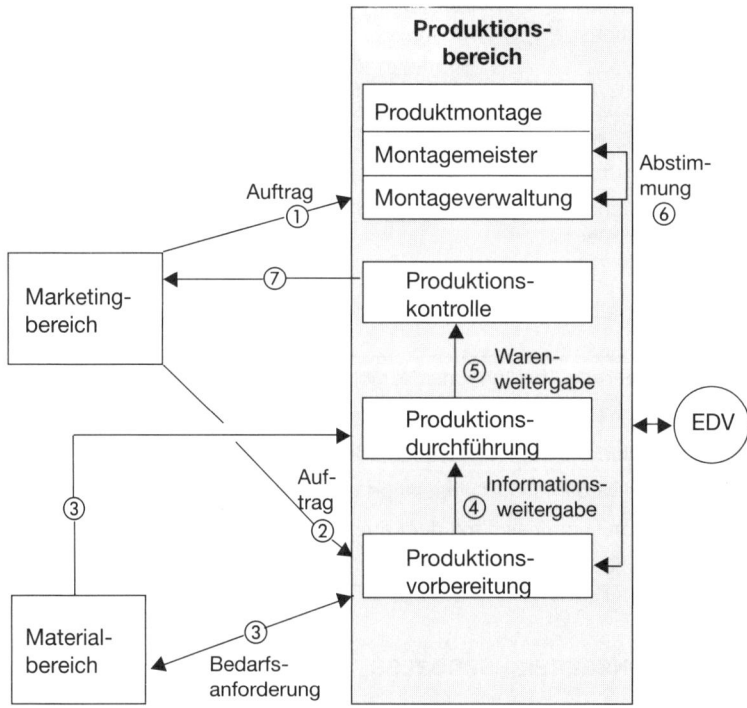

An diesem Bereichsprozess sind außer der **Produktionsabteilung** auch der Materialbereich, der Marketingbereich und die Datenverarbeitungsabteilung beteiligt.

Aus der Abbildung ergeben sich folgende **Prozesse**:

---

① Die Montageverwaltung im Produktionsbereich erhält den Montageauftrag vom Marketing.

② Die Produktionsvorbereitung bekommt vom Marketingbereich den Produktionsauftrag.

③ Sie gibt eine Bedarfsanforderung an den Materialbereich weiter, der später liefert.

④ Die Produktionsvorbereitung reicht die nötigen Informationen an die Produktion.

⑤ Die Produktion wird durchgeführt und kontrolliert.

⑥ Der Produktionssbereich stimmt sich mit dem Montagesektor ab.

⑦ Die Produktionskontrolle gibt die Produkte an den Marketingbereich weiter.

2.2.3 MARKETINGBEREICHSPROZESS

Der Marketingbereichsprozess, der auch **Marketingprozess** genannt wird, umfasst Vorgänge, die sich auf den **Absatz** des Unternehmens beziehen. Hier erfolgt die Erkundung, Gestaltung und Erschließung der Absatzmärkte.

Für den dargestellten Marketingbereichsprozess gilt z.B. als definierter **Beginn** die Anfrage des Kunden und als definiertes **Ende** der Erhalt der Ausgangsrechnung für die gelieferte Ware. Der Marketingbereichsprozess kann bestehen aus:

Beispiel: Marketingbereichsprozess

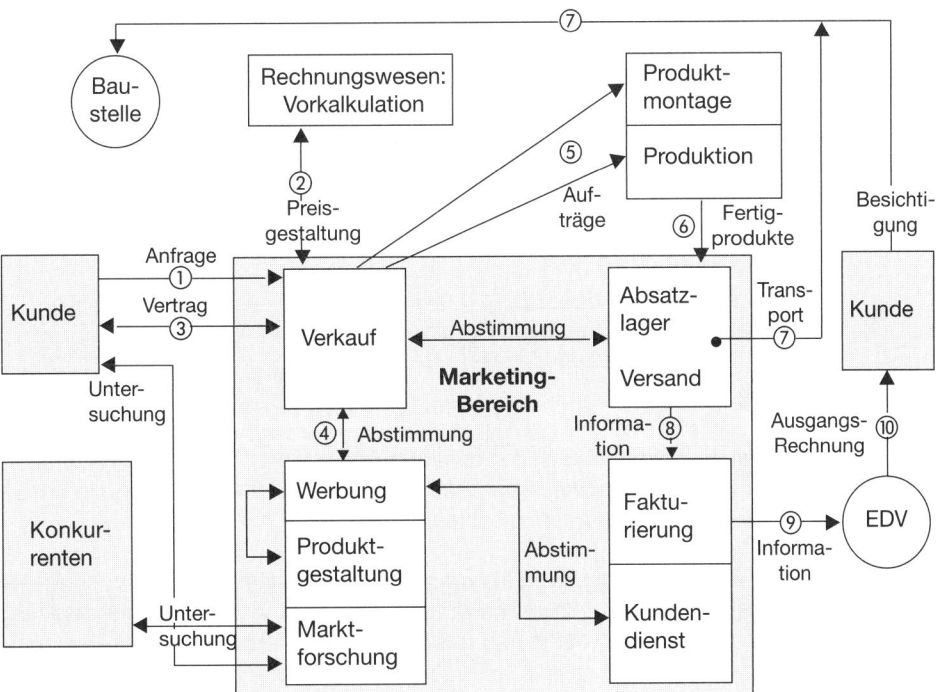

Der dargestellte Marketingbereichsprozess weist folgende **Vorgänge** auf:

① Der Kunde wendet sich mit einer Anfrage an den Verkauf.

② Der Verkauf gibt die Unterlagen zur Preisauskunft an die Vorkalkulation weiter.

③ Der Verkäufer unterbreitet dem Kunden ein Angebot, der Vertrag kommt zu Stande.

④ Der Verkauf stimmt sich mit der Werbung, Produktgestaltung und der Marktforschung ab.

⑤ Dann gibt der Verkauf den Betriebsauftrag an die Produktion bzw. an die Montageabteilung.

⑥ Die Fertigprodukte werden später an das Absatzlager transportiert.

⑦ Der Versand transportiert die Ware zur Baustelle des Kunden.

⑧ Die Informationen werden an die Fakturierung (Rechnungsschreibung) weitergegeben.

⑨ Die Rechnungsschreibung selbst erfolgt über EDV.

⑩ Der Kunde erhält die Ausgangsrechnung.

Werden Material-, Produktions- und Marketingprozesse miteinander verflochten, dann entstehen **Logistik-Prozesse** (*Wildemann*).

2.2.4 Personalbereichsprozess

Der Personalbereichsprozess, der auch abkürzend **Personalprozess** genannt wird, umfasst Vorgänge, die sich auf die Personalplanung, Personalbeschaffung und den Personaleinsatz bzw. auf weitere **Personalfunktionen** beziehen.

Der **personalwirtschaftliche Prozess** nimmt z.B. seinen **Beginn** mit der Annahme von Plandaten des Personalbereichs und sein **Ende** mit dem Personalabgang- bzw. der Personalwirtschaftskontrolle.

Der **Personalprozss** ist eine Kette zwangsläufig aufeinander aufbauender Vorgänge im Personalbereich. Der personalwirtschaftliche Prozess besteht in modellhafter Sicht aus folgenden Elementen (*Rahn*):

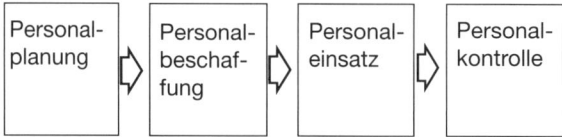

Die hohe wirtschaftliche Dynamik und der steigende Wettbewerbsdruck zwingen auch die für das Personalwesen Verantwortlichen, sich verstärkt mit der Gestaltung personalwirtschaftlicher Prozesse auseinander zu setzen.

Als **Zielsetzungen** werden dabei die Verkürzung der Durchlaufzeiten, die Erhöhung der Prozessqualität, die Verbesserung personalwirtschaftlicher Innovationen, die Senkung personalwirtschaftlicher Prozesskosten und das Ermöglichen termingerechter Personalarbeit verfolgt.

Beispiel: Personalbereichsprozess

Personalplanung ①

**Personal-
bereich**

Arbeits-
markt

Personalbeschaffung ③

Personalfreistellung ②

Arbeits-
markt

– Stellenanzeigen
– Bewerbungen
– Vorstellungs-
  gespräche
– Einstellungs-
  entscheidung

Kündigung, z.B.
aus dringenden
betrieblichen Erfor-
dernissen

EDV

Personaleinsatzphase ④

– Personalzugang
– Personalleistung
– Personalabgang

⑤ Personalbeurteilung
⑥ Personalentwicklung
⑦ Personalentlohnung
⑧ Personalbetreuung
⑨ Personalverwaltung

Personalwirtschafts-
kontrolle ⑩

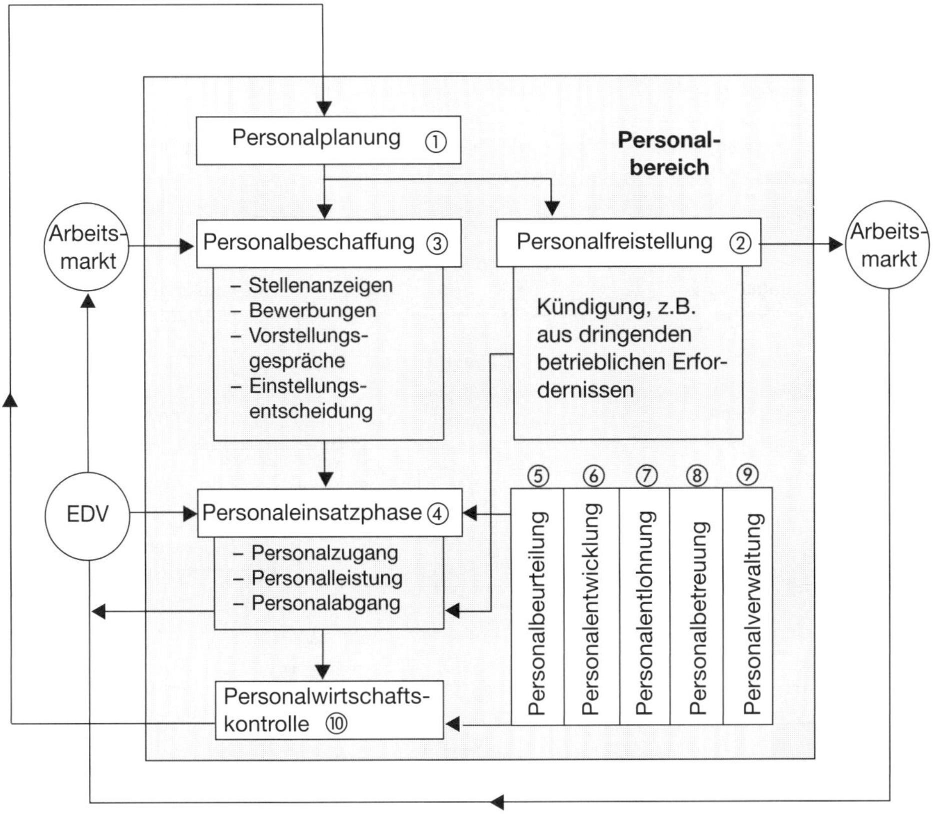

Ein Personalbereichsprozess kann z.B. folgende Vorgänge umfassen:

① Die Personalplanung vergleicht den geplanten Personalbestand und die Stellenzahl.
② Ist die geplante Stellenzahl kleiner als der Personalbestand: Personalfreistellung.
③ Ist die geplante Stellenzahl größer als der Personalbestand: Personalbeschaffung.
④ Nach der Personalbeschaffung erfolgt der Einsatz in der Personaleinsatzphase.
⑤ Die Mitarbeiter werden beurteilt, z.B. in der Zugangs-, Leistungs- und Abgangsphase.
⑥ Die Personalentwicklung erfolgt ebenfalls erst während des Personaleinsatzes.
⑦ Die Entlohnung beginnt mit dem Zugang und endet mit dem Abgang des Mitarbeiters.
⑧ Die Personalbetreuung umfasst z.B. die Betreuung durch einen Werksarzt.
⑨ Es werden Personalakten geführt und in das Personalinformationssystem übernommen.
⑩ Die Personalwirtschaftskontrolle prüft die Effizienz der Prozesse und gibt die Daten weiter.

62 ⟩ **Seite
456**

2.2.5 FINANZBEREICHSPROZESS

Der Finanzbereichsprozess umfasst Vorgänge, welche die Finanzmittel bzw. die Investitionen betreffen. Im Finanzbereich wird Kapital beschafft, verwendet und verwaltet. So entstehen **Finanzprozesse** bzw. **Finanzierungsprozesse**.

Das vorliegende Beispiel bezieht sich auf die Einzahlungen als **Beginn** und die Auszahlungen als **Ende** des Finanzbereichsprozesses:

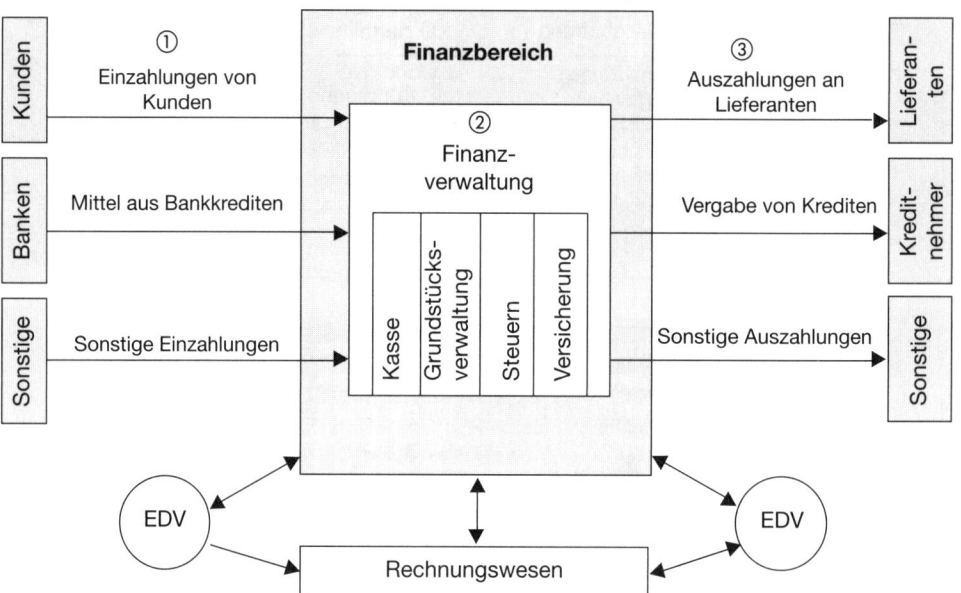

Im Einzelnen besteht der obige Finanzbereichsprozess aus folgenden **Vorgängen**:

① Die **Kapitalbeschaffung**, also die Finanzierung, besteht zu einem Teil aus den Einzahlungen von Kunden für die Lieferungen, Mittel aus Bankkrediten (Fremdfinanzierung) und aus sonstigen Zahlungen, z.B. erhaltene Zinsen.

② Die **Kapitalverwaltung** steuert als Finanzverwaltung den gesamten Zahlungsverkehr des Unternehmens, den Barzahlungsverkehr, den halbbaren Zahlungsverkehr und den bargeldlosen Zahlungsverkehr. Die Verwaltung des Kapitals wickelt die finanziellen Transaktionen für das Unternehmen ab.

③ Die **Kapitalverwendung** betrifft die Auszahlung von Geldmitteln an die Lieferanten bzw. Vergabe von Krediten an Kreditnehmer. Die Investitionen als Auszahlungen für Vermögensteile betreffen Anschaffungsausgaben z. B. für Maschinen.

Im Finanzbereich werden **Finanz-** und **Investitionsprozesse** abgewickelt, die für das ganze Unternehmen von großer Bedeutung sind.

2.2.6 RECHNUNGSWESENPROZESS

Der Rechnungswesenprozess betrifft Vorgänge, die sich auf das Mahnverfahren, Verwaltung, die Rechnungsprüfung, den Jahresabschluss, die Buchhaltung, die Betriebsabrechnung und die Kostenrechnung beziehen.

Der **Rechnungswesenprozess** erfolgt in Grundzügen wie nachfolgend dargestellt:

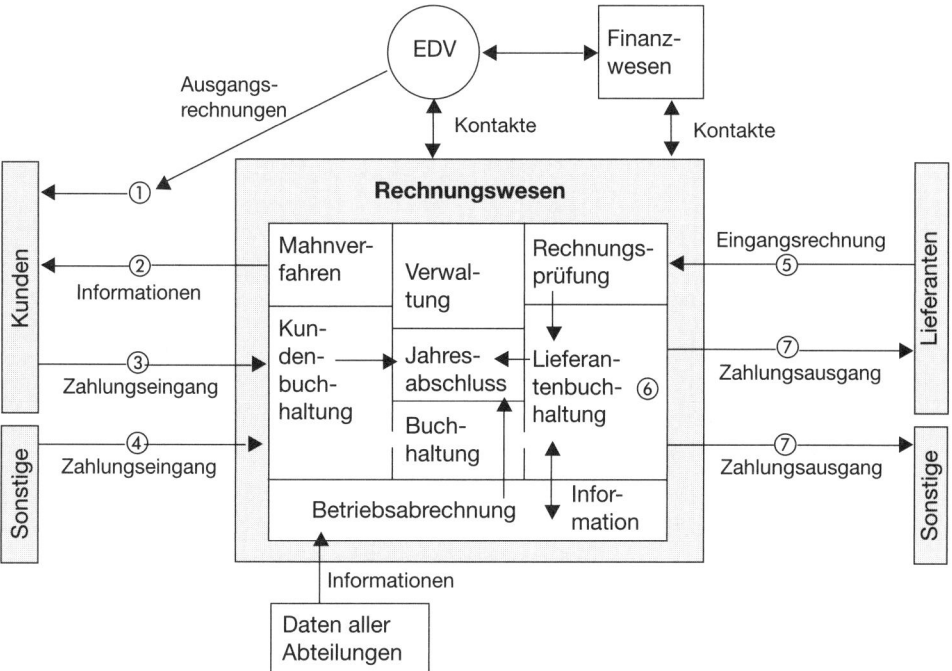

Dabei sind zu unterscheiden:

- **Kundenbezogen** beginnt der Rechnungswesenprozess mit der Ausgangsrechnung und endet mit dem Zahlungseingang:

  ① Der Kunde erhält über die EDV die Ausgangsrechnung.

  ② Zahlen Kunden nicht fristgemäß, wird ein Mahnverfahren eingeleitet.

  ③ Die Zahlungseingänge der Kunden werden von der Kundenbuchhaltung bearbeitet.

  ④ Weitere Zahlungseingänge werden verbucht, z.B. Bareinlagen, Subventionen.

- **Lieferantenbezogen** beginnt der Rechnungswesenprozess mit dem Empfang der Eingangsrechnung und endet mit dem Zahlungsausgang:

  ⑤ Die Lieferanten senden die Eingangsrechnungen zu, die zu prüfen sind.

  ⑥ Die Lieferantenbuchhaltung verbucht die eingegangene Rechnung.

  ⑦ Die Zahlungsausgänge werden verbucht und entsprechend abgewickelt.

2.2.7 INFORMATIONSBEREICHSPROZESS

Der Informationsbereichsprozess umfasst Vorgänge, welche die betriebliche Informatik betreffen. Hier werden Daten automatisch verarbeitet. Die **Information** ist dabei zweckorientiertes, personen- bzw. arbeitsplatzorientiertes Wissen.

Den **Beginn** des Informationsbereichsprozesses bilden z.B. die Eingabedaten der verschiedenen Bereiche und das Ende besteht aus den Ausgabedaten an die entsprechenden Bereiche des Unternehmens.

Beispiel: Informationsbereichsprozess

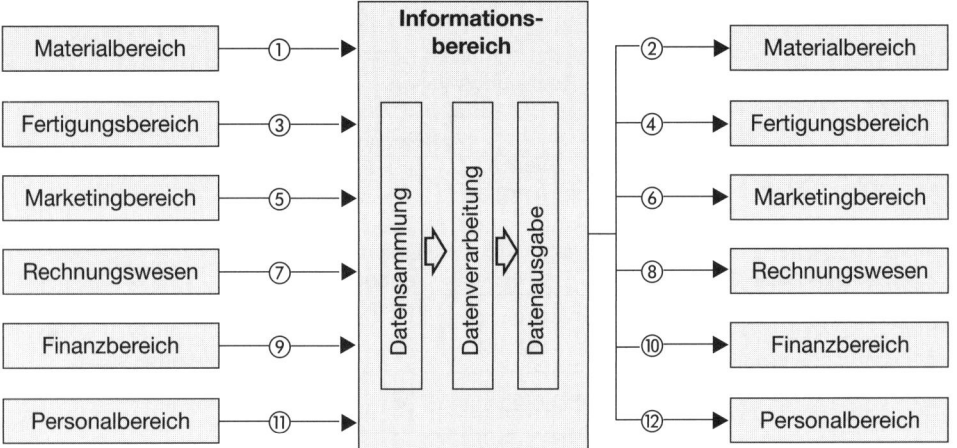

Die Informationen werden z. B. von den Bereichen an die EDV (Elektronische Datenverarbeitung) gegeben. Der **Informationsbereich** verarbeitet diese Daten und gibt sie an die Bereiche weiter. Auch Außeninformationen sind unverzichtbar, z. B. **Informationsprozesse** über das Internet.

Als **Vorgänge** können beim Informationsbereichsprozess unterschieden werden:

① Der Materialbereich gibt der EDV-Daten zur Materiallagerung.

② Es ergeben sich für den Materialbereich spezielle Informationen, z. B. über den Lagerbestand.

③ Der Fertigungsbereich gibt der EDV-Daten zur Kapazitätsauslastung.

④ Es ergeben sich Perioden mit Kapazitätsauslastung, mit Überkapazität bzw. Minderkapazität.

⑤ Der Marketingbereich liefert Daten über die gesamten Umsätze pro Periode.

⑥ Es werden von der EDV-Deckungsbeiträge ermittelt, z.B. in Abhängigkeit von Produkten.

⑦ Das Rechnungswesen liefert die gesamten Daten zum Jahresabschluss.

⑧ Die EDV verarbeitet diese Daten und stellt sie übersichtlich in Kontenform dar.

⑨ Der Finanzbereich liefert die Daten über die bisherigen Zahlungseingänge von Kunden.

⑩ Im Falle einer Terminüberschreitung wird der Zahlungspflichtige automatisch gemahnt.

⑪ Der Personalbereich sammelt in jeder Periode Daten zum Lohn der Mitarbeiter.

⑫ Die EDV erstellt die Brutto- bzw. Nettolohnabrechnung.

2.3 BEREICHSCONTROLLING

Das Bereichscontrolling ist eine Form des Controlling, das die mittlere Führungsebene betrifft (*Küpper, Schäffer/Weber*). Es ist auf organisatorische Effizienz ausgerichtet. Es kann von der **Unternehmensleitung**, aber auch von einem **Gesamtcontroller**, Bereichscontroller oder einem Ausschuss vorgenommen werden.

Das **Bereichscontrolling** ist z. B. denkbar als:

▶ Materialcontrolling
▶ Produktionscontrolling
▶ Marketingcontrolling

▶ Finanzcontrolling
▶ Informationscontrolling
▶ Personalcontrolling

Es ergibt sich folgender **Koordinationsprozess**:

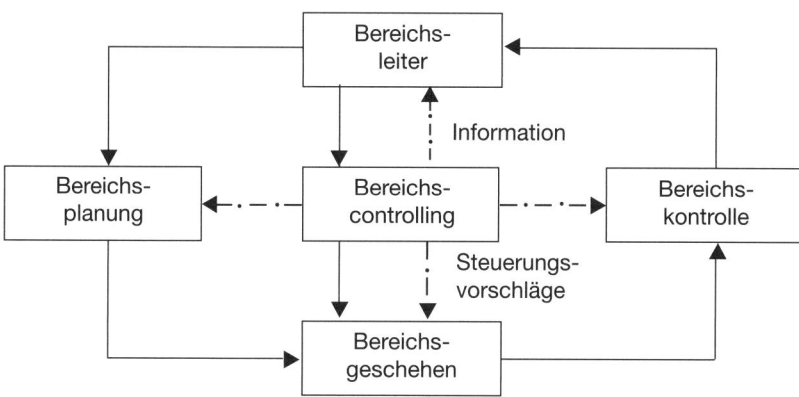

Das Bereichscontrolling umfasst folgende **Koordinationsaufgaben**:

● Die **Bereichsplanung**, deren Grundlage die jeweiligen Zielsetzungen der unterschiedlichen Bereiche bilden. Es wird überlegt, auf welchen Wegen die Bereichsziele zu erreichen sind. Dabei werden Budgets erstellt, die nach Genehmigung der Unternehmensleitung den Bereichsleitern als Plandaten vorgegeben werden.

● Die **Bereichskontrolle**, die mit der Überwachung der erzielten Ergebnisse der Bereiche beginnt und mit dem Daten-Soll- Ist-Vergleich fortgesetzt wird. Hier wird auch die Einhaltung der Budgetwerte kontrolliert. Es erfolgen wert- und mengenbezogene Abweichungsanalysen, um die Ursachen der Entwicklung herauszufinden.

● Die **Bereichsinformation**, die als Weitergabe von Daten an die Bereiche zu interpretieren ist. Durch die Frühwarnung sollen außerhalb festgelegter Planungsansätze gegebene Bereichsdaten frühzeitig korrigiert werden. Entsprechende Informationen werden z. B. unter Verwendung von Controllerberichten weitergegeben.

● Die **Bereichssteuerung**, bei der eine oder mehrere Größen als Eingangsdaten andere Größen als Ausgangsdaten beeinflussen, z.B. konkrete Maßnahmen zur Erfüllung der Bereichsziele und zur Beeinflussung von Störgrößen, die im Rahmen der Realisierung der Bereichsaktivitäten auftreten.

Das Bereichscontrolling ist als taktisches Führungsinstrument mit dem **Gesamtcontrolling** zu koordinieren, damit die Gesamtziele nicht aus dem Blickfeld gelangen.

3. Gruppenorganisation

Die Gruppenorganisation ist derjenige Teil der strukturorientierten Unternehmensführung, der sich auf die Strukturierung des **Lower Managements** bezieht. Dieses agiert auf der untersten Ebene des Unternehmens und soll die Bereichsleitung bei ihren Aktivitäten unterstützen.

Wenn Teams in die Organisation eingebunden sind, wird auch von **Teamorganisation** gesprochen (*Högl*).

Dabei sind zu unterscheiden:

3.1 Gruppenbezogene Aufbauorganisation

Bei der gruppenbezogenen Aufbauorganisation steht die Gebildestrukturierung der betrieblichen **Teams** im Vordergrund der Betrachtung. Sie wird im Sinne der betrieblichen Zielerreichung geplant bzw. bestimmt. Es können folgende Gruppenarten mit ihren Aufgaben unterschieden werden:

▸ Materialgruppen   ▸ Finanzwesengruppen
▸ Produktionsgruppen   ▸ Rechnungswesengruppen
▸ Marketinggruppen   ▸ Informatikgruppen
▸ Personalwesengruppen   ▸ Organisationsgruppen

Die Aufbauorganisation dieser Gruppen ist unterschiedlich strukturiert, weil die Aufgaben der zugehörigen Bereiche differieren. Hinsichtlich der gruppenbezogenen Aufbauorganisation sollen untersucht werden:

• **Unternehmensgruppen**

• **Bürogruppen**

• **Fertigungsgruppen**.

3.1.1 UNTERNEHMENSGRUPPEN

Die Unternehmensgruppen betreffen nicht bestimmte Bereiche, sondern das ganze Unternehmen. Das Modell der sog. **überlappenden Gruppen** geht auf *Likert* zurück. Es besteht aus einer Vielzahl sich überschneidender Gruppen (»Linking Pins« = Bindeglieder), wie aus der folgenden Darstellung zu ersehen ist (*Bea/Göbel, Vahs*):

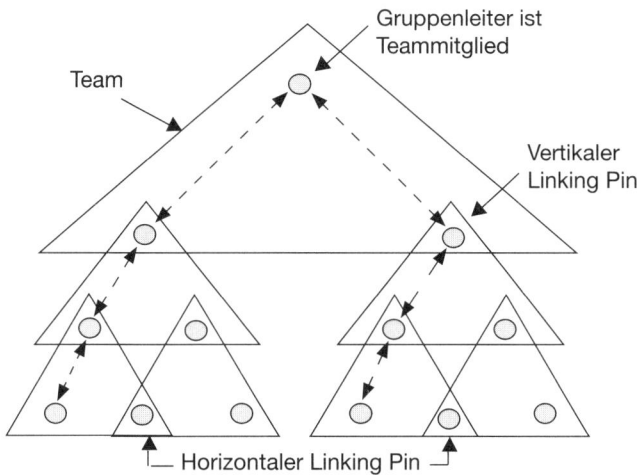

Gruppenleiter ist Teammitglied

Team

Vertikaler Linking Pin

Horizontaler Linking Pin

In diesem **Gruppenaufbausystem** sind folgende Personen zu unterscheiden, die am Gruppengeschehen teilnehmen (*Olfert/Pischulti/Vahs*):

- Die **Gruppenleiter**, die gleichzeitig einfaches Mitglied in einer übergeordneten Arbeitsgruppe sind. Sie werden auch als Teamleiter bezeichnet (Vertikaler Linking Pin) und bilden das Bindeglied zwischen zwei Gruppen unterschiedlicher Hierarchiezugehörigkeit in Unternehmen.

- Die **Gruppenmitglieder**, die in verschiedenen Teams je nach Art ihrer Aufgabengebiete mitarbeiten (Horizontaler Linking Pin). Durch partizipativen Stil und kollektive Entscheidungsfindung soll die Zusammenarbeit verbessert werden.

Die Linking Pins tragen dazu bei, dass die Kommunikation und Koordination im ganzen Unternehmen horizontal und vertikal verbessert wird. Dieses System wird z.B. bei der Bearbeitung von **komplexen Projekten** eingesetzt.

Werden die Unternehmensbereiche im Einzelnen betrachtet, dann sind im Industrieunternehmen je nach Art der zu verrichtenden Aufgaben **kaufmännisch** und **technisch** orientierte Gruppen zu unterscheiden.

3.1.2 BÜROGRUPPEN

Die Bürogruppen umfassen **kaufmännisch** orientierte Teams, die sich z.B. mit Aufgaben der Betriebsabrechnung, Buchhaltung, Kostenrechnung, Statistik, Werbung und Zahlungsabwicklung, aber auch mit Aufgaben des Controlling, Einkaufs und Verkaufs beschäftigen.

Eine **Verkäufergruppe** kann z.B. folgenden Gruppenaufbau aufweisen:

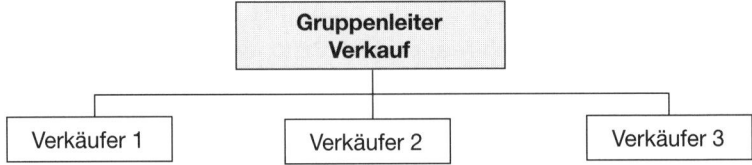

Typische Verkaufstätigkeiten sind z.B. Führen von Verkaufsgesprächen, Aufmerksamkeit und Interesse beim Kunden wecken, Wünsche auslösen, zum Verkaufsabschluss bewegen, Organisation des Verkaufs, Arbeiten im Innendienst (vgl. dazu ausführlich *Weis*).

Als gemeinsames Merkmal von **Bürotätigkeiten** in den unterschiedlichen Bereichen gilt die Verarbeitung von Informationen und die Kommunikation. Dem Austausch von Informationen und den Kommunikationsaktivitäten werden etwa zwei Drittel der Arbeitszeit im Büro- und Verwaltungsbereich gewidmet (*Staehle*).

3.1.3 Produktionsgruppen

Die Produktionsgruppen sind technisch orientierte Teams, die sich z.B. mit Aufgaben der Produktionsvorbereitung, Produktionsabwicklung und Produktionskontrolle auseinander setzen.

Hier werden Entscheidungsbefugnisse in einem bestimmten Umfang auf **teilautonome Gruppen** übertragen. Für die Produktion selbst lässt sich folgendes Beispiel zeigen:

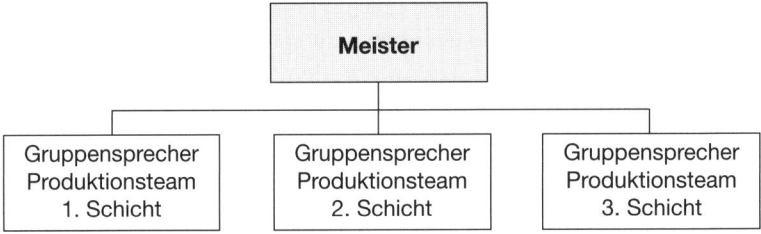

Hier sind folgende Aufgabenträger zu unterscheiden:

- Der **Meister** als disziplinarischer Vorgesetzter der Gruppen. Er vereinbart die Gruppenziele und kontrolliert deren Erreichung. Der Meister unterstützt die Gruppenmitglieder und hat die Kostenverantwortung.

- Der **Gruppensprecher** wird von der Gruppe gewählt. Er vertritt die Interessen der Gruppe, ohne Vorgesetzter zu sein. Informationen des Meisters werden an ihn weitergegeben und umgekehrt.

- Die **Gruppe** entscheidet in abgegrenzten Teilbereichen selbst und ist für die Ordnung verantwortlich. Außerdem trägt sie Verantwortung für ihre Material- und Zeitplanung. Ihre Urlaubspläne regelt sie selbst.

Typische Tätigkeiten von Produktionsgruppen sind z. B. Erstellung und Transport von Fertigprodukten, Beförderung von Roh-, Hilfs- und Betriebstoffen und Kontrollen der Ergebnisse.

3.2 GRUPPENBEZOGENE PROZESSORGANISATION

Die gruppenbezogene Prozessorganisation ist mit **Teams** verbunden, die in Arbeitsprozesse eingebunden sind und je nach Bereich unterschiedlich strukturiert werden können. Sie sind im Sinne der betrieblichen Zielerreichung zu planen und zu realisieren.

Es sind zu unterscheiden:

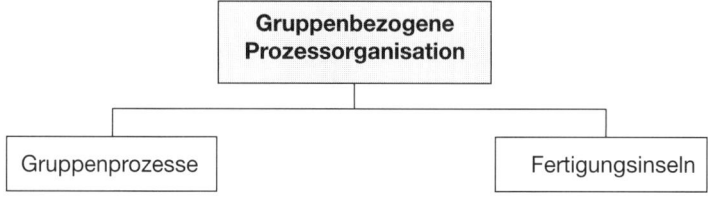

3.2.1 GRUPPENPROZESSE

Ein Gruppenprozess ist eine Kette aufeinander folgender Schritte, die mit den Tätigkeiten betrieblicher Teams verbunden sind (*Rahn*). Sie werden auch als **Teamprozesse** bezeichnet. Der Bedarf an gruppenbezogener Koordination steigt mit wachsender Differenzierung der Gegebenheiten in Unternehmen. **Arten** der Gruppenprozesse sind:

- Die **sozialen Gruppenprozesse** als Vorgänge in lernenden Betriebsgruppen, bei denen Gruppenmitglieder gemeinsame Entscheidungen treffen müssen. So ist nach Gruppendiskussionen im Rahmen interner Seminare abzustimmen und eine Gruppenentscheidung herbeizuführen, die mit Gruppendynamik verbunden ist. In lernenden Gruppen steht die Auseinandersetzung mit einem Thema im Vordergrund des Gruppenprozesses.

  In und zwischen **lernenden Gruppen** können Gruppendruck und Schwierigkeiten auftreten. Es sind aber auch Synergie-Effekte möglich, denn durch das Zusammenwirken der Gruppenmitglieder kann eine höhere Problemlösungsqualität als durch die Addition der Einzelbeiträge entstehen.

  Soziale Gruppenprozesse sind auch mit den Phasen der **Gruppenentwicklung** verbunden (*Staehle*), z.B. Orientierungsphase (Kennenlernen), Differenzierungsphase (Mitglieder gehen eigene Wege), Integrationsphase (Harmonie, Konformität angestrebt), Reifephase (Konzentration auf Zielerfüllung). Die Gruppe kann aber auch zerfallen.

- Die **wirtschaftlichen Gruppenprozesse** als sachlich-rationale Vorgänge in teilautonomen Produktionsgruppen, Fertigungsinseln, Verkäufer- und Materialwirtschaftsgruppen. Hier steht der ökonomische Bezug der Gruppenprozesse im Focus und weniger das Lernen in Gruppen. In einer **Verkäufergruppe** werden z.B. Verkaufgespräche mit Kunden geführt, Kundeninteressen geweckt, Wünsche ausgelöst und Verkaufsabschlüsse getätigt.

Im Produktionsbereich von Unternehmen gibt es **teilautonome Arbeitsgruppen**, wie sie in Kap. C. 4.2.1 beschrieben wurden. Die Gruppenmitglieder haben erweiterte Entscheidungsfreiheiten und streben nach Selbstregulation, Selbstbestimmung, Selbstverwaltung. Die Gruppe vereinbart Ziele, legt die Bedingungen fest und entscheidet dann selbst über das zu lösende Problem.

Die Gruppenprozesse unterscheiden sich von **Gruppenführungsprozessen**, bei denen die **Teamprozesse** von einem Gruppenleiter gesteuert werden (vgl. Kap. E 3).

63 〉〉 Seite 457

3.2.2 Fertigungsinseln

Die steigenden Anforderungen der Kunden und der erhöhte Wettbewerb zwischen den Unternehmen zwingen die Verantwortlichen im Produktionsbereich zu Anpassungsmaßnahmen auch hinsichtlich der gruppenbezogenen Prozessorganisation.

Hinzu kommt, dass die hierarchisch orientierte Gruppenorganisation oft lange Durchlaufzeiten, hohen Aufwand an Steuerungszeit und beträchtliche Lagerbestände mit sich bringt. Die Umstellung auf flexible Organisationsstrukturen mit hochqualifizierten Mitarbeitern an erfolgsorientierten **Fertigungsinseln** kann zu einem entscheidenden Wettbewerbsfaktor werden.

Den Mitarbeitern kann eine erweiterte Organisationskompetenz eingeräumt werden, sodass sie im Rahmen der **Selbstorganisation** autonom an der betreffenden Ordnung mitwirken können (*Dietrich, Göbel*). Dies gilt auch für Fragen der Schichteinteilung und Urlaubsregelung. In diesen Gruppen sind Selbststeuerung und Selbstoptimierung selbstverständlich.

Bei den Fertigungsinseln erfolgt die **Bündelung** bestimmter Arbeitspakete, d.h. Maschinen, Werkzeuge und Mitarbeiter werden zu Inseln zusammengefügt. Erst nach Abschluss mehrerer Arbeitsgänge verlässt das Zwischenerzeugnis die Fertigungsinsel. Dabei entstehen **Gruppenprozesse**:

Die Mitarbeiter der Fertigungsinseln können an **EDV-Terminals** den direkten Kontakt zum Kunden aufrecht erhalten. Durch die Nutzung der Computer lässt sich die Auftragssituation besser überschauen.

Die Fertigungsinseln sind auch mit den Zulieferern über Kommunikationskanäle direkt verbunden, sodass Zeit bzw. Geld gespart und unnötige Arbeitsprozesse vermieden werden.

Die Aufträge der Kunden werden von der Auftragsabwicklung erfasst und in Betriebsaufträge umgesetzt. Daraufhin erfolgt die Erstellung der Stücklisten und die Ermittlung des **Materialbedarfes**. Die Bestellung der benötigten Materialien geschieht über die Materialwirtschaft, nicht über die Fertigungsinseln. Diese haben für die produktive Wertschöpfung zu sorgen.

Die **Wertschöpfungskette** funktioniert bei diesem Konzept besser, denn der Materialfluss stabilisiert sich bei geringen Lagerbeständen. Zwischenläger werden nicht mehr benötigt. So kann dem »**Just-in-time-Prinzip**« entsprochen werden, mit dem die produktionssynchrone Beschaffung von Werkstoffen ermöglicht wird.

Die Planung des kurzfristigen Materialbedarfs und der Kapazitäten wird der aktuellen Produktionssituation angepasst. Die **Produktion** erfolgt in allen Stufen **auf Abruf**. Der Prozess endet mit der raschen Ablieferung der fertigen Produkte beim Kunden.

Als Maßeinheit für die Periodenlänge in den einzelnen Produktionsstufen gilt vielfach ein Tag. So wird von der Arbeitsgruppe »heute produziert, was morgen benötigt wird«.

Der flexible Personaleinsatz führt dazu, dass an die persönliche und fachliche Qualifikation der **Mitarbeiter** hohe Anforderungen gestellt werden. Diese sollen möglichst viele unterschiedliche Aufgaben bewältigen können, weshalb zusätzliche Schulungsmaßnahmen sinnvoll sind.

Außerdem empfiehlt es sich, angemessene **Leistungsanreize** über geeignete Entlohnungssysteme zu schaffen, die der Gruppenarbeit gerecht werden, z.B. Nutzungsprämien und Materialeinsparungsprämien.

In diesem System ist der **Industriemeister** als Betreuer einer Fertigungsinsel nicht mehr Chef im herkömmlichen Sinne, sondern agiert eher als **Coach**, d.h. er ist Moderator, Berater und Förderer der Inselmitarbeiter.

3.3 GRUPPENCONTROLLING

Die deutschen Unternehmen sehen sich seit Beginn der neunziger Jahre erhöhten Anforderungen an Produktqualität, Produktivität und Flexibilität gegenüber, die sie auch zu ständigen **Anpassungen** und Verbesserungen ihrer gruppenbezogenen Organisationsstrukturen zwingen.

Nicht wenige Unternehmen kommen zu dem Schluss, dass die herkömmliche Gruppenorganisation den Anforderungen des Marktes nicht mehr genügt. Deshalb wird heute auch darüber diskutiert, ob die Einrichtung des Gruppencontrolling sinnvoll ist (*Rahn, Schäffer*).

Das Wesen des Gruppencontrolling soll anhand von **teilautonomen** Gruppen in der **Produktionsorganisation** erläutert werden. Da diese Gruppen keine totale Autonomie haben sollen, wird der Einsatz des Gruppencontrolling notwendig.

Das **Gruppencontrolling** ist als ein Teil der Gruppenorganisation den Aktivitäten der einzelnen Gruppen parallel- bzw. übergelagert und auf organisatorische Effizienz ausgerichtet.

Es unterstützt die betrieblichen Gruppen bei der Planung, Kontrolle bzw. Steuerung und versorgt die Beteiligten mit den notwendigen Informationen, damit das Informationsversorgungssystem zweckentsprechend funktioniert. Damit hat das Gruppencontrolling nicht nur organisatorische Bedeutung, sondern wird zu einem Instrument der **operativen Führung**.

Diese Aufgaben können von enem Bereichscontroller, Gruppencontroller oder von einem Ausschuss übernommen werden. Im Regelfall ist das Gruppencontrolling im Unternehmen aber nicht organisatorisch verselbstständigt, sondern wird in vielen Fällen von den **Bereichsleitern** in Abstimmung mit den **Gruppenleitern** vorgenommen.

Bei einem in den Produktionsbereich eingeordneten **Gruppencontrolling** ergeben sich folgende Organisationseinheiten mit ihren Beziehungen:

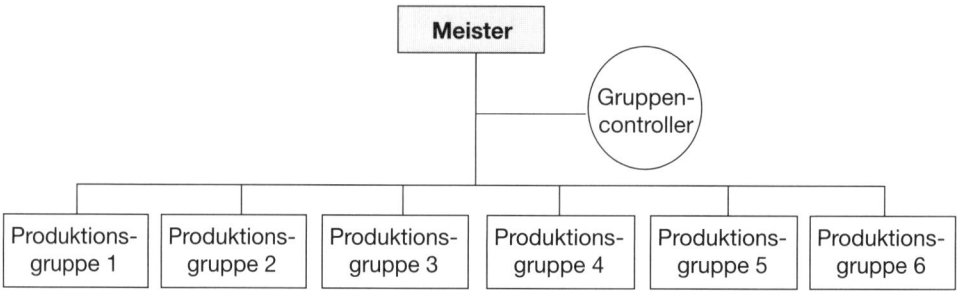

Der Gruppencontroller begleitet und koordiniert die Arbeit der **Produktionsgruppen**, aber er kontrolliert auch deren Ergebnisse. Er unterstützt die Planungsaktivitäten der Gruppen und berät die Gruppen bei Fragen der Fachtechnologie, z. B. im Umgang mit CNC-Maschinen als gesteuerte Werkzeugmaschinen mit Mikrocomputer.

Der Gruppencontroller liefert dem Meister aus seiner Sicht Informationen zur Steuerung der Gruppenprozesse.

Um die genannten Aufgaben erfüllen zu können, benötigen der Meister, die Produktionsgruppen und das Gruppencontrolling das entsprechende **Know-how**, d.h. die Aufgabenträger müssen die zur Aufgabenlösung nötigen Kompetenzen und Fertigkeiten mitbringen.

Sowohl die gruppenbezogene Prozessorganisation als auch der Aufbau von Teams sind zweckentsprechend zu gestalten, damit sie erfolgreich arbeiten können.

Kontrollfragen	bear-beitet	Lösungs-hinweise	Lö-sung	
		Seite	+	–
01 Was ist strukturorientierte Unternehmensführung?		227		
02 Geben Sie einen Überblick über die strukturorientierte Unternehmens-führung!		228		
03 Erläutern Sie die vier Stufen der Aufbauorganisation und Leitungsauf-bau!		229 f.		
04 Unterscheiden Sie die Rechtsform-Modelle!		231		
05 Stellen Sie das Kollegialprinzip und das Direktorialprinzip gegenüber!		231 f.		
06 Erklären Sie verschiedene Ressort-Modelle!		232 f.		
07 Erläutern Sie die Elemente des Systemaufbaus!		233 f.		
08 Kennzeichnen Sie die Verbindungsmöglichkeiten zwischen Organisati-onseinheiten!		234 f.		
09 Erklären Sie das Liniensystem (Begriff, Probleme)!		236 f.		
10 Was wissen Sie über das Funktionssystem bzw. Stabliniensystem?		236 ff.		
11 Erläutern Sie die Aufbauorganisation eines Handelsunternehmens bzw. eines Bankunternemens!		238 f.		
12 Stellen Sie den Aufbau eines Versicherungs- und eines Verkehrsunterneh-mens gegenüber!		240 f.		
13 Wie ist der Aufbau eines Industriebetriebes strukturierbar?		242		
14 Unterscheiden Sie Sektoral- und Funktionalorganisation!		243 f.		
15 Erklären Sie die Spartenorganisation!		244		
16 Was wissen Sie über die Matrixorganisation?		245 f.		
17 Was ist unter Tensororganisation zu verstehen?		246 f.		
18 Zählen Sie verschiedene Ableitungsformen auf!		247 f.		
19 Erläutern Sie die Holding-Organisation!		248 f.		
20 Erklären Sie das SGE-Management!		249		
21 Wie funktioniert das Aufbaucontrolling?		249 ff.		
22 Wer kann das Aufbaucontrolling ausüben?		250		
23 Was wissen Sie über die Prozessorganisation?		251 f.		
24 Wie laufen die vier Stufen der Prozessorganisation ab?		252		
25 Was verstehen wir unter Reengineering?		252 f.		
26 Grenzen Sie verschiedene Unternehmensprozesse ab!		253 f.		
27 Geben Sie einen Überblick über die Arten der betrieblichen Geschäfts-prozesse!		255 ff.		
28 Grenzen Sie Kernprozesse und Unterstützungsprozesse ab!		255		
29 Erklären Sie bereichsbezogene bzw. bereichsübergreifende Geschäfts-prozesse!		256		
30 Unterscheiden sie Gesamt-, Bereichs- und Gruppenprozesse!		256 ff.		
31 Erläutern Sie personenbezogene Führungsprozesse!		260		

KONTROLLFRAGEN	bear-beitet	Lösungs-hinweise	Lö-sung	
		Seite	+	–
32	Kennzeichnen Sie sachbezogene Führungsprozesse!		261		
33	Was wissen Sie über das Prozessmanagement und über Wertschöpfungsketten?		262 ff.		
34	Welche Aufgaben hat das Prozesscontrolling?		265		
35	Aus welchen Teilaufgaben besteht die Projektorganisation?		266		
36	Erklären Sie die Begriffe Projektorganisation und Projekt!		266		
37	Erläutern Sie das Organigramm der reinen Projektorganisation!		267		
38	Wie funktioniert die Stabs-Projektorganisation?		267 f.		
39	Stellen Sie die Matrix-Projektorganisation dar!		268 f.		
40	Was wissen Sie über die Linien-Projektorganisation?		269.		
41	Schildern Sie die Phasen der Projektprozessorganisation!		2'70		
42	Wie gestaltet sich das Projektcontrolling?		271		
43	Was wissen Sie über die Organisationsentwicklung?		271 f.		
44	Erläutern Sie Aufgaben der Organisationsabteilung!		272 f.		
45	Wie läuft der Organisationsprozess ab?		273.		
46	Erklären Sie Organisationsinstrumente!		273 f.		
47	Erläutern Sie das Wesen des Organisationscontrolling!		275		
48	Erklären Sie Instanzen und Aufgaben des Organisationscontrolling!		276 ff.		
49	Zählen Sie Konzepte zur Organisationsentwicklung auf!		278		
50	Erläutern Sie wertschöpfende Organisationskonzepte!		278 f.		
51	Kennzeichnen Sie das Wesen des Lean-Aufbaukonzeptes!		279 f.		
52	Was verstehen wir unter TQM-Konzept?		280 f.		
53	Erklären Sie das Just-in-Time-Konzept!		280 f.		
54	Kennzeichnen Sie das Gesamtcontrolling!		281		
55	Erklären Sie das Stabscontrolling!		282 f.		
56	Wie unterscheidet sich davon das Liniencontrolling?		283		
57	Aus welchen Teilen besteht die Bereichsorganisation?		284		
58	Erklären Sie die Aufbauorganisation der Materialwirtschaft!		285		
59	Wie kann der Aufbau einer Produktionsabteilung organisiert sein?		286		
60	Erläutern Sie Formen der Aufbauorganisation des Marketingbereichs!		287		
61	Wie kann der Aufbau der Personalabteilung strukturiert sein?		288		

KONTROLLFRAGEN		bear-beitet	Lösungs-hinweise	Lö-sung	
			Seite	+	−
62	Charakterisieren Sie den Aufbau des Finanzwesens!		288		
63	Wie lässt sich der Aufbau des Rechnungswesens gliedern?		289		
64	Geben Sie ein Beispiel für den Aufbau des Informationsbereichs!		290		
65	Schildern Sie mögliche Phasen des Materialbereichsprozesses!		291		
66	Wie kann der Produktionsbereichsprozess ablaufen?		292		
67	Kennzeichnen Sie den Marketingbereichsprozess!		293		
68	Wie kann der Personalbereichsprozess ablaufen?		295		
69	Wie laufen der Finanzbereichs- bzw. Rechnungswesenprozess ab?		296 f.		
70	Schildern Sie den lieferantenbezogenen Rechnungswesenprozess!		297		
71	Was verstehen wir unter Information?		298		
72	Wie kann der Informationsbereichsprozess ablaufen?		298		
73	Erläutern Sie das Bereichscontrolling!		299		
74	Woraus besteht die Gruppenorganisation?		300		
75	Was sind überlappende Gruppen?		301		
76	Unterscheiden Sie den Aufbau von Bürogruppen und Produktionsgruppen!		301 ff.		
77	Erklären Sie verschiedene Gruppenprozesse!		303 f.		
78	Wie funktionieren Fertigungsinseln?		304 f.		
79	Erläutern Sie das Wesen des Gruppencontrolling!		305 f.		
80	Worauf ist zu achten, wenn Gruppencontroller eingesetzt werden?		306		

E. Prozessbezogene Unternehmens-
führung

Die prozessorientierte Unternehmensführung ist die phasenbezogene Gestaltung, Steuerung und Entwicklung eines Unternehmens. Sie orientiert sich im Gegensatz zur Personalführung an sachbezogenen **Führungsprozessen**.

In dem folgenden Kapitel werden ausschließlich **Führungsprozesse** behandelt, welche die strategische, taktische und operative Führung des Unternehmens umfassen (vgl. u. a. *Knöll/Schulz-Sacharow/Zimpel, Olfert/Pischulti*). Sie werden auch als **Managementprozesse** (*Staehle, Steinmann/Schreyögg*), **Management-Zyklus** (*Hummel/Zander*) und **Führungskreislauf** (*Dillerup/Stoi*) bezeichnet.

Auf der Basis anspruchsvoller Ziele, ausgewogener Planung, zielentsprechender Realisierung und Kontrolle kann die Steuerung des gesamten Unternehmens durch die **Unternehmensleitung** erfolgen (vgl. dazu *Bleicher, Herbek, Hinterhuber, Kreikebaum, Ulrich*).

Aus der Sicht der Unternehmensleitung ergibt sich folgende **Führungspyramide**, welche die **prozessbezogenen Dimensionen** der Führung eines Unternehmens zeigt:

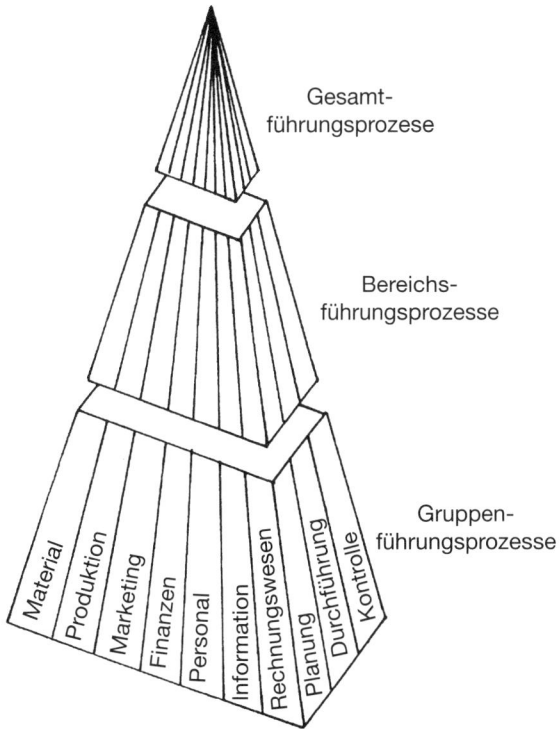

Gesamt-
führungsprozese

Bereichs-
führungsprozesse

Gruppen-
führungsprozesse

Material · Produktion · Marketing · Finanzen · Personal · Information · Rechnungswesen · Planung · Durchführung · Kontrolle

Da die zweckmäßige Gestaltung und Beeinflussung der Führungsprozesse maßgeblich den **Unternehmenserfolg** beeinflusst, hat die Unternehmensleitung dafür Sorge zu tragen, dass die Führungsprozesse effizient gestaltet werden.

Im Hinblick auf die **Ebenen** des Führungsprozesses sind also zu unterscheiden:

- Der **Gesamtführungsprozess**, der vom Top Management auf der oberen Ebene gesteuert wird. Die hier getroffenen Entscheidungen haben Ausstrahlungswirkung auf alle nachgelagerten Führungsebenen. Die Unternehmensführung bezieht sich vorrangig auf die strategische Führung und die sachbezogene Gesamtführung.

- Der **Bereichsführungsprozess**, der vom Top-Management bzw. vom Middle Management hinsichtlich der mittleren Ebene beeinflusst wird. Die Planungs-, Realisations-, Kontroll- und Steuerungsentscheidungen beziehen sich auf den jeweiligen Unternehmensbereich, z.B. Leistungs-, Personal-, Informations- und Finanzwirtschaft. Es ist vorrangig die taktische Führung betroffen.

- Der **Gruppenführungsprozess**, der vom Middle-Management bzw. Lower Management hinsichtlich der unteren Ebene gesteuert wird. Bei ihm geht es um die Planung, Realisierung, Kontrolle und Steuerung z. B. von Einkaufs-, Lager-, Fertigungs-, in Verkaufs- und Lohnabrechnungsgruppen. Die Gruppenführung bezieht sich auf die operative Führung.

Darüber hinaus gibt es den **Individualführungsprozess**, der von einem Vorgesetzten hinsichtlich seines unterstellten Mitarbeiters sachbezogen vollzogen wird, z.B. Planung, Realisierung, Kontrolle und Steuerung von Mitarbeiteraufgaben, die sich auf die Ausführungsebene beziehen.

Unabhängig von der **Ebene** des Unternehmens lässt sich der **sachbezogene Führungsprozess** als betrieblicher Führungskreislauf bzw. **Managementprozess** darstellen (*Rahn*):

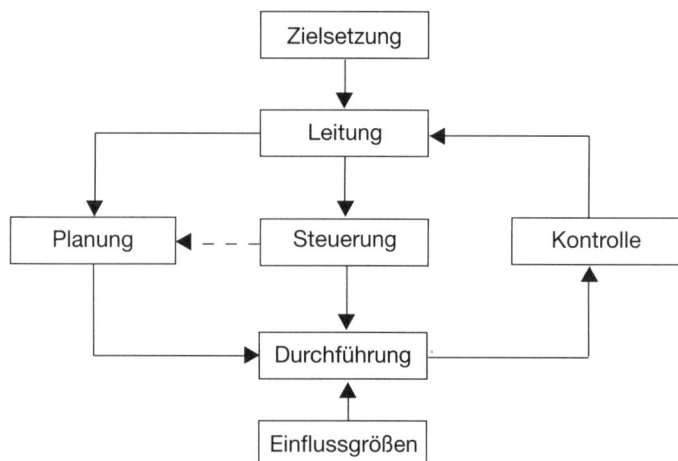

Bei diesem Kreislaufsystem sind die Zielsetzung und die Planung mit Vorgabecharakter der Durchführung vorgelagert, der sich die Kontrolle anschließt. Dabei sind folgende Elemente dieses **Führungsprozesses** zu unterscheiden:

- Die **Zielsetzung**, die der jeweiligen Leitung eine Orientierung für ihre Planungs- und Steuerungsmaßnahmen gibt. Damit diese zweifelsfrei möglich ist, sind die Ziele zwischen den Beteiligten abzustimmen, zu formulieren und verbindlich festzulegen. Dann werden sie für die Leitung zu sachbezogenen **Führungszielen** (*Rahn*). Es ist zu klären, auf welchen Wegen die Ziele als Soll-Werte zu erreichen sind.

- Die **Planung**, die auf der Zielsetzung basiert und als gedankliche Festlegung das künftige Verhalten des Unternehmens, des Bereichs bzw. der Gruppe und des Mitarbeiters bestimmt. Das grundlegende Problem der Planung besteht in der mangelnden Vorausbestimmbarkeit bzw. Vorhersehbarkeit der Ereignisse. Die Planung hat die Komplexität und Dynamik der betrieblichen Prozesse und das Geschehen in der betrieblichen Umwelt zu berücksichtigen (*Ehrmann*).

- Die **Durchführung**, die sich der Planung anschließt. Dabei sind Entscheidungen zur Realisation des Geschehens (*Jung*) zu treffen und Maßnahmen der Durchsetzung bzw. Vorsteuerung zu ergreifen. Die Umsetzung des Gewollten umfasst z.B. das Arbeiten und Organisieren, den Personaleinsatz und die Personalinformationen. Bei der Umsetzung der Pläne sind negative **Einflussgrößen** möglichst frühzeitig zu erkennen und zu bekämpfen, z.B. Hohe Materialbeschaffungspreise, hohe Kreditzinsen.

- Die **Kontrolle**, die der Durchführung folgt und aus der Überwachung und Untersuchung besteht. Sie ist ein Vorgang der Gewinnung von Informationen, die nicht nur eine Endkontrolle ist, sondern auch parallel zum Führungsprozess vorgenommen wird. Mit Hilfe der Kontrolle werden die Ist-Werte erfasst und die Differenzen zu den Soll-Werten ermittelt. Dann sind die Gründe für die Abweichungen zu analysieren. Durch Kennzahlen kann die Effizienz der Aktivitäten gemessen werden (*Fallgatter*).

- Die **Steuerung**, die als Nachsteuerung Maßnahmen zur Erreichung der vorgegebenen Ziele umfasst. Sie bezieht sich zwar vorrangig auf die Durchführung des betrieblichen Geschehens, kann aber auch zur Veränderung von Ziel- bzw. Planwerten führen, wenn diese unrealistisch angesetzt wurden. Dabei hat die Steuerung grundsätzlich die Aufgabe, den gegebenen **Störgrößen** durch entsprechende Maßnahmen entgegenzuwirken und positive Einflussgrößen zu nutzen (*Rahn*).

Die prozessbezogene Unternehmensführung kann unter folgenden Gesichtspunkten detailliert betrachtet werden:

Prozessbezogene Unternehmensführung	Unternehmensführungsprozesse
	Bereichsführungsprozesse
	Gruppenführungsprozesse

1. Unternehmensführungsprozesse

Ein Unternehmensführungsprozess zeigt sich in der phasenbezogenen Gestaltung des Unternehmens durch das Top Management. Es übernimmt als **dispositiver Faktor** (*Gutenberg, Wöhe/Döring*) die Hauptaufgabe, die betrieblichen Elementarfaktoren zweckentsprechend zu kombinieren und der Leistungsverwertung zuzuführen.

Unternehmensführungsprozesse entstehen beispielsweise dann, wenn **Gesamtprozesse** (vgl. Kap. D 1.2.3.3) durch Top Manager gesteuert werden.

Die **Unternehmensleitung** hat ihre Entscheidungen jeweils sorgsam abzuwägen und verantwortungsvoll zu handeln, damit die Unternehmensführungsprozesse erfolgreich ablaufen.

Auf der **oberen Führungsebene** sind zu untersuchen:

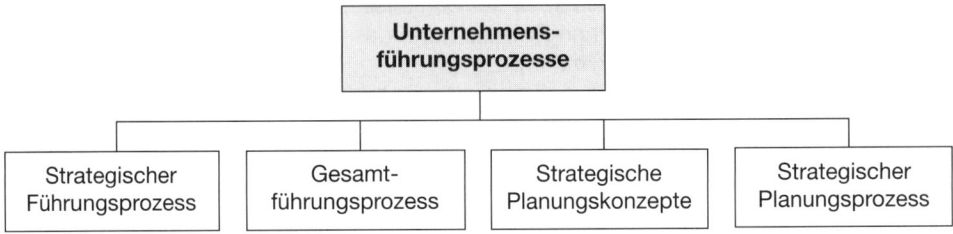

1.1 Strategischer Führungsprozess

Der strategische Führungsprozess umfasst auf der Ebene des Top Managaments gegebene Führungsaufgaben (*Gälweiler/Schwaninger, Herbek, Hinterhuber, Kreikebaum*).

Die **strategische Unternehmensführung** kann als die Vorbereitung, das Treffen und die Durchführung von strategischen Führungsentscheidungen durch die Unternehmensleitung interpretiert werden. Dabei bildet das **strategische Management** die Basis für eine erfolgreiche Geschäftsentwicklung (*Bea/Haas, Bleicher, Hungenberg, Müller-Stewens/ Lechner, Welge/Al-Laham*).

Ausgehend von den **strategischen Zielen** überlegt die oberste Leitung, mit welchen Plänen diese Ziele zu erreichen sind. Dann setzt die strategische Kontrolle ein, die zu entsprechenden Steuerungsmaßnahmen führt, um das Unternehmen auf Kurs zu halten. Der strategische Führungsprozess wird in der Praxis computergestützt abgewickelt (*Bamberger/Wrona*).

Die sich immer mehr ausweitenden Märkte, die Internationalisierung und die Globalisierung führten dazu, dass die **strategische Führung** immer anspruchsvoller geworden ist (*Welge/Holtbrügge*).

Die Unternehmensleitung ist für die Abwicklung des gesamten strategischen Managementprozesses zuständig, der folgende Komponenten umfasst:

- **Strategische Zielsetzung**

- **Strategische Planung**

- **Strategische Realisierung**

- **Strategische Kontrolle**

- **Strategische Steuerung**

- **Strategisches Controlling**.

1.1.1 STRATEGISCHE ZIELSETZUNG

Als vorrangige Aufgabe der strategischen Zielsetzung gilt die Ableitung von Zielinhalten aus der unternehmerischen **Grundsatzplanung** (*Ehrmann, Hummel/Zander, Kreikebaum, Olfert/Pischulti*). Aus ihr ergeben sich Informationen zu Führungsgrundsätzen und zum **Führungsrahmen**, z.B. zur Unternehmenskultur, Unternehmensethik und zum Unternehmensleitbild (vgl. Kapitel C 2.2).

Strategische Ziele sind von Unternehmen zu Unternehmen unterschiedlich formuliert. Grundsätzlich sind die strategischen Ziele über etwa 4 bis 5 Jahre hinaus im Voraus von der Unternehmensleitung festzulegen (*Macharzina*). **Beispiele** sind:

• Anstreben der **Kundenzufriedenheit**
• Verbesserung der Marktstellung des Unternehmens
• Verteidigung der Marktführerschaft
• Sicherung der Unabhängigkeit des Unternehmens
• Steigerung des **Shareholder-Value**
• Sicherung der Interessen von Anspruchgruppen (**Stakeholder**)
• Verbesserung der Eigenkapital-/Fremdkapitalrelation.

Daraus sind bestimmte **Absichten der Unternehmensleitung** ableitbar. An der Spitze der Zielhierarchie steht dabei die unternehmerische Vision (*Bea/Haas*):

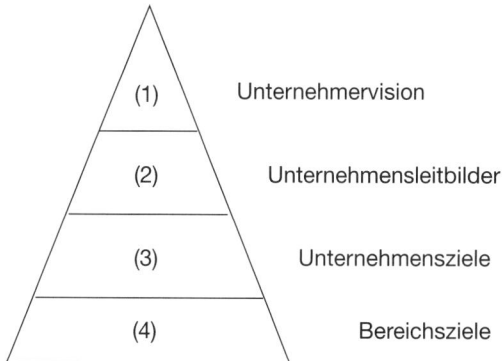

zu (1): Die **unternehmerische Vision** ist der Ursprung und die Leitidee unternehmerischer Tätigkeit (*Bleicher, Dillerup/Stoi, Hungenberg/Wulf*). Daraus ist eine Grundposition zu formulieren, die eine weit in die Zukunft gerichtete Orientierung des Unternehmens markiert, also richtungsweisend ist. Visionen haben Ziel- und Richtungscharakter (*Simon*).

zu (2): Das **Unternehmensleitbild** ist eine Orientierungshilfe für das Verhalten des Personals nach innen und außen. Es liefert Prinzipien für die Verwirklichung der unternehmerischen Vision.

zu (3): Die **Unternehmensziele** sollten messbar formuliert sein, z. B. die Steigerung des Umsatzes auf 4 % in fünf Jahren und die Kostenreduzierung in diesem Zeitraum um 2 %. Es sollten also Zielinhalt und Zielausmaß festgehalten werden. Es gibt monetäre und nichtmonetäre Unternehmensziele (vgl. Kap. E 1.2.1).

zu (4): Die **Bereichsziele** des Unternehmens werden von den strategischen Unternehmenszielen beeinflusst, z. B. Leistungsbereichsziele, Personalbereichsziele, Finanzbereichsziele, Rechnungswesenziele und Informationsziele. Diese Bereichsziele prägen auch die Gruppenziele im Unternehmen.

Sind die strategischen Ziele **messbar** formuliert, dann ist die Effizienz der realisierten Strategie des Unternehmens besser kontrollierbar. Liegen die strategischen Ziele fest, wird von der Unternehmensleitung geprüft, auf welchen Wegen diese Ziele zu erreichen sind.

1.1.2 STRATEGISCHE PLANUNG

Die **strategische Unternehmensplanung** ist ein informationsverarbeitender Prozess zur Abstimmung von Anforderungen der Umwelt mit den Potenzialen des Unternehmens in der Absicht, mithilfe von Strategien den langfristigen Erfolg eines Unternehmens zu sichern (*Bea/Haas, Hahn/Taylor*).

Sie umfasst eine langfristige Planung, die über einen Zeitraum von 4 bis 5 Jahren hinausgeht. Sie erfolgt auf der oberen Führungsebene des Unternehmens und dient der Formulierung von **Strategien** (*Hinterhuber, Kreikebaum*). Das Ergebnis ist der **strategische Plan**.

Da die Erarbeitung strategischer Pläne und die Formulierung von Unternehmensstrategien zu den wichtigsten Aufgaben der **Unternehmensleitung** zählt (*Olfert/Pischulti*), haben die Entwicklung schlüssiger strategischer Planungskonzepte und die Gestaltung des strategischen Planungsprozesses höchste Priorität.

Die strategische Planung umfasst die Faktoren, Quellen und Tätigkeiten des Unternehmens, aus denen dessen Erfolg resultiert (*Ehrmann*). Im Rahmen der strategischen Planung legt die **Unternehmensleitung** fest, was zu geschehen hat, um:

- Chancen zu erkennen und zu nutzen
- Risiken möglichst zu vermeiden
- Stärken zu erhalten und auszubauen
- Schwächen zu mindern und zu beseitigen.

Aufgrund der mangelnden **Vorhersehbarkeit** und **Vorausbestimmbarkeit** der Zukunft ist die strategische Planung für die Unternehmensleitung mit relativ schwierigen Entscheidungen verbunden.

Bei der Suche nach der richtigen Strategie muss sich die Unternehmensleitung durch **strategische Analysen** Klarheit darüber verschaffen, worin die Ursachen für den Erfolg des Unternehmens liegen. Sie spielen als **strategische Erfolgsfaktoren** bei der strategischen Planung eine zentrale Rolle (*Bea/Haas, Gälweiler/Schwaninger, Olfert/Pischulti, Pümpin, Ziegenbein*):

▶ Schnelligkeit der Entscheidungsprozesse	▶ Einhaltung der Lieferzeiten
▶ Ausmaß der Markt- und Kundennähe	▶ Höhe des Marktwachstums
▶ Höhe des Marktanteils	▶ Anzahl der Innovationen
▶ Konzentration auf Kernkompetenzen	▶ Qualität der Produkte

- ▶ Qualität des Service
- ▶ Schlankheit der Organisation
- ▶ Höhe der Kapazitätsauslastung
- ▶ Intensität der Forschung/Entwicklung

- ▶ Qualität der Unternehmensführung
- ▶ Qualität des Personals
- ▶ Bekanntheitsgrad des Unternehmens
- ▶ Bekanntheitsgrad der Produkte

Den strategischen Analysen in Form von Unternehmens- und Umweltanalysen folgt die **Strategieformulierung**, welche die Bewertung und Auswahl der Strategiealternativen umfasst (*Dillerup/Stoi*).

64 ⟩⟩ Seite 457

1.1.3 STRATEGISCHE REALISIERUNG

Die strategischen Entscheidungen der Unternehmensleitung wirken langfristig. Sie sind nicht nur zu planen, sondern auch durch- und umzusetzen und später zu kontrollieren. Langfristig formulierte Ziele und Pläne sollten möglichst erfüllt bzw. eingehalten werden. Die Realisierung der **strategischen Pläne** ist nicht einfach, weil die Zukunft über viele Jahre hinweg nur schwierig einzuschätzen ist.

Um die Pläne in die Praxis durch entsprechende Steuerungsmaßnahmen umsetzen zu können, sind von der Unternehmensleitung die folgenden **strategischen Management-systeme** einzubeziehen, damit der langfristige Erfolg sichergestellt werden kann (*Bea/Haas, Hopfenbeck*):

- **Leistungsmanagement**, d.h. das strategische Leistungsmanagement setzt die Ziele bzw. Pläne der Beschaffung, der Produktion und des Absatzes in die Wirklichkeit um. Es ist alles zu tun, um die Kosten des Leistungsprozesses zu senken und die Umsätze langfristig zu steigern. Forschung und Entwicklung sind zu forcieren. Die Qualität der zu produzierenden bzw. der abzusetzenden Produkte ist zu erhalten bzw. auszubauen. Dabei ist vorrangig von den Kundenbedürfnissen auszugehen.

- **Finanz- und Rechnungswesen-Management**, d.h. deren Strategieträger beschäftigen sich mit Buchhaltung, Jahresabschlüssen, Kosten, Finanzierung und Investitionen. Von besonderer Bedeutung sind das **strategische Kostenmanagement** (*Kremin-Buch*) und die langfristige Umsetzung der **IFRS**-Anwendungsnormen (*Ditges/Arendt, Grünberger*). Das Unternehmen ist mit dem langfristig nötigen Eigen- und Fremdkapital zu versorgen.

  Die Kapitalkosten sind zu minimieren und die langfristige Liquidität ist abzusichern. Die Vermögensbindung ist elastisch zu halten. Die unternehmerische Unabhängigkeit sollte gesichert bleiben. Es ist für positive Cashflows zu sorgen.

- **Personalmanagement**, d.h. das strategische Personalmanagement sollte langfristig eine kooperative Zusammenarbeit mit den Arbeitnehmervertretungen anstreben. Die langfristige Personalentwicklung ist so zu gestalten, dass das Personal den Anforderungen gerecht wird. Auf lange Sicht wirksame Anreizsysteme sowie der nötige Nachwuchs an Führungskräften sind sicherzustellen.

Die langfristigen Wirkungen der Technik auf die Arbeit werden dabei berücksichtigt. Die effektive Gestaltung und der zweckentsprechende Einsatz der **Human Resources** sind für den langfristigen Erfolg des Unternehmens von großer Bedeutung.

- **Informationsmanagement**, d.h. auf das Informationsmanagement kann auch im strategischen Bereich nicht mehr verzichtet werden. Das Instrument der automatisierten Datenverarbeitung ist für die Unternehmensführung unentbehrlich. Die strategische Realisierung ist heute ohne EDV nicht mehr möglich.

  Bedeutsame Informationen sind langfristig zur richtigen Zeit, am richtigen Ort und in der richtigen Quantität bzw. Qualität verfügbar zu halten. Interne und externe Datenbanken werden für das Unternehmen langfristig genutzt.

Da sich die **Realisierung der Strategien** über einen Zeitraum von mehreren Jahren erstreckt, ist die Umsetzung des Geplanten nicht einfach zu verwirklichen.

In den meisten Fällen bleiben die zu Grunde gelegten Strategien über die Jahre hinweg nicht stabil, sondern erfordern aufgrund von einwirkenden **Störgrößen** flexible Anpassungen, z. B. bei Ölpreissteigerungen, politischen Krisen. Deshalb sind strategische Kontrollen bzw. strategische Steuerungsmaßnahmen für die Unternehmensleitung unverzichtbar.

1.1.4 Strategische Kontrolle

Die **strategische Unternehmenskontrolle** wurde im Gegensatz zur strategischen Planung in der Betriebswirtschaftslehre bisher unterschätzt (*Jung*). Die Aufgaben der Unternehmensleitung sind mittlerweile so komplex geworden, dass strategische Kontrollen unbedingt vorzunehmen sind.

Die Hauptaufgabe der strategischen Kontrolle ist es, im Rahmen der **Strategieumsetzung** auftretende Abweichungen vom Strategieplan zu erkennen und Steuerungsmaßnahmen einzuleiten (*Dillerup/Stoi*). Dabei reicht die Wahrnehmung rein operativer Kontrollen z.B. in Form von **Budgetkontrollen** heute nicht mehr aus, um am Markt langfristig erfolgreich zu sein.

Die strategische Kontrolle ist ein systematischer Prozess, der parallel zur strategischen Planung und Realisierung verläuft (*Bea/Haas*). Sie wird damit zu einer eigenständigen, gewichtigen Managementfunktion mit daraus folgendem Steuerungspotenzial. Ihre Funktion besteht in einer Feedback-Aufgabe, d. h. über Rückkopplungen werden **Anpassungs- bzw. Korrekturmaßnahmen** ausgelöst (*Fallgatter*).

Die strategische Kontrolle wird damit zu einem Instrument, das strategische **Risiken** auszugleichen hilft (*Gälweiler/Schwaninger, Steinmann/Schreyögg*). Aus dieser Sicht stellt die strategische Kontrolle eine kritisch absichernde Begleitung des Planungs- und Realisierungsprozesses dar.

Damit sollen vor allem Bedrohungen des beschlossenen Kurses rechtzeitig aufgedeckt, die Notwendigkeit zu einer Veränderung des Kurses signalisiert und entsprechende **Gegensteuerungsmaßnahmen** erbracht werden.

Die **Strategiekontrolle** kann zu regelmäßig fixierten Terminen in Strategiesitzungen vorgenommen werden. Bei unerwarteten plötzlichen Ereignissen ist sie auch als laufende Kontrolle denkbar.

Die strategische Kontrolle ist eine besonders **schwierige** Aufgabe und erfordert vom Management viel Erfahrung. Sie stößt insbesondere auf folgende Schwierigkeiten (*Gälweiler/Schwaninger, Hopfenbeck*):

- Es bestehen Probleme bei der Festlegung von **Kontrollvariablen**, d. h. zur Messung der langfristigen **Erfolgspotenziale** sollten branchenbezogen jeweils geeignete Messkategorien bestimmt werden, z. B. Cashflow, RoI, Rentabilitäts- und Wirtschaftlichkeitskennziffern. Damit könnte die Unternehmensleitung auf verlässliche Vergleichsdaten hinsichtlich der Konkurrenz zurückgreifen.

- Es bestehen Defizite bei der **Feedback-Kontrolle**, d. h. die Reaktion der Unternehmensleitung basiert auf den Ergebnissen bereits realisierter Pläne. Nicht selten kommt die späte Einsicht, wie man vorher hätte entscheiden und handeln müssen. Diese Erkenntnisse lassen sich aber im Normalfall nicht mehr zur Behebung der Planabweichungen nutzen. Eine fehlgeleitete **Unternehmensstrategie** lässt sich nur in Ausnahmefällen korrigieren.

- Die **Kontrollinformationen** aus Ergebnissen bereits ergriffener Maßnahmen kommen häufig zu spät. Der Zeitpunkt einer notwendigen Planrevision wird versäumt, weil es zu lange dauert, bis die Wirkungen der Steuerungsmaßnahmen die Notwendigkeit der **Revision** signalisieren können.

  Wird eine weitgehende Übereinstimmung zwischen Soll- und Ist-Daten angezeigt, erscheint eine Planrevision nicht erforderlich. In der Realität haben sich inzwischen aber häufig bereits gravierende Änderungen vollzogen.

Deshalb wird in der Betriebswirtschaftslehre die **eigenständige** Rolle der strategischen Kontrolle betont. Überraschungen und Änderungsbedarf sind frühzeitig zu erfassen und zu signalisieren. Die bisherige Planung bzw. Strategie ist zu überprüfen und immer wieder infrage zu stellen. Die Kontrolle begleitet damit den gesamten Planungs- und Realisierungsprozess von Anfang an als »Alarmsystem«.

Nach der Auffassung von *Steinmann/Schreyögg* sind folgende wesentlichen **Bausteine** einer strategischen Kontrolle zu unterscheiden:

- Die **strategische Prämissenkontrolle**, bei der die im Rahmen der Planung gegebenen Prämissen laufend auf ihre Gültigkeit hin überprüft werden, z. B. Ermittlung und Ordnung der Prämissen, Überprüfung des Erfüllungsgrades. Diese Kontrolle begleitet die strategische Planung, z. B. in Form der Überprüfung der Inflationsrate oder der technischen Entwicklung.

- Die **strategische Durchführungskontrolle**, die bei Störungen im Rahmen der Strategieumsetzung oder bei Abweichung von definierten strategischen Zwischenzielen feststellt, ob eine Abweichung vom gewählten strategischen Kurs vorliegt. Es wird geprüft, ob die strategische Gesamtrichtung beizubehalten ist, z. B. Formulierung und Ordnung von Meilensteinen, Überprüfung des Erfüllungsgrades.

- Die **strategische Überwachung**, deren Aufgabe in der ständigen Kontrolle der externen und internen Umwelt des Unternehmens auf bisher vernachlässigte oder unvorhergesehene Ereignisse liegt, die eine Bedrohung für die bisherige Strategie darstellen können. Es könnte von einem »strategischen Radar« gesprochen werden, welches das betriebliche Umfeld flächendeckend überwacht.

Eine so verstandene strategische Kontrolle (vgl. auch *Hahn/Taylor, Müller-Stewens/Lechner*) ist als permanente Aktivität der Unternehmensleitung im **strategischen Führungsprozess** zu verankern (vgl. *Alt, Bea/Haas*).

1.1.5 STRATEGISCHE STEUERUNG

Die **strategische Unternehmenssteuerung** umfasst alle Durchsetzungsmaßnahmen der Unternehmensleitung, welche die Erfüllung der Gesamtziele des Unternehmens auf lange Sicht betreffen. Sie ist ein zielbezogener Vorgang, bei dem durch die Kontrolle gegebene Unternehmensdaten Aktionen auslösen, die das ganze Unternehmen betreffen (*Bellavite-Hövermann/Liebich/Wolf, Walter*).

Ausgehend von **Störgrößen**, betrieblichen **Kennzahlen** und anderen Gegebenheiten sind z.B. folgende Maßnahmen der strategischen Steuerung zu unterscheiden:

- Bei **Fehlern** in der strategischen Planung sind von der Unternehmensleitung Steuerungsmaßnahmen zu treffen, die das Unternehmen wieder auf den Kurs bringen, z.B. Änderung der strategischen Ziele.

- Bei unbefriedigten Bedürfnissen von **Großkunden** ist gründlich nach den Ursachen zu suchen und dann entsprechend auf lange Sicht zu handeln, z.B. durch Qualitätsmanagement.

- Bei langfristiger **Unterversorgung** mit Kapital oder Informationen sind strategisch wirksame Maßnahmen zu ergreifen, z.B. durch Eigen- oder Fremdfinanzierung.

- Bei **überladener** Aufbau- bzw. Prozessorganisation sind zweckmäßige Organisationsstrukturen zu entwickeln, z.B. unter Beachtung des Lean-Managements.

- Bei nicht gegebenen **Freiräumen** für unternehmerisches Engagement sind entsprechende Regelungen zu schaffen, z.B. Übertragung von Kompetenz und Verantwortung an die Aufgabenträger.

- Bei voraussichtlich positiven **Entwicklungen**, sind die Produktionskapazitäten strategisch anzupassen, z.B. durch Investitionen oder durch den Kauf von Unternehmen als Ganzes.

- Bei sich langfristig abzeichnenden **Krisenentwicklungen** ist rechtzeitig gegenzusteuern, z.B. durch Abstoßen bestimmter Geschäftseinheiten bzw. Bildung strategischer Allianzen.

Die **Umsetzung** der strategischen Pläne und Maßnahmen in die betriebliche Praxis ist für die Unternehmensleitung mitunter sehr schwierig, weil die langfristige Voraussehbarkeit und Vorausbestimmbarkeit der Daten ein großes Problem darstellen.

1.1.6 Strategisches Controlling

Das **strategische Unternehmenscontrolling** gewinnt vor allem in **Großunternehmen** und als Konzern-Controlling (*Jung, Küppers*) zunehmend an Bedeutung, da sich strukturelle Wandlungen in der Wirtschaft immer schneller vollziehen (*Günther, Schneider, Schröder*).

Organisatorisch ist dieses Controlling direkt der **Unternehmensleitung** zugeordnet. Als separate Controllingstelle unterstützt sie mit ihren Plänen die Unternehmensleitung und kontrolliert, ob die von der Unternehmensleitung verfolgten strategischen Ziele und Pläne eingehalten werden (*Gerberich, Hinterhuber*).

Dabei sollen langfristig wirksame Ereignisse möglichst rasch registriert werden, welche die bisherigen strategischen Überlegungen als überholt oder revisionsbedürftig erscheinen lassen.

Es sind entsprechende **Steuerungsmaßnahmen** zu überlegen, um möglichst schnell auf die betrieblichen Ereignisse bzw. auf **Indikatoren** am Markt reagieren zu können (*Baum/Coenenberg/Günther*). Grundsätzlich ist das strategische Controlling als langfristiges Controlling ein **Gesamtcontrolling** (vgl. dazu Kapitel D 1.5).

Der Umfang der Machtbefugnisse und die enorme Verantwortung der Unternehmensleitung für das gesamte betriebliche Geschehen verlangen, dass effiziente Kontroll-, Berichts- und Steuerungssysteme eingerichtet werden. Diese beziehen sich vor allem auf die langfristige **Existenzsicherung** und **Gewinnsteuerung** (*Günther, Hopfenbeck, Hungenberg/Wulf*).

In der Betriebswirtschaftslehre ist die Einteilung der **Führungsebenen** in die strategische, taktische und operative Führung (bzw. Planung/Kontrolle) weit verbreitet (*Bamberger/Wrona, Egger, Jung, Knöll/Schulz-Sacharow/Zimpel, Olfert/Pischulti, Olfert/Rahn, Pfohl, Wild, Wöhe/Döring*). Es sind zu unterscheiden:

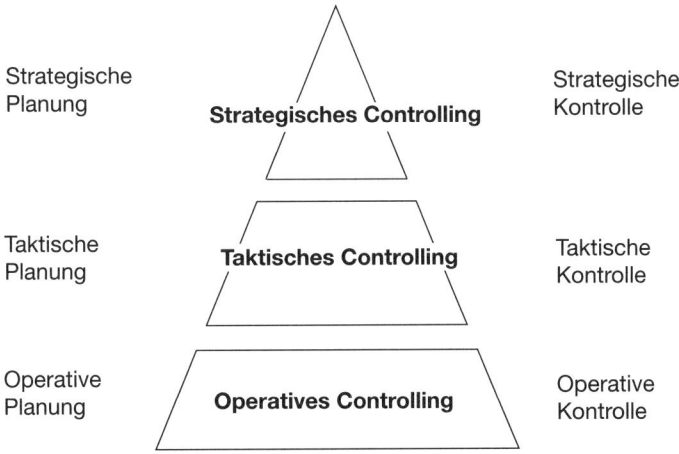

Die Zuordnung dieser Begriffe zu den Unternehmensebenen erfolgt in der Literatur aber nicht einheitlich (vgl. Kap. A 1.3.1). Vor allem gibt es unterschiedliche Auffassungen bei der Definition der taktischen bzw. operativen Planung (*Ehrmann*).

1.2 GESAMTFÜHRUNGSPROZESS

Die Unternehmensleitung ist nicht nur für den strategischen Führungsprozess, sondern auch für die einwandfreie Abwicklung des sachbezogenen Gesamtführungsprozesses verantwortlich. Dieser umfasst das kurz- bzw. mittelfristige Geschäft und bringt Bereichs- und Gruppenführungsprozesse mit sich. Es sind als **sachbezogene Gesamtführung** zu untersuchen:

- **Gesamtziele**
- **Gesamtplanung**
- **Gesamtrealisierung**
- **Gesamtkontrolle**
- **Gesamtsteuerung**
- **Gesamtcontrolling**.

1.2.1 GESAMTZIELE

Die betrieblichen Gesamtziele sind Aussagen mit normativem Charakter, die einen gewünschten Zustand eines Unternehmens beschreiben (*Hauschildt*).

Mit ihnen erhalten die in einem Unternehmen tätigen Personen eine grundlegende Orientierung und eine Grundlage für die Steuerung und Kontrolle von **Geschäftsprozessen**. Die Gesamtziele beziehen sich auf das ganze Unternehmen.

Eine bedeutende Aufgabe der **Unternehmensleitung** besteht darin, Entscheidungen zur Zielformulierung zu treffen und deren Erfüllung durch entsprechende Koordination und Integration der Führungsprozesse sicherzustellen (*Olfert/Pischulti*). Die Gesamtzielsetzung bildet den Ausgangspunkt des Gesamtführungsprozesses.

Es sind zu untersuchen:

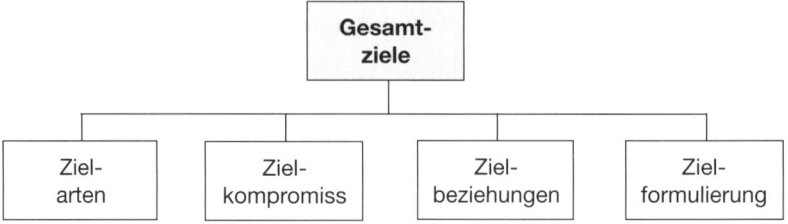

1.2.1.1 ZIELARTEN

Die von einem Unternehmen anzustrebenden Ziele können sehr unterschiedlich sein. Die **Betriebswirtschaftslehre** hat sich mit den Zielen des Unternehmens intensiv auseinander gesetzt (vgl. u.a. *Berthel/Becker, Ehrmann, Heinen, Staehle, Weis*).

Die **Ziele** lassen sich nach folgenden Kriterien unterscheiden (*Dillerup/Stoi, Hungenberg/ Wulf, Korndörfer, Olfert/Rahn, Olfert/Pischulti, Wöhe/Döring*):

- Die auf die **Ausrichtung** bezogenen Ziele:

Monetäre Ziele	Sie lassen sich in Geldeinheiten messen: ▶ **Marktleistungsziele**, z.B. Umsatzsteigerung, Ertragssteigerung, Kostensenkung, Minimierung der Aufwendungen ▶ **Rentabilitätsziele**, z.B. Gewinnerhöhung, Umsatzrentabilität, Gesamtkapital-Rentabilität, Eigenkapital-Rentabilität ▶ **Finanzwirtschaftliche Ziele**, z.B. Liquiditätsverbesserung, Kapitalstrukturveränderung, Kapitalkostensenkung
Nicht-monetäre Ziele	Sie lassen sich nicht ohne weiteres in Geldeinheiten bestimmen: ▶ **Soziale Ziele**, z.B. Arbeitszufriedenheit, soziale Sicherheit ▶ **Macht-/Prestigeziele**, z.B. Unabhängigkeit, Image, politischer Einfluss, Streben nach Ansehen ▶ **Qualitative Ziele**, z.B. Qualitätsverbesserung, Serviceverbesserung, Entwicklung des Kundendienstes, Kundenzufriedenheit ▶ **Quantitative Ziele**, z.B. Marktanteilsvergrößerung, Wachstumserhöhung, Steigerung der Fertigungsmengen

- Die auf **Interessengruppen** bezogenen Ziele:

Eigentümerziele	Sie stellen finanzielle Mittel zur Verfügung und erwarten dafür eine angemessene Verzinsung, Steigerung des Unternehmenswertes.
Unternehmensleitungsziele	Sie stellt ihre Kompetenzen zur Verfügung und trägt Verantwortung. Dafür erwartet sie ein entsprechendes Entgelt.
Personalziele	Es erbringt Arbeitsleistungen und erwartet die Zahlung von angemessenen Gehältern bzw. Löhnen.
Fremdkapitalgeberziele	Sie geben zeitlich befristete Finanzmittel und erwarten dafür Zins- und Tilgungsleistungen, Steigerung des Unternehmenswertes.
Kundenziele	Sie erbringen Zahlungen für die bezogenen Leistungen und erwarten dafür ein angemessenes Preis-Leistungs-Verhältnis.
Lieferantenziele	Sie geben dem Unternehmen Material und Dienstleistungen und erwarten dafür ein entsprechendes Entgelt.
Konkurrentenziele	Sie fordern das Unternehmen heraus und erwarten faires Wettbewerbsverhalten, keine aggressiven Verdrängungsstrategien.
Bürgerziele	Sie kaufen die Produkte und Dienstleistungen und erwarten den Einsatz umweltschonender Fertigungstechniken.
Staatsziele	Er schafft rechtliche und kulturelle Rahmenbedingungen für erfolgreiches Wirtschaften und erwartet dafür die Zahlung von Steuern.

1.2.1.2 Zielkompromiss

Die dargestellten Einzelziele bilden in ihrer Gesamtheit das **Zielsystem** des Unternehmens, das aus den Zielen und ihren Beziehungen besteht (*Heinen*). Bei der Verfolgung der Gesamtziele muss die Unternehmensleitung einen Zielkompromiss finden, der einen Ausgleich zwischen den Aussagen mit normativem Charakter darstellt. Einem solchen Kompromiss liegen zu Grunde:

- Die **ökonomischen Ziele**, welche die wirtschaftlichen Aspekte betonen, z.B. die Verfolgung von Nutzengedanken bzw. das Hervorheben der Wertorientierung. Dabei können von den **Interessengruppen** unterschiedliche Zielsetzungen verfolgt werden, z.B.:

  - **Vorstandsmitglieder** propagieren die wertorientierte Unternehmensführung
  - Die **Kunden** fordern günstige Produktpreise
  - Die **Aktionäre** fordern mehr Gewinnausschüttung und Investitionen
  - Die **Bank** fordert die Steigerung des Unternehmenswertes
  - Die **Mitarbeiter** und der Betriebsrat fordern mehr Lohn
  - Der **Staat** fordert mehr Steuern

Traditionell stehen die ökonomischen Ziele im Vordergrund betriebswirtschaftlicher Betrachtungen (*Gutenberg, Wöhe/Döring*). Ökonomische Ziele werden insbesondere von der **wertorientierten** Unternehmensführung verfolgt (*Coenenberg/Salfeld, Laux, Pape, Rappaport*).

- Die **humanitären Ziele**, die humane Themen hervorheben und verdeutlichen, dass die Verfolgung ökonomischer Ziele nicht übertrieben werden soll, sondern dass ebenso auf das Streben nach Humanität zu achten ist. Dazu folgende Beispiele:

  - Mitarbeiter wünschen sich mehr soziale Sicherheit
  - Der Betriebsrat verlangt die Humanisierung der Arbeitsbedingungen
  - Sozialpolitiker dringen auf mehr soziale Gerechtigkeit

Die **sozialorientierte** Unternehmensführung, die frühzeitig von *Mellerowicz* vertreten wurde, fordert bei unternehmerischen Entscheidungen außer der **Wirtschaftlichkeit** auch die Beachtung der **Humanität** ein.

- Die **ökologischen Ziele**, die den Umweltschutz bzw. die Umweltschonung in den Vordergrund der Betrachtung stellen. Der Umweltschutz wird als gesellschaftliches bzw. auch als unternehmerisches Ziel gesehen, z.B.:

  - Ein Unternehmer, der ökologische Produkte herstellt, fordert verstärktes Recycling
  - Mitarbeiter und Kunden fordern Abfall zu vermeiden bzw. zu mindern
  - Politiker fordern sachgerechte Abfallentsorgung

Auf die Bedeutung der **ökologieorientierten** Unternehmensführung hat insbesondere *Macharzina* hingewiesen. *Hopfenbeck* hebt in diesem Zusammenhang den Ansatz einer betrieblichen Umweltökonomie hervor.

Bei der Suche nach einem **Zielkompromiss** sollte die Unternehmensleitung weitere Folgen für das Unternehmen und die in ihm arbeitenden Menschen bedenken (**Zielkonflikte**):

- Werden **humanitäre** Ziele überhaupt nicht beachtet, können die Mitarbeiter u. U. auch Kunden unzufrieden reagieren und ihren Unwillen zeigen. Die ausschließlich wertorientierte Unternehmensführung – z.B. durch verstärkte Rationalisierung bzw. Arbeitslosenzahlen – kann beim Personal und/oder in der Öffentlichkeit zu **Unruhen** führen.

- Wird die **ökonomische Zielerfüllung** erheblich zu Lasten der ökologischen Zielerfüllung verfolgt, können Arbeitsunzufriedenheit bzw. Entrüstung auf Arbeitnehmerseite und/oder in der Öffentlichkeit die Folge sein.

- Wenn **humane** und **ökologische Zielerfüllung** in hohem Maße zu Lasten der ökonomischen Zielerfüllung angestrebt werden, dann sinkt die Wirtschaftlichkeit, weil die Kostenbelastung für das Unternehmen höher wird. Bei schlechter Ertragslage stiegen die betrieblichen Ausgaben und es sind Verluste möglich.

- Wenn die **ökologische** Zielerfüllung zu Gunsten der **Humanität** vernachlässigt wird, z.B. durch Verzicht auf Trennung des Fabrikmülls, um den Mitarbeitern die Bequemlichkeit zu erhalten, dann leidet der Umweltschutz.

- Bei Bevorzugung **ökologischer** Zielsetzungen zu Lasten der Humanität, z.B. wenn das Autofahren verboten wird, um die Umwelt zu schonen. Dann dient das zwar dem Umweltschutz, viele Menschen empfinden solche Regelungen aber als Einschränkung ihrer Freiheit.

Traditionell gesehen hat die Verfolgung des **ökonomischen Prinzips** Vorrang, denn aus verstärkter Betonung der ökonomischen Ziele heraus kann der **Erfolg** des Unternehmens gesteigert werden, was auch der Sicherung von Arbeitsplätzen dient.

Wenn der **Staat** die Rahmenbedingungen für erfolgreiches Wirtschaften setzt, dann sind bei entsprechend motivierten und qualifizierten Führungskräften bzw. Mitarbeitern die Geldgeber und die Kunden eher zufrieden zu stellen.

Die **Unternehmensleitung** hat auf jeden Fall sorgsam abzuwägen, welche Vor- und Nachteile bzw. Folgen mit den jeweiligen Entscheidungen verbunden sind.

1.2.1.3 Zielbeziehungen

Eine betriebliche **Zielbeziehung** drückt sich darin aus, in welcher Art und Weise verschiedene Ziele in Relation zueinander stehen.

Die **Gesamtziele** des Unternehmens sind nicht losgelöst voneinander zu betrachten, sondern in einem Beziehungszusammenhang zu sehen. Wird von mehreren Zielen in einem Zielsystem ausgegangen, stehen zumindest einige davon in einer Beziehung zueinander.

Ein **Zielsystem** besteht also aus Zielgrößen und ihren Relationen. Im Gegensatz zur Zielvorstellung umfasst es mehrere **Zielgrößen** mit konkreten Inhalten. Typische Zielgrößen sind Gewinnstreben, Umsatzstreben und Streben nach Kostensenkung.

Es gibt verschiedene **Zielbeziehungen** (*Heinen*):

- Die **Komplementarität der Ziele**, bei der die Erhöhung des Zielerreichungsgrads von Ziel 1 auch zur Erhöhung des Zielerreichungsgrads von Ziel 2 führt.

  Beispiel: Eine Kostensenkung im Produktionsbereich bringt eine Gewinnerhöhung mit sich, wenn von gleichen Umsätzen ausgegangen wird.

- Die **Konkurrenz der Ziele**, d. h. Steuerungsmaßnahmen zur Erreichung des Zieles Z_1 bewirken die Abnahme des Zielerreichungsgrads bei Ziel Z_2.

  Beispiel: Die Kostensenkung konkurriert mit dem Ziel der Lohnerhöhung. Wenn das eine Ziel angestrebt wird, kann das andere Ziel nicht verwirklicht werden.

- Die **Indifferenz der Ziele**, bei der die Erfüllung eines Zieles Z_1 keinen Einfluss auf die Erfüllung eines anderen Zieles Z_2 hat.

  Beispiel: Im Falle der Senkung der Betriebsstoffkosten und Verbesserung des Kantinenessens ist eine Indifferenz der Ziele gegeben, d. h. die Verwirklichung des einen Zieles hat keinen Einfluss auf das andere Ziel.

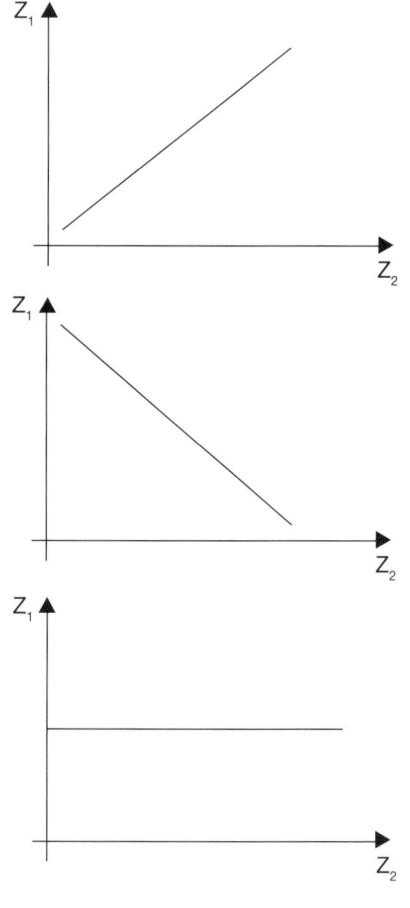

1.2.1.4 Zielformulierung

Die Ziele sollen zunächst zwischen dem Vorgesetzten und dem Mitarbeiter vereinbart werden (*Rahn, Stroebe/Stroebe*). Dann sind die Ziele möglichst messbar zu formulieren. Sind die Gesamtziele unklar, unangemessen oder gar nicht formuliert, besteht die Gefahr, dass der Führungsprozess zu unbefriedigenden Ergebnissen führt (*Olfert/Pischulti*).

Die **Eindeutigkeit** der Ziele kann herbeigeführt werden durch:

- Den **Inhalt** des Zieles, bei dem die sachliche Seite festzulegen ist, z.B . »Gewinnsteigerung um...« oder »Senkung der Fluktuationsrate um…«.

- Das **Ausmaß** des Zieles, das den genauen Umfang der Zielerreichung ausdrückt, z. B. »Ertragssteigerung um 3 %....«.

• Den **Zeitbezug** des Zieles, der den Zeitpunkt bzw. Zeitraum näher bestimmt, z. B. »Steigerung im gesamten Jahr 200X«.

Darüber hinaus ist die **Operationalität** der Ziele zu berücksichtigen, d.h. die Unternehmensleitung hat auf die Messbarkeit der vorgegebenen Ziele zu achten. Wenn z.B. für das Jahr 200X ein »hoher Gewinnzuwachs« als Ziel formuliert wird, dann ist es nicht messbar und damit für die Beteiligten unbefriedigend.

Mit der Zielformulierung und deren Akzeptanz kann ein **Motivationsprozess** verbunden sein, z. B. Bedürfnis, Motivierung, Ausführung, Folgen (*Jung, Stroebe/Stroebe*). Denn messbare Ziele schaffen Ordnungsprinzipien und verdeutlichen den Erfolg der Unternehmensleitung. Durch die vorgegebenen Ziele wird das Leistungsverhalten diszipliniert, da die Ergebnisse besser zu beurteilen sind.

In der Praxis wird häufig das Entgelt der Unternehmensleitung direkt an den **Erfolg** des Unternehmens gekoppelt, in vielen Fällen aber nicht. Ungenau formulierte Ziele motivieren das Personal ebenso wenig wie Ziele, die von vornherein auch bei größten Anstrengungen als nicht erreichbar erkannt werden.

65 ▷▷ Seite 458

1.2.2 GESAMTPLANUNG

Unter Planung wird die gegenwärtige gedankliche Vorwegnahme zukünftigen wirtschaftlichen Handelns – unter Beachtung des Rationalprinzips – verstanden (*Wöhe/Döring*). Da die Gesamtplanung das ganze Unternehmen betrifft, ist sie eine Unternehmensplanung (*Ehrmann, Hahn/Taylor*).

Sie dient der systematischen Entscheidungsvorbereitung und basiert auf den **Gesamtzielen** des Unternehmens, die mit ihrer Hilfe realisiert werden sollen. Bei der Gesamtplanung kann sich die **Unternehmensleitung** z.B. vom **Gesamtcontrolling** oder externen Beratern unterstützen lassen.

Zur Lösung von Problemen der Gesamtplanung sind **Planungsprinzipien** zu beachten, die sich auf die verschiedenen **Planungsebenen** des Unternehmens auswirken. Es sind zu unterscheiden (*Egger, Staehle, Wöhe/Döring, Ziegenbein*):

• Das **Top-down-Prinzip**, nach dem die Planung retrograd »von oben nach unten« erfolgt. Dabei wird von einer ganzheitlichen Zielformulierung ausgegangen, aus der strategische, taktische und operative Maßnahmen abzuleiten sind. Die Unternehmensleitung informiert die nachgeordneten Instanzen über die zu realisierenden Maßnahmen.

• Das **Bottom-up-Prinzip**, bei dem die Planung progressiv »von unten nach oben« durchgeführt wird. Bei ihr stehen weniger die Ziele als vielmehr die Realisierbarkeit der untergeordneten Teilpläne im Vordergrund.

Ein integrierter **Rahmenplan** entsteht durch das schrittweise Zusammenfassen der Teilpläne auf jeweils übergeordneten Planungsebenen. Daraus ergibt sich folgende Darstellung (*Dillerup-Stoi, Knöll/Schulz-Sacharov/Zimpel, Vahs, Wöhe/Döring*):

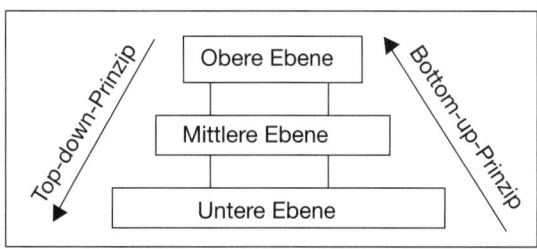

In der Praxis kommt es häufig zu Mischformen zwischen beiden Prinzipien. Wird sowohl nach dem Top-down-Prinzip als auch nach dem Bottom-up-Prinzip geplant, wird vom **Gegenstromverfahren** gesprochen.

Hier stellen die Führungskräfte der oberen Ebene einen vorläufigen **Rahmenplan** auf, aus dem die einstweiligen Teilpläne abgeleitet werden. Ausgehend von der unteren Ebene wird dann bis hin zur oberen Stufe eine Überprüfung der Planungsvorgaben vorgenommen. In den einzelnen Ebenen des Unternehmens sind die Unternehmensleiter, Bereichs- und Gruppenleiter für die Planung verantwortlich.

Im Rahmen der Gesamtplanung werden **Soll-Werte** festgelegt. Damit sich die Unternehmensleitung ein Gesamtbild über das Ergebnis der Planungsüberlegungen machen kann, werden in manchen Unternehmen **Planbilanzen** und **Plan-GuV-Rechnungen** erstellt (*Kralicek, Steinmann/Schreyögg*).

Die messbar formulierten Zielsetzungen bzw. Zielgrößen der Unternehmens-, Bereichs- und Gruppenleiter werden als **Planstandards** bezeichnet. Die Planungsdaten der Bilanzen und GuV-Rechnungen bilden die Grundlage für das **Controlling**.

Das grundlegende Problem der Planung besteht auch für das **Top Management** in der Ungewissheit aufgrund mangelnder Vorausbestimmbarkeit bzw. Voraussehbarkeit der Ereignisse. Es werden Prognosen einbezogen und strategische Planungskonzepte erarbeitet (vgl. Punkt 1.3 dieses Kapitels).

Prognosen sind wissenschaftlich fundierte Voraussagen von Entwicklungen, Ereignissen und Tatbeständen. Es handelt sich um möglichst objektive, systematische und logisch begründete Aussagen über wahrscheinliche zukünftige Entwicklungen (*Dillerup/Stoi, Ulrich/Fluri, Weis*).

Als verfahrensbezogene **Planungsarten** können die rollierende und die nicht rollierende Planung als Blockplanung unterschieden werden (*Jung*):

* Die **rollende Planung** schreibt einen Planungszeitraum laufend fort. Hier wird die ursprüngliche Planung in einem bestimmten Rhythmus revidiert und um eine Teilperiode ergänzt:

Planungsjahr	Planungshorizont							
2007	2008	2009	2010	2011	2012			
2008		2009	2010	2011	2012	2013		
2009			2010	2011	2012	2013	2014	

- Die **Blockplanung** reiht einzelne Zeiträume aneinander. Sie geht nach dem Prinzip der Reihung bzw. Schachtelung vor. Die Neuplanung erfolgt hier am Ende der ursprünglichen Planperiode.

Planungsjahr	Planungshorizont							
2007	2008	2009	2010					
2008				2009	2010	2011		
2009							2010	2011	2012

Wird die Planung als rollierende Planung durchgeführt, dann werden die ersten beiden Perioden im Detail geplant und die Daten der folgenden Perioden nur global abgeschätzt. Die Blockplanung kann mit der rollenden Planung verbunden werden.

66 〉 **Seite 458**

1.2.3 Gesamtrealisierung

Die Unternehmensführung hat in der Durchführungsphase die Aufgabe – zusammen mit ihren Bereichsleitern – die Planungsüberlegungen zielgerecht zu realisieren. Dabei sind betriebliche Entscheidungen zu **Gesamtprozessen** (vgl. Kapitel D 1.2.3.3) zu treffen und entsprechende Steuerungsmaßnahmen abzuleiten.

Die **Unternehmensleitung** hat dafür Sorge zu tragen, dass das Unternehmen die Gegebenheiten der Waren-, Kapital-, Informations- und Arbeitsmärkte als Beschaffungsmärkte effizient für sich nutzt und erfolgreich am Absatzmarkt tätig ist. Dabei sind folgende **Gesamtprozesse** zu realisieren:

- Der **güterwirtschaftliche Gesamtprozess**, bei dem die Unternehmensleitung im Industriebetrieb sicherzustellen hat, dass die Beschaffung der Betriebsmittel bzw. Werkstoffe am Warenmarkt, die Be- bzw. Verarbeitung der Werkstoffe und der Verkauf der erstellten Fertigprodukte am Absatzmarkt effizient ablaufen.

  Als mögliche **Störgrößen** sind z.B. hohe Beschaffungspreise für Rohstoffe und steigende Fertigungskosten bei erdrückendem Wettbewerb am Markt zu nennen.

  Für alle Unternehmensarten gilt, dass vom **Leistungsmanagement** aktuelle Güterinformationen vom Informationsmarkt zu beschaffen sind, z. B. über Konkurrenzprodukte.

  Die **Unternehmensleitung** ist für die zielbezogene Realisierung des güterwirtschaftlichen Gesamtprozesses verantwortlich.

- Der **finanzwirtschaftliche Gesamtprozess**, welcher die aus der Leistungsverwertung freigesetzten Einnahmen und auch die für die Leistungserstellung notwendigen Ausgaben betrifft.

Die Unternehmensleitung hat in Zusammenarbeit mit dem **Finanzmanagement** sicherzustellen, dass die benötigten Finanzmittel vom Kapitalmarkt kostengünstig beschafft werden und dass die Finanzströme planentsprechend von den Kunden am Absatzmarkt zum Unternehmen fließen.

Vor allem sind wichtige Zahlungstermine sind einzuhalten. Damit die Liquidität gesichert ist, sollten **Liquiditätsreserven** gebildet werden. Als finanzwirtschaftliche **Störgrößen** sind hohe Kreditzinsen, Zahlungsausfälle von Großkunden und problematische Wechselkurse hinsichtlich des US-Dollar zu nennen.

- Der **Rechnungswesen-Gesamtprozess**, der mit dem Jahresabschluss, der Buchhaltung und der Kostenrechnung eng verbunden ist.

Die Unternehmensleitung hat darauf zu achten, dass z.B. die Realisierung des Jahresabschlusses durch das **Rechnungswesen-Management** in den ersten drei Monaten des Geschäftsjahres für das vergangene Geschäftsjahr abgeschlossen ist (§ 264 HGB).

Außerdem muss der Jahresabschluss in bestimmten Fällen von **Abschlussprüfern** geprüft werden (vgl. dazu *Coenenberg, Wöhe/Döring*).

Auch hier sind aktuelle Informationen über neue Rechtsvorschriften zur Rechnungslegung am Informationsmarkt zu beschaffen, z.B. über **IFRS** zur internationalen Rechnungslegung (vgl. Kapitel A 3.2). Als **Einflussgrößen** können weitere gesetzliche Bilanzierungsregelungen genannt werden.

Interessante Kapitalinformationen z.B. aus Bilanzen werden auch an Kapitalgeber bzw. Kunden weitergegeben.

- Der **personalwirtschaftliche Gesamtprozess**, bei denen die Unternehmensleitung (Arbeitsdirektor) sicherzustellen hat, dass das Personalmanagement am Arbeitsmarkt qualifiziertes Personal kostengünstig beschafft und zweckentsprechend im Unternehmen einsetzt. Als **Störgrößen** der Personalwirtschaft sind z.B. Streiks zu beachten.

Von der Unternehmensleitung ist darauf hinzuwirken, dass die Führungskräfte und Mitarbeiter vom **Personalmanagement** die nötigen Anreize erhalten, die zur Erreichung von qualifizierten Beiträgen für das Unternehmen notwendig sind.

Bei Personalabgängen ist vor allem darauf zu achten, dass die arbeitsrechtlichen Regelungen eingehalten werden. Hier ist es nötig, vom Informationsmarkt aktuelle Personal- und Rechtsinformationen einzuholen. Es werden auch Personalinformationen an Kunden weitergegeben.

- Der **informationswirtschaftliche Gesamtprozess**, welcher den Datenfluss zwischen internen und externen Organisationseinheiten des Unternehmens hinsichtlich des Beschaffungs- und Absatzmarktes betrifft, z.B. auch über das **Internet**. Als Störgrößen sind Angriffe von Hackern auf betriebliche Datenbanken zu nennen.

Die Unternehmensleitung hat Sorge dafür zu tragen, dass die Vielzahl von **Informationen** unter Einsatz der elektronischen Datenverarbeitung (EDV) durch ein modernes Informationsmanagement sicher, zweckentsprechend und kostengünstig bewegt wird.

- Der **organisatorische Gesamtprozess**, der sich vor allem auf die Prozessorganisation bezieht (vgl. Kapitel D 1.2). Die Unternehmensleitung ist dafür verantwortlich, dass auf der Basis eines gesicherten Aufbaus die ablaufenden Geschäftsprozesse bzw. die anfallenden Projekte Nutzen stiftend und kostengünstig strukturiert sind.

  Auch hat sie dafür zu sorgen, dass das **Organisationsmanagement** (*Bokranz, Thom/ Wenger*) Informationen über notwendige Daten zur Organisation vom Beschaffungs- und Absatzmarkt einholt, z.B. von Organisationsexperten, Verbänden, Beraterfirmen und anderen Institutionen. **Störgrößen** der Gesamtprozess-Organisation können in Form von Beschaffungsengpässen logistische Probleme auslösen.

Die Hauptfunktion der Unternehmensleitung besteht darin, die obigen **Geschäftsprozesse** zwischen Beschaffungs- und Absatzmärkten so zu realisieren, dass unter Nutzung positiver Einflussgrößen und unter Bekämpfung bzw. Ausschaltung der Störgrößen die Unternehmensziele erreicht werden.

1.2.4 Gesamtkontrolle

Die Gesamtkontrolle ist ein Vorgang der personen-, sach- und zeitbezogenen Gewinnung von Informationen über das Unternehmen und sein Umfeld. Sie schließt sich der Realisierung des betrieblichen Geschehens an. Damit stellt sie eine wesentliche Phase des sachbezogenen **Führungsprozesses** dar (*Olfert/Rahn, Rahn*).

Sie ist eine **Unternehmenskontrolle** und soll als ständige Einrichtung Fehler zu vermeiden helfen. Sie ist für das Unternehmen als Ganzes erforderlich und ist von der **Unternehmensleitung** vorzunehmen, die bei der Abwicklung des Kontrollprozesses z.B. von einem Gesamtcontroller unterstützt werden kann.

Der **Kontrollprozess** beginnt mit der Festlegung des Kontrollproblems, der die Überwachung (Ist-Werte) und der Vergleich mit den Soll-Werten folgen. Daraufhin wird im Rahmen der Untersuchung geprüft, warum die Ziele nicht erreicht wurden.

Funktionen der **Gesamtkontrolle** sind (*Corsten*):

- Die **Koordinationsfunktion**, welche die Ermittlung der Ist-Werte, den Soll-Ist-Vergleich und die Ermittlung der Abweichungsursachen umfasst. Damit erhält die Gesamtkontrolle als Output-Funktion eine Aufdeckungs- und Erklärungsaufgabe, die für weitere Steuerungsmaßnahmen Bedeutung gewinnt.

- Die **Motivationsfunktion**, die sich auf die Führung des Personals bezieht, da die Kontrolle ein Führungsinstrument darstellt (vgl. Kap. C 1.3.2). Damit hat die Gesamtkontrolle eine Input-Funktion, denn ihre Ergebnisse werden zum Instrument der Führung. Positive Kontrollergebnisse können Belohnungen zur Folge haben. Negative Kontrollergebnisse bergen die Gefahr der Demotivation.

Die Gesamtkontrolle basiert auf den **Plänen** der vorhergehenden Perioden (*Siegwart*). Sie ist aber nur dann von betrieblichem Nutzen, wenn die ermittelten Daten einen Informationswert haben, der für künftige Handlungen bedeutsam ist. Insofern kann die Kontrolle als Prozess der **Informationsgewinnung** im Hinblick auf kommende Perioden gesehen werden.

Gesamtkontrollen werden häufig mit **Kennzahlen** durchgeführt. Die Kennzahl bezieht sich auf wichtige betriebliche Tatbestände und stellt diese in konzentrierter Form dar. Sie dient den Verantwortlichen auf allen Kontrollebenen dazu, rasch einen Überblick über die Leistungsfähigkeit des Unternehmens bzw. der Bereiche und Gruppen zu erhalten.

Es werden folgende Kennzahlen benötigt (*Bühner, Siegwart*):

- Die **Ist-Kennzahlen**, die aus dem Rechnungswesen bzw. aus betrieblichen Statistiken stammen. Sie dienen dem Ist-Ist-Vergleich über mehrere Jahre hinweg. Es deuten sich bei diesem Vergleich tendenzielle Entwicklungen an.

- Die **Plan-Kennzahlen**, die dem Soll-Ist-Vergleich dienen und Ergebnis der Planung bzw. Budgetierung sind. Der Soll-Ist-Vergleich bezieht sich auf das laufende Geschäftsjahr und kann auf allen Unternehmensebenen vorgenommen werden.

- Die **Norm-Kennzahlen**, die für den Norm-Soll-Vergleich bedeutsam sind. Es geht hier um den Vergleich zwischen den Plankennzahlen aus der Mehrjahresplanung und den Norm-Kennzahlen der Unternehmenspolitik.

Bei der **Gesamtkontrolle** sind zu unterscheiden:

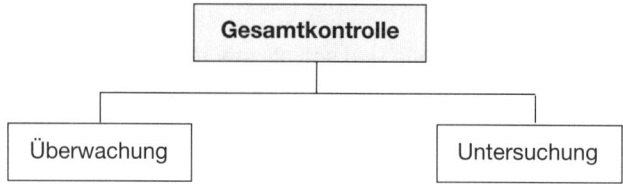

1.2.4.1 Überwachung

Die Überwachung ist der Untersuchung vorgelagert. Mit ihrer Hilfe werden die Ist-Werte, die eher vergangenheitsorientiert sind, erfasst und die Differenzen zu den Soll-Werten ermittelt. Hier wird geprüft, ob die Ergebnisse des betrieblichen Handelns mit den **Unternehmenszielen** übereinstimmen. Eine große Rolle spielt dabei die **Kundenzufriedenheit** als der vom Kunden wahrgenommene Erfüllungsgrad seiner Erwartungen.

Die Überwachung umfasst zwei Funktionen:

- Die **Ermittlungsfunktion**, die in der Ermittlung von Ist-Gegebenheiten innerhalb und außerhalb des Unternehmens besteht, z. B. die Erfassung der Unternehmensbinnenwerte und der Unternehmensaußenwerte. Diese Werte können von der Unternehmensleitung bzw. vom Controlling erfasst werden.

- Die **Vergleichsfunktion**, mit welcher der Soll-Ist-Vergleich vollzogen wird. Sie dient dazu festzustellen, wie hoch die Soll-Ist-Unterschiede sind, z. B. Abweichungen aus Gewinn-Ist/Gewinn-Soll bzw. aus Umsatz-Ist/Umsatz-Soll. Auch **Planbilanzen** und **Ist-Bilanzen** bzw. Plan-GuV- und Ist-GuV-Rechnungen werden verglichen.

Diese Überwachung beginnt mit dem Ende der Realisation und der Erfassung der Ist-Werte. Für die Gesamtkontrolle können verschiedene **Messzahlen** bzw. Werte genannt werden (*Siegwart*), z.B.:

- Die **Unternehmenswerte**, die im Rahmen der wertorientierten Unternehmensführung als Erhöhung des Unternehmenswertes (**Shareholder Value**) in den Vordergrund der Betrachtung treten. Die Ansprüche der Kapitalgeber an das Unternehmen werden hier von der Unternehmensleitung bevorzugt in die Entscheidungen einbezogen.

  Ziel ist es, durch geschickte **Unternehmenspolitik** (*Kieser/Oechsler*) den Wert der Firma deutlich zu erhöhen und langfristig überdurchschnittliche Renditen für die Anteilseigner zu erzielen, z. B. über

  ▶ Steigende Aktienkurse   ▶ Überdurchschnittliche Dividenden

  Häufig kann ein direkter Zusammenhang zwischen steigenden Aktienkursen und zunehmenden **Arbeitslosenzahlen** verzeichnet werden. Nicht selten werden Unternehmen durch vorherige Entlassung von Mitarbeitern an der Börse als besonders erfolgreich angesehen.

  Diese Entwicklung bringt die Erkenntnis mit sich, dass durch notwendige **Mitarbeiterentlassungen** die Substanz des Unternehmens gestärkt wird, sodass später wieder neue Stellen geschaffen werden könnten. Die Nachteile eines solchen Vorgehens wurden bereits diskutiert (vgl. Kapitel E 1.2.1.2). Es sind zu beachten:

- Die **Ergebnisse** der betrieblichen Tätigkeit, die den Gesamterfolg des Unternehmens bestimmen, an dem auch die Aktivitäten der Unternehmensleitung gemessen werden:

Umsatz	Er bildet die Summe der in einer Periode verkauften Leistungen und wird auch als Umsatzerlös bezeichnet.
Kosten	Sie stellen den wertmäßigen Verzehr von Produktionsfaktoren zur Erstellung und Verwertung betrieblicher Leistungen dar.
Gewinn	Er ist als Unternehmenserfolg der Betrag, um den die Erträge die Aufwendungen übersteigen (vgl. zum Bilanzgewinn § 268 Abs. 1 HGB).

- Die **Kennzahlen**, die bedeutsame Tatbestände in konzentrierter Form darstellen. Hier sind zu unterscheiden (*Olfert, Olfert/Rahn*):

Wirtschaftlichkeit	Sie zeigt das Maß der Einhaltung des ökonomischen Prinzips. Ihre rechnerische Erfassung ist auf verschiedene Weise möglich:
	Als Relation von Ist-Größen des Unternehmens: $W = \dfrac{\text{Ertrag}}{\text{Aufwand}}$
	Bei diesen bewerteten Größen beeinflussen die Absatzpreise die **Wirtschaftlichkeit** des Unternehmens.
	Als Relation von Soll- und Ist-Größen des Unternehmens: $W = \dfrac{\text{Sollkosten}}{\text{Istkosten}}$
	In beiden Fällen ist die Wirtschaftlichkeit umso höher, je größer der Wert des Quotienten ist.

Produktivität	In der Betriebswirtschaftslehre ist sie ein Maß für die mengenmäßige Ergiebigkeit von Produktionsfaktoren: $$\text{Produktivität} = \frac{\text{Output}}{\text{Input}} = \frac{\text{Gesamtmengenergebnis}}{\text{Faktoreinsatzmengen}}$$ Als einzelne Kennzahl ermöglicht sei keine Aussagen. Erst im Zeitvergleich oder im Vergleich zu ähnlich strukturierten Unternehmen erlangt sie entsprechende Bedeutung.
Rentabilität	Diese Kennzahl setzt das Verhältnis des Periodenerfolgs in das Verhältnis zum Kapital bzw. zum Umsatz: $$\frac{\text{Kapital-}}{\text{Rentabilität}} = \frac{\text{Gewinn x 100}}{\text{Eigenkapital}} \qquad \frac{\text{Umsatz-}}{\text{Rendite}} = \frac{\text{Gewinn x 100}}{\text{Umsatz}}$$ Das Hauptziel besteht darin, einen möglichst hohen Gewinn bzw. großen Umsatz unter Einsatz von wenig Kapital zu erzielen.
Cashflow	Er stellt eine Kennzahl über die Finanzkraft eines Unternehmens dar. In vereinfachter Form umfasst der **Cashflow** den **Jahresüberschuss** als positive Differenz zwischen den Erträgen und Aufwendungen eines Geschäftsjahres. Diesem werden bestimmte **Abschreibungen** zugerechnet und Zuschreibungen abgezogen. Außerdem werden Zunahme und Abnahme der **Pensionsrückstellungen** berücksichtigt. Die Berechnung des Cashflow ist unterschiedlich möglich (*Coenenberg*).

1.2.4.2 Untersuchung

Die Untersuchung schließt sich der Überwachung an und umfasst alle Analysemaßnahmen zur Erkennung von Stärken und Schwächen bzw. zur Bewertung des Potenzials von Unternehmen und deren Umfeld. Ihr obliegen zwei Funktionen:

- Die **Aufklärungsfunktion**, d. h. der Untersuchende erklärt auf der Basis der ermittelten Ist-Werte, warum aus seiner Sicht die Soll-Werte erreicht oder nicht erreicht wurden. Sie ist gegenwarts- bis vergangenheitsbezogen. Die Erkenntnisse beziehen sich z. B. auf die Ergebnisse der Unternehmensanalyse bzw. der Umfeldanalyse. Da sie eher zukunftsbezogen sind, wirken sie sich auf die strategische Planung aus.

- Die **Beeinflussungsfunktion**, d. h. der Untersuchende orientiert die Maßnahmen an der Zukunft. Eine Verbesserung der Gegebenheiten kann nämlich nur dann erfolgen, wenn die Analyseergebnisse Wirkungen auslösen. Diese Aufklärungsinformationen sind für die weiteren Steuerungsmaßnahmen bzw. für die Entwicklung der neuen Strategien durch die Unternehmensleitung von großer Bedeutung.

Die Gesamtkontrolle zur Informationsgewinnung über Daten des Unternehmens wird heute mit Unterstützung der **elektronischen Datenverarbeitung** (EDV) vorgenommen (*Langenbeck*).

Durch die Verarbeitung der Informationen zu **Kennzahlen** erhält die Unternehmensleitung die Möglichkeit, kausale Zusammenhänge und Wirkungen positiver und negativer Faktoren zu erkennen sowie die **Gesamteffizienz** eines Unternehmens zu messen (*Bühner, Reichmann, Siegwart*).

Zur Verbesserung der **Effizienz** wird von der Unternehmensleitung auch **Benchmarking** betrieben (*Dillerup/Stoi, Hummel/Zander, Hungenberger/Wulf*). Darunter ist die systematische Nutzung von Daten anderer Unternehmen zwecks Vergleich mit eigenen Informationen zu verstehen, z. B. Vergleich von **Marktanteilen**, Gütern, Prozessen und Verfahren in der Branche.

Ein Kontrollsystem lässt sich bis hin zu einem Frühwarn- bzw. **Frühaufklärungssystem** entwickeln. Dieses System schlägt frühzeitig Alarm, damit rechtzeitig Steuerungsmaßnahmen eingeleitet werden (*Ehrmann, Macharzina/Wolf, Steinmann/Schreyögg*).

67 › Seite 458

1.2.5 Gesamtsteuerung

Die Gesamtsteuerung ist ein planungs- und realisierungsbezogener Vorgang in einem komplexen System, bei dem mehrere Größen als Eingangsgrößen andere Größen als Ausgangsgrößen beeinflussen. Die **Unternehmenssteuerung** als Gesamtsteuerung unterscheidet sich von der Bereichs- und Gruppensteuerung durch ihre höhere Komplexität (vgl. Kapitel E. 2.1.3 und E. 3.2.5).

Die Unternehmenssteuerung erfolgt durch die **Unternehmensleitung**, die aufgrund der Kontrollergebnisse mit ihren Entscheidungen die Realisierung des Geplanten unter Beachtung von Störgrößen erfolgreich durchzusetzen versucht (*Walter*). Dabei kann sich die Unternehmensleitung z.B. von einem Gesamtcontroller beraten lassen.

Der Begriff Steuerung ist der **Kybernetik** (*Wiener*) bzw. der **Systemtheorie** (u. a. *Ulrich*) zuzurechnen, die sich vor allem mit Regelkreisen beschäftigen. In einem **Regelkreis** wirkt ein Regler auf eine Stellgröße bzw. auf eine Regelstrecke ein, nachdem er eine Rückmeldung über die Regelgröße erhalten hat.

Das **Regelkreisprinzip** kann auf viele betriebswirtschaftliche Funktions- und Problembereiche übertragen werden, z. B. zur Untersuchung von Soll-/Ist-Umsatzgrößen im Marketingbereich, von Soll-/Ist-Fertigungszahlen im Fertigungsbereich und von Soll-/Ist-Lagerbeständen im Materialbereich.

In der Betriebswirtschaftslehre lässt sich die **Steuerung** auf alle betrieblichen Prozesse beziehen, z.B. auf Kern- und Unterstützungsprozesse. Ein **Regelkreis** besteht grundsätzlich aus folgenden Elementen (*Dillerup/Stoi, Olfert/Rahn, Ulrich*):

- Der **Regelstrecke**, die das zu regelnde Wirksystem darstellt, z. B. die Verringerung der Fehlzeiten.

- Der **Störgröße**, die negativ auf die Regelstrecke einwirkt und die Regelgröße beeinflusst.

- Der **Regelgröße**, die den Ist-Wert darstellt, z. B. Fehlzeiten von 15 % im Fertigungsbereich.

- Der **Führungsgröße**, die den Soll-Wert bildet, z. B. Fehlzeiten von höchstens 3 % im Produktionsbereich. Sie wird vom Controller des Unternehmens als Regler erfasst.

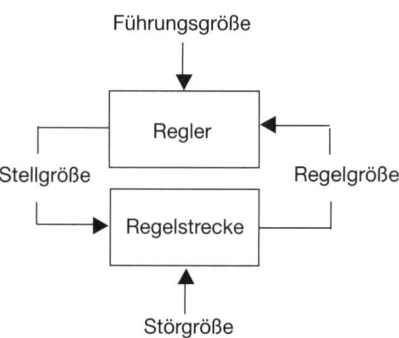

- Dem **Regler**, der z. B. als Controller die Regelgröße prüft und einen Soll-Ist-Vergleich herbeiführt. Daraus ergibt sich, dass die Ist-Fehlzeiten viel zu hoch sind.

- Der **Stellgröße**, die z. B. in der Maßnahme besteht, dass der Leiter des Produktionsbereiches ausgetauscht wird, damit die Fehlzeiten zurückgehen.

Umfasst der Regelkreis die Stellgrößenfunktion, die Regelstrecke und die Regelgrößenfunktion, dann wird auch von **Regelung** gesprochen. Entfällt die Rückkopplung, dann liegt ein reiner **Steuerungsvorgang** vor.

Arten der **Gesamtsteuerung** können sein (*Olfert/Rahn, Rahn*):

- Die **Vorsteuerung**, bei der die Steuerung vor dem Eintritt von Störungen zukunftsbezogen und inputorientiert erfolgt. Sie sollte von der Unternehmensleitung angestrebt werden, wo immer sie sich als möglich erweist.

  Beispiel: Wenn ein Unternehmensleiter einen Marketingleiter – ohne Kenntnis von Störgrößen bzw. Veränderungen des Ist-Umsatzes – zu Maßnahmen der Weiterbildung von Verkäufern veranlasst, um eine Umsatzsteigerung von 3 % zu bewirken.

- Die **Nachsteuerung**, bei der die Steuerung von den Sollwerten (Ziele) und den Ist-Werten (Ergebnissen) ausgeht. Der Unternehmensleiter handelt outputorientiert und vergangenheitsbezogen, z.B. nach Eintritt einer Störung.

Beispiele	Störgrößen	Nachsteuerung
Güter	Hohe Beschaffungspreise für Rohöl Steigende Fertigungskosten Erdrückender Wettbewerb	Energie sparen, Preise beobachten, Ursachen suchen, Rationalisieren, Produkt-Innovationen erwirken
Finanzen	Hohe Kreditzinsen Zahlungsausfälle von Großkunden Hohe Wechselkurse für Importe	Investitionen zurückstellen Mahnverfahren intensivieren Importe drosseln
Personal Information Organisation	Streiks Angriffe von Hackern Logistische Probleme	Drohung mit Aussperrung Sicherheitssysteme aktivieren Logistikprozesse verbessern

Dieser **Zusammenhang** lässt sich mit folgender Abbildung zeigen (*Olfert/Rahn*):

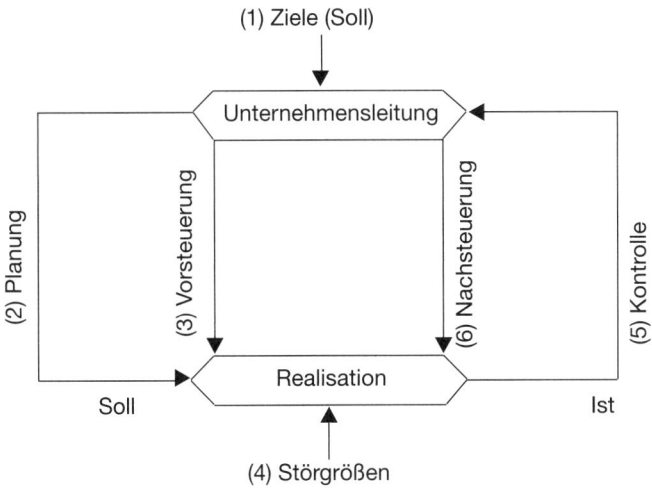

(1) Ziele (Soll)

Unternehmensleitung

(2) Planung

(3) Vorsteuerung

(6) Nachsteuerung

(5) Kontrolle

Realisation

Soll   Ist

(4) Störgrößen

1.2.6 GESAMTCONTROLLING

Das effektive Gesamtcontrolling ist als **Unternehmenscontrolling** (*Lachnit/Müller*) im Großunternehmen häufig eine organisatorisch verselbstständigte Funktion, die den betrieblichen Gesamtprozessen parallel- bzw. übergelagert ist. Es verbindet den ganzheitlichen Koordinationsprozess der Planung, Kontrolle und Steuerung mit der Informationsversorgung (*Horváth, Jung, Küpper*).

Der **Gesamtcontroller** unterstützt die Unternehmensleitung bei ihren Entscheidungen und koordiniert alle Planungen und Aktivitäten der einzelnen Unternehmensbereiche. Er ist z. B. das Controllingzentrum für das Material-, Fertigungs- und Marketing-, Personal-, Finanz- bzw. Informationsbereichscontrolling.

Der Gesamtcontroller hat – auf eine Geschäftsperiode bezogen – folgende **Koordinationsaufgaben**, die bereits detailliert dargestellt wurden (vgl. auch Kap. B. 2.8):

▶ Gesamtplanung
▶ Gesamtkontrolle
▶ Gesamtsteuerung
▶ Informationsversorgung

Die Aufzählung der Aufgaben zeigt, dass die Realisierung des Unternehmensgeschehens selbst **nicht** Aufgabe des Gesamtcontrollers ist. Dafür sind die Aufgabenträger der Bereiche zuständig, die von der Unternehmensleitung entsprechend zu führen sind, damit der Unternehmensführungsprozess erfolgreich abläuft.

In Kapitalgesellschaften kommt der **Aufsichtsrat** als Kontrollorgan hinzu, der die Hauptaufgaben hat, die Aktivitäten und Ergebnisse der Unternehmensleitung zu überwachen und den Jahresabschluss zu prüfen (*Theisen*).

68 〉 Seite 459   69 〉 Seite 459   70 〉 Seite 459   71 〉 Seite 460

1.3 Strategische Planungskonzepte

Das Planungskonzept ist ein Entwurf für die strategische Planung, die relativ schwierig durchzuführen ist, weil nicht alle Einflussfaktoren vorhersehbar bzw. vorausbestimmbar sind. Es ist ein Bestandteil der **strategischen Planung** (vgl. Kapitel E 1.1.2).

Statt des Begriffs **Planungskonzept** wird in der Literatur auch von Planungsinstrument, Planungsmethode und von Planungsverfahren gesprochen. Von besonderer Bedeutung sind (*Bea/Haas, Ehrmann, Hopfenbeck, Lüdeke, Staehle*):

• **Unternehmensbezogene Planungskonzepte**

• **Umfeldbezogene Planungskonzepte**.

1.3.1 Unternehmensbezogene Planungskonzepte

Die Unternehmensleitung kann sich bei der Gestaltung der Unternehmungsführungsprozesse verschiedener interner Planungskonzepte bedienen. Diese strategischen Planungskonzepte stellen **Denkhilfen** dar. Mit dem Einsatz folgender Planungskonzepte wird eine Verbesserung der Planungsergebnisse angestrebt. Es sind zu unterscheiden:

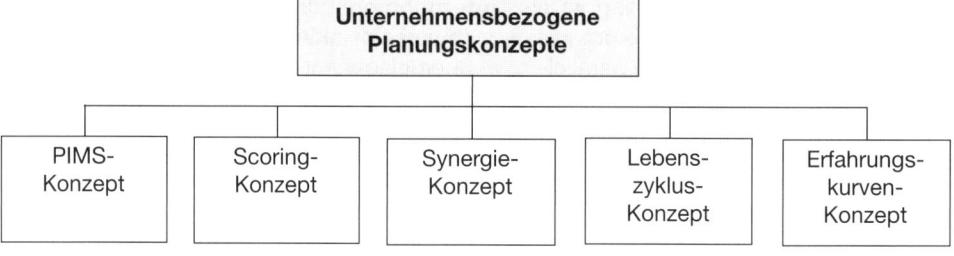

1.3.1.1 PIMS-Konzept

Dieses Konzept wurde in den USA als umfassendes empirisches Projekt gestartet, um **strategische Erfolgsfaktoren** von Unternehmen zu ermitteln. Es wird davon ausgegangen, dass es Marktgesetze gibt, die durch eine sehr große Zahl untersuchter Unternehmen herauszuarbeiten sind.

Gegenstände der Untersuchung sind **strategische Geschäftseinheiten**, die zum Erfolg des Unternehmens beitragen. Die gewonnenen Informationen wurden mithilfe von Fragebögen erfasst und in einer **Datenbank** gespeichert. Die betriebswirtschaftliche Komplexität der Einflussfaktoren wurde auf wesentliche Steuerungsgrößen reduziert.

Dieses Konzept umfasst folgende **Merkmale**:

P	=	Profit (Erfolg)
I	=	Impact of (Einwirkung auf)
M	=	Market (Markt)
S	=	Strategy (Strategie)

Eine Schlüsselkennzahl bildet der **Return on Investment (RoI)**, der den Kapitalumschlag und die Umsatzgewinnrate in eine Verbindung bringt und von verschiedenen Haupteinflussgrößen beeinflusst wird.

Als hauptsächliche Einflussgrößen auf den RoI können nach dem **PIMS-Konzept** für die Unternehmensleitung folgende Faktoren bedeutsam sein (*Dillerup/Stoi, Staehle*):

- Die **Marktattraktivität**, z. B. Marktwachstum, Exportrate, Konzentrationsgrad auf der Anbieter- und Nachfragerseite, Position im Produktlebenszyklus.

- Die **relative Wettbewerbsposition**, z. B. relativer Marktanteil zu den drei größten Konkurrenten, relative Produktqualität.

- Die **Intensität der Investitionen**, z. B. Kapitalintensität, Wertschöpfungstiefe, Grad der Kapazitätsausnutzung, Arbeitsproduktivität.

- Die **Kostenattraktivität**, z. B. Marketingaufwand im Verhältnis zum Umsatz, Forschungs- und Entwicklungsaufwand in Relation zum Umsatz.

- Die **allgemeinen Unternehmensmerkmale**, z. B. Unternehmensgröße, Diversifikationsgrad und Organisation, z. B. Prozesse, Informationen.

- Die **Veränderungen in den obigen fünf Schlüsselfaktoren**, z. B. Marktanteilsänderungen, Änderungen der Produktqualität in Unternehmen.

Das PIMS-Konzept ist damit für die Unternehmensleitung ein

- Aussagefähiges **Analyse- und Erklärungsinstrument** für das bisherige Abschneiden einer strategischen Geschäftseinheit des Unternehmens.

- Bedeutsames **Gestaltungsinstrument** für die zukünftige Strategie eines Unternehmens, weil Probleme strukturiert und Lösungsalternativen skizziert werden.

Die Ergebnisse der PIMS-Studie sind auch heute für die **Unternehmensleitung** von Bedeutung. Durch die Erfassung der verschiedenen Einflussfaktoren können die Entscheidungen der Unternehmensleitung positiv beeinflusst werden.

1.3.1.2 SCORING-KONZEPT

Das Scoring-Konzept dient wie die **Nutzwertanalyse** (= Nutzwertrechnung) der Entscheidungsfindung zwischen mehreren Alternativen bei mehreren gegebenen Zielen. Die einzelnen Zielmerkmale werden mit **Wertgrößen** beziffert (»scores«), gewichtet und zu einem Gesamtwert zusammengefasst (*Ehrmann, Macharzina/Wolf*).

Beispiele für die Anwendung der Wertgrößen als Punktbewertung finden sich z. B. bei großen Investitionsentscheidungen, Forschungs- und Entwicklungsprojekten, Lieferantenauswahl, analytischer Arbeitsplatzbewertung und der Entscheidung über Produktinnovationen (*Küpper*).

Beim **Scoring-Kozept** wird nach folgenden **Stufen** vorgegangen (vgl. Seite 341):

Ziele	In der ersten Stufe werden Ziele bzw. Zielkriterien festgelegt, denne verschiedene Projekteigenschaften gegenüberzustellen sind.
	⇩
Kriterien	In der zweiten Stufe werden die Zielkriterien gemäß ihrer relativen Bedeutung im Hinblick auf da Oberziel gewichtet.
	⇩
Nutzwerte	Die Projekteigenschaften werden in bestimmte Nutzwerte transformiert und als Alternativen erfasst.
	⇩
Ränge	Die einzelnen Punktwerte werden zusammengefasst und daraufhin wird eine Rangordnung der Projekte gebildet.

Ein **Nutzwert** ist der zahlenmäßige Ausdruck für den subjektiven Wert einer Maßnahme im Hinblick auf das Erreichen vorgegebener Ziele.

Er ermöglicht, die alternativen **Projekte** in eine Rangordnung zu bringen. Ein Projekt ist umso höher zu bewerten, je größer sein Nutzwert ist. Das Projekt mit dem höchsten Nutzen kommt auf den ersten Rang. Das Vorhaben mit dem geringsten Nutzen erhält den letzten Platz wie aus der Abbildung auf der nächsten Seite ersichtlich ist.

Die **Unternehmensleitung** geht dabei von der Zielstruktur des Unternehmens aus. Daraufhin werden alle situationsrelevanten Bestandteile eines betrieblichen Zielsystems berücksichtigt.

1.3.1.3 SYNERGIE-KONZEPT

Im Mittelpunkt des Synergie-Konzepts von *Ansoff* bzw. *Ropella* steht der sog. **2+2=5-Effekt**. Mit dem Begriff der Synergie, der aus dem Griechischen abgeleitet ist, werden bestimmte Leistungsvorteile beschrieben.

Diese entstehen dadurch, dass ein Unternehmen seine bisherigen Erkenntnisse und Erfahrungen in neuen Produkt- und Marktbereichen in Zusammenarbeit mit Marktpartnern doppelt ausnutzt, z. B. durch **Synergieteams**.

Durch effektive **Kooperation** wird bei optimaler Kombination von einzelnen Elementen mehr als die Summe der Einzelelemente erzielt. Dieser Effekt kann sich in folgenden Bereichen auswirken:

- **Marketingsynergien**, d.h. sie können durch eine bessere Auslastung des bestehenden Vertriebssystems oder durch gemeinsam nutzbare Distributionskanäle bzw. durch gemeinsame Werbung erzielt werden.

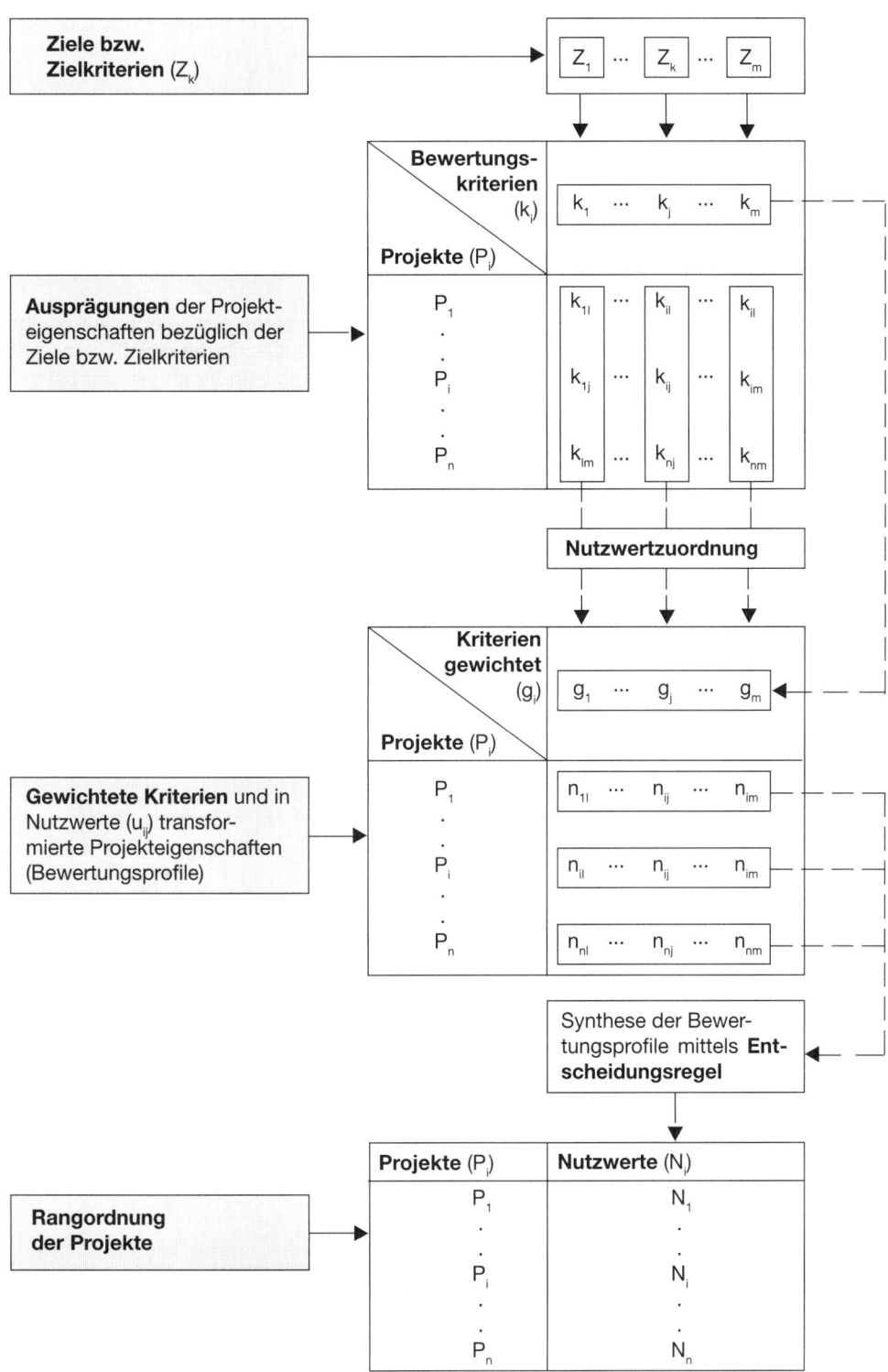

- **Produktionssynergien**, d.h. durch bessere Auslastung bestehender Produktionskapazitäten sind Kostendegressionseffekte zu erreichen, die ohne die Kooperation nicht möglich gewesen wären.

- **Beschaffungssynergien**, d.h. sie sind durch eine verbesserte Organisation der bestehenden Einkaufsorganisation erzielbar. Über ein größeres Einkaufvolumen kann die Verhandlungsposition erheblich gesteigert werden.

- **Forschungssynergien**, d.h. durch gemeinsame und hocheffektive Forschung von Experten der Kooperationspartner oder durch die gemeinschaftliche Nutzung bestimmter Kapazitäten können ebenfalls Synergieeffekte entstehen.

Diese Synergie-Überlegungen finden sich in Unternehmensstrategien wieder. Allerdings wird für die **Unternehmensleitung** ein echter Synergieeffekt nur dann erzielt, wenn alle Einzelelemente und Funktionen im Management optimal aufeinander abgestimmt sind.

1.3.1.4 Lebenszyklus-Konzept

Die Grundidee des Produkt-Lebenszyklus-Konzepts besteht darin, dass ein Produkt vom Zeitpunkt seiner Konstruktion an unterschiedliche **Nachfragephasen** durchläuft und dass es nur eine begrenzte Lebensdauer hat (*Dillerup/Stoi, Meffert*).

Im Regelfall durchläuft ein Produkt nach der **Innovationsphase** die Phasen der Einführung, des Wachstums, der Reife, der Sättigung und der Schrumpfung. Schließlich ist die Nachfrage nur noch so gering, dass das Produkt vom Markt verschwindet:

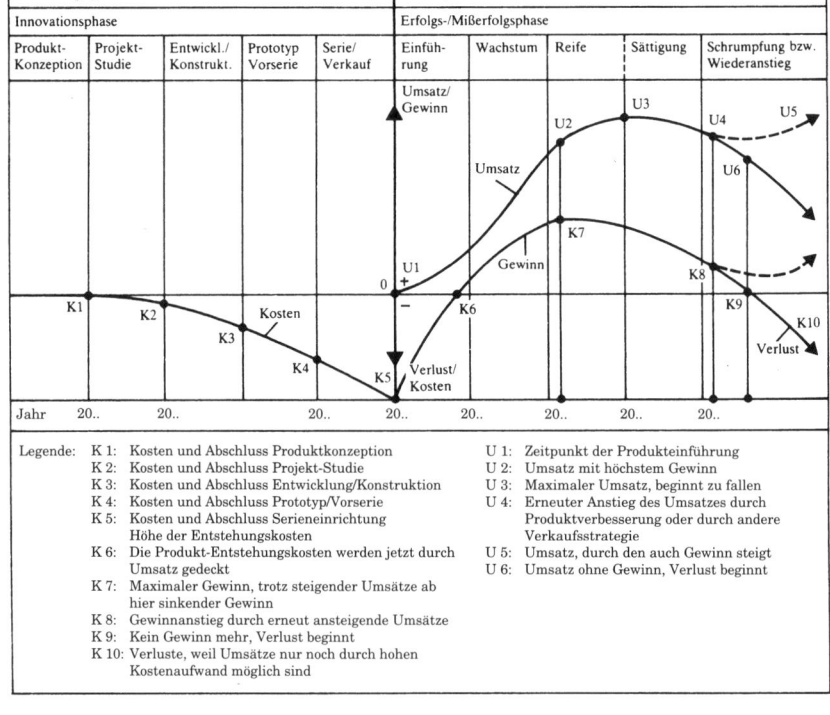

Aus der Abbildung ergibt sich, dass der **Produktlebenszyklus** in einen **Entstehungszyklus** und einen **Marktzyklus** eingeteilt werden kann. Der Marktzyklus umfasst:

Beurteilungskriterien für einen Teilmarkt	Einführung	Wachstum	Reife/ Sättigung	Schrumpfung/ Wiederanstieg
Anzahl der Wettbewerber	einer/ sehr wenige	mehrere/ viele	rückläufig	weniger
Marktanteil des Unternehmens	sehr hoch	hoch, wird aber geringer	geringer	klein
Marktposition	Marktführer	Marktführer o. Nachr. Anb.	Nachr. Anb. o. Grenzanbieter	Grenzanbieter
Umsatzentwicklung	langsames Wachstum	rasches Wachstum	Stagnation	Rückgang
Produktart	Nachwuchsprodukt	Starprodukt	Verkaufsprodukt	Problemprodukt
Produktergebnis	noch Verlust, gerade Gewinn	steigender Gewinn	sinkender Gewinn	Verlust oder wieder Gewinn
Preiselastizität	niedrig	mittel	hoch	niedrig

Diese Erkenntnisse lassen sich für die Strategie des Unternehmens, für **Prognosen** und für **Absatzstrategien** verwerten. Hinsichtlich der Absatzstrategie bietet es sich an, in der Einführungsphase das Instrument der Werbung zu aktivieren und in der Phase der Schrumpfung die Marketing-Aktivitäten zu reduzieren.

Für die **Unternehmensleitung** ist es schwierig zu bestimmen, in welcher Phase sich ein Produkt gerade befindet und inwieweit der weitere Zyklusverlauf bestimmt werden kann.

72 Seite 460

1.3.1.5 Erfahrungskurven-Konzept

Das Erfahrungskurven-Konzept kennzeichnet Effekte der **Kostendegression**, die sich über längere Zeit hinweg in vielen Branchen einstellen (*Bea/Haas, Hinterhuber, Kreikebaum*). Es geht auf Untersuchungen der **Boston Consulting Group** zurück. Die Erfahrungskurve wird deshalb auch als Boston-Effekt bezeichnet.

Danach tritt bei jeder Verdopplung des kumulierten Produktions-Absatzvolumens eine 20 bis 30-prozentige Verringerung der **Wertschöpfungskosten** zu konstanten Preisen ein. Je eher ein Unternehmen in einen Markt eintritt, desto mehr Erfahrungen kann es sammeln und desto eher werden die Kosten der Produktion sinken.

Bei einer Erfahrungskurve wird die über die Zeit kumulierte **Ausbringungsmenge** den **Stückkosten** gegenübergestellt (*Dillerup/Stoi, Ehrmann*):

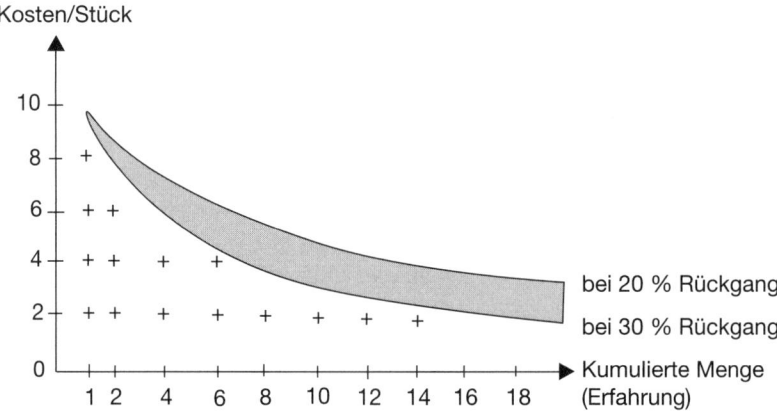

Das **Erfahrungskurven-Konzept** besagt, dass sich die preisbereinigten Stückkosten eines Produktes um jeweils einen fixen Prozentsatz reduzieren lassen, wenn sich die formulierte Produktionsmenge verdoppelt (*Olfert/Rahn, Steinmann/Schreyögg*).

Die Gründe für das Phänomen der Erfahrungskurve sind unterschiedlich. Der Verlauf der Erfahrungskurve lässt sich in verschiedener Weise erklären:

- Die **dynamischen Lerneffekte** begründen die Kostendegression. Sie entstehen durch die Wiederholung von Tätigkeiten sowohl von Einzelpersonen als auch von Gruppen. Die Senkung der Stückkosten kann in der Reduktion der Produktionszeit bzw. der Ausschussquoten begründet sein.

- Die **Verbesserungen an Produktionsanlagen** bzw. die Beseitigung von Produktionsstörungen erhöhen die Produktivität und verringern damit die Stückkosten. Dieser Effekt wurde speziell in kapitalintensiven Unternehmen festgestellt, z. B. bei Ölraffinerien und Stahlwerken.

- Die **Standardisierung von Produkten** ermöglicht eine Vereinfachung des Produktionsprozesses. Dabei können teure Facharbeiter durch kostengünstigeres Personal ersetzt werden. Aufgrund des Erfahrungskurveneffektes können dann die Preise für die Endprodukte gesenkt werden.

- Die **Erhöhung der Produktionsmengen** bringt die Vorteile des Gesetzes der Massenproduktion mit sich, z. B. die Ausnutzung des Effektes der Fixkostendegression in einer Periode. Außerdem besteht die Möglichkeit des Übergangs zu kostengünstigeren Verfahren der Produktion.

Für die **Unternehmensleitung** ergeben sich Hinweise auf das zu nutzende Potenzial. Mit einer Erhöhung des Produktionsvolumens ist allerdings nicht immer eine Kostensenkung verbunden. Vielmehr müssen die bestehenden Chancen von der Unternehmensleitung genutzt werden.

1.3.2 Umfeldbezogene Planungskonzepte

Außer den unternehmensbezogenen Planungskonzepten bedient sich die Unternehmensleitung auch umfeldbezogener **Planungsverfahren**. Mit den folgenden Methoden wird eine Verbesserung der Planungsergebnisse angestrebt:

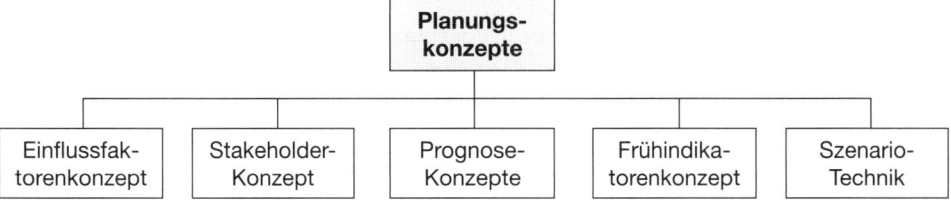

1.3.2.1 Einflussfaktorenkonzept

Detaillierte Untersuchungen über strategierelevante Faktoren der Unternehmensumwelt geben der Unternehmensleitung Einblicke in folgende wichtige **Einflussgrößen**:

- ▸ Ökonomische Bedingungen (Bruttosozialprodukt, Geldangebot)
- ▸ Demographische Entwicklungen (Bevölkerungswachstum, -alter)
- ▸ Soziokulturelle Entwicklungen (Wandel der Lebensgewohnheiten)
- ▸ Politisch-gesetzliche Faktoren (Wettbewerbs-/Umweltschutzrecht)
- ▸ Anbieter-Variablen (Technologie-Entwicklung, Rohstoffvorkommen)
- ▸ Variablen des Marktes und des Kundenverhaltens (Marktgröße, Marktzyklen, Kundentreue, Kaufhäufigkeit)
- ▸ Branchenstruktur-Variablen (Produktart, Preis/Kosten-Struktur)
- ▸ Wettbewerbsvariablen (Anbieter-Konzentration, Konkurrenten)
- ▸ Merkmale und Ressourcen des Unternehmens (Marktanteil, Lebenszyklus der Produkte, Mitarbeiterqualifikation, Lohnkosten, Umsatzhöhe, Produktqualität).

Bea/Haas sprechen von der **Indikatorenanalyse** und unterscheiden die Sektoren Gesamtwirtschaft, Bevölkerung, Technologie, Politik und Gesellschaft. Diese beispielhaft genannten Indikatoren sind nicht unabhängig voneinander zu sehen, sondern sie beeinflussen sich teilweise gegenseitig.

Da sich diese **Indikatorenmodelle** (*Dillerup/Stoi*) an der Zukunft orientieren, sind weniger die statischen Ergebnisse als vielmehr die Daten zur künftigen Entwicklung von Bedeutung. Es empfiehlt sich, die internen Unternehmensdaten mit den umweltbezogenen Fakten zu koppeln und zu sog. »**Wenn...dann«-Aussagen** zu verarbeiten.

Beispiele:
Wenn der Referenzzinssatz im nächsten Halbjahr um 1 % sinkt, werden die Kreditkosten fallen und die Investitionen ausgeweitet werden können.

Steigt das Bruttosozialprodukt um 3 % und wird die Nachfrage nach unseren Produkten insgesamt um 2 % erhöht, dann kann bei etwa gleichbleibenden Kosten der Gewinn vor Steuern um 1,5 % gesteigert werden.

1.3.2.2 Stakeholder-Konzept

Dieses Konzept, das auch als Stakeholder-Ansatz bezeichnet wird, zeigt eine umfassende und gleichzeitig intensive Berücksichtigung der Umfelddaten des Unternehmens. Als Stakeholder wird eine Bezugsgruppe mit **Risikofaktoren** bezeichnet (stake = Einsatz, holder = Halter, Inhaber).

Solche Bezugsgruppen mit ganz unterschiedlichen Interessenfeldern befinden sich:

- Im **öffentlichen Bereich**, z. B. Mitglieder bestimmter Parteien, deren Intentionen gegen die Interessen des Unternehmens gerichtet sein können

- In **Beraterkreisen**, z. B. Vertreter der Werbewirtschaft, aus Personal- und Unternehmensberatung, bestimmte Experten aus der Wirtschaft

- In **Anspruchsgruppen**, z. B. bei einer Zigarettenfirma: Vertreter der Ärzte, Krankenkassen, Tabakanbauer, Nichtrauchergruppen, Werbeexperten.

Aus den Beispielen ergibt sich, dass sehr unterschiedliche **Interessengruppen** gegeben sind, mit deren Intentionen sich die Unternehmensleitung auseinander setzen muss (*Coenenberg/Salfeld, Hungenberg/Wulf, Macharzina/Wolf*).

Es werden Bedrohungspotenziale erfasst, die eine Strategie gefährden können. Dabei werden vorrangig solche Umweltänderungen ermittelt, die für die Unternehmensleitung bedeutsam sind und deren Entwicklung prognostizierbar ist.

Die Bedeutung des Stakeholder-Ansatzes besteht für die Unternehmensleitung insbesondere in seinem **Früherkennungspotenzial**. Es findet eine intensive Suche nach Signalen der Frühwarnung statt.

Allerdings ist die Abgrenzung der Stakeholder schwierig. Bei zu enger Auslegung wird das Potenzial der Früherkennung reduziert, bei zu weiter Interpretation besteht die Möglichkeit der Überinformation.

1.3.2.3 Prognose-Konzept

Als Prognosen werden Aussagen über wahrscheinliche zukünftige Entwicklungen, Ereignisse, Tatbestände, Zustände und Verhaltensweisen bezeichnet. Die **Prognose** ist eine bewusste und systematische Vorausschätzung zukünftiger Marktgegebenheiten. Sie beruht auf objektiven und subjektiven Daten.

Es sind folgende Prognose-Konzepte zu untersuchen:

- Die **quantitativen Prognose-Konzepte** beziehen sich auf mathematische Daten, die zur Strategieentwicklung der Unternehmensleitung benötigt werden. In der betriebswirtschaftlichen Literatur wird auch von **Prognosemethoden** (*Streitfeldt/Schäfer*) bzw. **Prognoseverfahren** gesprochen (*Bea/Haas, Ehrmann, Weis*).

Es können folgende quantitative Prognose-Konzepte bzw. **Prognoserechnungen** (*Mertens/Rässler, Puhani*) unterschieden werden:

Mittelwert-verfahren	Der Mittelwert ist eine statistische Messzahl, die beispielsweise in der Material-, Finanz- und Absatzwirtschaft verwendet wird. Es sind der gleitende Mittelwert als Wert der Vergangenheit und der gewogene gleitende Mittelwert zu unterscheiden, bei dem die einzelnen Perioden gewichtet werden.
Trendextra-polation	Sie ist als Zeitreihenanalyse die Fortführung zu Grunde liegender Reihen in die Zukunft. Es wird angenommen, dass sich die Gesetzmäßigkeiten der Vergangenheit auch in der Zukunft fortsetzen. Es werden grafische Verfahren (Freihandmethode) und mathematische Verfahren unterschieden.
Exponentielle Glättung	Sie erfolgt auf der Grundlage einer Zeitreihe. In der Materialwirtschaft ist mit der exponenziellen Glättung eine Vorhersage bei konstantem Materialbedarf möglich. Es können auch Trends in der Entwicklung berücksichtigt werden. Es sind Verfahren erster und zweiter Ordnung zu unterscheiden.
Regressions-analyse	Sie ist ein statistisches Verfahren, bei dem Beziehungen zwischen einer erklärten Variablen und erklärenden Variablen untersucht werden. Sie wird beispielsweise eingesetzt, wenn ein linearer Zusammenhang zwischen zwei Variablen angenommen wird.

- Die **intuitiven Prognose-Konzepte** enthalten verbal-argumentative Daten, die im Rahmen der Entwicklung von Strategien verwendet werden können. Es sind z. B. folgende Planungskonzepte zu unterscheiden (*Ehrmann, Olfert/Rahn, Weis*):

Befragung	Dabei handelt es sich um eine systematische Erhebung, bei der Personen durch gezielte Fragen zur Abgabe verbaler Informationen veranlasst werden sollen. Sie zielt z. B. darauf ab, Informationen über das künftige Käuferverhalten sowie über die Motive der Befragten zu erhalten.
Delphi-Methode	Sie ist ein Prognosekonzept, dessen Ziel es ist, über mehrere Befragungsrunden in der Gruppe eine Zusammenführung von schriftlichen Einzelschätzungen zu erreichen. Dabei bleibt die Anonymität gewahrt. Die Gruppe besteht aus Experten, aus deren Einzelurteilen dann ein Gruppenurteil gebildet wird.
Kreativitäts-technik	Die Kreativität als die Fähigkeit des produktiven Denkens und der Konkretisierung dieser Denkergebnisse kann durch Kreativitätstechniken gefördert werden, z. B. Brainstorming, Brainwriting, Synektik und Morphologie (*Nöllke*). Die Anwendung dieser Techniken setzt kooperatives Verhalten voraus.

Die quantitativen und die qualitativen Prognose-Konzepte können für die Unternehmensleitung bei der Strategieentwicklung wertvolle Dienste leisten.

1.3.2.4 Frühindikatoren-Konzept

Die Unternehmensleitung hat ein gesteigertes Interesse daran, dass relevante externe oder interne Daten, die sich außerhalb festgelegter Planungszyklen ergeben, möglichst frühzeitig festgestellt werden (*Ehrmann*). Es wird von **Frühwarnung** gesprochen. Dazu bedarf es einer laufenden Aufklärung durch das Erfassen von sog. **Frühindikatoren**.

Frühe Signale können insbesondere auf Gefahren und Schwierigkeiten hinsichtlich der Entwicklung des Unternehmens hinweisen. *Dillerup/Stoi* sprechen vom **Strategischen Radar**. Die Suche nach ersten Signalen, die der Unternehmensleitung neue Aufschlüsse geben, umfasst:

* Das rechtzeitige Erkennen von **Krisen**
* Das frühzeitige Aufspüren von **Marktchancen**
* Das rechtzeitige gezielte Ermitteln von **Risiken**.

Nach *Ansoff* kündigen sich Diskontinuitäten durch sog. **schwache Signale** an, die erkannt und verarbeitet werden müssen. Als **Frühindikatoren** sind zu unterscheiden:

* **Umfeldindikatoren**, die detaillierte Messungen externer Einflussgrößen enthalten, z. B. Stabilität des politischen Systems, Verstaatlichung (Enteignungsverfahren), Geldentwertung, Zahlungsbilanzdefizite, Bürokratie, Wirtschaftswachstum, allgemeine Lohnkosten, Produktivität bei den Konkurrenten, allgemeines Investitionsklima.

* **Unternehmensindikatoren**, die zur groben Messung des Unternehmenserfolges geeignet sind; Indikatoren sind z. B. Produktivität, Wirtschaftlichkeit, Rentabilität, Liquidität, Gewinnsituation, Umsatzhöhe, Kostenstrukturen, Cashflow, Betriebsklima. Einzelindikatoren ermöglichen detaillierte Messungen, z. B. Lieferfristen, Lagerbestände, Fehlzeiten, Fluktuation.

Angemessene Reaktionen der Unternehmensleitung auf Signale der Frühwarnung können nur dann rechtzeitig erfolgen, wenn im Unternehmen entsprechende **Frühwarnsysteme** mit Frühindikatoren existieren (*Macharzina/Wolf, Steinmann/Schreyögg*).

1.3.2.5 Szenario-Technik

Die Szenariotechnik versucht, aus Vergangenheitsdaten erwägbare Zukunftsentwicklungen zu bestimmen. Sie kann aus folgenden **Schritten** bestehen (*Dillerup/Stoi, Ehrmann, Herbek, Ziegenbein*):

Das **Untersuchungsfeld** wird definiert und detailliert strukturiert.

⇩

Die **Beeinflussungsfaktoren** des Untersuchungsfeldes werden erfasst.

⇩

Die **Tendenzen** kritischer Umfeldfaktoren werden aufgezeigt.

⇩

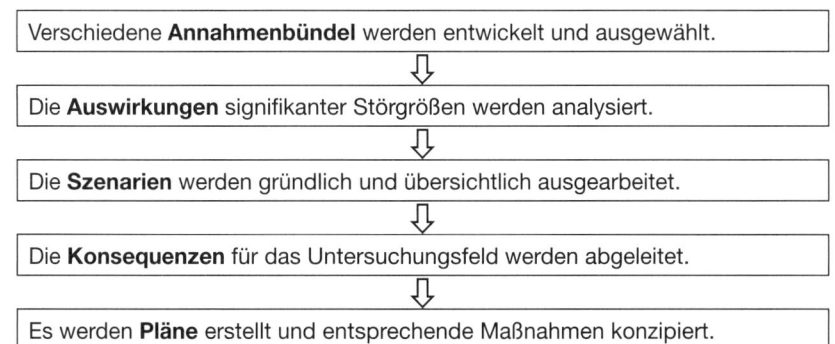

Verschiedene **Annahmenbündel** werden entwickelt und ausgewählt.

⇩

Die **Auswirkungen** signifikanter Störgrößen werden analysiert.

⇩

Die **Szenarien** werden gründlich und übersichtlich ausgearbeitet.

⇩

Die **Konsequenzen** für das Untersuchungsfeld werden abgeleitet.

⇩

Es werden **Pläne** erstellt und entsprechende Maßnahmen konzipiert.

Es kann ein **Szenario-Trichter** erstellt werden, der sich zur Zukunft hin öffnet und auf dessen Schnittfläche denkbare Zukunftsbilder gezeigt werden (*v. Reibnitz*):

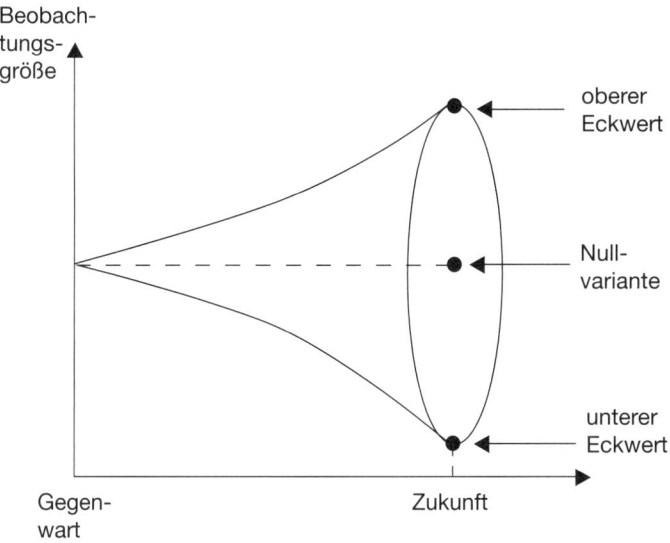

Die Szenario-Technik wird nicht nur im Unternehmen eingesetzt, sondern auch im ökologischen und militärischen Bereich, weil auch dort **Projektionen** von Prämissen in der Zukunft einen hohen Stellenwert haben.

73 ⟩⟩ **Seite 461**

1.4 Strategischer Planungsprozess

Ein strategischer Planungsprozess ist mit **strategischen Entscheidungen** verbunden. Sie betreffen die **Strategie** eines Unternehmens. Strategien stellen von der Unternehmensleitung formulierte Handlungsanweisungen mit Verfahren oder Möglichkeiten zur Lösung grundlegender langfristiger Probleme dar (*Gälweiler/Schwaninger, Hinterhuber, Hungenberg/Wulf*).

Sie sollen den **Herausforderungen** begegnen, denen das Unternehmen bzw. die Unternehmensleitung ausgesetzt ist, z. B. Veränderungen an Beschaffungs- und Absatzmärkten bzw. Wandlungen bei den neuen Technologien.

Als besonderes **Kennzeichen** einer jeden Unternehmens-Strategie gilt, dass sie mit keiner anderen vergleichbar ist, denn die situativen Faktoren eines Unternehmens sind stets einmalig. Für die Entwicklung einer Strategie kann die **Unternehmensleitung** den Rat von internen Experten des Unternehmens und/oder von Unternehmensberatern einholen.

Es sind zu untersuchen:

- **Strategieentscheidungen**

- **Herausforderungen**

- **Unternehmensanalyse**

- **Umfeldanalyse**

- **Vorstellungsprofile**

- **Strategieentwurf**.

1.4.1 Strategieentscheidungen

Strategische Entscheidungen können nur vom oberen Management gefällt werden, das für den strategischen Planungsprozess zuständig ist. Sie befassen sich mit den einzelnen Produkten, die am Markt angeboten werden sollen. Außerdem liefern sie Aussagen über die Bereiche des Unternehmens, die dazu langfristig Beiträge bringen werden.

Die Strategieentscheidungen betreffen die einzelnen Phasen des **strategischen Planungsprozesses**, der in der betrieblichen Praxis enthalten kann:

Strategische Informationen	Beschaffung von Informationen über Herausforderungen, z. B. über die Marktsättigung, Wertewandel, Neue Technologien.
⇩	
Strategische Analysen	Analysen des Unternehmens und ihres Umfeldes, z. B. Ermittlung von Stärken/Schwächen bzw. Chancen und Risiken.
⇩	
Strategische Zielplanung	Festlegung strategischer Ziele (Kapitel E 1.1.1), z. B. Verbesserung der Marktstellung, Sicherung der Unabhängigkeit, Marktführerschaft.
⇩	
Strategie-planung	Ergebnis ist der Strategieentwurf als strategischer Plan, der die geplanten Mittel, Verfahren, Wege und Stoßrichtungen enthält.
⇩	
Strategische Maßnahmen	Planung strategischer Maßnahmen, z. B. Angriff, Verteidigung, Kooperation, Diversifikation, Änderung der Organisation.

Der **globale Planungsprozess** setzt sich aus mehreren einzelnen Prozessen zusammen, z. B. Zielbildung, Alternativen, Bewertung der Alternativen, **Alternativenauswahl** und Entscheidung (vgl. dazu ausführlich *Ehrmann*).

Im Rahmen der **Strategieplanung** ergibt sich folgender Prozess (*Rahn*):

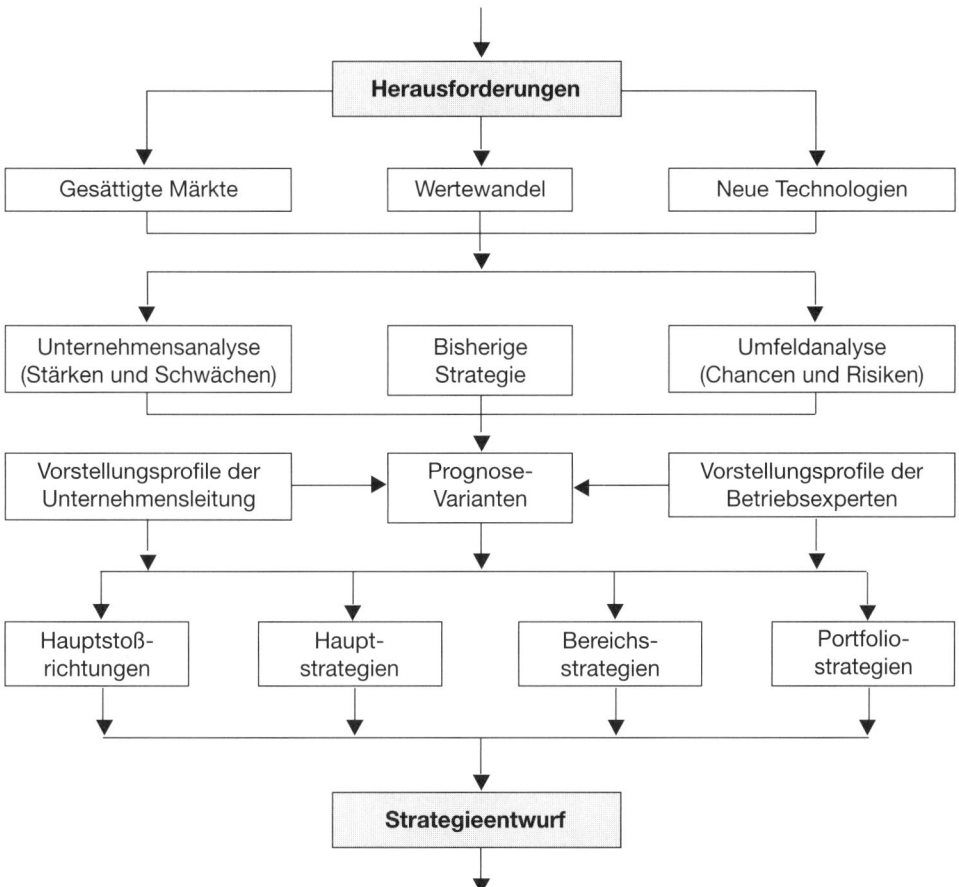

Dieser strategische **Planungsprozess** zeigt den Weg von den gegebenen Herausforderungen bis zum Strategieentwurf. Eine ausgewogene Strategie enthält folgende wesentliche Elemente:

- Die **Herausforderungen**, die eine Unternehmensleitung erkennen und annehmen muss, um z. B. gegebene Chancen zu nutzen, überhöhte Risiken zu vermeiden, Unternehmensstärken zu erhalten, vorteilhafte Positionen auszubauen, gegebene Schwächen zu mindern und zu erwartende Nachteile zu beseitigen.

- Die **Unternehmensanalyse**, die das interne Profil des Unternehmens zeigt, z. B. im Rahmen der Stärken-Schwächen-Analyse, der Bereichsanalyse, Chancen-Risiken-Analyse, Lückenanalyse, Portfolio-Analyse und Kennzahlenanalyse (*Lechner*). Viele Informationen können dazu dem internen Datenbestand entnommen werden.

- Die **Umfeldanalyse**, die Auskunft über die wichtigsten externen Einflussgrößen gibt, z. B. ökonomische Analyse, gesellschaftliche Analyse, technologische Analyse, rechtliche Analyse, politische Analyse, ökologische Analyse, marktbezogene bzw. konkurrenz- bzw. branchenbezogene Analyse.

- Die **Vorstellungsprofile** der Unternehmensleitung und die Beiträge von Experten als konkrete Ausprägungen von Ansichten über ein zu lösendes Problem. Auch Prognosen und die bisherigen Strategien des Unternehmens sind einzubeziehen. Die Ergebnisse dieser Untersuchungen gehen dann in die neue Strategie ein.

- Die **verschiedenen Strategiearten**, die aus den obigen Fakten abgeleitet werden, z. B. Hauptstoßrichtungen als Angriffsstrategie oder Kooperationsstrategie, Hauptstrategien als leistungs-, finanz- und sozialwirtschaftliche Strategie, Bereichsstrategien und Portfolio-Strategien.

Die zur Realisierung einer Strategie nötigen Mittel und Verfahren konkretisieren sich im betrieblichen **Strategieentwurf**. Es ist das Ergebnis strategischer Entscheidungen der Unternehmensleitung.

Sie legt zur Lösung langfristiger und umfassender Probleme eine bestimmte »**Marschrichtung**« fest, die für einen relativ langen Zeitraum gilt, der sogar über zehn Jahre hinausgehen kann. bei komplexen Systemen ist die Strategie des **Managements** besonders schwierig (*Malik*).

1.4.2 HERAUSFORDERUNGEN

Die Ausgangsbasis strategischer Überlegungen bilden die zu Grunde liegende **Situation** des Unternehmens bzw. die sich daraus ergebenden Informationen. Viele heutige Märkte sind dynamischer Natur und bieten daher den Unternehmen sehr starke Herausforderungen, denen sie sich stellen müssen (*Hinterhuber*).

Die Unternehmensleitung wird die **Herausforderungen** annehmen, auch wenn dies mit Problemen verbunden ist, beispielsweise (vgl. *Staehle*):

- **Gesättigte Märkte**, d.h. in vielen Branchen sind die Märkte relativ verschlossen, z. B. aufgrund fehlender Kaufkraft oder fehlender Attraktivität des Angebots. Daher kommt es zu einem verschärften Wettbewerb auch auf internationaler Ebene. Diese Entwicklung geht vielfach mit strategischen Überlegungen einher, z. B. internationalen Unternehmenszusammenschlüssen.

- **Wertewandel**, d.h. die Arbeit hat als Garant der Sinnerfüllung des Lebens heute an Bedeutung verloren. Arbeit ist nicht mehr alles. Außerdem sieht der Einzelne vielfach nicht das Gemeinwohl im Vordergrund, sondern das Wohl des Individuums. Pflicht- und Akzeptanzwerte weichen eher der Selbstentfaltung. Diese Phänomene sind in sozialwirtschaftlichen Strategien zu berücksichtigen.

- **Neue Technologien**, d.h. die Entwicklung der Mikroelektronik hat zu einer Vielzahl von Innovationen geführt, die zu strategischen Neuorientierungen Anlass geben. Da durch flächendeckenden Einsatz von Personalcomputern die Flexibilität und die Produktivität erhöht bzw. neue Möglichkeiten der Kommunikation geschaffen werden, sind entsprechende Strategien zu planen.

- **Arbeitsmarkt**, d.h. das System der Arbeitsbeziehungen ist heute einem tiefgreifenden Wandel unterworfen. Die zur Bewältigung der kommenden Aufgaben nötige Qualifikation der Arbeitskräfte wird zu einer großen Herausforderung für alle Unternehmen. Es sind außerdem Strategien zu entwickeln, wie einer weiter verstärkten Arbeitslosigkeit entgegengewirkt werden kann.

- **Umweltschutz**, d.h. zunehmende Luftverschmutzung, Gewässerverunreinigung, Bodenzerstörung und Klimaveränderungen sowie die wachsende Sensibilisierung der Bevölkerung für Schädigungen der Gesundheit stellen ebenfalls eine große Herausforderung dar. Deshalb sind entsprechende Strategien zur Bewältigung der Umweltschutzprobleme nötig.

Hat sich die Unternehmensleitung mit diesen Herausforderungen beschäftigt, wird sie sich nachhaltig mit der strategischen Situation des Unternehmens und dessen Umfeld auseinander setzen. Die strategischen Analysen als Basis der Strategiegestaltung (Hungenberg/Wulf) bestehen aus **internen** und **externen Analysen** (*Olfert/Pischulti*)

1.4.3 UNTERNEHMENSANALYSE

Die Unternehmensanalyse ist eine Untersuchung des internen Profils eines Unternehmens. Sie wird auch als **Betriebsanalyse** und **Unternehmungsanalyse** (*Becker/Fallgatter, Steinmann/Schreyögg*) bezeichnet und steht in enger Verbindung zur Umfeldanalyse (vgl. Kap. E 1.4.4).

Die Informationen sind zu einem großen Teil aus dem Datenbestand des Unternehmens zu entnehmen, z. B. Controlling-Berichte, Statistiken und Rundschreiben sowie Daten aus dem Rechnungswesen. Es sind zu unterscheiden:

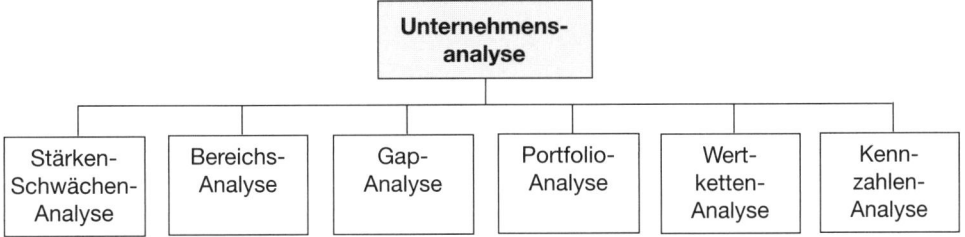

1.4.3.1 STÄRKEN-SCHWÄCHEN-ANALYSE

Die Stärken-Schwächen-Analyse untersucht positive und negative Leistungspotenziale des eigenen Unternehmens auf ihre **Ursachen** hin. Diese Analyse kann von einem Führungskräfte-Team durchgeführt werden, deren Mitglieder unterschiedlichen Unternehmensbereichen angehören.

Als **Schwächen** eines Unternehmens können z. B. die Finanzstruktur und der technische Stand gesehen werden (**Schwachstellenanalyse**). Die **Stärken** können in der Marktbearbeitung, in der Elastizität der Produktion und in der Innovationsfähigkeit der Mitarbeiter liegen.

Wenn die Merkmale der Leistungspotenziale festliegen, werden sie mit denen der stärksten Konkurrenten verglichen (*Dillerup/Stoi*). Daraus kann die Unternehmensleitung bedeutsame Erkenntnisse erhalten.

Es kann eine Bewertungsskala für unterschiedliche Bewertungsobjekte vorgenommen werden, die ein **Stärken-Schwächen-Profil** ergibt (*Bea/Haas, Jung, Küpper, Olfert/Pischulti*):

Ressourcen (Leistungs- potenzial)	Beurteilung		
	schlecht	gleich	besser
	1 2	3 4	5
Marktanteil			
Strategie			
Finanzsituation			
Forschung u. Entwicklung			
Produktion			
Infrastruktur			
Logistik			
Kosten			
Führungssysteme			
Produktivität			

● Eigenes Unternehmen

○ Stärkster Wettbewerber

Die Darstellung zeigt, dass das eigene Unternehmen hinsichtlich des Marktanteils Stärken, aber im Hinblick auf Forschung und Kosten Schwächen aufweist.

1.4.3.2 BEREICHSANALYSE

Die Bereichsanalyse untersucht die einzelnen Unternehmensbereiche auf Verbesserungsmöglichkeiten hin. Sie wird auch **Ressourcenanalyse** bzw. **Potenzialanalyse** genannt (*Ehrmann, Knöll/Schulz-Sacharow/Zimpel*).

Dabei sind z. B. zu unterscheiden:

* **Leistungsbereich**, d.h. die Bereichsanalyse kann sich z. B. auf die Materialbeschaffung, die Anlagekapazität, die Ausstattung der Anlagen und Produktqualität beziehen. Auch das Sortiment, die Effizienz des Vertriebs, der Kundenservice, die Öffentlichkeitsarbeit und die Qualität der Innovationen im Forschungs- und Entwicklungsbereich werden einer Prüfung unterzogen.

* **Personalbereich**, d.h. hier können Mitarbeiterqualifikation, Personalmotivation, Altersstruktur der Belegschaft, Möglichkeiten der Weiterbildung, Betriebsklima, Fehlzeiten und Fluktuationsrate ein Thema sein. Da der Erfolg des Unternehmens in hohem Maße von der Effizienz des Personals abhängig ist, sollte der Personalwirtschaft besondere Aufmerksamkeit geschenkt werden.

- **Finanzbereich**, d.h. in diesem Bereich können die Kapitalstruktur, die Eigenkapital-quote, der Liquiditätsgrad, der Verschuldungsgrad, Kapitalbeschaffungsmöglichkei-ten, Kapitalverwaltung, Finanzierungs- und Investitionspolitik genauer unter die Lupe genommen werden. Mitunter handeln Unternehmen beim Eintreiben fälliger Finanzmit-tel nicht nach dem ökonomischen Prinzip.

Die Ergebnisse der Bereichsanalyse können in einer ausagefähigen Dokumentation fest-gehalten werden, auf die jederzeit zurückgegriffen werden kann.

1.4.3.3 Gap-Analyse

Die Gap-Analyse wird auch als **Lückenanalyse** bezeichnet. Sie betrifft die strategische Lücke, die sich aus der Gegenüberstellung von z. B. erwarteter Umsatzkurve (Basis-geschäft) und gewünschter Soll-Umsatzkurve am Planungshorizont ergibt (*Hinterhuber, Hummel/Zander, Kreikebaum*). Es ist folgende einfache **Gap-Analyse** denkbar:

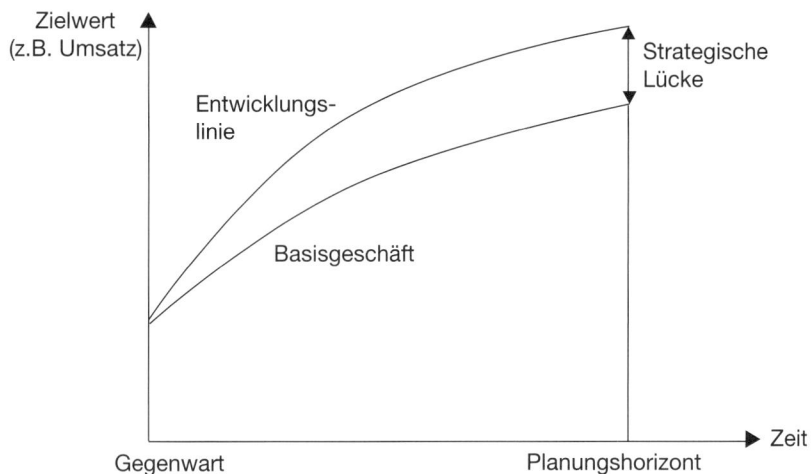

Die **Linie des Basisgeschäfts** definiert z. B. den erwarteten Umsatz, wenn keine we-sentlichen Veränderungen des Unternehmenskonzepts eingeplant werden. Die **Entwick-lungslinie**, die oberhalb der erwarteten Linie des Basisgeschäfts verläuft, enthält Aussa-gen zur gewünschten, optimistischen Entwicklung des Geschäfts.

Wenn beide Kurven bis zum Planungshorizont verfolgt werden, ergibt sich eine Ziellü-cke, die auch **strategische** Lücke (*Dillerup/Stoi*) bzw. **ungedeckte** Lücke (*Macharzina/Wolf*) genannt wird.

Die aus erhoffter und erwarteter Linie bestehende Lücke wird auch als **Gap** bezeichnet. Die differenzierte **Gap-Analyse** (*Weis*) führt zu neuen strategischen Überlegungen (vgl. Grundstrategien):

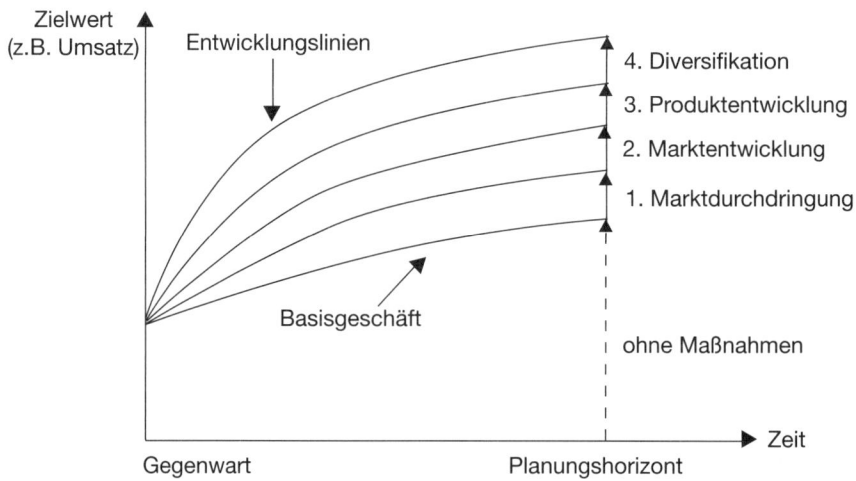

Je weiter die Kurven voneinander entfernt sind, umso notwendiger ist für die Unternehmensleitung eine **Strategieänderung**, z. B. eine angemessene Preissenkung.

1.4.3.4 Portfolio-Analyse

Die Portfolio-Analyse gibt der Unternehmensleitung besondere Aufschlüsse. Als **Portfolio** (Portefeuille) wurde ursprünglich ein Wertpapierdepot mit unterschiedlichen Anlagemöglichkeiten bezeichnet. Inzwischen wird damit das Leistungspotenzial eines Unternehmens beschrieben. In der Literatur werden verschiedene Arten von Portfolios vorgestellt (*Herbek, Hinterhuber, Olfert/Pischulti, Ziegenbein*), die auch **Portfoliotechniken** und **Portfoliokonzepte** (*Hungenberg/Wulf*) genannt werden.

Beispielsweise wird ein **Vier-Felder-Portfolio** von einem **Neun-Felder-Portfolio** unterschieden. Bei einem Vier-Felder-Portfolio werden das Marktwachstum (hoch/niedrig) auf der Ordinate und der relative Marktanteil (im Verhältnis zu den Marktanteilen der drei größten Konkurrenten) auf der Abszisse erfasst:

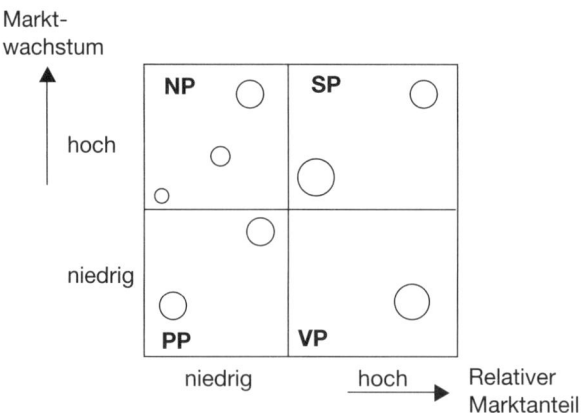

Je nach Positionierung sind für das **Portfolio** folgende Produkte zu unterscheiden, wobei die Größe der Kreise die Umsatzhöhe zeigt:

- **Nachwuchsprodukte**, d.h. solche Produkte (**NP**) werden auch als »Problem Children«, »Question Marks« bzw. »Fragezeichen« bezeichnet. Sie haben die Einführungsphase im Produktlebenszyklus noch nicht verlassen. Bei geringer Rentabilität bringen sie nur niedrige Deckungsbeiträge.

  Ihre Bekanntheit ist noch nicht groß, ihre Nachfrage noch nicht stabil. Die Unternehmensleitung hat bei gegebenem hohen Marktwachstum und niedrigem Marktanteil zu prüfen, ob die Nachwuchsprodukte weiter gefördert werden sollen oder nicht.

- **Verkaufsprodukte**, d.h. sie lassen sich bei hohem Marktanteil und niedrigem Marktwachstum recht gut absetzen (**VP**). Im Produktlebenszyklus haben sie bereits den Reifegrad erreicht und erzielen einen positiven Cashflow. Sie werden auch als »Cash Cows«, »Melkkühe« oder »Milchkühe« bezeichnet. Die Leitung des Unternehmens prüft, welche Strategie bei diesen Erzeugnissen in Zukunft anzuwenden ist.

- **Spitzenprodukte**, d.h. diese Produkte (**SP**) sind als »Stars« oder »Starprodukte« überall bekannt und lassen sich bei hohem Marktwachstum und hohem Marktanteil sehr gut verkaufen. Sie befinden sich in der Wachstumsphase des Produktlebenszyklus und bringen eine hohe Rentabilität. Die Unternehmensleitung hat zu entscheiden, welche strategische Wettbewerbsposition künftig einzunehmen ist.

- **Problemprodukte**, d.h. bei niedrigem Marktwachstum und geringem Marktanteil stellen sie für die Unternehmensleitung Sorgenkinder (**PP**) dar, die auch »Poor Dogs«, »arme Hunde« und »Auslaufprodukte« genannt werden. Weil sie in einem wenig attraktiven Markt eine schlechte Positionierung einnehmen, werden lediglich geringe oder keine Gewinne erzielt.

Die Unternehmensleitung hat aufgrund der Portfolio-Analyse zu entscheiden, welche Produkte längerfristig zu fördern oder aus dem Markt zu nehmen sind (vgl. Kap. E 1.4.6.4).

1.4.3.5 WERTKETTEN-ANALYSE

Die Wertketten-Analyse von *Porter* dient der Erkennung möglicher Ansatzpunkte zur Verbesserung der Wettbewerbsposition. Es wird auch von der **Wertschöpfungsketten-Analyse** (*Macharzina/Wolf*) bzw. **Ressourcenanalyse** (*Steinmann/Schreyögg*) gesprochen.

Diese Analyseform geht von der Erkenntnis aus, dass erfolgreiche Unternehmen in der Lage sein müssen, die für den Kunden wichtigen Ergebnisse der Leistungserstellung **preisgünstiger** oder **qualitativ besser** anzubieten als ihre Konkurrenten.

Als Wert wird dabei derjenige Preis interpretiert, den die Kunden für eine bestimmte betriebliche Problemlösung zu zahlen bereit sind. Sollen Wettbewerbsvorteile erzielt werden, muss der Preis höher sein als die **Wertschöpfungskosten**.

Die **Wertkette** des einzelnen Unternehmens ist ein System vor- und nachgelagerter Wertketten (*Porter*), wie das folgende Beispiel zeigt (vgl. auch Kap. D 1.2.5.2):

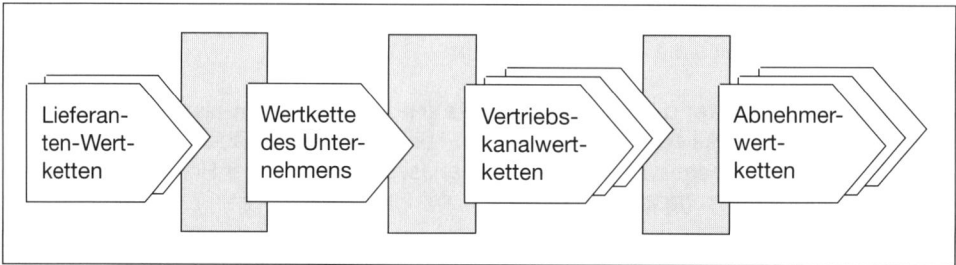

Für die Ermittlung des strategischen Handlungsspielraums ist die **Wertketten-Analyse** von großer Bedeutung.

Es werden hier strategisch relevante **Aktivitäten** festgelegt, die z. B. Kostenvorteile gegenüber Wettbewerbern bewirken können (*Hopfenbeck, Steinmann/Schreyögg*).

Die **Wertaktivitäten** lassen sich unterteilen in (*Olfert/Pischulti, Porter*):

- **Primäre Aktivitäten**, die unmittelbar mit der Herstellung und dem Vertrieb des Erzeugnisses verbunden sind. Es sind zu unterscheiden:

  ▸ Die **Eingangslogistik** als sämtliche Abwicklungstätigkeiten, die mit der Bereitstellung von Betriebsmitteln und Werkstoffen verbunden sind, z. B. Lagerung von Roh-, Hilfs- und Betriebsstoffen, Eingangskontrolle, Teilebereitstellung.

  ▸ Die **Operationen** als alle Tätigkeiten, die den Produktionsprozess umfassen, z. B. Materialumformung, Zwischenlager, Montage, Instandhaltung, Qualitätskontrolle, Verpackung.

  ▸ Die **Ausgangslogistik** als Abwicklungstätigkeiten, welche die Auslieferung des Produktes bzw. der Dienstleistung an den Kunden bewirken, z. B. Fertiglager, Transport, Auftragsabwicklung.

  ▸ Das **Marketing** und der **Vertrieb** mit Aktivitäten wie z. B. Kundenakquisition, Kundenbetreuung, Werbung, Verkaufsförderung, Außendienst, Distributionskanäle, Preisfestlegung.

  ▸ Der **Kundendienst** als sämtliche Tätigkeiten, die auf die Produktpflege ausgerichtet sind, z. B. Werterhaltung, Reparaturdienst, Ersatzteillieferung.

- **Unterstützende Aktivitäten**, deren Aufgabe darin besteht, die primären Aktivitäten aufrecht zu erhalten, indem die gesamte Versorgung des Unternehmens gewährleistet wird. Sie umfassen:

  ▸ Die **Beschaffung**, die sich auf alle Einkaufsaktivitäten des Unternehmens bezieht, z. B. Computerdienstleistungen, Transportdienstleistungen.

  ▸ Die **Technologieentwicklung**, wozu z. B. Forschung und Entwicklung, Bürokommunikation, Marktforschung, Informationssysteme zählen.

  ▸ Die **Personalwirtschaft**, die alle personenbezogenen Aktivitäten betrifft, z. B. Personalbeschaffung, Personaleinstellung, Personaleinsatz, Personalfortbildung, Personalentwicklung, Personalentlassung.

  ▸ Die **Unternehmensinfrastruktur**, die als Aktivitäten z. B. **Unternehmensführung**, Rechnungswesen, Finanzwirtschaft, Rechtsfragen und Außenkontakte betreffen.

1.4.3.6 Kennzahlen-Analyse

Die Kennzahlenanalyse bezieht sich auf besondere betriebliche Gegebenheiten. Sie beschäftigt sich mit den **Kennzahlen**, die in verdichteter, quantitativ messbarer Form über betriebswirtschaftlich relevante Daten informieren (*Ehrmann, Horváth*).

Nach den **Führungsebenen** sind zu unterscheiden:

- **Unternehmenskennzahlen**, z. B. Gewinn, Rentabilität, Cashflow, Wirtschaftlichkeit, Produktivität, Liquidität, Aktienkurs, Dividende.

- **Bereichskennzahlen**, z. B. Fehltage, Fluktuationsrate, Stückzahlen, Ausschusskennziffern, Lagerdauer, Fertigungs- bzw. Personalkosten.

- **Gruppenkennzahlen**, z. B. Akkordkennziffern bzw. Vorgabezeiten für Mitarbeiter, die im Akkord arbeiten. Kennzahlen über Mengen der Fertigung durch Gruppen.

- **Individualkennziffern**, z. B. Leistungsstandards, die zwischen Vorgesetzten und Mitarbeitern zu vereinbaren sind und mit Beurteilungen verbunden werden.

Nach ihrem **Datenaufbau** gibt es folgende Kennzahlen (*Ehrmann, Olfert/Rahn*):

- **Absolute** Kennzahlen, z. B. die Anzahl der Mitarbeiter am Jahresende
- **Relative** Kennzahlen, z. B. Gliederungs-, Beziehungs-, Indexzahlen.

Kennzahlen können auch nach den **Bereichen** des Unternehmens unterschieden werden, z. B. Kennzahlen im Material-, Produktions-, Marketing-, Personal-, Finanzbereich, Rechnungswesen (vgl. Kap. E 2).

Von **Performance Measurement** wird gesprochen, wenn die Beurteilung der Leistungen von Organisationseinheiten, Prozessen oder Personen mithilfe quantifizierbarer Maßgrößen wie z. B. Zeit, Kosten, Qualität und Kundenzufriedenheit erfolgt (*Gleich*).

Die Kennzahlen werden im Rahmen der Zielvorgabe und der Kontrolle verwendet. Ihre Aussagefähigkeit erhöht sich im Zeit- und/oder Branchenvergleich.

Die Unternehmensleitung setzt auch **Kennzahlensysteme** ein, z. B. den **Return on Investment** (RoI), der sich in verschiedene Formeln zerlegen lässt.

$$RoI = K \cdot G \qquad = \text{Return on Investment}$$

$$K = \frac{\text{Umsatz}}{\text{Gesamtkapital}} \quad = \text{Kapitalumschlag}$$

$$G = \frac{\text{Gewinn} \cdot 100}{\text{Umsatz}} \quad = \text{Gewinnrate/Umsatzrendite}$$

Ein Kennzahlensystem - z. B. das **Du-Pont-System** - dient dazu, betriebswirtschaftliche Zusammenhänge in ihren Wechselwirkungen offen zu legen. Es geht von einer bestimmten Ausgangskennzahl aus und entwickelt sich baumförmig weiter:

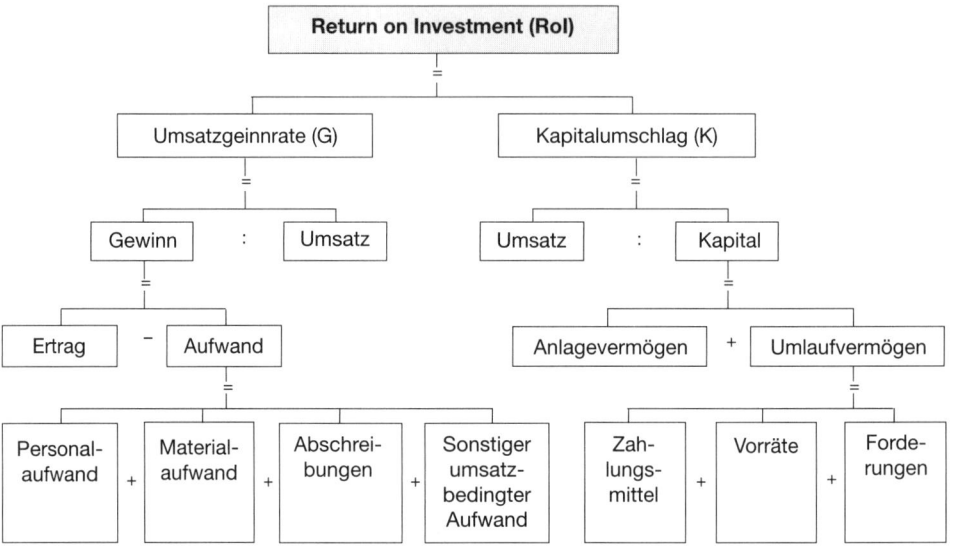

Bei dem **Balanced-Scorecard-System** der Kennzahlen geht es um die gesamte Bewertung des Unternehmens (*Ehrmann, Kaplan/Norton, Weber/Schäffer*). Hier werden auch Kennzahlen des Unternehmens-Umfeldes einbezogen.

1.4.4 Umfeldanalyse

Die Umfeldanalyse ist eine Untersuchung wesentlicher Faktoren, welche die Umwelt des Unternehmens betreffen (*Schreyögg*). Sie wird auch **Umweltanalyse** genannt (*Hinterhuber, Pümpin, Staehle, Steinmann/Schreyögg*).

In diese Betrachtungen sind **Interessengruppen** einzubeziehen, die das Unternehmensgeschehen beeinflussen, z. B. Kunden und Lieferanten, Aktionäre, Regierung, Parteien, Banken, Versicherungen, Konkurrenten, Arbeitgeberverbände und Gewerkschaften bzw. Verbraucherverbände.

Hinsichtlich der **Umfeldanalyse** sind zu unterscheiden:

• Das **wirtschaftliche Umfeld**, das z. B. die Entwicklung des Sozialprodukts, die Industrieproduktion und die Preis- und Einkommensentwicklung umfasst.

• Das **gesellschaftliche Umfeld**, das z. B. die Arbeitszeit- und Freizeitänderungen, Arbeitsmentalität und kulturelle Normen betrifft.

• Das **technologische Umfeld**, das den Stand der Technik, neue Materialien bzw. den Stand von Forschung und Entwicklung aufzeigt.

• Das **rechtliche Umfeld**, das gegebene Gesetze, zu erwartende Gesetzesänderungen, neue Verordnungen und internationale Rechtsgrundlagen umfasst.

- Das **politische Umfeld**, das die gegebene politische Lage, die Situation der Parteien und ebenfalls internationale Entwicklungen betrifft.

- Das **ökologische Umfeld**, das geographische Bedingungen, die klimatische Situation und Gegebenheiten der Umweltschonung aufzeigt.

- Das **marktbezogene Umfeld**, das aktuelle Marktforschungsergebnisse bzw. Preise am Beschaffungs- und Absatzmarkt darlegt.

- Das **branchenbezogene Umfeld**, das die Struktur des Wirtschaftszweigs, die Kreativitätslage in der Branche und Innovationstendenzen zeigt.

- Das **konkurrenzbezogene Umfeld**, das Beobachtungen über die Konkurrenten enthält, deren Preise, Verhaltensweisen und Vorstellungen.

Drei **Umfeldanalysen** sollen hier hervorgehoben werden, die in der Praxis eine hervortretende Rolle spielen (*Ehrmann, Gälweiler/Schwaninger, Hinterhuber, Kreikebaum, Olfert/Pischulti, Porter*):

- **Marktanalyse**, die das systematische und methodisch einwandfreie Untersuchen eines Marktes mit dem Ziel der Gewinnung marktbezogener Informationen ist. Diese Analyseform wird einmalig oder fallweise zeitpunktbezogen durchgeführt und dient dem Vergleich von Strukturgrößen, z. B. Struktur des Marktes, Verhalten der Verbraucher, Marktanteile, Preisentwicklung.

- **Konkurrenzanalyse**, die auch Konkurrentenanalyse genannt wird. Sie umfasst die Untersuchung aller Daten der Mitbewerber, die für die eigenen Entscheidungen der Unternehmensleitung bedeutsam sind. Sie bezweckt, systematisch Informationen über zwei oder drei der bedeutsamsten Mitbewerber zu sammeln.

  Bei der Untersuchung der stärksten Konkurrenten wird häufig das **Benchmarking** eingesetzt, d. h. es erfolgt eine kontinuierliche Vergleichsanalyse von Produkten, Prozessen und Verfahren des eigenen Unternehmens im Vergleich mit denen der besten Konkurrenten (*Dillerup/Stoi, Hopfenbeck, Hungenberg/Wulf*).

- **Branchenstrukturanalyse**, bei der die Branchenstruktur als das Gefüge eines Wirtschaftszweigs für die unternehmerischen Entscheidungen einer genauen Untersuchung unterzogen wird. Nach *Porter* sind hervorzuhebende Wettbewerbskräfte in einer Branche die Lieferanten, Abnehmer, potenzielle neue Mitbewerber, bestehende Wettbewerber und die Substitutionsprodukte.

  Die Gefahr des Eintritts neuer Mitbewerber hängt von der Höhe der gegebenen Markteintrittsbarrieren ab, z. B. Kostenvorteile, Umstellungskosten, Kapitalbedarf, staatliche Politik. Auch die Verhandlungsstärke von Lieferanten und Abnehmern und der Grad der Rivalität sind in die Überlegungen einzubeziehen.

Die Untersuchungsergebnisse der Umfeldanalyse ergeben Erkenntnisse über die Einflüsse des Umfeldes auf das erzielte Unternehmensergebnis. Umfeldanalyse und Unternehmensanalyse wachsen zur **Situationsanalyse** zusammen. Es werden darin die Stärken und Schwächen bzw. die gesamten Chancen und Risiken eines Unternehmens vereinigt.

Mithilfe einer **Checkliste** werden die Fakten über die **Situation** des Unternehmens gesammelt. Es werden positive und negative Aspekte im Hinblick auf die Lieferanten und Kunden, die Kreditgeber, Behörden und vor allem hinsichtlich der Konkurrenz gewürdigt.

Die gesammelten Daten werden subjektiv bewertet und ihre Ausprägungen relativ zum stärksten Konkurrenten erfasst. So kann die eigene **Wettbewerbssituation** im **Vergleich zur Konkurrenz** z. B. so beurteilt werden:

- **Starke Position**, d.h. das eigene Unternehmen hat z. B. günstige Beschaffungspreise und gegenüber der Konkurrenz hervortretende Mitarbeiterqualifikationen.

- **Mittelmäßige Position**, d.h. das Unternehmen ist in einer ähnlichen Situation wie die wichtigsten Konkurrenten und besitzt z. B. eine in etwa vergleichbare Finanzkraft.

- **Schwache Position**, d.h. das eigene Unternehmen spielt gegenüber den Konkurrenten eine untergeordnete Rolle, z. B. aufgrund zu geringer Kapazitätsauslastung.

Die Potenziale, die dem Unternehmen im Rahmen der Situationsanalyse eine starke Position bringen, werden **strategische Erfolgspotenziale** (*Gälweiler/Schwaninger, Herbek, Pümpin*) oder strategische Erfolgsfaktoren genannt:

- **Beschaffungspotenziale**

  - ▸ Günstige Beschaffungspreise
  - ▸ Verwirklichung des Just-in-time-Prinzips
  - ▸ Geringe Abhängigkeit von Lieferanten

- **Produktionspotenziale**

  - ▸ Hervortretende Kapazitätsauslastung
  - ▸ Hoher Stand der Produktionstechnik
  - ▸ Ausgezeichnete Produktqualität

- **Marketingpotenziale**

  - ▸ Flexibles Distributionssystem
  - ▸ Günstige Verkaufspreise
  - ▸ Treue Kunden

- **Personalpotenziale**

  - ▸ Hervortretende Mitarbeiterqualifikation
  - ▸ Lernfähige Mitarbeiter
  - ▸ Kreatives Personal

- **Finanzpotenziale**

  - ▸ Geringer Verschuldungsgrad
  - ▸ Verlässliche und günstige Finanzquellen
  - ▸ Guter Zugang zum Kapitalmarkt

- **Rechnungswesenpotenziale**

  - Flexibler Aufbau des Rechnungswesens
  - Effektives Frühwarnsystem
  - Kurzfristige Erfolgsrechnung

- **Informationspotenziale**

  - Moderne Hardware
  - Effektive Software
  - Hervortretende Orgware

- **Sonstige Potenziale**

  - Goodwill der Verkaufsprodukte (guter Ruf)
  - Hervortretende internationale Kooperation
  - Günstigere Preise als die Konkurrenz

Aus den Ergebnissen der **Situationsanalyse** (Unternehmens- und Umfeldanalyse) werden Prognosevarianten abgeleitet, die helfen sollen, die zukünftigen Ereignisse durchschaubar zu machen. Eine Prognose umfasst dabei Aussagen über wahrscheinliche zukünftige Zustände bzw. Entwicklungen.

In der Regel wird eine optimistische **Prognose** abgegeben, die mehr oder weniger konstante Gegebenheiten unterstellt. Andererseits ist aber eine Voraussage zu geben, die Möglichkeiten einer negativen Entwicklung berücksichtigt.

Die Bewertung kann erfolgen mithilfe (*Hopfenbeck, Olfert/Rahn*):

- Der **Nutzwertrechnung**, die Nutzwerte festlegt als zahlenmäßiger Ausdruck für den subjektiven Wert eines Phänomens im Hinblick auf das Erreichen vorgegebener Ziele. Es wird auch und vom **Scoring-Konzept** gesprochen. Der Nutzwert, der sich aus den jeweiligen Alternativen ergibt, ermöglicht es, diese in eine Rangordnung zu bringen.

- Der **computergestützten Bewertung**, welche die Vorteilhaftigkeit verschiedener Alternativen durchrechnen lässt. Der Nutzen der Computerunterstützung liegt in den Möglichkeiten der Simulation von externen und internen Veränderungen. Die Ermittlung der Folgen lässt sich in pessimistischen und optimistischen Szenarien durchführen.

Auch die Überlegungen der **bisherigen Strategie** werden in die neu zu gestaltende Vorgehensweise einbezogen. Es werden dann unterschiedliche **neue Strategien** entwickelt.

1.4.5 Vorstellungsprofile

Als Vorstellungsprofile gelten konkrete Ausprägungen von Ansichten über ein zu lösendes Problem. Sie werden von der Unternehmensleitung - unter Einbezug interner und externer **Fachleute** oder **Berater** - formuliert und gehen in den Entwurf einer neuen Strategie ein.

Bedeutsam ist, dass im neuen Strategieentwurf auch die **Corporate Identity** berücksichtigt wird, d. h. das nach innen und außen schlüssig dargestellte Selbstverständnis des Unternehmens. Es bildet einen kollektiven **Führungsrahmen**, der im Hinblick auf die einzelnen Führungskräfte und Mitarbeiter denk- und handlungsleitend wirken soll (vgl. Kap. C 2.2).

Auch historisch gewachsene Normen und Wertvorstellungen sind zu beachten. Die Unternehmensidentität äußert sich in Aussagen zum **Leitbild**, das die Verantwortlichen vor Augen haben, wie beispielsweise:

- »Wir schaffen Vorsprung durch Technik«
- »Wir wollen die Zukunft mitgestalten«
- »Wir wollen das kundenfreundlichste Unternehmen der Branche sein«.

Das Unternehmensleitbild beeinflusst unmittelbar die **Unternehmenskultur** (Organisationskultur) und die **Unternehmensethik**. Es wirkt intern auf die Art der Mitarbeiter-Identifikation und extern zeigt es sich im Image des Unternehmens (*Bea/Haas*).

1.4.6 STRATEGIEENTWURF

Strategische Entscheidungen können nur vom oberen Management getroffen werden. Sie befassen sich mit den einzelnen Produkten, die am Markt angeboten werden sollen. Außerdem liefern sie Aussagen über die Bereiche des Unternehmens, die dazu langfristige Beiträge bringen sollen. Dabei ist leistungs-, finanz- und sozialwirtschaftliches Denken nötig.

Das Ergebnis strategischer Entscheidungen bildet der Strategieentwurf als **strategischer Plan**. Dieser richtet sich an den **Unternehmenszielen** aus, konkretisiert die zur Realisierung erforderlichen Mittel, Verfahren bzw. Wege und legt die Hauptstoßrichtungen fest.

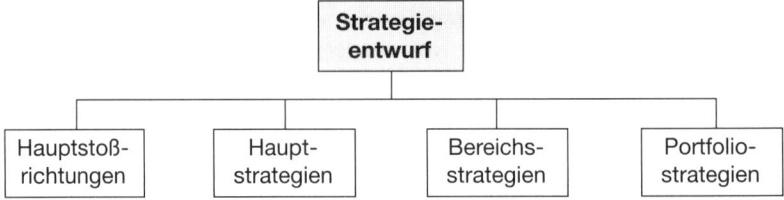

1.4.6.1 HAUPTSTOSSRICHTUNGEN

Als Hauptstoßrichtung kann die globale »Marschrichtung« des **Strategiemanagements** für einen relativ langen Zeitraum betrachtet werden, der über zehn Jahre hinausgehen kann (*Dillerup/Stoi, Hopfenbeck*). *Macharzina* spricht von der Entwicklung strategischer **Stoßrichtungen**. Für eine erfolgreiche **Strategieumsetzung** sind Stoßkraft und ein entsprechender Durchbruch nötig (*Bleicher*).

Als **Hauptstoßrichtungen** sind denkbar:

- Die **Verhaltensstrategie**, die sich an den Aktivitäten der wichtigsten Konkurrenten orientiert und eine eindeutige Verhaltensweise als grundlegende Richtung festlegt. Es sind zu unterscheiden (*Ehrmann, Hinterhuber, Olfert/Pischulti*):

Angriffs-strategien	Sie beziehen sich auf die Konkurrenz im Allgemeinen und auf die Marktführer im Besonderen. Die Unternehmensleitung kann aus folgenden Varianten auswählen: ▶ Der **Direktangriff**, der auf die hauptsächlichen Produkte des Konkurrenten ausgerichtet ist, z. B. durch erhebliche Preissenkungen bei eigenen Produkten, damit die Konkurrenz nicht mehr mithalten kann. ▶ Die **Umzingelung**, die den Wettbewerber von verschiedenen Seiten anzugreifen versucht, z. B. durch gleichzeitiges Einführen eines Hochpreis-Produktes und eines Niedrigpreis-Produktes. ▶ Der **Flankenangriff**, der auf die Verletzbarkeit des Branchenführers abzielt, z. B. durch permanentes Attackieren ungeschützter Stellen des Konkurrenten, z. B. durch attraktives Produkt-Design. ▶ Der **Guerillaangriff**, der die Absicht verfolgt, den Marktführer »mürbe« zu machen, indem ein Abnutzungskampf eröffnet wird, z. B. durch Führen eines Musterprozesses im Hinblick auf ein Konkurrenzprodukt.
Verteidigungs-strategien	Diese Strategie versucht, die Wahrscheinlichkeit von Angriffen durch Konkurrenten zu verringern. Als **Defensivstrategie** wird angestrebt, dass ein Herausforderer einen möglichen Angriff als seinerseits nicht attraktiv findet, z. B. durch Erhöhung von strukturbedingten Barrieren, Signalgebung der Entschlossenheit zur Verteidigung und Schaffung geringer Angriffsreize.

Auch Austrittsstrategien (kein Engagement mehr in einem Markt) und Anpassungsstrategien (nicht agieren, sondern anpassen an den Markt) können als Verhaltensstrategie erfolgreich sein.

- Die **Entwicklungsstrategie**, die eher zukunftsgerichtet ist, soll eigene Wettbewerbspositionen auf Dauer verbessern helfen. Die Unternehmensleitung hat hier die Wahl zwischen verschiedenen Möglichkeiten (*Bamberger/Wrona, Ehrmann, Perlitz*):

Kooperations-strategien	Hier geht es um die längerfristige Zusammenarbeit mit Unternehmen, die auf gemeinsame Aufgabenerfüllung abzielt. Die Kooperationspartner bleiben rechtlich selbstständig, verlieren aber einen Teil ihrer wirtschaftlichen Selbstständigkeit, z. B. durch Bildung eines Kartells. Die gemeinsame Wettbewerbsfähigkeit soll dadurch gesteigert werden (*Dillerup/Stoi*).
Internationa-lisierungs-strategien	Diese Entwicklungsstrategie orientiert sich an ausländischen Märkten. Als Gründe für dieses Vorgehen können z. B. Kapitalbedarf, inländischer Konkurrenzdruck, Kapazitätsauslastung, Währungsvorteile und Rohstofforientierung genannt werden. Internationalisierungsstrategien dienen der internationalen Kooperation, z. B. über Joint Ventures bzw. strategische Allianzen (*Picot/Reichwald/Wigand*).

- Die **Grundstrategien**, die eine grundsätzliche Positionierung im Markt zur Folge haben. Dabei sind zu unterscheiden (*Herbek, Macharzina/Wolf, Olfert/Pischulti*):

Produkt-Markt-Strategien	Diese Strategien basieren auf grundlegenden Gedanken von Ansoff. Daraus lassen sich vier strategische Stoßrichtungen ableiten, die in wachsenden Märkten nutzbar sind: ▶ Die **Marktdurchdringungsstrategie**, die der Ausschöpfung des Marktpotenzials von existierenden Produkten in bestehenden Märkten dient. Hier werden die Marketingbemühungen intensiviert, um den eigenen Marktanteil zu erhöhen. ▶ Die **Marktentwicklungsstrategie**, die auf die Erschließung neuer Märkte abzielt, z. B. indem neue Marktgebiete bzw. neue Teilmärkte erschlossen werden oder in zusätzliche Marktsegmente eingedrungen wird. ▶ Die **Produktentwicklungsstrategie**, die neue Produkte für bestehende Märkte durch Kreativität zu entwickeln versucht, z. B. durch echte Produkt-Innovationen, Quasi-Innovationen oder Mee-to-Produkte (z. B. Nachahmungen eines Originals). ▶ Die **Diversifikationsstrategie**, die als anspruchsvolle Strategie in der horizontalen Variante (neue Produkte auf der gleichen Stufe, Nutzung verwandter Technologien), als vertikale Diversifikation (z. B. Produkte nachgelagerter Wirtschaftsstufen) und als laterale Diversifikation (völlig neue Produkte) vorkommen kann.
Wettbewerbs-strategien	Sie beziehen sich auf strategische Maßnahmen mit dem Ziel, gefestigte Wettbewerbspositionen zu schaffen. Die Grundlage dafür bilden Wettbewerbsvorteile, z. B. hohe Produktqualität, niedriger Preis oder hochqualifizierte Mitarbeiter. Mit *Porter* können folgende Wettbewerbsstrategien unterschieden werden: ▶ Die **Differenzierungsstrategie**, mit der eigene Leistungen bzw. Produkte angestrebt werden, die als einzigartig für die Branche anzusehen sind. Sie wird auch Präferenzstrategie genannt und zeichnet sich z. B. durch perfekten Service, hohe Produktqualität und beträchtliche Investitionen aus. ▶ Die Strategie der **Kostenführerschaft**, die darauf abzielt, gegenüber der Konkurrenz niedrigere Kosten vorzuweisen. Dies kann auf der Basis breiter Marktpräsenz durch den Absatz hoher Stückzahlen geschehen, z. B. über eine Niedrigpreis-Strategie. ▶ Die Strategie der **Konzentration auf Schwerpunkte**, die auf einzelne Marktsegmente ausgerichtet ist, z. B. auf bestimmte Abnehmergruppen. So können sich Wettbewerbsvorteile aus einer Nischenstrategie ergeben, z. B. durch Einengung der Zielgruppe, um die Kundenbedürfnisse besser realisieren zu können.

Wird davon ausgegangen, dass ein Unternehmen in einer tiefen Krise steckt, dann kann das **Krisenmanagement** folgende Hauptstoßrichtungen festlegen:

- Gewinnung neuer Kunden, die zur Umsatzsteigerung beitragen
- Innovationen um gegenüber den Konkurrenten im Vorteil zu sein

- Kreative Lösungen, die Kostensenkungen erwirken
- Erreichen von mehr Kapazitätsauslastung, um höhere Umsätze zu erzielen.

1.4.6.2 Hauptstrategien

Liegen die Hauptstoßrichtungen als Entscheidungen der **Unternehmensleitung** fest, dann sind grundlegende Wege aufzuzeigen, mit denen die langfristige »Marschrichtung« beschritten werden soll.

Die Hauptstrategien beziehen sich auf die Unternehmenspolitik des ganzen Unternehmens (*Ulrich*) und sind deshalb **Unternehmensstrategien.** Auf der Basis der getroffenen Entscheidungen bezüglich der Hauptstoßrichtungen ist nun eine unternehmerische Gesamtstrategie zu entwickeln, die später für die einzelnen Bereiche noch genauer zu detaillieren ist.

Als **Hauptstrategien** können unterschieden werden:

- Die **leistungswirtschaftliche Strategie**, die auf die Verwirklichung der langfristigen Ziele des Material-, Fertigungs- und Marketingbereichs ausgerichtet ist. Im Einzelnen hat die Unternehmensleitung folgende Konzepte zu entwickeln, die später zu verfeinern sind:

  - Das Marktleistungs-**Entwicklungskonzept**, z. B. eigene Aktivitäten zur Forschung und Entwicklung, Strategie des Erwerbs neuer Produkte.
  - Das strategische Konzept zur **Leistungserstellung**, z. B. grundlegende Hinweise auf die Beschaffungs- und Produktionsstrategie bzw. auf Fertigungsverfahren.
  - Das langfristige Konzept zur **Leistungsverwertung**, z. B. kompakte Angaben zum geplanten Marketing-Mix bzw. zu den marketingpolitischen Instrumenten.

- Die **finanzwirtschaftliche Strategie**, die langfristig geplante Maßnahmen zur Kapitalwirtschaft umfassen und die grundlegenden Finanzierungs- bzw. Investitionskonzepte tangiert.

  Sie betrifft die langfristige Konzeption zur Kapitalbeschaffung, Kapitalverwendung und Kapitalverwaltung. Dabei sind folgende Konzepte zu unterscheiden:

  - Das **Liquiditätskonzept**, z. B. durch Offenlegung der Grundsätze eines EDV-Kon-zeptes zum Cash-Management bzw. zur Zahlungssicherung.
  - Das **Ertragserzielungs-** und **Wirtschaftlichkeitskonzept** unter Berücksichtigung der geplanten Bewertungsgrundsätze.
  - Das **Finanzierungskonzept**, z. B. Hinweise auf Abschreibungs- und Bilanzierungsverfahren, um die Substanz des Unternehmens zu erhalten und auszubauen.
  - Das **Gewinnverwendungskonzept** einschließlich der Cashflow-Verwendung, z. B. Investitionen, Schuldentilgung, Ausschüttung und/oder Reservenbildung.

Der **Cashflow** gibt an, wie viel Geld das Unternehmen erwirtschaftet hat. Er kann auf unterschiedliche Weise ermittelt werden (*Coenenberg, Olfert/Reichel, Hopfenbeck, Ziegenbein*), weshalb er nur begrenzt informativ ist, wenn die Art seiner Ermittlung nicht offen gelegt wird.

Grundsätzlich ist der Cashflow ein Indikator für die **Finanzkraft** des Unternehmens. Aus ihm wird geschlossen, inwieweit das Unternehmen dauernd fähig ist, die erforderlichen Finanzmittel aus eigener Kraft für Investitionen bzw. weitere Verwendungen zur Verfügung zu stellen.

Die Überlegungen der Unternehmensleitung zum Cashflow schlagen sich in **Cashflow-Strategien** nieder, die vielfach als eigenständige Strategien herausgestellt werden (*Ehrmann, Ziegenbein*). Sie bezwecken die sinnvolle Verwendung des Cashflow.

Seine Entstehung und Verwendung lässt sich übersichtlich wie folgt darstellen – siehe zur Entstehung des **Cashflow** die Erläuterungen von *Coenenberg*:

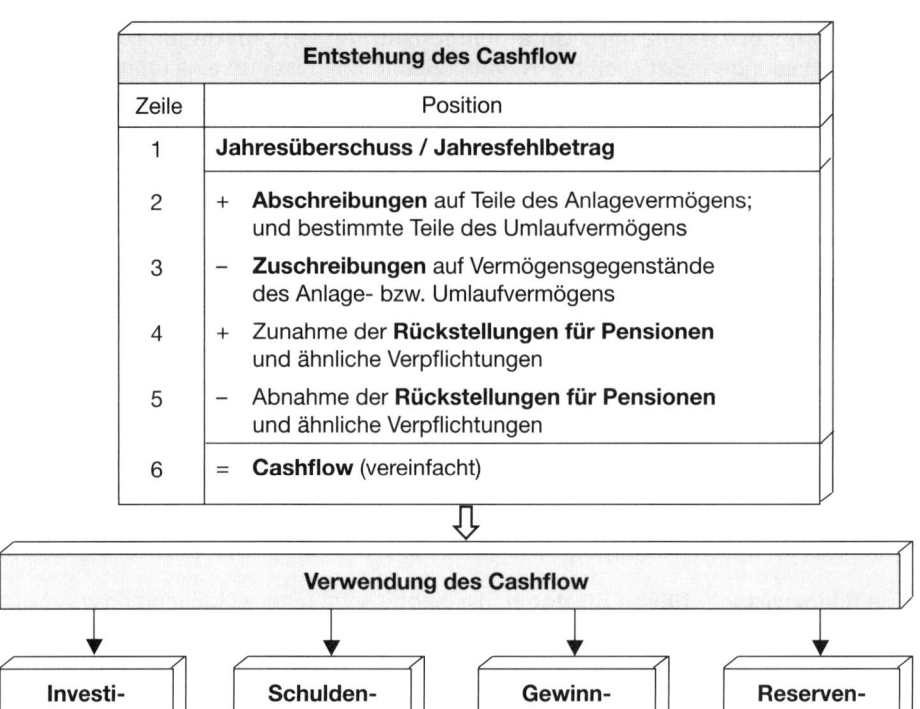

| \multicolumn{3}{c}{**Entstehung des Cashflow**} |
Zeile		Position
1		**Jahresüberschuss / Jahresfehlbetrag**
2	+	**Abschreibungen** auf Teile des Anlagevermögens; und bestimmte Teile des Umlaufvermögens
3	–	**Zuschreibungen** auf Vermögensgegenstände des Anlage- bzw. Umlaufvermögens
4	+	Zunahme der **Rückstellungen für Pensionen** und ähnliche Verpflichtungen
5	–	Abnahme der **Rückstellungen für Pensionen** und ähnliche Verpflichtungen
6	=	**Cashflow** (vereinfacht)

Verwendung des Cashflow

| **Investitionen** | **Schuldentilgung** | **Gewinnausschüttung** | **Reservenbildung** |

Es ist aus der Abbildung ersichtlich, dass sich hinsichtlich der **Verwendung des Cashflow** folgende Möglichkeiten ergeben:

▸ Für **Investitionen,** die z. B. den Ersatzbedarf überschreiten und der Rationalisierung dienen. Als Erweiterungsinvestitionen haben sie für das Unternehmenswachstum Bedeutung.

▸ Zur **Schuldentilgung,** wenn z. B. der Verschuldungsgrad zu hoch ist und unbedingt langfristige Verbindlichkeiten abgebaut werden müssen.

▸ Zur **Gewinnausschüttung,** die den Kapitalgebern eine angemessene Verzinsung des eingesetzten Kapitals bringen soll, damit diese Finanzquellen auch künftig genutzt werden können.

▸ Zur **Reservenbildung,** die für jedes Unternehmen bedeutsam ist, damit es für Notzeiten gerüstet ist. Daran ist vor allem in Phasen mit hoher Gewinnerwirtschaftung zu denken.

- Die **sozialwirtschaftliche Strategie**, die grundlegende Prinzipien im Hinblick auf die Belegschaft enthält. Es ist über Konzepte zu entscheiden, die das betriebliche Personal und dessen Interessenvertretung betreffen:

  ▸ Das **Arbeitsgestaltungskonzept**, das die langfristigen Vorstellungen z. B. zur flexiblen Arbeitszeit und zur Unfallverhütung angeht.

  ▸ Das **Entgeltgestaltungskonzept**, das von der Fürsorgepflicht getragen wird und z. B. Aussagen zum geplanten Lohn- bzw. Gehaltsniveau enthält.

  ▸ Das **Förderungskonzept**, das auf die Gestaltung der Anreize abzielt, z. B. Entwicklungsanreize, Prinzipien der Beförderung.

  ▸ Das **Interessenvertretungskonzept**, welches z. B. das Verhältnis zu den Gewerkschaften als Sozialpartner klärt.

- Die **führungsbezogene Strategie**, die grundsätzliche Aussagen zur langfristigen Unternehmensführung umfasst. Die Unternehmensleitung entscheidet hier z. B. über folgende Problemkreise:

  ▸ Das **Identitätskonzept**, das die prinzipielle Einstellung der Unternehmensleitung zur Organisationskultur klarstellt, z. B. zur Corporate Identity.

  ▸ Das **Führungsstilkonzept**, welches z. B. die Prinzipien des kooperativen oder situativen Führungsstils den Mitarbeitern offen legt.

  ▸ Das **Organisationskonzept**, das die langfristig geplante Struktur der Aufbau-, Ablauf-, Projekt- und Prozessorganisation verdeutlicht.

Die Hauptstrategien sind eng mit den Zielsetzungen verbunden, die als Unternehmensziele die Richtwerte für die Unternehmens- bzw. Bereichsleitung bilden.

1.4.6.3 Bereichsstrategien

Eine Bereichsstrategie legt die Hauptstrategie im Einzelnen fest und gibt den Bereichen des Unternehmens einen **Handlungsrahmen** für ihre Aktivitäten. Der Spielraum für eine Bereichsstrategie ist enger als für eine Hauptstrategie. Es sind sorgfältig erarbeitete Aktionsprogramme, die folgende Strategien umfassen können (*Ehrmann, Olfert/Pischulti, Olfert/Rahn, Ziegenbein*):

- Die **Materialstrategie**, welche eine Konzeption ist, die langfristig für den Bereich der Materialwirtschaft festgelegt wird und der Materialversorgung des Unternehmens dient. Inhalte von Materialstrategien können sein:

  ▸ Das **Schließen von Materialversorgungslücken**, z. B. durch effiziente Beschaffung des Materials bzw. durch einen verbesserten Materialeinsatz.

  ▸ Die **Straffung der Lieferantenstruktur**, damit eine Kontinuität der Belieferung und die Nutzung von Kostensenkungspotenzialen möglich wird.

  ▸ Das **Verbessern der Logistik**, z. B. durch effiziente Lagerhaltungsmöglichkeiten bzw. durch neue Transport- und Umschlagsmaßnahmen.

  ▸ Die **Förderung des Beschaffungsmarketing**, z. B. durch veränderte Konditionenpolitik, durch die Kooperation mit Lieferanten, durch neue Beschaffungsorganisation.

- ▸ Das **Verbessern der Bereitstellungsmöglichkeiten**, z. B. durch geeignete Investitionen in das Lagerwesen und den Transportbereich um mehr Flexibilität zu erreichen.

- ▸ Das **Senken der Beschaffungskosten** für das Material, z. B. durch drastische Reduktion der Einkaufspreise, indem darüber mit den Lieferanten Verhandlungen geführt werden.

- ▸ Das **Verwirklichen eines effizienten Materialeinsatzes**, z. B. durch ABC-Analyse als ein Instrument zur wertmäßigen Klassifikation von Gütern.

- Die **Produktionsstrategie**, die als zukunftsgerichtete Handlungsanweisung langfristig für die Produktionswirtschaft festgelegt wird und der Schaffung günstiger Rahmenbedingungen für die Produktion dient. Eine Produktionsstrategie kann sich beziehen auf (*Ehrmann, Ziegenbein*):

  - ▸ Das **Verbessern der Produktionsdurchführung**, z. B. durch Einsatz flexibler Maschinen bzw. Verringerung der Rüstzeiten, wonach eine Senkung der Produktionskosten bewirkt werden kann.

  - ▸ Das **Nutzen der Erfolgspotenziale**, z. B. durch kundennahe, marktorientierte Produktion bzw. durch Förderung der Produktqualität, was die Marktposition des Unternehmens verbessern kann.

  - ▸ Das **Vermindern** bzw. **Vergrößern der Kapazität**, z. B. durch Erweiterungsinvestitionen bzw. Vermeidung von Kapazitätsüberlastungen, wodurch für eine ausgewogene Produktion gesorgt werden kann.

  - ▸ Das **Verbessern der Produktionssteuerung**, z. B. durch computergestützte Steuerung (CAM) bzw. durch computerintegrierte Fertigung (CIM), was zu einer Optimierung des Produktionsprozesses beitragen kann.

  - ▸ Das **Sichern der Produktqualität**, z. B. durch Festlegung der Qualitätsmerkmale bzw. durch verstärkte Überwachung der Qualität um den hohen Ansprüchen der Kunden entsprechen zu können.

  - ▸ Das **Verkürzen der Durchlaufzeiten**, z. B. durch Vermeidung von Produktionsstörungen bzw. durch Termineinhaltung um die Produktionskosten zu minimieren.

Eine große Zahl von Produktionsstrategien entstammt nicht primär fertigungswirtschaftlichen Überlegungen, sondern ist das Ergebnis von Erwägungen im Bereich des Marketing.

- Die **Marketingstrategie**, die langfristig fixierte Handlungsanweisungen zur Verwirklichung der Marketingziele umfasst. Weil das Unternehmen marktbezogen agiert, bilden die Marketingstrategien nicht nur Funktionsstrategien, sondern auch folgende Grund- bzw. Unternehmensstrategien (*Kotler/Keller/Bliemel, Olfert/Pischulti*):

  - ▸ Die **Marktsegmentierungsstrategien**, worunter die differenzierte und undifferenzierte Marketingstrategie sowie die konzentrierte Marketingstrategie fallen.

  - ▸ Die **Entwicklungsrichtungsstrategien**, die Wachstumsstrategien, Stabilisierungsstrategien oder Schrumpfungsstrategien darstellen können.

  - ▸ Die **Verhaltensstrategien**, bei denen zwischen Angriffsstrategie und Verteidigungsstrategie unterschieden wird.

- ▸ Die **Produkt-Markt-Strategien**, die Marktdurchdringungsstrategien, Marktentwicklungs- strategien, Produktentwicklungsstrategien oder Diversifizierungsstrategien sein können.

- ▸ Die **Wettbewerbsstrategien**, zu denen die Differenzierungsstrategie, die Strategie der umfassenden Kostenführerschaft und die Konzentrationsstrategie zählen.

Bei der Entwicklung einer Marketingstrategie ist es erforderlich, nicht nur die Gegeben- heiten des Marktes zu berücksichtigen, sondern auch die Ressourcen des Unterneh- mens, die personell, finanziell oder technisch begrenzt sein können.

- Die **Personalstrategie**, die für das Personalwesen eine betriebliche Handlungsanwei- sung ist, welche auf lange Sicht festgelegt bzw. auf die Verwirklichung der personal- wirtschaftlichen Ziele ausgerichtet ist. Es lassen sich unterscheiden (*Bühner, Oechsler, Ziegenbein*):

  - ▸ Das rechtzeitige **Beschaffen von Personal**, z. B. über ansprechende Stellenanzeigen am Arbeitsmarkt oder über die Anwendung des »Prinzips der internen Aufstiegsbeset- zung«.

  - ▸ Das **Einbringen von Sozialinnovationen**, z. B. über arbeitszeit-, sozialleistungs-, perso- naleinsatz-, führungs- und entwicklungsorientierte Innovationen sowie Prämiensysteme bzw. durch die Aktivierung des betrieblichen Vorschlagswesens.

  - ▸ Das **Flexibilisieren der Arbeitszeit**, z. B. durch Freizeitausgleich, Freischichten, Einfüh- rung der Gleitzeit, Flexibilisierung der Schichtarbeit, Jobsharing als Aufteilung eines Ar- beitsplatzes auf zwei oder mehr Personen, verbesserte Gestaltung des Personaleinsat- zes.

  - ▸ Das **Verbessern der Produktivität**, z. B. durch verstärkten Einsatz der Kommunikati- onstechnologie, verbesserte Gruppenarbeit, mehr Verantwortung von Teams.

  - ▸ Die **Erhöhung der qualitativen Mitarbeiterkapazität** durch Verbesserung der Leis- tungsfähigkeit und Leistungsbereitschaft einzelner Mitarbeiter bzw. deren Beziehungs- gefüge, z. B. durch Kooperation zwischen Vorgesetzten und Mitarbeitern.

  - ▸ Das **Senken der Personalkosten** (*Gutmann/Kollig*), z. B. durch Personalanpassung, Ra- tionalisierungsmaßnahmen, weniger Fluktuation und Fehlzeiten.

  - ▸ Das **Verbessern der Entgeltstruktur**, z. B. durch neue Systeme der Arbeitsbewertung, Transparenz der Höhe und Zusammensetzung des Entgeltes.

- Die **Finanzstrategie**, welche eine betriebliche Handlungsanweisung ist, die für den Bereich der Finanzwirtschaft langfristig festgelegt bzw. auf das Erreichen der finanz- wirtschaftlichen Ziele gerichtet ist. Eine Finanzstrategie kann dienen (*Ehrmann, Olfert/ Reichel*):

  - ▸ Der Sicherung der **Liquidität**, z. B. durch Gegenüberstellung der flüssigen Mittel und der jeweiligen Zahlungsverpflichtungen.

  - ▸ Der Stärkung der **Eigenkapitalbasis**, z. B. durch Nutzung staatlicher Mittel bzw. durch Verhaltensänderungen am Kapitalmarkt.

  - ▸ Der Verringerung des **Währungsrisikos**, z. B. durch eine flexible Absicherungsstrategie bzw. durch Risikokompensation.

  - ▸ Der **Beschaffung** finanzieller Mittel, z. B. durch Erschließung von neuen Kapitalquellen zu einem günstigen Zinssatz.

> ▶ Der vernünftigen **Außenfinanzierung**, z. B. durch Erhöhung der Rentabilität bzw. Steigerung der Renditen von Investitionen.

> ▶ Der zweckentsprechenden **Innenfinanzierung**, z. B. durch sinnvolle Verwendung des Cashflow.

- Die **Forschungs- und Entwicklungsstrategie**, welche eine langfristig festgelegte Handlungsanweisung darstellt, die auf das Erreichen der Forschungs- und Entwicklungsziele ausgerichtet ist. Es sind zu unterscheiden (*Ziegenbein*):

  ▶ Die ständige **Förderung des technischen Fortschritts**, z. B. durch Verfahrensinnovationen, Produktinnovationen und Ideenverwertung.

  ▶ Die verbesserte **Lösung von Kundenproblemen**, z. B. durch Nutzung verbesserter Technik und laufende Befragung der Abnehmer der Erzeugnisse.

  ▶ Die **Erhöhung der Forschungs- und Entwicklungsproduktivität**, z. B. durch verstärktes Engagement der Forscher und durch Förderung der Kreativität aller Beteiligten.

  ▶ Die **Erweiterung der Ideensammlung**, z. B. durch intensive Gespräche mit Erfindern und gezielte Beobachtung des Verhaltens der Konkurrenten.

  ▶ Die **Beschleunigung neuer Entwicklungsprojekte**, z. B. durch Nutzung von staatlichen Förderungsmitteln und internationalen Ressourcen.

  ▶ Die **Verwertung von Schutzrechten**, z. B. durch Lizenzvergabe, Verkauf von Patenten, Eigennutzung und Fremdbezug von Lizenzen.

  ▶ Die **Verbesserung der Produkthaftung**, z. B. durch längere Haftung für Konstruktions-, Fabrikations- und Instruktionsfehler.

Die Fixierung der Inhalte von Bereichsstrategien darf allerdings nicht dazu führen, dass durch übertriebene Vorgabe von Richtlinien der Blick für Innovationen verschlossen wird.

1.4.6.4 Portfolio-Strategien

Die Portfolio-Strategie ist eine von der Unternehmensleitung formulierte Handlungsanweisung, die sich auf verschiedene Produkte eines Unternehmens bezieht. Sie entwickelt sich über sog. **strategische Geschäftseinheiten**, die einzelne Produkte bzw. Produktgruppen vermarkten (*Steinmann/Schreyögg*).

Werden die Geschäfte eines Unternehmens als **Portfolio** betrachtet, dann sind strategische Entscheidungen auf der entsprechenden Produktbasis zu treffen. Eine Portfolio-Strategie umfasst:

- Eine gründliche **Portfolio-Analyse** (vgl. Kap. E 1.4.3.4), d. h. die detaillierte Untersuchung des betrieblichen Absatzmarktes, deren Ergebnisse sich in hohem oder geringem Marktwachstum niederschlagen, wie es am Beispiel des Vier-Felder-Portfolios bereits erläutert wurde.

- Eine genaue Ermittlung der **Marktposition** des Unternehmens, die sich im niedrigen oder hohen relativen Marktanteil äußert, d. h. in dem eigenen Marktanteil im Verhältnis zur Summe der Marktanteile der drei größten Anbieter.

Die Unternehmensleitung hat zu entscheiden, welche Produkte langfristig zu fördern bzw. welche aus dem Markt zu nehmen sind. **Portfolio-Strategien** beziehen sich auf unterschiedlich positionierte Produkte. Diese können sein:

- **Spitzenprodukte**, die sich sehr gut verkaufen und einen hohen Marktanteil in stark wachsenden Märkten haben.

  Die Unternehmensleitung sollte sie langfristig erhalten und strategisch ausbauen, damit sie am Markt weiterhin als Starprodukte erfolgreich bleiben. Sie kann eine angemessene **Investitionsstrategie** verfolgen und damit Qualitätsprodukte fördern.

- **Verkaufsprodukte**, die sich vergleichsweise gut absetzen lassen und damit die Liquidität des Unternehmens sichern. Es ist allerdings denkbar, dass sich die Chancen des Marktwachstums verschlechtern.

  Für die Unternehmensleitung kommt eine **Abschöpfungsstrategie** infrage um die Marktposition zu halten bzw. möglichst lange zu festigen. Es sind nur zwingend notwendige Investitionen durchzuführen, z. B. der Ersatz einer veralteten Maschine.

- **Nachwuchsprodukte**, die noch nicht lange am Markt verfügbar sind und deshalb (noch) einen geringen Bekanntheitsgrad haben. Die Nachfrage nach diesen Produkten ist deshalb noch nicht stabil.

  Weil sie in einem wachsenden Markt ihre Stärke haben, ist entweder eine **Offensivstrategie** zu erwägen (bei förderungswürdigen Produkten) oder eine **Defensivstrategie**, z. B. bei schlechteren Aussichten.

- **Problemprodukte**, welche die »Sorgenkinder« sind und sich schlecht verkaufen. Es besteht eine geringe Nachfrage und es wird nur noch wenig bzw. kein Überschuss erwirtschaftet.

  Kurzfristig kann eine **Haltestrategie** vertretbar sein, mittelfristig erscheint aber eine **Desinvestitionsstrategie** sinnvoll. Bei niedrigem Wachstum und einem geringen Marktanteil muss die Unternehmensleitung konsequent sein, auch wenn bereits höhere Beträge investiert worden sind.

Die Betrachtung des **Unternehmensführungsprozesses**, der vom Top Management des Unternehmens gesteuert wird, ist damit abgeschlossen. Die hier getroffenen Entscheidungen haben Ausstrahlungswirkung auf die nachgelagerten Bereiche.

 74 ⟩⟩ Seite 461    75 ⟩⟩ Seite 462

2. Bereichsführungsprozesse

Auch in den einzelnen Bereichen des Unternehmens laufen sachbezogene Führungsprozesse ab. Sie entstehen dadurch, dass **Bereichsprozesse** (vgl. Kap. D 2.2) durch Bereichsleiter gesteuert werden. Alle Bereichsleiter haben die Aufgabe die **Geschäftsprozesse** in ihrem Bereich zu beeinflussen, für ihren Bereich Ziele zu setzen, die Wege zur Zielerreichung zu planen, zu realisieren und zu kontrollieren.

Auf der Bereichsebene wird der **taktische Führungsprozess** vollzogen, der mit der **Unternehmensleitung** abzustimmen ist. Im Rahmen der sachbezogenen **Bereichsführung** sind **taktische Entscheidungen** zu treffen.

Es sind folgende Prozesse **sachbezogener Bereichsführung** zu unterscheiden:

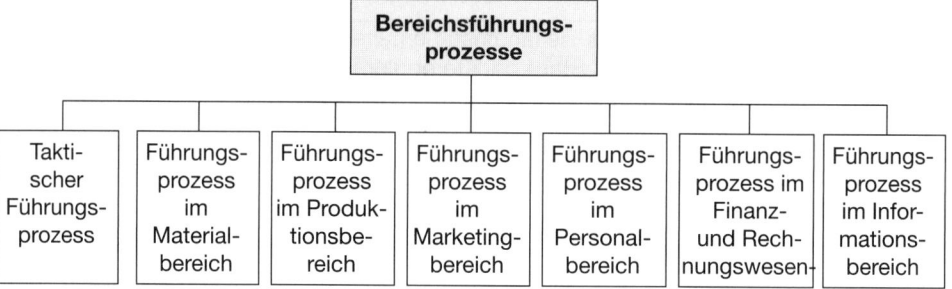

2.1 TAKTISCHER FÜHRUNGSPROZESS

Für die Abwicklung des taktischen Führungsprozesses ist außer der Unternehmensleitung die jeweilige **Bereichsleitung** zuständig. Ein taktischer Managementprozess wird aus den strategischen Prozessüberlegungen abgeleitet.

Er umfasst einen Zeitrahmen von etwa vier bis fünf Jahren. Damit bildet er ein Bindeglied zwischen dem strategischen und dem operativen Prozess.

Dem taktischen Führungsprozess liegt im Großunternehmen nur teilweise eine zentrale Planungsautorität zu Grunde. **Dezentrale** Einflüsse sind meist stärker. Die **Flexibilität** ist kleiner als bei der Gestaltung des strategischen Prozesses, aber größer als beim operativen Prozess. Es sind zu unterscheiden:

• **Taktische Ziele**

• **Taktische Planung**

• **Taktische Realisierung**

• **Taktische Kontrolle**

• **Taktische Steuerung**

• **Taktisches Controlling**.

2.1.1 TAKTISCHE ZIELE

Eine vorrangige Aufgabe der **taktischen Zielbildung** ist die Ableitung mittelfristiger Bereichsziele aus den strategischen Zielen des Unternehmens. Die taktischen Ziele sind Aussagen, die z. B. auf vier bis fünf Jahre von der Unternehmensleitung bzw. der Bereichsleitung festgelegt werden, wie z. B.:

- Mittelfristige Verbesserung der Marktstellung
- Steigerung der mittelfristigen Umsatzrentabilität
- Verbesserung der mittelfristigen Wirtschaftlichkeit
- Mittelfristige Senkung der Personalkosten.

Aus der **Formulierung** der taktischen Ziele sind die mittelfristigen Absichten der Unternehmens- bzw. Bereichsleitung erkennbar.

Die taktischen Ziele erstrecken sich auf alle Bereiche des Unternehmens und sind deshalb differenziert zu betrachten.

Auch die taktischen Ziele sollten **messbar** formuliert sein, damit der jeweilige Bereichserfolg durch die Unternehmens- bzw. Bereichsleitung besser kontrollierbar ist.

2.1.2 Taktische Planung

Die taktische Planung ist ein informationsverarbeitender Prozess, um den **mittelfristigen Erfolg** eines Unternehmens zu sichern.

Sie ist eine **Bereichsplanung**, die über einen Zeitraum um etwa vier bis fünf Jahren erfolgt. Sie wird in Abstimmung mit der Unternehmensleitung auf der oberen bzw. mittleren Führungsebene des Unternehmens vorgenommen.

Üblicherweise wird bei der taktischen Planung vom **mittelfristigen Absatzplan** ausgegangen, der zeigt, wie viele Produkte am Absatzmarkt in den nächsten Jahren voraussichtlich abgesetzt werden.

Aus ihm werden dann sukzessive Produktions-, Material-, Finanz- und Personal- bzw. Erfolgspläne für mehrere Jahre abgeleitet und entsprechende **taktische Budgets** erstellt.

Diese Vorgehensweise ist aber nicht ohne **Schwierigkeiten** möglich, wenn im Unternehmen Engpässe vorhanden sind, die es verhindern, die Möglichkeiten des Absatzmarktes auszuschöpfen.

Die **Effizienz** der taktischen Planung hängt insbesondere von den Fähigkeiten der jeweiligen Aufgabenträger ab. Sie müssen mit der erforderlichen Führungskompetenz ausgestattet und befähigt sein, die nötigen mittelfristigen Entscheidungen selbstständig und richtig zu treffen.

2.1.3 Taktische Realisierung

Die mittelfristig formulierten Ziele und Pläne sind möglichst zu erfüllen und einzuhalten, was in der Praxis nicht einfach ist, weil die Zukunft nur **schwierig** voraussehbar und vorausbestimmbar ist. Der Einfluss von **Störgrößen** ist über mehrere Jahre hinweg nur unter Schwierigkeiten abzuschätzen.

Zur Realisierung der Pläne des mittelfristigen Erfolges tragen folgende **taktische Managementsysteme** bei:

- Das **taktische Leistungsmanagement**, das die mittelfristige Beschaffung, die Produktion und den Absatz in die Wirklichkeit umzusetzen versucht.

  Als **Störgrößen** können mittelfristige Lieferprobleme, veralteter Maschinenpark, Kostendruck durch Niedriglohnländer, falsche Einschätzung des Absatzmarktes und Änderungen der Käuferbedürfnisse genannt werden.

- Das **taktische Finanz- und Rechnungswesen-Management**, das die mittelfristigen Bilanz- und Erfolgsergebnisse erarbeitet und für die mittelfristige Finanzausstattung verantwortlich zeichnet.

  Als **Störgrößen** sind Gegebenheiten denkbar, die durch neue gesetzliche Regelungen bzw. mittelfristige Unterversorgung mit Kapital bedingt sind.

- Das **taktische Personalmanagement**, das den Mitarbeitern die nötigen Anreize gibt, damit die mittelfristig nötigen Beiträge der Mitarbeiter erbracht werden.

  Als **Störgrößen** sind mittelfristige Probleme bei der Personalplanung und Personalbeschaffung zu nennen. Auch Mobbing, Fehlzeiten und Fluktuation sind Einflussgrößen.

- Das **taktische Informationsmanagement**, das mittelfristig die elektronische Datenverarbeitung (EDV) für das Unternehmen und deren Bereiche attraktiv machen soll.

  Als **Störgrößen** sind mittelfristig notwendige Umstellungen auf neue Informationssysteme und Programme denkbar.

Die Realisierung taktischer Maßnahmen stößt in der Praxis häufig auf Schwierigkeiten, weil die mittelfristig wirksamen Störgrößen häufig wenig einschätzbar sind und somit für die Verantwortlichen eine **Herausforderung** darstellen.

Das **taktische Management** hat die anspruchsvolle Aufgabe, in Abstimmung mit der Unternehmensleitung die betrieblichen Bereichsprozesse erfolgreich abzuwickeln. Damit bildet die taktische Realisierung ein wesentliches Element der **taktischen Führung**.

2.1.4 TAKTISCHE KONTROLLE

Die taktische Kontrolle ist ein Prozess, der parallel zur taktischen Planung und Realisierung verläuft und durch Ermittlung von Abweichungen zwischen mittelfristigen Plangrößen und Vergleichsgrößen die Richtigkeit der taktischen Planung überprüft.

Die taktische Kontrolle ist eine kritisch absichernde Begleitung des **Planungsprozesses** im jeweiligen Unternehmensbereich. Damit soll sie vor allem Bedrohungen des bestehenden Bereichskurses rechtzeitig aufdecken und die Notwendigkeit zu einer Veränderung dieses Kurses signalisieren.

Die im Rahmen der taktischen Planung zu Grunde gelegten Voraussetzungen werden laufend auf ihre Gültigkeit hin überprüft. Diese **Kontrolle** begleitet die taktische Planung,

z. B. durch Überprüfung der mittelfristigen Personalbestände bzw. Untersuchung der mittelfristig anfallenden Personalkosten.

Bei **Störungen** im Rahmen der Umsetzung der taktischen Pläne oder bei Abweichungen von definierten taktischen Zielen wird festgestellt, ob eine Abweichung vom gewählten Kurs vorliegt. Es wird dann geprüft, ob die **taktischen Pläne** zu ändern sind.

2.1.5 Taktische Steuerung

Die taktische Steuerung umfasst alle wirksamen Maßnahmen, die auf die Erfüllung der Gesamt- und Bereichsziele ausgerichtet ist. Auf der Basis von Ergebnissen der taktischen Kontrolle werden von der jeweiligen **Bereichsleitung** – in Abstimmung mit der Unternehmensleitung - Steuerungsmaßnahmen für die Bereiche beschlossen.

Deshalb kann hier auch von **Bereichssteuerung** gesprochen werden. Bei ihr handelt es sich um einen zielbezogenen Vorgang, bei dem Daten der verschiedenen Bereiche bestimmte Maßnahmen auslösen.

Auf der Basis von Störgrößen bzw. Kennzahlen sind z.B. folgende **Maßnahmen** der taktischen Steuerung durch die Bereichsleiter zu unterscheiden:

- Bei Problemen der mittelfristigen **Beschaffung** von Roh-, Hilfs- und Betriebsstoffen rechtzeitig neue Lieferkontakte knüpfen.
- Bei veraltetem Maschinenpark die **Produktionskapazitäten** frühzeitig anpassen.
- Bei mittelfristig wirksamem **Kostendruck** durch Niedriglohnländer rechtzeitig reagieren, indem der Produktionsstandort verändert wird.
- Wandlungen der Käuferbedürfnisse durch frühzeitige Maßnahmen der quantitativen und qualitativen **Marktforschung** erkennen.
- Mittelfristige Unterversorgung mit **Kapital** bzw. mittelfristig wirksame Defizite im **Informationsbereich** rechtzeitig beseitigen.

Das **taktische Management** besteht aus der taktischen Planung, Realisierung, Kontrolle und Steuerung. Dabei wird es vom taktischen Controlling unterstützt.

2.1.6 Taktisches Controlling

Das taktische Controlling ist ein **mittelfristiges Controlling** zur Existenzsicherung bzw. zur Gewinnsteuerung des Unternehmens. Auch auf dieser Ebene sollten effiziente Planungs-, Kontroll-, Informations- und Steuerungssysteme eingerichtet werden.

Organisatorisch kann dieses Controlling direkt der jeweiligen **Bereichsleitung** zugeordnet werden. In vielen Großunternehmen unterstützen Organisationseinheiten für Material-, Fertigungs-, Marketing-, Personal- und Finanzcontrolling die mittelfristigen Planungsüberlegungen der verschiedenen Bereichsleiter.

Das taktische Controlling prüft als **Bereichscontrolling** (*Küpper*), ob die von der jeweiligen Leitung verfolgten taktischen Ziele und Pläne eingehalten und erfüllt wurden.

Dabei sollen neue Ereignisse im Unternehmen bzw. am Markt möglichst rasch registriert werden, z. B. welche der taktischen Überlegungen als überholt oder revisionsbedürftig erscheinen. Es sind entsprechende **Steuerungsmaßnahmen** in die Wege zu leiten, um möglichst schnell auf die Ereignisse bzw. Störgrößen reagieren zu können.

Die Controllingaktivitäten beziehen sich vor allem auf die mittelfristige Sicherung der Substanz und **Erfolgssteuerung**. Hier arbeiten Unternehmensleitung und Controlling eng zusammen. Das taktische Controlling hat insbesondere die mittelfristige Ertrags- und Aufwandsentwicklung im Auge zu behalten.

2.2 Führungprozess im Materialbereich

Das Management der Materialwirtschaft hat die Aufgabe, die Materialien des Unternehmens zu beschaffen, zu verwalten, zu verteilen und zu entsorgen (*Arnolds/Heege/Tussing, Bichler/Krohn, Hartmann*). Dabei entsteht der Prozess **materialwirtschaftlicher Führung** (*Oeldorf/Olfert*).

Die **prozessorientierte Bereichsführung** bedeutet für den Materialwirtschaftsleiter, aus den Unternehmenszielen die Beschaffungsziele abzuleiten, die Wege zur Zielerreichung zu planen, die Pläne zu realisieren bzw. die Einhaltung der Pläne zu kontrollieren und bei Bedarf gegenzusteuern.

Es sind als sachbezogene **Materialbereichsführung** zu untersuchen:

- **Materialbezogene Ziele**
- **Materialplanung**
- **Materialbezogene Realisierung**
- **Materialwirtschaftskontrolle**
- **Materialbezogene Steuerung**.

2.2.1 Materialbezogene Ziele

Der materialwirtschaftliche **Führungsprozess** beginnt mit der **Zielsetzung**, die sich auf den Zustand bezieht, den das Unternehmen in Zukunft erreichen möchte. Als materialwirtschaftliches **Oberziel** kann die wirtschaftliche Versorgung des Unternehmens mit den benötigten Materialien gesehen werden.

Daraus können schrittweise folgende **Unterziele** abgeleitet werden (*Oeldorf/Olfert*):

- Die **Sicherungsziele**, die der materialwirtschaftlichen Aufgabenerfüllung unmittelbar dienen. Das sind inbesondere:

Lieferbereit-schaft	Die Bereitstellung der Materialien ist mengen- und termingerecht zu sichern, damit die Produktion ohne Zeitverzug möglich ist.
Flexibilität	Die flexible Anpassung des Unternehmens an Veränderungen des Bedarfs ist kurz- und mittelfristig sicherzustellen.
Qualität	Die Qualität der zu beschaffenden Materialien ist zu erhalten und nach Möglichkeit zu verbessern.
Wirtschaftlich-keit	Die Wirtschaftlichkeit ist durch günstigen Einkauf der Matrialien und rationelle Abwicklung der lagerwirtschaftlichen Aufgaben sicherzustellen.
Kapitalbindung	Die Minimierung des in Vorräten gebundenen Kapitals ist anzustreben, damit dem Unternehmen keine Nachteile entstehen.

- Die **Gestaltungsziele**, die Voraussetzungen für die Erfüllbarkeit der Sicherungsziele im Materialbereich sind. Das können sein:

Sachliche Gestaltungsziele	▶ Unterstützung anderer Funktionsbereiche ▶ Fachliche Kompetenz der Mitarbeiter ▶ Einrichtung effizienter Arbeitsplätze
Soziale Gestaltungsziele	▶ Ansehen des Unternehmens und der Materialwirtschaft steigern ▶ Zusammenarbeit innerhalb und außerhalb der Materialwirtschaft

Die Erreichung der **Materialbereichsziele** bildet eine wesentliche Führungsaufgabe der **Materialwirtschaftsmanager**. Es hat sich hinsichtlich der Effizienz prozessorientierter Führung als vorteilhaft erwiesen, zwischen den Materialmanagern und ihren Mitarbeitern **Leistungsstandards** zu vereinbaren, die später zu kontrollieren sind.

Hier werden die materialwirtschaftlichen Ziele eindeutig nach Inhalt, Ausmaß und Zeit vereinbart und dann den Mitarbeitern vorgegeben.

Beispiel: Die Aufgabe wurde zufrieden stellend erfüllt, wenn die Lagerhaltungs- und Beschaffungskosten im kommenden Jahr um mindestens 3 % gesenkt werden.

Diese Soll-Vereinbarungen sind bindend und werden nach Ablauf der Periode kontrolliert. Die Ergebnisse gehen auch in die Beurteilung des jeweiligen Materialmanagers ein.

2.2.2 MATERIALPLANUNG

Die Materialplanung ist die gegenwärtige gedankliche Vorwegnahme zukünftigen wirtschaftlichen Handels in der **Materialwirtschaft**. Wenn die Ziele des Materialwesens feststehen, ist zu überlegen, auf welchen Wegen diese Ziele erreicht werden sollen.

Die Planung im Materialbereich erfolgt hier vor allem unter taktischen und operativen Aspekten. Zur **Materialplanung** gehören:

- **Materialbedarfsplanung**, welche die zeitliche Vorwegnahme des in einer Periode benötigten Bedarfs an Material nach Art, Menge, Qualität und Zeit ist. Ihre Aufgabe liegt darin, eine kostengünstige Versorgung des Unternehmens mit Roh-, Hilfs- und Betriebsstoffen bzw. Zulieferteilen zu bewirken.

- **Materialbestandsplanung**, welche die gedankliche Vorwegnahme des zukünftigen Materialbestands darstellt. Ihre Aufgabe besteht darin, das Vorhandensein des für das Unternehmen erforderlichen Materials sicherzustellen. Dabei sollen zu geringe Bestände bzw. überhöhte Bestände vermieden werden.

- **Materialbeschaffungsplanung**, die ist vor allem darauf gerichtet, dem Unter-nehmen die benötigten Materialien kostengünstig bzw. art-, mengen-, qualitäts- und zeitgerecht bereitzustellen. Hier wird geplant, welches Material von der Einkaufsabteilung für die Lagerwirtschaft zu bestellen ist.

- **Materialrationalisierung**, die eine ordnungsmäßige Normung, Typung und Mengenstandardisierung anstrebt. Auch die Nummerungstechnik, die ABC-Analyse und die Wertanalyse können Beiträge erbringen. Es geht dabei um materialwirtschaftliche Maßnahmen zur Steigerung der Wirtschaftlichkeit bzw. um die Senkung der Materialwirtschaftskosten.

Die geplanten Maßnahmen sind von den Materialwirtschaftsmanagern so umzusetzen, dass die materialbezogenen Ziele erreicht werden.

2.2.3 MATERIALBEZOGENE REALISIERUNG

Der **Materialbereichsprozess** ist so zu lenken, dass die Ziele und Plandaten möglichst eingehalten werden. Nach der Ermittlung des Bedarfs bzw. der Bestände an Material sind die Materialbeschaffung (**Einkauf**) und die **Lagerung** des Materials durchzuführen.

Die **Schwierigkeiten** der Realisation von Vorhaben im Materialbereich können beispielsweise in folgenden Problemfeldern bzw. Störgrößen begründet sein:

- Die **personenbezogenen Störgrößen**, z. B. Führungsfehler der Materialmanager, falsche Mitarbeiter-Beurteilungen, fehlende Ermunterung des Materialwirtschaftspersonals, mangelnde Anreize für Mitarbeiter, schlechtes Betriebsklima, nachtragende Vorgesetzte.

- Die **internen, sachbezogenen Störgrößen**, z. B. hohe Beschaffungs- und Lagerkosten, ungeeignete Lagerbestandsstruktur, beträchtlicher durchschnittlicher Lagerbestand, geringe Lager-Umschlagshäufigkeit, lange Lagerdauer, zu teure Materialentsorgung.

- Die **externen, sachbezogenen Störgrößen**, z. B. mangelnde Lieferkapazitäten, Beschaffungsprobleme, Angebotsverknappung, Störanfälligkeit der Transportwege, erdrückende Wettbewerbsverhältnisse, zu hohe Beschaffungspreise, Kapazitätsauslastung der Hauptlieferanten.

Aus Sicherheitsgründen ist Sorge dafür zu tragen, dass für jedes Beschaffungsobjekt mindestens zwei **Lieferanten** vorhanden sind. Im Hinblick auf die Größe des Lieferanten muss die Krisenfestigkeit gewahrt bleiben. Konstante Beschaffungspreise sind vonnöten.

Die Leistungsfähigkeit des Lieferanten sollte erhalten bleiben, denn es steigt die Gefahr von Lieferungsengpässen, wenn die **Zulieferer** ihren Verpflichtungen nicht nachkommen.

2.2.4 MATERIALWIRTSCHAFTSKONTROLLE

Die Materialkontrolle im engeren Sinne gilt als Abnahmeprüfung und bildet im weiteren Sinne als Materialwirtschaftskontrolle eine Phase des **Führungsprozesses** im Materialbereich.

Die **Materialwirtschaftskontrolle** umfasst:

- Die **Soll-Ist-Überwachung**, die mit der Erfassung der materialwirtschaftlichen Ist-Werte beginnt. Diese werden mit den Soll-Werten verglichen um die Soll-Ist-Abweichungen ermitteln zu können, z. B. Vergleich des Soll-Ist-Materialverbrauchs, des Soll-Ist-Materialbestands, der Soll-Ist-Qualität und des Soll-Ist-Preises.

- Die **Kennzahlen-Überwachung**, die z. B. Kennzahlen zu Lagerbeständen, zur Lieferbereitschaft, zu den Beschaffungskosten bzw. Bestellkosten und zu den Lagerhaltungskosten liefert. In der Praxis wird auch folgende Kennzahl genutzt:

$$\text{Materialwirtschaftskennzahl} = \frac{\text{Beschaffungskosten} \cdot 100}{\text{Einkaufsvolumen}}$$

Auch Kennzahlen zur Einkaufspreisveränderung sind denkbar (*Siegwart*). Der Einfluss des Einkaufs auf die Kostenwirtschaftlichkeit sollte nicht unterschätzt werden. Die Lagerbestände sind so gering wie möglich zu halten, damit dem **Just-in-time-Prinzip** entsprochen werden kann.

- Die **Untersuchung von Soll-Ist-Abweichungen** bzw. von Kennzahlen-Abweichungen um Aufschlüsse über die Gründe zu erhalten. Wenn diese bekannt sind, können Steuerungsmaßnahmen eingeleitet werden.

Durch die Materialwirtschaftskontrolle werden erforderliche Änderungen ausgelöst, z. B. die Beschaffung von Rohstoffen bei preisgünstigeren Lieferanten, Veränderung der Lagerstruktur, Erhöhung der Lagerumschlagshäufigkeit.

2.2.5 MATERIALBEZOGENE STEUERUNG

Die Materialbezogene Steuerung umfasst alle Maßnahmen der Materialbereichsleitung, die dem Erreichen materialwirtschaftlicher Ziele dienen. Sie ist ein zielbezogener Vorgang, bei dem Materialbereichsdaten bestimmte Aktionen für den Materialbereich auslösen.

Ausgehend von möglichen Störgrößen bzw. Kennzahlen der Materialwirtschaft sind z.B. folgende **Maßnahmen** der materialbereichsbezogenen Steuerung zu unterscheiden:

- Bei hohen Beschaffungs- und **Lagerkosten** sind von den Materialmanagern z.B. preisgünstige Lieferanten zu suchen.

- Auf eine fehlerhafte **Lagerbestandsstruktur** ist von den Verantwortlichen z.B. mit Neuorganisation zu reagieren.

- Bei häufigen **Unfällen** im Lager ist z.B. ein Sicherheitskonzept zu entwickeln.

- Bei geringer Lager-**Umschlagshäufigkeit** ist die U-Häufigkeit zu erhöhen.

- Bei zu langer **Lagerdauer** sind je nach Möglichkeit weniger Waren einzulagern oder mehr Waren abzurufen.

- Wenn die **Materialentsorgung** zu teuer ist, sind recycelbare Produkte einzusetzen.

Bei der materialbezogenen Steuerung kann das **Materialmanagement** vom **Materialcontrolling** beratend unterstützt werden (*Hartmann, Oeldorf/Olfert*).

Der Bereichscontroller koordiniert die Aktivitäten des Managements bei der Wahrnehmung der Materialplanung bzw. bei der Materialkontrolle und informiert die Interessenten über ein zweckentsprechendes Berichtssystem.

Effektives **Materialcontrolling** ist den Tätigkeitsfeldern des Materialbereichs parallel- bzw. übergelagert. Es wird auch **Beschaffungscontrolling** genannt (*Jung*).

76 〉〉 Seite 462

2.3 FÜHRUNGSPROZESS IM PRODUKTIONSBEREICH

Die **Produktionswirtschaft** umfasst die Gesamtheit der Einrichtungen und Maßnahmen der industriellen Leistungserstellung (*Blohm u. a., Ebel, Olfert/Rahn*).

In den meisten Fällen werden die Begriffe **Produktion** und **Fertigung** synonym verwendet (*Corsten, Fandel, Hansmann*).

Prozessorientierte Bereichsführung bedeutet für den Leiter der Produktionswirtschaft, die Ziele entsprechend der Unternehmensziele festzulegen, die Wege zur Zielerreichung zu planen, zu realisieren, zu kontrollieren und zu steuern.

Es sind als sachbezogene **Produktionsbereichsführung** zu untersuchen:

- **Produktionsziele**
- **Produktionsplanung**

- **Produktionsrealisierung**

- **Produktionskontrolle**

- **Produktionssteuerung**.

2.3.1 PRODUKTIONSZIELE

Am Anfang des materialwirtschaftlichen Führungsprozesses steht die **Zielsetzung**. Die Produktionsziele werden aus den Unternehmenszielen abgeleitet und können sein:

▶ Verringerung der Durchlaufzeit	▶ Optimale Kapazitätsausnutzung
▶ Minimierung der Kapitalbindung	▶ Verringerung der Rüstkosten
▶ Einhaltung der Produktionstermine	▶ Senkung der Transportkosten
▶ Schnelle Bereitstellung der Werkstoffe	▶ Wenig Leerzeiten bei der Produktion
▶ Möglichst geringe Ausschussmengen	▶ Flexible Ausstattung mit Betriebsmitteln
▶ Hohe Anpassungsfähigkeit an Änderungen im Produktionsbereich	▶ Ergonomisch gestaltete Arbeitsplätze
	▶ Geringe Schadstoffbelastung
▶ Erhöhung der Produktqualität	▶ Geringer Ressourcenverbrauch

Die Erreichung der Produktionsbereichsziele ist eine wesentliche Führungsaufgabe der **Produktionsmanager**. Im Rahmen der prozessorientierten Führung im Produktionsbereich ist es anstrebenswert, dass die Produktionsmanager mit ihren Mitarbeitern **Leistungsstandards** vereinbaren, die später zu kontrollieren sind.

Beispiel: Die Aufgabe wurde zufrieden stellend gelöst, wenn die Produktionsausschussware im nächsten Vierteljahr um 4 % gesenkt wird.

Diese Absprachen sind für beide Seiten verpflichtend und unterliegen nach Abschluss der Periode einer Kontrolle. Die Leistungen des Produktionspersonals werden entsprechend der Erfüllung der Leistungsstandards bewertet.

2.3.2 PRODUKTIONSPLANUNG

Die Planung im Produktionsbereich nimmt das zukünftige wirtschaftliche Handeln gedanklich vorweg. Sie wird auch **Fertigungsplanung** genannt. Liegen die produktionswirtschaftlichen Ziele fest, wird geplant, über welche Wege die Ziele erreicht werden sollen.

Zur Produktionsplanung zählen (*Ebel, Schuh*):

- **Erzeugnisplanung**, welche die Festlegung bzw. Beschreibung der Merkmale eines Erzeugnisses umfasst, das in das Produktionsprogramm des Unternehmens aufgenommen wird und sich z. B. auf die Zeichnung, die Stückliste, den Verwendungsnachweis und die Nummerung bezieht.

- **Programmplanung**, die sich auf die Breite und Tiefe des Produktionsprogramms bezieht. Sie betrifft die zu fertigenden Erzeugnisse unter Angabe der Arten, Mengen und der entsprechenden Zeiten. Diese Planung enthält die verbindliche Aufgabenstellung für die Produktionsdurchführung und wird auch Produktionsprogrammplanung genannt. Sie ist sehr eng mit der Bereitstellungsplanung verbunden.

- **Arbeitsplanung**, welche die für die Produktion nötigen Arbeitspapiere, z. B. Terminkarten, Laufkarten, Materialentnahmescheine und Lohnscheine erzeugt. Auch Prüfanweisungen, Einrichtepläne, Werkzeug-Wechselpläne und allgemeine Produktionsvorschriften sind hier zu nennen. Das Ergebnis ist der Arbeitsplan.

- **Produktionsprozessplanung**, die alle Aktivitäten umfasst, die die gedankliche Vorwegnahme des zu realisierenden Produktionsablaufs betreffen und wird auch Produktionsprozessplanung oder Produktionsvollzugsplanung genannt und besteht aus der Arbeitsplanung, Produktionsprozessplanung, Zeitplanung und Terminplanung.

2.3.3 Produktionsrealisierung

Die Produktionsrealisierung wird von den Verantwortlichen der Produktionswirtschaft durchgeführt. Der **Produktionsbereichsprozess** ist von den **Produktionsmanagern** so zu steuern, dass die Ziele und Plandaten möglichst eingehalten werden.

Die Durchführung der Produktion ist zielgerecht aufgrund gegebener Aufträge zu veranlassen. Die Vorgaben sind bei allen Produktionsstellen durchzusetzen. Bei der Produktion selbst muss mit Störungen gerechnet werden.

Die **Produktionsstörung** ist eine kurzzeitige oder länger anhaltende, negative Beeinträchtigung der Produktionsrealisierung. Folgende Störgrößen können die Produktionsdurchführung beeinflussen:

- **Arbeitsbedingte Störungen** als Beeinträchtigungen, die entweder allein oder überwiegend durch Arbeitskräfte bedingt sind, z. B. durch Erkrankungen, Arbeitsunfälle, kurzfristige Urlaubsinanspruchnahme, unentschuldigte Arbeitsversäumnisse, Streiks und Aussperrungen, Arbeitsfehler, die zu Ausschuss oder Mehrarbeit führen.

- **Anlagenbedingte Störungen** als die durch Betriebsmittel veranlassten Abweichungen von der Produktionsplanung, z. B. durch Maschinenausfälle, Defekte, Energieunterbrechungen mit Anlagenausfall, Mängel an Maschinen und Werkzeugen, nichtplanmäßige Verlängerungen von Wartungsarbeiten, Ausschuss aufgrund ungenügender qualitativer Leistungsfähigkeit von Anlagen.

- **Materialbedingte Störungen** als negative Beeinflussungen, die durch Werkstoffe, Halbfabrikate oder Teile bedingt sind, z. B. fehlerhafte Roh-, Hilfs- und Betriebsstoffe, falsche Materialabmessungen, Materialfehler durch Transportschäden, qualitativ nicht genügende Materialien, Materialverwechslungen, Mengendifferenzen.

- **Dispositionsbedingte Störungen** als Fehler bei der Planung, Organisation oder Führung, z. B. mangelhafte Terminplanung, fehlerhafte Transportorganisation.

Im Hinblick auf die Zielerreichung der Produktion wirken Produktionsstörungen z. B. als Terminabweichungen, mangelhafte Kapazitätsauslastung und erhöhte Ausschusszahlen. Die Erkennung und Beseitigung von Produktionsstörungen ist eine wesentliche Aufgabe der Produktionskontrolle bzw. Produktionssteuerung.

2.3.4 PRODUKTIONSKONTROLLE

Die Produktionskontrolle wird auch **Fertigungskontrolle** genannt. Sie bildet eine Phase des Führungsprozesses und umfasst die Überwachung und Untersuchung der gesamten Fertigung.

Im Rahmen der Überwachung werden Soll-Ist-Vergleiche mit anschließender Analyse für den Produktionsbereich durchgeführt und Kennzahlen festgelegt, die den Erfolg der produktionswirtschaftlichen Bemühungen offen legen sollen. Die Wirtschaftlichkeit der Leistungserstellung rückt als Wettbewerbswaffe immer stärker in den Vordergrund.

Nach *Siegwart* sind produktionswirtschaftliche **Kennzahlen** festzulegen, welche den Erfolg des ständigen Bemühens um Verbesserung der **Wirtschaftlichkeit** bzw. der **Produktivität** ermitteln. Besonders bedeutsame Kennzahlen für die Produktionswirtschaft beziehen sich auf:

- Den Einsatz von **Produktionsfaktoren**, wie z. B. Ausschussquote, Materialabfall, Energieverbrauch, Werkzeugverbrauch und optimale Losgröße.

- Die **Kapazität** und die **Beschäftigung**, z. B. der Grad der Kapazitätsauslastung und der Beschäftigungsgrad. Als Folge stark steigender Fixkosten kommt einer optimalen Kapazitätsauslastung erste Priorität zu.

- Die **Forschung und Entwicklung**, z. B. auf den Entwicklungskostenanteil, den nötigen Mindestumsatz zur Deckung der Entwicklungskosten, Innovationskraft.

Die Erfüllung entsprechender Kennzahlen kann an den Kennziffern der Branche bzw. an denjenigen der wichtigsten Konkurrenten gemessen werden.

2.3.5 PRODUKTIONSSTEUERUNG

Die Produktionssteuerung umfasst alle Maßnahmen der Leitung des Produktionsbereichs, die der Erfüllung produktionswirtschaftlicher Ziele dienen. Sie wird häufig mit der Produktionsplanung zusammengefasst (**PPS-System**). Die Produktionssteuerung ist ein zielbezogener Vorgang, bei dem Produktionsbereichsdaten bestimmte Maßnahmen für den Produktionsbereich auslösen (*Blohm u. a., Schuh*).

Ausgehend von den oben dargestellten Störgrößen bzw. Kennzahlen sind folgende Maßnahmen der **Fertigungssteuerung** bzw. **Produktionssteuerung** zu unterscheiden:

- Um **Maschinenausfälle** zu vermeiden, sind die zur Produktion benötigten Maschinen regelmäßig zu warten, damit sie funktionsfähig bleiben.

- Energiebedingtem **Anlagenausfall** ist z. B. durch Notstromversorgung zu begegnen, z. B. durch Einsatz von USV-Notstromaggregaten.

- Auf kurzfristige **Personalausfälle** ist z. B. mit Springereinsatz zu reagieren.

- Bei hoher **Ausschussquote** sind die Ursachen für die Fehlentwicklung zu klären und ist der Ausschuss zu verringern.

- Bei Anlieferung **fehlerhafter Rohstoffe** ist der Einkauf zu informieren und ist den Lieferanten Druck zu machen.

- Bei Differenzen in den **Beschaffungsmengen** sind Eingangskontrolle und Beschaffungs-Logistik zu verbessern.

- Bei **Terminüberschreitungen** bei der Warenlieferung ist mit dem Einbau von Zeitreserven und Planoptimierungen zu reagieren.

- Bei **fehlerhafter Warenlieferung** Sicherheitsbestände zum Abruf bereitstellen.

Bei der Produktionssteuerung kann das **Produktionsmanagement** vom **Produktionscontrolling** beratend unterstützt werden (*Ebel, Friedl, Jung, Küpper*). Dieser Bereichscontroller koordiniert die Aktivitäten des Managements bei der Wahrnehmung der Produktionsplanung bzw. bei der Produktionskontrolle und informiert die Interessenten über ein zweckentsprechendes Berichtssystem.

Das effektive Produktionscontrolling, das auch **Fertigungscontrolling** genannt wird, ist den Tätigkeitsfeldern des Produktionsbereichs parallel- bzw. übergelagert.

2.4 FÜHRUNGSPROZESS IM MARKETINGBEREICH

Das **Marketing** ist der Ausdruck eines marktorientierten, unternehmerischen Denkstils und Handelns. Es hat die Aufgabe, bestehende Absatzmärkte zu durchdringen und auszuschöpfen sowie neue Absatzmärkte zu erkunden und zu erschließen (*Köhler, Meffert, Nieschlag/Dichtl/Hörschgen, Weis*).

Prozessorientierte Bereichsführung heißt für den Leiter des Marketingbereichs, die Marketingziele entsprechend der Unternehmensziele festzulegen, die Wege zur Zielerreichung zu planen, zu realisieren, zu kontrollieren und zu steuern.

Es sind als sachbezogene **Marketingbereichsführung** zu untersuchen:

- **Marketingziele**

- **Marketingplanung**

- **Marketingrealisierung**

- **Marketingkontrolle**

- **Marketingsteuerung**.

2.4.1 MARKETINGZIELE

Die Marketingziele sind normative Aussagen, die einen gewünschten zukünftigen Zustand des Marketingbereichs beschreiben.

Nach *Köhler* können folgende **Marketingziele** unterschieden werden:

- Die **unternehmensbezogenen** Marketingziele, z. B. Steigerung der Umsatzerlöse, Senkung der Marketingkosten, Erwirtschaften von Deckungsbeiträgen, Erzielen von Nettogewinnen, Erwirtschaften von Renditen.

- Die **umfeldbezogenen** Marketingziele, z. B. Erhöhung des Bekanntheitsgrades, Verwirklichen der Distribution, Erreichen der Marktdurchdringung, Durchsetzen von Wiederkaufraten, Erhöhung von Marktanteilen bzw. des Absatzvolumens, positive Einstellung von Nachfragern, Ausschalten von Konkurrenten, Kundenzufriedenheit.

Die Erfüllung der **Marketingsbereichsziele** bildet eine wesentliche Aufgabe der Marketingmanager. Im Rahmen der prozessorientierten Führung hat es sich bewährt, Leistungsstandards für das Marketingpersonal zu vereinbaren.

Beispiel: Die Aufgabe wurde zufrieden stellend gelöst, wenn der Umsatz für das Produkt S im kommenden Halbjahr um 5 % gesteigert wird.

2.4.2 MARKETINGPLANUNG

Die Marketingplanung ist die systematische Vorwegnahme des zukünftigen Marktgeschehens. Sie hat sich an den Marketingzielen auszurichten, die vom Leitbild des Unternehmens bestimmt werden.

Auf der Grundlage der **Marketingziele** ist zu bestimmen, auf welche Art und Weise diese Ziele zu erreichen sind. Die Marketingplanung besteht aus mehreren Teilplanungen, die zu koordinieren sind und folgende Pläne umfassen:

- Den **Absatzplan**, der im engeren Sinne ein Absatz**mengen**plan ist. Er zeigt z. B. die Produktarten, Abnehmergruppen und Absatzgebiete. Als kurzfristiger Plan dient er der Produktionsplanung, langfristig ist er für die Dimensionierung der Kapazitäten von Bedeutung.

- Den **Marketing-Maßnahmenplan**, der geplante Maßnahmen zur Produkt-, Kontrahierungs-, Distributions- und Kommunikationspolitik enthält. Er zeigt terminbezogen das Aktionsprogramm des Marketingmanagements.

- Den **Marketing-Kostenplan**, der alle Kosten enthält, die durch den Absatz der Produkte am Markt entstehen. Diese Kosten gehen in das Marketingbudget ein, dessen Daten für das Marketingmanagement verbindlich sind.

Hinzu kommt die **Marktforschung** als systematische und methodisch einwandfreie Untersuchung eines Marktes mit dem Ziel, präzise Marketing-Informationen zu erlangen.

2.4.3 MARKETINGREALISIERUNG

Die Marketingplanung ist Grundlage für die Durchführung des **Marketingbereichsprozesses**. Er ist in der Realisierungsphase so zu steuern, dass die Ziel- und Plandaten möglichst eingehalten werden.

Dabei sind die Bedingungen des **Absatzmarktes** zu berücksichtigen, d. h. das wirtschaftlich relevante Umfeld des Unternehmens ist einzubeziehen, in dem entsprechende Austauschbeziehungen zwischen dem Anbieter und Nachfragern erfolgen.

Im Rahmen der Realisierung der Gegebenheiten des Marketingbereichs werden vom Bereichsleiter folgende **Instrumente des Marketing** eingesetzt:

- **Produktpolitik**, die sich mit der marktgerechten Gestaltung des Leistungsangebots in Unternehmen von der Ideenfindung bis zur marktreifen Umsetzung befasst, z. B. Programmpolitik, Sortimentspolitik, Kundendienstpolitik und Garantieleistungspolitik.

- **Kontrahierungspolitik**, die alle Maßnahmen umfasst, welche dazu beitragen können, den Abschluss eines Kaufes auszulösen, z. B. Preis- bzw. Rabattbedingungen, Liefer- und Zahlungsbedingungen.

- **Distributionspolitik**, die alle Entscheidungen und Maßnahmen betrifft, die mit dem Weg des Produkts oder einer Dienstleistung vom Hersteller zum Verbraucher oder Verwender zu fällen sind, z. B. zu direkten oder indirekten Absatzwegen und zur Marketinglogistik.

- **Kommunikationspolitik**, die dazu dient, den Kontakt zwischen dem anbietenden Unternehmen und den potenziellen Abnehmern herzustellen, z. B. durch Werbung, Verkaufsförderung, persönlichen Verkauf, Öffentlichkeitsarbeit, Sponsoring und Product-Placement.

Die Schwierigkeiten der Realisation von Vorhaben im Marketingbereich können in folgenden **Störgrößen** begründet sein:

- Der Kostendruck durch Niedriglohnländer, z. B. in Osteuropa
- Die schrumpfenden Binnenmärkte, z. B. bei Marktsättigung
- Der Wertewandel bei den Kunden, z. B. bezüglich Qualitätsbewusstsein, Mode
- Der Rückgang der Kaufkraft, z. B. wenn die Einkommen der Verbraucher sinken
- Die Aktivitäten der Konkurrenzunternehmen, z. B. Senken der Produktpreise
- Die gesetzlichen Einflüsse durch den Staat, z. B. Einführung der Ökosteuer
- Die Einflüsse durch neue Technologien, z. B. neue Computer-Software
- Die Unzufriedenheit von Kunden mit bestimmten Produkten.

2.4.4 Marketingkontrolle

Die Marketingkontrolle umfasst die ständige, systematische Überwachung und Untersuchung der gesamten Marketingarbeit. Diese umfasst:

- Die **Soll-Ist-Überwachung**, die mit der Erfassung der marketingbezogenen Ist-Werte beginnt, die mit den Soll-Werten verglichen werden, z. B. durch Vergleich der Umsätze bzw. Marketingkosten.

Da die Höhe der **Marketingkosten** einen erheblichen Einfluss auf den Erfolg des Unternehmens hat, sind diese besonders sorgsam zu überwachen:

- ▸ Die **verwaltungsbezogenen** Marketingkosten, z. B. Kosten der Marketing- bzw. Verkaufsleitung, Kosten der Planung und Kontrolle.

- ▸ Die **Umsatz erzielenden** Marketingkosten, z. B. Werbungskosten, Verkaufsförderung, Kosten des Außendienstes, Reisekosten.

- ▸ Die **umsatzrealisierenden** Marketingkosten, z. B. Kosten der Rechnungsschreibung, (Ausgangsrechnung) des Versands, der Verpackung.

- Die **Kennzahlen-Überwachung**, die nach *Siegwart* z. B. Marktgrößen, Marktanteile, Deckungsbeiträge, Fertiglagerbestände und Lieferbereitschaft umfasst.

Nach der Überwachung setzt die **Untersuchung** ein, um Aufschlüsse über die Gründe der Soll-Ist-Abweichungen zu erhalten. Dann können entsprechende Steuerungsmaßnahmen ergriffen werden.

2.4.5 MARKETINGSTEUERUNG

Die Marketingsteuerung ist Ausdruck aller Maßnahmen der Marketingbereichsleitung, die der Erfüllung marketingbezogener Ziele dienen. Sie ist ein Vorgang, bei dem Marketingdaten bestimmte Aktionen für den Marketingbereich auslösen.

Den **Störgrößen** bzw. Kennzahlen im Marketingbereich kann z.B. mit folgenden **Maßnahmen** der Marketingbereichssteuerung begegnet werden:

- Bei gegebener **Marktsättigung** sind neue Abatzmärkte zu erschließen.

- Bei **Preisdruck** ist mit einer veränderten Kontrahierungspolitik zu reagieren.

- Beim Wandel der **Nachfragestruktur** ist verstärkte Marktforschung zu betreiben.

- Bei einem Rückgang der **Kaufkraft** sollte versucht werden, durch Einsparungspotenziale die Absatzpreise zu senken.

- Bei kundenwirksamen Aktivitäten der **Konkurrenten** ist gute Produktqualität zu günstigem Preis anzubieten.

- Bei **Umstellungsproblemen** auf die neuen Technologien sind die Verkäufer so zu schulen, dass sie auf dem neuesten Stand sind.

- Bei **Kundenklagen** über die mangelnde Produktqualität ist unbedingt das Qualitätsmanagement zu verbessern.

- Bei Schwierigkeiten im Rahmen der **Distributionspolitik** sind wirksame Sonderverkaufsaktionen zu starten.

- Bei **Absatzproblemen** sollten die Verantwortlichen nach neuen Absatzwegen suchen. Außerdem kann die Werbung verstärkt werden.

Das **Marketingmanagement** kann dabei vom **Marketingcontrolling** beratend unterstützt werden (*Ehrmann, Jung, Link/Gerth/Voßbeck, Reineke/Tomczak, Weis*). Dieser Bereichscontroller koordiniert die folgenden Tätigkeitsfelder des Marketingmanagements:

| ▶ Marketingplanung | ▶ Marketingkontrolle |
| ▶ Marketingsteuerung | ▶ Informationsversorgung |

Das effektive **Marketingcontrolling** ist den Aktivitäten des Marketingbereichs parallel- bzw. übergelagert. Die an den Daten des Marketingbereichs interessierten Personen werden über ein differenziertes Berichtssystem informiert.

2.5 Führungsprozess im Personalbereich

Die **Personalwirtschaft** (*Hentze/Kammel, Jung, Olfert*) bzw. das betriebliche **Personalwesen** (*Gaugler/Oechsler/Weber*) bzw. das **Personalmanagement** (*Berthel/Becker, Scholz*) beschäftigen sich mit dem betrieblichen Personalbereich.

Der **Personalbereich** nimmt mitarbeiterbezogene Aufgaben der Gestaltung und Verwaltung im Unternehmen wahr. In diesem Bereich erfolgen alle planenden, steuernden und kontrollierenden Aktivitäten, welche auf die im Unternehmen tätigen Arbeitskräfte ausgerichtet sind (*Olfert/Rahn*).

Die **prozessorientierte Bereichsführung** bedeutet für den Personalleiter, aus den Unternehmenszielen die personalwirtschaftlichen Ziele abzuleiten, die Wege zur Zielerreichung zu planen, zu realisieren, zu kontrollieren und zu steuern (*Rahn*).

Es sind als sachbezogene **Personalbereichsführung** zu untersuchen:

- **Personalbezogene Ziele**

- **Personalplanung**

- **Personalbezogene Realisierung**

- **Personalbezogene Kontrolle**

- **Personalbezogene Steuerung**.

2.5.1 Personalbezogene Ziele

Der personalwirtschaftliche Führungsprozess setzt bei den **Zielen** an, die das Unternehmen in Zukunft erreichen möchte. Die Ziele des Personalbereichs sind für die Führungskräfte und Mitarbeiter bindende Aussagen, die den gewünschten zukünftigen Zustand der Personalwirtschaft beschreiben.

Es sind folgende **Personalziele** zu unterscheiden:

- **Wirtschaftliche Ziele**

  ▶ Senkung der Personalkosten
  ▶ Erhöhung der Arbeitsproduktivität und Wirtschaftlichkeit
  ▶ Erhöhung der Kreativitätsbeiträge des Personals
  ▶ Verbesserung der Arbeitsorganisation
  ▶ Rationalisierung, z. B. durch Freisetzung von Personal

- **Soziale Ziele**

  - Anreize für Mitarbeiter
  - Einführung des kooperativen Führungsstils
  - Schaffung von mehr Arbeitszufriedenheit

- **Sonstige Ziele**

  - Ausreichende Bereitstellung von Personalkapazität
  - Die »richtige Person an den richtigen Platz« bringen
  - Budgetziele für das Personalwesen verwirklichen
  - Qualifikation der Mitarbeiter der Personalabteilung verbessern
  - Fluktuation der Mitarbeiter verringern.

Das Erfüllung der **Personalbereichsziele** bildet in der Unternehmenspraxis die vorrangige Führungsaufgabe der **Personalmanager**.

Es hat sich hinsichtlich der Effizienz prozessorientierter Führung als vorteilhaft erwiesen, zwischen den Personalmanagern und ihren Mitarbeitern **Leistungsstandards** zu vereinbaren, die später zu kontrollieren sind.

Hier werden die personalwirtschaftlichen Ziele eindeutig nach Inhalt, Ausmaß und Zeit vereinbart und dann im Führungsprozess vorgegeben. Für einen Personalleiter kann folgende Vereinbarung gelten:

Beispiel: Die Aufgabe wurde zufrieden stellend gelöst, wenn sich im kommenden Geschäftsjahr die gesamten Personalkosten nur um 2 % erhöhen und sich die Fluktuationsrate um 1 % verringert.

Diese Soll-Vereinbarungen sind bindend und werden nach Ablauf der Periode kontrolliert. Die Ergebnisse gehen auch in die **Beurteilung** der Betroffenen ein. Die Beurteilungen beziehen sich auf die Leistung, das Verhalten und ggf. das Führungsverhalten.

2.5.2 Personalplanung

Die Personalplanung ist die gegenwärtige gedankliche Vorwegnahme zukünftigen wirtschaftlichen Handelns in der **Personalwirtschaft**. Liegen die Ziele des Personalwesens fest, ist zu überlegen, auf welchen Wegen diese Ziele zu erreichen sind.

Zur Personalplanung gehören:

- **Individualplanung**, die sich auf die einzelnen Mitarbeiter des Unternehmens bezieht, z. B. auf Laufbahnplanung, Besetzungsplanung, Nachfolgeplanung, Entwicklungsplanung und Einarbeitungsplanung. Hier ist die Bereitschaft der Mitarbeiter nötig an der Realisierung mitzuwirken.

- **Kollektivplanung**, die auf die Gesamtheit des Personals im Unternehmen ausgerichtet ist, z. B. auf personalbezogene Bestands- bzw. Bedarfsplanung, Einsatzplanung, Veränderungsplanung, Entwicklungs- und Kostenplanung. Hier geht es um quantitative, qualitative und zeitliche Aspekte der kollektiven Personalplanung.

Die für die Personalplanung Verantwortlichen haben dafür Sorge zu tragen, dass die Arbeitskräfte in der erforderlichen Qualität und Quantität am richtigen Ort und zum richtigen Zeitpunkt zur Verfügung stehen.

2.5.3 Personalbezogene Realisierung

Die personalbezogene Realisierung ist Ausdruck der Durchführung des personalwirtschaftlichen Geschehens. Der **Personalbereichsprozess** ist vom **Personalmanagement** so zu lenken, dass die Ziele und Plandaten nach Abschluss der Geschäftsperiode erreicht werden.

Das Personalmanagement hat die Personalbeschaffung, den Personaleinsatz, die Personalentlohnung, die Personalentwicklung, die Personalverwaltung und die Personalfreistellung plangerecht abzuwickeln.

Die Schwierigkeiten der Realisation von Vorhaben im Personalbereich können beispielsweise in folgenden Problemfeldern bzw. **Störgrößen** begründet sein:

- **Bereichsübergreifende Störgrößen**

  ‣ Tarifabschlüsse, die über die Arbeitsproduktivität hinausgehen
  ‣ Überzogene Gehaltsforderungen
  ‣ Überhöhte Reisekostenabrechnungen
  ‣ Zu geringes Engagement der Aufgabenträger in den Fachabteilungen
  ‣ Schlechtes Betriebsklima und schlechter Führungsstil
  ‣ Fehlerhafte Beurteilungen.

- **Bereichsbezogene Störgrößen**

  ‣ Fehlerhafte Personalplanung
  ‣ Beschaffung zu gering qualifizierter Mitarbeiter
  ‣ Falsche Person am falschen Platz
  ‣ Keine ausreichenden Personalentwicklungsmaßnahmen
  ‣ Falsche Entlohnungsmaßstäbe
  ‣ Mängel in der Personalverwaltung.

Die zweckentsprechende Realisierung der Personalwirtschaft ist für jedes Unternehmen besonders bedeutsam, weil dessen **Erfolg** direkt vom Engagement und der Qualifikation seines Personals abhängig ist.

2.5.4 Personalbezogene Kontrolle

Die personalbezogene Kontrolle wird auch **Personalwirtschaftskontrolle** bzw. abkürzend **Personalkontrolle** genannt und bildet eine bedeutene Phase im Führungsprozess des Personalbereichs. Sie soll dem Prinzip der Humanität gerecht und nicht übertrieben wahrgenommen werden.

Die personalbezogene Kontrolle umfasst:

- Die **Soll-Ist-Überwachung**, die mit der Erfassung der personalwirtschaftlichen Ist-Werte beginnt. Diese werden den Soll-Werten gegenübergestellt, um die Soll-Ist-Abweichungen ermitteln zu können, z. B. Vergleich der Soll-Ist-Personalkosten und Vergleich der Soll-Ist-Fehlzeiten.

- Die **Kennzahlen-Überwachung**, die sich z. B. auf Kennzahlen zur Arbeitsproduktivität, Anzahl der Mitarbeiter, Personalkosten im Verhältnis zum Umsatz bezieht. Außerdem sind Kennzahlen zur Altersstruktur, Fluktuation, Leistungsgrad, Durchschnittslohn und Sozialleistungen in Prozent der Lohnsumme von Bedeutung (*Siegwart*).

- Die **Untersuchung von Soll-Ist-Abweichungen** bzw. von Kennzahlen-Abweichungen, um Aufschlüsse über die Gründe zu erhalten. Die Untersuchung des Per-sonalbereichs ist vergangenheits- und zukunftsorientiert und hat sehr gründlich zu erfolgen.

Oberflächliche Kontrollen der Gegebenheiten des Personalbereichs führen zu fehlerhaften Ausgangsbetrachtungen und damit u. U. zu falschen Steuerungsmaßnahmen der Personalmanager.

2.5.5 Personalbezogene Steuerung

Die personalbezogene Steuerung betrifft alle Maßnahmen der Personalbereichsleitung, die der Erfüllung personalwirtschaftlicher Zielsetzungen dienen. Sie ist ein zielbezogener Vorgang, bei dem Personalbereichsdaten bestimmte Aktionen für den Personalbereich auslösen.

Bei möglichen **Störgrößen** der Personalwirtschaft sind z. B. folgende **Maßnahmen** der personalbezogenen Steuerung möglich:

- Bei zu hohen Gehaltsforderungen sind die Fordernden zu bremsen
- Bei zu geringem Engagement der Mitarbeiter ist für eine bessere Motivation zu sorgen
- Bei fehlender Qualifikation der Mitarbeiter die Personalentwicklung voranbringen
- Bei schlechtem Betriebsklima private Treffen organisieren
- Den autoritären Führungsstil durch den kooperativen Führungsstil ersetzen
- Bei fehlerhaften Beurteilungen die Vorgesetzten besser schulen
- Bei Fehlern in der Personalplanung die Qualifikation der Planer weiterentwickeln
- Bei Fehlzeiten diese gründlich analysieren und Rückkehrgespräche führen
- Bei falschen Entlohnungsmaßstäben neue Entlohnungsprinzipien gestalten
- Bei Mängeln in der Personalverwaltung nach den Gründen suchen und handeln.

Bei der personalbezogenen Steuerung kann das **Personalmanagement** vom **Personalcontrolling** beratend unterstützt werden.

Dieser **Bereichscontroller** koordiniert die Aktivitäten des Personalmanagements bei der Wahrnehmung der Personalplanung bzw. bei der personalbezogenen Kontrolle und informiert die Betroffenen über ein zweckentsprechendes Berichtssystem (*Berthel/Becker, Olfert, Jung, Lisges/Schübbe*).

Effektives **Personalcontrolling** ist den Tätigkeitsfeldern der Aufgabenträger des Personalbereichs parallel- bzw. übergelagert.

2.6 FÜHRUNGSPROZESS IM FINANZ-/RECHNUNGSWESEN

Der **Finanzbereich** umfasst alle Maßnahmen der Planung, Durchführung und Kontrolle der betrieblichen Einnahmen und Ausgaben (*Olfert, Perridon/Steiner, Wöhe/Bilstein*).

Das **Rechnungswesen** bezieht sich auf die Gesamtheit der Einrichtungen und Verrichtungen, die bezwecken, alle wirtschaftlichen, betrieblichen Gegebenheiten und Vorgänge zahlenmäßig zu ermitteln. Es ist die Erfassung, Verarbeitung, Speicherung und Abgabe von Informationen über Geld- und Leistungsgrößen im Unternehmen (*Coenenberg, Dittges/Arendt, Eilenberger, Eisele, Zschenderlein*).

Prozessorientierte Bereichsführung bedeutet für den Leiter des Finanz- und Rechnungswesens, die Ziele entsprechend der Unternehmensziele festzulegen, die Wege zur Zielerreichung zu planen, zu realisieren, zu kontrollieren und zu steuern.

Es sind zu untersuchen:

* **Ziele im Finanz- und Rechnungswesen**

* **Planung im Finanz- und Rechnungswesen**

* **Realisierung im Finanz- und Rechnungswesen**

* **Kontrolle im Finanz- und Rechnungswesen**

* **Steuerung im Finanz- und Rechnungswesen**.

2.6.1 ZIELE IM FINANZ- UND RECHNUNGSWESEN

Die Ziele im Finanz- und Rechnungswesen sind Aussagen mit normativem Charakter, die einen gewünschten, zukünftigen Zustand vorschreiben. Diese werden aus den Unternehmenszielen abgeleitet und können sein:

* **Sollgrößen im Finanzwesen** (Finanzbereichsziele)

> ▸ Sicherung der Liquidität des Unternehmens
> ▸ Unterliquidität bzw. Überliquidität vermeiden
> ▸ Rentabilität des Kapitals
>   (Kapitalrendite = Gewinn x 100 : Kapital)
> ▸ Erhöhung der Umschlagshäufigkeit des Kapitals
> ▸ Investitionsausgaben zweckentsprechend vornehmen
> ▸ Zahlungsspielräume nutzen
> ▸ Kapitalkosten reduzieren
> ▸ Unabhängigkeit sichern.

- **Sollgrößen im Rechnungswesen** (Rechnungswesenziele)

  - ▸ Ausgang der Rechnungen beschleunigen
  - ▸ Steuern sparen
  - ▸ Außenstände verringern
  - ▸ Zahlungseingänge vorantreiben
  - ▸ Pünktliche Erstellung des Jahresabschlusses
  - ▸ Genauigkeit der Abrechnung und der Statistik verbessern
  - ▸ Rechnerische Fehlerquellen verringern.

Die verantwortlichen **Manager im Finanz- und Rechnungswesen** haben dafür Sorge zu tragen, dass die obigen Ziele bzw. Sollgrößen des Bereichs erreicht werden. Die Zielerreichung wird anhand von entsprechenden Kontrollsystemen überprüft und Abweichungen werden gründlich untersucht.

Hinsichtlich der Effizienz prozessorientierter Führung in diesem Bereich ist es anstrebenswert, dass die Bereichsmanager mit ihren Mitarbeitern **Leistungsstandards** vereinbaren, die später zu kontrollieren sind.

Beispiel: Die Aufgabe wurde zufrieden stellend erfüllt, wenn die laufenden Kapitalkosten im Geschäftsjahr um 3 % gesenkt werden.

Diese Absprachen sind für beide Seiten verpflichtend und unterliegen nach Abschluss der Periode einer Kontrolle. Die Leistungen des Personals im Finanz- und Rechnungswesen werden entsprechend der Erfüllung der Leistungsstandards bewertet.

2.6.2 PLANUNG IM FINANZ- UND RECHNUNGSWESEN

Die Planung ist hier die gedankliche Vorwegnahme des wirtschaftlichen Handelns im Finanz- und Rechnungswesen.

Zur Planung des Finanz- und Rechnungswesens zählen:

- **Planung im Rechnungswesen** welche die gegenwärtige gedankliche Vorwegnahme zukünftigen Zahlenmaterials ist, das auf Daten der Buchführung, des Jahresabschlusses, der Kostenrechnung und der Statistik basiert (*Olfert/Rahn*). Bestimmte Planziele ergeben sich z. B. aus den Planbilanzen und Plan-GuV-Rechnungen.

- **Finanzplanung**, die auf den vom Finanzmanagement vorgegebenen Zielen beruht. Sie stellt einen gedanklichen Prozess dar und ist auf zukünftiges Handeln gerichtet.

  Mit dem **Finanzplan** werden die zu treffenden dispositiven Maßnahmen der Kapitalbeschaffung vorweggenommen, indem die im Planungszeitraum anfallenden Ausgaben und Einnahmen geschätzt und/oder berechnet werden.

- **Investitionsplanung**, welche die gedankliche Vorwegnahme im Kapitalverwendungsbereich ist. Sie ist auch auf zukünftiges Handeln gerichtet und befasst sich mit der Beschaffung und Nutzung von Investitionsobjekten. Ausgangspunkt ist die Ermittlung des Investitionsbedarfs, der Planungen für notwendige und erwünschte Investitionen enthalten kann.

- **Kapitalverwaltungsplanung**, die auf den vom Finanzmanagement vorgegebenen Zielen basiert. Sie ist ebenfalls auf das zukünftige Handeln gerichtet und betrifft die Abwicklung der Kapitalbeschaffung und -verwendung.

  Da die Abwicklung finanzieller Transaktionen besonders bedeutsam ist, haben diese betrieblichen Planungsaktivitäten besonders sorgfältig zu erfolgen.

Liegen die Ziele des Finanz- und Rechnungswesens fest, wird geplant, über welche Wege die Ziele erreicht werden sollen. Dann sind die Pläne zu realisieren und ihre Einhaltung zu kontrollieren. Daraus ergeben sich entsprechende Steuerungsmaßnahmen.

2.6.3 Realisierung im Finanz- und Rechnungswesen

Die Realisierung im Finanz- und Rechnungswesen umfasst seine Durchführung. Das Personal dieses Bereichs ist von den Managern in der Realisierungsphase so zu führen, dass die Ziele und Plandaten möglichst eingehalten werden.

Je nach Art des zu Grunde liegenden **Finanzierungsproblems** werden als Finanzierungsmöglichkeiten in der Betriebswirtschaftslehre verschiedene Einteilungen vorgenommen.

Als wesentliche Realisierungformen können in der Praxis unterschieden werden:

- Die **Beteiligungsfinanzierung**, bei der einem Unternehmen von außen Eigenkapital zugeführt wird. Sie kann durch bisherige oder neue Gesellschafter mithilfe von Geldeinlagen, Sacheinlagen und dem Einbringen von Rechten erfolgen. Eine Beteiligungsfinanzierung ist auch als **Kapitalerhöhung** möglich.

- Die **Fremdfinanzierung**, die eine Form der Außenfinanzierung ist und auch als Kreditfinanzierung bezeichnet wird. Als Fremdkapitalgeber sind vor allem Kreditinstitute, Lieferanten und Kunden zu nennen, die Geld, Sachgüter oder lediglich ihren »guten Namen« zur Verfügung stellen.

- Die **Innenfinanzierung**, die vom Unternehmen aus eigener Kraft vorgenommen wird, denn das Unternehmen verwendet die ihm zufließenden Umsatzerlöse oder sonstige Erlöse für Finanzierungszwecke, soweit den Erlösen kein auszahlungswirksamer Aufwand gegenübersteht.

Die Durchführung von Investitionen sollte frühzeitig eingeleitet werden. Es ist von den Entscheidungsträgern zu beachten, dass für die Investitionsobjekte in vielen Fällen Lieferfristen bestehen, die erheblich sein können. Es gibt folgende objektbezogene Alternativen:

- Die **Sachinvestitionen**, die sich direkt am betrieblichen Leistungsprozess orientieren, wie beispielsweise Maschinen, die Roh- und Hilfsstoffe verarbeiten. Oder aber sie ermöglichen erst den Leistungsprozess, wie z.B. Gebäude.

- Die **Finanzinvestitionen**, die sich auf das Finanzanlagevermögen des Unternehmens beziehen. Sie umfassen Forderungsrechte (z. B. Bankguthaben, festverzinsliche Wertpapiere, gewährte Darlehen) und Beteiligungsrechte, z. B. Aktien.

- Die **immateriellen Investitionen**, die dazu dienen, das Unternehmen wettbewerbsfähig zu halten bzw. seine Wettbewerbsfähigkeit zu stärken. Sie betreffen den Personalbereich, den Forschungs- und Entwicklungsbereich und den Marketingbereich.

Die Durchführung der **Kapitalverwaltung** bezieht sich auf die konkrete Abwicklung der Einnahmen und Ausgaben des Unternehmens.

Im Bereich des **Rechnungswesens** sind z. B. die Buchführung, der Jahresabschluss, die Kostenrechnung und die Statistik durchzuführen (*Coenenberg, Grefe, Dittges/Arendt*).

Bei der Realisierung der Gegebenheiten des Finanz- und Rechnungswesens können folgende **Störgrößen** auftreten:

- Unregelmäßigkeiten im **Liquiditätsbereich**, z. B. ausbleibende Kundenzahlungen
- Fehler in der **Finanzplanung**, z. B. negative Einflussfaktoren der Finanzierung
- Steigende **Finanzkosten**, z. B. durch eine unerwartete Zinserhöhung
- Zurückgehende **Investitionen** im Unternehmen, z. B. durch Gewinnschmälerungen
- Erhöhung der **Steuern** oder Einführung neuer Steuern, z. B. durch die Ökosteuer
- Fehler im **Rechnungswesen**, z. B. bei der Erstellung des Jahresabschlusses
- Fehlende **Belege**, z. B. Grundlagen für Buchungen sind nicht gegeben
- Regelungen durch neue **Gesetze**, z. B. Änderungen von Abschreibungsverfahren.

2.6.4 KONTROLLE IM FINANZ- UND RECHNUNGSWESEN

Die Kontrolle im Finanz- und Rechnungswesen schließt sich der Realisierung an. Sie überwacht z. B. die Einhaltung der Bereichsziele und analysiert die Gründe für Abweichungen. Kontrollen können sich in diesem Bereich beziehen auf:

- Die Kontrolle der Ist-Werte von **Ist-Bilanzen** bzw. der Ist-Werte von GuV-Rechnungen. Anschließend wird untersucht, wieso die Ist-Werte von den Soll-Daten abgewichen sind.

- Die Kontrolle der **Finanzpläne**, indem Plansätze und Ist-Daten gegenübergestellt werden. Die Abweichungen sind zu erfassen und einer Analyse zu unterziehen.

- Die Analyse der **Kennzahlen** zur Finanzierung, Liquidität und Rentabilität, die nicht nur für diesen Bereich, sondern auch für das ganze Unternehmen Bedeutung haben:

Deckungsgrad A	$\dfrac{\text{Eigenkapital}}{\text{Anlagevermögen}} \cdot 100$
Deckungsgrad B	$\dfrac{\text{Eigenkapital + langfristiges Fremdkapital}}{\text{Anlagevermögen}} \cdot 100$
Deckungsgrad C	$\dfrac{\text{Eigenkapital + langfristiges Fremdkapital}}{\text{Anlagevermögen + langfristig gebundenes Umlaufvermögen}} \cdot 100$

Liquidität 1. Grades	$\dfrac{\text{Zahlungsmittelbestand}}{\text{Kurzfristige Verbindlichkeiten}} \cdot 100$
Liquidität 2. Grades	$\dfrac{\text{Kurzfristiges Umlaufvermögen}}{\text{Kurzfristige Verbindlichkeiten}} \cdot 100$
Liquidität 3. Grades	$\dfrac{\text{Gesamtes Umlaufvermögen}}{\text{Kurzfristige Verbindlichkeiten}} \cdot 100$

Gesamtkapitalrentabilität	$\dfrac{\text{Gewinn + Fremdkapitalzinsen}}{\text{Gesamtkapital}} \cdot 100$
Eigenkapital-rentabilität	$\dfrac{\text{Gewinn}}{\text{Eigenkapital}} \cdot 100$
Umsatz-rentabilität	$\dfrac{\text{Gewinn}}{\text{Umsatz}} \cdot 100$

Die Erfüllung entsprechender Kennzahlen kann an den **Kennzahlen** der **Branche** bzw. an denjenigen der wichtigsten Konkurrenten gemessen werden.

2.6.5 Steuerung im Finanz- und Rechnungswesen

Die Steuerung im Finanz- und Rechnungswesen umfasst alle Maßnahmen, die der Zielerfüllung dieser Bereiche dienen. Bei diesem zielbezogenen Vorgang lösen Daten aus dem Finanz- und Rechnungswesen bestimmte Maßnahmen für diesen Bereich aus.

Ausgehend von möglichen Störgrößen bzw. Kennzahlen sind im Finanz- und Rechnungswesen z.B. folgende **Steuerungsmaßnahmen** zu unterscheiden:

- Bei zu spätem Eingang von **Zahlungen** sind diese Kunden eindringlich zu mahnen.

- Bei Fehlern in der **Finanzplanung** ist das Finanzmanagement zu verbessern.

- Bei steigenden **Finanzierungskosten** sind günstigere Finanzquellen zu erschließen, damit die Kosten gesenkt werden können.

- Bei zurückgehenden **Investitionen** durch rückläufige Gewinne sollte alles getan werden, um die Gewinne zu steigern.

- Bei ungeplanten **Steuererhöhungen** sind vorher angemessene Reserven zu bilden und entsprechende Sparmaßnahmen einzuleiten.

- Bei Fehlern in der **Kostenrechnung** ist die Qualifikation der Kostenrechner zu fördern, indem Schulungen angeboten werden.

- Bei fehlenden **Belegen** in der Buchhaltung sind die Buchhalter darauf hinzuweisen, dass künftig mehr auf die Vollständigkeit der Belege zu achten ist.

- Bei Änderungen durch neue **Bilanzierungsgesetze** sind entsprechende Informationen zu beschaffen und die Regelungen umzusetzen.

Im Rahmen der Steuerung des Finanz- und Rechnungswesens kann das Management vom **Finanzcontrolling**, vom **Investitionscontrolling** (*Adam*) und vom **Gesamtcontrolling** beratend unterstützt werden (*Horváth, Jung, Küpper*).

Diese Controller koordinieren die Aktivitäten des Managements bei der Wahrnehmung der Finanzplanung bzw. bei der Finanzkontrolle und informieren die Interessenten über ein zweckentsprechendes Berichtssystem.

Das effektive **Finanzcontrolling** ist den Tätigkeitsfeldern des Finanzbereichs parallel- bzw. übergelagert. Das **Gesamtcontrolling** begleitet die Aktivitäten des Rechnungswesens und arbeitet eng mit der Unternehmensleitung zusammen.

| 77 | Seite 463 | 78 | Seite 463 | 79 | Seite 464 |

2.7 FÜHRUNGSPROZESS IM INFORMATIONSBEREICH

Im **Informationsbereich** befassen sich die Führungskräfte und Mitarbeiter mit der Planung, Verarbeitung und Kontrolle von Daten. Diese stellen Informationen dar, welche in Verbindung mit den betrieblichen Zielen stehen.

Als **Information** wird das zweckorientierte, personen- und arbeitsplatzbezogene Wissen verstanden. Ihr Zweck besteht darin, Handlungen vorzubereiten und durchzuführen. Sie kann Gegenstand des Handelns selbst, aber auch ein Instrument sein.

Die automatische Verarbeitung von Informationen ist Aufgabe der **Informatik**, welche die Grundlagen der Elektronischen Datenverarbeitung (**EDV**) erforscht (*Hansen/Neumann, Holey/Welter/Wiedemann, Mertens, Scheer, Stahlknecht/Hasenkamp*).

Die **prozessorientierte Bereichsführung** im Informatikbereich, die in der Literatur bisher eher vernachlässigt wurde, bedeutet für den Leiter des Informationsbereichs, aus den Unternehmenszielen die informationswirtschaftlichen Ziele abzuleiten, die Wege zur Zielerreichung zu planen, zu realisieren, zu kontrollieren und zu steuern.

Es sind als **Informationsbereichsführung** zu untersuchen:

- **Informationsziele**
- **Informationsplanung**
- **Informationsrealisierung**
- **Informationskontrolle**
- **Informationssteuerung**.

2.7.1 Informationsziele

Der informationswirtschaftliche **Führungsprozess** setzt bei den Informationszielen an, die das Unternehmen in Zukunft erreichen soll. Die **Ziele** des Informationsbereichs sind für die Führungskräfte und Mitarbeiter bindende Aussagen, die den gewünschten zukünftigen Zustand der Informationswirtschaft beschreiben. *Henrich/Lehner* unterscheiden Sach- und Formalziele des **Informationsmanagements**.

Es sind folgende **Informationsziele** zu unterscheiden:

> ▸ Wirtschaftlichkeit der Informationen
> ▸ Integration der EDV-Elemente
> ▸ Daten-Zuverlässigkeit für alle Unternehmensbereiche
> ▸ Einsatz qualifizierter EDV-Aufgabenträger
> ▸ Flexibilität des betrieblichen EDV-Systems
> ▸ Zweckentsprechende Software, Orgware und Hardware
> ▸ Bedarfsgerechte Informationsmenge und -qualität
> ▸ Schnelligkeit der Informationsverarbeitung
> ▸ unverzüglicher Informationsfluss.

Die Erfüllung der **Informationsbereichsziele** bildet die vorrangige Führungsaufgabe der Manager in der Informationswirtschaft (*Hansen/Neumann*).

Es hat sich in der Praxis der prozessorientierten Führung als vorteilhaft erwiesen, zwischen den **Informationsmanagern** (*Schwarze*) und ihren Mitarbeitern **Leistungsstandards** zu vereinbaren, die später zu kontrollieren sind.

Hier werden die informationswirtschaftlichen Ziele eindeutig nach Inhalt, Ausmaß und Zeit vereinbart und dann vorgegeben. Für einen **Informatikleiter** kann folgende Vereinbarung gelten:

Beispiel: Die Aufgabe wurde zufrieden stellend gelöst, wenn die Wirtschaftlichkeit des EDV-Systems insgesamt um 3 % zunimmt.

Diese Soll-Vereinbarungen sind bindend und werden nach Ablauf der Periode kontrolliert. Die Ergebnisse gehen auch in die Beurteilung des **Informatikleiters** ein.

2.7.2 Informationsplanung

Die Planung im Informatikbereich ist die gegenwärtige gedankliche Vorwegnahme zukünftigen wirtschaftlichen Handelns in der Informationswirtschaft. Liegen die Ziele der **Informatik** fest, ist zu überlegen, auf welchen Wegen diese Ziele zu erreichen sind.

Es sind zu unterscheiden:

- **Bedarfsplanung**, d.h. in den Informationsbedarf gehen die Anforderungen der Unternehmensbereiche hinsichtlich der Entwicklung betrieblicher Informationssysteme ein.

Zunächst wird der bereits vorhandene Informationsbedarf erfasst (Informationsbedarfsanalyse) und der zukünftige Bedarf wird prognostiziert. Die Informationsplanung erfolgt auf der Grundlage der vorgegebenen Ziele.

- **Zielplanung**, d.h. der hohe Informationsbedarf und die sich daraus ergebende Flut an Informationen haben dazu geführt, dass die Information nicht immer betriebswirtschaftlich sinnvoll erfolgt. Insofern wird dem Informationsmanagement verstärkte Beachtung geschenkt. Die Zielanalyse kann sich z. B. mit den Sollgrößen der Wirtschaftlichkeit und Zuverlässigkeit der Informationen beschäftigen. Eine Verdichtung und Zusammenfassung der Informationen ist erforderlich.

Die Notwendigkeit der systematischen Informationsplanung nimmt im Unternehmen mit höherem Informationsvolumen zu.

2.7.3 INFORMATIONSREALISIERUNG

Die Realisierung im Informatikbereich ist Ausdruck der Durchführung des dortigen Geschehens. Der **Informationsbereichsprozess** ist vom Informationsmanagement so zu lenken, dass die Ziele und Plandaten erreicht werden.

Im Rahmen der Realisierung der Gegebenheiten im **Informatikbereich** ist darauf zu achten, dass geeignete Sachmittel und Methoden eingesetzt werden. Außerdem sind bestimmte Anforderungen an das Informatik-Personal zu stellen, z. B. Genauigkeit und Schnelligkeit. Es sind folgende Informationsarten zu realisieren:

▶ Personalinformationen	▶ Rechnungswesen-Informationen
▶ Güterinformationen	▶ Organisationsinformationen
▶ Finanzinformationen	▶ Rechtsinformationen
▶ EDV-Informationen	▶ Umfeldinformationen

Im Informationsbereich werden Vorgabedaten, Programme und Datenverarbeitungsanlagen eingesetzt.

Die Schwierigkeiten der Realisation von Vorhaben im Informatikbereich können beispielsweise in folgenden **Störereignissen** (*Heinrich/Lehner*) bzw. **Störgrößen** begründet sein:

- Unzweckmäßige **Techniken** und Methoden bei der Informationsverarbeitung in der Datenverarbeitungs-Abteilung.

- Verwendung ungeeigneter **Programme**, die eine einwandfreie Informationsbearbeitung erschweren, z. B. Einsatz zu langsamer Software.

- Beschäftigung von ungeeignetem **Informatik-Personal**, dem häufige Fehler unterlaufen, z. B. durch Unkonzentriertheit bzw. Nachlässigkeiten.

- **Rangeleien** zwischen Informatik-Personal, weil die Kompetenzregelungen Fehler aufweisen, z. B. aufgrund mangelhafter Abgrenzung der Verantwortungsbereiche.

- Überladung von Aufgabenträgern mit **Informationen**, die sie nicht unbedingt benötigen, z. B. Übersendung zu umfangreicher EDV-Listen, Informationsflut (*Krcmar*).

- Fehler im **Hardwaresektor**, z. B. fehlerhafte Computer, Bildschirme, Tastaturen, Maschinenfehler, nicht funktionsfähige Maus.

- **Bedienungsfehler** durch das Personal, z. B. Verursachung von Papierstau, Verlust von Daten durch unbewusste Löschvorgänge.

Die Leitung des Informatikbereichs hat die Aufgabe, diese Störgrößen zu ermitteln und zu bekämpfen. Im Rahmen der Informationskontrolle können vom **Störungsmanagement** (*Stahlknecht/Hasenkamp*) ebenfalls **Fehler** aufgedeckt werden.

2.7.4 Informationskontrolle

Die Informationskontrolle kann auch als **Informatikkontrolle** bezeichnet werden. Sie bildet eine Phase des Führungsprozesses im Informationsbereich und soll vor allem dem Prinzip der Wirtschaftlichkeit entsprechen.

Die **Informationskontrolle** orientiert sich an den vorgegebenen Soll-Größen. Die Informationsnehmer sollen mit Informationen weder über- noch unterversorgt werden. Von den Zielgrößen ausgehend ist zu überprüfen, ob die Ist-Werte eingehalten, unter- oder überschritten wurden.

Im Rahmen der **Informationskontrolle** sind zu prüfen:

- Die gesamten Kennzahlensysteme (*Heinrich/Lehner*)
- Die Erreichung der Informations-Wirtschaftlichkeit
- Die zielentsprechende Informationsqualität
- Das Vorhandensein bestimmter Informationseigenschaften
- Die Erfüllung der Informationszuverlässigkeit
- Die Einhaltung der Informationszeit.

Daraufhin ist gründlich zu analysieren, wo die Gründe für Abweichungen zu suchen sind. Die **Untersuchung** des Informatikbereichs ist vergangenheits- und zukunftsorientiert und hat sehr gründlich zu erfolgen. Oberflächliche Analysen von Gegebenheiten im Informatikbereich führen zu fehlerhaften Ausgangsbetrachtungen und damit u. U. zu falschen Steuerungsmaßnahmen durch die Verantwortlichen.

2.7.5 Informationssteuerung

Die Informationssteuerung betrifft alle Maßnahmen der **Informationsbereichsleitung**, die der Erfüllung informationswirtschaftlicher Ziele dienen.

Sie ist ein zielbezogener Vorgang, bei dem Informationsbereichsdaten bestimmte Maßnahmen für den Informationsbereich auslösen.

Ausgehend von möglichen Störgrößen bzw. Kennzahlen der Informationswirtschaft sind z.B. folgende **Maßnahmen** der Informationssteuerung zu unterscheiden:

- ▸ Bei Problemen mit der Informationsverarbeitung neue Techniken erlernen
- ▸ Bei Verwendung ungeeigneter Programme entsprechende Software beschaffen
- ▸ Bei mangelhafter Verantwortungsabgrenzung die Kompetenzen neu regeln
- ▸ Bei gegebener Informationsflut die Informationen besser strukturieren
- ▸ Bei fehlender Informationspräzision klare Definitionen entwickeln
- ▸ Bei Fehlern im Hardwarebereich ist hochwertige Hardware zu beschaffen
- ▸ Bei Bedienungsfehlern durch das Personal Entwicklungsmaßnahmen einleiten
- ▸ Bei Zeitverlusten die Prozessplanung verbessern und Zuständigkeiten klären
- ▸ Vor drohenden Datenverlusten immer Sicherheitskopien erstellen.

Bei der Informationsbereichssteuerung kann das **Informationsmanagement** vom **Informationscontrolling** beratend unterstützt werden (*Heinrich/Lehner*).

Dieses Bereichscontrolling koordiniert die Aktivitäten des Managements bei der Wahrnehmung der Informationsplanung bzw. bei der Informationskontrolle und informiert die Interessenten über ein zweckentsprechendes Berichtssystem.

Das effektive **Informationscontrolling** ist den Tätigkeitsfeldern der Verantwortlichen des Informationsbereichs parallel- bzw. übergelagert. Es wird auch vom **Informationsverarbeitungscontrolling** (IV) und **Datenverarbeitungscontrolling** (DV) gesprochen (*Krcmar, Jung, Schwarze*).

3. Gruppenführungsprozesse

In den einzelnen Funktionsbereichen des Unternehmens laufen operative Prozesse der Gruppenführung ab. Sie beziehen sich auf die mittlere bzw. untere Ebene des Unternehmens. Von der **sachbezogenen** Gruppenführung, ist die **personenbezogene** Gruppenführung zu unterscheiden, die mit dem Einsatz von Instrumenten zur Führung von Gruppenmitgliedern verbunden ist (vgl. Kapitel C 4.4).

Wird ein wirtschaftlicher Gruppenprozess (vgl. Kap. D 1.2.3 bz. Kap. D 3.2.1) von einem **Gruppenleiter** gesteuert, dann entsteht ein sachbezogener Gruppenführungsprozess.

Alle **Bereichs- bzw. Gruppenleiter** haben die Aufgabe, den ihnen unterstellten Gruppen Ziele zu setzen, die Wege zur Zielerreichung zu planen, das Geplante zu realisieren, zu kontrollieren und entsprechend zu steuern.

Es sind zu untersuchen:

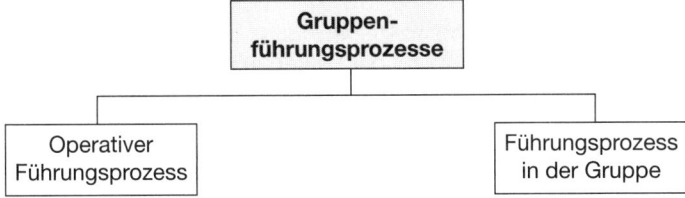

3.1 Operativer Führungsprozess

Ein operativer Führungsprozess umfasst die konkreten Planungs-, Realisierungs- und Kontrollüberlegungen auf kurze Sicht. Für ihn ist das Middle- bzw. Lower-Management zuständig, dessen Aufgabenträger **operative Entscheidungen** zu treffen haben. Es wird auch vom **operativen Management** gesprochen.

Es wird aus den taktischen Prozessüberlegungen abgeleitet und umfasst einen **Zeitrahmen** von bis zu einem Jahr, weshalb er kurzfristig angelegt ist. Deshalb können die Zielfixierungen bzw. Planungs- und Kontrollmaßnahmen detailliert und relativ genau vorgenommen werden.

Die **operative Führung** erstreckt sich auf sämtliche Funktionsbereiche des Unternehmens. Es sind zu unterscheiden:

- **Operative Ziele**
- **Operative Planung**
- **Operative Realisierung**
- **Operative Kontrolle**
- **Operative Steuerung**
- **Operatives Controlling**.

3.1.1 Operative Ziele

Die operativen Ziele werden aus den mittel- bzw. langfristigen Zielen abgeleitet. Diese Ziele sind für alle Aufgabenträger der mittleren und unteren Unternehmensebene verbindliche Aussagen.

Ausgangspunkte dafür können z. B. folgende **Gesamtziele** sein:

- Steigerung des Jahresumsatzes um 30 %
- Senkung der jährlichen Gesamtkosten um 10 %
- Steigerung des Gewinnes um 5 % innerhalb eines Jahres.

Operative Ziele können auf der untersten Ebene - auf ein Jahr bezogen - sein:

- In einer Marketinggruppe die Umsatzsteigerung für das Produkt X um 3 %
- In einer Einkäufergruppe die Senkung der Einkaufskosten um 2 %
- In einer Produktionsgruppe die Erhöhung der Stückzahl um 50 Stück pro Woche.

Die operativen Ziele können sich auch in **Beurteilungsbögen** niederschlagen, um die leistungsbezogene Zielerfüllung später besser messen zu können.

3.1.2 OPERATIVE PLANUNG

Die operative Planung ist ein informationsverarbeitender Prozess, um den kurzfristigen Erfolg eines Unternehmens zu sichern. Sie ist eine Planung, die sich über einen Zeitraum von bis zu einem Jahr erstreckt und erfolgt auf der mittleren bzw. unteren Führungsebene des Unternehmens. Die **operativen Pläne** dienen der **Strategieumsetzung** (*Steinmann/Schreyögg*).

Wird von der **Einjahresplanung** ausgegangen, dann ergibt sich für das **operative Management** folgender Planungszusammenhang, der sich auf sämtliche Funktionsbereiche erstreckt (*Olfert/Rahn*).

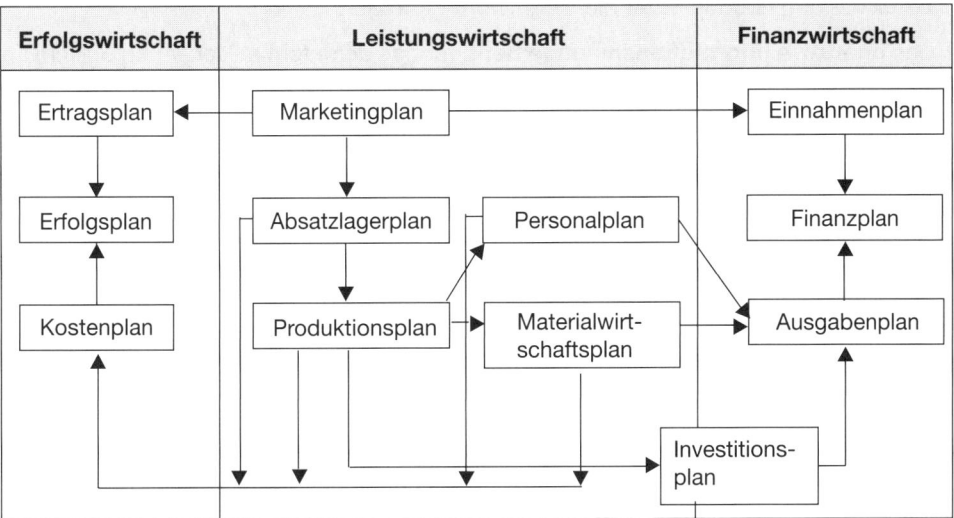

Im Allgemeinen gehen Bereichsleiter bei der Einjahresplanung vom **Marketingplan** aus, der zeigt, wie viele Produkte am Absatzmarkt in dem nächsten Jahr voraussichtlich abgesetzt werden (*Nieschlag/Dichtl/Hörschgen, Weis*).

Aus ihm werden der Absatzlagerplan, der Fertigungs-, Materialwirtschafts-, Personal-, Investitions-, Finanz- bzw. Erfolgsplan abgeleitet und entsprechende kurzfristige **Budgets** erstellt (*Jung, Preißler, Ziegenbein*).

Die Effizienz der kurzfristigen Planung hängt zu einem großen Teil von den Qualifikationen der jeweiligen Aufgabenträger ab. Sie müssen mit der erforderlichen Führungskompetenz ausgestattet und befähigt sein, die nötigen kurzfristigen Entscheidungen selbstständig und richtig zu treffen.

3.1.3 OPERATIVE REALISIERUNG

Die operativen Entscheidungen der Bereichs- bzw. Gruppenleitung wirken kurzfristig und betreffen die Realisierung von **Gruppenprozessen** im Zeitraum etwa eines Jahres.

Bei der operativen Realisierung müssen die Bereichs- und Gruppenleiter immer die kurzfristigen Ziele und die **Störgrößen** im Auge haben, z. B. hohe Beschaffungspreise, steigende Transport- bzw. Produktionskosten, zu späte Geldeingänge. Damit die kurzfristige Erfolgssicherung gewährleistet ist, sind folgende **operative Managementsysteme**
erforderlich:

- Das **operative Leistungsmanagement**, für das die Bereichs- und Gruppenleiter des
  Material-, Produktions- und Marketingbereichs zuständig sind.

- Das **operative Personalmanagement**, welches von dem Personalbereichsleiter und
  den zugehören Gruppenleitern zu verantworten ist.

- Das **operative Finanz- und Rechnungswesen-Management**, für das die dortigen
  Bereichs- und Gruppenleiter die Verantwortung tragen.

- Das **operative Informationsmanagement**, für das der Informatikleiter und die ihm im
  Unternehmen zugeordneten Gruppenleiter zuständig sind.

Die operative Realisierung bildet ein wesentliches Element der **operativen Führung**, die
auf die Durchführung der kurzfristigen Pläne ausgerichtet ist.

3.1.4 Operative Kontrolle

Die operative Kontrolle schließt sich der **Realisierung** des Geschehens an (*Steinmann/
Schreyögg*). Durch die Ermittlung von Abweichungen zwischen kurzfristigen Plangrößen
und Vergleichsgrößen wird die Richtigkeit der operativen Planung überprüft.

Die operative Kontrolle versucht kritisch den kurzfristigen Planungsprozess abzusichern
und zu begleiten. Damit soll sie vor allem Bedrohungen des bestehenden **kurzfristigen
Kurses** rechtzeitig klären und die Notwendigkeit zu einer Veränderung signalisieren.

Die im Rahmen der operativen Planung zu Grunde gelegten **Voraussetzungen** werden
laufend auf ihre Gültigkeit hin überprüft. Diese Kontrolle begleitet die operative Planung,
z. B. Überprüfung der monatlichen oder auch täglichen Umsatz-, Kosten- und Gewinn-
ziffern.

Bei **Störungen** im Rahmen der Umsetzung operativer Pläne oder bei Differenzen des Ist-
Zustandes mit operativen Zielen wird festgestellt, ob Abweichungen vom gewählten Kurs
vorliegen. Es wird geprüft, ob die **operativen Pläne** zu ändern sind bzw. ob über Steuerungsmaßnahmen zu entscheiden ist.

3.1.5 Operative Steuerung

Die operative Steuerung betrifft alle Maßnahmen, die auf das Erreichen der Bereichs-
und Gruppenziele ausgerichtet sind. Sie ist ein zielbezogener Vorgang, bei dem z. B. die
Gruppenleitungen auf der Basis operativer Daten bestimmte Steuerungsmaßnahmen an
der Basis auslösen. Dabei kooperieren die **Gruppenleiter** mit der Bereichsleitung.

Es sind z.B. folgende **Maßnahmen** der operativen Steuerung zu unterscheiden:

- Bei zu hohen Preisen geschickt verhandeln, denn „im Einkauf liegt oft der Gewinn"
- Bei hohen Transportkosten auf einen kostengünstigen Transport hinwirken
- Bei hohen Produktionskosten die Verringerung der Rüstzeiten anstreben
- Bei Qualifikationsmängeln effektives Personaltraining durchführen
- Bei zu späten Geldeingängen Kunden rechtzeitig mahnen
- Bei Mängeln in Informationssystemen effiziente Datenpflege betreiben.

Die operative Steuerung ist in der **Praxis** nicht einfach umzusetzen, weil die Realität sehr komplex ist und die Einflussfaktoren der operativen Ausgangsdaten miteinander verflochten sind. Für den Erfolg des Unternehmens ist es äußerst bedeutsam, dass die richtigen Steuerungsmaßnahmen ergriffen werden.

3.1.6 OPERATIVES CONTROLLING

Wird von einem **dreistufigen System** des Controlling ausgegangen, dann bilden strategisches, taktisches und operatives Controlling die Systembestandteile. Dabei basiert das operative Controlling auf dem taktischen Controlling, das durch die **Bereichscontroller** ausgeübt wird.

Im Großunternehmen können darüber hinaus auch **Gruppencontroller** eingesetzt werden (vgl. Kap. D. 3.3 und Kap. E. 3.2.6).

Beim **operativen Controlling** sollen Gegebenheiten, Störgrößen und Frühwarnfaktoren im Unternehmen und am Markt möglichst rasch registriert werden, z.B. welche operativen Überlegungen als überholt oder revisionsbedürftig erscheinen.

Die **Aktivitäten** des operativen Controlling betreffen vor allem die Sicherung des kurz- und mittelfristigen Erfolges, z.B. durch:

- Operative Planung
- Operative Kontrolle
- Operative Steuerung
- Operatives Informationswesen

Um möglichst schnell auf Ereignisse reagieren zu können, sind entsprechende Steuerungsmaßnahmen einzuleiten, wie sie oben dargestellt wurden. Dadurch werden erforderliche Änderungen ausgelöst.

80 > Seite 464

3.2 FÜHRUNGSPROZESS IN DER GRUPPE

Als **Gruppe** bezeichnet *Homans* eine Reihe von Personen, die in einer Zeitspanne häufig miteinander Kontakt haben und deren Anzahl so gering ist, dass jede Person mit allen anderen Personen in Verbindung treten kann, von Angesicht zu Angesicht (vgl. dazu ausführlich *v. Rosenstiel, Weinert*).

Werden die Leistungen von Gruppen von einem Gruppenleiter zielbezogen geplant, realisiert, kontrolliert und gesteuert, kann von sachorientierter **Gruppenführung** (*Rahn*) gesprochen werden. Diese läuft als Prozess ab.

Prozessorientierte Führung auf der Ebene der Gruppenleiter heißt, die Gruppenziele aus den Bereichszielen abzuleiten, die Wege zur Zielerreichung zu planen, das Geplante zu realisieren, zu kontrollieren und zu steuern.

Es sind als **sachbezogene Gruppenführung** zu untersuchen:

- **Gruppenbezogene Ziele**

- **Gruppenbezogene Planung**

- **Gruppenbezogene Realisierung**

- **Gruppenbezogene Kontrolle**

- **Gruppenbezogene Steuerung**

- **Gruppencontrolling**.

3.2.1 GRUPPENBEZOGENE ZIELE

Der gruppenbezogene Führungsprozess setzt bei den Zielen an, welche die Gruppe in Zukunft verfolgen soll. Als gruppenbezogene Ziele sind vor allem die formellen Ziele bedeutsam, die von den Bereich- und Gruppenleitern ausgehen. Als sachbezogene **Gruppenführungsziele** sind z. B. zu unterscheiden (*Rahn*):

- Die Ziele für **Materialgruppen**, die im Materialbereich agieren und von einem Gruppenleiter im Lager oder Einkauf geführt werden, z. B. Beschaffung von Materialien mit hoher Qualität, termingerechte und kostengünstige Bereitstellung der Materialien.

- Die Ziele für **Produktionsgruppen**, die als Arbeitsgruppen im Produktionsbereich von einem Meister oder Vorarbeiter geführt werden, z. B. vorschriftsmäßige Behandlung der Betriebsmittel, Erreichung der Produktionsmengen pro Gruppe, Ausnutzen der Kapazitäten.

- Die Ziele für **Marketinggruppen**, die als Verkäufergruppen oder Werbeexperten von einem Gruppenleiter zu führen sind, z. B. Erreichen der Umsatzziele pro Gruppe, Einhaltung des Kostenrahmens pro Marketinggruppe.

- Die Ziele für **Personalwesengruppen**, die als Personalsachbearbeiter oder Ausbilder von einem Gruppenleiter geführt werden, z. B. termingerechte Lohnabrechnung, Abschluss mit einem Notendurchschnitt von mindestens 2,8 pro Ausbildungsjahr.

- Die Ziele für **Finanzwesengruppen**, die als Finanzexperten oder Finanzbuchhalter von einem Gruppenleiter zu führen sind, z. B. termingerechte Abwicklung von betrieblichen Finanzierungs- und Investitionsprojekten.

- Die Ziele für **Rechnungswesengruppen**, die als Betriebsbuchhalter, Kostenrechner bzw. Kalkulatoren von einem Gruppenleiter geführt werden, z. B. Bereitstellung termingerechter Kalkulationsergebnisse, fristgerechte Erstellung des Betriebsabrechnungsbogens.

Ob eine Gruppe gut oder schlecht beurteilt wird, hängt in hohem Maße von der Erfüllung der obigen Ziele ab. Hier hat der formelle Gruppenführer die Aufgabe, den Führungsprozess erfolgreich zu lenken. Die **Effizienz** der betrieblichen Gruppenführung ist von größter Bedeutung für den Erfolg des Unternehmens (*Mellerowicz, Rahn*).

Mit den einzelnen Gruppenmitgliedern können **Leistungsstandards** vereinbart werden, an denen später die Effizienz der Einzelleistung gemessen werden kann.

3.2.2 GRUPPENBEZOGENE PLANUNG

Die auf Gruppen bezogene Planung ist die gegenwärtige gedankliche Vorwegnahme des zukünftigen Gruppengeschehens. Wenn die sachbezogenen Gruppenführungsziele festliegen, dann ist zu entscheiden, auf welchen Wegen diese Ziele zu erreichen sind:

Diese Planungsüberlegungen umfassen beispielsweise folgende **Aufgaben**:

- Planung der **Gruppenaufgaben**, z.B. gruppenbezogene Prozessplanung
- Planung der **Gruppenkosten**, z.B. Personal- und Sachkosten budgetieren
- Planung von **Produktionsmengen**, z.B. im Rahmen der Produktionsprogrammplanung
- Planung des **Gruppenumsatzes**, z.B. bei Marketinggruppen des Unternehmens
- Planung der **Vorgehensweisen** in Gruppen, z.B. Methoden und Verfahren disponieren
- Planung der **Einsatzorte** von Gruppen, z.B. in Produktionshalle oder auf Baustellen
- Planung der **Einsatzzeiten** von Gruppen, z.B. Schichtpläne erstellen
- Planung der **Arbeitsmittel** von Gruppen, z.B. Werkzeuge disponieren
- Planung der **Zusammensetzung** von Gruppen, z.B. Planung der Gruppenstruktur

Dabei ist daran zu denken, dass beispielsweise bei der **Zusammensetzung** der Gruppe keine entscheidenden Fehler passieren. So sollten bei der Planung von Gruppen ruhige und lebhafte Mitarbeiter, sehr ehrgeizige und anpassungsfähige bzw. erfahrene und junge Kräfte zusammengebracht werden, damit die Harmonie in der Gruppe erhalten bleibt.

Bei **ausländischen** Gruppenmitgliedern ist darauf zu achten, dass keine Gruppenmitglieder von einander feindsinnig gegenüberstehenden Nationen in eine Gruppe genommen werden. Solche Planungsfehler führen zu „hausgemachten" Problemen, mit denen sich der Vorgesetzte bei der Realisierung unter oft erheblichem Zeitverlust auseinandersetzen muss.

Bei diesen Planungsüberlegungen entstehen **gruppenorientierte Planungsprozesse**, bei deren Umsetzung personelle und strukturelle Barrieren zu überwinden sind (*Simon*).

3.2.3 Gruppenbezogene Realisierung

Die geplanten Maßnahmen sind von den Gruppenleitern des jeweiligen Bereichs umzusetzen. Dabei sind die **Gruppenprozesse** so zu realisieren, dass die Gruppenziele erfüllt werden. Je nach Bereich sind folgende Realisierungsformen zu unterscheiden:

- Gruppenprozesse der **Materialwirtschaft**, die im Einkauf und im Lager des Unternehmens gegeben sind, z. B. Bedarf prüfen, Preise vergleichen und Ware bestellen.

- Gruppenprozesse der **Produktion**, die in Fabrikhallen vorkommen und z. B. mit der Tätigkeit von teilautonomen Gruppen verbunden sind.

- Gruppenprozesse im **Marketingbereich**, die z. B. im Verkauf zu finden sind.

- Gruppenprozesse im **Personal-, Finanz- und Rechnungswesen** bzw. Gruppenprozesse im **Informationsbereich**.

Bei der Realisierung der Gruppenprozesse können z. B. folgende **Störgrößen** auftreten, die auch als betriebliche Implementierungsbarrieren bezeichnet werden können (*Hentze/Graf/Kammel/Lindert, Jung*):

- Unklare **Zielsetzungen** in der Arbeitsgruppe, z. B. undeutliche Zielformulierungen

- Heterogene **Zusammensetzung** der Gruppe, z. B. unterschiedliches fachliches Niveau, das die erfolgreiche Gruppenarbeit behindert.

- Wenig **Bereitschaft** bestimmter Gruppenmitglieder, in der Gruppe engagiert mitzuarbeiten, z. B. Drückeberger, Arbeitsscheue, Schwarze Schafe, Randfiguren.

- Mangel an **Kompetenz** des Gruppenleiters, z. B. fehlende Sachkompetenz

- Sachbezogene **Probleme**, die die Situation des ganzen Bereichs betreffen.

Die Gruppenleiter haben die Aufgabe, die **Störgrößen** ausfindig zu machen und später mit entsprechenden Steuerungsmaßnahmen darauf zu reagieren. Dabei gehen sie von den zu erfüllenden Zielen aus.

3.2.4 Gruppenbezogene Kontrolle

Die gruppenbezogene Kontrolle bildet eine Phase des gruppenbezogenen Führungsprozesses. Sie soll dem Prinzip der **Humanität** gerecht werden und nicht demotivierend wahrgenommen werden.

Die **Gruppenführungskontrolle** umfasst:

- Die **Soll-Ist-Überwachung**, die mit der Erfassung der gruppenbezogenen Ist-Werte beginnt. Diese werden mit den Soll-Werten verglichen, um die Soll-Ist-Abweichungen ermitteln zu können, z. B. Vergleich der Soll-Ist-**Gruppenleistung** und des Soll-Ist-**Gruppenverhaltens**.

  Ein Vergleich der Soll-/Ist-**Fehlzeiten** der Gruppenmitglieder kann Aufschlüsse über den Zusammenhalt der Gruppe geben.

- Die Überwachung der **Leistungsstandards**, die z. B. vorgegebene Stückzahlen betreffen, die vom einzelnen Gruppenmitglied bzw. von einer Betriebsgruppe zu erbringen sind.

- Die Untersuchung von **Soll-Ist-Abweichungen** bzw. von Leistungsstandard-Abweichungen, um Aufschlüsse über die Gründe zu erhalten. Die Überprüfung der Gruppenleistungen ist vergangenheits- bzw. zukunftsorientiert und hat sehr gründlich zu erfolgen.

Die Daten und Kennzahlen der gruppenbezogenen Kontrolle bilden die Basis für die gruppenbezogene Steuerung durch die Gruppenleiter.

3.2.5 GRUPPENBEZOGENE STEUERUNG

Die gruppenbezogene Steuerung umfasst alle Maßnahmen, die dem Erreichen der Gruppenziele dienen. Sie ist ein zielbezogener Vorgang, bei dem Gruppenleiter aufgrund von bestimmten Ausgangsdaten über ihre Gruppe kurzfristig wirksame Steuerungsmaßnahmen bewirken. Ausgehend von Kennzahlen bzw. Störgrößen der Gruppenarbeit können z.B. folgende **Maßnahmen** unterschieden werden:

- Bei unklaren **Zielsetzungen** einer Arbeitsgruppe sind messbare Ziele zu formulieren, damit die Gruppenmitglieder genau wissen, wonach sie beurteilt werden.

- Bei heterogener **Gruppenzusammensetzung** sind Maßnahmen nötig, die auf homogene Gruppenstrukturen hinwirken, z.B. Angleichung des fachlichen Niveaus.

- Bei zu wenig **Engagement** der Gruppenmitglieder sind durch entsprechende Anreize in Gesprächen die Leistungsbeiträge zu erhöhen (vgl. Kapitel C. 4.3).

- Bei Mangel an **Kompetenz** von Gruppenmitgliedern ist darauf hinzuwirken, dass sich Aufgabe, Kompetenz und Verantwortung entsprechen.

Die gruppenbezogene Steuerung kann auch als **Gruppensteuerung** bezeichnet werden. Sie ist auch für das Gruppencontrolling von Bedeutung.

3.2.6 GRUPPENCONTROLLING

Das Gruppencontrolling ist eine zusätzliche Funktion der Gruppenführung, die vor allem beim Einsatz **teilautonomer** Gruppen sinnvoll ist, damit die Gruppenaktivitäten zielorientiert beiben. Effektives Gruppencontrolling ist den Aktivitäten der einzelnen Gruppen parallel- bzw. übergelagert (*Rahn*).

Es stellt den Koordinationsprozess der Planung, Kontrolle bzw. Steuerung von Aktivitäten teilautonomer Gruppen dar und versorgt die an dem Zustandekommen der Gruppenergebnisse Beteiligten mit den notwendigen Informationen. Damit ist das Gruppencontrolling ein **operatives Führungsinstrument**.

Es basiert auf dem taktischen Controlling und unterstützt z. B. **teilautonome Gruppen** bei der Wahrnehmung ihrer Aufgaben. Das Gruppencontrolling vollzieht nicht das unmittelbare Gruppengeschehen, sondern berät den Gruppenleiter bzw. die Gruppenmitglieder bei ihrer Arbeit.

Die **Realisierung** des Gruppengeschehens selbst ist Aufgabe der Gruppenleiter bzw. der Gruppenmitglieder, die ihre Aufgaben selbst planen, realisieren und sich auch selbst kontrollieren.

Das Gruppencontrolling kann durch einen **Bereichscontroller**, **Gruppencontroller** oder einen **Ausschuss** wahrgenommen werden. In der Regel ist es aber nicht organisatorisch verselbstständigt, sondern wird von einem Bereichsleiter in Abstimmung mit den Gruppenleitern erledigt.

Wird bei teilautonomen Gruppen auf das Gruppencontrolling ganz verzichtet, besteht die Möglichkeit, dass die Ergebnisse der Gruppenarbeit zu weit von den operativen Planzielen abweichen.

Werden **Gruppencontroller** eingesetzt, dann ist darauf zu achten, dass diese kooperativ mit den entsprechenden Gruppen zusammenarbeiten. Schließlich dient das Controlling der Überwachung des Fortschritts und weniger der Kontrolle der einzelnen Gruppenmitglieder.

Wohin führt die Unternehmensführung in diesen unruhigen Zeiten des 21. Jahrhunderts (*Rahn*)?

Die **Führungspraxis** sieht sich heute einem ständigen Anstieg internationaler Verflechtungen und enormem Leistungsdruck gegenüber, welche die Entwicklung von Aufbau- und Prozessstrukturen bzw. Strategien fordern, die am Europa- bzw. Weltmarkt bestehen können, was bei dauernd rückläufiger Konjunktur nicht immer möglich ist.

Es bleibt deshalb zu befürchten, dass nicht mehr die Kooperation praktiziert, sondern zum Personalabbau leider wieder der autoritäre Stil modern wird. Es bleibt zu wünschen, dass trotzdem die humanen Ziele der Führung Beachtung finden und sich künftig nicht nur Wirtschaftlichkeitsthesen durchsetzen werden.

Auch die **Führungsforschung** sieht sich im 21. Jahrhundert großen Herausforderungen gegenüber, denn eine aussagefähige allgemeine Theorie zur Führung steht noch aus (*v. Rosenstiel, Weinert*). Die Wissenschaft wirft viele Fragen auf, die in Zukunft Gegenstand wissenschaftlicher Untersuchungen zur Führung sein können.

Da eine aussagefähige Führungstheorie bisher fehlt, keimt sowohl in der Wissenschaft als auch in der Praxis die Hoffnung, dass möglichst bald eine anwendungsorientierte Theorie gefunden wird, die sowie wissenschaftlichen Erkenntnissen genügt und auch in die Führungspraxis umsetzbar ist.

KONTROLLFRAGEN	bear-beitet	Lösungs-hinweise Seite	Lö-sung +	−
01 Was ist prozessbezogene Unternehmensführung?		311		
02 Stellen Sie eine Führungspyramide mit prozessbezogenen Dimensionen dar!		311		
03 Erläutern Sie die Ebenen des Führungsprozesses!		312		
04 Stellen Sie den sachbezogenen Führungsprozess dar!		312		
05 Erklären Sie die Zielsetzung als Element des Führungsprozesses!		312		
06 Erläutern Sie die weiteren Elemente des Führungsprozesses!		313		
07 Charakterisieren Sie Unternehmensführungsprozesse!		314		
08 Erklären Sie den strategischen Führungsprozess!		314 ff.		
09 Geben Sie Beispiele für strategische Ziele!		315		
10 Was legt die Unternehmensleitung im Rahmen der strategischen Planung fest?		316		
11 Erläutern Sie strategische Managementsysteme!		317		
12 Unterscheiden Sie Elemente einer strategischen Kontrolle!		318 f.		
13 Erklären Sie die strategische Steuerung!		320		
14 Kennzeichnen Sie das strategische Controlling!		321		
15 Zählen Sie monetäre und nichtmonetäre Ziele im Gesamtführungspro-zess auf!		322 f.		
16 Erklären Sie Zielkompromisse im Zielsystem!		324		
17 Stellen Sie verbal und grafisch mögliche Zielbeziehungen dar!		325 ff.		
18 Wie können Ziele formuliert werden?		326 f.		
19 Unterscheiden Sie das Top down-Prinzip und das Bottom-up-Prinzip!		327 f.		
20 Wie lassen sich Unternehmensführungsprozesse realisieren?		329 ff.		
21 Welche Kennzahlen werden bei der Überwachung geprüft?		332		
22 Erklären Sie die Funktionen der Überwachung und Untersuchung!		333 ff.		
23 Erklären Sie das Regelkreisprinzip und grenzen Sie die Steuerung da-von ab!		336		
24 Unterscheiden Sie Vorsteuerung und Nachsteuerung!		336		
25 Welche Aufgaben hat ein Gesamtcontroller?		337		
26 Erläutern Sie das PIMS-Modellkonzept!		338 f.		
27 Nach welchen Stufen geht das Scoring-Konzept vor?		339 f.		
28 Erklären Sie das Synergie-Konzept!		340 f.		
29 Was wissen Sie über das Lebenszyklus-Konzept?		342 f.		
30 Stellen Sie das Erfahrungskurvenkonzept dar!		343 f.		
31 Unterscheiden Sie das Einflussfaktoren-Konzept und das Stakeholder-Konzept!		345 f.		

	KONTROLLFRAGEN	bear-beitet	Lösungs-hinweise Seite	Lö-sung +	–
32	Stellen Sie Prognose-Konzepte und das Frühindikatoren-Konzept gegen-über!		346 ff.		
33	Erläutern Sie die Szenario-Technik!		348 f.		
34	Zeigen Sie anhand einer übersichtlichen Skizze auf, wie die strategische Planung entwickelt werden kann!		349 ff.		
35	Mit welchen Herausforderungen muss eine Unternehmensleitung rech-nen?		352 f.		
36	Wie wird eine Stärken-Schwächen-Analyse durchgeführt?		353 f.		
37	Aus welchen Teilen besteht eine Bereichsanalyse?		354 f.		
38	Erläutern Sie die Gap-Analysen!		355 f.		
39	Kennzeichnen Sie die Portfolio-Analyse!		356 f.		
40	Was ist unter der Wertketten-Analyse zu verstehen?		357 ff.		
41	Unterscheiden Sie die Kennzahlen-Analyse und die Umfeldanalyse!		359 ff.		
42	Zählen Sie strategische Erfolgspotenziale auf!		362 f.		
43	Welche Vorstellungsprofile sind bei einer Strategie denkbar?		363		
44	Aus welchen Teilen besteht ein Strategieentwurf?		364		
45	Unterscheiden Sie Hauptstoßrichtungen einer Strategie!		364 ff.		
46	Erklären Sie Verhaltens-, Entwicklungs- und Grundstrategien!		365 f.		
47	Charakterisieren Sie Hauptstrategien des Unternehmens!		367 f.		
48	Verdeutlichen Sie die Entstehung und Verwendung des Cashflow!		368		
49	Unterscheiden Sie Arten von Bereichsstrategien!		369 ff.		
50	Was wissen Sie über Portfolio-Strategien?		372 f.		
51	Erläutern Sie den taktischen Führungsprozess!		374		
52	Unterscheiden Sie taktische Ziele und taktische Planung!		374 f.		
53	Erklären Sie die taktische Realisierung, die taktische Kontrolle und die taktische Steuerung!		375 ff.		
54	Kennzeichnen Sie das taktische Controlling!		377		
55	Erklären Sie materialbereichsbezogene Ziele!		378 f.		
56	Wie funktioniert die Materialplanung?		379		
57	Unterscheiden Sie materialbezogene Realisierung, materialbezogene Kontrolle und materialbereichsbezogene Steuerung!		380 ff.		
58	Erläutern Sie Maßnahmen der Materialbereichssteuerung!		382		
59	Zählen Sie verschiedene Produktionsziele auf!		383		
60	Welche Arten der Produktionsplanung gibt es?		383 f.		

KONTROLLFRAGEN	bear- beitet	Lösungs- hinweise	Lö- sung	
		Seite	+	–
61	Erläutern Sie betriebliche Produktionsstörungen!		384		
62	Unterscheiden Sie Produktionskontrolle und Produktionscontrolling!		385 ff.		
63	Erklären Sie die Produktionssteuerung!		385		
64	Nennen Sie Marketingziele!		386 f.		
65	Welche Teilplanungen umfasst die Marketingplanung?		387		
66	Mit welchem Instrumentarium erfolgt die Realisierung im Marketingbe- reich?		387 f.		
67	Unterscheiden Sie Marketingkontrolle, Marketingsteuerung und Marke- tingcontrolling!		388 ff.		
68	Welche personalbezogene Ziele kennen Sie?		390 f.		
69	Welche Arten der Personalplanung gibt es?		391		
70	Erläutern Sie Störgrößen bei der Realisierung im Personalbereichs!		392		
71	Unterscheiden Sie personalbezogene Kontrolle, personalbezogene Steu- erung und Personalcontrolling!		392 ff.		
72	Zählen Sie Sollgrößen im Finanz- und Rechnungswesen auf!		394 f.		
73	Unterscheiden Sie Planung, Realisierung, Kontrolle und Steuerung im Fi- nanz- und Rechnungswesen!		395 ff.		
74	Was wissen Sie über das Finanzcontrolling?		399		
75	Erläutern Sie die Informationsziele und die Informationsplanung!		400		
76	Welche Störgrößen gibt es im Informationsbereich?		401 f.		
77	Unterscheiden Sie Informationskontrolle, Informationssteuerung und In- formationscontrolling!		402 ff.		
78	Erläutern Sie die Elemente des operativen Führungsprozesses!		404		
79	Erklären Sie die gruppenbezogene Planung und die gruppenbezogene Kontrolle!		405 ff.		
80	Erläutern Sie die gruppenbezogene Steuerung und das Gruppencontrol- ling!		406 f.		

GESAMTLITERATURVERZEICHNIS

A. GRUNDLAGEN

Aden, M., Internationales Privates Wirtschaftsrecht, München/Wien 2005
Albach, H., Allgemeine Betriebswirtschaftslehre, 3. Aufl., Wiesbaden 2001
Albert, H., Theorien in den Sozialwissenschaften, in: Theorie und Realität, Hrsg. H. Albert, 2. Aufl., Tübingen 1992, S. 3 - 25
Aronson/Wilson/Akert, Sozialpsychologie, 4. Aufl., München 2004
Bamberger/Wrona, Strategische Unternehmensführung, München 2004
Bartone/Klapdor, Die Europäische Aktiengesellschaft, Berlin 2005
Baumbach/Hopt, Handelsgesetzbuch, 30. Aufl., München 2005
Becker, M., Personalentwicklung, 4. Aufl., Stuttgart 2005
Becker/Fallgatter, Unternehmensführung, Berlin 2002
Berthel/Becker, Personal-Management, 7. Aufl., Stuttgart 2007
Bierbrauer, G., Sozialpsychologie, Stuttgart u. a. 2005
Biergans, E., Einkommensteuer und Steuerbilanz, 7. Aufl., München 2003
Birk, R., Arbeits- und Sozialrecht, europäisches, in: HWP, Hrsg. Gaugler/Oechsler/Weber, 3. Aufl., Stuttgart 2004, Sp. 152-166
Blanke, T., Europäisches Betriebsräte-Gesetz, Baden-Baden 2006
Blätchen/Wegen, Übernahme börsennotierter Unternehmen, Stuttgart 2002
Bleicher, K., Führung, in: HWB, Bd. 1, Hrsg. Wittmann/Kern/Köhler/Küpper/v. Wysocki, 5. Aufl., Stuttgart 1993, Sp. 1270-1284
Bleicher, K., Das Konzept integriertes Management, 7. Aufl., Frankfurt/New York 2004
Blohm/Meier, Interkulturelles Management, 2. Aufl., Herne 2004
Bodendorf, F., Daten- und Wissensmanagement, Berlin 2003
Boesche, K.V., Wettbewerbsrecht, Heidelberg 2005
Bornhofen, M., Steuerlehre 1, 27. Aufl., Wiesbaden 2006
Bornhofen, M., Steuerlehre 2, 26. Aufl., Wiesbaden 2006
Brands, G., IT-Sicherheitsmanagement, Berlin 2005
Brox/Rüthers/Henssler, Arbeitsrecht, 17. Aufl., Stuttgart/Berlin/Köln 2007
Bruns, J., Internationales Marketing, 3. Aufl., Ludwigshafen/Rhein 2003
Bühner, R., Betriebswirtschaftliche Organisationslehre, 10. Aufl., München/Wien 2004
Bühner, R., Mitarbeiter mit Kennzahlen führen, 3. Aufl., Landsberg 2000
Bundesministerium der Finanzen (Hrsg.), Die wichtigsten Steuern im internationalen Vergleich, Berlin 2003
Carl/Kiesel, Unternehmensführung, 2. Aufl., Landsberg/Lech 2000
Coenenberg/Salfeld, Wertorientierte Unternehmensführung, Stuttgart 2003
Crisand, E., Psychologie der Gesprächsführung, 8. Aufl., Heidelberg 2007
Crisand/Lyon, Anti-Stress-Training, 3. Aufl., Heidelberg 1998
Crisand/Raab (Hrsg.), Arbeitshefte zur Führungspsychologie, Frankfurt/Main 2007
Cube, F. v., Fordern statt verwöhnen, 15. Aufl., München 2005
David, F. R., Strategic Management: Cases, 10. Aufl., Upper Saddle River/New York 2004
Dillerup/Stoi, Unternehmensführung, München 2006
Ditges/Arendt, Kompakt-Training Internationale Rechnungslegung nach IFRS, 3. Aufl., Ludwigshafen/Rhein 2007
Drucker, P., Was ist Management, München 2002
Ebel, B., Qualitätsmanagement, Herne/Berlin 2001
Ehrmann, H., Kompakt-Training Risikomanagement Rating - Basel II, Ludwigshafen/Rhein 2005
Ehrmann, H., Unternehmensplanung, 5. Aufl., Ludwigshafen/Rhein 2007
Ehrmann, H., Kompakt-Training Balanced Scorecard, 4. Aufl., Ludwigshafen/Rhein 2007
Ehrmann, H., Kompakt-Training Logistik, 4. Aufl., Ludwigshafen/Rhein 2008
Ehrmann, H., Logistik, 5. Aufl., Ludwigshafen/Rhein 2008
Eickmann/Flessner/Irschlinger u.a., Insolvenzordnung, 4. Aufl., Heidelberg 2005
Eisenhardt, U., Gesellschaftsrecht, 12. Aufl., München 2005
Emmerich/Sonnenschein, Konzernrecht, 8. Aufl., München 2005
Fahrholz, B., Neue Formen der Unternehmensfinanzierung, 2. Aufl., München 2007
Franken, S., Verhaltensorientierte Führung, Wiesbaden 2004
Frenz, W., Handbuch Europarecht, Bd. 2, Europäisches Kartellrecht, Berlin u. a. 2006
Gaitanides u.a. (Hrsg.), Prozessmanagement, 2. Aufl., München/Wien 2006
Gartner, W.J., Management, München/Wien 2002
Gattermeyer/Al-Ani (Hrsg.), Change Management und Unternehmenserfolg, Wiesbaden 2000
Gaugler, E., Zur Weiterentwicklung der BWL als Management- und Führungslehre, in: Betriebswirtschftslehre als Management- und Führungslehre, Hrsg. R. Wunderer, Stuttgart 1988, S. 147 - 168
Gaugler, E., Mitbestimmung der Arbeitnehmer in der Betriebs- und Unternehmensverfassung, Mannheim 2007
Gaugler/Oechsler/Weber (Hrsg.), Handwörterbuch des Personalwesens, 3. Aufl., Stuttgart 2004
Gebert/v. Rosenstiel, Organisationspsychologie, 5. Aufl., Stuttgart 2002
Gitter, W., Sozialrecht, 5. Aufl., München 2001
Goebel, F. M., Die neuen Verjährungsfristen, Freiburg 2004
Grass, B., Einführung in die Betriebswirtschaftslehre, 2. Aufl., Herne 2003
Grefe, C., Unternehmenssteuern, 10. Aufl., Ludwigshafen/Rhein 2006
Grünberger, D., IAS/IFRS 2007, 5. Aufl., Herne/Berlin 2006
Güldenberg, S., Wissensmanagement und Wissenscontrolling in lernenden Organisationen, 4. Aufl., Wiesbaden 2004
Gutenberg, E., Grundlagen der Betriebswirtschaftslehre, Band 1, Die Produktion, 24. Aufl., Berlin u. a. 1984
Haberkorn, K., Praxis der Mitarbeiterführung, 10. Aufl., Ehningen 2002

Habersack, M., Europäisches Gesellschaftsrecht, 3. Aufl., München 2006
Hald/Nevermann, Datenbank-Engineering für Wirtschaftsinformatiker, 2. Aufl., Wiesbaden 2001
Hammer/Champy, Business Reengineering, 6. Aufl., Frankfurt/New York 1996
Hefermehl/Köhler/Bornkamm, Wettbewerbsrecht, 24. Aufl., Mpnchen 2006
Heinen, E., Einführung in die Betriebswirtschaftslehre, 9. Auflage, Nachdruck, Wiesbaden 1992
Heinrich/Lehner, Informationsmanagement, 8. Aufl., München/Wien 2005
Hentze/Brose, Unternehmensplanung, Bern/Stuttgart 1985
Hentze/Kammel, Personalwirtschaftslehre, Bd. 1, 7. Aufl., Bern/Stuttgart 2001
Hentze/Graf/Kammel/Lindert, Personalführungslehre, 4. Aufl., Bern/Stuttgart/Wien 2005
Herdegen, M., Internationales Wirtschaftsrecht, 5. Aufl., München 2005
Hinterhuber, H. H., Strategische Unternehmensführung, Band 1, 7. Aufl., Berlin/New York 2004
Hinterhuber, H. H., Strategische Unternehmensführung, Band 2, 7. Aufl., Berlin/New York 2004
Hinterhuber/Matzler, Kundenorientierte Unternehmensführung, 5. Aufl., Wiesbaden 2006
Hopfenbeck, W., Allgemeine Betriebswirtschafts- und Managementlehre, 14. Aufl., Landsberg 2002
Horváth, P., Controlling, 10. Aufl., München 2006
Hueck, A., Gesellschaftsrecht, 20. Aufl., München 2003
Hummel/Zander, Unternehmensführung, Stuttgart 2002
Hungenberg/Wulf, Grundlagen der Unternehmensführung, 2. Aufl., Heidelberg 2005
Jahrmann, F. U., Finanzierung, 5. Aufl., Herne/Berlin 2003
Jahrmann, F. U., Außenhandel, 12. Aufl., Ludwigshafen/Rhein 2007
Jendrosch, Th., Kundenzentrierte Unternehmensführung, München 2001
Jung, H., Allgemeine Betriebswirtschaftslehre, 10. Aufl., München/Wien 2006
Jung, H., Personalwirtschaft, 7. Aufl., München/Wien 2006
Kahle, E., Betriebliche Entscheidungen, 6. Aufl., München/Wien 2001
Kamiske/Umbreit, Qualitätsmanagement, München 2006
Kaplan/Norton, The Balanced Scorecard, Boston 1997
Kersten/Wolfenstetter, IT-Sicherheitsmanagement nach ISO 27001 und Grundschutz. Der Weg zur Zertifizierung, Wiesbaden 2007
Kieser/Oechsler, Unternehmenspolitik, 2. Aufl., Stuttgart 2004
Kilian, W., Europäisches Wirtschaftsrecht, 2. Aufl., München 2003
Kirsch, W., Die Führung von Unternehmen, Herrsching 2001
Knöll/Schulz-Sacharow/Zimpel, Unternehmensführung mit SAP BI, Wiesbaden 2006
Köhler, K., Einführung in das Insolvenzverfahren, Vortrag am Amtsgericht Ludwigshafen/Rhein am 05.05.1999
Kohlöffel, K.M., Strategisches Management, München/Wien 2000
Korndörfer, W., Unternehmensführungslehre, 9. Aufl., Wiesbaden 1999
Koslowski/Kohlmeier, Controlling-Wörterbuch der Praxis, Deutsch/Englisch, Englisch/Deutsch, Stuttgart 2001
Koslowski/Kohlmeier, Wirtschafts-Wörterbuch der Praxis, deutsch/engl./engl.-deutsch, Stuttgart 2002
Kotthoff, H., Betriebsrat, in: HWP, Hrsg. Gaugler/Oechsler/Weber, 3. Aufl., Stuttgart 2004, Sp. 585-596
Krcmar, H., Informationsmanagement, 4. Aufl., Berlin 2004
Kreikebaum, H., Strategische Unternehmensplanung, 6. Aufl., Stuttgart 1997
Krell/Wächter, Diversity Management. Impulse aus der Personalforschung, Mering 2006
Krystek, U., Unternehmungskrisen, 2. Aufl., Wiesbaden 2001
Küpper, H., Controlling, 4. Aufl., Stuttgart 2005
Kutschker/Schmid, Internationales Management, 3. Aufl., München 2004
Larenz/Wolf, Allgemeiner Teil des deutschen Bürgerlichen Rechts, 9. Aufl., München 2004
Laux, H., Wertorientierte Unternehmensführung und Kapitalmarkt, Berlin/Heidelberg 2003
Läufer, T. (Hrsg.), Vertrag von Amsterdam. Texte des EU-Vertrages und des EG-Vertrages, hrsg. v. Presse- und Informationsamt der Bundesregierung, Bonn 1998
Leavitt, H., Grundlagen der Führungspsychologie, Zürich 1975
Liebel, H., Führungspsychologie, Theoretische und empirische Beiträge, Göttingen u.a. 1978
Macharzina/Wolf, Unternehmensführung, 5. Aufl., Wiesbaden 2005
Macharzina/Fisch, Management, internationales, in: Management-Lexikon, Hrsg. R. Bühner, München/Wien 2001, S. 461-464
Macharzina/Neubürger (Hrsg.), Wertorientierte Unternehmensführung Stuttgart 2002
Malik, F., Strategie des Managements komplexer Systeme, 9. Aufl., Bern/Stuttgart/Wien 2006
Martin, A., Personalforschung, 2. Aufl., München/Wien 1994
Mast, C., Unternehmenskommunikation, 2. Aufl., Stuttgart 2006
Meffert, H., Marketing, 9. Aufl., Wiesbaden 2000
Meffert/Bolz, Internationales Marketing-Management, 4. Aufl., Stuttgart 2002
Meier, H., Selbstmanagement im Studium, Ludwigshafen/Rhein 1998
Mellerowicz, K., Sozialorientierte Unternehmensführung, 2. Aufl., Freiburg im Br. 1976
Metzger, W., Psychologie, 6. Aufl., Wien 2001
Mintzberg, u,a., The strategy process: Concepts, contexts, cases, 4. Aufl., Upper Saddle River/New York 2003
Müller, K. R., Handbuch Unternehmenssicherheit, Wiesbaden 2005
Müller, W. R., Führungsforschung/Führung in der Bundesrepublik Deutschland, in Österreich und in der Schweiz, in: HWFü, Hrsg. Kieser/Reber/Wunderer, 2. Aufl., Stuttgart 1995, Sp. 573-586
Müller/Kornmeier, Strategisches Internationales Management, München 2002
Müller-Stevens, G., Unternehmensführung, in: Management-Lexikon, Hrsg. R. Bühner, München/Wien 2001, S. 792-796
Myers, D. G., Psychologie, Heidelberg 2005
Neuberger, O., Führen und führen lassen, 6. Aufl., Stuttgart 2002
Niedereichholz, Ch., Unternehmensberatung, Bd. 1 und 2, München 2004 und 2006
Nienhüser/Krins, Betriebliche Personalforschung, Mering 2005
North, K., Wissensorientierte Unternehmensführung, Wiesbaden 2002
Oechsler, W. A., Personal und Arbeit, 8. Aufl., München/Wien 2006
Oeldorf/Olfert, Kompakt-Training Materialwirtschaft, 2. Aufl., Ludwigshafen/Rhein 2005
Oeldorf/Olfert, Materialwirtschaft, 12. Aufl., Ludwigshafen/Rhein 2008

Oelert, J., Internes Kommunikationsmanagement, Wiesbaden 2003
Olfert, K., Personalwirtschaft, 12. Aufl., Ludwigshafen/Rhein 2006
Olfert, K., Kompakt-Training Einführung in die Betriebswirtschaftslehre, Ludwigshafen/Rhein 2005
Olfert, K., Organisation, 14. Aufl., Ludwigshafen/Rhein 2006
Olfert, K., Kompakt-Training Personalwirtschaft, 5. Aufl., Ludwigshafen/Rhein 2007
Olfert/Pischulti, Kompakt-Training Unternehmensführung, 4. Aufl.,Ludwigshafen/Rhein 2007
Olfert/Rahn, Einführung in die Betriebswirtschaftslehre, 9. Aufl., Ludwigshafen/Rhein 2008
Olfert/Rahn, Lexikon der Betriebswirtschaftslehre, 6. Aufl., Ludwigshafen/Rhein 2008
Olfert/Rahn, Kompakt-Training Organisation, 4. Aufl., Ludwigshafen/Rhein 2005
Opp, K.D., Methodologie der Sozialwissenschaften, 5. Aufl., Wiesbaden 2002
Oppermann, Th., Europarecht, 3. Aufl., München 2005
Ott/Göpfert, Kauf von Unternehmen aus der Insolvenz, Wiesbaden 2005
Palandt, O., Bürgerliches Gesetzbuch, 66. Aufl., München 2006
Pape, U., Wertorientierte Unternehmensführung und Controlling, 3. Aufl., Sternenfels 2004
Paul, J., Einführung in die Allgemeine Betriebswirtschaftslehre, Wiesbaden 2007
Pepels, W., Unternehmensführung, Stuttgart/Berlin/Köln, 2000
Perlitz, M., Internationales Management, 5. Aufl., Stuttgart/Jena 2004
Popper, K. R., Logik der Forschung, 10. Aufl., Tübingen 1994
Proff, H., Internationales Management, München 2004
Raffée, H., Grundprobleme der Betriebswirtschaftslehre, (Nachdruck) Göttingen 1995
Rahn, H. J., Führung von Gruppen, 5. Aufl., Heidelberg 2006
Rahn, H. J., Führung – wohin führt sie? In: Der Betriebswirt, 48. Jg., H 3 (2007)
Rahn, H. J., Personalführung kompakt. Ein systemorientierter Ansatz, München/Wien 2009
Rappaport, A., Shareholder Value, 2. Aufl., Stuttgart 1999
Reber, G., Führungsforschung, Inhalte und Methoden, in: HWFü, Hrsg. Kieser/Reber/Wunderer, 2. Aufl., Stuttgart 1995, Sp. 652-666
Rheinberg, F., Motivation, 5. Aufl., Stuttgart 2004
Richter, M., Personalführung im Betrieb, 4. Aufl., München/Wien 1999
Rose, G. (Hrsg.), Unternehmenssteuern, 2. Aufl., berlin 2004
Rosenstiel, L. v., Motivation im Betrieb, 10. Aufl., München 2001
Rosenstiel, L. v., Grundlagen der Organisationspsychologie, 6. Aufl., Stuttgart 2007
Rudolph, U., Motivationspsychologie, Weinheim/Basel 2003
Rühli, E., Unternehmungsführung und Unternehmungspolitik, 3. Aufl., Bern/Stuttgart/Wien 1996
Schanz, G., Personalwirtschaftslehre, 3. Aufl., München 2000
Schanz, G., Wissenschaftsprogramme der Betriebswirtschaftslehre, in: Allgemeine Betriebswirtschaftslehre, Hrsg. Bea/Dichtl/Schweitzer, Bd. 1, 6. Aufl., Stuttgart/Jena 1992, S. 57-139
Schauenberg, B., Wissenschaftstheoretische Einordnung des Personalmanagements, in: HWP, Hrsg. Gaugler/Oechsler/Weber, 3. Aufl., Stuttgart 2004, Sp. 2017-2028
Schaumburg, H., Internationales Steuerrecht, 3. Aufl., Köln 2002
Scherm/Süß, Internationales Management, München 2001
Schiek, D., Europäisches Arbeitsrecht, Baden-Baden 1997
Schierenbeck, H., Grundzüge der Betriebswirtschaftslehre, 16. Aufl., München/Wien 2003
Schmid/Lyczek, Unternehmenskommunikation, Wiesbaden 2006
Schmidt, G., Methode und Techniken der Organisation, 13. Aufl., Gießen 2003
Scholz, C., Personalmanagement, 5. Aufl., München 2000
Schreyögg, G., Unternehmensführung (Management), in: HWO, Hrsg. Schreyögg/v. Werder, 4. Aufl., Stutgart 2004, Sp. 1520-1531
Schreyögg/v. Werder (Hrsg.), Handwörterbuch Unternehmensführung und Organisation, 4. Aufl., Stuttgart 2004
Schuler, H. (Hrsg.), Lehrbuch der Personalpsychologie, 2. Aufl., Göttingen 2005
Schuster/Frey, Sozialpsychologie, in: Lexikon der Psychologie, Bd. 4, Red. G. Wenninger, Heidelberg 2001, S. 207-209
Schwarze, I., Europäisches Wettbewerbsrecht im Wandel, Baden-Baden 2001
Seiverth, A., Zwischen Qualitätsentwicklung und Zertifizierung, Bielefeld 2005
Seiwert, L. J., Selbstmanagement, 8. Aufl., Speyer 2000
Siegwart, H., Kennzahlen für die Unternehmungsführung, 6. Aufl., Bern/Stuttgart 2003
Smid, S., Deutsches und Europäisches, Internationales Insolvenzrecht, Kommentar, Stuttgart 2004
Staehle, W. H., Management, 8. Aufl., München 1999
Steckler, B., Kompendium Arbeitsrecht und Sozialversicherung, 6. Aufl., Ludwigshafen/Rhein 2004
Steckler, B., Kompendium Wirtschaftsrecht, 7. Aufl., Ludwigshafen/Rhein 2008
Steckler, B., Kompakt-Training Wirtschaftsrecht, 2. Aufl., Ludwigshafen/Rhein 2003
Steiner, M., Cash Management, in: HWF, Hrsg. Gerke/Steiner, 2. Aufl., Stuttgart 1995, Sp. 386-399
Steinmann/Schreyögg, Management, 6. Aufl., Wiesbaden 2005
Streinz, R., Europarecht, 7. Aufl., Heidelberg 2005
Stroebe, R. W., Grundlagen der Führung, 12. Aufl., Heidelberg 2006
Stroebe/Jonas/Hewstone, Sozialpsychologie, Heidelberg 2003
Stührenberg/Streich/Henke, Wertorientierte Unternehmensführung, Wiesbaden 2003
Tacke, V., Systemtheorie, in: HWO, Hrsg. Schreyögg/v. Werder, 4. Aufl., Stuttgart 2004, Sp. 1392-1400
Tacke, V., Soziologie der Organisation, Bielefeld 2004
Theisen/Wenz, Die Europäische Aktiengesellschaft, 2. Aufl., Stuttgart 2005
Thommen/Achleitner, Allgemeine Betriebswirtschaftslehre, 4. Aufl., Wiesbaden 2003
Tisdale, T., Führungstheorien, in: HWP, Hrsg. Gaugler/Oechsler/Weber, 3. Aufl., Stuttgart 2004, Sp. 824-836
Thüsing, G., Europäisches Arbeitsrecht, München 2007
Töpfer, A., Betriebswirtschaftslehre, Berlin/Heidelberg, 2005
Töpfer/Mehdorn, Prozess- und wertorientiertes Qualitätsmanagement, 5. Aufl., Berlin u. a. 2007
Traum, D., Europäische Betriebsräte, Mering 2005
Ulrich, H., Die Unternehmung als produktives soziales System, 2. Aufl., Bern/Stuttgart 1970
Ulrich, H., Systemorientiertes Management, Bern/Stuttgart 2001

Ulrich/Fluri, Management, 8. Aufl., Bern/Stuttgart 2006
Wagner, R., Unternehmensführung, Stuttgart 2001
Weibler, J., Personalführung, München 2001
Weibler, J., Führung und Führungstheorien, in: HWO, Hrsg. Schreyögg/v. Werder, 4. Aufl., Stuttgart 2004, Sp. 294-308
Weibler, J., Führungsmodelle, in: HWP. Hrsg. Gaugler/Oechsler/Weber, 3. Aufl., Stuttgart 2004, Sp. 801-816
Weinert, A. B., Organisations- und Personalpsychologie, 5. Aufl., Weinheim 2004
Wöhe/Döring, Einführung in die Allgemeine Betriebswirtschaftslehre, 22. Aufl., München 2005
Wunderer, R., Führung und Zusammenarbeit, 6. Aufl., Stuttgart 2006
Wunderer, R., Führungsforschung und Betriebswirtschaftslehre, in: HWFü, Hrsg. Kieser/Reber/Wunderer, 2. Aufl., Stuttgart 1995, Sp. 666-679
Wunderer/Grunwald, Führungslehre, 2 Bände, Berlin/New York 1980
Ziegenbein, K., Kompakt-Training Controlling, 3. Aufl., Ludwigshafen/Rhein 2006
Ziegenbein, K., Controlling, 9. Aufl., Ludwigshafen/Rhein 2007
Zimbardo/Gerrig, Psychologie, 7. Aufl., Berlin u.a. 2003

B. AUFGABENBEZOGENE UNTERNEHMENSFÜHRUNG

Aberle, G., Transportwirtschaft, 4. Aufl., München/Wien 2003
Adler/Düring/Schmaltz, Rechnungslegung nach internationalen Standards, Loseblattwerk und CR-Rom, Stuttgart 2002
Allewell, D., Sozialpolitik, betriebliche, in: HWP, Hrsg. Gaugler/Oechsler/Weber, 3. Aufl., Stuttgart 2004, Sp. 1774-1789
Amor, D., E-Business aktuell, Weinheim 2003
Angermeyer/Oser, Grundzüge der Konzernrechnungslegung nach HGB und IFRS, 2. Aufl., München 2005
Backhaus/Büschken/Voeth, Internationales Marketing, 5. Aufl., Stuttgart 2003
Baus, J., Controlling, 3. Aufl., Berlin 2003
Bea/Göbel, Organisation, 3. Aufl., Stuttgart 2006
Beck, Ch., Projektmanagement in der Personalabteilung, Neuwied 2003
Becker, M., Personalentwicklung, 4. Aufl., Stuttgart 2005
Bender, H.F., Sicherer Umgang mit Gefahrstoffen, 3. Aufl., Weinheim 2005
Bendel/Hauske, E-Learning, Das Wörterbuch, Berlin 2004
Bender, H.J., Kompakt-Training Leasing, Ludwigshafen/Rhein 2001
Berg-Peer, J., Outplacement in der Praxis, Wiesbaden 2003
Bergmann, G., Kompakt-Training Innovation, Ludwigshafen/Rhein 2000
Berthel/Becker, Personal-Management, 7. Aufl., Stuttgart 2007
Bichler/Krohn, Beschaffungs- und Lagerwirtschaft, 8. Aufl., Wiesbaden 2001
Biethahn/Nomikos, Ganzheitliches E-Business, München 2002
Bisani, F., Personalwesen und Personalführung, 6. Aufl., Wiesbaden 2001
Bleicher, K., Das Konzept integriertes Management, 7. Aufl., Frankfurt/New York 2004
Bloech, J., Einführung in die Produktion, 5. Aufl., Berlin u. a. 2004
Blohm/Beer/Seidenberg/Silber, Produktionswirtschaft, 4. Aufl., Herne/Berlin 2007
Bodendorf/Robra-Bissantz, E-Finance, München/Wien 2003
Bogner, Th., Strategisches Online-Marketing, Wiesbaden 2006
Bokranz, R., Organisations-Management in Dienstleistung und Verwaltung, 4. Aufl., Wiesbaden 2003
Breisig, Th., Personalbeurteilung, Mitarbeitergespräch, Zielvereinbarungen, 2. Aufl., Frankfurt/Main 2001
Brockhoff,K., Forschung und Entwicklung, Organisation der, in: HWO, Hrsg. Schreyögg/v. Werder, 4. Aufl., Stuttgart 2004, sp. 285-294
Bronner, R., Entscheidungsprozesse in Organisationen, in: HWO, Hrsg. Schrreyögg/v. Werder, Stuttgart 2004, Sp. 229-239
Bruhn, M., Kundenorientierung, Bausteine für ein exzellentes Customer Relationship Management (CRM), München 2003
Buchner, R., Buchführung und Jahresabschluß, 7. Aufl., München 2005
Büchel/Prange/Probst, Joint-Venture-Management, Bern 2002
Bühner, R., Betriebswirtschaftliche Organisationslehre, 10. Aufl., München/Wien 2004
Bühner, R., Personalmanagement, 3. Aufl., München/Wien 2005
Büschgen, H. E., Das kleine Bank-Lexikon, 3. Aufl., Stuttgart 2006
Burr/Musil/Stephan/Werkmeister, Unternehmensführung, München 2005
Busse, F. J., Grundlagen der betrieblichen Finanzwirtschaft, 5. Aufl., München/Wien 2002
Bussiek/Ehrmann, Buchführung, 8. Aufl., Ludwigshafen/Rhein 2004
Carl/Kiesel, Unternehmensführung, 2. Aufl., Landsberg/Lech 2002
Coenenberg, A. G. u. a., Jahresabschluß und Jahresabschlußanalyse, 20. Aufl., Landsberg/Lech 2005
Corsten, H., Produktionswirtschaft, 10. Aufl., München/Wien 2007
Crisand, E., Soziale Kompetenz, Frankfurt/Main 2002
Däumler, K. D., Betriebliche Finanzwirtschaft, 8. Aufl., Herne/Berlin 2002
Däumler, K. D., Grundlagen der Investitions- und Wirtschaftlichkeitsrechnung, 11. Aufl., Herne/Berlin 2003
Däumler/Grabe, Kostenrechnung 2, Deckungsbeitragsrechnung, 7. Aufl., Herne/Berlin 2002
Diller, H., Preispolitik, 4. Aufl., Stuttgart 2007
Dillerup/Stoi, Unternehmensführung, München 2006
Dinger, H., Target Costing, 2. Aufl., München 2002
Ditges/Arendt, Bilanzen, 12. Aufl., Ludwigshafen/Rhein 2007
Ditges/Arendt, Kompakt-Training Internationale Rechnungslegung nach IFRS, 3. Aufl., Ludwigshafen/Rhein 2007
Dittrich/Braun, Business Process Outsourcing, Freiburg 2005
Döring/Buchholz, Buchhaltung und Jahresabschluss, 9. Aufl., Berlin 2005
Domschke/Drexl, Einführung in Operations Research, 6. Aufl., Berlin u.a. 2005
Dowling/Drumm, Gründungsmanagement, 2. Aufl., Berlin u.a. 2003
Drumm, H. J., Personalwirtschaftslehre, 5. Aufl., Berlin/Heidelberg 2005
Dyckhoff/Spengler, Produktionswirtschaft, Berlin u.a. 2005

Ebel, B., Kompakt-Training Produktionswirtschaft, 2. Aufl., Ludwigshafen/Rhein 2002
Ebel, B., Kompakt-Training E-Business, Ludwigshafen/Rhein 2007
Ebel, B., Produktionswirtschaft, 9. Aufl., Ludwigshafen/Rhein 2008
Eckardstein, D. v., Personalpolitik, in: HWP, Hrsg. Gaugler/Oechsler/Weber, 3. Aufl., Stuttgart 2004, Sp. 1616-1630
Ehrmann, H., Marketing-Controlling, 4. Aufl., Ludwigshafen/Rhein 2004
Ehrmann, H., Unternehmensplanung, 5. Aufl., Ludwigshafen/Rhein 2007
Ehrmann, H., Kompakt-Training Balanced Scorecard, 4. Aufl., Ludwigshafen/Rhein 2007
Ehrmann, H., Kompakt-Training Logistik, 4. Aufl., Ludwigshafen/Rhein 2008
Ehrmann, H., Logistik, 5. Aufl., Ludwigshafen/Rhein 2008
Eilenberger, G., Betriebliche Finanzwirtschaft, 7. Aufl., München/Wien 2003
Eisele, W., Technik des betrieblichen Rechnungswesens, 7. Aufl., München 2002
Ems, G., Die Personalabteilung, Bonn 2002
Erlhofer, S., Suchmaschinenoptimierung für Webentwickler, 2. Aufl., Bonn 2006
Fandel, G., Produktion I, Produktions- und Kostentheorie, 6. Aufl., Berlin u. a. 2005
Fink, K. J., Vertriebspartner gewinnen, Wiesbaden 2003
Fischer, G., Allgemeine Betriebswirtschaftslehre, 10. Aufl., Heidelberg 1964
Föhr, S., Personalberatung, in: HWP, Hrsg. Gaugler/Oechsler/Weber, 3. Aufl., Stuttgart 2004, Sp. 1394-1403
Franz/Kajüter (Hrsg.), Kostenmanagement, 2. Aufl., Stuttgart 2002
Freytag/Gmel/Grasmeher, Der Ausbilder im Betrieb, Teil 1, 33. Aufl., Kassel 2005
Fritz, W., Internet-Marketing und Electronic-Commerce, Wiesbaden 2004
Gabele, E., Buchführung, 8. Aufl., München/Wien 2003
Gaenslen, P., Risiken der Unternehmensleitung, Sternenfels 2006
Gaugler, E., Geschichte des Personalwesens, in: HWP, Hrsg. Gaugler/oechsler/Weber, 3. Aufl., Stuttgart 2004, Sp. 837-853
Gaugler/Oechsler/Weber, Personalwesen, in: HWP, Hrsg. Gaugler/Oechsler/Weber, 3. Aufl., Stuttgart 2004, Sp. 1653-1663
Grefe, C., Kompakt-Training Bilanzen, 5. Aufl., Ludwigshafen/Rhein 2007
Greifeneder, H., Erfolgreiches Suchmaschinenmarketing, Wiesbaden 2006
Gutenberg, E., Grundlagen der Betriebswirtschaftslehre, Band 1, Die Produktion, 24. Aufl., Berlin u. a. 1984
Haberstock/Breithecker, 12. Aufl., Kostenrechnung 1, Berlin 2004
Haberstock/Breithecker, Einführung in die betriebswirtschaftliche Steuerlehre, 13. Aufl., Bielefeld 2005
Hald/Nevermann, Datenbank-Engineering für Wirtschaftsinformatiker, 2. Aufl., Wiesbaden 2001
Hansen/Neumann, Wirtschaftinformatik I, 9. Aufl., Stuttgart 2005
Hartmann, H., Materialwirtschaft, 8. Aufl., Gensbach 2002
Heinen, E., Betriebswirtschaftliche Führungslehre, 2. Aufl., Nachdruck, Wiesbaden 1992
Heinen, E., Einführung in die Betriebswirtschaftslehre, 9. Auflage, Nachdruck, Wiesbaden 1992
Heinrich/Lehner, Informationsmanagement, 8. Aufl., München/Wien 2005
Heizmann, S., Outplacement, Bern 2003
Hentze/Kammel, Personalwirtschaftslehre 1, 7. Aufl., Bern/Stuttgart 2001
Hentze/Graf, Personalwirtschaftslehre 2, 7. Aufl., Bern/Stuttgart u.a. 2005
Hering/Rieg, Prozessorientiertes Controlling-Management, 2. Aufl., München 2002
Hermes/Schwarz, Outsourcing, Freiburh 2005
Herndl, K., Führen im Vertrieb, 2. Aufl., Wiesbaden 2005
Herrmann, F., Handbuch des Joint Venture, Heidelberg 2006
Hilb, M., Mentoring, in : HWP, Hrsg. Gaugler/Oechsler/Weber, 3. Aufl., Stuttgart 2004, Sp. 1151-1161
Hinterhuber, H. H., Strategische Unternehmungsführung, Bd. 1, 7. Aufl., Berlin 2004
Hippner/Wilde, Grundlagen des CRM, 2. Aufl., Wiesbaden 2006
Hoffmann, W. H., Allianz, strategische, in: HWO, Hrsg. Schreyögg/v. Werder, 4. Aufl., Stuttgart 2004, Sp. 11-20
Holey/Welter/Wiedemann, Wirtschaftsinformatik, 2. Aufl., Ludwigshafen/Rhein 2007
Homburg/Krohmer, Marketingmanagement, 2. Aufl., Wiesbaden 2006
Hope/Fraser, Beyond Budgeting, Stuttgart 2003
Hopfenbeck, W., Allgemeine Betriebswirtschafts- und Managementlehre, 14. Aufl., Landsberg 2002
Horváth, P., Controlling, 10. Aufl., München 2006
Hungenberg/Kaufmann, Kostenmanagement, München 2001
Hungenberg/Wulf, Grundlagen der Unternehmensführung, 2. Aufl., Heidelberg 2005
Jahrmann, F. U., Außenhandel, 12. Aufl., Ludwigshafen/Rhein 2007
Jahrmann, F. U., Finanzierung, 5. Aufl., Herne/Berlin 2003
Jetter/Skrotzki, Führungskompetenz, Regensburg 2005
Jung, H., Controlling, München/Wien 2003
Jung, H., Allgemeine Betriebswirtschaftslehre, 10. Aufl., München/Wien 2006
Jung, H., Personalwirtschaft, 7. Aufl., München/Wien 2006
Kaiser, Th., Effizientes Suchmaschinenmarketing, Göttingen 2004
Kloss, J., Werbecontrolling, Gernsbach 2003
Knöll/Schulz-Sacharow/Zimpel, Unternehmensführung mit SAP BI, Wiesbaden 2006
Korndörfer, W., Unternehmensführungslehre, 4. Aufl., Wiesbaden 1999
Kosiol, E., Organisation der Unternehmung, 2. Aufl., Wiesbaden 1976
Kossbiel, H., Personalstruktur, in: HWP, Hrsg. Gaugler/Oechsler/Weber, 3. Aufl., Stuttgart 2004, Sp. 1640-1652
Kotler/Keller/Bliemel, Marketing-Management, 12. Aufl., Stuttgart 2007
Kraft, Th., Personalberatung in Deutschland und in der Schweiz, Bern 2002
Krcmar, H., Informationsmanagement, 4. Aufl., Berlin 2004
Kröger/Hoffmann, Rechts-Handbuch zum E-Government, Köln 2005
Kruschwitz, L., Investitionsrechnung, 10. Aufl., Berlin/New York 2005
Krystek, U., Unternehmenskrisen, 2. Aufl., Wiesbaden 2001
Küpper, H.U., Controlling, 4. Aufl., Stuttgart 2005
Küting/Weber, Handbuch der Rechnungslegung, 5. Aufl., Stuttgart 2000
Küting/Weber, Der Konzernabschluss, 10. Aufl., Stuttgart 2006
Langenbeck, J., Kompakt-Training Bilanzanalyse, 2. Aufl., Ludwigshafen/Rhein 2007

Liebel/Oechsler, Handbuch Human Resource Management, Wiesbaden 2002
Männel, W., Grundlagen der Kostenrechnung, 11. Aufl., Lauf 2004
Meffert, H., Marketing-Management, Wiesbaden 2003
Meffert, H., Marketing, 9. Aufl., Wiesbaden 2000
Meier, H., Unternehmensführung, 3. Aufl., Herne 2006
Meier/Storner, eBusiness & eCommerce, Berling 2005
Mellerwowicz, K., Sozialorientierte Unternehmensführung, 2. Aufl., Freiburg i.Br. 1976
Melzer-Ridinger, R., Materialwirtschaft und Einkauf 1, 4. Aufl., München/Wien 2004
Mentzel, W., Personalentwicklung, München 2004
Mertens, P. (Hrsg.), Lexikon der Wirtschaftsinformatik, 4. Aufl., Berlin u. a. 2001
Mertens/Bodendorf/König, Grundzüge der Wirtschaftsinformatik, 9. Aufl., Berlin 2005
Nebl, Th., Produktionswirtschaft, 5. Aufl., München/Wien 2004
Niedereichholz, Ch., Internes Consulting, München/Wien 2000
Niedereichholz, Ch., Unternehmensberatung 2, 4. Aufl., München/Wien 2003
Niedereichholz, Ch., Unternehmensberatung 1, 4. Aufl., München/Wien 2004
Nieschlag/Dichtl/Hörschgen, Marketing, 19. Aufl., Berlin 2002
Obst/Hintner, Geld-, Bank- und Börsenwesen, 40. Aufl., Stuttgart 2000
Oechsler, W. A., Personal und Arbeit, 8. Aufl., München 2006
Oeldorf/Olfert, Materialwirtschaft, 12. Aufl., Ludwigshafen/Rhein 2008
Olfert, K., Kompakt-Training Einführung in die Betriebswirtschaftslehre, Ludwigshafen/Rhein 2005
Olfert, K., Organisation, 14. Aufl., Ludwigshafen/Rhein 2006
Olfert, K., Kompakt-Training Kostenrechnung, 5. Aufl., Ludwigshafen/Rhein 2006
Olfert, K., Personalwirtschaft, 12. Aufl., Ludwigshafen/Rhein 2006
Olfert, K., Kostenrechnung, 15. Aufl., Ludwigshafen/Rhein 2008
Olfert, K., Kompakt-Training Personalwirtschaft, 5. Aufl., Ludwigshafen/Rhein 2008
Olfert/Pischulti, Kompakt-Training Unternehmensführung, 4. Aufl., Ludwigshafen/Rhein 2007
Olfert/Rahn, Kompakt-Training Organisation, 4. Aufl., Ludwigshafen/Rhein 2005
Olfert/Rahn, Einführung in die Betriebswirtschaftslehre, 9. Aufl., Ludwigshafen/Rhein 2008
Olfert/Rahn, Lexikon der Betriebswirtschaftslehre, 6. Aufl., Ludwigshafen/Rhein 2008
Olfert/Reichel, Kompakt-Training Finanzierung, 5. Aufl., Ludwigshafen/Rhein 2005
Olfert/Reichel, Kompakt-Training Investition, 4. Aufl., Ludwigshafen/Rhein 2006
Olfert/Reichel, Investition, 10. Aufl., Ludwigshafen/Rhein 2006
Olfert/Reichel, Finanzierung, 14. Aufl., Ludwigshafen/Rhein 2008
Peemöller, V. H., Controlling, 5. Aufl., Herne/Berlin 2005
Pelz, W., Kompetent führen, Wiesbaden 2004
Pelz, W., Grundlagen der Betriebswirtschaftslehre, 2. Aufl., München 2001
Pepels, W., Unternehmensführung, Stuttgart/Berlin/Köln, 2000
Perridon/Steiner, Finanzwirtschaft der Unternehmung, 14. Aufl., München/Wien 2006
Petzel, E., eFinance, Wiesbaden 2005
Pfläging, N., Beyond Budgeting, Better Budgeting, Freiburg i. Br. 2003
Preißler, P.R., Controlling-Lehrbuch und Intensivkurs, 12. Aufl., München 2000
Raab/Werner, Customer Relationship Management, 2. Aufl., Frankfurt/Main 2005
Rahn, H. J., Funktionen des Personalmanagements, in: Das Personalbüro in Recht und Praxis, Gr. 15, H 8, 34. Jg. (2002), S. 101-114
Rahn, H. J., Aufgaben des Organisationscontrolling, in: DeBW, 44. Jg. H 4(2003), S. 23-25
Rahn, H. J., Die Arten der Steuerung im Unternehmen, in: DeBW, 46. Jg., H 4 (2005), S. 25-28
Rahn, H. J., Personalprozesse im Focus, in: DeBW, 47. Jg. H 4 (2006), S. 22-26
Riesenhuber, M., Die Fehlentscheidung, Wiesbaden 2006
Rump, J., Mitarbeiterinformation, in: HWP, Hrsg. Gaugler/Oechsler/Weber, 3. Aufl., Stuttgart 2004, Sp. 1231-1240
Schanz, G., Personalwirtschaftslehre, 3. Aufl., München 2000
Scheer, A. W., Wirtschaftsinformatik, 7. Aufl., Berlin u. a. 1998
Scheer/Köppen, Consulting, 2. Aufl., Heidelberg 2001
Scheffler, E., Konzernorganisation, in: HWO, Hrsg. Schreyögg/v. Werder, 4. Aufl., Stuttgart 2004, Sp. 680-688
Scheffler, E., Konzernmanagement, 2. Aufl., München 2005
Schmidt, A., Kostenrechnung, 4. Aufl., Stuttgart 2005
Schmidt, G., Methode und Techniken der Organisation, 13. Aufl., Gießen 2003
Schneeweiß, Ch., Einführung in die Produktionswirtschaft, 8. Aufl., Berlin u.a. 2002
Schneider, U., Coaching, in: HWP, Hrsg. Gaugler/Oechsler/Weber, 3. Aufl., Stuttgart 2004, Sp. 651-660
Scholz, C., Personalmanagement, 5. Aufl., München 2000
Schreyögg, G., Organisation, 4. Aufl., Wiesbaden 2003
Schröder, E. F., Modernes Unternehmens-Controlling, 8. Aufl., Ludwigshafen/Rhein 2003
Schulte, G., Material- und Logistikmanagement, 2. Aufl,. München 2001
Schweitzer/Küpper, Systeme der Kosten- und Erlösrechnung, 8. Aufl., Landsberg/Lech 2003
Seicht, G., Investition und Finanzierung, 9. Aufl., Wien 1997
Selchert, M., CFROI of Customer Relationship Management, Sternenfels 2003
Staehle, W. H., Management, 8. Aufl., München 1999
Stahlknecht/Hasenkamp, Einführung in die Wirtschaftsinformatik, 11. Aufl., Berlin 2004
Stopp, U., Betriebliche Personalwirtschaft, 27. Aufl., Ehningen 2006
Thom/Wenger, Organisationsmanagement: Inhalte, Verankerung und Träger, Bern 2003
Träger, Ch., E-Government, Saarbrücken 2005
Tramsen, U., E-Marketing, Ludwigshafen/Rhein 2006
Ulrich, H., Die Unternehmung als produktives soziales System, 2. Aufl., Bern/Stuttgart 1970
Unger, F. (Hrsg.), Kompendium der Betriebswirtschaftslehre, 3. Aufl., 2 Bd., Mannheim 2001
Vahs, D., Organisation, 5. Aufl., Stuttgart 2005
Wannenwetsch, H., Integrierte Materialwirtschaft und Logistik, 3. Aufl., Berlin u.a. 2006
Weber, J., Logistik- un Supply Chain Controlling, 5. Aufl., Stuttgart 2002

Weber, J., Einführung in das Controlling, Teil 1 und 2, 9. Aufl., Stuttgart 2002
Weber/Rogler, Betriebswirtschaftliches Rechnungswesen, Bd. 1, Bilanz sowie Gewinn- und Verlustrechnung, 5. Aufl., München 2004
Weber/Rogler, Betriebswirtschaftliches Rechnungswesen, Bd. 2, Kosten- und Leistungsrechnung sowie kalkulatorische Bilanz, 4. Aufl., München 2006
Weber/Schäffer, Einführung in das Controlling, 11. Aufl., Stuttgart 2006
Wedell, H., Grundlagen des Rechnungswesens 1, 11. Aufl., Herne 2004
Wedell, H., Grundlagen des Rechnungswesens 2, 9. Aufl., Herne 2004
Weis, H. C., Verkaufsmanagement, 6. Aufl., Ludwigshafen/Rhein 2005
Weis, H. C., Kompakt-Training Marketing, 5. Aufl., Ludwigshafen/Rhein 2007
Weis, H. C., Marketing, 14. Aufl., Ludwigshafen/Rhein 2007
Werder, A. v., Führungsorganisation, Wiesbaden 2005
Werder v./Stöber/Grundei (Hrsg.), Organisationscontrolling, Wiesbaden 2006
Winkelmann, P., Marketing und Vertrieb, 5. Aufl., München/Wien 2006
Wirtz, B. W., Medien- und Internetmanagement, 4. Aufl., Wiesbaden 2005
Wöhe/Döring, Einführung in die Allgemeine Betriebswirtschaftslehre, 22. Aufl., München 2005
Wöhe/Bilstein, Grundzüge der Unternehmensfinanzierung, 9. Aufl., München 2002
Wunderer/Dick, Personalmanagement - Quo Vadis, Analysen und Entwicklungstrends bis 2010, 4. Aufl., München 2006
Ziegenbein, K., Kompakt-Training Controlling, 3. Aufl., Ludwigshafen/Rhein 2006
Ziegenbein, K., Controlling, 9. Aufl., Ludwigshafen/Rhein 2007
Zschenderlein, O., Kompakt-Training Buchführung, 4. Aufl., Ludwigshafen/Rhein 2007

C. PERSONENBEZOGENE UNTERNEHMENSFÜHRUNG

Achterholt, G., Corporate Identity, 2. Aufl., Wiesbaden 2001
Antoni, Gruppen- und Teamarbeit, in: HWP, Hrsg. Gaugler/Oechsler/Weber, 3. Aufl., Stuttgart 2004, Sp. 875-886
Aronson/Wilson/Akert, Sozialpsychologie, München 2004
Asendorpf, J., Psychologie der Persönlichkeit, Berlin 2004
Bamberger/Wrona, Strategische Unternehmensführung, München 2004
Baumgarten, R., Führungsstile und Führungstechniken, Berlin/New york 2002
Becker, M., Personalentwicklung, 4. Aufl., Stuttgart 2005
Becker/Kramarsch, Vergütung außertariflicher Mitarbeiter, in: HWP, Hrsg. Gaugler/Oechsler/Weber, 3. Aufl., Stuttgart 2004, Sp. 1949-1957
Beckerle, K., Die Abmahnung, 8. Aufl., Freiburg i.Br. 2003
Belbin, R. M., Management Teams, 2 nd. Ed., Oxford 2003
Bergmann, G., Kompakt-Training Innovation, Ludwigshafen/Rhein 2000
Berkel, K., Konflikttraining, 8. Aufl., Heidelberg 2005
Berthel/Becker, Personal-Management, 7. Aufl., Stuttgart 2007
Bierbrauer, G., Sozialpsychologie, Stuttgart u.a. 2005
Bierhoff/Frey, Handbuch der Sozialpsychologie und Kommunikationspsychologie, Göttingen u.a. 2006
Birker, K., Betriebliche Kommunikation, 3. Aufl., Berlin 2004
Birker/Birker, Teamentwicklung und Konfliktmanagement, 2. Aufl., Berlin 2007
Birkigt/Stadler/Funck, Corporate Identity, 11. Aufl., Landsberg/Lech 2002
Bisani, F., Personalwesen und Personalführung, 6. Aufl., Wiesbaden 2001
Bleicher, K., Das Konzept integriertes Management, 7. Aufl., Frankfurt/New York 2004
Brinkmann, R. D., Mitarbeiter-Coaching, 3. Aufl., Frankfurt/Main 2000
Brockhoff, K., Forschung und Entwicklung, Organisation der, in: HWO, Hrsg. Schreyögg/v. Werder, 4. Aufl., Stuttgart 2004, Sp. 285-294
Bröckermann, R., Personalwirtschaft, 3. Aufl., Stuttgart 2003
Bruch/Krummacker/Vogel, Leadership – Best Practices und Trends, Wiesbaden 2006
Bühner, R., Personalmanagement, 3. Aufl., München/Wien 2005
Carl/Kiesel, Unternehmensführung, 2. Aufl., Landsberg/Lech 2002
Crisand, E., Psychologie der Persönlichkeit, 8. Aufl., Heidelberg 2000
Crisand, E., Soziale Kompetenz, Frankfurt/Main 2002
Crisand, E., Methodik der Konfliktlösung, 3. Aufl., Heidelberg 2004
Crisand/Crisand, Psychologie der Gesprächsführung, 8. Aufl., Heidelberg 2007
Crisand/Herrle, Psychologische Grundlagen im Führungsprozess, 2. Aufl., Heidelberg 2001
Crisand/Kiepe, Psychologie der Jugendzeit, 2. Aufl., Heidelberg 1996
Crisand/Kramer/Schöne, Personalbeurteilungssysteme, 3. Aufl., Heidelberg 2003
Cube, F. v., Fordern statt verwöhnen, 15. Aufl., München 2005
Dillerup/Stoi, Unternehmensführung, Mpnchen 2006
Domres, A., Führung älterer Mitarbeiter, Saarbrücken 2006
Drumm, H. J., Personalwirtschaftslehre, 5. Aufl., Berlin/Heidelberg 2005
Drucker, P. F., Was ist Management?, München 2002
Ebel, B., Kompakt-Training Produktionswirtschaft, 2. Aufl., Ludwigshafen/Rhein 2007
Ebel, B., Produktionswirtschaft, 9. Aufl., Ludwigshafen/Rhein 2008
Eysenck, H. J., Intelligenz Test, Augsburg 2001
Franken, S., Verhaltensorientierte Führung, Wiesbaden 2004
Frese, H., Mitarbeiterführung, 6. Aufl., Würzburg 1992
Frindte, W., Einführung in die Kommunikationspsychologie, Weinheim 2002
Fröhlich, W., Führung und Personalmanagement, 2. Aufl., Merin 2001
Gaugler, E., Geschichte des Personalwesens, in: HWP, Hrsg. Gaufler/Oechsler/Weber, 3. Aufl., Stuttgart 2004, Sp. 837-853
Gaugler/Oechsler/Weber (Hrsg.), Handwörterbuch des Personalwesens, 3. Aufl., Stuttgart 2004
Gebert, D., Führung und Innovation, Stuttgart 2002

Gebert, D., Innovation durch Teamarbeit, Stuttgart 2004
Gebert, D., Führungsstil und Führungserfolg, in: HWP, Hrsg. Gaugler/Oechsler/Weber, 3. Aufl., Stuttgart 2004, Sp. 816-824
Gemünden/Högl (Hrsg.), Management von Teams, Wiesbaden 2002
Glasl, F., Konfliktmanagement, 7. Aufl., Bern u.a. 2002
Grimm/Vollmer, Personalführung, 7. Aufl., Bad Wörishofen 2005
Grupp, B., Materialwirtschaft mit EDV im Mittel- und Kleinbetrieb, 6. Aufl., Renningen 2003
Gülpen, B., Mitarbeiter fördern, Stuttgart 2004
Haberkorn, K., Praxis der Mitarbeiterführung, 10. Aufl., Renningen 2002
Haeske, U., Team- und Konfliktmanagement, Berlin 2006
Hartmann, H., Materialwirtschaft, 8. Aufl., Gernsbach 2002
Hentze/Graf, Personalwirtschaftslehre 2, 6. Aufl., Bern/Stuttgart u.a. 2005
Hentze/Graf/Kammel/Lindert, Personalführungslehre, 4. Aufl., Bern/Stuttgart/Wien 2005
Hentze/Kammel, Personalwirtschaftslehre 1, 7. Aufl., Bern/Stuttgart 2001
Herbek, P., Strategische Unternehmensführung, Wien/Frankfurt 2000
Herbst, D., Corporate Identity, 2. Aufl., Berlin 2006
Hofstätter, P. R., Gruppendynamik, Reinbek bei Hamburg 1986
Högl, M., Teamorganisation, in: HWO, Hrsg. Schreyögg/v. Werder, 4. Aufl., Stuttgart 2004, Sp. 1401-1408
Holtbrügge, D., Personalmanagement, 2. Aufl., Berlin 2005
Holzbaur, U. D., Management, Ludwigshafen/Rhein 2001
Homans, G. C., Theorie der sozialen Gruppe, 6. Aufl., Opladen 1972
Hopfenbeck, W., Allgemeine Betriebswirtschafts- und Managementlehre, 14. Aufl., Landsberg/Lech 2002
Hungenberg/Wulf, Grundlagen der Unternehmensführung, Heidelberg 2004
Hunold/Wetzling, Umgang mit leistungsschwachen Mitarbeitern, Frankfurt/Main 2005
Jaehrling, D., Fröhlich führen, Düsseldorf/Berlin 2000
Jiranek/Edmüller, Konfliktmanagement, 2. Aufl., Freiburg 2006
Jung, C. G., Psychologische Typen, Bd. 6, 17. Aufl., Düsseldorf 1995
Jung, H., Personalwirtschaft, 6. Aufl., München/Wien 2006
Kasper/Mayrhofer, Personalmanagement – Führung – Organisation, 3. Aufl., Wien 2002
Kastor, M., Psychologie der Individualität, Würzburg 2003
Klimeki/Gmür, Personalmanagement, 2. Aufl., Stuttgart 2001
Köhler, R., Marketingbereich, Führung im, in: HWFü, Hrsg. Kieser/Reber/Wunderer, 2. Aufl., Stuttgart 1995, Sp. 1468-1483
Kotthoff, H., Betriebsrat, in: HWP, Hrsg. Gaugler/Oechsler/Weber, 3. Aufl., Stuttgart 2004, Sp. 585-596
Koreimann, D. S., Führung durch Zielvereinbarung, 2. Aufl., Heidelberg 2003
Krause/Härtl/Peters, Die Prüfung der Technischen Betriebswirte, 5. Aufl., Ludwigshafen/Rhein 2007
Krause/Krause, Die Prüfung der Industriemeister, 4. Aufl., Ludwigshafen/Rhein 2006
Krause/Krause, Die Prüfung der Personalfachkaufleute, 6. Aufl., Ludwigshafen/Rhein 2004
Krell, G., Arbeitnehmer, weibliche, in: HWP, Hrsg. Gaugler/Oechsler/Weber, 3. Aufl., Stuttgart 2004, Sp. 112-120
Küpper, H. U., Unternehmensethik, Stuttgart 2006
Lang, K., Personalführung –Nicht nur reden – sondern leben!, Wien 2004
Lang-von Wins, Th., Der Unternehmer, Berlin 2003
Lehr, U., Psychologie des Alterns, 11. Aufl., Wiesbaden 2006
Leisinger, K. M., Unternehmensethik, München 1997
Liebel/Oechsler, Handbuch Human Resource Management, Wiesbaden 2002
Littkemann, J., Innovationscontrolling, München 2005
Macharzina/Wolf, Unternehmensführung, 5. Aufl., Wiesbaden 2005
Mailk, F., Führen, Leisten, Leben, Frankfurt/New York 2006
Meffert, H., Marketing, 9. Aufl., Wiesbaden 2000
Mellerowicz, K., Sozialorientierte Unternehmensführung, 2. Aufl., Freiburg im Br. 1976
Naegele/Frerichs, Arbeitnehmer, ältere, in: HWP, Hrsg. Gaugler/Oechsler/Weber, 3. Aufl., Stuttgart 2004, Sp. 85-93
Neuberger, O., Führen und führen lassen, 6. Aufl., Stuttgart 2002
Nicolai, Ch., Personalmanagement, Stuttgart 2006
Nieschlag/Dichtl/Hörschgen, Marketing, 19. Aufl., Berlin 2002
Oechsler, W. A., Personal und Arbeit, 8. Aufl., München/Wien 2006
Oechsler, W. A., Personal als Managementfunktion, in: HWO, Hrsg. Schreyögg/v. Werder, 4. Aufl., Stuttgart 2004, Sp. 1123-1133
Oeldorf/Olfert, Materialwirtschaft, 12. Aufl., Ludwigshafen/Rhein 2008
Olfert, K., Kompakt-Training Einführung in die Betriebswirtschaftslehre, Ludwigshafen/Rhein 2005
Olfert, K., Personalwirtschaft, 12. Aufl., Ludwigshafen/Rhein 2006
Olfert, K., Kompakt-Training Personalwirtschaft, 5. Aufl., Ludwigshafen/Rhein 2008
Olfert, K., Kostenrechnung, 15. Aufl., Ludwigshafen/Rhein 2008
Olfert/Pischulti, Kompakt-Training Unternehmensführung, 4. Aufl., Ludwigshafen/Rhein 2007
Olfert/Rahn, Einführung in die Betriebswirtschaftslehre, 9. Aufl., Ludwigshafen/Rhein 2008
Olfert/Rahn, Lexikon der Betriebswirtschaftslehre, 6. Aufl., Ludwigshafen/Rhein 2008
Peters/Waterman, Auf der Suche nach Spitzenleistungen, 9. Aufl., München 2003
Pietruschka, S., Führung selbstregulierter Arbeitsgruppen, München/Mering 2003
Rahn, H. J., Führung von Gruppen, in: Personal, H 7, 52. Jg. (2000), S. 332-339
Rahn, H. J., Funktionen des Personalmanagements, in: Das Personalbüro in Recht und Praxis, Gr. 15, H 7, 34. Jg (2002), S. 101-114
Rahn, H. J., Aufgaben des Gruppencontrolling, in: DeBW, H 4, 45. Jg (2004), S. 15-18
Rahn, H. J., Zur Bedeutung der Führungspsychologie, in: Erziehungswissenschaft und Beruf, H 4, 35. Jg. (2007), S. 515-520
Rahn, H. J., Personalführung kompakt. Ein systemorientierter Ansatz, München/Wien 2009
Rahn, H. J., Zur personalen Führung von Projektgruppen im Unternehmen, in: DeBW, 47. Jg. H 1 (2006), S. 29-32
Rahn, H. J., Führung von Gruppen, 5. Aufl., Heidelberg 2006
Reber, G., Verhaltenstheoretische Ansätze des Personalmanagements, in: HWP, Hrsg. Gaugler/Oechsler/Weber, 3. Aufl., Stuttgart 2004, Sp. 1968-1979
Rheinberg, F., Motivation, Stuttgart 2002

Richter, M., Personalführung im Betrieb, 4. Aufl., München/Wien 1999
Rosenstiel, L. v., Führung bei Leistungszurückhaltung, in: Handwörterbuch der Führung, Hrsg. Kieser/Reber/Wunderer, 2. aufl., Stuttgart 1995, Sp. 1431-1442
Rosenstiel, L. v., Motivation im Betrieb, 10. Aufl., München 2001
Rosenstiel, L. v., Grundlagen der Organisationspsychologie, 6. Aufl., Stuttgart 2007
Rump, J., Mitarbeiterinformation, in: HWP, Hrsg. Gaugler/Oechsler/Weber, 3. Aufl., Stuttgart 2004, Sp. 1231-1240
Rüttinger, R., Transaktions-Analyse, 9. Aufl., Heidelberg 2005
Sader, M., Psychologie der Gruppe, 8. Aufl., München 2002
Schanz, G., Personalwirtschaftslehre, 3. Aufl., München 2000
Scheer, A.W., Wirtschaftsinformatik, 7. Aufl., Berlin u.a. 1998
Schein, W., Organisationskultur, Bergisch-Gladbach 2003
Schierenbeck, H., Grundzüge der Betriebswirtschaftslehre, 16. Aufl., München/Wien 2003
Schewe, G., Unternehmensverfassung, Berlin u.a. 2005
Schlicksupp, H., Innovation, Kreativität und Ideenfindung, 6. Aufl., Würzburg 2004
Scholz, C., Personalmanagement, 5. Aufl., München 2000
Schuler, H. (Hrsg.), Lehrbuch der Personalpsychologie, 2. Aufl., göttingen 2005
Schwaab, M. O., Führen mit Zielen, 2. Aufl., Wiesbaden 2002
Staehle, W. H., Management, 8. Aufl., München 1999
Steinmann/Schreyögg, Management, 6. Aufl., Wiesbaden 2005
Stelzer-Rothe/Hohmeister, Personalwirtschaft, Stuttgart u a. 2001
Stopp, U., Betriebliche Personalwirtschaft, 27. Aufl., Ehningen 2006
Stroebe, R. W., Kommunikation I, 6. Aufl., Heidelberg 2001
Stroebe, R. W., Führungsstile, 7. Aufl., Heidelberg 2003
Stroebe, R. W., Grundlagen der Führung, 12. Aufl., Heidelberg 2006
Stroebe/Stroebe, Motivation durch Zielvereinbarungen, 2. Aufl., Heidelberg 2006
Ulich, E., Arbeitspsychologie, Stuttgart 2005
Ulrich, H., Die Unternehmung als produktives wirtschaftliches System, 2. Aufl., Berlin/Stuttgart 1970
Ulrich/Fluri, Management, 8. Aufl., Bern/Stuttgart 2006
Vahs/Burmester, Innovationsmanagement, 3. Aufl., Stuttgart 2005
Wagner, D., Partizipation, in: HWO, Hrsg. Schreyögg/v. Werder, 4. Aufl., Stuttgart 2004, Sp. 1115-1123
Weber, I., Arbeitnehmer, ausländische, in: HWP, Hrsg. Gaugler/Oechsler/Weber, 3. Aufl., Stuttgart 2004, Sp. 93-103
Wegge, J., Führung von Arbeitsgruppen, Göttingen u.a. 2004
Wegge/v. Rosenstiel, Führung, in: Lehrbuch Organisationspsychologie, Hrsg. H. Schuler, 3. aufl., Bern/Göttingen u.a. 2004, S. 475-512
Weibler, J., Personalführung, München 2001
Weinert, A. B., Organisations- und Personalpsychologie, 5. Aufl., Weinhein/Basel 2004
Weis, H. C., Marketing, 14. Aufl., Ludwigshafen/Rhein 2007
Werder, A. v., Führungsorganisation, Wiesbaden 2005
Wildemann, H., Produktionsbereich, Führung im, in: HWFü, Hrsg. Kieser/Reber/Wunderer, 2. Aufl., Stuttgart 1995, Sp. 1763-1780
Witt, P., Vergütung von Führungskräften, in: HWO, Hrsg. Schreyögg/v. Werder, 4. Aufl., Stuttgart 2004, Sp. 1573-1581
Wolff/Lucas, Anreizsysteme, in: HWP, Hrsg. Gaugler/Oechsler/Weber, 3. Aufl., Stuttgart 2004, Sp. 20-37
Wunderer, R., Führung und Zusammenarbeit, 6. Aufl., Stuttgart 2006
Wunderer/Grunwald, Führungslehre, 2 Bd. Berlin/New York 1980
Zdrowomyslaw, N. (Hrsg.), Personalcontrolling, Gernsbach 2007
Zimbardo/Gerrig, Psychologie, 7. Aufl., Berlin u.a. 2003
Zimmermann, K. A., Kreative Mitarbeiterführung, Niedernhausen 2000

D. Strukturbezogene Unternehmensführung

Aberle, G., Transportwirtschaft, 4. Aufl., München/Wien 2002
Allweyer, Th., Geschäftsprozessmanagement, Bochum 2005
Arndt, H., Supply Chain Management, 2. Aufl., Wiesbaden 2005
Barth, K., Betriebswirtschaftslehre des Handels, 5. Aufl., Wiesbaden 2002
Bea/Göbel, Organisation, 3. Aufl., Stuttgart 2006
Becker, F. G., Organisation der Unternehmensleitung, Stuttgart 2006
Becker, L., Personalabteilung im Unternehmungswandel, Wiesbaden 2001
Becker/Kugler/Rosemann, Prozessmanagement, 5. Aufl., Berlin u.a. 2005
Berndt, R. (Hrsg.), Business Reengineering, Berlin 1997
Birker, K., Projektmanagement, 3. Aufl., Berln 2003
Bleicher, K., Das Konzept integriertes Management, 7. Aufl., Frankfurt/New York 2004
Blohm/Beer/Seidenberg/Silber, Produktionswirtschaft, 4. Aufl., Herne/Berlin 2007
Bokranz, R., Organisations-Management in Dienstleistung und Verwaltung, 4. Aufl., Wiesbaden 2003
Boos/Heitger, Wertschöpfung im Unternehmen, Wiesbaden 2005
Brändli, Th., Outsourcing, Bern 2001
Brockhoff, K., Forschung und Entwicklung, Organisation der, in: HWO, Hrsg. schreyögg/v. Werder, 4. Aufl., Stuttgart 2004, Sp. 285-294
Bühner, R., Betriebswirtschaftliche Organisationslehre, 10. Aufl., München/Wien 2004
Burghardt, M., Projektmanagement, 6. Aufl., München 2002
Delfmann, Logistik, Organisation der, in: HWO, Hrsg. Schreyögg/v. werder, 4. Aufl., Stuttgart 2004, Sp. 745-756
Dietrich, A., Selbstorganisation, Wiesbaden 2001
Dillerup/Stoi, Unternehmensführung, München 2006
Dittrich/Braun, Business Process Outsourcing, Stuttgart 2004
Ebel, B., Kompakt-Training Produktionswirtschaft, 2. Aufl., Ludwigshafen/Rhein 2007

Ebel, B., Produktionswirtschaft, 9. Aufl., Ludwigshafen/Rhein 2008
Eilenberger, G., Bankbetriebswirtschaftslehre, 8. Aufl., München 2008
Ems, G., Die Personalabteilung, Bonn 2002
Farny, D., Versicherungsbetriebslehre, 4. Aufl., Karlsruhe 2006
Fatzer, G., Nachhaltige Transformatiosnprozesse in Organisationen, Köln 2005
Fearns, H., Entstehung von Kernkompetenzen, Wiesbaden 2004
Fischermanns, G., Organisationscontrolling, Hamburg 1996
Fischermanns, G., Praxishandbuch Prozessmanagement, 6. Aufl., Gießen 2006
Fischermanns/Liebelt, Grundlagen der Prozessorganisation, 5. Aufl., Gießen 2000
Frese, E., Grundlagen der Organisation, 9. Aufl., Wiesbaden 2005
Frost, J., Aufbau- und Ablauforganisation, in: HWO, Hrsg. Schreyögg/v. Werder, 4. Aufl., Stuttgart 2004, Sp. 45-53
Gadatsch, A., Grundkurs Geschäftsprozess-Management, 3. Aufl., Wiesbaden 2003
Gaitanides, M., Prozessorganisation, in: HWO, Hrsg. Schreyögg/v. Werder, 4. Aufl., Stuttgart 2004, Sp. 1208-1218
Gaitanides, M., Prozessorganisation, 2. Aufl., München 2007
Gaitanides/Scholz/Vrohlings/Raster (Hrsg.)*,* Prozeßmanagement, 2. Aufl., München/Wien 2006
Geldern, M. v., Organisation, Frankfurt/New York 1997
Göbel, E., Selbstorganisation, in: HWO, Hrsg. Schreyögg/v. Werder, 4. Aufl., Stuttgart 2004, sp. 1312-1318
Griese/Sieber, Betriebliche Geschäftsprozesse, Bern/Stuttgart/Wien 2001
Grün, O., Beschaffungsorganisation, in: HWO, Hrsg. Schreyögg/v. Werder, 4. Aufl., Stuttgart 2004, Sp. 92-99
Haller, A., Wertschöpfung, in: HWU, Hrsg. Küpper/Wagenhofer, 4. Aufl., Stuttgart 2002, Sp. 2131-2142
Hamel, W., Funktionale Organisation, in: HWO, Hrsg. Schreyögg/v. Werder, 4. Aufl., Stuttgart 2004, 324-332
Hammer/Champy, Business Reengineering, 5. Aufl., Frankfurt/New York 1997
Hansen/Neumann, Wirtschaftsinformatik, 9. Aufl., Stuttgart 2005
Haupt, R., Industriebetriebslehre, Wiesbaden 2000
Haynes, M. E., Projekt-Management, 2. Aufl., Wien 2003
Heinen, E. (Hrsg.)*,* Industriebetriebslehre, 9. Aufl., Wiesbaden 1991
Helbig, R., Prozessorientierte Unternehmensführung, Heidelberg 2003
Helfrich, Ch., Praktisches Prozess-Management, 2. Aufl., München/Wien 2002
Hermes/Schwarz, Outsourcing, Freiburg 2005
Hinterhuber, H. H., Strategische Unternehmensführung, Bd. 1, 7. Aufl., Berlin/New York 2004
Hinterhuber, H. H., Strategische Unternehmensführung, Bd. 2, 7. Aufl., Berlin/New York 2004
Högl, M., Teamorganisation, in: HWO, Hrsg. Schreyögg/v. Werder, 4. Aufl., Stuttgart 2004, Sp. 1401-1408
Holey/Welter/Wiedemann, Wirtschaftsinformatik, 2. Aufl., Ludwigshafen/Rhein 2007
Homburg, Ch., Absatzorganisation, in: HWO, Hrsg. Schreyögg/v. Werder, 4. Aufl., Stuttgart 2004, Sp. 1-11
Hopfenbeck, W., Allgemeine Betriebswirtschafts- und Managementlehre, 14. Aufl., Landsberg/Lech 2002
Horváth, P., Wertschöpfung braucht Werte, Stuttgart 2006
Horváth, P., Controlling, 10. Aufl., München 2006
Hub, H., Aufbauorganisation, Ablauforganisation, Wiesbaden 2002
Hungenberg/Wulf, Grundlagen der Unternehmensführung, 2. Aufl., Heidelberg 2005
Ihde, G., Transport, Verkehr, Logistik, 3. Aufl., München 2001
Jahrmann, F. U., Außenhandel, 12. Aufl., Ludwigshafen/Rhein 2007
Jung, H., Controlling, München/Wien 2003
Jung, H., Allgemeine Betriebswirtschaftslehre, 10. Aufl., München/Wien 2006
Jung, H., Personalwirtschaft, 7. Aufl., München/Wien 2006
Keller, Th., Holding, in: HWO, Hrsg. Schreyögg/v. Werder, 4. Aufl., Stuttgart 2004, Sp. 421-428
Keller, G. & Partner, SAP R3 prozeßorientiert anwenden, 3. Aufl., Bonn 1999
Kessler/Winkelhofer, Projektmanagement, 4. Aufl., Berlin u. a. 2004
Kieser/Ebers, Organisationstheorien, 6. Aufl., Stuttgart 2006
Kieser/Walgenbach, Organisation, 4. Aufl., Stuttgart 2003
Klaas, Th., Logistik-Organisation, Wiesbaden 2002
Knebel/Schneider, Die Stellenbeschreibung, 8. Aufl., Heidelberg 2006
Knöll/Schulz-Sacharow/Zimpel, Unternehmensführung mit SAP BI, Wiesbaden 2006
Knuppertz/Ahlrichs, Controlling von Geschäftsprozessen, Stuttgart 2006
Kosiol, E., Organisation der Unternehmung, 2. Aufl., Wiesbaden 1976
Kreikebaum/Gilbert/Reinhardt, Organisationsmanagement internationaler Unternehmen, 2. Aufl., Wiesbaden 2002
Krüger, W. (Hrsg.), Excellence in Change, 4. Aufl., Wiesbaden 2002
Krüger, W., Organisation der Unternehmung, 4. Aufl., Stuttgart 2004
Küpper, H. U., Controlling, 4. Aufl., Stuttgart 2005
Küpper/Helber, Ablauforganisation in Produktion und Logistik, 3. Aufl., Stuttgart 2004
Kurtenbach/Kühlmann/Käßler-Pawelka, Versicherungsmarketing, 5. Aufl., Frankfurt a.M. 2001
Lang, R., Informelle Organisation, in: HWO, Hrsg. Schreyögg/v. Werder, 4. Aufl., Stuttgart 2004, Sp. 497-505
Lerchenmüller, M., Handelsbetriebslehre, 4. Aufl., Ludwigshafen/Rhein 2003
Litke, H. D., Projektmanagement, 4. Aufl., München/Wien 2004
Luther, M., Holding-Handbuch, 4. Aufl., Köln 2004
Macharzina/Wolf, Unternehmensführung, 5. Aufl., Wiesbaden 2005
Madauss, B. J., Handbuch Projektmanagement, 7. Aufl., Stuttgart 2007
Marr/Steiner, Projektmanagement, in: HWO, Hrsg. Schreyögg/v. Werder, 4. Aufl., Stuttgart 2004, Sp. 1196-1208
Mehrmann/Wirtz, Effizientes Projektmanagement, Düsseldorf/Wien/New York 2002
Meier, H., Unternehmensführung, 3. Aufl., Herne/Berlin 2006
Meier, M., Projektmanagement, Stuttgart 2003
Mellewigt, Th., Stellen- und Abteilungsbildung, in: HWO, Hrsg. Schreyögg/v. Werder, 4. Aufl., Stuttgart 2004, Sp. 1356-1365
Obst/Hintner, Geld-, Bank und Börsenwesen, 40. Aufl., Stuttgart 2000
Oelfke, D., Speditionsbetriebslehre und Logistik, 19. Aufl., Wiesbaden 2005
Olfert, K., Kompakt-Training Einführung in die Betriebswirtschaftslehre, Ludwigshafen/Rhein 2005

Olfert, K., Personalwirtschaft, 12. Aufl., Ludwigshafen/Rhein 2006
Olfert, K., Organisation, 14. Aufl., Ludwigshafen/Rhein 2006
Olfert, K., Kompakt-Training Projektmanagement, 5. Aufl., Ludwigshafen/Rhein 2007
Olfert/Pischulti, Kompakt-Training Unternehmensführung, 4. Aufl., Luwigshafen/Rhein 2007
Olfert/Rahn, Kompakt-Training Organisation, 4. Aufl., Ludwigshafen/Rhein 2005
Olfert/Rahn, Einführung in die Betriebswirtschaftslehre, 9. Aufl., Ludwigshafen/Rhein 2008
Olfert/Rahn, Lexikon der Betriebswirtschaftslehre, 6. Aufl., Ludwigshafen/Rhein 2008
Österle, H., Business Engineering, Prozess- und Systementwicklung, Bd. 1, Berlin 1995
Osterloh/Frost, Prozessmanagement als Kernkompetenz, 5. Aufl., Wiesbaden 2006
Picot/Dietl/Franck, Organisation, 4. Aufl., Stuttgart 2005
Picot/Reichwald/Wigand, Die grenzenlose Unternehmung, 5. Aufl., Wiesbaden 2003
Porter, M., Wettbewerbsvorteile, 6. Aufl., Frankfurt/Main 2004
Rahn, H. J., Der personalwirtschaftliche Prozess, in: Der Betriebswirt, H 2, 44. Jg. (2003), S. 8-10
Rahn, H. J., Aufgaben des Organisationscontrolling, in: DeBW, H 4, 44. Jg. (2003), S. 23-25
Rahn, H. J., Aufgaben des Gruppencontrolling, in: DeBW, H 4, 45. Jg. (2004), S. 15-18
Rahn, H, J., Gestaltung personalwirtschaftlicher Prozesse, Frankfurt/Main 2005
Rahn, H. J., Personalprozesse im Focus, in: DeBW, 47. Jg. H 4 (2006), S. 22-26
Raich, M., Führungsprozesse, Wiesbaden 2005
Remer/Wygoda, Organisation und Management, Stuttgart u.a. 2006
Richter/Thommen, Matrix-Organisation, in: HWO, Hrsg. Schreyögg/v. Werder, 4. Aufl., Stuttgart 2004, Sp. 828-836
Robbins, S. P, Organisation der Unternehmung, 9. Aufl., München 2001
Schäffer, U., Controlling für selbstabstimmende Gruppen? Wiesbaden 1996
Schäffer/Weber (Hrsg.), Bereichscontrolling, Stuttgart 2005
Scheer, A. W., Wirtschaftsinformatik, 7. Aufl., Berlin u. a. 1998
Scheer, u.a. (Hrsg.), Change Management im Unternehmen, Berlin 2003
Scheffler, E., Konzernorganisation, in: HWO, Hrsg. Schrreyögg/v. Werder, 4. Aufl., Stuttgart 2004, Sp. 680-688
Scheffler, E., Konzernmanagement, 2. Aufl., München 2005
Scherm, E., Personalwesen, Organisation des, in: HWO, Hrsg., Schreyögg/v. Werder, 4. Aufl., Stuttgart 2004, Sp. 1133-1141
Schewe, G., Spartenorganisation, in: HWO, Hrsg. Schreyögg/v. Werder, 4. Aufl., Stuttgart 2004, Sp. 1333-1341
Schmelzer/Sesselmann, Geschäftsprozessmanagement in der Praxis, 5. Aufl., München/Wien 2006
Schmidt, G., Organisationsmethoden und -techniken, in: HWO, Hrsg. Schreyögg/v. Werder, 4. Aufl., Stuttgart 2004a, Sp. 1041-1052
Schmidt, G., Methode und Techniken der Organisation, 13. Aufl., Gießen 2003
Schober, H., Prozessorganisation, Wiesbaden 2002
Schreyögg, G., Organisation, 4. Aufl., Wiesbaden 2003
Schreyögg/v. Werder, Organisation, in: HWO, Hrsg., Schreyögg/v. Werder, 4. Aufl., Stuttgart 2004, Sp. 966-977
Schulte-Zurhausen, M., Organisation, 4. Aufl., München 2005
Selchert, M., Gestiegerter Projekterfolg durch SAP-Practices, Bonn 2004
Staehle, W. H., Management, 8. Aufl., München 1999
Stahlknecht/Hasenkamp, Einführung in die Wirtschaftsinformatik, 10. Aufl., Berlin 2004
Staud, J., Geschäftsprozessanalyse, 3. Aufl., Berlin u.a. 2006
Steinbuch, P. A., Prozessorganisation - Business Reengineering - Beispiel R/3, Ludwigshafen/Rhein 1998
Steinmann/Schreyögg, Management, 6. Aufl., Wiesbaden 2005
Stöger, R., Geschäftsprozesse erarbeiten – gestalten – nutzen, Stuttgart 2005
Thom/Wenger, Organisationsmanagement und Organisationsabteilung, in: HWO. Hrsg. Schreyögg/v. Werder, 4. Aufl., Stuttgart 2004, Sp. 1033-1041
Töpfer, A., Betriebswirtschaftslehre. Anwendungs- und prozessorientierte Grundlagen, Berlin/Heidelberg 2005
Thom/Wenger, Organisationsmanagement: Inhalte, Verankerung und Träger, Bern 2003
Vahs, D., Organisation, 5. Aufl., Stuttgart 2005
Vossen/Becker (Hrsg.), Geschäftsprozeßmodellierung und Workflow-Management, Bonn 1996
Weber, J., Logistik und Supply-Chain-Controlling, 5. Aufl., Stuttgart 2003
Werder, A. v., Führungsorganisation, Wiesbaden 2005
Werder, v./Stöber/Grundei (Hrsg.), Organisationscontrolling, Wiesbaden 2006
Werner, H., Supply Chain Management, 2. Aufl., Wiesbaden 2007
Weis, H. C., Marketing, 14. Aufl., Ludwigshafen/Rhein 2007
Wiedmann, H., Organisationscontrolling und -prüfung, in: HWO, Hrsg. Schreyögg/v. Werder, 3. Aufl., Stuttgart 2004, Sp. 978-988
Wildemann, H., Logistik-Prozessmanagement, 2. Aufl., München 2001
Wildemann, H., Supply Chain Management, 2. Aufl., München 2003
Wildemann, H., Produktionsorganisation, in: HWO, Hrsg. Schreyögg/v. Werder, 4. Aufl., Stuttgart 2004, Sp. 1182-1189
Wilhelm, R., Prozessorganisation, München 2003
Witt/Witt, Der kontinuierliche Verbesserungsprozess, 2. Aufl., Frankfurt/Main 2006
Wittberg, V., Unternehmensanalyse mit Führungsprozessen, Wiesbaden 2000
Wolf, J., Organisation, Management, Unternehmensführung, 2. Aufl., Wiesbaden 2005
Wunderer, R., Wertschöpfungs-Center, in: HWP, Hrsg. Gaugler/Oechsler/Weber, 3. Aufl., Stuttgart 2004, Sp. 2007-2017
Wunderer/Dick, Personalmanagement - Quo Vadis, Analyse und Entwicklungstrends bis 2010, 4. Aufl., München 2006
Zäpfel/Piekratz, Supply Chain Controlling, Wien 2002
Zeiss, H., Die Management-Holding, Herzogenrath 2006
Ziegenbein, K., Controlling, 9. Aufl., Ludwigshafen/Rhein 2007

E. PROZESSBEZOGENE UNTERNEHMENSFÜHRUNG

Adam, D., Investitionscontrolling, 3. Aufl., München 2000
Albach, H., Allgemeine Betriebswirtschaftslehre, 3. Aufl., Wiesbaden 2001
Albert, H., Theorien in den Sozialwissenschaftenm in: Theorie und Realität, 2. Aufl., Hrsg. H. Albert, Tübingen 1992, S. 3-25

Alt, A., Grundzüge der Unternehmensführung, München 2004

Arnolds/Heege/Tussing, Materialwirtschaft und Einkauf, 10. Aufl., Wiesbaden 2001

Backhaus, K., Industriegütermarketing, 7. Aufl., München 2003

Bamberger/Wrona, Strategische Unternehmensführung, München 2004

Baum/Coenenberg/Günther, Strategisches Controlling, 4. Aufl., Stuttgart 2007

Bea/Haas, Strategisches Management, 4. Aufl., Stuttgart 2005

Becker/Fallgatter, Strategische Unternehmensführung, 2. Aufl., Berlin 2005

Bellavite-Hövermann/Liebich/Wolf (Hrsg.), Unternehmenssteuerung, Stuttgart 2006

Berthel/Becker, Personal-Management, 7. Aufl., Stuttgart 2007

Bichler/Krohn, Beschaffungs- und Lagerwirtschaft, 8. Aufl., Wiesbaden 2001

Binner, H. F., Handbuch der prozessorientierten Arbeitsorganisation, 2. Aufl., München 2005

Bleicher, K., Das Konzept integriertes Management, 7. Aufl., Frankfurt/New York 2004

Blohm/Beer/Seidenberg/Silber, Produktionswirtschaft, 4., Aufl., Herne/Berlin 2007

Bokrantz, R., Organisations-Management in Dienstleistung und Verwaltung, 4. Aufl., Wiesbaden 2003

Bühner, R., Mitarbeiter mit Kennzahlen führen, 4. Aufl., Landsberg/Lech 2000

Bühner, R., Personalmanagement, 3. Aufl., München/Wien 2005

Burr/Musil/Stephan/Werkmeister, Unternehmensführung, München 2005

Carl/Kiesel, Unternehmensführung, 2. Aufl., Landsberg/Lech 2002

Coenenberg, A.G. u. a., Jahresabschluß und Jahresabschlußanalyse, 20. Aufl., Stuttgart 2005

Coenenberg/Salfeld, Wertorientierte Unternehmensführung, Stuttgart 2003

Corsten, H., Kontrolle, in: Lexikon der Betriebswirtschaftslehre, Hrsg. H. Corsten, München/Wien 1992, S. 440-445

Corsten, H., Produktionswirtschaft, 10. Aufl., München/Wien 2003

Czenskowski/Schünemann/Zdrowomyslaw, Grundzüge des Controlling, 2. Aufl., Gernsbach 2004

Dellmann, K., Kennzahlen und Kennzahlensysteme, in: HWU, Hrsg. Küpper/Wagenhöfer, 4. Aufl., Stuttgart 2002, Sp. 940-950

Dillerup/Stoi, Unternehmensführung, München 2006

Ditges/Arendt, Bilanzen, 12. Aufl., Ludwigshafen/Rhein 2007

Ditges/Arendt, Kompakt-Training Internationale Rechnungslegung nach IFRS, 3. Aufl., Ludwigshafen/Rhein 2007

Ebel, B., Kompakt-Training Produktionswirtschaft, 2. Aufl., Ludwigshafen/Rhein 2007

Ebel, B., Produktionswirtschaft, 9. Aufl., Ludwigshafen/Rhein 2008

Egger, A., Planungsebenen, in: HWU, Hrsg. Küpper/Wagenhofer,4. Aufl., Stuttgart 2002, Sp. 1450-1457

Ehrmann, H., Marketing-Controlling, 4. Aufl., Ludwigshafen/Rhein 2004

Ehrmann, H., Kompakt-Training Strategische Planung, Ludwigshafen/Rhein 2006

Ehrmann, H., Unternehmensplanung, 5. Aufl., Ludwigshafen/Rhein 2007

Ehrmann, H., Kompakt-Training Balanced Scorecard, 4. Aufl., Ludwigshafen/Rhein 2007

Eilenberger, G., Betriebliche Finanzwirtschaft, 7. Aufl., München/Wien 2003

Eisele, W., Technik des betrieblichen Rechnungswesens, 7. Aufl., München 2002

Eschenbach/Eschenbach/Kunesch, Strategische Konzepte, 4. Aufl., Stuttgart 2003

Fallgatter, M. J., Kontrolle, in: HWO, Hrsg. Schreyögg/v. Werder, 4. Aufl., Stuttgart 2004, sp. 668-679

Fandel, G., Produktion I, Produktions- und Kostentheorie, 6. Aufl., Berlin u. a. 2005

Friedl, B., Controlling, Stuttgart 2003

Gaenslen, P., Risiken der Unternehmensleitung, Sternenfels 2006

Gälweiler/Schwaninger, Strategische Unternehmensführung, 3. Aufl., Frankfurt/New York 2005

Gaitanides, M. u.a., Prozessmanagement, 2. Aufl., München/Wien 2006

Gaugler/Oechsler/Weber, Personalwesen, in: Handwörterbuch des Personalwesens, Hrsg. Gaugler/Oechsler/Weber, 3. Aufl., Stuttgart 2004, Sp. 1662

Gaugler/Oechsler/Weber (Hrsg.), Handwörterbuch des Personalwesens, 3. Aufl., Stuttgart 2004

Gebert, D., Führung und Innovation, Stuttgart 2002

Gebert, D., Innovation durch Teamarbeit, Stuttgart 2004

Gerberich, C. W., Praxishandbuch Controlling, Wiesbaden 2005

Gleich, R., Das System des Performance Measurement, München 2001

Grefe, C., Kompakt-Training Bilanzen, 5. Aufl., Ludwigshafen/Rhein 2006

Grünberger, D., IAS/IFRS 2007, 5. Aufl., Herne/Berlin 2006

Grundei, J., Top Management (Vorstand), in: HWO, Hrsg. Schreyögg/v. Werder, 4. Aufl., Stuttgart 2004, Sp. 1441-1449

Gudehus, T., Logistik, 3. Aufl., Berlin/Heidelberg 2005

Günther, Th., Strategisches Controlling, in: HWU, Hrsg. Küpper/Wagenhofer, 4. Aufl., Stuttgart 2002, Sp. 1899-1909

Gutenberg, E., Grundlagen der Betriebswirtschaftslehre, Bd. 1, Die Produktion, 24. Aufl., Berlin/Heidelberg/New York 1984

Gutmann/Kollig, Personalkosten, Freiburg i. Br. 2005

Haas/Oetinger/Ritter, Nachhaltige Unternehmensführung, München 2007

Hahn/Hungenberg, Planungs- und Kontrollrechnung, 6. Aufl., Wiesbaden 2001

Hahn/Taylor, Strategische Unternehmensplanung - Strategische Unternehmensführung, 9. Aufl., 2006

Hansen/Neumann, Wirtschaftsinformatik I, 8. Aufl., Stuttgart 2001

Hansmann, K. W., Industrielles Management, 7. Aufl., München/Wien 2001

Hartmann, H., Materialwirtschaft, 8. Aufl., Gernsbach 2002

Heinen, E., Einführung in die Betriebswirtschaftslehre, 9. Aufl., Nachruck, Wiesbaden 1992

Heinrich/Lehner, Informationsmanagement, 8. Aufl., München/Wien 2005

Helbig, R., Prozessorientierte Unternehmensführung, Heidelberg 2003

Hentze/Graf, Personalwirtschaftslehre 2, 7. Aufl., Bern/Stuttgart 2005

Hentze/Kammel, Personalwirtschaftslehre 1, 7. Aufl.,Bern/Stuttgart 2001

Hentze/Graf/Kammel/Lindert, Personalführungslehre, 5. Aufl., Bern/Stuttgart 2005

Herbek, P., Strategische Unternehmensführung, Wien 2000

Hering/Rieg, Prozessorientiertes Controlling-Management, 2. Aufl., München 2002

Hinterhuber, H. H., Strategische Unternehmensführung, Bd.1, 7. Auflage, Berlin/New York 2004

Hinterhuber, H. H., Strategische Unternehmensführung, Bd. 2, 7. Aufl., Berlin/New York 2004

Högl, M., Teamorganisation, in: HWO, Hrsg. Schreyögg/v. Werder, 4. Aufl., Stuttgart 2004, Sp. 1401-1408

Holey/Welter/Wiedemann, Wirtschaftsinformatik, 2. Aufl., Ludwigshafen/Rhein 2007

Homans, G. C., Theorie der sozialen Gruppe, 6. Aufl., Opladen 1972
Hopfenbeck, W., Allgemeine Betriebswirtschafts- und Managementlehre, 14. Aufl., Landsberg/Lech 2002
Horváth, P., Controlling, 10. Aufl., München 2006
Horváth & Partners (Hrsg.), Das Controllingskonzept, 6. Aufl., München 2006
Hummel/Zander, Unternehmensführung, Stuttgart 2002
Hungenberg, H., Strategisches Management in Unternehmen, 3. Aufl., Wiesbaden 2004
Hungenberg/Kaufmann, Kostenmanagement, München 2001
Hungenberg/Meffert, Handbuch Strategisches Management, 2. Aufl., Wiesbaden 2005
Hungenberg/Wulf, Grundlagen der Unternehmensführung, Berlin/Heidelberg 2004
Jochmann/Gechter, Strategisches Kompetenzmanagement, Berlin 2006
Jung, H., Allgemeine Betriebswirtschaftslehre, 10. Aufl., München/Wien 2006
Jung, H., Personalwirtschaft, 7. Aufl., München/Wien 2006
Jung, H., Controlling, München/Wien 2003
Kalaitzis, D., Instandhaltungs-Controlling, 3. Aufl., Köln 2004
Kaplan/Norton, The Balanced Scorecard, Boston 1997
Kieser/Oechsler, Unternehmungspolitik, 2. Aufl., Stuttgart 2004
Klaus, G., Wörterbuch der Kybernetik, Berlin 1967
Knöll/Schulz-Sacharow/Zimpel, Unternehmensführung mit SAP BI, Wiesbaden 2006
Knuppertz/Ahlrichs, Controlling von Geschäftsprozessen, Stuttgart 2006
Köhler, R., Marketingbereich, Führung im, in: HWFü, Hrsg. Kieser/Reber/Wunderer, 2. Aufl., Stuttgart 1995, Sp. 1468-1483
Kohlöffel, K. M., Strategisches Management, München/Wien 2000
Korndörfer, W., Allgemeine Betriebswirtschaftslehre, 13. Aufl., Wiesbaden 2003
Koslowski/Kohlmeier, Controlling Wörterbuch der Praxis, Stuttgart 2001
Kotler/Keller/Bliemel, Marketing-Management, 12. Aufl., Stuttgart 2007
Kralicek, P., Planbilanzen, Wien 2002
Krcmar, H., Informationsmanagement, 4. Aufl., Berlin 2004
Kreikebaum, H., Strategische Unternehmensplanung, 6. Aufl., Stuttgart u. a. 1997
Kremin-Buch, B., Strategisches Kostenmanagement, 3. Aufl., Wiesbaden 2006
Küpper, H. U., Controlling, 4. Aufl., Stuttgart 2005
Küpper, H. U., Planung, in: HWO, Hrsg. Schreyögg/v. Werder, 4. Aufl., Stuttgart 2004, Sp. 1149-1164
Lachnit/Müller, Unternehmenscontrolling, Wiesbaden 2006
Lang-von Wins, Der Unternehmer, Berlin 2003
Langenbeck, J., PC-gestützte Betriebsführung mit Kennzahlen, Herne/Berlin 1997
Laux, H., Wertorientierte Unternehmensführung und Kapitalmarkt, Berlin/Heidelberg 2003
Lechner, Ch., Unternehmensanalyse, strategische, in: HWO. Hrsg. Schreyögg/v. Werder, 4. Aufl., Stuttgart 2004, Sp. 1491-1497
Lechner/Egger/Schauer, Einführung in die Allgemeine Betriebswirtschaftslehre, 22. Aufl., Wien 2005
Linkl/Gerth/Voßbeck, Marketing-Controlling, München 2006
Lisges/Schübbe, Personalcontrolling, Freiburg 2004
Littkemann, J., Innovationscontrolling, München 2005
Lüdeke, H., Strategische Konzepte zur Unternehmensführung, Wiesbaden 2005
Macharzina/Wolf, Unternehmensführung, 5. Aufl., Wiesbaden 2005
Malik, F., Strategie des Managements komplexer Systeme, 9. Aufl., Bern/Stuttgart/Wien 2006
Meffert, H., Marketing, 9. Aufl., Wiesbaden 2000
Mellerowicz, K., Sozialorientierte Unternehmensführung, 2. Aufl., Freiburg i.Br. 1976
Mertens, P. (Hrsg.), Lexikon der Wirtschaftsinformatik, 4. Aufl., Berlin u. a. 2001
Mertens/Rässler, Prognoserechnung, 6. Aufl., Heidelberg 2004
Müller-Stewens/Lechner, Strategisches Management, 3. Aufl., Stuttgart 2005
Neu, M., Unternehmensführung, 2. Aufl., Berlin 2005
Nieschlag/Dichtl/Hörschgen, Marketing, 19. Aufl., Berlin 2002
Nöllke, M., Kreativitätstechniken, 5. Aufl., Freiburg 2006
Oechsler, W. A., Personal und Arbeit, 8. Aufl., München/Wien 2006
Oeldorf/Olfert, Kompakt-Training Materialwirtschaft, 2. Aufl., Ludwigshafen/Rhein 2005
Oeldorf/Olfert, Materialwirtschaft, 12. Aufl., Ludwigshafen/Rhein 2004
Olfert, K., Kompakt-Training Einführung in die Betriebswirtschaftslehre, Ludwigshafen/Rhein 2005
Olfert, K., Personalwirtschaft, 12. Aufl., Ludwigshafen/Rhein 2006
Olfert, K., Kompakt-Training Kostenrechnung, 5. Aufl., Ludwigshafen/Rhein 2006
Olfert, K., Kostenrechnung, 15. Aufl., Ludwigshafen/Rhein 2008
Olfert, K., Kompakt-Training Personalwirtschaft, 5. Aufl., Ludwigshafen/Rhein 2008
Olfert/Pischulti, Kompakt-Training Unternehmensführung, 4. Aufl., Ludwigshafen/Rhein 2007
Olfert/Rahn, Kompakt-Training Organisation, 4. Aufl., Ludwigshafen/Rhein 2005
Olfert/Rahn, Einführung in die Betriebswirtschaftslehre, 9. Aufl., Ludwigshafen/Rhein 2008
Olfert/Rahn, Lexikon der Betriebswirtschaftslehre, 6. Aufl., Ludwigshafen/Rhein 2008
Olfert/Reichel, Kompakt-Training Finanzierung, 5. Aufl., Ludwigshafen/Rhein 2005
Olfert/Reichel, Investition, 10. Aufl., Ludwigshafen/Rhein 2006
Olfert/Reichel, Kompakt-Training Investition, 4. Aufl., Ludwigshafen/Rhein 2006
Olfert/Reichel, Finanzierung, 14. Aufl., Ludwigshafen/Rhein 2008
Opp, K. D., Methodologie der Sozialwissenschaften, 5. Aufl., Wiesbaden 2002
Ossola-Haring, C., Handbuch Kennzahlen zur Unternehmensführung, 3. Aufl., Landsberg 2006
Pape, U., Wertorientierte Unternehmensführung und Controlling, 3. Auflage, Sternenfels 2004
Pelz, W., Kompetenz führen, Wiesbaden 2004
Perlitz, M., Internationales Management, 5. Aufl., Stuttgart 2004
Perridon/Steiner, Finanzwirtschaft der Unternehmung, 14. Aufl., München/Wien 2006
Picot/Reichwald/Wigand, Die grenzenlose Unternehmung, 5. Aufl., Wiesbaden 2003
Porter, M. E., Wettbewerbsstrategie, 10. Aufl., Frankfurt/Main 1999
Porter, M. E., Wettbewerbsvorteile, 7. Aufl., Frankfurt/Main 2004

Preißler, P. R., Controlling, 12. Aufl., München/Wien 2000
Puhani, J., Statistik, 10. Aufl., Würzburg 2005
Pümpin, C., Strategische Erfolgspositionen, Bern 1992
Rahn, H. J., Betriebliche Führung, 3. Aufl., Ludwigshafen/Rhein 1996
Rahn, H. J., Der personalwirtschaftliche Prozess, in: DeBW, 44. Jg., H 2 (2003), S. 8-10
Rahn, H. J., Die Arten der Steuerung im Unternehmen, in: DeBW, 46. Jg., H 4 (2005), S. 25-28
Rahn, H. J., Aufgaben des Gruppencontrolling, in: DeBW, 45. Jg., H 4 (2004), S. 21-24
Rahn, H. J., Gestaltung personalwirtschaftlicher Prozesse, Frankfurt/Main 2005
Rahn, H. J., Personalprozesse im Focus, in: DeBW, 47. Jg., H 4 (2006), S. 2-26
Rahn, H. J., Führung von Gruppen, 5. Aufl., Frankfurt/Main 2006
Rahn, H. J., Führung – wohin führt sie?, in: DeBW, 48. Jg., H 3 (2007), S. 14-21
Rappaport, A., Shareholder Value, 2. Aufl., Stuttgart 1999
Reibnitz, U. v., Szenario-Technik, 2. Aufl., Wiesbaden 1992
Reichmann, Th., Controlling mit Kennzahlen und Managementtools, 7. Aufl, München 2006
Reinecke/Tomczak, Handbuch Marketingcontrolling, 2. Aufl., Wiesbaden 2006
Rosenstiel, L. v., Grundlagen der Organisationspsychologie, 6. Aufl., Stuttgart 2007
Schauf, M. (Hrsg.), Unternehmensführung im Mittelstand, München und Mering 2006
Scheer, A. W., Wirtschaftsinformatik, 7. Aufl., Berlin u.a. 1998
Schneider, D., Unternehmensführung und strategisches Controlling, 4. Aufl., München 2005a
Scholz, C., Personalmanagement, 5. Aufl., München 2000
Schröder, E. F., Modernes Unternehmens-Controlling, 8. Aufl., Ludwigshafen/Rhein 2003
Schuh, G., Produktionsplanung und -steuerung, 3. Aufl., Berlin u. a. 2006
Schwarze, J., Einführung in die Wirtschaftsinformatik, 5. Aufl., Herne/Berlin 2000
Siegwart, H., Kennzahlen für die Unternehmensführung, 6. Aufl., Bern/Stuttgart 2003
Simon, Ch., Gruppenorientierte Planungsprozesse, Sternenfels 2004
Simon, H., Think! Strategische Unternehmensführung statt Kurzfrist-Denke, Frankfurt/New York 2004
Staehle, W. H., Management, 8. Aufl., München 1999
Stahlknecht/Hasenkamp, Einführung in die Wirtschaftsinformatik, 11. Aufl., Berlin 2004
Steinmann/Schreyögg, Management, 6. Aufl., Wiesbaden 2005
Streitfeldt/Schäfer, Prognosemethoden, quantitative, in: HWU, Hrsg. Küpper/Wagenhofer, 4. Aufl., Stuttgart 2002, Sp. 1563-1572
Stroebe/Stroebe, Motivation durch Zielvereinbarungen, 2. Aufl., Heidelberg 2006
Theisen, M. R., Aufsichtsrat, in: HWO, Hrsg. Schreyögg/v. Werder, 4. Aufl., Stuttgart 2004, Sp. 62-70
Thom/Wenger, Organisationsmanagement: Inhalte, Verankerung und Träger, Bern 2003
Thommen/Achleitner, Allgemeine Betriebswirtschaftslehre, 5. Aufl., Wiesbaden 2006
Töpfer, A., Betriebswirtschaftslehre, Berlin/Heidelberg u. a. 2005
Ulrich, H., Die Unternehmung als produktives soziales System, 2. Aufl., Berlin/Stuttgart 1970
Ulrich/Fluri, Management, 8. Aufl., Bern/Stuttgart 2006
Unger, F. (Hrsg.), Kompendium der Betriebswirtschaftslehre, 3. Aufl., 2 Bd., Mannheim 2001
Wagenhofer, A., Gewinn und Verlust, in: HWRP, Hrsg. Ballwieser/Coenenberg/v.Wysocki, 3. Aufl., Stuttgart 2002, Sp. 969-979
Walter, W., Erfolgsfaktor Unternehmenssteuerung, Berlin u. a. 2006
Weber/Schäffer, Einführung in das Controlling, 11. Aufl., Stuttgart 2006
Wegge/v. Rosenstiel, Führung, in: Lehrbuch Organisationspsychologie, Hrsg. H. Schuler, 3. Aufl., Bern/Göttingen u. a. 2004, S. 475-512
Weinert, A. B., Organisations- und Personalpsychologie, 5. Aufl., Weinheim/Basel 2004
Weis, H. C., Kompakt-Training Marketing, 5. Aufl., Ludwigshafen/Rhein 2007
Weis, H. C., Marketing, 14. Aufl., Ludwigshafen/Rhein 2007
Weissman, A., Management-Strategien, 4. Aufl., Landsberg/Lech 2000
Welge/Al-Laham, Strategisches Management, 4. Aufl., Wiesbaden 2003
Welge/Holtbrügge, Internationales Management, 4. Aufl., Stuttgart 2006
Wiedmann, K. P., Marketing-Management, Landsberg/Lech 1998
Wiener, N., Kybernetik, Düsseldorf/Wien 1968
Wildemann, H., Produktionsbereich, Führung im, in: HWFü, Hrsg. Kieser/Reber/Wunderer, 2. Aufl., Stuttgart 1995, Sp. 1763-1780
Wildemann, H., Das Just-in-Time-Konzept, 5. Aufl., München 2000
Wöhe/Döring, Einführung in die Allgemeine Betriebswirtschaftslehre, 22. Aufl., München 2005
Wöhe/Bilstein, Grundzüge der Unternehmensfinanzierung, 9. Aufl., München 2002
Ziegenbein, K., Kompakt-Training Controlling, 3. Aufl., Ludwigshafen/Rhein 2006
Ziegenbein, K., Controlling, 9. Aufl., Ludwigshafen/Rhein 2007
Zschenderlein, O., Kompakt-Training Buchführung, 4. Aufl., Ludwigshafen/Rhein 2007

ÜBUNGSTEIL

AUFGABEN/FÄLLE

1 : Begriffe

Grenzen Sie die Begriffe Unternehmensführung, Motivation und Management voneinander ab!
Gehen Sie dabei auf **Gemeinsamkeiten** und **Unterschiede** ein!

2 : Ebenen

Die Unternehmensebene ist eine Stufe der Organisationsstruktur, die unabhängig von den individuellen Eigenschaften des Personals existiert. Häufig wird auch von **Managementebenen** gesprochen. Tragen Sie in das Schema ein, welcher Führungsebene folgende Aufgabenträger zuzuordnen sind!

Personal	Führungsebene
Ausbilder	
Gruppenleiter	
Sachbearbeiter	
Geschäftsführer	
Betriebsleiter	
Unternehmer	

3 : Erfolgsfaktoren

Erläutern Sie acht verschiedene **Erfolgsfaktoren**, welche durch die Persönlichkeit bzw. das Verhalten des Unternehmers bzw. Top Managers beeinflusst werden können!

4 : Konzepte

In letzter Zeit wurde eine Fülle aktueller Konzepte der Unternehmensführung hervorgebracht, die in der Praxis unterschiedliche Beurteilungen erfahren. Ordnen Sie den folgenden Vorgängen die jeweiligen **Konzepte der Unternehmensführung** zu!

(1) Der Vorstandsvorsitzende eines Großkonzerns leitet eine Konferenz, an der Manager von Profit Centers aus sechs verschiedenen Nationen über eine **neue Konzernstrategie** diskutieren.

(2) Ein Geschäftsführer nimmt umfassende Informationen seines Arbeitgeberverbandes und verschiedener Unternehmens- bzw. Personalberater auf, um die **Entscheidungsqualität** im Marketingbereich zu verbessern.

(3) Zur Unterstützung der Unternehmensführung wertet ein Top-Manager Öko-Bilanzen aus und unterzieht sein Unternehmen einem **Öko-Audit**, um die Organisation damit einer freiwilligen Unternehmensbetriebsprüfung zuzuführen.

(4) Ein **Vorsitzender** der Geschäftsleitung sieht die Steigerung des **Shareholder Value** als vorrangiges Ziel und Schlüssel zum Unternehmenserfolg. Deshalb werden die Cash-flows mittels des Kapitalkostensatzes diskontiert.

(5) Der Geschäftsleiter der Firma Angermann GmbH realisiert die Anforderungen der **Normenreihe ISO 9000: 2000** der Internationalen Organisation für Standardisierung und lässt sie von einer Zertifizierungsgesellschaft bestätigen.

5 : Ansätze

Welchen ökonomischen Ansätzen der Führungsforschung sind die folgenden Zitate jeweils zuzuordnen? Nennen Sie die Namen und die Vornamen der zugehörigen **Autoren** und zitieren Sie entsprechende Literaturquellen aus der Betriebswirtschaftslehre!

(1) »Wie wir gesehen haben, pendeln im Regelsystem die Istwerte um die Sollwerte herum; es ist daher nicht vollständig stabil. Man spricht in diesem Zusammenhang von einer größeren oder geringeren Stabilität oder Instabilität des Systems. Je geringer diese Schwingungen sind, desto stabiler ist ein Regelsystem«.

(2) »Am Anfang des Bemühens, die betriebswirtschaftlichen Phänomene unter dem Gesichtspunkt der Entscheidungen zu erfassen, steht die grundlegende Unterscheidung in Ziel- und Mittelentscheidungen. Im Rahmen der Ziel- oder Zielsetzungsentscheidungen wird festgelegt, welche Ziele durch die betriebswirtschaftliche Betätigung zu erreichen sind. Die Mitteloder Zielerreichungsentscheidungen bestimmen dagegen, auf welche Weise die gesetzten Ziele zu verwirklichen sind«.

6 : Motivationsansätze

Unter Motivation ist die Verhaltensbeeinflussung durch äußere Anreize zu verstehen, die auf innere Antriebe abzielt. Die **Motivationstheorie** bietet dazu verschiedene Ansätze.

(1) Erklären Sie die **Zwei-Faktoren-Theorie** von *Herzberg* aus der Sicht des Praktikers! Gehen Sie dabei insbesondere auf die Beurteilung des Geldes als Hygienefaktor ein!

(2) Kritisieren Sie die Grundaussage der **Anreiz-Beitrags-Theorie** aus heutiger Sicht! Wie reagieren Arbeitnehmer bei Unausgewogenheiten im Anreiz-Beitrags-Gleichgewicht?

7 : Führungsstilansätze

Im Unternehmen gibt es unterschiedlich qualifizierte bzw. motivierte Mitarbeiter. Erläutern Sie, welche klassischen Führungsstile eingesetzt werden können und entscheiden Sie, welcher Stil jeweils angebracht erscheint!

(1) Ordnen Sie den jeweiligen Mitarbeitern den entsprechenden klassischen **Führungsstil** zu!

Vorgänge	Führungsstile
Aufmüpfiger Mitarbeiter mit wenig Qualifikation	
Querulant, der unzufriedene Mitarbeiter aufhetzt	
Qualifizierter und motivierter Mitarbeiter	

(2) Welcher klassische Führungsstil sollte in den folgenden betrieblichen **Situationen** Anwendung finden?

Vorgänge	Führungsstile
Brand im Hauptlager eines Industrieunternehmens	
Diskussion von Werbeexperten über einene neuen Werbeslogan	
Festnahme eines Diebes durch die Werkspolizei	

8 : Verhaltensgitter

Im Verhaltensgitter wird einerseits die Beachtung des **Menschen** und andererseits die Beachtung der **Produktion** betont:

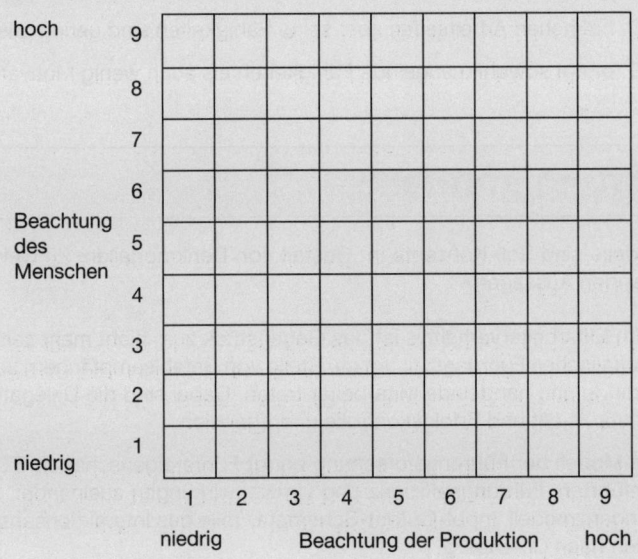

Beurteilen Sie folgende Aussagen von **Führungskräften**:

(A) »Wir brauchen überhaupt nicht lange zu diskutieren. Ich habe mir die Situation reiflich überlegt und mich entschieden: das Produktionsprogramm wird geändert!«

(B) »Ich will mich da nicht einmischen. Ihr überseht das besser ... ihr werdet es schon richtig machen ...«

(C) »Die Belegschaft wird es schon verstehen, dass wir unser Programm anpassen müssen. Aber da es nur Teile betrifft, ist das ja alles nicht so tragisch. Wir sollten allerdings nicht rigoros vorgehen, sondern alles in vernünftigen Grenzen halten...«

(D) »Wir müssen zunächst erst einmal ganz genau feststellen, was der Markt verlangt. Dann sollten wir überlegen, ob wir dem entsprechen können bzw. was wir für das Unternehmen erreichen wollen. Wir sollten eine Arbeitsgruppe bilden, in der alle mitarbeiten, die von der diskutierten Angelegenheit betroffen sind, sodass wir gemeinsam die für die Produktion beste Lösung finden und deren Realisierung in die Wege leiten können.«

Interpretieren Sie die Aussagen der Führungskräfte im Sinne des **Verhaltensgitters**! Tragen Sie die vier Fälle mit Buchstaben in das obige Verhaltensgitter ein!

9 : Reifegradmodell

Die reifebezogene Konzeption als dreidimensionaler Führungsstilansatz konfrontiert in einer sog. „Glockenkurve" das aufgaben- bzw. mitarbeiterbezogene Verhalten der Führungskraft mit dem Reifegrad des Mitarbeiters. Entscheiden Sie, wie in den folgenden Fällen die Mitarbeiter in der Praxis zu führen sind!

(1) **Mitarbeiter A** bringt gute Fähigkeiten mit, ist aber überhaupt nicht mehr motiviert.

(2) **Mitarbeiter B** zeigt sich bei der Arbeit in sehr hohem Maße fähig und willig.

(3) **Mitarbeiter C** hat hohen Arbeitseifer, aber seine Fähigkeiten sind gering ausgeprägt.

(4) **Mitarbeiter D** bringt sowohl mangelnde Fähigkeiten als auch wenig Motivation mit.

10 : Führungsmodelle

Die Führungsmodelle sind Soll-Konzepte in Gestalt von Denkmodellen. Zu welchen **Modellen** gehören die folgenden Aussagen?

(1) Die Führung im Mitarbeiterverhältnis ist das Gegenstück zum nicht mehr zeitgemäßigen autoritär-patriarchalischen Führungsstil. An die Stelle von Befehlsempfängern sollten unternehmerisch denkende und handelnde Mitarbeiter treten. Dabei sind die Delegation von Verantwortung, Dienstaufsicht und Erfolgskontrolle unentbehrlich.

(2) Das gesuchte Modell der Führungsforschung bringt Führereigenschaften, Führungsstil, Reaktion der Geführten, Führungseffizienz und Umweltwirkungen zueinander. Es berücksichtigt das Kontingenzmodell, Input-Output-Schemata, Teile des Interaktionsansatzes und Ordnungsprinzipien nach *Gutenberg*.

(3) Dieses Modell berücksichtigt Wahrnehmungsmaße, Führungsstile und Situationskriterien. Als letztere werden die Positionsmacht des Führers, die Führer-Mitarbeiterbeziehung und die Aufgabenstruktur mit dem aufgabenorientierten bzw. personenorientierten Führungsstil in Verbindung gebracht.

(4) Die Prozesse im Unternehmen erscheinen als vernetztes Informations-Entscheidungssystem. Das Modell besteht aus dem integrierten Unternehmungskonzept und der Unternehmenspolitik, die als wesentliche Elemente das Unternehmensleitbild, das Unternehmungskonzept und das Führungskonzept enthält. Dieses System ist einer umfassenden kybernetischen Betrachtung zugänglich.

11 : Kommanditgesellschaft

Karl Platz und Josef Müller als Vollhafter bzw. Manfred Benz als Teilhafter wollen zusammen eine Getränkehandlung in der Rechtsform einer **Kommanditgesellschaft** gründen.

Welche der aufgeführten Firmennamen können ins **Handelsregister** eingetragen werden (mit Begründung)? Lesen Sie dazu § 19 HGB!

(1) Getränkehandlung Platz & Müller
(2) Getränkehandlung Platz & Müller KG
(3) Getränkehandlung Platz, Müller & Benz
(4) Pfälzische Getränkehandlung KG
(5) Getränkehandlung Platz & Benz
(6) Getränkehandlung Müller & Co.

Welche Neuregelungen gelten ab 2007 für Eintragungen im Handelsregister?

12 : OHG/KG

Herr Franz Geldmacher steht vor der Entscheidung, ob er als **Voll- bzw. Teilhafter** in eine OHG oder eine KG eintreten soll. Was raten Sie ihm, wenn er von folgenden Bedingungen ausgeht? Berücksichtigen Sie dabei §§ 105-177a HGB!

(1) Er möchte an der Unternehmensführung teilnehmen.
(2) Sein Name soll in der Firma erscheinen.
(3) Während der Geschäftsperiode möchte er Privatentnahmen tätigen.
(4) Die Mitgesellschafter sollen die gleichen Rechte und Pflichten wie er haben.

Erstellen Sie eine übersichtliche **Tabelle** und stellen Sie für OHG und KG die folgenden Kriterien gegenüber!

1. Eigenkapitalgeber
2. Leitung
3. Unternehmensform
4. Handelsregister
5. Firma
6. Rechte
7. Pflichten
8. Sonstiges

13 : Gewinnverteilung

Hans Gründer hat 80.000 € geerbt, die er als Einlage in eine KG eingebracht hat. Verteilen Sie einen Reingewinn von 120.000 € nach § 168 HGB auf die beiden **Vollhafter** und Herrn Gründer als **Teilhafter**! Der Vollhafter Adler ist mit 240.000 € und Vollhafter Breivogel ist mit 200.000 € an dieser KG beteiligt. Für die Verteilung des Gewinns wird ein Verhältnis von 2 : 2 : 1 für A, B bzw. G als angemessen erachtet.

Erstellen Sie unter Einbezug von § 168 HGB eine übersichtliche Tabelle!

14 : Kapitalgesellschaften

Heinrich Sattel hat 27.000 € und möchte eine **AG** oder eine **GmbH** gründen. Er kennt weitere vier Kapitalgeber, die zusammen 25.000 € Kapital aufbringen können und die an einer Gründung ebenfalls interessiert sind.

Herr Sattel lehnt allerdings eine Nachschusspflicht ab. Eine eventuelle Publizitätspflicht scheut er nicht. Die Anteile der Gesellschaft sollen an der Börse gehandelt werden.

Welche Ratschläge geben Sie Herrn Sattel? Berücksichtigen Sie die Regelungen von AktG und GmbHG! Stellen Sie eine übersichtliche **Tabelle** auf, die AG und GmbH nach Kriterien vergleicht!

15 : Handelsgesetzbuch

Der formale Aufbau des **Bilanzschemas** ist ausführlich in § 266 HGB festgelegt. Daneben finden sich zu den einzelnen Positionen ergänzende Vorschriften in den Paragraphen 265, 268 und 272 - 274 HGB.

Welche wesentlichen Positionen enthält die **Grobgliederung einer Bilanz** nach § 266 Abs. 2 und 3 HGB? Schlagen Sie im HGB nach und erstellen Sie eine Grobgliederung der Bilanz für ein Industrieunternehmen!

16 : Nationales Wirtschaftsrecht

Welche **nationalen Gesetze** enthalten Regelungen zu folgenden Sachverhalten?

(1) Aufbewahrungspflicht für Inventare und Jahresabschlüsse
(2) Arbeitszeit von Jugendlichen
(3) Vorschriften bei Verletzung der Buchführungspflicht
(4) Positive Vertragsverletzung
(5) Wettbewerbsschutz
(6) Betriebsrat.

17 : Europäisches Wirtschaftsrecht

Nationale Unternehmen sind aufgrund fehlender Größenvoraussetzungen häufig nicht in der Lage, die neuen Marktpotenziale voll auszuschöpfen. Deshalb werden in vielen Fällen grenzüberschreitende **Zusammenschlüsse** angestrebt.

Vergleichen Sie die nationale Fusion zweier deutscher Unternehmen mit einer **Fusion** zwischen einem deutschen und einem französischen Unternehmen!

18 : Kompetenzen

Im Rahmen der Gestaltung einer neuen Aufbauorganisation sind die Aufgabenträger mit den nötigen Kompetenzen auszustatten. Zu den sog. **Verpflichtungskompetenzen** zählen die Prokura, die Handlungsvollmacht, die Artvollmacht und die Einzelvollmacht.

Stellen Sie die Wesensmerkmale folgender **Mitarbeiter**

- Prokurist
- Gesamthandlungsbevollmächtigter
- Handlungsreisender
- Handlungsgehilfe im Innendienst

anhand der folgenden **Kriterien** gegenüber!

(1) Art des Angestelltenverhältnisses
(2) Berechtigung zur Erteilung der Vollmacht
(3) Eintragung der Vollmacht in das Handelsregister
(4) Art der zu lösenden Aufgaben
(5) Mit der Vollmacht verbundene Befugnisse
(6) Arten der Vollmacht.

19 : Befugnisse

Herr Schuster ist seit gestern Gruppenleiter im Produktionsbereich, der als Liniensystem organisiert ist. Ein ehemaliger Meister, der vorher die Gruppe von Herrn Schuster geleitet hatte und heute Gruppenleiter im Materialwesen ist, macht sich in der obigen Produktionsgruppe wichtig. Er gibt **Anweisungen** an dortige Mitarbeiter.

Wie beurteilen Sie diesen Vorgang?

20 : Verantwortung

Eine Abteilungsdirektorin hat im Marketingbereich relativ viel Arbeit zu bewältigen. Völlig unvorbereitet wird sie von ihrem Hauptabteilungsleiter zu einer kurzfristig einberufenen **Strategiekonferenz** gerufen. In dieser Konferenz müssen bedeutsame Entscheidungen getroffen werden.

Da der **Stellvertreter** der Abteilungsdirektoren ebenfalls nicht in der Konferenz anwesend ist, entschließt sich die Direktorin aufgrund ihrer Überlastung am Arbeitsplatz, den ihrer Meinung nach „wertvollsten" Mitarbeiter ihrer Abteilung zur Konferenz zu delegieren. Sie überträgt ihm ihr Stimmrecht und die volle Verantwortung.

Ist dieses Verhalten richtig?

21 : Entscheidungsarten

Eine Entscheidung ist ein Akt der Willensbildung, bei der ein Mensch sich entschließt, etwas so und nicht anders zu tun. Dabei verfügt er häufig über mehrere Handlungsalternativen. Jede betriebliche Entscheidung birgt die Gefahr des Misslingens in sich. Entscheidungen bergen Risiken.

Um welche **Entscheidungen** hinsichtlich der Entscheidungssicherheit handelt es sich in folgenden Beispielen?

(1) Es werden auf der Grundlage einer Marktstudie Einmaluhren mit unterschiedlichen Motiven gefertigt.

(2) Ein Unternehmen beabsichtigt, einen kleinen Ein-Personen-Pkw zu fertigen.

(3) Eine Schneiderei fertigt seit Jahren ausschließlich Maßanzüge für Manager!

22 : Führungsentscheidung

Am Freitag Nachmittag ist um 14.50 - kurz vor dem üblichen Arbeitsende - eine unvorhergesehene, sehr **dringliche Arbeit** zu verrichten. Sie sind als Chef der Abteilung total überlastet. Diese Arbeit wird erst um 17.00 Uhr beendet sein. Es kommen für die Lösung der Arbeitsleistung drei Angestellte in Frage:

- Herr **Gütig:** Er übernimmt Arbeiten grundsätzlich ohne Widerspruch, denn er ist gutherzig. Aus gesundheitlichen Gründen muss er jedoch auf ärztlichen Rat hin seine Freizeit verstärkt zur Erholung nutzen, um seine Leistungsfähigkeit zu erhalten.

- Herr **Zwerg:** gilt als »schwierig«, weil er zusätzliche Arbeiten schon öfter verweigert hat, auch wenn er sie aus arbeitsrechtlicher Sicht nicht ablehnen kann.

- Herr **Enger:** hat regelmäßig am Freitagnachmittag als Übungsleiter das Training der Jugendlichen im Fußballverein zu leiten. Er ist als knallharter Trainer bekannt.

(1) Entscheiden Sie sich für einen dieser Mitarbeiter und begründen Sie Ihre Entscheidung!

(2) Gelten Führungsentscheidungen nur für die obere Führungsebene?

23 : Gründungsentscheidungen

In der deutschen Wirtschaft bemühen sich Politiker und Wirtschaftsverbände sehr darum, Offensiven zur **Existenzgründung** zu starten. Begründen Sie, wieso die folgenden Aktivitäten zu mehr Existenzgründungen führen können und inwieweit sie Gründern helfen können!

Vorgang	Begründung
(1) Allgemeine Beratung	
(2) Finanzförderung	
(3) Bessere gesetzliche Rahmenbedingungen	
(4) Schulung von Gründern	
(5) Subventionen	
(6) Steuerliche Entlastung	

24 : Werbung

Im Rahmen einer Werbekampagne versucht ein Unternehmen eine Werbebotschaft an eine oder mehrere Zielgruppen zu übermitteln. Es ist das Hauptziel vieler Werbefeldzüge die Einstellung zur Zielgruppe gegenüber dem Werbeobjekt zu beeinflussen.

Strukturieren und beurteilen Sie die **Werbebotschaft** von Seite 442!

25 : Marketing

Die Beschäftigung mit dem Konsumentenverhalten wird zum Dreh- und Angelpunkt der produkt- bzw. programmpolitischen Überlegungen. Welche Motive der Konsumenten versuchen die Hersteller folgender Erzeugnisse zu befriedigen? Wie könnte ein **Werbeslogan** lauten?

(1) Isoliermittel
(2) Whisky
(3) Reisen
(4) Käse.

Ein Brief kann auch mal rätselhaft sein.
Schreib mal wieder...

✉Post

26 : Preispolitik

Für hochwertige Produkte wird in der Praxis eine bestimmte **Preispolitik** bevorzugt. Beantworten Sie folgende Fragen:

(1) Welche Preispolitik würden Sie als Marketingleiter bevorzugen, wenn Sie qualitativ hochwertige Automobile absetzen wollen?

(2) Zählen Sie die Vorteile dieser Vorgehensweise auf!

(3) Mit welchen Nachteilen müssen Sie rechnen?

27 : Stellenausschreibung

Ein **Personalreferent** bei der Firma Multi Media GmbH erhält von seinem Chef die Aufgabe, am Markt qualifizierte Mitarbeiter für den Informatikbereich zu gewinnen. Allerdings sollen die Beschaffungskosten pro Bewerber reduziert werden. Außerdem ist zu beachten, dass die möglichen Mitarbeiter nicht über die herkömmlichen Wege gewonnen werden sollen. Die Multi Media GmbH hat eine Homepage im Internet.

Was raten Sie dem Personalreferenten? Zeigen Sie den möglichen Weg von der Stellenausschreibung bis zur Endauswahl auf!

28 : Lebenslaufanalyse

Analysieren Sie folgenden **Lebenslauf** in der Reihenfolge:

(1) **Zeitfolgeanalyse**   (3) **Branchenanalyse**
(2) **Positionsanalyse**   (4) **Entscheidung!**

Gehen Sie davon aus, dass sich der Bewerber am 01.05.2007 bei der Firma Palatia Versicherung in Mannheim als Verkäufer im Innendienst bewirbt! Er hat siebzig Mitbewerber.

Daten	Vorgänge im Lebenslauf
25.03.1960	Geburt in Ludwigshafen am Rhein
01.04.1966 - 31.03.1970	Volksschule in Ludwigshafen
01.04.1970 - 31.03.1976	Realschule in Mannheim
15.04.1976 - 31.03.1979	Ausbildungsverhältnis als Industriekaufmann bei der Isoliermittel AG, Frankfurt
01.04.1979 - 31.03.1988	Sachbearbeiter im Verwaltungsbereich der Isoliermittel AG
01.04.1988 - 30.06.1989	Verkäufer bei der Firma Wolff & Söhne in Darmstadt, die Putzmittel herstellt
01.07.1989 - 30.06.1990	Verkäufer bei der Firma Eichinger in Frankfurt (Isolierungen)
01.04.1991 - 30.09.1992	Tätigkeit im Außendienst der Palatia Versicherung in Mannheim
01.10.1993 - 30.06.1996	Verkäufer bei der Firma Kranz Baustoffe GmbH in Mainz
01.07.1996 - 31.03.2007	Verkäufer im Innendienst der Fa. Isoliermittel AG

Würden Sie den Bewerber zu einem **Vorstellungsgespräch** einladen? (mit Begründung)

29 : Zeugnisanalyse

Beurteilen Sie folgendes Zeugnis für einen **Verkäufer im Außendienst**!

Herr Heinz Käser, geboren am 14.12.1960 in Görlitz, war in der Zeit vom 01. Januar 1979 bis zum 31.03.2007 als Verkäufer im Außendienst unserer Firma beschäftigt. Herr Käser war als Mitarbeiter unseres Außendienstes für die Werbung neuer und die Betreuung älterer Kunden zuständig.

Herr Käser, der bei seinen Kollegen, aber auch den Kunden als sehr gesellig galt, hat die ihm übertragenen Arbeiten stets zu unserer Zufriedenheit erledigt. Herr Käser zeigte Einfühlungsvermögen in die Belange der Belegschaft. Er ist verständig, aufgeschlossen und wusste sich gut zu verkaufen.

Er erledigte die anfallenden Arbeiten mit Fleiß und Interesse. Nach der Umstrukturierung unserer Verkaufsbereiche konnten wir Herrn Käser leider keine neue Tätigkeit mehr zuweisen und mussten uns deshalb von ihm trennen.

Für seinen weiteren Lebensweg wünschen wir ihm alles Gute.

30 : Nichtzahlung

Die regelmäßigen Zahlungseingänge zu den vertraglich vereinbarten Zahlungsterminen sind für die **Liquidität** der Unternehmung bedeutsam. Wenn ein Teil der Kundschaft diese Zahlungstermine nicht einhält, dann können Finanzierungsprobleme eintreten.

(1) Wie kann sich ein Finanzleiter gegen die Nichtzahlung von Kunden abzusichern versuchen?

(2) Welche Probleme können jeweils entstehen?

(3) Welcher Zusammenhang besteht zwischen der Liquidität und ausstehenden Kundenzahlungen?

31 : Kalkulation

Je nach Art des Unternehmens werden in den Betrieben unterschiedliche Kalkulationsschemata verwendet.

Stellen Sie das Schema der **Handelskalkulation** dem Schema der **Industriekalkulation** gegenüber!

32 : Gruppenleitung

Die Gruppenleitung ist diejenige Institution, die im Unternehmen das **Lower Management** ausübt und ihre Gruppen zu führen hat. In der Gruppe werden gemeinsam zu erreichende Gruppenziele vereinbart, an die sich alle Gruppenmitglieder zu halten haben. Die Gruppenziele sind jeweils aus den Bereichs- und Unternehmenszielen abgeleitet. Der Gruppenleiter nimmt eine entsprechende operative Planung vor, die kurzfristig angelegt ist.

Entscheiden Sie, welche **Gruppen** im jeweiligen Bereich für die folgenden Aufgaben zuständig sind oder ob es sich nicht um Gruppenaufgaben handelt:

Vorgang	Gruppe
(1) Sichten von Laufkarten	
(2) Festlegung der Corporate Identity	
(3) Systeme programmieren	
(4) Buchung von Ausgangsbelegen	
(5) Wechsel bearbeiten	
(6) Bearbeiten von Bestellungen	
(7) Waren verkaufen	
(8) Firma auflösen	
(9) Lohnabrechnung vorbereiten	

33 : Führungskräftetypologie

Weil ein Mitarbeiter mehrfach gebummelt hatte, war er deswegen bereits einmal ermahnt worden. Nachdem er wiederum unentschuldigt und unbegründet fehlte, rief ihn sein Vorgesetzter zu einem **Kritikgespräch**.

Ein Kritikgespräch soll im Ergebnis dazu führen, dass falsches Verhalten des Mitarbeiters durch den Vorgesetzten korrigiert wird und mangelhafte Leistungen verbessert werden.

Vier **Vorgesetzte** beenden ein solches Kritikgespräch jeweils auf ihre Weise:

(A) »Sie können froh sein, dass ich heute einen guten Tag habe. Es ist ja alles nicht so wild. Schwamm drüber, ich bin nicht nachtragend. . .«

(B) »Reißen Sie sich doch zusammen! Wenn diese Bummelei nicht aufhört, dann werden Sie mich aber kennen lernen! Solche Typen wie Sie kann ich nicht brauchen . . .«

(C) »Es tut mir leid, dass ich Sie zu einem solch unerfreulichen Gespräch bitten musste. Aber das ist nun einmal meine Pflicht! Ich hoffe, Sie nehmen sich die Verwarnung zu Herzen, sodass wir in Zukunft wieder gut zusammenarbeiten können. Nun lassen Sie mal den Kopf nicht hängen!«

(D) »Es müsste Ihnen doch lästig sein, sich nun schon wieder mit mir über Ihr Bummeln unterhalten zu müssen. Ihre Minderleistungen bedeuten für ihre Kollegen Mehrleistungen. Sie sind vernünftig genug, um einzusehen, dass es so nicht weitergehen kann. Ich hoffe, es ist heute in dieser Richtung unser letztes Gespräch gewesen.«

Aufgaben:

(1) Ordnen Sie den vier Aussprüchen die entsprechenden Verhaltenstypen zu!

(2) Welches der obigen Schlussworte halten Sie für angemessen? (mit Begründung)

34 : Führungsstile

Über die verschiedenen Führungsstile wird in Theorie und Praxis ausgiebig diskutiert. Beurteilen Sie kritisch den folgenden Ausspruch eines **Middle Managers** in einem Großunternehmen: »Der kooperative Führungsstil führt zum Erfolg!«

35 : Mitarbeiterbeurteilung

Die Beurteilung von Mitarbeitern ist ein bedeutsames **Führungsmittel**. Die Arbeitnehmer mit einer sog. »inneren Kündigung« führen dieses Phänomen oft auf Beurteilungsfehler von Vorgesetzten zurück.

(1) Kennzeichnen Sie wesentliche Beurteilungsfehler, die Führungskräften im Unternehmen unterlaufen können!

(2) Zeigen Sie auf, wie man solchen Fehlern wirksam begegnen kann!

36 : Protokollführung

Ein **Protokoll** ist eine Niederschrift bzw. eine schriftliche Zusammenfassung wesentlicher Inhalte einer Konferenz. Es wird auch als Sitzungsprotokoll bezeichnet.

(1) Welche Form sollte ein Sitzungsprotokoll haben?

(2) Geben Sie ein praktisches Beispiel für die wesentlichen Merkmale eines Sitzungsprotokolls!

37 : Delegationsmittel

Gestern haben Sie Ihrem Mitarbeiter, Herrn Sauer, eine permanent auszuführende Arbeit übertragen. Leider mussten Sie schon gestern feststellen, dass Herr Sauer diese Arbeit anders vollzieht als Sie es ihm gesagt haben.

Als Sie ihn fragten, ob er das bemerkt habe, äußert er sich: »Ich bin gerade im Begriff, die Sache einmal mit Ihnen zu besprechen!« In der Folge des **Gesprächs** macht Ihnen Herr Sauer einige Vorschläge, die Sie nicht teilen. Er hält aber stur an seiner Auffassung fest.

Beantworten Sie folgende **Fragen**:

(1) Um welches Führungsproblem geht es hier?

(2) Was tun Sie jetzt?

38 : Kritikmittel

Die Kritikmittel sind als positive Mittel in Form von Ermunterungsanreizen, aber auch als negative Kritik denkbar. Art und Ausmaß von positiver und negativer Kritik als Führungsinstrument werden von sozio-ökonomischen Bedingungen und soziokulturellen Normen mitbestimmt.

Begründen Sie die These, dass **Tadel** bzw. **Lob** je nach Persönlichkeit bzw. Verhalten der Gruppenmitglieder (vgl. Kapitel C 4.4) zu dosieren sind!

39 : Unternehmenskultur

Entscheiden Sie, welche Kriterien eine Unternehmenskultur berücksichtigen sollte, damit Ängste bei den Mitarbeitern abgebaut werden können, z. B. Ängste vor Maßnahmen hinsichtlich einer Shareholder Value-Orientierung!

Nr.	Kriterien der Unternehmenskultur	Ja	Nein
(1)	Echte Wertschätzung der Mitarbeiter		
(2)	Entscheidungen erst kurzfristig bekannt geben		
(3)	Toleranz und Offenheit zeigen		
(4)	Manipulation bei Fehlern		
(5)	Offene Informationspolitik		

40 : Mitarbeiterkonflikt

Lösen Sie folgenden **Konfliktfall**!

Die Mitarbeiter Hans Trieb und Adalbert Langsam kommen persönlich nicht miteinander aus. Sie arbeiten in räumlicher Enge in einer Batterieabfüllstation zusammen. In Abwesenheit von Trieb hat Adalbert Langsam Säure aus einem Abfüllbehälter in eine Batterie umzufüllen.

Dabei verschüttet er unbeabsichtigt etwas Säure auf die »gute Hose« von Trieb, die auf einem Stuhl liegt.

Als Trieb den Schaden entdeckt, ist er erbost: »Sie Lump, das haben Sie extra gemacht!« Erzürnt läuft er - mit der beschädigten Hose in der Hand - zu seinem Vorgesetzten. Der Übeltäter läuft mit hochrotem Kopf hinterher...

Wie führen Sie als **Vorgesetzter** in diesem Falle Ihre beiden Mitarbeiter?

41 : Produktionsbereichsführung

Im **Produktionsbereich** der Isoliermittel AG in München, die Werke in Frankfurt und Darmstadt bzw. in Vancouver hat, ist aufgrund der Anschaffung einer EDV-Anlage die Versetzung von drei Mitarbeitern nötig. Die Erhaltung der Wettbewerbsfähigkeit, der zunehmende Kostendruck und die starke Konkurrenz zwingen zu diesem Schritt.

Sie haben als **Produktionsleiter** die Aufgabe, diese Mitarbeiter aus folgenden fünf Arbeitern auszuwählen! Die Abteilung PA ist direkt von der EDV-Umstellung betroffen.

Name	Lebensalter	Kriterien	Dienstalter
Vatter	58 Jahre	eigenbrötlerisch verbindlich	39 Jahre
Willig	49 Jahre	lernwillig, 2 Kinder Ehrgeizling	28 Jahre
Jung	21 Jahre	ungebunden Vorliebe für USA	2 Jahre
Kautz	22 Jahre	unbeliebt bei Mitarbeitern klagt über Arbeit	3 Jahre
Brauch	24 Jahre	nach innen gekehrt EDV-Kenntnisse	7 Monate

Beantworten Sie folgende **Fragen**!

(1) Welche Auswahlkriterien sind grundsätzlich zu beachten?
(2) Treffen Sie Ihre begründete Entscheidung!
(3) Wie führen Sie das Gespräch mit Herrn Kautz?

42 : Marketingbereichsführung

Der Leiter des **Marketingbereichs** musste den Innendienst der Verkaufsabteilung mehrmals umstrukturieren. Je mehr die Umorganisation fortschritt, desto häufiger fehlten Mitarbeiter des Innendienstes. Es zeigte sich, dass von zehn Verkäufern im Durchschnitt zwei fehlten. Die verbleibenden Mitarbeiter erfüllen ihre Arbeit sehr schleppend. Seit der **Umstrukturierung** ist ein leichtes Umsatzplus zu verzeichnen.

Was raten Sie dem Marketingleiter?

43 : Gruppenrollen

Zwanzig Arbeiter und zwei Meister E und S sollen auf einer **Baustelle** im Ausland schwierige Reparaturaufgaben ausführen. Der Montagebereichsleiter schickt deshalb seine beiden besten Fachleute (E und S) als Leiter auf die Baustelle.

Schon nach kurzer Zeit gibt es dort Ärger, weil sowohl E als auch S als **Ehrgeizlinge** nicht miteinander auskommen, sondern - jeweils mit ihrer »Hausmacht« - gegeneinander arbeiten.

Eines der Gruppenmitglieder wird von allen abgelehnt, weil es ständig andere Arbeiter provoziert. Ein Gruppenmitglied beklagt, dass es auf der Baustelle relativ häufig zu Streit zwischen den Arbeitern kommt.

(1) Welche Rollen können in einer Gruppe unterschieden werden?

(2) Erläutern Sie ausführlich die möglichen Maßnahmen des Meisters im Hinblick auf die Wahrnehmung der verschiedenen Rollen in der Gruppe!

---

44 : Status

Der Status ist jene Stellung, die jemand im Ranggefüge einer Gruppe bzw. im Unternehmen einnimmt. Daraus ergibt sich beispielsweise der **formelle Status** einer Führungskraft. Entscheiden Sie, welche der folgenden Symbole zu den typischen Statussymbolen eines kaufmännischen Leiters zu zählen sind! Erläutern Sie die Wirkungen von Statussymbolen!

Nr.	Symbole	Ja	Nein
(1)	Dienstwagen		
(2)	Schreibmaschine		
(3)	Direktionsassistentin		
(4)	Eigener Parkplatz		
(5)	Telefon		
(6)	Essen im Casino		

---

45 : Leistungsstarke Mitarbeiter

Der Einkäufer Peter Fleiß bringt seit Jahren die besten Ergebnisse in seiner Gruppe. Auch von seinen Kollegen wird er wegen seiner **Leistungen** geschätzt.

Da nach seiner Auffassung die **Gehaltsanreize** in Betrieb X nicht den von ihm zu leistenden Beiträgen entsprechen, hat er sich - ohne Wissen seines bisherigen Vorgesetzten - bereits bei mehreren anderen Betrieben als Einkäufer beworben.

Gehen Sie davon aus, dass Sie als neuer Einkaufsleiter in Betrieb X tätig werden und von den Bewerbungen Ihres Mitarbeiters bzw. von dessen Leistungsstärke bereits wissen.

(1) Welche Tatbestände werden Sie prüfen?

(2) Würden Sie ein Gespräch führen? Wenn ja, in welcher Weise?

(3) Welche Grundregeln sind bei der Führung leistungsstarker Gruppenmitglieder zu beachten?

46 : Leistungsschwache Mitarbeiter

Der Mitarbeiter Heinz Drücker geht in seiner Abteilung den bequemsten Weg. „Clever" versteht er, der Arbeit aus dem Wege zu gehen. Um ein hohes Engagement vorzutäuschen, türmt er Berge von Arbeit auf seinem Schreibtisch auf. Er ist im Unternehmen als **leistungsschwacher** Mitarbeiter bekannt.

(1) Welche Grundregeln sind bei der Führung leistungsschwacher Mitarbeiter zu beachten?
(2) Welche Inhalte hat das Gespräch, das Sie mit ihm führen?
(3) Welche weiteren Führungsmaßnahmen empfehlen Sie?

47 : Außenseiter

Weil sich Hugo Seltsam nur selten am Gruppengeschehen beteiligt, wird er in der Arbeitsgruppe total **abgelehnt**. Er ist auch ständig mit seiner Arbeit unzufrieden. Gegenüber seinem Abteilungsleiter beklagt er sich darüber, dass ihn die Gruppe laufend hänselt und auslacht. Deshalb zieht sich Hugo Seltsam total in sich zurück. Seine Fehler bei der Arbeit häufen sich.

Wie führen Sie diesen Mitarbeiter?

48 : Problembeladener Mitarbeiter

Aufgrund eines **Verkehrsunfalls** hat Dieter Pech nicht nur den Tod seiner geschätzten Ehefrau Maria zu beklagen, sondern er hat darüber hinaus auch noch eines seiner beiden Kinder verloren. Seit diesen Tagen unterlaufen Ihrem Mitarbeiter viele Fehler, die ihm früher niemals passiert sind.

Diskutieren Sie den Situations-, Verhaltens-, Motiv-, Gesprächs-, Gruppen- und Erfolgsbezug und nennen Sie den entsprechenden **gruppenbezogenen Führungsstil**!

49 : Frecher Auszubildender

Der Auszubildende Willi Vorlaut ist im Betrieb als **Querulant** bekannt. Er schart unzufriedene Jugendliche um sich und sucht ständig Konflikte mit seinem Ausbilder. Vor der Gruppe sagt er zu seinem Ausbilder: »Sie haben hier sowieso nichts zu sagen!« Auch in anderen Ausbildungsabteilungen hat sich dieser Auszubildende bereits ähnlich frech verhalten.

Beantworten Sie folgende **Fragen**!

(1) Welchen Führungsstil pflegt der Ausbilder gegenüber diesem Auszubildenden?
(2) Wie führen Sie ein Gespräch mit diesem Auszubildenden?
(3) Welchen Bezug zur Gruppe kann hergestellt werden?

(4) Welche Führungselemente sind zu beachten?
(5) Wie sollte der Ausbilder den Erfolgsbezug herstellen?

50 : Pubertät/Adoleszenz

Ein sechszehnjähriger Auszubildender meldet sich beim **Verkaufsleiter** vom Urlaub zurück. Im ersten Ausbildungsjahr war er unauffällig und recht umgänglich. Nun hat er sich gewandelt. Er ist lebhafter geworden, hat sich die Haare sehr lang wachsen lassen und trägt eine Blume im Haar. Mit flotten Sprüchen meldet er sich beim Abteilungsleiter zurück. Der zwei Jahre ältere Bruder arbeitet als Sachbearbeiter ebenfalls in der Abteilung.

(1) Stellen Sie typische Merkmale der Spätpubertät und Adoleszenz gegenüber!
(2) Wie führen Sie den Auszubildenden?

51 : Persönlichkeitsmodelle

Entscheiden Sie, welchen **Persönlichkeitsmodellen** die folgenden Aussagen zuzuordnen sind!

(1) Die Entwicklung eines Menschen wird durch sein Gewissen geprägt
(2) Das Eltern-Ich reagiert nach Werten und Normen
(3) Das Über-Ich wird als Ideal-Ich durch die Erziehung beeinflusst
(4) Das Kindheits-Ich reagiert ungezwungen
(5) Die Menschen suchen nach Übereinstimmung des Ich und des Ideal-Ich.

52 : Ausländischer Mitarbeiter

Dem Meister Hans Hurtig wird ein leistungsstarker und gläubiger **türkischer Betriebshelfer** von zwanzig Jahren mit mangelnden Sprachkenntnissen und befristetem Arbeitsverhältnis zugeteilt. Dieser kann aufgrund seines bisherigen Verhaltens später vielleicht in ein festes Arbeitsverhältnis übernommen werden. Der Meister hat die Aufgabe, ihn zu einem zuverlässigen Mitarbeiter zu formen.

(1) Von welcher Ausgangslage ist hier auszugehen?

(2) Welche Führungsziele ergeben sich daraus?

(3) Welche Führungsmaßnahme ist geeignet, um dem ausländischen Mitarbeiter Unterstützung durch Mitarbeiter zukommen zu lassen?

(4) Welche allgemeinen Führungsmaßnahmen sind für diesen Mitarbeiter angebracht?

(5) Wie verhält sich der Meister, wenn der türkische Mitarbeiter zu ihm kommt, weil er das Ergebnis seiner Lohnabrechnung nicht versteht?

53 : Führungsdimensionen

Die Unternehmensführung ist die zielorientierte Gestaltung, Steuerung und Entwicklung eines Unternehmens. Entscheiden Sie, zu welcher Dimension der Unternehmensführung die folgenden Beispiele zu zählen sind!

(1) Der Geschäftsführer einer GmbH führt mit dem Leiter des Marketingbereichs ein **Kritikgespräch**, weil stark überhöhte Kosten für die Werbung nachgewiesen wurden.

(2) Der Vorstand einer Aktiengesellschaft erteilt dem langjährigen und kompetenten Leiter des Hauptbereiches Finanzwirtschaft die **Prokura**.

(3) Der Unternehmer Hans Hurtig trifft die **Entscheidung**, sein Unternehmen künftig in einen kaufmännischen und einen technischen Sektor aufzuspalten.

(4) Der geschäftsführende Komplementär einer KG prüft den **Jahresabschluss** für das vergangene Geschäftsjahr, der ihm vom Leiter des Rechnungswesens vorgelegt wurde.

(5) Das Vorstandsmitglied für die Produktionswirtschaft beschließt in Absprache mit dem Produktionsleiter die Einführung von **teilautonomen Gruppen** mit Gruppencontrolling.

54 : Kollegialprinzip

Der bisherige Direktor der **Campus GmbH** wurde als Generaldirektor pensioniert und die verbleibenden vier Direktoren möchten ein kollegiales Organisationssystem einführen, das aus verschiedenen Ressorts für Beschaffung, Produktion, Marketing und Verwaltung besteht. Bereichsübergreifende Fragen sollen einer gemeinsamen Entscheidung vorbehalten werden.

(1) Entwerfen Sie ein Organigramm für die Geschäftsleitung der Campus GmbH, das nach dem Ressortprinzip aufgebaut ist!

(2) Welche personenbezogenen Voraussetzungen sollten Top-Manager haben, die Unternehmensführung nach dem Kollegialprinzip wahrnehmen möchten?

(3) Welche Form des Kollegialprinzips ist gegeben, wenn der Direktor des Marketing (»Erster unter Gleichen«) als Vorstandssprecher agiert? Erläutern Sie dieses Prinzipien-Modell!

55 : Systemaufbau

Die Tätigkeit der Aufbauorganisation kann zu den **Führungstechniken** gezählt werden. Wenden Sie die richtige Organisationstechnik an! Tragen Sie in das Schema folgende **Verbindungsarten** in möglichst zweckentsprechender Weise ein! Beachten Sie, dass bestimmte zentrale Stellen zusammen gehören! Erläutern Sie die einzelnen Verbindungsarten!

————————	**Längsverbindungen**	(mit Weisungsbefugnis)
— · — · — · — ·	**Querverbindungen**	(ohne Weisungsbefugnis, reine Arbeitskontakte)
— — — — — — — —	**Diagonalverbindungen**	(begrenzte Weisungsbefugnis auf ei nem bestimmten Sektor)
=================	**Richtlinienverbindungen**	(Aktivitätsbefugnis zur Richtlinieneinhaltung)

Unternehmensleitung

Personalleitung

Personalentwicklungsleiterstelle (z)

Leitungsstelle Ausbildung (z)

Leitungsstelle Baustelle, dezentral

Leitung der Ausbildungswerkstatt (z)

Ausbilderstelle Ausbildungswerkstatt (z)

Ausbilderstelle, dezentrale Baustelle

Ausbildungsplatz Ausbildungswerkstatt (z)

Ausbildungsplatz Baustelle, dezentral

56 : Stabliniensystem

Entwerfen Sie einen Organisationsplan für ein **Stabliniensystem** der Handels GmbH in München, das folgenden Mindestbedingungen gerecht wird!

(1) Unterhalb der Geschäftsleitung sollen drei Hauptabteilungsleiter fungieren, die für Materialwirtschaft, Absatzwesen und Verwaltung zuständig sind.

(2) Ordnen Sie dem Geschäftsleiter einen Stabsmitarbeiter für das Rechtswesen zu und einen Projektmanager (Stabs-Projekt-Management), der für den Materialbereich eine neue Ablauforganisation erarbeiten soll.

(3) Dem Leiter der Materialwirtschaft sind zwei Abteilungsleiter zu unterstellen!

(4) Ordnen Sie sowohl dem Absatzleiter als auch dem Verwaltungsleiter je drei Abteilungsleiter zu, deren Aufgabengebiete zu diesen Funktionen passen!

Berücksichtigen Sie dabei die aufbauorganisatorischen Aspekte!

57 : Vertikale Organisation

Stellen Sie das **Funktionssystem** (vgl. Systemorganisation) und die **Funktionalorganisation** mit Organigramm gegenüber!

Diskutieren Sie außerdem Wesen, Unterstellungsverhältnisse und Probleme, die mit diesen Formen verbunden sind!

58 : Tensororganisation

Der Organisator der Firma **Getränke AG** in Stuttgart erhält vom Vorstand den Auftrag, einen Organisationsplan für eine Tensororganisation zu erstellen, die folgenden Anforderungen genügt:

(1) Der Vorstandsvorsitzende hat als »Primus inter Pares« bei Meinungsverschiedenheiten zwischen Vorstandsmitgliedern die ausschlaggebende Stimme.

(2) Als Zentralbereiche dieses Unternehmens sollen die Funktionen Beschaffung, Produktion, Absatz und Verwaltung vertreten sein.

(3) Die Regionalbereiche Nord, Mitte und Süd sollen intensiv mit den Zentral- und Unternehmensbereichen zusammenarbeiten.

(4) Die Unternehmensbereiche Spirituosen, Bier und Fruchtsaft sind so zu positionieren, dass sich eine sinnvolle Zusammenarbeit der Bereiche ergibt! Erläutern Sie das Wesen der Tensororganisation und gehen Sie auf Vor- und Nachteile dieser Organisationsform ein!

59 : Geschäftsprozesse

Welche Geschäftsprozesse sind in den folgenden Fällen gemeint? Erstellen Sie – unter Ausgliederung der Führungsprozesse – eine Tabelle, die in der Senkrechten die Nummern der Fälle und in der Waagerechten die jeweiligen Unternehmensprozesse als Gesamt-, Bereichs- und Gruppenprozesse, bzw. Kern- oder Unterstützungsprozesse enthält:

(1) Der **Bereichsleiter** Logistik entscheidet darüber, dass in der Unterabteilung Lagerrealisation der Umweg über das Glaslager künftig entfällt, weil zur Verkürzung des logistischen Prozesses eine Standortverlagerung dieses Lagers vorgenommen wird.

(2) Der **Geschäftsführer** verhandelt mit einem Großlieferanten über ein günstiges Angebot. Er erhält bei diesem Verhandlungsprozess die Zusage, dass die Ware auch termingerecht beim Kunden angeliefert wird.

(3) Ein **Gruppenleiter** in der Buchhaltung gibt eine Eingangsrechnung des Lieferanten an die Gruppe Rechnungsprüfung weiter, die innerhalb des betrieblichen Rechnungswesens angesiedelt ist.

(4) Der **Personalleiter** als Arbeitsdirektor trifft sich mehrfach mit verschiedenen Vertretern des Arbeitgeberverbandes, um in schwierigen Gesprächsphasen über bevorstehende Tarifverhandlungen eine gemeinsame Strategie abzustimmen.

(5) Ein **Kunde** wendet sich an den Gruppenleiter Verkauf, der die Gruppe Vorkalkulation um ein Preisangebot bittet, bevor er dem Kunden eine Preisauskunft gibt, die zu einem Vertragsabschluss führt.

60 : Controllingorganisation

Schildern Sie die Problematik der **Integration des Controlling** in die Unternehmensorganisation anhand der beiden folgenden Abbildungen!

(1) **Stabscontrolling** der Firma Wassermann AG

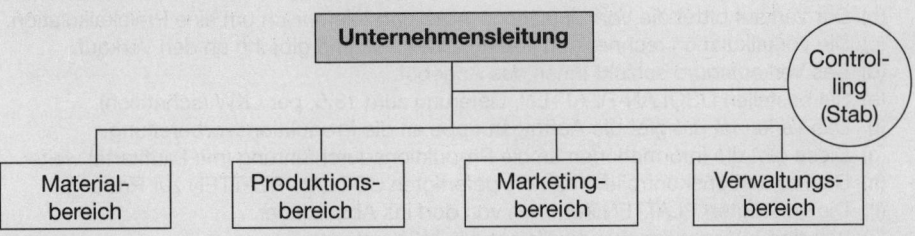

Beim Stabscontrolling hat der Controller keine Weisungsbefugnis, sondern er liefert lediglich Informationen zur Planung, Steuerung und Kontrolle des Geschehens im Unternehmen.

(2) **Liniencontrolling** der Firma Kölsch GmbH

Beim Liniencontrolling ist der Controller in den Instanzenzug eingegliedert. Im obigen Fall ist das Controlling dem Leiter des Finanz- und Rechnungswesens unterstellt.

61 : Personalorganisation

Stellen Sie die **Aufbauorganisation** des Personalwesens dar!

(1) Geben Sie anhand eines Organigramms ein Beispiel für eine Verrichtungsorganisation des betrieblichen Personalwesens!

(2) Entwickeln Sie das Organigramm für eine Spartenorganisation des Personalwesens!

(3) Vergleichen Sie die Merkmale obiger Formen des Aufbaus der Personalabteilung!

62 : Prozessorganisation

(1) Tragen Sie in das folgende Schema die jeweiligen **Abläufe mit Kleinbuchstaben** und einem Stichwort ein! Kommentieren Sie das Ergebnis

    (a) Sie sind der Kunde und fragen beim Verkauf des Betriebes nach USOLAN-PLATTEN.
    (b) Der Verkauf bittet die Vorkalkulations-Abteilung telefonisch um eine Preiskalkulation.
    (c) Die Vorkalkulation rechnet den Verkaufspreis aus und gibt ihn an den Verkauf.
    (d) Das Verkaufsbüro schickt Ihnen das Angebot.
    (e) Sie bestellen USOLAN-PLATTEN, Lieferung zum 18.5. per LKW (schriftlich).
    (f) Das Verkaufsbüro gibt die Auftragsmappe an die Produktionsvorbereitung.
    (g) Diese gibt die Informationen an die Produktionsdurchführung (mit Laufkarte) weiter.
    (h) Die Produktionskontrolle erhält die gefertigten USOLAN-PLATTEN zur Prüfung.
    (i) Die gefertigten PLATTEN kommen von dort ins Absatzlager.
    (k) Von dort aus werden sie vom Versand in LKW geladen.
    (l) Die Ware wird Ihnen ins Haus gebracht.

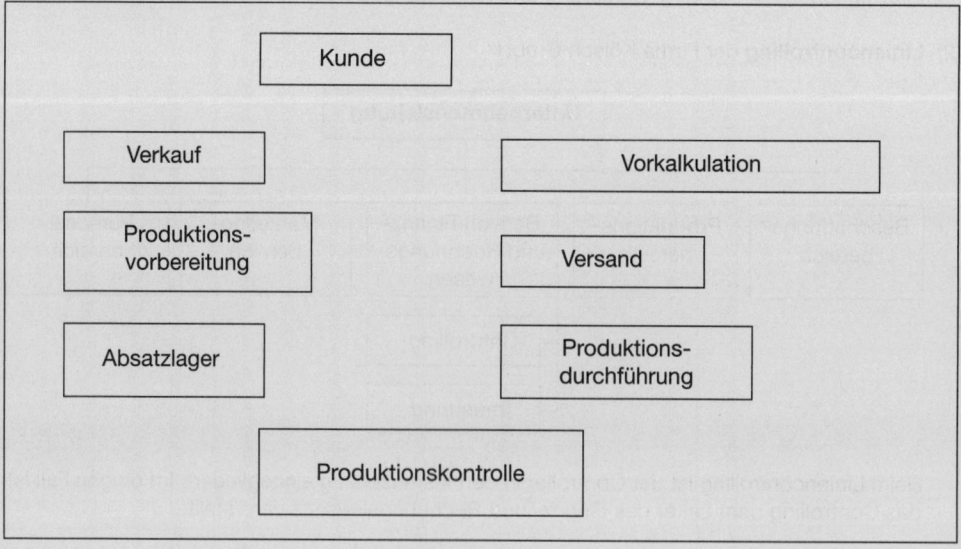

(2) Wie lässt sich dieser Prozess übersichtlicher strukturieren? Berücksichtigen Sie dabei, dass in diesem Unternehmen die Vorkalkulation im Verkauf mitbearbeitet werden kann (**Business Reengineering**)!

63 : Teams

Die betrieblichen Teams sind Arbeitsgruppen, die eine unterschiedliche Strukturierung aufweisen. Bei der **Teamorganisation** werden einer Gruppe Entscheidungsbefugnisse übertragen, die dann mehr oder weniger frei entscheidet.

Bestimmen Sie aufgrund der folgenden Texte, um welche **Arten von Teams** es sich jeweils handelt und begründen Sie Ihre Meinung!

(1) Die Ziele und Rahmenbedingungen werden der Gruppe vorgegeben, der Vorgesetzte entscheidet ganz allein. Das Team ist total von dem Führenden abhängig. Der Leiter der Gruppe wird vom Unternehmen bestimmt.

(2) Das System nach *Likert* unterscheidet Gruppenmitglieder, die Teamleiter und gleichzeitig Mitglied übergeordneter Gruppen sind. Es wird hier vom Vertikalen Linking-Pin gesprochen. Das Ziel besteht in einer Abflachung der Hierarchie.

(3) Die Gruppe strebt in einem begrenzten Rahmen nach Selbstregulierung, Selbstbestimmung und Selbstverwaltung. Das Team legt die Rahmenbedingungen der Arbeit selbst fest und der Vorgesetzte zeigt sich kooperativ.

64 : Strategische Planung

Das Unternehmen **Deutsche Nahrungsmittel AG** plant strategisch bis zu zehn Jahren, um langfristige Absatzerfolge zu sichern. Aufgrund der mangelnden Vorhersehbarkeit bzw. Vorausbestimmbarkeit der Zukunft ist die strategische Planung aber mit Schwierigkeiten verbunden.

Entscheiden und begründen Sie, welche der folgenden Vorgehensweisen **nicht zur strategischen Planung** gehören!

(1) Strategische Geschäftsfelder vorausbestimmen

(2) Feedback-Kontrolle zur Erkennung von Planabweichungen

(3) Umsetzung der Pläne

(4) Anwendung strategischer Planungsmethoden

(5) Steuerung nach dem Soll-Ist-Vergleich.

65 : Zielbeziehungen

(1) Klären Sie die folgenden **Zielbeziehungen** und suchen Sie Beispiele, die für einen Arbeitsdirektor gelten!

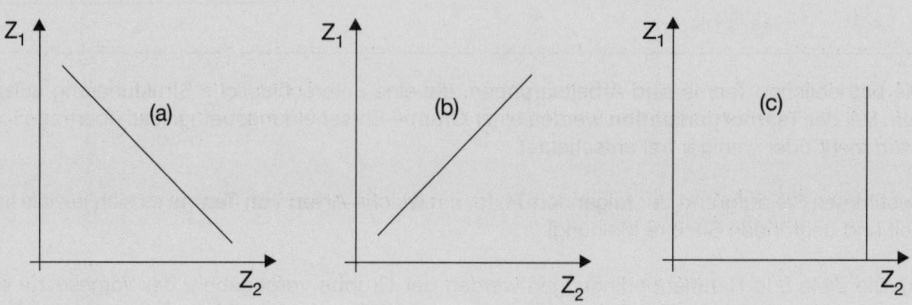

(2) Entscheiden Sie, ob die aufgeführten **Zielpaare** konkurrierend, komplementär oder indifferent sind:

a) Gewinnmaximierung   -   Umweltschutzinvestitionen
b) Rationalisierung   -   Arbeitsplatzerhaltung
c) Gewinnsteigerung   -   Kostenreduzierung
d) Unternehmenssanierung   -   Arbeitsplatzerhaltung
e) Abfallvermeidung   -   Mitbestimmungserweiterungen

66 : Planung

Im Rahmen der Planung sind als Planungsprinzipien das **Top-down-Prinzip**, das **Bottom-up-Prinzip** und das **Gegenstromverfahren** zu betrachten.

Nach welchem Prinzip wird ein Industrieunternehmen mit 30.000 Beschäftigten planen, wenn sowohl zentrale Instanzen als auch dezentrale Instanzen am Entscheidungsprozess teilnehmen und der kooperative Führungsstil üblich ist?

Erläutern Sie das Verfahren und begründen Sie Ihre Entscheidung!

67 : Überwachung

Der Vorstand der Computer AG möchte vom **Gesamtcontroller** über die Produktivität und die Umsatzrentabilität des Unternehmens informiert werden. Der Controller kann von folgenden Zahlen ausgehen:

Es wurden 40.000 Computer produziert und abgesetzt. Der Umsatzerlös beläuft sich auf 80.000.000 €. Die durchschnittliche Belegschaftsstärke liegt bei 500 Arbeitskräften. Der Gewinn beträgt 6.000.000 €.

(1) Wie hoch ist die Arbeitsproduktivität?

(2) Wie hoch ist die Umsatzrentabilität (= Umsatzrendite)?

68 : Kennzahlen

Gehen Sie von den folgenden **Daten** aus:

Jahresüberschuss	800.000 €
Abschreibungen	200.000 €
Zuschreibungen	100.000 €
Erhöhung langfristiger Rückstellungen	300.000 €

(1) Ermitteln Sie die Höhe des **Cashflow** und verwenden Sie dabei das Schema von Kapitel E 1.4.6.2, das dessen Entstehung zeigt!

(2) Berechnen Sie die **Eigenkapitalrentabilität** bei einem Reingewinn von 1.800.000 € einem Eigenkapital von 12.000.000 € und einem Fremdkapital von 28.000.000 €!

69 : Marktanteil

Die Süsswaren GmbH verkaufte im letzten Jahr für 600 Millionen € spezielle Zucker-Erzeugnisse. Die übrigen Konkurrenten am Inlandsmarkt setzten für 1.600 Millionen € dieser Süssigkeiten ab. Die gesamte Aufnahmefähigkeit des europäischen Marktes für diese Erzeugnisse wird auf 10.000 Millionen € geschätzt.

(1) Wie hoch ist das inländische **Marktvolumen**?

(2) Wie viel beträgt der **Marktanteil** der Süsswaren GmbH im Inland?

70 : Umsatz, Kosten und Gewinn

Mithilfe der **Gewinnschwellenanalyse** lassen sich Beziehungen zwischen dem Umsatz, den Kosten, dem Gewinn und der Beschäftigung herstellen bzw. untersuchen. Sie wird auch **Break-even-Analyse** genannt.

Aus der Abbildung von Seite 460 ergeben sich die **Umsatz- bzw. Kostenentwicklung** in Abhängigkeit von der **Produktionsmenge** (jeweils pro Monat):

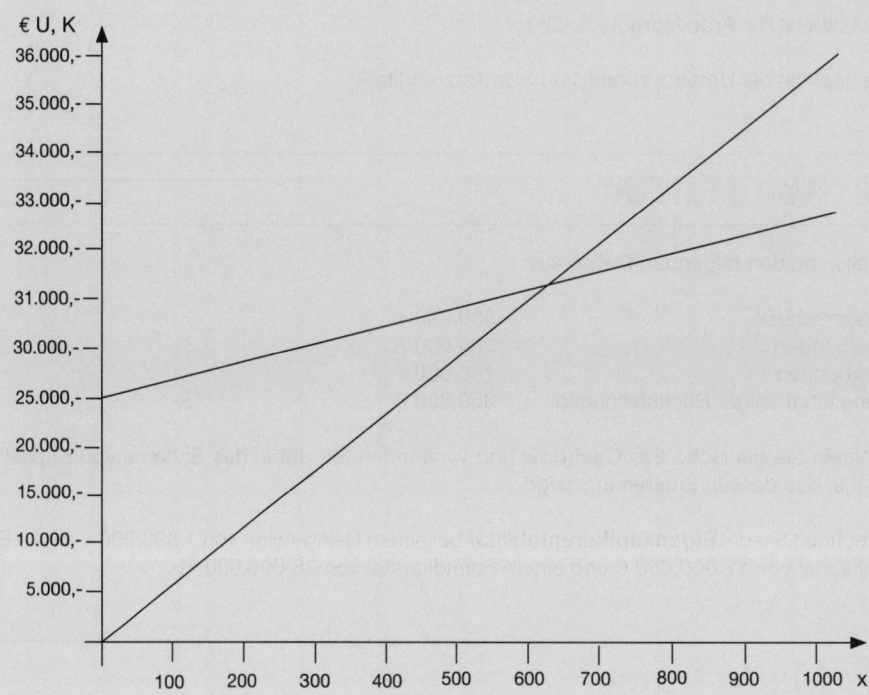

Bestimmen Sie folgende Teile der **Gewinnschwellen-Analyse**!

(1) Verlustzone
(2) Höhe der Fixkosten
(3) Kapazitätsgrenze
(4) Nutzenschwelle (Break-Even-Point)
(5) Gewinnzone
(6) Maximalumsatz
(7) Gewinnmaximum.

71 : Gesamtcontrolling

Ein Auszubildender fragt Sie, wo im Großunternehmen eigentlich die Grenze des Controlling zur Kontrolle zu ziehen ist. Stellen Sie die **Gesamtkontrolle** und das **Gesamtcontrolling** gegenüber!

Erklären Sie dem Auszubildenden die Gemeinsamkeiten und die wesentlichen Unterschiede!

72 : Marktzyklus

Die Blitz-Rasenmäher GmbH stellt fahrbare Gartengeräte her. Die **Unternehmensleitung** sieht sich nach den neuesten Untersuchungen mit folgenden Ergebnissen konfrontiert:

(1) Der Absatz von Benzinrasenmähern stagniert. Der Produkttyp **»Benziner«** ist ein Sorgenkind und verkauft sich schlecht. Die Kunden neigen offensichtlich zu Rasenmähern mit Elektroantrieb, da es Probleme mit der Antriebsfunktion gibt.

(2) Der Rasenmäher Typ **»Blitz«** ist ein Spitzenprodukt und hat nach wie vor als Elektromäher einen hohen Marktanteil. Er ist überall bekannt und beliebt, auch weil er außer der her-vorragenden Funktion ein ansprechendes Design hat.

(3) Der Absatz von Typ **»Future«** (Elektromäher) ist noch nicht lange am Markt verfügbar und hat nur einen geringen Bekanntheitsgrad. Experten bescheinigen ihm aufgrund seines handlichen Grasfangkorbes einen wachsenden Markt.

(4) Der Elektro-Rasenmäher **»Rapid«** lässt sich vergleichsweise gut absetzen und sichert die betriebliche Liquidität. Der Marktanteil ist augenblicklich hoch, aber die Chancen des Wachstums können sich verschlechtern.

Definieren Sie die verschiedenen Produktarten und verwenden Sie dabei die Übersicht aus Kapitel 2.4.3.4! Ordnen Sie dann die vier Produkte in den Marktzyklus des jeweiligen Produktes ein!

---

73 : Planungskonzepte

Es sind unternehmensbezogene und umfeldbezogene Planungskonzepte der Unternehmensleitung zu unterscheiden. Klären Sie, welchen **umfeldbezogenen Konzepten** die folgenden Begriffe zuzuordnen sind!

(1) Mittelwertverfahren
(2) Trichter mit oberem Eckwert
(3) Interessen der Bezugsgruppen
(4) Trendextrapolation
(5) Indikatorenanalyse
(6) Frühwarnung.

---

74 : Return on Investment

Gehen Sie davon aus, dass in einem Unternehmen die folgenden Werte erfasst worden sind. Berechnen Sie den **Kapitalumschlag**, die **Gewinnrate** und den **RoI**!

Gesamtkapital	100 Mill. €
Marketingkosten	81 Mill. €
Fertigungskosten	240 Mill. €
Verwaltungskosten	25 Mill. €
Sonstige Kosten	30 Mill. €
Umsatz	400 Mill. €

75 : Strategieentwicklung

Berücksichtigen Sie die unten aufgeführte Unternehmenssituation und stellen Sie aufgrund dieser Daten eine **Unternehmensstrategie** auf! Versetzen Sie sich dabei in die Unternehmensleitung eines Textilherstellers im Junior-Fashion-Bereich (Altersgruppe 7 - 17 Jahre).

Gehen Sie davon aus, dass die Unternehmensanalyse und die Umweltanalyse bereits erfolgt sind. Dabei stellte sich u. a. heraus, dass in manchen Betriebsabteilungen über den autoritativen Führungsstil geklagt wird.

1. Im **Junior-Fashion-Bereich** sind schrumpfende Binnenmärkte, Marktsättigung und Markt-stagnation zu verzeichnen. Erfolgreiche Anbieter setzen neue Technologien ein. Der Konkurrenzdruck ist stark.

    Als Starprodukte werden moderne Jeans gut verkauft. Verkaufsprodukte sind Hemden in bunten Farben. Als Problemprodukte zeigen sich Jacken in dunklen Farbnuancen.

2. Als **Zielgruppen** kommen für Textilhersteller in Frage:
    Konsumalternative (46 %), Komsumgegner (12 %), Suchende (12 %) bzw. Konservative (30 %). Geschlechtsspezifische Merkmale sind nicht hervorzuheben.

    Aus den Marktforschungsergebnissen ist zu erkennen, dass sich im Junior-Fashion-Bereich ein Wertewandel vollzogen hat: Der Stellenwert des Elternhauses ist gesunken. Es besteht eine Tendenz zum Individualismus und Vorbilder aus dem Film werden gesucht.

    Konservative Marktteilnehmer haben Markenorientierung. Konsumalternative kaufen vor allem helle Farben.

3. Inländische **Textilhersteller** registrieren eine Zunahme der Billigimporte von Textilien aus dem Ausland. Dort sind die Lohnkosten niedriger bzw. die Subventionen höher. Verfahrensinnovationen erscheinen nötig. Es ist zu entscheiden, ob direkte oder indirekte Absatzwege bevorzugt werden.

    Auch die Kooperation mit dem Handel, anderen Herstellern bzw. mit den Verbrauchern ist zu durchdenken. Für die Strategie erscheint es wesentlich, dass junge Leute gegenüber wirksamer Werbung durchaus aufgeschlossen sind.

76 : Materialbereichsziele

Der Führungsprozess in der Materialwirtschaft beginnt mit der Zielsetzung. Als materialwirtschaftliches Oberziel gilt die wirtschaftliche Versorgung des Unternehmens mit den benötigten Materialien.

Begründen Sie, welche der folgenden Ziele keine Ziele der Materialwirtschaft sind!

(1) Optimale Kapazitätsausnutzung bei der Leistungserstellung

(2) Sicherstellen der Beschaffungsgüter für das Unternehmen

(3) Senkung der Werbekosten bei der Leistungsverwertung

(4) Materialeinkauf zu einem für das Unternehmen günstigen Preis

(5) Frühzeitiges Anmahnen von Außenständen unserer Kundschaft

(6) Wirtschaftliches Einordnen von Waren in ein Hochregallager.

77 : Marketingbereichsprozess

Der Marketingleiter der Zickzack KG hat das Ziel, den Umsatz seines Unternehmens um 3 % zu steigern. Er hat durch die Untersuchungsergebnisse der Marketingkontrolle erkannt, dass sich der Einsatz von Handlungsreisenden oder Handelsvertretern günstig auf den Verkauf auswirken würde.

Bevor er Steuerungsmaßnahmen zur Distributionspolitik einleitet, fragt er Sie, ob unter den folgenden Bedingungen der Einsatz eines **Handlungssreisenden** sinnvoll ist:

Absatzmittler	Bedingungen
Handlungsreisender:	Fixum 2.500 € monatlich plus 5 % Umsatzprovision
Handelsvertreter:	10 % Umsatzprovision, kein Fixum

Was raten Sie dem Marketingleiter, wenn dieser bereits mit dem Handelsvertreter zusammenarbeitet und der voraussichtliche Umsatz bei 90.000 € liegen wird?

78 : Personalstatistik

Mit der Personalstatistik wird die Gesamtheit oder werden einzelne Gruppen der Belegschaft betrachtet. Diese Statistik bildet bei der Firma Fuchs AG die Basis des Personalbereichscontrolling, der Personalpolitik, der Personalplanung und der Personalbetreuung.

Am 31.12.2007 werden bei der Firma **Fuchs AG** voraussichtlich 600 kaufmännische und 1.400 gewerbliche Arbeitnehmer beschäftigt sein.

Im darauf folgenden Geschäftsjahr soll die Gesamtmitarbeiterzahl aufgrund der guten Geschäftslage um 25 % steigen.

Erstellen Sie eine vollständige **Personalstatistik**!

- für die Jahre 2007 und 2008
- mit der Gesamtbeschäftigtenzahl
- aufgeschlüsselt nach kaufmännischen bzw. gewerblichen Kräften
- jeweils absolut und in Prozent ausgedrückt.

Berücksichtigen Sie bei Ihrer Rechnung, dass sich die Zahl der **kaufmännischen Mitarbeiter** im Jahr 2008 um 37,5 % erhöhen soll!

79 : Kapitalerhöhung

Die **Netware AG** hat auf ihrer Hauptversammlung eine Kapitalerhöhung beschlossen. Die alten Aktien haben zurzeit einen Kurswert von 460 €. Das alte gezeichnete Kapital beträgt 20.000.000 €. Die Kapitalerhöhung soll 5.000.000 € betragen. Der Ausgabekurs der jungen Aktien wird mit 160 € veranschlagt.

(1) Berechnen Sie das Bezugsverhältnis!

(2) Ermitteln Sie den rechnerischen Mittelkurs einer Aktie nach der Emission!

80 : Operative Planung

Die operative Planung unterscheidet sich erheblich von der strategischen Planung. Stellen Sie die beiden **Planungsarten** anhand der folgenden Kriterien gegenüber:

(1) Unternehmensebenen
(2) Zuständige Instanzen
(3) Planungszeitraum
(4) Problemlösung.

LÖSUNGEN

1 : Begriffe

- Die **Unternehmensführung** ist die zielorientierte Gestaltung, Steuerung und Entwicklung eines Unternehmens. Zur Unternehmensführung gehören die Personalführung und die Motivation. Die Führung von Unternehmen wird von einem Unternehmensleiter ausgeübt, der als Unternehmer oder als Top-Manager die betriebliche Entwicklung steuert.

- Unter **Motivation** kann die Verhaltensbeeinflussung der Mitarbeiter durch äußere Anreize verstanden werden, die auf innere Antriebe abzielen. Die Motive sind dabei nicht bei allen Menschen gleich. Deshalb wirken gleiche Anreize auf Mitarbeiter mit unterschiedlichen Bedürfnissen verschieden.

- **Personalführung** bedeutet für die Führungskraft, unter Einsatz von Führungsinstrumenten und unter Berücksichtigung der jeweiligen Führungsziele bzw. Situation, das betriebliche Personal auf einen gemeinsam zu erzielenden Erfolg hin zu beeinflussen.

- Der Begriff der Personalführung geht über den Motivationsbegriff hinaus, z. B. wirken Führungsmaßnahmen durch Belehrung, Beurteilung, Anweisung, negative Kritik, Rationalisierung nicht immer motivierend.

- Die Motivation kann aber auch über die Personalführung hinausgehen, z. B. indem die Selbstmotivation, die Motivation durch die Gruppe bzw. Motivation durch die Situation in die Betrachtung einbezogen werden.

- Die Begriffe Personalführung und Motivation haben eine **gemeinsame** »Schnittmenge«, wenn berücksichtigt wird, dass Lob und andere Anreize sowohl im Rahmen der Personalführung als auch bei der Motivation eine gewichtige Rolle spielen.

2 : Ebenen

Die einzelnen Aufgabenträger sind folgenden Führungsebenen zuzuordnen:

Aufgabenträger	Führungsebene
Ausbilder	Untere Führungsebene
Gruppenleiter	Untere Führungsebene
Sachbearbeiter	Ausführungsebene
Geschäftsführer	Obere Führungsebene
Betriebsleiter	Mittlere Führungsebene
Unternehmer	Obere Führungsebene

Von den sechs Aufgabenträgern sind zwei der Unternehmensleitung und vier dem nicht in der Geschäftsleitung tätigen Personal zuordenbar.

3 : Erfolgsfaktoren

Die Unternehmensleitung hat dafür Sorge zu tragen, dass das Unternehmen erfolgreich ist. Folgende Erfolgsfaktoren können das Unternehmensgeschehen positiv beeinflussen:

*   **Unternehmerische Visionen**, d.h. bahnbrechende Ideen und attraktive Vorstellungen herausragender Unternehmerpersönlichkeiten, z.B. Erfindung eines kleineren PC-Chips.

*   **Überzeugendes Unternehmensleitbild**, d.h. einprägsame Leitsätze verdeutlichen die grundlegenden Ideen, z.B. der kurze Leitsatz: »Geht nicht – gibt's bei uns nicht!«

*   **Fachkompetenz der Leitung**, d.h. gründliche Kenntnisse und ausgeprägte Fähigkeiten, die die Betroffenen nicht nur überzeugen, sondern auch Respekt auslösen.

*   **Hohes Problemlösungspotenzial**, d.h. die Unternehmensleitung soll das Unternehmen in die richtige Richtung lenken, z.B. durch Problembewusstsein und Erfahrung.

*   **Partizipation der Führungskräfte**, d.h. Teilhabe der Spitzenmanager an den Entscheidungen der Unternehmensleitung, z.B. durch Nutzung von Kreativitätspotenzialen.

*   **Einbindung der Mitarbeiter**, d.h. diese Teilnehmer werden am betrieblichen Geschehen beteiligt, z.B. durch intensiven Informationsaustausch und effiziente Kommunikation.

*   **Mut zur Veränderung**, d.h. Offenheit und Zuversicht hinsichtlich nötiger Wandlungsprozesse im Unternehmen, z.B. durch entsprechende strategische Entscheidungen.

*   **Nutzung des Innovationspotenzials**, d.h. rechtzeitige Umsetzung von komplexen Neuerungen, z.B. durch Beschleunigung der Organisationsentwicklung.

4 : Konzepte

(1) **Internationales** Unternehmensführungskonzept
(2) **Marktorientiertes** Unternehmensführungskonzept
(3) **Ökologieorientiertes** Unternehmensführungskonzept
(4) **Wertorientiertes** Unternehmensführungskonzept
(5) **Qualitätsorientiertes** Unternehmensführungskonzept

5 : Ansätze

Die Zitate stammen aus folgenden ökonomischen Ansätzen:

(1) Der **Systemansatz** von *Hans Ulrich* beschäftigt sich mit Regelkreisen und Steuerungssystemen (vgl. *Ulrich, H.*, Die Unternehmung als produktives soziales System, 2. Auflage, Berlin/Stuttgart 1970, S. 122 f.).

(2) Der **Entscheidungsansatz** von *Edmund Heinen* stellt die Entscheidungen bzw. den Entscheidungsprozess in den Vordergrund der Betrachtung (vgl. *Heinen, E.*, Einführung in die Betriebswirtschaftslehre, 9. Auflage, Wiesbaden 1992, S. 18 f.).

6 : Motivationsansätze

(1) Die **Zwei-Faktoren-Theorie** von *Herzberg* unterscheidet folgende Faktoren:

• **Motivatoren**	• **Hygienefaktoren**
▶ Leistungserfolg ▶ Anerkennung ▶ Arbeit selbst ▶ Verantwortung ▶ Aufstieg ▶ Entfaltung	▶ Unternehmenspolitik ▶ Personalführung ▶ Arbeitsbedingungen ▶ Sicherheit des Arbeitsplatzes ▶ Personelle Beziehungen ▶ Geld

• Kritik der Zwei-Faktoren-Theorie:

Es ist unbestritten, dass obige **Motivatoren als Führungsmittel** wirksam sind.

Von den „Hygienefaktoren" sind insbesondere die Personalführung und die personellen Beziehungen als Zwischenkategorien zu betrachten. So können Beziehungen zwischen Kollegen bzw. zu Vorgesetzten stark motivierende Wirkung haben.

Unternehmenspolitik, Unternehmensorganisation und „Bürokratie" sind zu den statischen Einflussgrößen zu zählen.

Die Bedeutung des Geldes als Motivationsfaktor ist umstritten. Eine Schlüsselstellung bildet die Einkommensbasis, von der ausgegangen wird. Für weniger gut verdienende Arbeitnehmer stellt die Aussicht auf ein höheres Einkommen einen größeren Leistungsanreiz dar.

Das Geld lässt sich auch nicht ohne weiteres als „Hygienefaktor" von den „Motivatoren" trennen. So ist z. B. eine Beförderung (Aufstieg) in der Regel mit einem höheren Einkommen verbunden.

(2) Die **Anreiz-Beitrags-Theorie** ist ein Ansatz der Motivationsforschung, der von einer gleichgewichtigen Beziehung von Anreizen des Unternehmens an die Mitarbeiter und der Mitarbeiter an das Unternehmen ausgeht.

Die Mitarbeiter schätzen den Nutzen ein, den das Unternehmen ihnen zuteil werden lässt, und leiten daraus ihre Entscheidung ab, ob und in welchem Umfang sie für das Unternehmen tätig sein sollen.

Die Anreiz-Beitrags-Theorie bezieht sich aus **heutiger Sicht** auf eine Situation, die durch eine hohe Nachfrage nach Arbeitsplätzen gekennzeichnet ist. Der Grund liegt u. a. in der hohen Arbeitslosigkeit.

In einer solchen Lage gibt es viele Arbeitnehmer, die auch dann in der Organisation verbleiben, wenn die Anreize kleiner sind als die von den Mitarbeitern geforderten Beiträge. Auch das Verantwortungsbewusstsein von Arbeitnehmern ist unterschiedlich.

7 : Führungsstilansätze

Von den Führungskräften können der autoritäre, der kooperative und der Laissez-faire-Führungsstil im Unternehmen eingesetzt werden.

(1) Folgenden klassische **Führungsstile** können bei den jeweiligen Mitarbeitern des Unternehmens Anwendung finden:

Vorgänge	Führungsstile
Aufmüpfiger Mitarbeiter mit wenig Qualifikation	Autoritärer Führungsstil
Querulant, der unzufriedene Mitarbeiter aufhetzt	Autoritärer Führungsstil
Qualifizierter und motivierter Mitarbeiter	Kooperativer Führungsstil

(2) In den verschiedenen betrieblichen **Situationen** erscheint der Einsatz folgender klassischer Führungsstile sinnvoll:

Vorgänge	Führungsstile
Brand im Hauptlager eines Industrieunternehmens	Autoritärer Führungsstil
Diskussion von Werbeexperten über einen neuen Werbeslogan	Kooperativer Führungsstil
Festnehme eines Diebes durch die Werkspolizei	Autoritärer Führungsstil

8 : Verhaltensgitter

Die **Aussagen der Führungskräfte** können in folgender Weise interpretiert werden:

(A) Die Äußerung lässt auf den autoritären Führungsstil schließen, denn die Beachtung der Produktion ist hoch, aber auf die Mitarbeiter wird nur wenig eingegangen (Fall 9.1.).

(B) Hier wird der Laissez-faire-Stil angewendet, denn die Produktionsaspekte und die Führung des Mitarbeiters werden vernachlässigt (Fall 1.1).

(C) Belegschaft und Führungskräfte sollen »nett zueinander sein«. Es werden Aspekte der Belegschaft berücksichtigt, aber hinsichtlich der Produktion fehlt der Druck (Fall 1.9).

(D) Hier wird die Meinung der Mitarbeiter bzw. die der Gruppe einbezogen, aber auch den Produktionsergebnissen wird hohe Priorität beigemessen (Punkt 9.9).

Eintragungen in das Verhaltensgitter-Modell (nach *Blake/Mouton*):

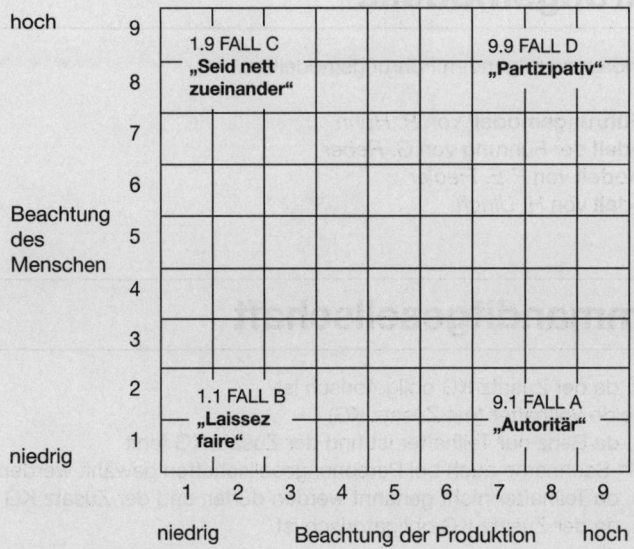

9 : Reifegradmodell

(1) Der Mitarbeiter A erreicht **Reifegrad M 3** und sollte aufgrund der mangelnden Motivation mehr mitarbeiter- als aufgabenorientiert geführt werden. Die Anwendung des **Partizipations-stils** soll z.B. über die Teilhabe des Mitarbeiters an Entscheidungen zu mehr Motivation führen.

(2) Der Mitarbeiter B hat den höchsten **Reifegrad M 4**. Er sollte so geführt werden, dass er Freiheiten erhält (wenig Aufgaben- und Personenorientierung) und selbstständig arbeiten kann. Der **Delegationsstil** äußert sich in der Übertragung von Aufgaben und Verantwortung, damit der Mitarbeiter an seinen Aufgaben wachsen kann.

(3) Der Mitarbeiter C erreicht **Reifegrad M 2** und sollte deshalb sowohl aufgabenorientiert als auch personenorientiert geführt werden. Damit seine Fähigkeiten den Anforderungen angepasst werden, sind im Rahmen des **Integrationsstils** z.B. Maßnahmen der Personalentwicklung einzuleiten.

(4) Der Mitarbeiter D hat den geringsten **Reifegrad M 1**. Da er den Aufgaben nicht gewachsen ist, soll er stark aufgabenbezogen und weniger mitarbeiterbezogen geführt werden. Der **autoritative Stil** ist streng ausgelegt, damit der Möglichkeit entgegengewirkt wird, dass leistungsunwillige Mitarbeiter die Situation ausnutzen.

10 : Führungsmodelle

Die Aussagen gehören zu folgenden Führungsmodellen:

(1) **Harzburger Führungsmodell** von *R. Höhn*
(2) **Ordnungsmodell** der Führung von *G. Reber*
(3) **Kontingenzmodell** von *F. E. Fiedler*
(4) **St. Galler Modell** von *H. Ulrich*.

11 : Kommanditgesellschaft

(1) Nicht möglich, da der Zusatz KG obligatorisch ist
(2) Möglich, da beide Vollhafter (mit Zusatz KG)
(3) Nicht möglich, da Benz nur Teilhafter ist und der Zusatz KG fehlt
(4) Möglich, da ein Sachname auch bei Personengesellschaften gewählt werden kann
(5) Nicht möglich, da Teilhafter nicht genannt werden dürfen und der Zusatz KG fehlt
(6) Nicht möglich, da der Zusatz KG obligatorisch ist.

Ab 2007 müssen Anmeldungen zum Handelsregister in **elektronisch beglaubigter Form** erfolgen (§ 12 Abs. 1 HGB).

12 : OHG/KG

Unter den gegebenen Bedingungen wird Herrn Geldmacher geraten, als Gesellschafter in eine **OHG** einzutreten (vgl. **Übersicht auf der nächsten Seite**).

- zu (1):   vgl. Übersicht, Nr. 6 f
- zu (2):   vgl. Übersicht, Nr. 5
- zu (3):   vgl. Übersicht, Nr. 6 d
- zu (4):   vgl. Übersicht, Nr. 6 und 7.

13 : Gewinnverteilung

Ges.	Einlagen (€)	4 % der Einlage	Schlüssel	1 Gewinn-anteil	vorl. Ge-winnanteil	endgült. Ge-winnanteil
A	240.000,-	9.600,-	2	19.840,-	39.680,-	**49.280,-**
B	200.000,-	8.000.-	2	19.840,-	39.680,-	**47.680,-**
G	80.000,-	3.200,-	1	19.840,-	19.840,-	**23.040,-**
	520.000,-	20.800,-	5		99.200,-	120.000,-

Gesamtgewinn   120.000 €
– 4 % d. Einlage   20.800 €   99.200 : 5 = 19.840 (1 Gewinnanteil)
                              99.200 €

	Offene Handelsgesellschaft (OHG)	Kommanditgesellschaft (KG)

1. **Eigenkapitalgeber**
2. **Leitung**
3. **Unternehmensform**
4. **Handelsregister**
5. **Firmen**
	1. Vollhafter (Gesellschafter)
	2. Vollhafter (mind. 2 Personen)
	3. Personengesellschaft
	4. Abteilung A
	5. a) Geldmacher OHG
	    b) Personen-, Sach-, Fantasie-
	       bzw. Mischfirma
		1. Voll- <u>und</u> Teilhafter (Kommanditisten)
		2. Vollhafter (Teilhafter nicht)
		3. Personengesellschaft
		4. Abteilung A
		5. a) Geldmacher KG
		    b) wie Personen-, Sach-, Fantasie-
		       bzw. Mischfirmen

6. **Rechte** auf
 	
a) <u>Gewinn</u>
   (nach Gesetz)
 	
b) <u>Information</u>
 	
c) <u>Kündigung</u>
 	
d) <u>Privatentnahme</u>
e) <u>Widerspruch</u>
 	
f) <u>Geschäftsführung</u>
   (wirkt nach innen)
 	
g) <u>Vertretung</u>
   (wirkt nach außen)
   Repräsentation
   der Firma
 	
h) <u>Liquidationserlös</u>
   (Erlös bei Auflösung
   der Gesellschaft)
	6. <u>Rechte des Vollhafters</u>
	
	a) Vom Jahresreingewinn 4 % der Ein-
	   lage u. Restgewinn nach Köpfen
	   verteilt
	
	b) Nicht geschäftsführende Gesell-
	   schaft jederzeit
	c) 6 Monate Frist bis Ende des Ge-
	   schäftsjahres
	d) Bis zu 4 % Einlage möglich
	e) Im Rahmen der täglichen Mitarbeit
	   Meinungsversch. möglich
	
	f) Nach Gesetz: Einzelgeschäftsfüh-
	   rung möglich
	   Nach Vertrag: Gesamtgeschäftsfüh-
	   rung möglich
	   Bei außergewöhnl. Gesch. Zustimmung
	   von allen nötig
	g) Nach Gesetz: Einzelvertretung
	   Nach Vertrag: abweichende Rege-
	   lung möglich, Gesellschaftsvertrag
	   kann auch Gesamtvertretung der
	   Firma vorsehen
	h) Liquidationsererlös wird im Verhält-
	   nis der Einlage (Kapitalanteile) ver-
	   teilt
		6.1 <u>Rechte des Teilhafters</u>
		    (Kommanditist)
		a) Vom Jahresreingewinn 4 % der
		   Einlage u. Restgewinn im ange-
		   messenen Verhältnis
		
		b) Einsicht nur am Jahresende, sonst
		   Amtsgericht
		c) 6 Monate Frist bis Ende des Ge-
		   schäftsjahres
		d) <u>Keine</u> Privatentnahme möglich
		e) Widerspruch bei außergewöhnli-
		   chen Geschäftshandl. möglich
		   (Prokuraerteilung)
		f) <u>Keine</u> Geschäftsführung für Teilhaf-
		   ter
		
		g) <u>Keine</u> Vertretung der Firma durch
		   Teilhafter
		
		h) Im angemessenen Verhältnis ver-
		   teilt
		
		6.2 <u>Rechte des Vollhafters</u> (Komplemen-
		    tärs)

7. **Pflichten** sind
 	
a) <u>Einlagepflicht</u>
   = Kapitalanteil
 	
b) <u>Haftpflicht</u>
 	
c) <u>Geschäftsführung</u>
d) <u>Wettbewerbsverbot</u>
e) <u>Verlustbeteiligung</u>
	7. <u>Pflichten des Vollhafters</u>
	
	a) Einlage in Geld oder Sachen leisten,
	   Höhe des Kapitalanteils nicht be-
	   stimmt
	b) Haftung mit Geschäfts- und Privat-
	   vermögen
	   - solidarische Haftung heißt: ge-
	     samtschuldnerisch: einer für alle
	     und alle für einen
	   - unbeschränkte Haftung mit Privat-
	     vermögen
	   - unmittelbare Haftung: direkt an je-
	     den Gesellschafter
	   Neue Ges.: Haftung auch für Schul-
	   den von vorher
	c) Vollhafter führen die Geschäfte
	d) Beachtung notwendig
	e) Verlust nach Köpfen verteilt
		7.1 <u>Pflichten des Teilhafters</u>
		    (Kommanditisten)
		a) Einlage in Geld oder Sachen leis-
		   ten, Höhe des Kapitalanteils nicht
		   bestimmt
		b) Haftung nur mit der Einlage, also
		   mit dem Kapitalanteil;
		   Privatvermögen haftet hier nicht.
		
		c) <u>Keine</u> Pflicht zur Geschäftsführung
		d) Beachtung <u>nicht nötig</u>
		e) Verlust nach Köpfen verteilt
		7.2 <u>Pflichten des Vollhafters</u> (Komplemen-
		    tärs) vgl. OHG

8. **Sonstiges**
   a) Vertragsgrundlagen
   b) gesetzliche Regelung
   c) Steuern
   d) Publizitätspflicht
	a) Gesellschaftsvertrag
	b) § 105 - 160 HGB
	c) Gesellschafter zahlen Einkommensteuer
	d) nicht vorgeschrieben
		a) Gesellschaftsvertrag
		b) § 161 - 177 HGB
		c) Gesellschafter zahlen Einkommensteuer
		d) nicht vorgeschrieben

14 : Kapitalgesellschaften

Herr Sattel sollte eine **AG** gründen, wenn er Wert legt auf:

- Wegfall der Nachschusspflicht und
- börsenmäßigen Handel der Anteile.

Der Mindestkapitalbetrag von 50.000 € wird erreicht.

	Aktiengesellschaft	Gesellschaft mit beschränkter Haftung
1. **Rechtsgrundlagen**	Aktiengesetz Bilanzrichtliniengesetz	GmbH-Gesetz
2. **Gründung**	Ein oder mehrere Gründer	Ein oder mehrere Gründer
3. **Handelsregister**	Abteilung B, rechtsbegründend Elektronisch beglaubigte Form	Abteilung B, rechtsbegründend Elektronisch beglaubigte Form
4. **Firma**	Personen-, Sach-, Fantasie-, Mischfirma, Zusatz AG, Kapitalgesellschaft	Personen-, Fantasie-, Sachfirma oder gemischte Firma, Zusatz GmbH, Kapitalgesellschaft
5. **Gezeichnetes Kapital**	Mindestens 50.000 € (Summe der Aktien-Nennwerte)	Mindestens 25.000 € (Summe der Stammeinlagen)
6. **Anteil**	Aktien mindestens 1 €, mehrere Aktien bei der Gründung übernehmbar, keine persönliche Bindung, börsenmäßiger Handel der Aktien, formloser Eigentumsübergang der Inhaberaktien, Indossament bei Namensaktien	Stammeinlage mindestens 100 €, nur eine Stammeinlage bei der Gründung übernehmbar, persönliche Bindung, kein börsenmäßiger Verkauf, notarielle Form des Abtretungsvertrages
7. **Nachschusspflicht**	Nicht möglich	Beschränkt oder unbeschränkt möglich
8. **Leitung**	Vorstand auf 5 Jahre gewählt	Geschäftsführer, ohne Zeitbeschränkung
9. **Aufsichtsrat**	Immer vorgeschrieben	Bei mehr als 500 Arbeitnehmern
10. **Haftung**	Das Gesellschaftsvermögen der AG haftet in voller Höhe. Nach der Eintragung ins Handelsregister entfällt die persönliche Haftung	Das Gesellschaftsvermögen der GmbH haftet in voller Höhe. Nach der Eintragung ins Handelsregister schulden die Gesellschafter nur ihre rückständige Einlage. Bei unbeschränkter Nachschusspflicht steht dem Gesellschafter ein Abandonrecht zu.
11. **Gesamtheit der Gesellschafter**	Hauptversammlung, Einberufung durch öffentliche Bekanntmachung Stimmrecht nach Aktiennennbeträgen	Gesellschafterversammlung, Einberufung durch eingeschriebenen Brief
12. **Jahresabschluss**	Publizitätspflicht in den Gesellschaftsblättern, Jahresabschluss muss durch Wirtschaftsprüfer geprüft werden, Einreichung zum Handelsregister Regelungen von IFRS	Durch die Transformation der 4. EG-Richtlinie bzw. durch das Bilanzrichtliniengesetz besteht Pflicht zur Einreichung beim Handelsregister bzw. Publizitätspflicht. Dabei sind bestimmte Größenordnungsmerkmale zu beachten. Regelungen von IFRS
13. **Rücklagen**	Gesetzliche Rücklagen sind zu bilden	Keine gesetzliche Rücklagen

15 : Handelsgesetzbuch

Nach § 266 Abs. 2 und 3 HGB enthält die **Grobgliederung der Bilanz** eines Industrieunternehmens folgende wesentliche Positionen:

Aktiva	Passiva

A. Anlagevermögen
  I. Immaterielle Vermögensgegenstände
  II. Sachanlagen
  III. Finanzanlagen
	A. Eigenkapital
	  I. Gezeichnetes Kapital
	  II. Kapitalrücklage
	  III. Gewinnrücklagen
	  IV. Gewinnvortrag/Verlustvortrag
	  V. Jahresüberschuss/Jahresfehlbetrag

B. Umlaufvermögen
  I. Vorräte
  II. Forderungen und sonstige Vermögensgegenstände
  III. Wertpapiere
  IV. Schecks, Kassenbestand, Bundesbank- und Postbankguthaben, Guthaben bei Kreditinstituten
	B. Rückstellungen
	
	C. Verbindlichkeiten

C. Rechnungsabgrenzungsposten	D. Rechnungsabgrenzungsposten

16 : Nationales Wirtschaftsrecht

(1) HGB, GoB
(2) JArbSchG
(3) HGB, AO

(4) BGB
(5) UWG, GWB
(6) BetrVG

17 : Europäisches Wirtschaftsrecht

Nationale Fusion	Europäische Fusion
Unter fusionierenden Unternehmen werden Zusammenschlüsse vorher selbstständiger Unternehmen verstanden.	Die beiden Unternehmen haben die Möglichkeit europaweit als rechtliche Einheit aufzutreten (SE).
Sie haben nach einer Verschmelzung keine rechtliche und keine wirtschaftliche Selbstständigkeit mehr.	Bei grenzüberschreitenden Fusionen wird das nationale Gesellschaftsrecht angewendet, das am Sitz der erweiterten Gesellschaft gilt.
Das Umwandlungsgesetz (UmwG) unterscheidet zwischen	Maßgeblich ist der Ort des tatsächlichen Verwaltungssitzes.
▶ Fusion durch Aufnahme und ▶ Fusion durch Neugründung	

18 : Kompetenzen

Prokurist	(Gesamt)-Handlungsbevollmächtigter
Ein Prokurist ist zu allen Arten von gerichtlichen und außergerichtlichen Geschäften und Rechtshandlungen ermächtigt, die der Betrieb irgendeines Handelsgewerbes mit sich bringen kann (§ 49 HGB).	Ein Handlungsbevollmächtigter ist je nach Art seiner Vollmacht zur Vornahme von Rechtsgeschäften ermächtigt, die das konkrete Gewerbe gewöhnlich mit ich bringt (§ 84 HGB).
1. Leitender Angestellter (z. B. Personalleiter)	1. Mittlerer Angestellter (z. B. leitender Einkäufer)
2. Wird vom Vollkaufmann erteilt	2. Wird vom Vollkaufmann oder vom Prokuristen erteilt
3. Eintragung ins Handelsregister	3. Keine Eintragung
4. Leitungs- und Entscheidungsaufgaben auf hoher Ebene (je nach Abteilung)	4. Leitungs- und Entscheidungsaufgaben auf mittlerer Ebene (je nach Abteilung)
5. Ein Prokurist darf ohne besondere Vollmacht a) Geschäftszweig ändern (Branche) b) Firmensitz verlegen (anderer Ort) c) Handlungsvollmacht erteilen d) Prozesse für die Firma führen e) Betriebsdarlehen aufnehmen f) Wechselverbindlichkeiten eingehen (als Bezogener unterschreiben) g) Bürgschaften eingehen h) Grundstücke kaufen i) Grundstücke mieten j) Grundstücke pachten	5. Mit (Gesamt)-Handlungsvollmacht darf man ohne besonder Vollmacht: a) Arbeitskräfte einstellen b) Arbeitskräfte entlassen c) Verkaufen für den Betrieb d) Einkaufen für den Betrieb e) Geld für Betrieb einziehen (die Rechte a - e hat natürlich auch der Prokurist ohne besondere Vollmacht)
6. Arten der Prokura a) Einzelprokura (einer allein unterschreibt: per procura (ppa)) b) Filialprokura (nur Niederlassung, einer allein unterschreibt) c) Gesamtprokura (mehrere Prokuristen müssen unterschreiben, einer allein darf es nicht)	6. Arten der Handlungsvollmacht a) Gesamt-Handlungsvollmacht (siehe obige Aufgaben): Zusatz i. V. = in Vollmacht) b) Artvollmacht (siehe Handlungsreisender: unterschreibt mit i. A.) c) Einzelvollmacht (Handlungsgehilfe unterschreibt ebenfalls i. A. (im Auftrag)

Handlungsreisender	Handlungsgehilfe
Ein Handlungsreisender ist ein Handlungsgehilfe im Außendienst des Unternehmens.	Ein Handlungsgehilfe im Innendienst ist ein kaufmännischer Angestellter mit internen Aufgaben.
1. Angestellter im Außendienst (z. B. Verkäufer)	1. Angestellter im Innendienst (z. B. Sachbearbeiter)
2. Wird vom Vollkaufmann oder vom jeweils Berechtigten erteilt	2. Wird vom Vollkaufmann oder vom jeweils Bererchtigten erteilt
3. Keine Eintragung ins Handelsregister	3. Keine Eintragung ins Handelsregister
4. Art der zu lösenden Aufgaben a) Einholen von Aufträgen b) Kundenstamm erhalten c) Gewinnung neuer Kunden d) Bedarf ermitteln e) Konkurrenz beobachten f) Kreditwürdigkeit prüfen g) Streitigkeiten klären (Beanstandungen entgegennehmen)	4. Art der zu lösenden Aufgaben a) Dienstleistungspflicht b) Treuepflicht c) Schweigepflicht d) Handelsverbot (keine Geschäfte in eigene Tasche) e) Wettbewerbsverbot
5. Befugnisse Mit Artvollmacht darf er eine bestimmte Art von Rechtsgeschäften durchführen, beispielsweise darf ein Handlungsreisender für den Betrieb verkaufen	5. Befugnisse Mit Einzelvollmacht darf der Handlungsgehilfe nur einzelne Rechtsgeschäfte erledigen, z. B. kann ein Sachbearbeiter einmalig den Einzug einer quittierten Rechnung vornehmen
6. Handlungsreisender hat a) Abschlussvollmacht (zum Abschluss von Geschäften) oder b) Inkassovollmacht (zum Einzug von Geld für die Firma) Er unterschreibt mit dem Zusatz i. A. = im Auftrag	6. Sachbearbeiter entweder a) ohne besondere Vollmacht oder b) mit Einzelvollmacht, dann unterschreibt der Sachbearbeiter mit Zusatz i. A. = im Auftrag

19 : Befugnisse

Herr Schuster sollte mit dem ehemaligen Meister ein ernstes Gespräch führen und ihm deutlich machen, dass er als Leiter im Materialwesen keine **Weisungsbefugnisse** im Produktionsbereich hat. Seinen Mitarbeitern wird er dann von diesem Gespräch berichten.

Sollten sich solche Vorgänge wiederholen, wird Herr Schuster seinen Vorgesetzten ansprechen, der dann mit dem Leiter der Materialwirtschaft Kontakt aufnimmt, um die Vorgänge ganz abzustellen.

20 : Verantwortung

Die Abteilungsdirektorin muss ihre Aufgabe wahrnehmen und an der Konferenz teilnehmen. Die Verantwortung für ihre Abteilung hat sie selbst zu tragen, zumal bedeutsame Entscheidungen zu fällen sind. Bei Fehlentscheidungen können die Folgen für die Abteilung fatal sein.

21 : Entscheidungsarten

Es handelt sich um folgende **Entscheidungen**:

(1) Entscheidung unter Risiko
(2) Entscheidung unter Unsicherheit bzw. Risiko
(3) Entscheidung unter Sicherheit.

22 : Führungsentscheidung

(1) Entscheidung

- Herr **Zwerg** (an erster Stelle)

    - Sollte nicht für sein Drückebergerverhalten belohnt werden.
    - Er muss es lernen, betriebliche Beiträge zu bringen.
    - Der Vorgesetzte sollte nicht den Weg des geringsten Widerstands gehen, wenn er seine Mitarbeiter einsetzt.

- Herr **Enger** (an zweiter Stelle)

    - Betätigt sich ehrenamtlich, sollte deshalb erst an zweiter Stelle fungieren.

- Herr **Gütig** (an letzter Stelle)

    - Er hat schon oft ausgeholfen und muss sich auf ärztlichen Rat hin zurückhalten.

In der Zukunft sollte der Abteilungsleiter daran denken, dass jeder der Mitarbeiter einmal für ähnliche Fälle bestimmt wird.

(2) Führungsentscheidungen

Die Führungsentscheidungen gelten nicht nur für die obere Führungsebene, sondern auch für Bereiche, Gruppen und Individuen. Diese Entscheidungen sind Akte der Willensbildung zur Beeinflussung des Personals oder des Unternehmens. Führungsentscheidungen sind – im Gegensatz zu Ausführungsentscheidungen – nicht delegierbar.

23 : Gründungsentscheidungen

Es können folgende Begründungen gegeben werden:

Vorgang	Begründung
(1) Allgemeine Beratung	Sie hilft Fehlentscheidungen noch unerfahrener Existenzgründer zu vermeiden.
(2) Finanzförderung	Da zu Beginn der Tätigkeit i.d.R. das Eigenkapital gering ist oder fehlt, ist die Förderung unbedingt nötig.
(3) Bessere gesetzliche Rahmenbedingungen	Ein Gründer sollte auf dieser Basis besser planen und die Risiken abschätzen können.
(4) Schulung von Gründern	Zu Beginn der Tätigkeit eines Gründers treten häufig Probleme auf, die schon vorher bewusst gemacht werden können.
(5) Subventionen	Finanzielle Mittel aus Subventionen erleichtern die Existenzgründung. Sie sollen beim Einstieg helfen.
(6) Steuerliche Entlastung	Da das finanzielle Risiko vor allem zu Beginn hoch ist, hilft der Staat z. B. durch Abschreibungsmöglichkeiten.

24 : Werbung

Kriterien	Aussage
Institution:	Deutsche Post
Produktart:	Briefe
Werbebotschaft:	»Schreib mal wieder ...«
Motto:	Kommunikation pflegen
Inhalt:	»Ich hab´ dich gern ...«
Positiv:	Idee des Bilderrätsels
Negativ:	Geringer Schwierigkeitsgrad

25 : Marketing

(1) Isoliermittel

Der Käufer soll im Winter eine behagliche Wärme und im Sommer eine angenehme Kühle in seinem Haus empfinden (Bedürfnis nach Lebensqualität). Außerdem soll Energie gespart werden (Sparmotiv).

Möglicher Werbeslogan: »Wir bieten Ihnen Behaglichkeit zu günstigem Preis«.

(2) Whisky

Durch den Kauf einer Flasche Whisky soll das Bedürfnis nach einem guten Schluck befriedigt werden. Außerdem sind Fröhlichkeit und Geselligkeit zu pflegen.

Slogan: »Das Leben genießen«.

(3) Reisen

Durch die Teilnahme an einer Reise soll der Urlauber seine Selbstverwirklichungsbedürfnisse befriedigen.

Slogan: »Mit uns durch ganz Europa«.

(4) Käse

Mit dem Kauf dieser Lebensmittel soll der Kunde grundlegende Bedürfnisse befriedigen. Es wird versucht, die Geschmackspräferenz der Kundschaft möglichst genau zu treffen.

Slogan: »So werden Sie ein Gourmet!«

26 : Preispolitik

(1) Der **Marketingleiter** wird aufgrund des hochwertigen Produktes eine Hochpreispolitik bevorzugen, denn Spitzenprodukte gibt es nicht zu Schleuderpreisen.

(2) **Vorteile** der Hochpreispolitik:

- Das Image dieses Produktes wird gefördert (Hochpreisimage).
- Die Kunden verbinden mit dem Produkt eine Qualitätsgarantie.
- In kurzfristiger Sicht ist Gewinnmaximierung möglich.
- Vom Bekanntheitsgrad dieses Automobiltyps kann eine Sogwirkung ausgehen.
- Schnelle Amortisation des investierten Kapitals ist möglich.

(3) **Nachteile** der Hochpreispolitik:

- Wenn ein Automobil ein Hochpreisimage hat, dann sind die Kunden besonders kritisch, d. h. kleine Mängel werden strenger beurteilt.
- Bei aggressiver Preispolitik der Konkurrenten ist ein Rückgang des eigenen Marktanteils möglich.
- Um das Image zu erhalten, sind verstärkter Werbeeinsatz, gezielte Öffentlichkeitsarbeit und Verkaufsförderung nötig.

27 : Stellenausschreibung

Die Suche nach qualifizierten Mitarbeitern für den **Informatikbereich** kann für die Multi Media GmbH auf folgenden Wegen erfolgen:

(1) Stellenausschreibung per Internet
(2) Hinweis auf die Homepage der Multi Media GmbH
(3) Übersichtliche Kurzgliederung mit Bewerberprofil
(4) Auswertung der Bewerbungen
(Bewerbungsschreiben, Lebenslauf, Bewerberfoto, Zeugnisse)
(5) Bewerbertest per Internet
(6) Einladung ausgewählter Bewerber zum Vorstellungsgespräch und Assessment-Center
(7) Endauswahl der Bewerber

28 : Lebenslaufanalyse

(1) **Zeitfolgeanalyse** (= Lückenanalyse)

- Lücke 1: vom 01.07.1990 - 31.03.1991
- Lücke 2: vom 01.10.1992 - 30.09.1993
- Lücke 3: vom 01.04.2007 - 30.04.2007

(2) **Positionsanalyse**

- Zuerst ab 01.04.1979 Sachbearbeiter: 9 Jahre im Verwaltungsbereich tätig
- Außendiensttätigkeit bei uns: 1 Jahr und 6 Monate
- Verkäufer: über 15 Jahre (bei vier Firmen)

(3) **Branchenanalyse**

- Sachbearbeiter: Isoliermittel
- Verkäufer: Putzmittel
- Verkäufer: Isolierungen
- Außendiensttätigkeit: Versicherungen (bei uns)
- Verkäufer: Baustoffe
- Verkäufer: Isoliermittel

(4) **Entscheidung**:

Die Chancen für den Bewerber, in einem Versicherungsbetrieb zu einem Gespräch eingeladen zu werden, sind gering (zumal 70 Mitarbeiter gegeben sind):

- zu viele Lücken bzw.
- zu häufige Wechsel der Stellen
- zu wenig Branchenkenntnisse in Versicherungsbereich
- Bewerber ist außerdem zu alt (47 Jahre).

Es ist der Frage nachzugehen, warum der Bewerber damals nicht bei der Firma Palatia geblieben ist.

29 : Zeugnisanalyse

Herr Käser

- **Persönlichkeitsanalyse**:
  - Geb. 14.12.1960 in Görlitz,
  - Verständig und aufgeschlossen
  - Klartext: erst in Verbindung mit der Verhaltensanalyse können Schlüsse gezogen werden.

- **Entwicklungsanalyse**:
  - Vom 01.01.1979 - 31.03.2007 im Außendienst
  - Würdigung: über 28 Jahre als Verkäufer gearbeitet
  - Klartext: kein Aufstieg erkennbar.

- **Fähigkeitsanalyse**:
  - Werbung neuer und Betreuung älterer Kunden
  - Klartext: Selbstverständlichkeiten, keine anderen Fähigkeiten genannt.

- **Verhaltensanalyse**:
  - Bei Kollegen und auch Kunden gilt er als gesellig
    Klartext: Betriebsfeiern u. U. wichtiger als der Betrieb
  - Einfühlungsvermögen in die Belange der Belegschaft gezeigt
    Klartext: Gespräche mit Kollegen sind ihm wichtiger als die Arbeit
  - Er wusste sich gut zu verkaufen
    Klartext: u. U. Neigung zu Wichtigtuerei
  - Er erledigte Arbeiten mit Fleiß und Interesse
    Klartext: Das sind Selbstverständlichkeiten. Er war zwar eifrig, aber ohne besonderen Erfolg.

- **Abgangsanalyse**:
  - Trennung nach der Umstrukturierung
  - Klartext: Nach der Neuordnung des Verkaufsbereichs hatte man für diesen Mitarbeiter keine Verwendung mehr, die Firma ist wohl froh, ihn loszuwerden.

- **Urteil**:
  - »Stets zu unserer Zufriedenheit«
  - Befriedigende bis ausreichende Leistungen
    (wenig Beiträge zur Umsatzsteigerung).

30 : Nichtzahlung

(1) Absicherungsversuche	(2) Mögliche Probleme
1.1 Vorbeugende Maßnahmen - Vorauszahlung des Betrages - Zahlung bei Übergabe der Ware - Lieferung per Nachnahme	Durchsetzungsprobleme gegenüber Kunden, wenn andere Betriebe günstigere Bedingungen anbieten.
1.2 Einholen von Auskünften - Auskunfteien - Geschäftsfreunde - Banken (Referenzen einholen) - Öffentliche Register (Handelsregister) - Industrie- und Handelskammer	Erkundigungen über die Zahlungsmoral bestimmter Kunden erfordern Zeit und vor allem Kosten.
1.3 Eigentumsvorbehalt vereinbaren (z.B. bei Anzahlungsgeschäften)	Stellt keine totale Sicherheit dar, wenn die Ware - weiterverarbeitet oder - mit der Sache fest verbunden oder - verbraucht/vernichtet wird.

(3) Zusammenhang Liquidität und Kundenzahlungen

Die Liquidität ist die Zahlungsfähigkeit des Unternehmens. Sie ist gefährdet, wenn Kunden ihren Zahlungsverpflichtungen nicht oder verspätet nachkommen. Geordnete Liquiditätsverhältnisse sind für die betriebliche Tätigkeit von großer Bedeutung. Ist das finanzielle Gleichgewicht gestört, d. h. reicht die aus Einzahlungen gegebene Liquidität nicht aus, um den Auszahlungsverpflichtungen nachzukommen, muss das Unternehmen bei Gericht Insolvenz anmelden.

31 : Kalkulation

Handelsbetrieb (€)		Industriebetrieb (€)	

(1) Listeneinkaufspreis
   – Rabatt des Lieferers
	(LEP)	(1) Material:
		   Materialverbrauch
		   + Materialgemeinkosten	

(2) Zieleinkaufspreis
   – Skonto des Lieferers
	(ZEP)	(2) Fertigung:
		   Fertigungslöhne	

(3) Bareinkaufspreis + Bezugskosten	(BEP)	+ Fertigungsgemeinkosten	
(4) Bezugspreis + Geschäftskosten	(BP)	(3) Herstellkosten (4) + Verwaltungs- und Vertriebskosten	

(5) Selbstkostenpreis
   + Gewinn
	(SP)	(5) Selbstkostenpreis
		   + Gewinn	

(6) Barverkaufspreis
   + Kundenskonto (i. H.)
	(BVP)	(6) Barverkaufspreis
		   + Kundenskonto (i. H.)	

(7) Zielverkaufspreis
   + Kundenrabatt (i. H.)
	(ZVP)	(7) Zielverkaufspreis
		   + Kundenrabatt (i. H.)	

(8) Listenverkaufspreis-netto
   + Mehrwertsteuer
	(LVPn)	(8) Angebotspreis-netto
		   + Mehrwertsteuer	

(9) **Listenverkaufspreis-brutto**	(LVPb)	(9) **Angebotspreis-brutto**	

Hervortretende Unterschiede ergeben sich also im Wesentlichen bis zur Berechnung des Selbstkostenpreises

32 : Gruppenleitung

Vorgang	Gruppe
(1) Sichten von Laufkarten	Produktionsgruppe
(2) Festlegung der Corporate Identity	Keine Gruppenaufgabe
(3) Systeme programmieren	Informatikgruppen
(4) Buchung von Ausgangsbelegen	Rechnungswesengruppe
(5) Wechsel bearbeiten	Finanzwesengruppe
(6) Bearbeiten von Bestellungen	Materialgruppe
(7) Waren verkaufen	Marketinggruppe
(8) Firma auflösen	Keine Gruppenaufgabe
(9) Lohnabrechnung vorbereiten	Personalwesengruppe

33 : Führungskräftetypologie

(1) Folgende **Verhaltenstypen** sind gemeint:

(A) Die nachlässige Führungskraft ist nicht konsequent.

(B) Die autoritäre Führungskraft übertreibt.

(C) Die humane Führungskraft hat zu viel Verständnis.

(D) Die souveräne Führungskraft ist konsequent.

(2) Der **souveräne Führungstyp** spricht die Bummelei mit Sachlichkeit an und begründet, warum er mit diesem Verhalten nicht einverstanden sein kann. Der Vorgesetzte appelliert an die Vernunft und lässt erkennen, dass er künftig eine Verhaltensänderung erwartet.

34 : Führungsstile

Der Ausspruch des Middle-Managers im Großunternehmen ist **kritisch** zu beurteilen:

(1) Die Aussage ist zu allgemein formuliert und berücksichtigt zu wenig die Einflussfaktoren des Erfolges. Der kooperative Stil ist nur unter bestimmten Voraussetzungen erfolgreich.

(2) Bei dem kooperativen Führungsstil werden die betrieblichen Aktivitäten im Zusammenwirken von Führungskraft und Mitarbeiter abgestimmt. Der Vorgesetzte bezieht seine Mitarbeiter ein, erwartet sachliche Unterstützung und delegiert Aufgaben an seine Mitarbeiter.

(3) Der Führungserfolg ist das positive Ergebnis der Bemühungen des Vorgesetzten um Zielerreichung, Gruppenzusammenhalt und Arbeitszufriedenheit.

(4) Der Erfolg hängt von der Persönlichkeit des Vorgesetzten bzw. den eingesetzten Führungsinstrumenten, der Persönlichkeit der Mitarbeiter und von den Bestimmungsfaktoren ab.

(5) Die Aussage ist zutreffend, wenn z. B. ein reifer Vorgesetzter gegenüber einem leistungsbereiten und leistungsfähigen Mitarbeiter die richtigen Führungsinstrumente einsetzt und die Führungssituation keine negativen Einflüsse bringt.

(6) Die Aussage ist nicht richtig, wenn z. B. ein Vorgesetzter auf einen frechen, nicht leistungsbereiten und nicht leistungsfähigen Mitarbeiter trifft, der sich in einem sehr problematischen Umfeld befindet.

Dann kommt der Vorgesetzte ohne Strenge nicht aus. Überhöhte kooperative Erwartungshaltungen und zu frühes Delegieren können hier zu Enttäuschungen des Vorgesetzten führen.

35 : Mitarbeiterbeurteilung

Fehlerart	Fehlerkennzeichnung	Gegensteuerung
Halo-Fehler	Vorurteile, von einem Merkmal auf andere schließen	Vorurteile unterdrücken
Projektionsfehler	Beurteilender geht zu sehr von sich selbst aus	Objektivität anstreben
Nutzenfehler	Beurteilender hat vom Ergebnis einen Nutzen:„wegloben" oder unterbewerten des Mitarbeiters	Eigeninteressen außer acht lassen, korrekt sein
Belastungsfehler	Zu viele Beurteilungen an einem Tag bringen Fehler	Anzahl der Beurteilungen reduzieren
Sympathiefehler bzw. Antipathie	Subjektivität verfälscht das Bild vom Mitarbeiter	Mehrere Beurteiler einschalten
Konfliktfehler	Frühere Spannungen machen korrekte Bewertung unmöglich	Urteil wegen Befangenheit ablehnen
Mittefehler	Nur durchschnittliche Beurteilungen	Maßstäbe überprüfen
Extremfehler	Nur schlechte oder nur gute Beurteilungen abgeben	Maßstäbe überprüfen
Zeitfolgefehler	Die zuerst enthaltenen Informationen werden stärker berücksichtigt (Primacy-Effekt)	Spätere Informationen einbeziehen
Unterschätzungsfehler	Wer lange nicht befördert wurde, wird unbewusst unterschätzt (Kleber-Effekt)	Maßstäbe überprüfen

36 : Protokollführung

(1) **Form des Protokolls**

Ein Protokoll ist übersichtlich, leicht verständlich, knapp und sachlich zu schreiben. Wesentliche Teile sind herauszuarbeiten und überflüssige Wörter bzw. Sätze sind zu vermeiden.

Es werden sowohl die direkte Rede »Herr Mai erklärt sich damit einverstanden, dass...« als auch die indirekte Rede gebraucht »Herr Müller meint, man könne dadurch Kosten sparen...«. Wesentliche Teile des Protokolls können unterstrichen werden.

(2) Beispiel Sitzungsprotokoll

– **Protokoll**	über die 17. Sitzung der Einkäufer am 04.03.20XY von 11 Uhr bis 14.10 Uhr im Raum 107, Stammhaus in Ludwigshafen/Rhein
– **Anwesende**	Herr X (Vorsitzender) Frau A (Einkäuferin) Herr B (Einkäufer) Herr C (Einkäufer) Herr D (Protokollführer)
– **Tagesordnung**	1. Moderner Einkauf 2. Zentralisierung bzw. Dezentralisierung 3. Sonstige Probleme
– **Sitzungsverlauf**	Namen der Teilnehmer und ihre Ausführungen
– **Ort und Datum**	Ludwigshafen, 05.03.20XY
– **Verteiler**	Unterschrift des Protokollführers Unterschrift des Vorsitzenden

37 : Delegationsmittel

(1) Es geht hier um die **Delegation** einer Sachaufgabe, die von Herrn Sauer nicht wie vom Vorgesetzten gewollt ausgeführt wird.

(2) Es sind zwei Möglichkeiten denkbar:

- **Möglichkeit A:**

  Die Vorschläge von Herrn Sauer führen ebenfalls zum Ziel:

  - Die Weiterarbeit kurz einstellen,
  - mit dem Mitarbeiter die Vorschläge kurz diskutieren,
  - wenn seine Vorschläge gut sind, weiterarbeiten lassen.

- **Möglichkeit B:**

  Die Vorschläge von Herrn Sauer führen voraussichtlich nicht zum Ziel:

  - Die Weiterarbeit in aller Form vorschreiben!
  - Die Gründe Herrn Sauer erklären!

38 : Kritikmittel

Mitglieder	Tadel	Anerkennung
Gruppen-stars	Kritik ist sehr selten nötig.	Nicht »abloben«, sondern nur wenn es angemessen ist. Sonst nehmen Stars das Lob des Chefs nicht ernst. Erfüllung von Gruppenzielrollen loben.
Freche	Vertragen oft nur wenig Kritik. Sie teilen selbst gern aus, fühlen sich selbst durch Kritik aber schnell herabgesetzt.	Lob dosiert einsetzen, da Neigung zu Überheblichkeit.
Problem-beladene	Sie sollten in der Problemphase nicht kritisiert werden, denn Kritik verschlimmert die Situation.	Sie benötigen echte Ermunterungen, um über ihre Probleme hinwegzukommen.
Intriganten	Reagieren empfindlich, wenn man ihre Machenschaften aufdeckt. Hinterlist ist offen zu legen.	Dosierte Anerkennung nötig, da heimtückische Menschen Lob nicht selten zu subjektiven Zwecken missbrauchen.
Leistungs-starke	Sie nehmen Kritik in der Regel an und denken darüber nach. Vorsicht mit ungerechtfertigter Kritik (Motivationsdefizit).	Lob vor der Gruppe kann dazu führen, dass sich andere zurückgesetzt fühlen. Nur überdurchschnittliche Leistungen loben.
Drückeberger	Der Drückeberger ist an seine Dienstleistungspflicht zu erinnern. Die Mnderleistungen unter vier Augen deutlich ansprechen.	Bei erkennbarer Leistungsverbesserung sollte der Chef dosiertes Lob aussprechen, damit der Betroffene auf den richtigen Weg geführt wird.
Neulinge	Sie nehmen Kritik besonders ernst, weil am Anfang eine starke Verunsicherung gegeben ist (Probezeit).	Schon bei den ersten Leistungserfolgen sollte man den Neuling angemessen loben.
Fröhliche	Sie nehmen das Leben mit Humor und sind in der Lage, Kritik relativ schnell wegzustecken.	Diese Mitarbeiter sollen spüren, dass der Chef dankbar ist, heitere Menschen in seiner Gruppe zu haben. Lob vor allem für Gruppenerhaltungsbeiträge geben.
Ehrgeizlinge	Sie vertragen wenig Kritik. Sie reagieren sehr empfindlich (deshalb: »Ja ... aber-Strategie« anwenden).	Dosierte Anerkennung der Leistungsbeiträge, aber Hinweise auf das mangelhafte Sozialverhalten.
Schüchterne	Nehmen sich Kritik sehr zu Herzen. Vor allem dann, wenn sie ungerechtfertigt und überzogen ist.	Anerkennung gibt ihnen das Selbstbewusstsein, das sie benötigen. Man sollte sie ermutigen.
Gruppen-clown	Hinweise auf Ausuferungen, die den Gruppenzielerfolg gefährden. Permanentes Durcheinander schadet der Arbeitsgruppe.	Lob, wenn der Gruppenclown die Kritik annimmt und sich entsprechend anpasst.
Ruhige	Den Gleichgültigen unter den Ruhigen macht Kritik oft wenig aus.	Der Chef sollte anerkennen, wenn ausgleichende Naturen zum Gruppenzusammenhalt beitragen (Wertschätzung zeigen).
Außenseiter	Den Außenseiter nicht noch mehr in diese Rolle drängen. Unpersönliche Worte vermeiden. Mit Tadel vorsichtig sein. Schon bei geringer Kritik ziehen sich Außenseiter zurück oder werden noch aggressiver als vorher.	Schon bei relativ wenig Leistungszuwachs Lob spenden. Schwarze Schafe und Randfiguren benötigen die Anerkennung des Führenden besonders.

39 : Unternehmenskultur

Es sind folgende Entscheidungen zu treffen:

Nr.	Kriterien der Unternehmenskultur	Ja	Nein
(1)	Echte Wertschätzung der Mitarbeiter	x	
(2)	Entscheidungen erst kurzfristig bekannt geben		x
(3)	Toleranz und Offenheit zeigen	x	
(4)	Manipulation bei Fehlern		x
(5)	Offene Informationspolitik	x	

40 : Mitarbeiterkonflikt

Die Mitarbeiter sind in folgender Weise zu führen:

• **Sachverhalt anhören**: Mit beiden getrennt sprechen und beide Mitarbeiter beruhigen

• **Prüfung der Gegebenheiten**
  - L ging Schnelligkeit vor Sicherheit
  - T darf die Hose nicht am Arbeitsplatz herumliegen lassen

• **Sachlage beachten:**
  - Unfallverhütungsvorschriften (Unfällen vorbeugen)
  - Vertragsrechtsverletzung (Sorgfaltspflicht am Arbeitsplatz)

• **Sachverhalt klären:**
  - Unfallbelehrung für L vornehmen (unter 4 Augen)
  - Belehrung T über Sorgfaltspflicht (Hose gehört in den Spind)
  - Schaden vielleicht innerbetrieblich abdeckbar

• **Vereinbarung treffen:**
  - Vielleicht lässt L erkennen, dass er den Vorfall bedauert
  - Vielleicht nimmt T den »Lumpen« zurück
  - Appelle an Vernunft und Teamgeist.

41 : Produktionsbereichsführung

(1) **Kriterien der Mitarbeiterauswahl**

  • **Persönliche Kriterien**
  - Leistungswille, Bereitschaft
  - Lernfähigkeit
  - Fachliche Qualifikation

- **Soziale Kriterien**
  - Lebens- und Dienstalter
  - Beliebtheit bei der Gruppe, Anpassungsfähigkeit
  - Familiäre Situation

- **Sonstige Kriterien**
  - Effektivleistung
  - Lohn- und Gehaltssituation

(2) Versetzung von Mitarbeitern

- Jung: - Versetzen, weil in Kanada die Möglichkeit besteht, seine Nordamerika-Vorliebe zu verwirklichen; man muss aber sein Einverständnis einholen.

- Kautz: - Versetzen, weil Unbeliebtheit in der Gruppe
  - Für ihn kann es an anderer Stelle nur besser werden.

- Vatter: - Vorgezogene Ruhestandsregelung anbieten,
          wenn es die Gegebenheiten zulassen, denn die EDV-Einarbeitung bringt Schwierigkeiten
  - Alternative: Versetzung nach Frankfurt
  - Anreiz: 40 Jahres-Prämie (obwohl erst 39 Dienstjahre)
  - Einverständnis des Mitarbeiters einholen.

- Willig: - Nicht versetzen, weil er lernwillig ist
          (Umstellung auf EDV-Problematik)
  - Außerdem sind 2 Kinder vorhanden.

- Brauch: - Nicht versetzen, weil er bereits EDV-Kenntnisse mitbringt
  - Er ist noch jung.

(3) Gespräch mit Kautz

- Unbeliebtheit im Versetzungsgespräch nicht ansprechen
- Versetzungsvorschlag, damit er einen Arbeitsplatz erhält, der ihm mehr Chancen bringt
- Möglicherweise ist die Zufriedenheit nach der Versetzung höher.

---

42 : Marketingbereichsführung

Der Leiter des Marketingbereichs sollte folgende **Maßnahmen** ergreifen:

- Einzelgespräche mit allen Mitarbeitern führen und Gründe für das Fehlen ermitteln.
- Vor allem mit dem informellen Führer sprechen.
- Dabei die Notwendigkeit der Umstrukturierung betonen.
- Darüber informieren, dass es um das „Überleben" der Abteilung geht und dass er als Leiter keine andere Wahl hatte.
- Auf die ersten Erfolge der Maßnahmen hinweisen.
- Für die Zukunft Anreize aufzeigen, z. B. Mehrverdienst bei guter Geschäftsentwicklung.

Sollten diese Maßnahmen nicht greifen, sollte eine veränderte Gruppenzusammensetzung erwogen werden.

43 : Gruppenrollen

(1) Arten der Gruppenrollen

- Gruppen**ziel**rollen: werden von denjenigen Gruppenmitgliedern getragen, die zum Erreichen der Gruppenziele beitragen.

- Gruppen**erhaltungs**rollen: Gruppenmitglieder, die der Erhaltung der Gruppe dienen, bringen Beiträge, die sowohl im Interesse der Gruppe als auch des Gruppenmitglieds sind.

- **Individual**rollen: liegen im Interesse des einzelnen Gruppenmitglieds und stehen oft nicht im Einklang mit obigen Rollen.

(2) Maßnahmen

- Maßnahmen mit Zielrollenbezug
  - Vorher auf die richtige Zusammensetzung achten
    (ehrgeiziger E und anpassungsfähiger S vertragen sich als Leiter besser) oder
  - die Kompetenzen klar abgrenzen oder
  - E und S durch C ersetzen.

- Maßnahmen mit Erhaltungsrollenbezug
  - Fröhliche vorher ansprechen, damit sie den Zusammenhalt fördern
  - Ausgleichende Gruppenmitglieder einsetzen, um Streit zu schlichten bzw. dessen Entstehung zu verhindern.

- Maßnahmen mit Individualrollenbezug
  - Außenseiter wirken störend, deshalb sollte man sie zu Hause lassen.

44 : Status

(1) Im Hinblick auf einen kaufmännischen Leiter können zu den Statussymbolen gezählt werden:

Nr.	Symbole	Ja	Nein
(1)	Dienstwagen	x	
(2)	Schreibmaschine		x
(3)	Direktionsassistentin	x	
(4)	Eigener Parkplatz	x	
(5)	Telefon		x
(6)	Essen im Casino	x	

(2) Die Inhaber von **Statussymbolen** legen i. d. R. auf diese großen Wert, denn auf ihren Verlust reagieren sie empfindlich, z. B. gegenüber Falschparkern auf ihrem reservierten Parkplatz. Oft haben Statussymbole für die Betroffenen motivierende Wirkung. Störend wirken diese Symbole dann, wenn sie ihre Träger zu Überheblichkeit verleiten, sich andere Personen zurückgesetzt fühlen oder sich Machtstrukturen verfestigen.

45 : Leistungsstarke Mitarbeiter

(1) Der Vorgesetzte kann von folgenden **Tatbeständen** ausgehen:

Der Einkäufer Fleiß ist ein leistungsstarker Mitarbeiter, da er die besten Ergebnisse in seiner Gruppe bringt. Aber er sucht einen neuen Arbeitgeber, weil er unzufrieden ist.

Die Führungskraft sollte klären:

* Ob die Höhe der Gehaltsforderung gerechtfertigt ist und ob der Betrieb darauf eingehen kann.

* Außerdem ist zu klären, ob Führungsfehler des früheren Chefs vorlagen.

Die leistungsstarken Kräfte sind grundsätzlich zu fördern. Im obigen Falle besteht das spezielle Ziel, den Einkäufer zum Verbleib zu motivieren.

(2) Der Vorgesetzte sollte ein klärendes **Gespräch** unter vier Augen führen und dabei die Verhaltensmotive zu ergründen versuchen. Es ist vor allem keine Zeit zu verlieren.

Gründe des Verhaltens	Anreize
- keine Wertschätzung	- Lob, Anerkennung der bisherigen Leistungen durch den Vorgesetzten
- Unterforderung	- Anspruchsvollere Aufgaben geben, ihn fordern, damit sich die Leistungsstärke zeigen kann
- Kompetenzmotiv	
- Keine Perspektiven	- Verantwortung übertragen
	- Aufstiegsmöglichkeiten zeigen, Statusverbesserungen vornehmen
- Lernmotiv	- Weiterbildungsmöglichkeiten prüfen
- Geldmotiv	- Entgeltanreize geben
- Sicherheitsmotiv	- Anreize über die Betriebspension

Im Gespräch sollte der Vorgesetzte verdeutlichen, was dem Mitarbeiter »entgeht«, wenn er das Unternehmen verlässt.

(3) **Grundregeln** zur Führung von Leistungsstarken:

* Gegenüber der Gruppe ihn nicht zu stark hervorheben, denn andere Mitglieder können sich zurückgesetzt fühlen. Ermunterungsprozesse nur bei überdurchschnittlichen Leistungen geben.

* Strenge und Kritik sind bei Leistungsstarken in der Regel nicht nötig.

* Leistungsstarke sind stärker in die Informationspolitik einzubeziehen (Erfüllung von Gruppenzielrollen). Sie an Entscheidungen partizipieren lassen.

* Verwirklichungsanreize, Auftrags- und Entgeltanreize sind sinnvoll.

* Der Vorgesetzte sollte selbst ein Leistungsvorbild sein.

46 : Leistungsschwache Mitarbeiter

(1) Grundregeln

Es kann von folgender Basis ausgegangen werden:

- Leistungsschwäche kann viele Ursachen haben, z. B. Krankheit, Problembeladenheit, Überforderung, innere Kündigung aufgrund von Führungsfehlern des Vorgesetzten. Deshalb ist nach den Verhaltensgründen des Mitarbeiters zu suchen, bevor Führungsmaßnahmen eingeleitet werden.

- Keinesfalls sollte ein Vorgesetzter davon ausgehen, dass Gruppenmitglieder grundsätzlich faul und nicht verantwortungsfähig sind.

(2) Gespräch mit dem Drückeberger

- Dem Mitarbeiter Drücker ist klarzumachen, dass die anderen Gruppenmitglieder durch sein Verhalten zu Mehrarbeit gezwungen sind. Der Bestand der Gruppe kann dadurch gefährdet werden.

- Im Gespräch sollte herausgefunden werden, wo die eigentlichen Ursachen der Minderleistung liegen.

- Herr Drücker muss erkennen, dass der Vorgesetzte nicht bereit ist, dieses Verhalten zu dulden und dass sich der Drückeberger umstellen muss.

- Deshalb sollte im Wiederholungsfalle deutlich werden, dass Folgen zu erwarten sind, z. B. Versetzung oder Entlassung.

(3) Weitere Führungsmaßnahmen:

- Den »Restehrgeiz« anzustacheln versuchen oder eine Aufgabe geben, die ihm Erfolgserlebnisse bringt. Bei erkennbarer Leistungsverbesserung dosiertes Lob aussprechen.

- Drückeberger benötigen klar definierte Ziele und deutliche Anweisungen bzw. häufigere Kontrollen durch den Vorgesetzten.

- Erinnerung an die Dienstleistungs- und Gehorsamspflicht (Vertragsgrundlage).

- Aber auch an das Selbstwertgefühl des Drückebergers ist zu appellieren.

Die Drückeberger sind also in einer Weise anzuspornen, die geeignet ist, sie aus der Leistungsreserve zu locken. Der Vorgesetzte sollte nicht zu milde sein, denn zuviel Güte wird leicht ausgenutzt. Der Chef sollte Autorität haben, aber auch seinen Humor nicht vergessen.

47 : Außenseiter

(1) Außenseiter geraten in der Regel durch ihr **eigenes Verhalten** in diese Situation. Nicht Partei gegen die Gruppe ergreifen, sondern zunächst zuhören, was Herr Seltsam berichtet.

(2) Der Abteilungsleiter wird in Abwesenheit von Herrn Seltsam auch mit der Gruppe sprechen, um die Gründe für das Gruppenverhalten herauszufinden. Werden Außenseiter von Gruppen-

mitgliedern **gehänselt oder verspottet**, so hat der Führende schützend einzugreifen. Es ist zu vermeiden, dass der Außenseiter noch mehr in seine Außenseiterrolle gedrängt wird.

(3) Sind die Gründe für das Gruppenverhalten geklärt, dann wird der Abteilungsleiter in einem weiteren **Gespräch** »en passant« vorsichtig und unter vier Augen darauf eingehen. Der Chef wird auch auf die weiteren Folgen des Außenseiterverhaltens hinweisen. Wie verworren die Situation auch immer für den Außenseiter sein mag: der Vorgesetzte sollte immer seine Hilfe anbieten.

(4) Im Hinblick auf die Arbeitsleistung sollte der Vorgesetzte bereit sein, schon bei relativ wenig Leistungszuwachs Lob zu spenden. Außenseiter benötigen die **Anerkennung** des Führenden besonders.

(5) Gezielte **Arbeitsanweisungen** sind angebracht, aber unpersönliche Worte und generelle Verbotsformen müssen vermieden werden. Mit Tadel sehr vorsichtig sein, sonst zieht sich Herr Seltsam ganz in sich zurück.

(6) Über **Eingliederungsversuche** sollte sich der Abteilungsleiter bemühen, den Außenseiter wieder näher an die Gruppe heranzuführen, z. B. durch den integrierenden Führungsstil).

48 : Problembeladener Mitarbeiter

Situations-bezug:	Tod der Ehefrau und des Kindes
Verhaltens-bezug:	Der Mitarbeiter Dieter Pech hat begründete Schwierigkeiten, Niedergeschlagenheit, Unkonzentriertheit, seelisches Tief, Depressionen
Motivbezug:	Der Chef sollte dem Bedürfnis des Mitarbeiters nach Seelenfrieden zu entsprechen versuchen
Gesprächs-bezug	Die Zeit für ein Gespräch nehmen, ohne sich aufzudrängen - ernst gemeinte Aufmunterungen geben - sie benötigen Mut und Zuversicht - neue Hoffnungen geben, Güte zeigen - Fähigkeit des aktiven Zuhörens ist notwendig - Selbstwertgefühl bestärken, z. B. durch lobende Worte für frühere Leistungen, »aufbauen« und seinen Rat einholen - Tadel und Kritik unterlassen - Hilfe anbieten (Haushaltshilfe vermitteln, Flexibilität der Arbeitszeit vorübergehend ermöglichen)
Gruppenbe-zug:	- Die Gruppe sollte versuchen ihn abzulenken - Gruppe sollte Verständnis zeigen
Erfolgsbezug:	- Später wird Herr Pech die Ermutigungsbemühungen seines Chefs würdigen - und mehr leisten als früher
Führungsstil:	Der Chef sollte gegenüber Dieter Pech den ermutigenden Führungsstil anwenden, damit dieser seine Probleme schneller überwindet

49 : Frecher Auszubildender

(1) Der Ausbilder sollte den **bremsenden** Führungsstil pflegen. Zu lebhafte Gruppenmitglieder wissen manchmal nicht mehr, wann die Grenze des Vertretbaren erreicht ist.

(2) Im **Einzelgespräch** sollte der Ausbilder versuchen, die Gründe des Verhaltens herauszufinden (Familie, Cliqueneinflüsse usw.). Frage: »Warum verhalten Sie sich so?« Kritik des Verhaltens unter vier Augen: Verdeutlichen, dass Frechheiten nicht geduldet werden können. Querulanten rechtzeitig die »Giftzähne« ziehen. Zur klaren Aussage verpflichten, sodass er künftig ein anderes Verhalten pflegt. Autorität zeigen. Die Folgen des Verhaltens vor Augen führen.

(3) Die Meinung der **Gruppe** einholen. Mit der Gruppe über das Verhalten von Herrn Vorlaut sprechen. Nach gemeinsamen Lösungen suchen.

(4) **Führungselemente**:
- Aktivitäten in die richtige Richtung lenken
- Zur rechten Zeit die Grenzen der Betätigung aufzeigen
- Führungsverhalten der sog. »kurzen Leine« pflegen
- Zu viel Güte wird von Frechen ausgenutzt; deshalb muss der Ausbilder auch manchmal streng sein können. Aber: den Humor nicht vergessen
- Bei Steigerung des Verhaltens »links liegen« lassen bzw. Versetzung androhen, sich nicht provozieren lassen

(5) **Erfolgsbezug** herstellen:
- Herausfordernde Aufgaben geben, die stark belastend sind
- Kontrolle nicht vergessen
- Korrekturen vornehmen
- Gruppenzusammensetzung ändern
- Versetzung prüfen
- Sich nicht von den Leistungszielen abbringen lassen
- Gruppenziele vor Augen führen
- Sachlich bleiben
- Lob dosiert einsetzen, da Überheblichkeit möglich ist
- Wenn sich das Verhalten bessert: nicht nachtragend sein.

50 : Pubertät/Adoleszenz

(1) Es könne folgende typische Merkmale gegenübergestellt werden:

Spätpubertät (16 Jahre)	Adoleszenz (18 Jahre)
▶ Selbstgestaltungstendenz mit eigenen Vorstellungen ▶ Wunsch nach Herauslösung aus der Familie ▶ Hang zu Gleichaltrigen: Peergroup prägt Verhalten ▶ Leitbilder und Vorbilder werden gesucht	▶ Selbstwertgefühl wird verstärkt ▶ Verstärkte Beziehungen zum anderen Geschlecht ▶ Bindung an eine Gruppe lockert sich ▶ Konkrete Lebenspläne werden geäußert ▶ Verhalten wird konstant, der Mensch wird volljährig

(2) Der Auszubildende befindet sich mit 16 Jahren noch in der Entwicklung. Das ist bei **Führungsmaßnahmen** immer zu berücksichtigen:

- Grundsatz: Verständnis für die Pubertätszeit, aber hart in der Leistungsforderung.
- Den Auszubildenden angemessen in den Arbeitsbereich des Verkaufs einbinden, ihn gut ausbilden und auf das Berufsleben vorbereiten.
- Deutlich machen, dass das Verkaufspersonal gegenüber Kunden stets korrekt auftreten muss, denn »der Kunde ist König«.
- Eigene Vorstellungen des Auszubildenden hinsichtlich seiner Zukunft im Verkauf aktivieren. Arbeitsbezogene Bedürfnisse des Auszubildenden einplanen.
- Kontakt zum älternen Bruder und zu den Eltern des Auszubildenden halten.

51 : Persönlichkeitsmodelle

Die Beispiele sind den folgenden **Persönlichkeitsmodellen** zuzuordnen:

(1) Selbstwertgefühlsmodell
(2) Transaktionsanalyse
(3) Instanzenmodell

(4) Transaktionsanalyse
(5) Selbstwertgefühlsmodell

52 : Ausländischer Mitarbeiter

(1) Der ausländische Mitarbeiter hat es im fremden Land nicht einfach, weil er sich – weitab von der Heimat – mit für ihn zum Teil neuen **Bedingungen** abfinden muss. Dieser ausländische Mitarbeiter hat:

- Leistungsstärke
- bestimmte religiöse Gewohnheiten
- ein eigenes Brauchtum
- mangelhafte Kenntnisse der deutschen Sprache.

(2) Es ergeben sich folgende **Führungsziele**:

- Heranführen des ausländischen Mitarbeiters an die in Deutschland geltenden Normen und Leistungsstandards im Unternehmen.
- Vertrautmachen mit abweichenden deutschen Gepflogenheiten, d. h. in geltende Regeln des Arbeitslebens einweisen.
- Ihn dazu anhalten, die deutschen Sprachkenntnisse zu verbessern.
- Die soziale Gleichstellung des Ausländers anstreben.

(3) Es ist zu überlegen, ihm einen erfahrenen türkischen **Mentor** zuzuordnen, der diesen türkischen Betriebshelfer unterstützt.

(4) Meister Hurtig kann folgende **Führungsmaßnahmen** treffen:

- Misstrauen und Empfindlichkeiten nicht entstehen lassen.
- Nationale und religiöse Eigenheiten sollte der Vorgesetzte tolerieren.
- Auf Gelegenheiten zur deutschsprachlichen Förderung hinweisen, z. B. Deutschkurse belegen und intensiv lernen.

- Den ausländischen Mitarbeiter korrekt behandeln.
- Keine Unterschiede zwischen Inländern und Ausländern machen.
- Kein „Ausländerdeutsch" gebrauchen.

(5) Das deutsche **Lohnsystem** ist geduldig zu erläutern. Hier ist beispielsweise auch an übersichtliche, einleuchtende Darstellungen dieser Problemfelder zu denken. Es kann auch ein Dolmetscher hinzugezogen werden. Die Erklärungen sollen höflich, ruhig und bestimmt erfolgen.

53 : Führungsdimensionen

(1) Personenbezogene Unternehmensführung, da der Geschäftsführer ein Kritikgespräch führt.

(2) Aufgabenbezogene Unternehmensführung, weil mit der Prokura die Kompetenz für bestimmte Aufgaben verbunden ist.

(3) Strukturbezogene Unternehmensführung, da es um organisatorische Probleme geht.

(4) Aufgabenbezogene Unternehmensführung, weil der Jahresabschluss eine bedeutsame Aufgabe der Unternehmensleitung darstellt.

(5) Strukturbezogene Unternehmensführung, da in diesem Falle Probleme der Aufbauorganisation zu lösen sind.

54 : Kollegialprinzip

(1) Das Organigramm für die Geschäftsleitung der **Campus GmbH** wird folgende Struktur (Funktionsmodell) haben:

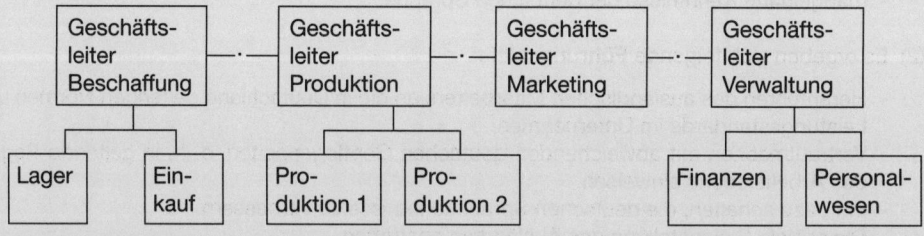

(2) **Personenbezogenen** Voraussetzungen sind: Konfliktfähigkeit, Kompromissbereitschaft, Anpassungsfähigkeit, Zuhören können.

(3) Bei der **Primatkollegialität** ist ein Mitglied der Unternehmensleitung der »Primus inter Pares«, d. h. treten zwischen den Geschäftsleitern Meinungsverschiedenheiten auf, dann ist die Stimme des Geschäftsleiters Marketing ausschlaggebend. Die Primatkollegialität ist eine Form des Kollegialprinzips, das auf die gemeinsame Willensbildung der Träger von Organisationseinheiten ausgerichtet ist.

55 : Systemaufbau

Die Aufbauorganisation sollte in folgender Weise geregelt werden:

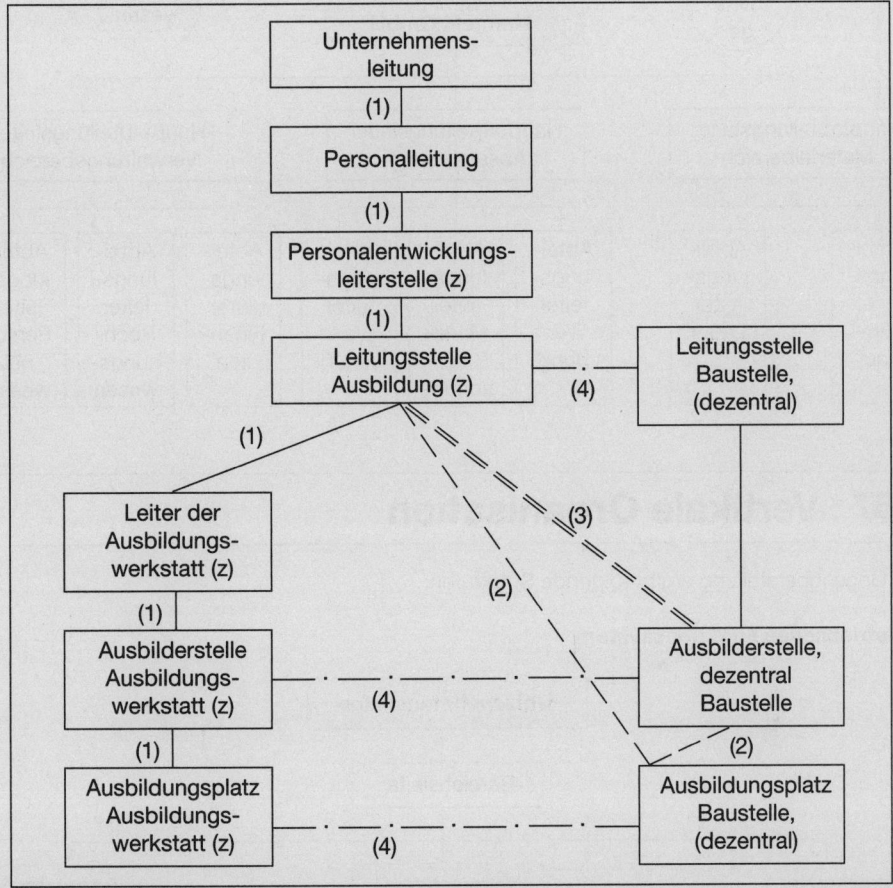

Erläuterungen:

(1) Der Instanzenweg von der Unternehmensleitung bis zur Ausbildungswerkstatt besteht aus Längsverbindungen. Auch innerhalb der Ausbildungswerkstatt dieses Unternehmens besteht ein Instanzenweg mit Längsverbindungen.

(2) Der Ausbildungsplatz auf der Baustelle ist disziplinarisch dem zentralen Ausbildungsleiter unterstellt und hinsichtlich der Unterweisung dem Ausbilder (Diagonalverbindungen, begrenzte Weisungsbefugnis).

(3) Dem Ausbildungsleiter (z) kann eine Richtlinienkompetenz im Hinblick auf Ausbilderstellen übertragen werden, damit die Einhaltung der Ausbildungsrichtlinien gewährleistet ist.

(4) Arbeitskontakte bestehen auf verschiedenen Ebenen (Querverbindungen), z. B. zwischen der Leitungsstelle Ausbildung und der Leitungsstelle Baustelle.

56 : Stabliniensystem

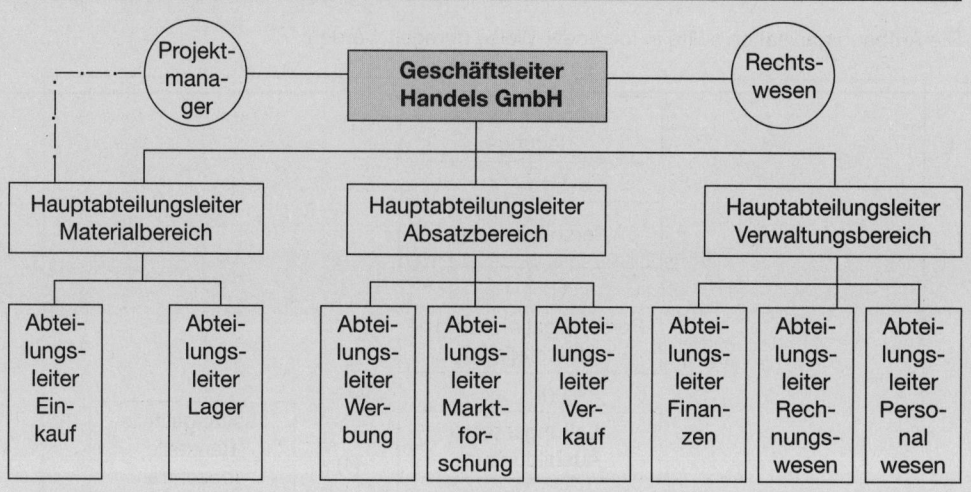

57 : Vertikale Organisation

Die Gegenüberstellung ergibt folgende Strukturen:

- **Betriebliches Funktionssystem**

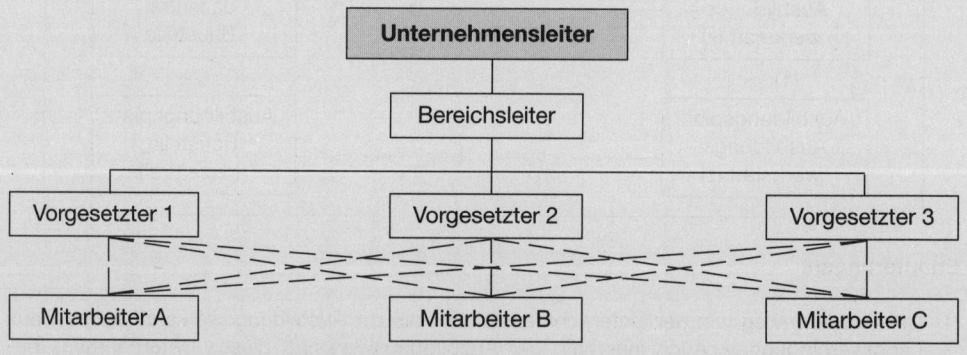

- **Betriebliche Funktionalorganisation**

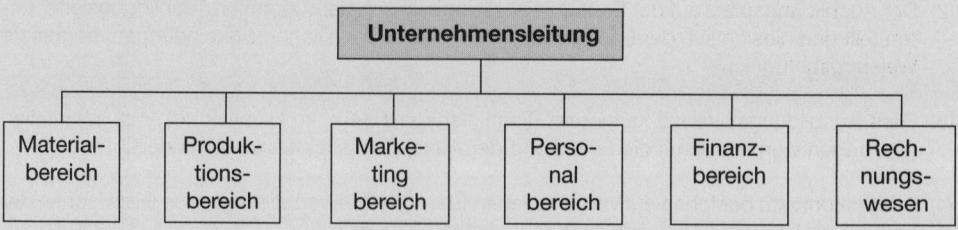

Kriterien	Funktionssystem	Funktionalorganisation
Wesen:	Mehrliniensystem	Einliniensystem
Unterstellung:	Jeder Mitarbeiter hat mehrere Vorgesetzte	Jeder Mitarbeiter hat nur einen Vorgesetzten
Vorzüge:	▶ Kürzeste, direkte Wege ▶ Schnelle Ausführungen ▶ Fachkundige Anweisungen ▶ Auskunft von Spezialisten	▶ Übersichtlichkeit ▶ Klare Gliederung ▶ Geeignet für Großbetriebe ▶ Spezialisierungsvorteile
Probleme:	▶ Abgrenzung der Kompetenz ▶ Fehlerzurechnung erschwert ▶ Persönliche Konflikte ▶ Mängel in der Zuweisung der Verantwortung	▶ Bei langem Instanzenweg: Schwerfälligkeit ▶ Überlastung bei Zentrale ▶ Mängel in der Selbstverwirklichung der Aufgabenträger

58 : Tensororganisation

Die Tensororganisation ist eine **Organisationsform**, bei der drei Dimensionen der Unternehmensaufgabe berücksichtigt werden. Sie umfasst üblicherweise Zentralbereiche, Regionalbereiche und Unternehmensbereiche.

Merkmale einer **Tensororganisation** sind:

- Sie wird von multinationalen Großunternehmen genutzt.
- Ihr Einsatz erfolgt bei relativ instabiler Umweltsituation und bei inhomogenem Leistungsprogramm.
- An die Kooperationsfähigkeit der Stelleninhaber werden in einer Tensororganisation hohe Anforderungen gestellt.

Die Eignung der Tensororganisation ist in folgender Weise zu beurteilen:

Vorteile	Nachteile
▶ Sehr hohe Flexibilität ▶ Ausgesprochene Marktorientierung ▶ Intensive Kommunikation ▶ Spezialisierungsvorteile ▶ Entscheidungsfreiräume	▶ Konflikte im Wirkzusammenhang ▶ Hiher Koordinationsbedarf ▶ Kein klarer Instanzenweg ▶ Überforderte Aufgabenträger ▶ Geringe Übersichtlichkeit

Der Organisator der Firma **Getränke AG** kann dem Vorstand folgenden Organisationsplan vorlegen:

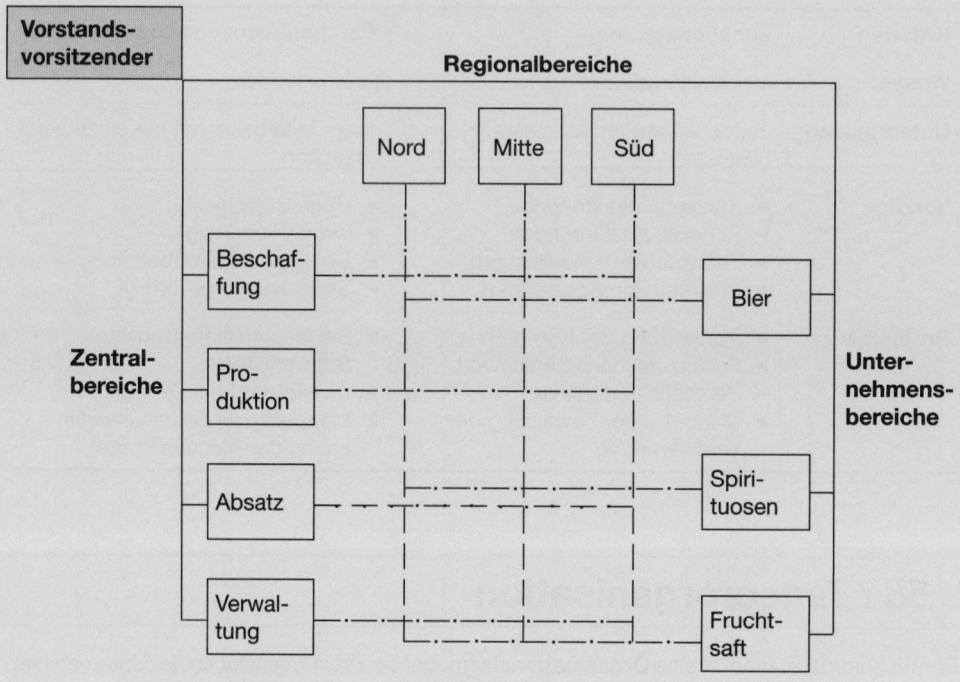

59 : Geschäftsprozesse

Fall-Nr.	Unternehmens-prozesse	Kern-/Unterstützungs-prozesse
(1)	Bereichsprozess	Kernprozess
(2)	Gesamtprozess	Kernprozess
(3)	Gruppenprozess	Unterstützungsprozess
(4)	Gesamtprozess	Unterstützungsprozess
(5)	Gruppenprozess	Kernprozess

60 : Controllingorganisation

(1) **Problematik des Stabscontrolling** der Firma Wassermann AG

(a) Auch gute Vorschläge des Stabes können durch die starre Funktionstrennung in Stab und Linie blockiert werden.

(b) Der Stab kann Entscheidungen herbeiführen, die er selbst nicht zu verantworten hat.

(c) Es kann bei nachgeordneten Instanzen eine abnehmende Informationsbereitschaft auftreten, wenn der Stab als Kontrolleinrichtung genutzt wird.

   (d) Wenn die Kompetenzen zwischen Linienabteilung und Stab unklar abgegrenzt sind, können zwischen Stab und Linie Konflikte entstehen.

   (e) Stäbe können sich unnötig gegenüber der Linie »aufspielen«.

(2) **Problematik des Liniencontrolling** der Firma Kölsch GmbH

   (a) Der Vorgesetzte der Controlling-Instanz besitzt gegenüber anderen Vorgesetzten einen Informationsvorsprung.

   (b) Der Bereich, dem die Controllinginstanz untersteht, wird überbetont, z. B. Finanz- und Rechnungswesen.

   (c) Durch die relativ tiefe Einordnung dauert es u. U. länger, bis der Controller an die gewünschten Informationen herankommt.

   (d) Der direkte Vorgesetzte ist durch die umfassende Problemstellung bei der Wahrnehmung seiner Aufgaben möglicherweise überlastet.

   (e) Der Controller kann anderen Linieninstanzen nur in begrenztem Maße zur Verfügung stehen. Damit wird gegen das Prinzip verstoßen, dass die Überwachungsfunktion im Betrieb unabhängig sein muss.

61 : Personalorganisation

(1) **Verrichtungsorganisation**

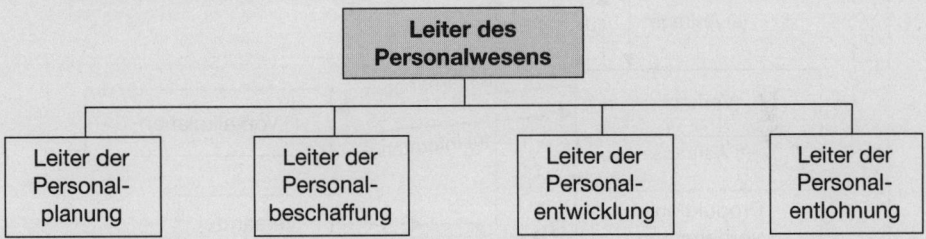

(2) **Spartenorganisation**

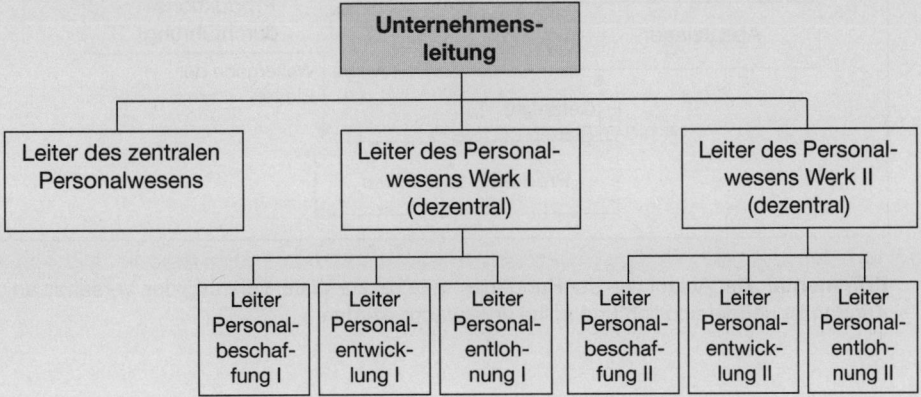

(3) **Vergleich der Formen**

- Verrichtungsorganisation:

  - Eindeutig nach Funktionen geordnet
  - Kompetenzen klar verteilt
  - Zentralausrichtung des Personalwesens
  - Einheitliche Auftragserteilung im Liniensystem
  - Eingliederung in die Funktionalorganisation des Gesamtunternehmens.

- Spartenorganisation

  - Die Sparten bilden koordinierbare Teilsysteme
  - Diese betreiben in eigener Verantwortung Personalarbeit für die Sparte
  - Dezentralausrichtung und Übertragung von Verantwortung
  - Zentrales Pesonalwesen ist nötig, damit es mit »einer Stimme« vertreten wird
  - Einordnen in die Divisionalorganisation des Gesamtbetriebes.

62 : Prozessorganisation

(1) Nach Eintragung der **Abläufe** ergibt sich folgendes Bild:

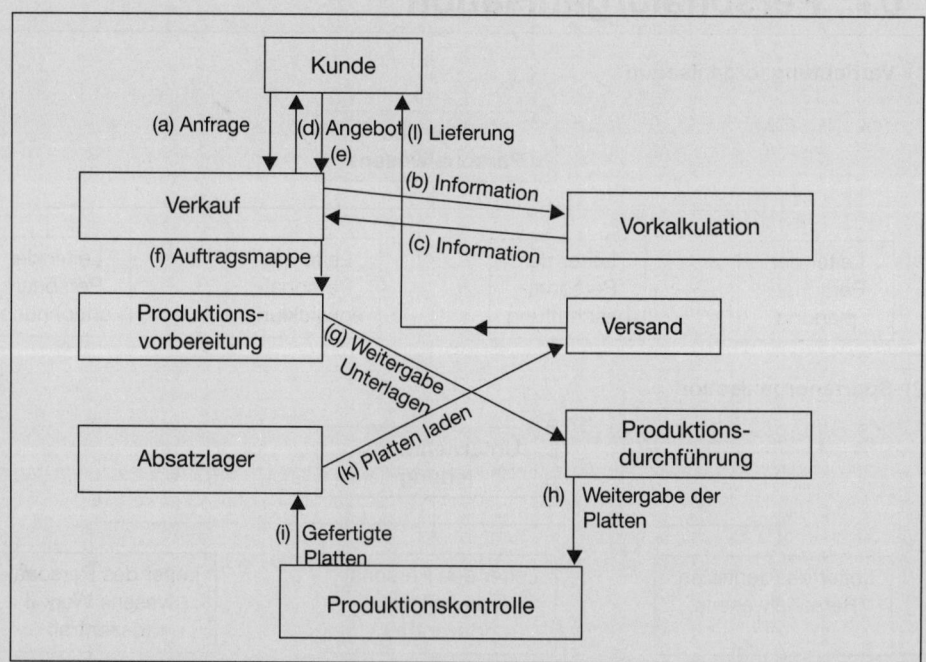

Kommentar: Der Ablauf von der Kundenanfrage bis zur Warenlieferung des Versands an den Kunden ist unübersichtlich und sollte vereinfacht werden.

(2) Der **Prozess** lässt sich in folgender Weise übersichtlicher strukturieren:

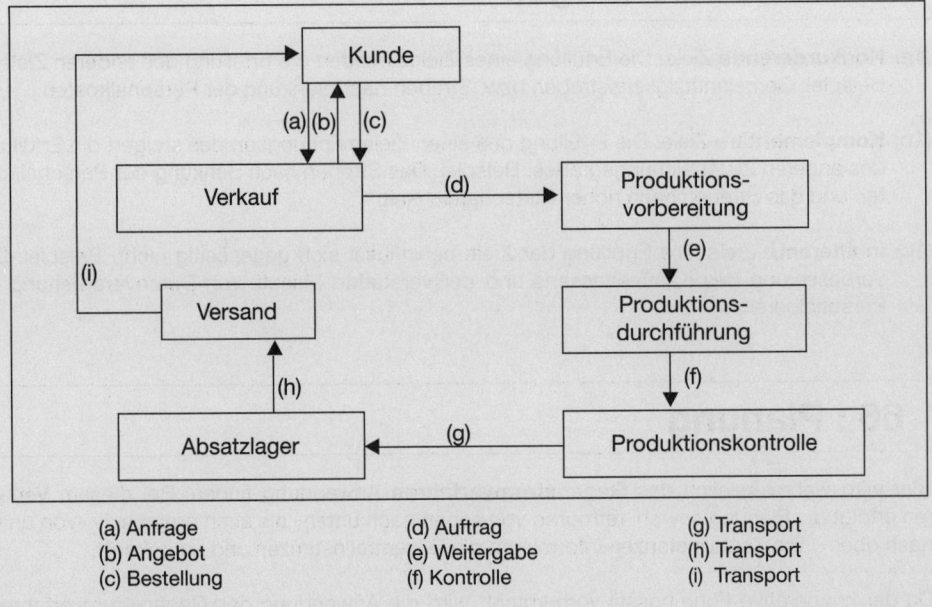

(a) Anfrage   (d) Auftrag   (g) Transport
(b) Angebot   (e) Weitergabe   (h) Transport
(c) Bestellung   (f) Kontrolle   (i) Transport

63 : Teams

Die Texte über Gruppen im Unternehmen betreffen folgende **Teamarten**:

(1) Nichtautonome Gruppe, weil der Vorgesetzte gerne allein entscheidet.

(2) Überlappende Gruppen, weil sog. »linking pins« gegeben sind (Bindeglieder).

(3) Teilautonome Gruppe, weil die Gruppe in einem gegebenen Rahmen selbst entscheidet.

64 : Strategische Planung

Es ergeben sich zur strategischen Planung folgende **Entscheidungen**:

(1) Ja, die Planung von Geschäftsfeldern gehört zur strategischen Planung

(2) Nein, die Feedback-Kontrolle ist der Strategiekontrolle zuzurechnen

(3) Nein, die Umsetzung der Pläne gehört zur Realisierungsphase

(4) Ja, auf diese Methoden kann die strategische Planung nicht verzichten

(5) Nein, die Steuerung folgt der Kontrolle.

65 : Zielbeziehungen

(1a) **Konkurrierende** Ziele: Die Erfüllung eines Zieles mindert die Erfüllung des anderen Zieles. Beispiel: Gemeinnützigkeitsstreben bzw. Streben nach Senkung der Personalkosten.

(1b) **Komplementäre** Ziele: Die Erfüllung des einen Zielerreichungsgrades steigert die Erfüllung des anderen Zielerreichungsgrades. Beispiel: Das Streben nach Senkung der Personalkosten und das Streben nach hoher Wirtschaftlichkeit.

(1c) **Indifferente** Ziele: Die Erfüllung der Ziele beeinflusst sich gegenseitig nicht. Beispiel: Die Verbesserung des Kantinenessens und der verstärkte Einsatz von Datenverarbeitung im Personalbereich.

66 : Planung

Hier wird wahrscheinlich das **Gegenstromverfahren** Anwendung finden. Bei diesem Verfahren erfolgt die Planung sowohl retrograd von »oben nach unten« als auch progressiv »von unten nach oben«. Die Zentalinstanzen informieren die Dezentralinstanzen und umgekehrt.

Da der kooperative Führungsstil vorherrscht, wird die Anwendung des Gegenstromverfahrens begünstigt. Bei sehr großen Unternehmen kann die Planung nicht allein nach dem »Top-down-Prinzip« erfolgen, das bei autoritären Führungsstrukturen mehr verbreitet ist.

67 : Überwachung

Der Vorstand kann von folgenden Berechnungswerten des Controllers ausgehen:

$$(1)\ \textbf{Arbeitsproduktivität} = \frac{\text{Gesamtmengenergebnis}}{\text{Faktoreinsatzmenge Arbeit}}$$

$$A = \frac{40.000}{500}$$

A = **80** Computer pro Beschäftigten

$$(2)\ \textbf{Umsatzrendite} = \frac{\text{Gewinn} \cdot 100}{\text{Umsatz}}$$

$$UR = \frac{6.000.000 \cdot 100}{80.000.000}$$

UR = **7,5 %**

68 : Kennzahlen

Es ergeben sich folgende Daten:

(1) Ermittlung des **Cashflow**:

Jahresüberschuss	800.000 €
+ Abschreibungen	200.000 €
	1.000.000 €
– Zuschreibungen	100.000 €
	900.000 €
+ Erhöhung der Rückstellungen	300.000 €
Cashflow	**1.200.000 €**

(2) Ermittlung der **Eigenkapitalrentabilität**:

$$\text{Eigenkapitalrentabilität} = \frac{\text{Gewinn} \cdot 100}{\text{Eigenkapital}}$$

$$E = \frac{1.800.000 \cdot 100}{12.000.000}$$

$$E = \textbf{1,5 \%}$$

69 : Marktanteil

(1) Das inländische Marktvolumen beträgt:

Marktvolumen = 600 Mill. + 1.600 Mill.

MV = **2.200 Mill. €**

(2) Der **Marktanteil** der Süsswaren GmbH beträgt im Inland:

$$\text{Marktanteil} = \frac{\text{Umsatz der Süßwaren GmbH} \cdot 100}{\text{Marktvolumen an Süßwaren}}$$

$$MA = \frac{600 \text{ Mill.} \cdot 100}{2.200 \text{ Mill.}}$$

MA = **27,27 %**

70 : Umsatz, Kosten und Gewinn

Es ergibt sich folgende Abbildung:

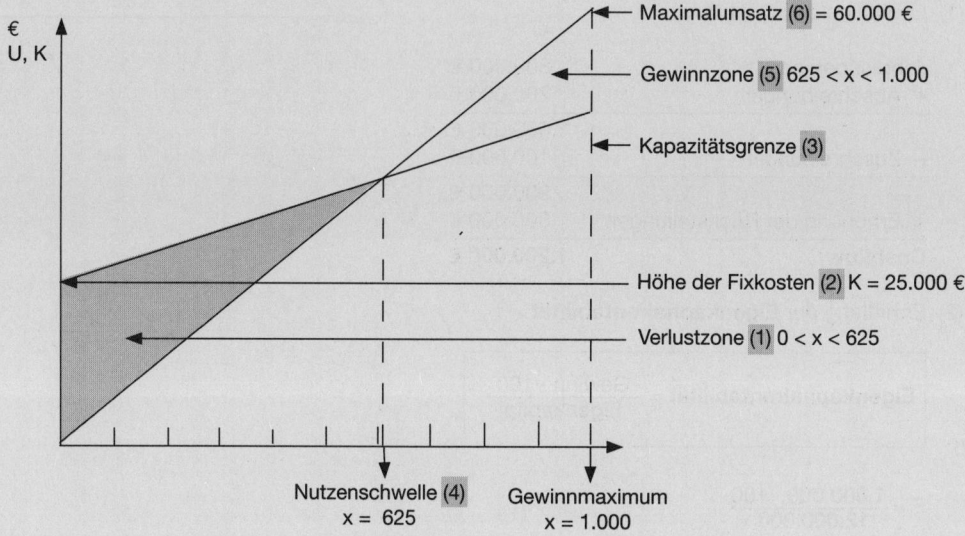

71 : Gesamtcotrolling

Dem Auszubildenden kann folgende Auskunft gegeben werden:

(1) Dem Gesamtcontrolling und der Gesamtkontrolle ist gemeinsam, dass beide das Element der **Kontrolle** beinhalten. Diese ist grundsätzlich ein Vorgang der personen-, sach- und zeit-bezogenen Gewinnung von Informationen. Sie schließt sich der Durchführung des betrieblichen Geschehens an.

(2) Die **Gesamtkontrolle** wird im Rahmen des gesamten Führungsprozesses von der Unternehmensleitung vorgenommen. Diese Unternehmenskontrolle besteht aus:

- Der **Überwachung**, welche die Ist-Werte erfasst und die Differenzen zu den Soll-Werten ermittelt. Sie erfolgt z. B. als Erfassung von Binnen- und Außenwerten.

- Der **Untersuchung**, welche sich der Überwachung anschließt und alle Maßnahmen zur Erkennung von Stärken und Schwächen und zur Bewertung des Unternehmenspotenzials umfasst.

(3) Das **Gesamtcontrolling** ist eine zusätzliche betriebliche Funktion, die den ganzheitlichen Prozess der Planung, Kontrolle und Steuerung mit der Informationsversorgung verbindet. Damit unterstützt es die Unternehmensleitung.

Die Planvorhaben der **Unternehmensleitung** werden von vornherein auf ihre Realisierungs-möglichkeit überprüft und Ausweichmöglichkeiten werden bereits vorher überlegt.

Damit Gegenmaßnahmen nicht erst in der Folgeperiode ergriffen werden, untersucht das **Gesamtcontrolling** die Abweichungen sofort. Bei Bedarf wird sofort gegengesteuert bzw. es werden Plankorrekturen vorgenommen.

Im Hinblick auf die Ergebnisse der Abweichungsanalyse möchte das Gesamtcontrolling nicht nur diagnostizieren sondern auch therapieren.

72 : Marktzyklus

Die Unternehmensleitung kommt zu folgendem Ergebnis:

(1) Typ **»Benziner«** ist ein Problemprodukt, mit niedrigem Marktwachstum und geringem Marktanteil. Im Marktzyklus befindet er sich in der Schrumpfungsphase.

(2) Typ **»Blitz«** ist ein Starprodukt mit hohem Marktwachstum und hohem Marktanteil. Im Marktzyklus ist er in der Wachstumsphase.

(3) Typ **»Future«** ist ein Nachwuchsprodukt, mit zunächst noch geringem Marktanteil, aber größeren Wachstumschancen. Im Marktzyklus befindet er sich in der Einführungsphase.

(4) Typ **»Rapid«** ist ein Verkaufsprodukt mit relativ hohem Marktanteil, aber schwindenden Marktchancen. Er befindet sich in der Reife- bzw. Sättigungsphase.

73 : Planungskonzepte

Die Begriffe sind folgenden **umfeldbezogenen Konzepten** zuzuordnen:

(1) Prognose-Konzept
(2) Szenario-Technik
(3) Stakeholder-Konzept

(4) Prognose-Konzept
(5) Einflussfaktoren-Konzept
(6) Frühindikatoren-Konzept.

74 : Return on Investment

$$\text{Kapitalumschlag (K)} = \frac{\text{Umsatz}}{\text{Gesamtkapital}} = \frac{400 \text{ Mill.}}{100 \text{ Mill.}} = 4$$

$$\text{Gewinnrate} = \frac{\text{Gewinn} \cdot 100}{\text{Umsatz}} = \frac{24 \text{ Mill.} \cdot 100}{400} = 6$$

$$\text{RoI} = \text{K} \cdot \text{G} = 4 \cdot 6 = \mathbf{24 \%}$$

75 : Strategieentwicklung

(1) Herausforderungen des Marktes annehmen

1.1 Wertewandel bei der Jugend (Verhältnis zu Eltern, Individualismus, Film)
- Bedarfsweckende Kleidung: Erlebniszusammenhang herstellen, Urlaubs-, Reise-, Unterhaltungsbezug.
- Versuchen, dem Wunsch nach Originalität zu entsprechen
- Abgrenzung zur Kleidung der Erwachsenenwelt.

1.2 Neue Technologien einsetzen
- Computer berechnen die stoffärmste Schnittführung
- Tragbare PC für Verkäufer im Außendienst.

1.3 Gesättigte Märkte
- Durch gezieltes Vorgehen erschließen (vgl. Marketing).

(2) Unternehmensanalyse und Umfeldanalyse

Diese beiden wesentlichen Teile der Strategieentwicklung wurden bereits vorgenommen. Die Ergebnisse gehen in die Strategie ein.

(3) Prognose (Expertenurteile)

Bei gleich bleibender politischer Entwicklung wird mit

- einer Zunahme der Billigimporte aus dem Ausland
- zunehmender Konkurrenz in Binnenmarkt und
- mit starkem Kostendruck bei Textilprodukten zu rechnen sein.

(4) Strategieentwurf (Auszug)

4.1 **Hauptstoßrichtungen**

- Internationalisierungsstrategie: Verlagerung von 65 % der Produktion ins Ausland, andere kostengünstigere Standorte suchen.
- Die Marktanteile zu halten versuchen.

4.2 **Hauptstrategie**

- Eigene Marktforschungsaktivitäten:
  - Zielgruppenpanels: in regelmäßigen Abständen nach Einstellung und nach beliebter Kleidung fragen; Trend finden
  - Marktbeobachtung der Zentren Mailand, Paris, Rom
- Finanzwirtschaftliche Strategie:
  - Kooperation mit Banken suchen, da Investitionen in neue Technologien Kapitalbedarf auslösen
  - Sicherung der Finanzierung (keine unnötigen Experimente)
- Sozialwirtschaftliche Strategie:
  - Personalkosten zu senken versuchen
  - Zunächst werden keine Entlassungen vorgenommen
- Führungsstrategie:
  - Einführung des kooperativen Führungsstils
  - Mehr Delegation von Verantwortung

- Kundenorientierte Aufbauorganisation einführen
- Kreative Teams gründen
- Einsatz eines Kosten-Controllers.

4.3 Bereichsstrategie (Marketing)

- Grundlegende Segmentierungspolitik
  - Demographisch: nach dem Alter
  - Soziographisch: nach dem Einkommen
  - Geographisch: Konzentration auf Süddeutschland
  - Güterbezogen: zum Teil Markenbezug
- Produktpolitik
  - Konservative Käufer: Markenartikel anbieten
  - Konsumalternative: helle Farben produzieren
  - Konsumgegner: einfache, schlichte Kleidung verkaufen
  - Suchende: neue Trends anbieten
- Kontrahierungspolitik
  - Kontrahierungsstrategie:
    - Konsumalternative, Konsumgegner: Niedrigstpreise
    - Konservative: Markenartikel: höhere Preise möglich (Qualität hat ihren Preis)
  - Innovationsstrategie:
    - Verfahrensinnovationen nötig, um Kosten zu senken
  - Konkurrenzstrategie:
    - Teilkostenkalkulation: kurzfristig auf Vollkosten bei Verkaufsprodukten verzichten
- Distributionspolitik:
  - Kooperation mit dem Fachhandel, Zusammenarbeit mit Modeboutiquen
  - Es sind indirekte Absatzwege über den Einzelhandel (aber auch direkte Absatzwege) denkbar
- Kommunikationspolitik
  - Erlebniswelt der jungen Menschen in die Werbung einbauen: Sonne, Freizeit, Abenteuer, Lebensfreude, Jugend
  - Werbung für die Verkaufsprodukte in Schülerzeitungen.

4.4 Portfolio-Strategie

- Starprodukte erhalten und leicht auszubauen versuchen
- Verkaufsprodukte weiter fördern
- Problemprodukte aus dem Markt nehmen.

76 : Materialbereichsziele

Es sind folgende **Entscheidungen** zu treffen:

(1) Die Kapazitätsausnutzung bei der Leistungserstellung ist im Unternehmen ein produktionswirtschaftliches Ziel, also **kein Ziel** der Materialwirtschaft.

(2) Das Sicherstellen der Beschaffungsgüter ist **ein Ziel** der Materialwirtschaft.

(3) Die Senkung der Werbekosten bei der Leistungsverwertung ist **kein Ziel** der Materialwirtschaft, sondern ein marketingbezogenes Ziel.

(4) Der Materialeinkauf zu günstigem Preis ist **ein Ziel** der Materialwirtschaft.

(5) Das Anmahnen von Außenständen unserer Kundschaft ist ein finanzwirtschaftliches Ziel, also **kein Ziel** der Materialwirtschaft.

(6) Das wirtschaftliche Einordnen von Waren in ein Hochregallager ist **ein Ziel** der Materialwirtschaft.

77 : Marketingbereichsprozess

Die **Entscheidung** im Hinblick auf den Einsatz eines Handlungsreisenden hängt u. a. vom Ergebnis der folgenden Rechnung ab:

$$2.500 + 0,05x = 0,1x$$

$$2.500 = 0,05x$$

$$2.500 : 0,05 = x$$

$$x = \textbf{50.000} \text{ (kritischer Umsatz)}$$

Der Einsatz eines **Handlungsreisenden** erscheint für den Marketingleiter der Zickzack KG sinnvoll, da der voraussichtliche Umsatz **über** dem kritischen Umsatz liegt.

78 : Personalstatistik

Aus den Daten der Firma **Fuchs AG** ergibt sich folgende Personalstatistik:

Jahre	Ges. Mitarbeiter	Kfm. Mitarbeiter		Gew. Mitarbeiter	
		Absolut	%	Absolut	%
2007	2.000	600	30	1.400	70
2008	2.500	825	33	1.675	67

79 : Kapitalerhöhung

(1) **Bezugsverhältnis** = Altes gez. Kapital : Kapitalerhöhung

B = 20.000.000 : 5.000.000

Das Bezugsverhältnis beträgt **4 : 1**

(2) Der **Mittelkurs** lässt sich berechnen aus:

$$4 \cdot 460 \;\; = \;\; 1.840 \; €$$
$$1 \cdot 160 \;\; = \;\;\;\; 160 \; €$$
$$\overline{5 \qquad\quad 2.000 \; €}$$

Für eine Aktie beträgt der rechnerische Mittelkurs 400 €.

80 : Operative Planung

Die Gegenüberstellung erbringt folgende Erkenntnisse:

Vergleichskriterien	Strategische Planung	Operative Planung
(1) Unternehmensebenen	Obere Ebenen	Mittlere/untere Ebene
(2) Zuständige Instanzen	Unternehmensleitung	Bereichs- bzw. Gruppenleitung
(3) Planungszeitraum	Langfristig	Kurzfristig
(4) Problemlösung	Sehr schwierig	Weniger schwierig

STICHWORTVERZEICHNIS

STICHWORTVERZEICHNIS

Das *Kompakt-Training Praktische Betriebswirtschaft* ermöglicht es Studierenden, Fortzubildenden sowie Fach- und Führungskräften, sich rasch und fundiert betriebswirtschaftliches Wissen anzueignen oder bereits erworbenes Wissen zu reaktivieren.

Es eignet sich auch sehr gut zum Selbststudium, nicht zuletzt wegen seiner besonderen Gestaltungsmerkmale:

- Kompakte, praxisbezogene Darstellung
- Systematischer und lernfreundlicher Aufbau
- Viele einprägsame Beispiele, Tabellen und Abbildungen
- 50 praxisbezogene Übungen mit Lösungen
- MiniLex mit 150–200 Stichworten

Einführung in die BWL
Olfert

Personalwirtschaft
Olfert

Organisation
Olfert/Rahn

Unternehmensführung
Olfert/Pischulti

Projektmanagement
Olfert

Dienstleistungsmanagement
Biermann

Risikomanagement
Ehrmann

Marketing
Weis

Strategische Planung
Ehrmann

Finanzierung
Olfert/Reichel

E-Business
Ebel

Controlling
Ziegenbein

Investition
Olfert/Reichel

Buchführung
Zschenderlein

Kostenrechnung
Olfert

Bilanzen
Grefe

Bilanzanalyse
Langenbeck

Internationale Rechnungslegung nach IFRS
Ditges/Arendt

Produktionswirtschaft
Ebel

Logistik
Ehrmann

Materialwirtschaft
Oeldorf/Olfert

Außenhandel
Jahrmann

Balanced Scorecard
Ehrmann

Leasing
Bender

Wirtschaftsrecht
Steckler

Wirtschaftsmathematik
Führer